U0363800

·中国科学技术协会 主编·

中国资源科学学科史

中国自然资源学会 编著

中国科学技术出版社
·北 京·

图书在版编目（CIP）数据

中国资源科学学科史 / 中国科学技术协会主编；中国自然
资源学会编著 . —北京：中国科学技术出版社，2017.12
（中国学科史研究报告系列）
ISBN 978-7-5046-7472-2

Ⅰ. ①中… Ⅱ. ①中… Ⅲ. ①资源科学—科学史—研究—
中国 Ⅳ. ① P96

中国版本图书馆 CIP 数据核字（2017）第 088593 号

责任编辑	何红哲　余　君
装帧设计	中文天地
责任校对	杨京华
责任印制	马宇晨

出　　版	中国科学技术出版社
发　　行	中国科学技术出版社发行部
地　　址	北京市海淀区中关村南大街 16 号
邮　　编	100081
发行电话	010-62173865
传　　真	010-62179148
网　　址	http：//www.cspbooks.com.cn

开　　本	787mm×1092mm　1/16
字　　数	742 千字
印　　张	30.5
版　　次	2017 年 12 月第 1 版
印　　次	2017 年 12 月第 1 次印刷
印　　刷	北京盛通印刷股份有限公司
书　　号	ISBN 978-7-5046-7472-2 / P · 192
定　　价	99.00 元

（凡购买本社图书，如有缺页、倒页、脱页者，本社发行部负责调换）

《中国学科史研究报告系列》

本书编委会

序

　　学科史研究是科学技术史研究的一个重要领域，研究学科史会让我们对科学技术发展的认识更加深入。著名的科学史家乔治·萨顿曾经说过，科学技术史研究兼有科学与人文相互交叉、相互渗透的性质，可以在科学与人文之间起到重要的桥梁作用。尽管学科史研究有别于科学研究，但它对科学研究的裨益却是显而易见的。

　　通过学科史研究，不仅可以全面了解自然科学学科发展的历史进程，增强对学科的性质、历史定位、社会文化价值以及作用模式的认识，了解其发展规律或趋势，而且对于科技工作者开拓科研视野、增强创新能力、把握学科发展趋势、建设创新文化都有着十分重要的意义。同时，也将为从整体上拓展我国学科史研究的格局，进一步建立健全我国的现代科学技术制度提供全方位的历史参考依据。

　　中国科协于 2008 年启动了首批学科史研究试点，开展了中国地质学学科史研究、中国通信学科史研究、中国中西医结合学科史研究和中国化学学科史研究四个研究课题，分别由中国地质学会、中国通信学会、中国中西医结合学会与中华医学会、中国科学技术史学会承担。历时近两年时间，圆满完成了《中国地质学学科史》《中国通信学科史》《中国中西医结合学科史》和《中国化学学科史》四卷学科史的编撰工作。

　　上述学科史以考察本学科的确立和知识的发展进步为重点，同时研究本学科的发生、发展、变化及社会文化作用，与其他学科之间的关系，现代学科制度在社会、文化背景中发生、发展的过程。研究报告集中了有关史学家以及相关学科的一线专家学者的智慧，有较高的权威性和史料性，有助于科技工作者、有关决策部门领导和社会公众了解、把握这些学科的发展历史、演变过程、进展趋势以及成败得失。

研究科学史，学术团体具有很大的优势，这也是增强学会实力的重要方面。为此，我由衷地希望中国科协及其所属全国学会坚持不懈地开展学科史研究，持之以恒地出版学科史，充分发挥中国科协和全国学会在增强自主创新能力中的独特作用。

2010 年 3 月

前　言

　　资源科学研究资源的形成、演化、质量特征和时空分布及其与人类社会经济发展的相互关系，是一门横贯多个学科领域的新兴交叉学科。在长期的生活和生产实践中，人类已经积累了很多开发、利用、保护自然资源的经验和知识，但作为一门独立的学科，资源科学还是在最近三四十年才逐渐形成。1992年开始编撰、1995年陆续出版的42卷本《中国自然资源丛书》，以及随后于2000年、2006年和2008年出版的《中国资源科学百科全书》《资源科学》《资源科学技术名词》等4部专著面世，被公认为是中国资源科学理论体系初步建立的标志。之后，中国自然资源学会又在中国科协的支持下，完成了2006—2007年、2008—2009年和2011—2012年《资源科学学科发展报告》，对资源科学的最新研究进展做了综述。

　　在上述工作基础上，中国自然资源学会于2014年初向中国科协提出了开展"中国资源科学学科史研究"的申请，并获得批准。5月中旬正式立项后，学会随即成立了由成升魁常务副理事长担任主编、秘书长沈镭和地理资源所副所长封志明为副主编的编写组，拟定了编写大纲，制订了研究计划，并邀请石玉林、何贤杰、陈传友、何希吾、韩裕丰等多位老专家座谈。7月7日，中国科协召开会议，包括科技史学家在内的8名专家对5个立项课题进行了开题评审，成升魁主编汇报了本课题的研究思路和编写计划，得到评审专家肯定。

　　由于资源科学目前仍然处于初创发展阶段，研究范围宽泛、学科边界模糊、研究方法多样等问题客观存在，使得其在业内外均缺乏一种坚定的学术认同感，有的学者甚至认为它不是一个学科，而只是一个多学科交叉的研究领域。面临艰巨的学科建设任务，学会把编好学科史作为资源科学安身立命的大事来做，先后组织召开了4次学术研讨会和6次工作会议，邀请石玉林、刘纪远、史培军、陈传友等学会前任领导，赵济、何希吾、沈长江、韩裕丰、蒋世逵等老专家，以及部分现任学会领导和编写组的同志一起，就编写中的若干重大问题进行研讨。在开题研讨会上，还请中国科学院自然科学史研究所张九辰研究员和中国科协学术部黄钰处长参会指导。

经过反复的讨论、交流和不断学习，编写组对"学科史""科学史"和"学科发展报告"及其关系有了基本认识，明确了学科史研究不仅仅是阐述知识进步，而是要以考察学科确立为重点，梳理学科发生、发展的脉络，研究内容既包括阐述学科知识进步的进程，也包括记载学科制度的建立、学术期刊的创办、学术共同体的形成、重要人物的贡献和教育体系的发展历程。

研究重点和要点明确后，编写组5次修改提纲，最后确定全书由综合史和分支学科史构成，在前述4本标志性专著基础上，按照学科孕育、萌芽、建立和发展的逻辑顺序编纂。为了保证编写工作顺利展开，编写组进行了具体的分工：成升魁、封志明、谢高地负责综合史中有关理论体系部分的撰写，沈镭、李家永、周寅康、江源负责综合史中有关学科建制部分的撰写，沈镭、王捷负责总体协调，李家永负责稿件初审、稿件规范、联系出版社等编务工作，王捷、叶苹、刘丽娜、商永刚负责与中国科协沟通、联系作者、保密审查、会议筹办、资料归档等日常工作，各分支学科史编写原则上由相关专业委员会承担。

编写任务落实后，承担分支学科史编写的一些专业委员会高度重视，接着又进行了本专业学科史的研讨。但真正动笔梳理史料时才发现，像资源科学这样的综合性交叉学科，其源其流异常复杂，理不清这层关系，学科的历史就无从谈起。实际上，这也是所有新兴交叉学科都可能面临的科技史学和科学哲学问题，是一个绕不开的难题。

何谓新兴交叉学科？诺贝尔经济学奖得主、著名管理学家赫伯特·西蒙（Herbert Alexander Simon）有过精辟的论述："一个'交叉学科'不会因命令——按照合作的指示将两个任选出来的学科或分支学科硬性搭配在一起——而被创造出来。只有当两个或更多的不同领域的知识在解决某些问题时相互联系，富有成效的交叉学科研究才能得以发展。"按照西蒙的观点，交叉学科不是人为的，交叉学科研究及其最终产生的新学科来自科学的需求。

在交叉学科特性这一点上，资源科学与环境科学极其相似，它们都是为着解决危及人类生存与发展的一些急迫问题而产生的新兴学科。因为工业革命以后出现了空气污染、水污染和土壤污染等环境问题，才激励人们综合应用化学、生物学、地质学、地理学和土壤学等多学科的知识来解决这些问题，于是有了环境科学。同样，因为资源短缺和能源危机等资源问题日益突出，综合应用地理学、生物学、水文学、土壤学、地质学、农作学等的知识来解决这些问题的资源科学才应运而生。事实上，很多环境问题与资源开发利用密切相关，资源的滥用或误用是环境问题的重要根源；反过来，环境问题又会导致资源问题加剧，所以人们常常把"资源与环境"捆绑在一起相提并论。

分析资源科学和环境科学产生的历史背景，不难发现：虽然它们有很多知识是从传统学科中吸取来的，并且在科研活动组织上也与传统学科有着某种渊源，但有一点很清楚：它们的科学目标、思想方法和科学解释是新的，从学理上看并不是某个传统学科的延伸和发展。

进一步考察，现代科学的出现也就几百年时间，就其本质而言，科学是一种高级的文明形式。总体而言，现代科学更多地表现出西方文明的特征，但各种文明中都有科学的成分。中国是一个以农为本的文明古国，中国的农耕文明曾经代表了传统农业时代人类利用自然资源的水平，因地制宜的资源利用原则、疏抑治用的资源管理理念、分等定级的资源评价思想都体现了华夏祖先的智慧。在西方世界经历了工业革命以后，中国的经济和科学技术相对落后了，特殊的国情使得资源与人口问题更加突出，从而给了中国资源科学更多发展的机缘。20世纪初叶，以矿产资源、土壤资源、水资源、动植物资源为主要内容的各类资源调查与制图就已经兴起，国民政府资源委员会办有《资源委员会专报》和《资源委员会季刊》，1934年创办的《世界知识》也经常登载一些讨论国际资源争夺问题的文章。中华人民共和国成立后，中国科学院牵头组织进行的大规模资源综合考察研究，不但为国家经济建设和国防建设做出重要贡献，也为我国培养了一大批从事资源研究的人才，创建了一套适用于综合分析的研究方法，资源结构、资源分类、资源演化、资源评价、资源配置等学科理论也在 20 世纪 80 年代前后逐步形成，并随之涌现出一批资源研究机构、资源教育机构和资源专业学术期刊，特别是 1993 年中国自然资源研究会更名为中国自然资源学会，标志着中国资源科学日臻成熟。因而有学者认为，资源科学是发端于中国本土的新兴学科。

在认识到资源科学作为交叉学科的本质属性以后，编写组又根据实际情况，对中国资源科学所涵盖的分支学科进行了界定。由于资源科学学科分类还没有形成共识的标准体系，特别是社会资源学的一些分支目前仍然存在很大争议，因此不少专家强调：写史一定要切合实际，要量力而行，不能求全，不够成熟的分支学科不硬写，要通过编写学科史，审视各个分支学科的发展水平和成熟程度，了解哪些已经形成独具特色的理论内核，哪些还处于萌芽状态，哪些需要进行调整。经过多次讨论，最后确定了资源地理学、资源生态学、资源经济学、资源法学、资源信息学 5 个基础分支学科和土地资源学、水资源学、生物资源学、气候资源学、能源资源学、矿产资源学、海洋资源学、旅游资源学 8 个部门分支学科作为分支学科史撰写对象。

经过一年多的努力，2015 年 7 月《中国资源科学学科史》初稿基本形成，编写组召开了主编扩大会议，对前段工作进行了阶段性总结。8月 11 日，中国科协召开中期检查评估会，专家们在肯定初稿的同时，对历史断代、篇章结构、编写体例等提出了中肯的修改意见。会后，编写组专门召开了工作会议落实中期评估会精神，并在北京师范大学召开了第四次学科史研讨会，逐章讨论了初稿中存在的问题，史培军、陈传友、何希吾、赵济、夏军、朱文泉、左其亭、周寅康、沈大军等专家提出了许多富有建设性的修改建议。之后，各章负责人组织编写人员根据专家意见对稿件进行了多次修改。2016 年 1 月 18-21 日，编写组在北京召开了统稿工作会议，在通读全部书稿的基础上，成升魁、谢高地重点对学科前史进行了审定和修改，封志明、李家永、沈镭重点对现代史部分进行了审定，沈镭、闵庆文、成升魁、谢高地、李家永分别对各自较为熟悉的分支学科史进行了审定。受主编委托，江源对资源教育、钟林生对旅游资源学、江东对信息资源学、刘晓洁对海洋资源学史进行了最后一次修改。

具体参加本书编写的单位有：中国科学院地理科学与资源研究所、北京师范大学、南京大学、武汉大学、郑州大学、云南财经大学、中国地质大学（北京）、上海师范大学、南京农业大学、南京师范大学、山西财经大学、东北农业大学、华中农业大学、中国人民大学、中国农业大学、国家海洋局海洋减灾中心、中国地质调查局发展研究中心、国土资源部实物地质资料中心、四川省自然资源研究院、北京土人咨询服务有限公司、华北水利水电学院等。

各章编写人员及其责任如下：绪论由成升魁、沈镭撰写；第一、第二章由成升魁、徐增让执笔，丁贤忠、吴文良、鲁春霞参加编写，成升魁修改定稿；第三章由谢高地、曹淑艳编写，谢高地修改定稿；第四章由封志明、李方舟编写，封志明修改定稿；第五章由封志明、林裕梅编写，封志明修改定稿；第六章由封志明、杨艳昭、林裕梅、姜鲁光编写，封志明修改定稿；第七章由李家永、沈镭、叶苹、张克钰、王群英执笔，黄昭贤、王捷、耿艳辉、林耀明参加编写，李家永、沈镭统稿；第八章由周寅康、江源、金晓斌、单微编写，周寅康、江源统稿；第九章由江源、濮励杰、董满宇、陈新建、朱文泉、黄贤金编写，江源、濮励杰统稿；第十章由谢高地、曹淑艳编写，谢高地修改定稿；第十一章由董锁成、李泽红、杨洋、李宇、李飞编写，李泽红修改定稿；第十二章由曹霞编写；第十三章由刘荣高、蔡红艳、江东、徐新良编写，江东修改定稿；第十四章由刘彦随、杨子生、胡银根、杜国明、乔伟峰、邹金浪编写，杨子生统稿；第十五章由夏军、左其亭、沈大军编写，刘欢、宋梦林、郭唯、罗增良参加编写，左其亭统稿；第十六章由闵庆文、焦雯珺、李静、马楠编写，闵庆文统稿；第十七章由张宪洲、曹亚楠编写，张宪洲修改定稿；第十八章由沈镭、孔含笑、刘立涛编写，沈镭修改定稿；第十九章由崔彬、赵奎涛、吕晓岚、王楠、张思梦编写，崔彬、沈镭修改定稿；第二十章由刘晓洁、姜秉国、郝秀萍编写，刘晓洁修改定稿；第二十一章由高峻、钟林生、赵金凌、尹泽生、孙琨、李艳慧、郭鑫、曾瑜皙编写，钟林生修改定稿。大事记由王捷、沈镭、叶苹整理，成升魁审定。

在学科史研究和本书编写过程中，得到了孙鸿烈院士、李文华院士、孙九林院士，以及刘纪远、史培军、陈传友、沈长江、赵济、何希吾等专家的指导和支持。石玉林院士作为首席科学家，对研究工作提出了许多具体的指导性意见，并审阅了书稿。中国科协学术部刘兴平副部长及3次评审会的专家对不同阶段研究进展的点评和鼓励，开阔了我们的视野，推进了工作进度。张九辰研究员对编写工作提出了许多宝贵的建议，并把她编著的《自然资源综合考察委员会研究》书稿电子版送给编写组，供大家参考和使用。编写组在此一并向他们表示衷心的感谢！

冯友兰先生说："历稽载籍，良史必有三长：才，学，识。学者，史料精熟也；识者，选材精当也；才者，文笔精妙也。"由于承担编写任务的很多专家科研任务繁重，无暇收集到足够多的史料供选材之用，也没有足够的时间进行细致的史实考证，加之这是第一次进行学科史研究，缺乏编史的经验，当然很难做到精熟、精当、精妙，书中疏漏和错误在所难免，敬请学界同仁和广大读者批评指正。

成升魁

2016 年 5 月

目 录

绪　论

　　资源是自然系统中一类对人类生产生活有用的、并被人类开发利用的物质和能量的总称。资源既包括自然资源，也包括社会资源；既包括单项资源，也包括资源系统。客观地说，我国单项自然资源的研究已有很长的历史，重要的分支学科诸如资源地理学、资源经济学、资源生态学以及重要的部门资源学诸如土地资源学、水资源学和矿产资源学等，研究比较深入，学科发展也相对较成熟，但严格意义上的资源科学——把资源作为一个整体进行研究的学科——在我国的孕育和形成也就三四十年的历史，仍处于初创阶段。

　　在过去的几十年中，我国积累了大量的关于资源问题、资源国情、自然资源综合科学考察以及相关研究机构等文献资料，资源科学的理论与方法研究成果也甚为丰富，但对资源科学学科史的研究却非常少见，基础也非常薄弱。出于此种考虑，中国科学技术协会于2014年在全国优先资助了5个学会开展学科史编写研究，中国自然资源学会有幸获得支持，这无疑对中国资源科学这门学科的发展将产生重要的推动作用，具有里程碑的历史意义。

　　需要强调的是，尽管资源包括自然资源和社会资源，但社会资源内涵更为广泛，既包括有形的人力、物力和财力等资源，也包括无形的知识、组织、技术、信息甚至文化等资源。从目前学科研究看，中国资源科学主要还是以自然资源研究为主，社会资源中仅涉及信息资源、人力资源和资源法等。未来资源科学发展如何处理好自然资源与社会资源的关系，理论上的答案和现实答案可能不同，学界可能也很难形成比较一致的看法。另外也需要指出，单项资源研究不可能取代资源整体的研究，单项资源学科的发展也不可能取代资源科学的发展。

一、资源科学学科史研究重点、范式和基本思路

　　中国资源科学学科史研究的重点是梳理资源科学及其重要分支学科的发展脉络，探求我国资源科学学科发展的内在规律，厘清资源科学与相关学科的关系，理解资源科学的学科性质及担负的历史使命，尊念资源科学发展过程中重要人物和重要事件，使后人明鉴，深思熟虑，深谋远虑。科学史的创始人萨顿说："科学史是自然科学与人文科学之间的桥梁，它能够帮助学生获得自然科学的整体形象、人性的形象，从而全面地理解科学、理解科学与人文的关系。"

　　科学学科史是一门研究过去的学问，确切地说是研究科学的过去和过去的科学的学科。科学学科史作为一种科学研究活动，需要把大量的历史事件按照时间顺序予以梳理。同其他学科一样，尽管资源科学发端于中国，但学科的发展是世界的。因此，我们认为在研究编写

资源科学学科史过程中，要正确处理好"古今"关系，"中西"关系，"学术"与"学科"关系以及"科学史、思想史"与"学科史"的关系等，尽可能客观反映中国资源学科发展的背景与渊源，勾画出资源科学学术思想的发展脉络，寻找出贯穿于古代、近代和现代，连接中、西的资源科学学科发展的"一条永恒的金带"，力求做到既有丰富翔实的专业资料，又有深入和系统的理论分析，提出一些具有现实意义的规律性认知。

从反映科学时间特性的古今关系看，目前主要的研究范式[1]有"以今论古""以今验古""厚古薄今"和"古今结合"四种。显然，资源科学史的研究范式不能简单套用上述四种中的任何一种范式，需要综合运用上述范式，突出现代史但不能脱离古代史。此外，当今的科学正在进入一个"大数据（Big Data）"崭新的阶段，科学家不仅通过对广泛的数据实时、动态地监测与分析来解决过去难以解决或不可触及的科学问题，更是把数据作为科学研究的对象和工具，基于数据来思考、设计和实施科学研究，诞生了数据密集型的知识发现，即科学研究的第四范式（The Fourth Paradigm: Data Intensive Scientific Discovery）。本次资源科学史的研究中，也充分开展了大量的历史文献、数据、资料、档案等查证、分析和总结，重视史料的考证和校核。

在具体研究过程中，我们还探索采用了以下基本原则和研究方法：

（1）坚持辩证唯物主义历史观，抓住研究工作的系统性和关联性，尊重史实和史论。

（2）坚持"厚今薄古、古为今用"的原则，从浩瀚的历史长河中钩沉遗珠，吸收前人资源思想史观的精华，并在资源科学学科发展实践中发扬光大。

（3）正确处理好学科史和人物史的关系，个别代表性学者的活动，点到为止，不做展开，突出他们在推动学科发展、服务社会需求和在科技进步中的历史贡献，以及产生杰出人物的社会背景，把人物、学科、历史背景三者有机地结合起来。

（4）坚持"中主西客、西为中用"的原则，强调中国资源科学学术思想的中国血统本源和经济社会发展需求对资源科学和学科发展所起的驱动作用，同时也不回避西方现代科学理论方法和学科范式对现代意义上的中国资源科学的形成发展所发挥的催化意义。

（5）明确"学科史"是集"科学史、学术史"和"科学共同体（研究机构、学术团体、学术期刊、教育体系等）发展史"于一体的史体著述。

中国资源科学学科史的基本思路框架是以历史时期作为纵坐标，以资源问题、时代特征、知识结构、学术思想和主要成果、学科建制以及重要人物等为横坐标，对古代资源科学史观、近代西方科学方法渗透、资源调查和大规模资源综合考察、分支学科发展和资源科学发展过程进行系统的阐述和研究，理清脉络，理解学科发展的历史规律。在考虑历史学断代的普遍共识和资源科学发展的特殊性基础上，为了能够清晰地刻画资源科学这门学科在中国的发展轨迹，中国资源科学学科史可大致被划分为学科前史、学科初创史和分支学科史三个主要部分。学科前史为1949年以前的漫长历史过程为主，包括古代和近代资源知识积累期，着重从大量的历史史料中钩寻我国古代长期的农耕文明史和近代沦为半殖民地历史过程中对资源的系统认知和科学思想，特别是我国特有的资源科学史观。学科初创史指1949年到现在，是我国资源科学孕育、形成和初步创立的主要时期。据此，全书分为四篇，第一篇为学科前史，也是资源科学知识的积累期；第二篇为学科初创史，包括中华人民共和国成立后大规模资源综合科学考察对资源科学形成的推动作用，以及20世纪80年代到90年代后资源科学逐步创立的重要过程；第三、四篇主要是分支学科的历史发展，包括基础资源学科和部门资源学科的发展历史。

二、资源科学学科史的脉络和研究内容

纵观资源科学的发展历程，可以认为 20 世纪 90 年代中期是资源学科发展的重要历史转折点。在古代的历史长河中，中华民族积累了大量的资源利用及有效管理的实践经验和辉煌成就，总结出"用养结合""因地制宜""天人合一"等重要的资源科学史观。随着西学东渐与中西文明的交融，近代西方科学思潮不断向中国传播，加之中国农耕文明的日益繁荣，逐渐形成了具有中国特色的近代资源调查与研究方法。20 世纪 50 年代至 90 年代初，在全国范围开展了大规模综合性和专题性自然资源综合科学考察活动，为现代资源科学的理论与方法研究奠定了扎实的基础。90 年代中期以来，中国自然资源学会先后组织完成了《中国资源科学百科全书》（1995—2000）[2]、《资源科学技术名词》（2003—2008）[3]、《资源科学》（2006）[4]、《资源科学学科发展报告》（2006—2012）[5-7]等，标志着中国现代资源科学学科理论体系的初步建立。

资源科学及其分支学科的发展是一个动态过程。本次学科史编写过程中，我们把分支学科史进行细化和深入研究，主要有：

（1）基础资源学：资源地理学、资源生态学、资源经济学、资源法学、资源信息学。

（2）部门资源学：水资源学、土地资源学、气候资源学、生物资源学、能源资源学、矿产资源学、旅游资源学、海洋资源学。

因时间和精力所限，本次研究尚未考虑人力资源学等重要分支学科。也由于单项资源研究的分散性和分支学科发展的差异，不同的分支学科史也有所差异。

中国现代资源科学的初步建立有三个重要阵地：自然资源调查或综合考察及其科学研究机构、资源科学的学术共同体（中国自然资源学会和学术期刊）和资源科学的教育与人才培养体系。

关于研究阵地，中国早期自主开展自然资源调查的科学研究机构主要是由中国科学社、中央研究院、中央地质调查所、国民政府资源委员会等，以及当时的中央大学、北京大学等。自 1956 年成立中国科学院自然资源综合考察委员会（以下简称"综考会"，地理学家竺可桢兼首任主任，经济学家顾准为副主任）之后，中国才有了独立从事自然资源科学研究的专门机构。关于综考会的演替，已有大量的史料可供参阅[8, 9]。90 年代资源科学的理论框架和研究方法初步形成，研究队伍随之迅速扩大，一些与水、土地、矿产、能源和生物资源相关的单位相继更名，纷纷在机构名称中冠上"资源"的名号。据粗略统计，截至 2016 年年初，国家有关部门以及高等院校、全国各省（市、区）所属的资源研究所（院、中心、重点实验室等）就达三百多家。目前，专门从事资源科学的最大研究机构应该是中国科学院地理科学与资源研究所（简称地理资源所），这是中国科学院自 1997 年决定启动知识创新工程之后，于 1999 年 9 月整合地理所和综考会，重新组建的研究机构。关于学会阵地，起源于 1980 年 9 月 12 日，中国科协同意成立"中国自然资源研究会"的批复[10]。经过一年半时间的筹备，1982 年 4 月 6 日至 8 日，中国自然资源研究会筹备组（组长为漆克昌，副组长有马世骏、吴传钧、徐青、孙鸿烈）在北京召开了成立大会暨学术交流会，孙鸿烈代表筹备组就研究会成立的背

景做了说明，并就资源综合研究做了比较系统的论述①。1983 年 10 月 23 日—28 日，在北京正式召开了研究会成立大会暨第一次学会交流会。之后，研究会又召开了第二届全国会员代表大会（1988 年 1 月—1993 年 2 月）。在这个阶段，我国自然资源科学研究的理论和方法取得较大进展，学科体系初步形成，中国科协于 1993 年 2 月 4 日正式批准研究会更名为中国自然资源学会，这是资源科学初步建立的重要标志，从此学会阵地不断发展壮大并走向成熟，先后召开了第三次（1993 年 2 月 24 日—26 日）、第四次（1998 年 5 月 11 日—13 日）、第五次（2004 年 4 月—2009 年 10 月）、第六次（2009 年 10 月—2014 年 10 月）和第七次（2014 年 10 月—2019 年 10 月）全国会员代表大会，选举并成立了历届理事会。从 2004 年以来，学会每年召开学术交流年会，会议规模由开始的三百多人扩大到 2016 年的八百多人，除了常规性学术交流外，博士论坛成为学术年会的品牌，为资源科学青年人才成长提供了舞台。此外，各专业委员会也召开年度学术交流会议，如土地资源学术年会，水资源专业委员会每年召开的"水资源论坛"等，都成为资源学会学术交流的品牌。

关于教育人才阵地，与中国的教育体系和学科体系合二为一的体制有关，也是长期困扰资源科学健康发展的短板和隐痛之处。中国资源科学现代教育的起源可追溯到清末时期及至1949 年以前的民国政府时期。一批先贤包括丁文江、翁文灏、竺可桢等陆续远渡重洋，学习西方科学技术，学成后回国启蒙并推动了包括资源科学在内的一系列现代地学学科的形成与发展。与此同时，国民政府于 1932 年成立了具有浓重军事色彩的国防设计委员会，1935 年调整为以国土资源和人力资源（战略资源）调查与谋划为主的资源委员会，将工作重心直接放在资源领域，在翁文灏等学界前辈的参与下，开展了当时国家战略资源方面的考察与调查，推动了我国资源领域的研究。至 20 世纪三四十年代，胡焕庸、张其昀、叶良辅、李庆逵、李旭旦、任美锷等先生，拓展了先贤的资源研究领域，建立了既有理论又有实践的基于地质、地理、气象等方面的资源考察与研究方法。前身为南京高等师范学校的南京大学，于 1919 年即设文史地学部，首开我国高等学校与资源密切相关而同源的地学方面的教学，其后于 1921年东南大学时期分设文理的地理学系，1930 年国立中央大学期间地学系分设地质学系和地理学系，1944 年地理学系又分设气象学系，陆续有竺可桢、李四光、谢家荣、胡焕庸、李旭旦、任美锷、徐克勤、朱炳海等学者任教，逐步形成了包括地质、矿产、地理、土壤、气象等与资源有关的教育雏形。其他大学，如燕京大学、北京大学、清华大学、浙江大学、中山大学、北京师范大学、武昌高等师范学校等，也开设了与资源密切相关的资源学科（组），成为我国资源科学与现代资源教育教学的启蒙。1949 年以后，我国资源研究和教育也进入了一个全新的时代。特别是中国科学院有关研究所、各有关高校在参加各种综合科学考察过程中，直接培养和造就了一大批优秀科学家，专门从事资源研究甚至管理的青年人才也成长起来。1952年后的历次全国高等院校调整与改革过程中，资源科学方面的教育工作仍散见于农学、地理学、地质学等领域。1981 年，南京大学包浩生率先提出了创设自然资源专业的设想，并得到了当时系领导的高度重视。经过紧张的筹办，及时组建了相应的教师队伍，于 1982 年将原陆地水文专业招生入校的学生并轨为自然资源专业，并于 1983 年正式招生，开创了我国自然资源专业人才培养之先河。1984 年 3 月，经教育部授权，南京大学正式成立我国高校首个自然

① 孙鸿烈：在自然资源研究会成立大会上的工作报告（1980）。《自然资源学报》，2013 年，第 9 期。

资源专业，1986 年将该专业更名为自然资源管理专业，率先将自然资源管理纳入资源科学教学与研究中。1999 年，依据教育部的专业调整要求，南京大学自然资源专业更名为资源环境与城乡规划管理专业。2000 年，国家自然科学基金委员会完成的《全国基础研究"十五"计划和 2015 年远景规划》已把资源环境科学列为 18 个基础学科之一。2002 年以后，国内各高校和科研院所相继自主增设了 65 个与资源有关的二级学科，在现有目录中的 20 个一级学科、5 个门类中，培养了一大批博士和硕士研究生。2005 年，地理资源所学位委员会决定在地理学之下先期自主设立自然资源学二级学科，并获国务院学位委员会批准。自然资源学之下主要包括资源地理与水土资源、资源生态与生物资源、资源经济与世界资源等若干专业研究方向，以此促进自然资源学专业人才的培养和自然资源学的发展与完善。同年，北京师范大学在地理学一级学科下自主设立了自然资源二级学科，并经国务院学位委员会批准，主要开展资源科学、资源技术和资源管理方向的人才培养和科学研究。据不完全统计，2005—2016 年的 11 年间，地理资源所自然资源学科已培养博士近百人、硕士 40 多人，大多从事与资源环境和地理专业相关的科研、教学和管理工作。2007 年，在国家自然科学基金委员会学科代码目录的地理学之下增设自然资源管理二级学科和 3 个三级学科。2009 年发布实施的中华人民共和国国家标准《学科分类与代码》（GT/B 13745—2009）首次将"环境科学技术及资源科学技术（610）"列为 62 个一级学科或学科群之一，并明确指出"属综合学科，列在自然科学与社会科学之间"，资源科学由此正式进入国家学科分类体系。

三、综合科学考察在中国资源科学形成与发展中的历史作用

从资源科学学科史角度，20 世纪中后期持续 40 来年的自然资源综合科学考察对资源科学及其学科的初步创立和发展发挥了历史奠基作用，其价值主要体现在以下几个方面：

第一，综合考察是国家需求下的科学活动。中华人民共和国成立后国家经济建设需要摸清资源家底，为此国家科委 1956 年制定的 12 年科技发展规划（1956—1967），1963 年制定的 10 年科技规划（1963—1972）和 1978 年制定的 8 年规划（1978—1985），都把自然资源综合科学考察列为重大任务，并明确提出具体的考察区域和重要内容。可见，我国当时开展的这种自然资源综合考察具有非常明确的国家目标。当时，非常流行的说法就是"任务带学科"。这也许就是中国特定历史阶段包括资源科学在内的地学（甚至更普遍）科学学科发展的一种模式。以后学界曾对此有不同的看法和争论，这里我们不去探究这种说法是否合理，但社会需求对科学及其学科发展的巨大推动作用却毋庸置疑，尤其是资源科学这样的本土性应用学科。

第二，综合考察是现代资源科学的实证研究的方法之一。作为西方现代科学强调的实（试）验实证方法，综合考察实际上就是这样的平台，或者天然实（试）验室。不同学科专业背景的科研人员长期在野外，对特定地区的各种资源在数量、质量、分布、潜力、产业布局方案等问题，按照不同专业技术要求，要对所研究的资源如土地、森林、草地、矿产、水等进行实地考察，样本调查，取样化验，甚至要挖剖面等。通过对这些材料、数据、样本进行实证分析，提出研究结论，形成科研成果。这些丰富的科学研究成果（据粗略估算，资源综合考察获得的各类成果 8000 余项，公开出版的专著和报告多达百余册），除了服务国家决策外，促进了对资源科学的新的认知和部门分支学科的发展。

第三，综合考察为资源综合研究提供了平台。综合研究是带有逻辑演绎、归纳、比较、权衡等科学思维特征的科学活动。它绝对不仅仅是几个不同专业背景的科学家一起在野外考察就能达到的。首先，我国组织的大型资源综合考察大都以区域（新疆、黄土高原等）或以专题（如橡胶）或区域加专题（晋陕蒙煤炭）为考察研究对象，为了一个共同的任务（比如提出区域开发方案、提出一项咨询建议、提出产业布局方案等）或围绕一个共同问题（如开荒多大规模、是否建立煤炭基地、发展多大规模的橡胶资源等）。这种围绕共同目标的资源综合考察，必须对各学科专业获得的认知加以比较分析，去伪存真，凝练观点，达到综合。其次，各学科专业相互渗透交叉，取长补短是综合研究的充分必要条件。因为不同学科专业关注的问题不同，他们眼中的世界是不一样的，各有所长和局限。比如，技术性学科或专业在特定考察过程中，主要关注的是本专业的技术性问题，不甚关注地域的差异，学科的思维主要是二维的；而与空间或地域关系密切的学科更加注重空间分异，但却不太关注具体的技术细节；社会科学关注社会问题和经济问题，不甚关注自然现象，缺乏自然认知。一旦各学科扬长补短，从二维思维上升到三维空间，往往会产生新的视角，新的思想和观念。而综合考察正好提供了这样的平台和机会。野外考察队往往几十人甚至百余人，不同学科、十几个甚至几十个专业的科研人员长期同吃同住，不同学科交叉渗透悄然无声，却极其有效。考察小憩、实地调研、小组讨论会、阶段总结会和成果汇报会都是天然的讨论课堂，争论更是家常便饭，如同西方 19 世纪学术沙龙一样，随时随地，随心所欲。再次，综合研究目的是要还原系统的真实面貌，寻找系统各组分之间的必然联系，最后发现系统的规律。这里有两个案例很鲜活。一个是 1983 年 600 多名专家对鄱阳湖及赣江流域进行多学科综合考察，经过不同专业考察队的讨论、争论，逐渐明确了把三面环山、一面临江、覆盖江西全省面积 97% 的鄱阳湖流域视为整体系统，找出"江、湖、山、穷"四个系统组分之间的内在的逻辑关系，创造性地提出"治湖必须治江、治江必须治山、治山必须治穷"的新的认知，铸就了享誉世界的"山江湖工程"；另一个是 1986 年 350 多名专家组成的新疆资源综合考察，围绕新疆能否进行大规模垦荒这一重大问题（地方政府与科学家之间存在不同观点），通过对绿洲（农业）、水资源、山地（雪山、冰川、森林、草原）等主要子系统分析，寻找他们之间的内在联系，形成了"山—水—绿"新的系统认知，提出了"繁荣看绿洲，绿洲看水源，水源看山地"科学论断，为新疆区域发展提供了科学依据。

对资源综合研究思想，竺可桢 1959 年在第一次大规模综合考察结束后，进行了明确的总结[1]，他强调资源综合考察研究要围绕国家经济中心，以点带面，点面结合，远近结合，多学科综合；要认识自然，研究规律。孙鸿烈在 1980 年强调要在不同层次上进行综合研究：单项资源有多宜性，有不同的利用途径和可能，利用方向选择就是一个综合问题；开发后备耕地资源，必须考虑水资源的保证程度[2]同样也是综合问题。李文华和沈长江对自然资源科学的基本特点[3]进行了系统归纳和凝练。这些系统的资源综合研究的思想催生了综合资源科学的诞

---

① 竺可桢：10 年来的综合考察。《科学通报》，1959（14）：437–441。

② 孙鸿烈：在中国自然资源研究会成立大会上的工作报告（1980.10）。《自然资源学报》，2013，28（9）：1459–1463。

③ 李文华、沈长江：对自然资源科学的基本特点及其发展的回顾与展望。见：中国自然资源研究会：自然资源研究的理论与方法，北京：科学出版社，1985 年，第 1–23 页。

生，反过来又提升了资源研究服务国家重大需求的能力。

第四，资源综合考察提供了把资源作为独立的研究对象的历史机遇，推动了资源科学理论体系的形成。如前所述，资源综合科学考察研究在中国持续时间之长、规模之大、专业之多，史无前例，绝无仅有。最为关键的是为此成立专门研究机构，来自不同学科背景的科技工作者汇聚在考察队的旗下，有机会专门从事长期的资源考察研究。资源作为独立的研究对象，资源科学学科发展以及服务国家需求，在中国成为一批科技工作者毕生的事业追求。他们深入系统地对资源进行逻辑归纳或演绎，寻找各种资源的共同属性（如有用性、稀缺性、整体性、有限性、多用性、区域性等），共同的科学问题（如资源有限与无限、资源分类、资源系统、资源评价、资源承载力、资源开发、资源利用、资源保护、资源流动、资源贸易、资源数据库与信息系统以及资源研究方法等），共同的开发利用及管理方案，促进了资源科学的形成和发展。

第五，资源综合考察活动为资源科学工作者思考宏观资源问题提供了坚实的实践基础，培养了科技工作者尤其青年科技工作者的人文情怀。由于长期在野外，对全国各地的自然条件、地理环境、社会经济、民情风俗、文化宗教、百姓苦乐等耳熟能详，耳濡目染，感同身受，既加深了对现实的认识、理解和洞察，又培养了关心国家、关心百姓、关注现实的人文情怀。这样，他们自然而然地关注和思考长期从事的重大资源问题，比如资源多宜性，资源与人口、环境和经济关系，资源开发利用的生态效应，以区（流）域发展为目标的各种资源配置，各种资源开发利用的效应与响应以及自然资源与社会资源关系等。资源科学学科发展是靠一代又一代科学工作者的不懈努力实现的。所以，学科的发展不仅仅是学科体系建设的问题，很大程度上与科学工作者的科学精神、科学作风以及人文情怀密不可分。

第六，资源综合考察培养了一代又一代资源科学人才，包括为地方培养的大批资源管理人才。半个世纪的资源综合考察研究，吸引了万余名科技人员，一大批优秀科技人员随之成长起来，成为资源科学学科发展的中坚，一批相关领域的著名科学家成为旗舰人物，同时一大批中青年学术带头人也活跃在国内外学术舞台。

第七，资源综合考察形成了"面—线—点"的资源科学研究范式。为摸清资源家底，大范围的面上综合考察是必需的，经过系统分析，往往会把问题或发展重点还原到自然地理和经济地理本已客观存在的流域、地带、交通线等重点线带上，然后再对这些带线进行进一步的重点考察。由面、线考察提出的一些方案或科学论断需要通过试验示范得到进一步实证和示范，试验点、试验站、观测点、示范区等"点"，就撒落点缀在综合考察的面和线上。需要指出，这种研究范式——全景扫描到定点透视，在世界上很普遍，但在中国更为系统化；而且这种范式虽然是由过去综合科学考察所形成的，但对包括资源科学在内的地学领域都具有普适性。

四、资源科学与相关学科的关系

客观地说，资源科学是在其形成较早且比较成熟的资源分支学科基础上逐渐形成的。这些分支学科包括资源地理学、土地资源学、资源经济学和资源生态学。地理学是研究自然要素与人文要素空间格局或空间差异的科学。17世纪地理大发现后，直到19世纪中叶，洪堡的《宇宙，物质世界概述》把宇宙、地球山脉、河流、生物和人类描述成一个不断发展的有机体；把特定自然要素（我们可以理解为现在的自然资源）如植物、动物、土壤、气候视为一个不可分割的整体去分析，并注重他们与周围环境的关系。这种将人与自然作为一个有机整体或系统的思想不仅是地理学的思想基础，也是资源地理学的思想基础。20世纪三四十年代后，资源地理逐渐成熟，并在大学设置资源地理和区划课程。土地资源是最早受到人类关注和最早进行研究的资源，但从学科角度看，研究更多的还是土地经济学。马尔萨斯和李嘉图强调自然资源的绝对稀缺性；古典政治经济学创始人威廉·配第（W. Petty）从劳动价值论角度指出"土地是财富之母，劳动则为财富之父"；马克思对土地资源，特别是对土地价格也有深刻严谨的论述；20世纪20年代美国的伊利（R. T. Ely）和莫尔豪斯（E. W. Morehouse）合著的《土地经济学原理》认为，土地的经济学含义是指一切自然资源——森林、矿产、水等[1]，认为土地就是自然资源综合体，为资源经济学建立了统一的研究对象；1931年霍特林（H. Hotelling）的《耗竭性资源经济学》为土地经济学向资源经济学发展做出很大贡献。19世纪60年代，达尔文生物进化论摆脱了生物神创和物种不变论的桎梏，使生物学走上了现代科学的发展道路。19世纪末生态学概念、20世纪初生物圈概念，特别是1935年生态系统概念提出以后，有力推动了资源生态学的成熟和发展。由此可见，资源科学与其分支学科的关系如同树木与森林的关系：在一片肥沃的原野上，先植树而后成林。重要分支学科的发展支撑了资源科学的形成，反过来，资源科学的综合研究思想和理论方法的发展又促进了单项资源的深入研究，推动着分支学科的发展。

另外，我们也要辩证地理解看待资源科学与其他相近学科的关系。应该说，资源科学是在不断吸收地理学、生态学、农学、土壤学等相邻学科思想和理论方法营养基础上形成和发展的，但又各有独立的研究对象和视角，各有专长。地理学是研究地理要素和地理综合体的空间分异规律、时间演变过程及区域特征的一门学科，资源无疑是地理要素的组成部分，为资源科学研究提供了空间思维模式；资源科学是以资源系统为研究对象的科学，丰富了地理学各种资源要素的研究内涵。地理学和资源科学从不同角度，相互渗透，水乳交融，共同为人类提供系统的新的科学认知。此外，资源科学与环境科学也有同样的关系。环境科学与资源科学都是近几十年来形成的科学。所不同的是环境科学思想发端的背景更多地来源于西方，改革开放后随着中国环境问题（主要是环境污染）日益严峻，共同推动环境科学在中国迅速发展起来；而资源科学的驱动力基本上源于中国的资源国情。从环境科学"是对围绕着人的空气、土地、水、能量和生命等所有系统的研究，它包括所有目的在于从系统这一级上了解环境的科学……"的定义来看[2]，环境科学研究的边界更为广泛。从我们生活的物理世界里，也不难理解"环境就是资源"这一说法的合理性。在这里我们不去讨论环境科学边界与内涵的问题，但我们需要强调的是，无论环境科学的边界如何大，研究的内涵如何广泛，只要资源从学理上讲是一个可以独立的系统，国家和社会对资源研究有重大需求，现实社会中资源的问题足以吸引科学去系统地研究，那么，环境科学与资源科学都可以从不同的学科角度，为人类社会不断提供新的知识。其实，世界是一个统一的不断变化的整体，不同学科就像人类在某个角度上凿开的窗口，每个窗口看到不一样景象，只有把这些不同窗口的景象拼接在

---

① 伊利、莫尔斯：《土地经济学原理》。北京：商务印书馆，1981年，第10页。
② AN. 斯特拉勒，等：《环境科学导论》。北京大学、南京大学、北京师范大学地理系合译。科学出版社，1983年。

一起，才能还原世界的真实模样。

五、资源科学学科史的研究展望

进入 21 世纪以来，由于世界特别是各大经济体快速发展导致资源需求与日俱增，围绕资源问题展开了激烈的博弈，但同时带来的资源问题、环境问题、生态问题等涉及人类与自然关系的全球性问题，迫使人们反思近代科学的哲学基础，反思未来资源科学以及相关学科研究的范式。继续沿着线性走向发展，继续单向地向自然索取，必然造成越来越大的资源消耗和越来越不可逆的环境破坏。这些问题的解决迫切需要资源科学、生态科学、环境科学、地理学等与人类命运攸关的现代科学从本质上研究人类与自然的关系，从过程机制上揭示人类与自然互相作用的是与非，正与负。这些全局性的问题只有从学科史的研究中获得答案。因为，学科史的研究可以让科研人员暂时远离喧嚣浮躁的环境，俯瞰学科发展历史长河的弯与曲，缓与急，去思考，去感悟，去探究。

为了今后资源科学史研究能够尽可能地回答上述问题，提出三点建议和想法以供参考。

（1）在人力、物力等条件许可情况下，尽可能在中国自然资源学会之下，设立资源科学史研究专业委员会，吸收广大学史爱好者，特别是青年科技人员根据自己专长、志趣和已有基础，全方位展开系统和深入研究。

（2）可以在全国高等院校中创新地为高年级学生和研究生开设资源科学史课程，包括有些分支学科的发展史和学术思想史。在一些有条件的院校，可以培养以资源学科史为研究方向的研究生。

（3）及早建立资源科学及分支学科史料数据库，充分利用这次研究过程中收集的有关学科发展文献史料，进一步加强史料的搜集、整理、建档和保存，形成系统的电子文档和宝贵的数据库，方便以后继续分析和研究。

总之，中国资源科学走过了三十多年的历程，但要迈向学科齐全的现代知识体系，还有很长的路要走。我们坚信它已经站在新的起点并开始了新的征程。未来只有不断推动学科史研究，准确把握学科发展规律，对于资源科学本身的建设和创新以及尽快成为国家科学体系中重要成员，意义深远。

参考文献

［1］冯立升. 从科学的古今关系谈科学史的研究传统与模式——对本学科思维方式的反思［J］. 内蒙古师范大学学报（哲学社会科学版），1999，28（3）：58-64.
［2］孙鸿烈. 中国资源科学百科全书［M］. 北京：中国大百科全书出版社，2000.
［3］资源科学技术名词审定委员会. 资源科学技术名词［M］. 北京：科学出版社，2008.
［4］石玉林. 资源科学［M］. 北京：高等教育出版社，2006.
［5］中国自然资源学会. 2006—2007 资源科学学科发展报告［M］. 北京：中国科学技术出版社，2007.
［6］中国自然资源学会. 2008—2009 资源科学学科发展报告［M］. 北京：中国科学技术出版社，2009.
［7］中国自然资源学会. 2011—2012 资源科学学科发展报告［M］. 北京：中国科学技术出版社，2012.
［8］张九辰. 自然资源综合考察委员会研究［M］. 北京：科学出版社，2013.
［9］孙鸿烈. 中国自然资源综合科学考察与研究［M］. 北京：商务印书馆，2007.
［10］沈镭. 三十年来中国自然资源学会的发展与展望［J］. 自然资源学报，2013，28（9）：1464-1478.

第一篇　学科前史

第一章 中国古代自然资源利用及成就

自然资源是人类社会进步与发展的物质基础。对自然资源认识的不断深化,对自然资源开发范畴和规模的不断扩展,对自然资源利用手段和技术的不断提高,对自然资源资源保护与管理制度的不断完善,始终伴随着人类社会发展的全过程。人类社会的每一次重大进步,都伴随着资源认识水平和资源利用实践的重大飞跃。随着中国古代农耕尤其是传统农业的进步与成熟、经济社会实践活动的发展,地理视野的不断扩大,从上古时代的采集狩猎、刀耕火种,到古代对物候、生物特别是作物、土壤、水文、天文等自然知识的积累,并在传统儒家文化的长期熏染下,到明代中叶,中国实际上已铸造出了以合理、持续利用自然资源为特征而璀璨于世的农业文明,代表了传统农业文明时代人类利用自然资源的世界水平。

第一节 古代对资源的记载与认识

毋庸讳言,从现代资源科学学科语义看,中国几千年来生生不息的以传统农业文明为特征的经济社会发展长河中,虽然没有严格意义上的"自然资源"这种明确的用词或提法,但不等于中国没有对自然资源深刻的、系统的认识和对自然资源娴熟的甚至炉火纯青的利用技术,也不等于中国悠久历史文化中没有资源科学的思想或科学的元素。而恰恰相反,在中国数千年的传统农业文明发展过程中,中国先民们对水、土、作物、节气、草药、矿石等所谓自然资源的认识,对这些自然资源之间相互关系的认识以及开发利用的技术,都达到了相当高的水平,有些方面甚至充满了现代科学元素,比如对土地的分类、地力培肥、指导农事活动二十四节气等。充分挖掘中国古代对自然资源的系统知识,理性探究中国古代自然资源利用的科学元素、科学思想或者科学史观,对正确认识中国资源科学学科发展历史中的中国资源科学思想与西方现代科学思想及其理论方法之间的主次关系,具有非常重要的意义。

一、明清以前对自然资源的记载与认识

原始社会的人在很大程度上是地球生物的一种,自然力量左右着人类生存。原始部落把天气现象(如云)、飞禽走兽(如青鸟、熊)等自然物作为"图腾"膜拜,甚至认为山和树木都有神灵存在[1]。虽然崇拜自然,但为了生存又不得不利用自然,向自然索取,如采集野生植物的根、茎、叶、果实,狩猎和捕鱼,寻找洞穴避难。在这种长期的向自然索取的过程中,从对自然混沌蒙昧到逐步产生意识,发现了自然界许多事物具有因果关系和轮回周期,人类开始从索取资源到利用资源的尝试,如神农尝百草和大禹治水。资源观念在混沌朦胧中逐渐

显现。随着社会生产力的发展，资源利用范围不断拓展。到了旧石器时代，资源种类由单纯的野生动植物扩展到了石头（燧石）、树枝（工具）、兽（衣）、鱼、果。新石器时代开始栽培植物、驯化动物。到了青铜、铁器时代，资源种类更加丰富了，主要有：土地（耕地）、林木（盖房材料、冶炼燃料）、水流（灌溉）、水力（水车）、矿石（铁、铅、金、银、铜、锡）等。

我国上古时期农垦与火有密切关系。上古时代的农业还处于刀耕火种时代，其发展模式是：先焚林，辟为田亩，然后种植五谷[2]。春秋战国的《管子》一书，集中体现了先秦时期利用土地及其他自然资源发展农业的思想。《管子》把土地看作是农业生产的一个要素，提出充分利用土地资源、从内涵和外延两方面扩大土地要素的投入，以促进农业发展。《管子》重视水利、森林等自然资源的利用，还提出了合理利用自然资源、保护自然资源的主张。难能可贵的是，早在二千多年前，《管子》就向人类发出过滥用自然资源、破坏生态平衡必将带来严重后果的警告！[3]

两汉时期江南采用"火耕水耨"方式种植水稻。《史记·货殖列传》说："楚越之地，地广人稀，饭稻羹鱼，或火耕水耨。"东汉末年应劭的解释是："烧草，下水种稻，草与稻并生，高七、八寸，因悉芟去，复下水灌之，独稻长，所谓火耕水耨也。"后来，唐代张守节在《正义》中补充说："言风草下种，苗生大而草生小，以水灌之，则草死而苗无损也。耨，除草也。"清人沈钦韩又补充说："火耕者，刈稻了，烧其稿以肥田，然后耕之。"这些都说明江南劳动人民已经具备了丰富的自然资源知识和技能，懂得利用"火"来烧草肥田种稻、利用"水"来淹草而除之，以保证水稻的生长。

二、明清以来对自然资源的记载与认识

中国明清时代的资源利用思想仍然停留在农业文明时代，内容上主要局限在与农业生产紧密相关的土地、生物、气候、水资源范围内，方法上以综合、经验、思辨为主。

明清时代我国一些政治家、思想家及博物学家对自然资源做了大量记载与描述。我国多样的自然环境，蕴藏着丰富的自然资源，这是世世代代生生不息的物质基础。明清时期大量的方志著作对此非常重视，一般列有"物产""土产""矿产"等门类，记载地上的动植物资源和地下的矿产资源。例如明正德《琼台志》在"土产"部分所记海南出产的植物、动物、矿物和药物：植物有谷9种，菜50多种，花59种，果39种，草38种，竹25种，木73种，藤8种；动物有畜10种，禽52种，兽17种，蛇虫55种，鱼47种，水族19种；矿物12种；药物115种[1]。《琼台志》中的物产，除了详列品种名称外，对每种物产还有详略不一的说明。如记载"荔枝出琼山西南界宅、念都者多且佳，有红紫青黄数种"。据《琼台志》记载，海南岛不仅自然资源丰富，而且动植物中有不少是热带亚热带的特产，单以果树来说，便记有荔枝、龙眼、波罗蜜、香蕉、槟榔、椰子、杨梅、石榴、柚、橙、橘、柑等。这些热带亚热带的植物果品的记载，在北方各省的方志中是找不到的。因此，我国各地志书中所记载的某些植物及其相关特点，不仅为了解不同历史时期不同地方的生物资源以及这些生物资源与当地气候条件或气候资源的关系提供了非常丰富的历史资料，也反映了我国古代对自然资源利用和认识的程度和水平。

有的方志在记述物产时，明确分为"同产"与"特产"两项，例如《云南通志》便"以通省同产者列于前，各郡县特产者分别列于后"。《云南通志》将"同产"分为谷、蔬、菌、

果、花、木、药、毛、鳞、食货等11属，每属之下，名类详悉。而特产系按21府分别叙述，每种特产则有其特点、用途说明。以其中的无江府为例，载述特产7种："抹猛果，树高数丈，叶大如掌，熟于夏月，味甘。槟榔，一名仁频，树高数丈，旁无附枝，正月作房，从叶中出一房，百余实，大如核桃，剖干和芦子石灰嚼之，色红味香。荔枝仅数本，味酸肉薄。普洱茶出普洱山，性温味香，异于他产。降真香、麒麟竭，木（树）高数丈，叶类樱桃，脂流树中，凝红如血，为木血竭，又有白竭[4]。

我国不但陆上物产丰富，而且沿海各省的方志中还有大量海洋生物资源的记载。仅以其中的海藻来说，在福建沿海地区的府志、县志上，都有关于它的种类、形态、用途及产地的记述。例如福建《同安县志》记有5种海藻，"紫菜""赤菜""石花""浒苔"和"龙须菜"。记载"浒台一名海苔，生海中，状始绿发，长三、五尺，其出澳内者名淡苔尤美，以同安鼓浪屿所出为最"[5]。福建《海澄县志》记载了4种，除前述的"紫菜""海苔"外，还有"青菜"和"发菜"。对后两种记载道："青菜昌生海石上，色绿，状似紫菜而质薄，味亦滑美。发菜生海石上，色赤，丝丝如散发，自紫菜以下，海滨自然之产，非蔬圃中物，实蔬属也"[6]。历史上对海洋生物资源的认识利用，尚未做过系统的搜集整理。

明清方志对煤、铁、金、银、锡、石油、天然气、井盐等矿产资源也有记载。以石油、天然气为例，对其产地、性能和利用情况就有记载，如《明一统志》有两条关于陕北油田的记载：卷八十南雄府"油山，在府城东一百二十里，高数千仞，其势突屹，旁有一小穴出油，人多取以为利。"卷三十六延安府"延川、延长二县出石油，自石中流出，每岁秋后居民取之，可以燃灯疗疮"。清四川《富顺县志》记载"火井在县西九十里，井深四、五丈、大径五、六寸，中无盐水，井气如雾，以竹去节入井中，用泥涂口，家火引之即发。火根离地寸许，甚细，至上渐大，高数尺，光芒异于常火，声隆隆如雷殷地中。周围砌灶，盐锅重千斤，嵌灶上煎盐，亘昼夜不熄。如不用，以水泼之即灭；或竹筒通窍引之，可以代薪烛。尝有皮囊囊之，行数千里，越数月，窍穴以火引之，光焰不灭。"

数量众多、历史悠久的方志中的有关自然资源的记载，虽然仅是简单描述，但对研究历史上自然资源的分布、区域经济发展和资源配置、资源与环境变迁，都具有重要史料和文献价值。

除了方志中大量记载描述有关自然资源外，明末我国大药物学家李时珍在前人的各类本草记述的基础上修订完成的《本草纲目》，是当时世界上最完整的植物药物资源著作。旅行家、地理学家徐霞客在考察的基础上完成的《徐霞客游记》，对喷泉、地热、植物、动物、地理、气象、气候、物候、生态以及社会经济、历史地理、民族、民俗等都进行了翔实的记述，是珍贵的资源地理文献；徐光启的《农政全书》，宋应星的《天工开物》等，不仅记载了农业资源及其他资源的性状特征，同时对相应资源的利用方式进行了描述。

第二节　古代自然资源利用的实践及成就

我国是一个历史悠久的农业古国，资源开发利用与农事活动密切相关。农业的收成是衡量资源开发利用的水平、强度及其合理性的重要标准。当时与农业生产密切相关的自然资源是气候资源、水利资源、生物资源、土地资源。虽然矿产资源的开发利用在商周就已出现，中国古代的"炼丹术"在一定程度上也发展了冶炼业，但始终未能形成规模性的矿产资源开发。矿产开发的主要目的是打制工具、礼器和武器，开发层次和水平一直都很低。由于中国古代生产力水平还较低，对自然资源的利用相对合理，资源环境的负荷还较轻，传统农业文明得到了不断发展。

一、气候资源的利用

我国古人对气候资源的利用经验相当丰富。就历史气候及气象资料看，其记录年代之久，内容之细，地区范围之广，世界任何一个国家都无法比肩。但是，这些气候和水利资料、文献和书籍又相当分散，对它们的研究，须细加耙梳。中国有关气候资源的记载主要有：①甲骨文和正史；②地方志和风土志；③报雨泽奏折、晴雨录、雨雪分寸实录；④农书和医药学书；⑤诗词、日记和游记；⑥笔记和各种专业性古籍；⑦民间的断简残篇及谣谚。

农事安排是基于对作物（资源）生长发育与气候节气之间的关系的系统认识。人们对气候资源的利用，首先源自于物候知识。物候观测为农耕活动合理利用气候资源提供了带有经验性色彩的科学知识。《尚书·尧典》记载有四季的物候现象，如表1-1。《夏小正》反映了我国上古对物候的认识，记载了包括鸟兽虫鱼及植物等各类物候现象68条之多，农事及畜牧11条，天气现象7条。战国时期的《吕氏春秋·任地篇》中指出："五时，见生而树生，见死而获死"。明卢翰《月令通考》对此的解释为："见生树生"为"五木自天生，五谷待人生"，要决定五谷的播种期，必须看五木的生长，例如："黍生于榆，大豆生于槐，小豆生于李，麻生于杨，大麦生于杏，小麦生于桃，稻生于柳"。他解释"见死获死"说："《礼记·月令》中蘼草死而麦秋，草木黄而禾登"就是例子。中国数千年的农耕社会，对气候资源的认知和利用就建立在长期物候观测的基础上。诸多作物生育期的物候农谚就是对气候资源合理利用的经验总结。从最初的《尧典》初步提出"仲春、仲夏、仲秋、仲冬"到《淮南子·天文训》中二十四节气形成，经历了20多个世纪（表1-2）。二十四节气与物候既一脉相承，又互为补充，是华夏祖先对气候资源认知和利用的经验结晶，是对气候变化规律的系统性认知，某种意义上也是最具现代气候资源学科学特征的完整的理论或方法，对世界气候科学做出了巨大贡献。时至今日，二十四节气仍被广泛使用。

表1-1 《尚书·尧典》的物候现象

季节	天文标准		鸟兽现象	农事安排	人类活动
	昼夜长短	黄昏中天的星			
仲春	昼夜等长（日中）	鸟	交配孳生（孳尾）	春耕春播（东作）	温而出室（析）
仲夏	昼最长（日永）	火	天暖脱毛变稀（希革）	作物盛长（南讹），进行田间管理	热而解衣（因）
仲秋	昼夜等长（宵中）	虚	天凉毛渐丰盛（毛）	秋收（西成）	凉而怡悦（夷）
仲冬	夜最长（日短）	昴	天寒生细毛自温（毛）	冬藏（朔易）	寒而入室（奥）

表1-2　二十四节气名称的由来

节气名称	《尧典》	《左传》	《夏小正》	《管子·幼官》	《管子·轻重己》	《吕氏春秋·十二纪》	《淮南子·天文训》
立春		启（春）		大寒终	春始	立春	立春
雨水						始雨水	雨水
惊蛰			启蛰			雷乃发声、始电、蛰虫咸动	惊蛰
春分	日中	分（春）		义气至	春至	日夜分	春分
清明				清明		萌者尽达（尽萌）	清明
谷雨						时雨将降	谷雨
立夏		启（夏）			夏始	立夏	立夏
小满				小郢			小满
芒种				绝气下		命农勉作（忙种）	芒种
夏至	日永	至（夏）	时有养日		夏日至	日长至	夏至
小暑				大暑至		小暑至	小暑
大暑				中暑		土润溽暑	大暑
立秋				大暑终	秋始	立秋	立秋
处暑				期风至		凉风至	处暑
白露				白露下		白露降	白露
秋分	宵中	分（秋）		复理	秋日至	日夜分	秋分
寒露						寒气总至	寒露
霜降						霜始降	霜降
立冬		闭（冬）			冬始	立冬	立冬
小雪				始寒		水始冰、地始冻	小雪
大雪				小榆			大雪
冬至	日短	（日南）冬日至	（时有养夜）		冬日至	日短至	冬至
小寒				寒至		冰益壮、地始坼	小寒
大寒				大寒之阴		冰方盛、水泽腹	大寒

二、水利资源的利用与开发

在原始社会晚期，我国先祖已开始选择水文地质条件较好的地方从事农业生产，所谓"逐水草而居"，并揭开了以兴修水利为特征的利用水资源的序幕。西周记载水体的名称就有"大川""汜""涧""沼""泽""寒泉""肥泉"和"槛泉"等。此外，由于奴隶们长期辛勤劳动，已修建起一批具有相当规模的灌溉渠系。《考工记·匠人》中提及的"浍""洫""沟""遂"就是各类灌渠名称，分别相当于现在的总干渠、干渠、支渠、毛渠和田间的垄沟，主次分明，井井有条。管子强调水、土资源利用。《管子·水地》认为"水者何也？万物之本原也，诸生之宗室也"。《管子·禁藏》篇："夫民之所生，衣与食也。食之所生，水与土也"。"故善者必先知其田，乃知其人。田备然后民可足也"。《管子·度地》提出了"因其利而注之可也，因（其害）而扼之可也"的水资源开发利用的兴利防害原则。兴利防害的办法就是搞好农田水利建设。《管子·立政》篇说："决水潦，通沟渎，修障防，安水藏，使时水虽过度，无害于五谷，岁虽凶旱，有所收获，司空之事也"。《管子·五辅》篇说："导水潦，利陂沟，决潘渚，溃泥滞，通郁闭，慎津梁，此谓遗之以利"。古人早有"国必依山川"的论述，为实现"九州"大统一的政治需要,《禹贡》记述河湖分布和水道联络情况。为适应生产和经济发展,《山海经》对河和沼泽作了较为详细的记述,认为水利资源除了灌溉,还可以行舟;到了北魏,郦道元的《水经注》记载了多种不同成因的湖泊、瀑布、逆河(现称为感潮河段)、地下河。唐代杜环的《经行记》中记述了冰川,称为"雪海"。

为利用水利资源,古人开挖运河,修建灌渠,沟通天然水系,如沟通泾洛两水的郑国渠、沟通江淮水系的邗沟、沟通长江和珠江水系的灵渠,以及改变了岷江水系的都江堰灌溉等。都江堰水利工程在设计上充分渗透了趋利避害、因势利导、合理利用等资源科学思想,至今仍让世人叹为观止。大运河则沟通了我国东部五大水系(长江、淮河、黄河、海河和钱塘江)。隋代运河以洛河为中心把横贯我国中部的各大河流以及无数支流相互沟通,形成了一个水上交通网,南来北往的船只,只要向西拐个大弯,就可直达洛阳。南北航程长达五千多里。古人对于水利资源,除了应用于灌溉和交通运输,还应用于战争和日常生活。淮河历史上的"峡江战役"以及三国时蜀将关羽的"水淹七军",都是著名的以强大的水力作后盾,取得战术胜利的。我国古代的水磨、水车等都是将水的势能转化动能的杰作。所以,古人对水资源、水利和水力已有相当深刻的认识了。这些都是我国现代水资源学科的实践基础。

在享有水利的同时,古人也饱受水害之苦,特别是汛期洪水,常威胁到人们的生命和财产安全。我国原始社会遗址的分布有个共同特点,一般都位于依山临水的河流阶地上,或者是离河湖不远的高塬上。选择这样的地方作为生活和劳动场所,反映了人们既在利用河湖之水利,又在预防着洪水的侵袭。为了防止洪水,战国时期创设了固定的水槽进行观测。北宋有明确的流速估测,到了明末陈潢发明了"测水法"。他继承了潘承驯的"筑堤束承,以水攻沙"的治河方法。为防患于未然,北宋在对洪水的发生的原因和过程有了一定了解的基础上,开始了有组织的、规模较大的洪水预报及其他防洪工作。《宋史·河渠志》记载:"宋景德四年(1011年)六月诏:自今后汴水添涨及七尺五寸,即遣禁兵三千,沿河防护"。这里所谓"涨及七尺五寸",就是防洪警戒水位。当时的预报已经有了明确的地理布局,以驿站为节点,每三十里为一节,自西向东沿黄分布,大小有别。这是人们对洪水灾害防御的一种主动措施,也是古代水汛学相对成熟的一种标志。

三、生物资源的利用

生物资源是古人衣食的唯一来源,是人类生存最基本的物质保障。早在旧石器时代,由于生产力水平极其低下,尚未有农业和畜牧业,人们为了谋取生活资料,不得不采集植物的根、茎、叶、果实为生,即使是狩猎和捕鱼,取得成功还没有太多的把握。人们过着游动的生活方式,对生物资源的利用是一种被动地寻找和索取。到了新石器时代,有了农业和牧业分工,种植业和养殖业发展起来。但由于生产力水平较低,种养的品种极少,产量极低,广种薄收,勉强度日。到了奴隶社会,由于铁器、青铜器的使用和生产经验的丰富,大量的农作物开始种植。《诗经》提到了许多植物名称,虽然可以明确判断为农作物的很少,但其中不乏有关食用和衣用植物资源的记载,按照它们所属的植物系统,大致可分为三类:①谷类:有黍、稷、粟、禾、谷、粱、麦、来、牟、稻、秫、秬、秠、穈、芑等名称。其中:稷即不黏的黍,秬和秠是黍的两个品种;粟、禾都是小米的别称,谷在后来也成为小米的别称;粱、穈、芑是粟的三个品种;麦和来都是指小麦;牟可能是指大麦;秫是稻的别称。②豆类:有荏菽、菽、藿等名称。实际上荏菽和菽都指的是大豆，藿指大豆的叶）。③麻类：有麻、苴、纻等名称。

经过长期的发展，除了作物种类及其品种有了进一步的增加外，蔬菜、果树、林木、家畜等多种生物资源都被广泛地种植和养殖。到了后魏，贾思勰的《齐民要术》已详细记载了谷类作物、纤维作物、油料作物、染料作物、香料作物、绿肥作物、饲料作物等的生产，水生植物以及蔬菜、瓜类、果树、用材树木等的栽培；家禽、家畜，鱼类等动物饲养。《齐民要术》涉及的主要作物和其他生物资源有：①栽培作物：包括谷类作物，如谷、黍穄、粱秫、大麦、小麦、瞿麦、水稻、旱稻、胡麻等；豆类作物如大豆、小豆等；纤维作物，如麻；饲料作物，如苜蓿等；绿肥作物，如绿豆、胡麻等；染料作物，如红蓝花、栀子、蓝、紫草、地黄等；油料作物，如麻子、荏等；香料作物，如椒、茱萸等。②栽培蔬菜：包括茄子、瓠、芋、葵、芜菁、菘、芦菔、蒜、葱、韭、蜀芥、芥子、胡荽、兰香、荏、蓼、姜等。③瓜果类：包括瓜类，如诸色瓜；果类，如枣、桃、李、梅、杏、梨、栗、柰、林檎、柿、安石榴、木瓜等。④用材树木：包括桑、柘、榆、白杨、棠、谷楮、漆、槐、柳、楸、梓、梧、柞等。⑤饲养动物：包括牛、马、驴、骡、鸡、鹅、鸭、鱼等。

人们对生物资源品种的重视在《诗经》里就有所表现。《氾胜之书》介绍了穗选法等良种选择技术。在收获时，选择粗大而籽粒饱满的麦、禾（粟）籽穗，斩下晒干，做到单收、单打、单存。在《氾胜之书》中还提到瓜可用嫁接方法繁殖良种。《齐民要术》介绍的优良品种（表1-3）大部分都是根据地区适应性繁育出来的。《齐民要术》中作物品质选育和繁殖的经验如下："粟、黍、粱、秫，常岁岁别收，选好穗纯色者，劁刈高悬之。至春，治取别种以拟明年种子。楼耩掩种，一斗可种一亩，量家因所需种子多少而种之。其别种种子，当须加锄。锄多则无秕也。先治别埋，先治场净，不杂。窖埋又胜器盛。还以治草蔽窖。而不必有为亲

表1-3　后魏粮食作物品种资源简表

作物	优良品种	优缺点
谷	朱谷、高居黄、刘猪獬、道民黄、恬谷黄等14种	早熟、耐旱、免虫、恬谷黄、辱稻粮二种味美
	今坠车、下马黄、百群羊、悬蛇、赤尾等24种	穗有毛、耐风、免雀害、晚黄，容易春
	白礁谷等2种	味美
	秆容青等3种	味恶
	黄糁等2种	易春
	竹叶青（胡谷）、水黑谷、葱泥青等10种	晚熟、耐风，一有虫灾就没收成
	宝珠黄、俗得白、张邻黄、钩干黄等31种	
黍	鸳鸯黍等4种	
粱秫	黄粱、谷秫等4种	
大豆	白大豆等4种	
小豆	绿豆、赤豆、白豆	
麦	落麦（秃芒）、春种穬麦	
水稻	黄瓮稻、黄陆稻等13种	一年两熟
水稻	九稻秫、雉目秫等11种	秫稻
胡麻	白胡麻、八棱胡麻	白者油多
葵	紫茎等5种	

之患。将种前二十许日，开出，水洗；浮秕去，则无莠，即晒令燥，种之；依周官相地所宜而粪种之。"这里指出了良种繁殖几个原则：第一，良种繁殖不能和大田生产混杂一起，一定要单独经营；第二，在良种繁殖地里，要加倍的精耕细作，种前水选，去除杂物，生长期间要加强管理，保证使其生长健壮；第三，繁殖的种子要单独妥善储藏，防止别种混杂进来。

对于果树和用材树木的优良品种繁育则采用有性繁殖和无性繁殖的方法。《氾胜之书》中记载了用十株瓜接在一起，接活以后，剪去九株的上部，只留一根蔓，让十株的根所吸收的养分供给一株上部生长，让它结果。《齐民要术》则由同一作物的嫁接发展到不同树木的嫁接，由单纯结大的果实发展到以嫁接方法提早结实和改良产品的品质。除了嫁接，《齐民要术》还提到像杨柳、安石榴等可用扦插方法繁殖，桑、葡萄、林檎等可用压条方法繁殖。

对于畜牧业，《四民月令》中提及了马、牛、猪、犬都是饲养的，虽然没有提及养羊和养鸡，但书中涉及宰杀羊和鸡。可见六畜（马、牛、猪、犬、羊和鸡）在西周以后开始饲养。到了后魏，《齐民要术》记载的牲畜品种相当丰富，家畜包括了牛、马、驴、骡、猪、羊；家禽包括了鸡、鹅、鸭。对于牲畜品种的鉴定，先秦两汉就有相马、相猪等专家，并有《马经》《牛经》等书籍，后汉还有饲马法。到了隋唐，大家畜如猪、小家禽如鸡之类，还要分别其优劣。

海洋生物的捕捞、采集和养殖也是古代沿海人民的一项重要经济活动。《禹贡》中有"海物维猎"的说法。后来人们就将各种海味统称"海错"。海洋生物首先用作食物。宋代就有"海错"的记载，海错中主要是鱼类和海洋植物。明代屠本畯著的《闽中海错疏》是我国较早的区域海洋动物志，记载了福建沿岸海洋动物200多种，其中海产鱼类40～50种。其次，海洋生物入药在2000年前就有记载。宋陆佃《埤雅》："海藻、昆布、青苔、紫菜，皆疗瘤瘿结气，被海之邦此故能疗之也"[7]。神话传说龙宫中有奇珍异宝，这源于古代许多名贵装饰品为海洋动物产品。珍珠很早就用作皇家贡品，珊瑚在西汉也成为了贡品。《西京杂记》记载"珊瑚高一丈二尺一寸，……是南越王赵佗所献"[8]。自古人们喜爱宝贝，其贝壳光洁美观，可作装饰品或货币。随着海洋生物资源的不断开发，又出现了海产养殖业。海产养殖的发展是建立在对养殖对象的生存习性有深度了解的基础上的。珍珠贝养殖至迟在宋代出现了。庞元英《文昌杂录》[9]："礼部侍郎谢公言有一养珠法：取假珠，择光莹圆润者，取稍大蚌蛤，以清水浸之。伺其口开，急以珠投之，频换清水，夜置月中，蚌蛤采玩月华，此经两秋即成真珠矣"。我国东南沿海养殖牡蛎有着悠久的历史，罗马人普林尼（公元23—79年）记载，在西方建立人工牡蛎苗床之前，中国人便掌握了养殖牡蛎的技术了。

四、土地资源的利用

（一）土地资源利用

上古传说神农氏尝百草教民稼穑、开创农业。张守节注《史记·五帝本纪》说："神农氏姜姓……有圣德，以火得王，故号炎帝"。《孟子》说："当尧之时，……草木畅茂，禽兽繁殖，五谷不登，禽兽逼人……尧独忧之，举舜而敷治焉。舜使益（掌管农业的官员）掌火。益烈山泽焚之，禽兽逃匿……后稷教民稼墙，树艺五谷"。《周礼·秋官》设"柞氏"之职，以火攻草木，为田种谷。周朝各诸侯在封地内建立城邑，一层层地放火焚林，按放射状由内向外增辟农地。《尔雅·释地》说："邑外谓之郊，郊外谓之牧，牧外谓之野，野外谓之林，林外谓之坰。"以邑为中心，邑外为农田，农田外任草、灌生长以为牧区，牧区外为天然林区，最外围则是未烧到的林地，为防卫林及辖区边界。在人口稠密的地区，各城邑的外围林地逐渐消失，各诸侯农田彼此接壤。《战国策·赵策》说："今千丈之城万家之邑相望也"，即开发后的景象。《三国志》载："文帝践阼，徙散骑侍郎，为洛阳典农。时都畿树木成林，昶斫开荒莱，勤劝百姓，垦田特多"[10]。随着资源环境的演变和经济技术的发展，刀耕火种在平原地区逐渐减少，但山地开发还是以刀耕火种为主，后世多称其为山田或畲田。据《尔雅》[11]，田一岁曰菑，二岁曰新田，三岁曰畲。周代称初垦之田为菑，次年、第三年者为新、畲，反映了刀耕火种中三年成田的过程。宋时有关于畲田记载较为详细。南宋范成大在《劳畲耕·序》说："畲田，峡中刀耕火种之地也。春初砍山，众木尽蹶。至当种时，伺有雨候，则前一夕火之，借其灰以粪。明日雨作，乘热土下种，即苗盛倍收，无雨反是"。中国古代十分重视开垦荒地。清顺治六年（1649年）诏曰："地方无主荒田，州县官给予印信执照，开垦耕地，永准为业。待耕至六年之后，有司官亲察成熟亩数，抚按勘实，奏请奉旨，方议征收钱粮。其六年以前不许开证，不许分毫敛派差徭。各州县以招民劝耕之多寡为优劣"[12]。清代也注重屯田垦殖，张宸还强调在屯垦中要充分发挥富民的作用，"为今天下之计，莫如开垦荒田，而垦荒必使富人为之。何以言之？国家亦尝置吏议垦矣，然民之殷足者必不赴之，而应募率皆贫民浮户。欲其自备牛种则无力，欲官为之备则无财，而民仍无所托。夫所谓富民者，制田里、供赋税、给徭役者也，其招募游民、葺理房舍、疏通水利、以至牛种、耕具易办也。"这种肯定富民在荒地资源开发中的作用的思想，是对当时土地开发理论的一个发展。

在农业文明时代，土地是人们最主要的资源。《管子》对土地在农业生产中的作用有深刻认识，"地者，万物之本原"。《管子·牧民》篇说："不务地利，则仓廪不盈。"《管子·七法》篇说："地不辟，则六畜不育。六畜不育，则国贫而用不足"。《管子·八观》篇说："谷非地不生。"《管子·霸言》篇说："夫无土而欲富者忧"。《管子》的土地利用思想涵盖了土地外延扩张和内涵发展两方面。土地外延扩张（广土政策）包括：第一，垦荒，《管子·五辅》载："实扩虚，垦田畴，修墙屋，则国家富"。《管子·治国》载："田垦，则粟多。粟多，则国富"；第二，用战争夺取土地。《管子·治国》载："战胜者地广"。由于土地外延式扩张有一定的限度，《管子·小匡》篇提出了"尽地之利"的土地内涵发展主张。《管子·霸言》篇说："地大而不耕，非其地也"。《管子·君臣下》篇说："审天时，物地生"。《管子·侈靡》篇说："辨于地利而民可富"。《管子·形势解》篇说："明主上不逆天，下不扩地"。《管子》提出了两条"尽地利"的措施：一是"度地之宜"，《管子·立政》载："相高下，视肥硗，观地宜，明诏期，前后农夫，以时钧修焉，使五谷桑麻皆安其处"。"桑麻植于野，五谷宜其地，国之富也"。二是深耕细作、集约化经营，提高土地利用率。

在土地资源开发利用过程中，人们越来越认识到水利的重要性。明代徐贞明在《潞水客谈》中提出了屯田水利论[13]，全面地阐发了开垦农田、兴修水利的利益所在。他针对"西北之地，旱则赤地千里，涝则决流万顷，惟寄命于天，以幸一岁之丰收"和"东南生齿日繁，每人浮于地"的局面，提出"今若招抚南人，使修水利，以耕西北之田，则民均田亦均矣"。从区域经济发展的角度强调了人水协调、水土协调的重要性。他主张"访求古人故渠废堰，师其意不泥其迹，疏为沟浍，引纳支流，使霖潦不致泛滥于诸川，则并河居民，得资水成田，而河流亦杀，河患可弭矣"[14]。

扩大耕地面积和提高单位面积产量是发展农业生产的两条途径。清朝前中期的土地资源开发偏重于扩大耕地面积，到清末，提高地力和扩大面积并重，并开始关注人地平衡。清龚自珍提出了农宗论，他主张垦荒地和提高地力，对土地占有量的适度规模作了论述。包世臣认为人的劳动与土地效益直接相关，认为造成当时国贫民苦的主要原因是"力作率不如法"，只要耕作得法，土地是能够满足人口需求的，他说："夫天下之土，养天下之人，至给也，人多则生者愈众，庶为富基，岂有反以臻贫者哉？今天下旷土虽不多，而力作率不如法，西北地广，则广种薄收，广种则粪力不给，薄收而无以偿本。东南地窄，则弃农业工商，业工商则人习淫巧，习淫巧则多浮费"[15]。当时，人们已感觉到了人与土地资源之间的不平衡，但资源无限观仍居主导地位。随着人口的增长，国贫民困的现实使人逐渐意识到土地资源的有限性。1879年，薛福成从"机器养民"角度提出了其独到的人土关系见解。他指出"西洋富而中国贫，以中国患人满也。然余考欧洲诸国，通计合算，每十方里居九十四人，中国每十方里居四十八人，是欧洲人满实倍于中国。而其地之膏腴又多不逮中国，以逊中国之地，养倍于中国之人，非但不至中国之民穷财尽，而德诸国多有饶富景象者，何也？为能浚其生财之源也"[16]，也就是说，土地面积并不是财富产生的唯一因素，只要发展先进的生产技术，即使在较小的土地上也能使较多的人口富足。

从战国时商鞅开始，形成了土地与人口相适应的理论，商鞅的"制土分民之律"[17]强调二者之间的平衡，其调节措施是人口迁徙。随着中国封建社会经济危机的频繁发生，人口压力日益堪忧，尤其是在清代洪亮吉的人口理论提出以后，中国人口过剩已成定论。太平天国时期的汪士铎甚至主张用极端的手段来减少人口。相比之下，薛福成的"机器养民"见解具有新意：其一是对人口—土地关系持相对辩证看法，其二是对中国人口过剩论提出异议。薛福成认为大机器时代土地资源开发可通过开疆拓土、提高单产最大限度上发挥土地效益，并将土地开发的视野拓展到农业以外，强调"视开矿如耕田""辟荒地为巨埠"[16]。显然这已不同于传统农业社会的土地资源利用概念，而是大机器生产条件下的农工商多业并举土地资源开发思路。

（二）土壤改良

长期的农业生产实践，使人们积累了丰富的土壤知识。在《吕氏春秋·任地》篇中，对土壤生产力的可变性提出了见解："地可使肥，又可使棘"。意思是土地经过改良，可以变肥沃；但如果只用不养，那么本来肥沃的土地也会变得瘦瘠。最初人们为了解决用地和养地的矛盾，通常采用撂荒轮休，以后在农业生产实践中，开始给土壤增加肥料、改进耕作方法、提高耕作水平，以实现土壤资源的永续利用。汉代赵过的"代田法"是土地用养结合的措施。它是在耕作中轮休，又在轮休中养地，养地时也用地。宋陈敷提出了"地力常新壮"理论，在土壤资源可变性上提出一个"治"字。陈敷指出：土地种了三五年，地力疲乏了，庄稼没有好收成。如果"时加新沃之土壤，以粪治之，则益精熟、肥美，其力常新壮矣"。"土壤气脉，其类不一。肥沃硗埆，美恶不同，治之各有宜。且黑壤之地信美矣，然肥沃之过，或苗茂而实不坚，当取新之土以解利之，即疏爽得宜也，硗埆之土信瘠恶矣，然粪壤滋培，即其苗茂盛而实坚栗也。虽土壤异宜，顾治之如何耳。治之得宜，皆可成就"[18]。陈敷提出的客土和施粪两个措施，至今都对土壤利用具有指导意义。土壤改良包括对土壤的物理、化学和生物性状等进行改造，使其更适宜于作物生长。中国古代的土壤改良方法主要有施肥、耕种以及盐碱地治理。

1. 培肥和耕作

通过施肥以恢复和提高地力，是中国古代土壤科学的一大特色，也蕴含了中国古代持续利用自然资源的思想。我国最早施用粪肥的记录见诸殷代的甲骨文[19]。到了春秋战国时代，施用粪肥广泛普及，"多粪肥田"（《荀子·富国》）的道理已深入人心。绿肥在西周后期也已为人注意。《诗·周颂·良耜》说："以薅荼蓼，荼蓼朽止，黍稷茂止"。《礼记·月令》指出："夏季，大雨时行，乃烧薙行水（"薙"，指割下的草，"行水"，指用水浸饱），利以杀草。如以热汤，可以粪田畴，可以美土疆"。反映出人们已懂得草肥的两个作用：美田畴（作肥料）和美土疆（改变土壤的物理结构）。在《荀子·致土》中，也有"树落则粪本"的说法。草、树叶除掉或枯干后，用火、水两种方法处理，使其变成肥料，其中水化野草就是绿肥。汉代以后，施肥技术发展很快，《氾胜之书》总结出施用基肥、种肥、追肥、杂草压青作绿肥的经验。并说："凡耕之本，在于趋时、活土、务粪泽"。晋代有了人工栽培绿肥。晋郭义恭的《广志》中道："苕草色青青，紫华，十二月稻下种之，蔓延殷盛，可以美田，叶可食"。后魏时期，更是创造出了一套科学的施肥方法和理论，所用的肥料有厩肥、蚕屎、人粪尿、动物骨灰、绿肥、草木灰、旧墙土等，并强调肥料的发酵和腐熟。瓜、谷、葵、葱等都可用作绿肥。《齐民要术》指出种谷子用绿豆作绿肥，可使谷子产量提高3倍以上。

耕作水平影响土壤肥力，关系到庄稼收成的丰歉。耕锄方法详细记载见诸《吕氏春秋》的"任地""辨土"两篇，它对不同土壤提出不同的耕作措施，"五耕五耨，必审以尽"，其理论奠定了我国古代以"精耕细作"来改良土壤的农学基础。东汉王充对"深耕细作"作了阐述："夫肥沃硗埆，土地之本性也。肥而沃性美，树稼丰茂；硗而埆者性恶，深耕细锄，厚加粪壤，勉致人功，以助地力，其树稼与彼肥沃者相似类也"[20]。贾思勰则进一步指出多锄可以加速土壤熟化，说："锄者，非止锄草，乃地熟而实多，糠薄。锄及十遍，便昨八米"[21]。

2. 盐碱土的改造

《诗经·大雅·帛系》中提到以"遹宣遹亩"的方法改造盐碱土，亩就是畦畴，宣是渲泄，排水。这是我国以农田水利改良盐碱土的开端。《吕氏春秋·任地》篇说："子能使吾土靖而甽浴土乎？"意思是"你能够让我们的土洁净（不含过量的盐碱）而用沟甽来洗土吗？"，沟甽就是大小沟渠构成的排水系统。战国末，史起在邺引水灌溉洗盐，种植水稻，效果良好。古代这种引水洗盐的方法与现代科学道理一脉相承，主要原理是以淡水溶解土壤中可溶性盐类，脱盐过程短、效果显著。除了灌溉洗盐外，我国古代还采用放淤压盐的办法来改良盐碱土。《汉书·沟洫志》称："泾水一石，其泥数斗，且粪且溉，长我禾黍"。淹水种稻洗盐，也是改良盐碱土的有效措施。明代徐光启在《农政全书》记载了采用开沟排水、作堤、选种耐碱作物等措施治理滨海碱害。"濒海之地，潮水往来，淤泥常积，有碱草丛生，此须挑沟筑岸，或树立椿橛，以抵潮汛，其田形中间高，两边下，不及十数丈，即为小沟，百数丈即为中沟，千数丈即为大沟，以注雨潦，此甜水、淡水也，其地初种水稗，斥卤既尽，渐可种稻"。

（三）水土流失治理

古代农业的第一步就是开荒垦地，垦荒必然使乔木、灌木、多年生草本等的天然植被受到破坏，而代之以水土保持能力差的一年或两年生农作物，必然会引起水土流失。原始社会晚期唐虞时代的蜡祭祝辞中曾提到"土反（返）其宅，水归其壑"[22]，反映了当时水土流失已达到了为害的程度。为了防止水土流失，古人通过各种农、林生物措施和工程技术来减轻水土流失，积累了丰富的水土保持经验。首先是山林、川沟等地不允许耕作。《礼记·王制》曰："方百里为田九十万亩，山陵林麓，川泽沟壑，城郭宫室，涂苍三分之一，其余六十万亩"。《淮南子·主术训》认为："肥硗高下，各因其宜，丘陵阪险不生五谷者，树以竹木"。其次是加强农田水利工程，如修建陂塘、堰坝、池塘等。宋代东南地区坡耕地的农田水利发展很快，《陈敷农书》提及五陵山区以十分之二三的土地来修筑陂塘。第三是修建梯田。"梯田"的名称最早见于宋代范成大（1126—1193 年）的《骖鸾录》中，说袁州（今江西宜春）仰山"岭阪之皆禾田，层层而上至顶，名梯田"。《华阳国志》和《水经注》都记载了四川丘陵地区的"水稻上山"。关中一代引洪漫地的淤田法，在唐宋盛行一时。北宋熙宁专门成立了淤田司，十年间共淤田五六万顷，"所淤新旧之田，皆为沃壤""碱卤之地，尽成膏腴"。打坝淤地则是引洪淤田的发展，在宋朝后期开始发展。

（四）土地资源制度

1. 土地资源分配制度

明代初期比较重视土地资源开发，但土地兼并在明朝中后期愈演愈烈，这促使有关土地制度的理论主张重新成为社会舆论的焦点。明代中期以前，复井田的观点一度比较流行。始于商周的井田制是一项全国范围的土地利用与分配制度，实行井田制必须把属于不同生产者和社会成员的土地收归国有，取消土地私有制。明代胡翰在《井牧》中认为井田制度有十大便利之处，即知重本、齐民力、通货财、绝兼并、无横敛、足军实、无边虑、少凶荒、成政教等。他相信在当时的社会条件下"以天下之田给天下之民"已足够，客观上具备了推行这种土地制度的自然资源[23]。海瑞也是一个复井田论者，他断言："欲天下治安，必行井田"[27]。黄宗羲不赞成限田和均田，主张恢复古代的井田制，他说："天下之田，自无不足，又何必限田均田纷纷而徒为困苦富民之事乎！故吾于屯田之行，而知井田之必可复也"[28]。王叔英反对井田制，认为上古"人民稀少，故田可均"，但天下之事"有行于古而难行于今者，如井田、封建之类是也"[29]。丘浚也反对恢复井田制，表示"井田已废千余年矣，决无可复之理，说者虽谓国初人寡之时，可以为之；然承平日久，生齿日繁之后，亦终归于隳废。不若随时制宜，使合于人情，宜于土俗，而不失先王之意"[26]。鸦片战争前夕，中国封建社会走向衰微，土地兼并严重，吴铤在《因时论》中提出了限田主张，指出"一家而兼教十家之产"导致了"无田者半天下"。在当时条件下，实行井田制不可能，"近世井田断不可行，山川之奥不可井，城郭之错不可井，园林廛漆之系属不可井，必得平原广陆始可行之"。他的土地分配理想是实行均田法，"近世田既不可井而欲定田制，莫如行均田法，而去其弊"[27]。

2. 土地资源所有制

明清时期是中国土地资源思想发展史上一个比较特殊的阶段。在社会经济方面，明朝中叶以后的商品经济有较快的发展，在江南一带出现了包含有资本主义萌芽的手工作坊等新兴部门；在社会思想方面，出现了中国历史上早期启蒙运动，由于明清时期土地私有制的急剧壮大，加上人们意识观念的更新，致使这一阶段的土地资源分配和所有制思想有独特的历史特点。首先王夫之对土地皇（王）有论进行了否定，提出了土地民有论，在中国历史上第一次明确肯定土地私有的合理性，指出"王者能臣天下之人，不能擅天下之土""民之田，非上所得而有也"[28]。与王夫之"土地民有论"相呼应，王源又提出"有田者必自耕"原则，其出发点虽然还是抑制土地兼并，但他避开了老生常谈的限田思路，而主张取消不耕者的土地占有，为使耕者获得足额土地资源，提出了包括献田、买田、开荒等获取土地的途径。王源对非农用土地的自由买卖也持宽松态度，他表示城中土地不能尽公，"不如听人私向买卖，建造收其房租为便"[29]，这是中国封建社会中为数很少的论及城市土地资源政策的见解。

1853 年太平天国颁布的《天朝田亩制度》是中国历代农民起义中土地诉求的集中体现。《天朝田亩制度》明确提出了"凡天下田，天下人同耕"的口号，这种平均地权的思想，一方面受到中国古代均贫富思想的影响，另一方面也受外国宗教思想的影响，是一种完全否定私有制的土地方案。虽然它代表了广大农民推翻封建地主土地所有制的革命要求，并展示着追求平等生活的美好理想，但这种理想带着某些旧时代的痕迹和不切实际的幻想，列宁曾经指出："土地重分的平均制是乌托邦"[30]，太平天国运动最后的失败，也从反面证明了《天朝田亩制度》的空想性。

五、矿产资源开发利用

古人从旧石器时代就开始从事矿产的开发活动，由最初无意识拾取石头逐渐发展到选取和挖掘石料。考古学界划分的石器时代、青铜器时代、铁器时代，都是以人们开发活动中的主要矿产种类为特征的。正是人类在认识自然、适应自然和改造自然的过程中，发现矿产资源，并进行开发与利用，从而促进了社会生产力的发展和人类文明的进步。

旧石器时代，"古人"主要采集石英岩、石英砂岩、蛋白石、水晶和燧石等砾石做原料，制作石片、石器、石斧等生产工具或装饰品，并利用黏土烧制陶器。如果将其称为"矿业活动"的话，那么最多也只能称为矿业的发生或萌芽阶段，但它对人类的社会进步起了很大的推动作用，并使"古人"逐渐进化为"新人"；新石器时代，石器工具已获得广泛的应用，推动着农业的发展，并开始利用自然铜来制造简单的小斧、小刀、锥、凿和环形装饰品等红铜器，使矿产资源与人类的生活，技术进步和经济发展的关系更为密切，从而使矿业得到了更快的发展；青铜器时代，生产的铜器已包括戈、矛、刀、链、斧、铲等武器和生产生活工具，其中著名的后母戊大方鼎重达 875 千克，证明当时铜、锡的生产量已达到相当可观的程度，生产技术达到了相当的水平。青铜在生产、生活、军事和装饰等各方面的使用，说明当时的采矿和冶炼制作已在社会中占有重要地位。与此同时，制陶业也更为发展，要求开采质量更高的高岭土。所有这一切都推动了人们对金属和非金属矿产资源的开发工作，并使它们发展成为一个重要的独立部门；铁器时代，根据考古资料推证，我国早在商代就出现了铁刃铜钺而开始利用陨铁[2]，战国中后期，铁器工具得到相当普遍的应用。《管子·地数》篇总结指出：天下名山 5270 个，其中出铜的山有 467 个，出铁的山有 3609 个，《尚书·禹贡》中记载当时开采的金属矿已有金、银、锡、铜、铁、铅等 12 种，《山海经》记载开采的矿物，据已达 73 种。

总的来说，古代矿产资源的开发活动，是一个矿业的产生、发展和形成为一个独立完整的产业体系的过程。但由于当时的采掘规模还很小，地表又存在着丰富的可供利用的矿产资源，使地质资源问题在当时并不占重要地位。

六、传统农业生产技术

自 16 世纪起，资本主义发展较早的西欧国家一反农本传统，实行重商主义，借以促进海外贸易和殖民活动，鼓励资本原始积累，扶植为拓展国外市场的工业生产。18 世纪中叶，英国首先发动了以大机器生产和广泛采用蒸汽动力为标志的工业革命，这是人类资源利用史上由改造性利用自然资源向掠夺性利用自然资源的一次意义深远的飞跃。在同一时期，发展水平超过西欧国家的中国，却故步自封，闭关自守，限制甚至放弃海上活动，维持着传统的以农为本的经济模式。资源开发利用的方式仍沿着传统农业轨道发展，其资源范畴还是以土地和生物为中心的农业资源。

（一）"富国必以本业"的农本思想

直至明代中叶中国的科学技术仍然走在世界前列，在东南地区还出现了资本主义的萌芽。随着经济发展，人口迅速增长，人多地少的矛盾变得尖锐了。到了明代晚期，国势衰颓，在此背景下，徐光启在《农政全书》提出"富国必以本业"的农本思想，其理论基础为："欲论财，计当先辨何者为财？唐宋之所谓财者，缗钱耳。今世之所谓财者，银耳。是皆财之权也，非财也。古圣王所谓财者，食人之粟，衣人之帛，故曰：'生财有大道，生之者众也。'若以银钱为财，则银钱多，将遂富乎？是在一家则可，通天下而论，甚未然也。银钱愈多，粟帛将愈贵，困乏将愈甚矣。故前代数世之后，每患财乏者，非乏银钱也。承平久，生聚多，人多而又不能多生谷也。""夫金银钱币，所以衡财也，而不可为财。方今之患，在于日求金钱，而不勤五谷，宜其贫也益甚。此不识本末之故也" [31]。

徐光启"富国必以本业"的理论要点：①只有"食人之粟，衣人之帛"才是"财"，是满足衣食需要的使用价值，是实物形态的物质财富。货币形态的金银钱币不是"财"，而是价值尺度（"财之权"）。②世人不能辨别"财"与"权"的区别，只知道"日求金钱，而不勤五谷""人多而又不能多生谷"，消费多，生产少，是日益贫困，国弱民穷的根源。③对"食""货"传统观念中的"货"作了新的解释，说"为之者急，用之者舒"，"货"是指实物形态的使用价值，不是价值或交换价值，它类似后世说的日用百货，补充了他定义的"财"的内容。④银钱多对个别家庭来说可以作为富的标准。但就全社会来说，则是"银钱愈多，粟帛将愈贵，困乏将愈甚"，所以欲求国家之富不能追求货币（银钱）。⑤农业是生财的源泉。要求小农经济创造出"食人之粟、衣人之帛"，提供充足的实物形态。只有将众多的劳动力用于五谷布帛生产，方能创造出国家必需的物质财富，改变国弱民穷的局面。徐光启主张富国必以本业，但是不排除多途致富。他援引司马迁"本富为止，末富次之，奸富为下"的观点，指出"南人太多……为末富奸富者，目前为我大蠹，而他日为我隐忧"，主张"使末富奸富之民，皆为本富之民"，以增加从事农业生产的劳动力。使"末富"之民转向本业，并非一概地轻商或抑商。在《海防迁说》中甚至主张发展对外贸易，提出对倭寇"明与之市"，使"我之丝帛诸物，愈有所泄"，而"绝市"则是使"商转为盗"，对于经济和国防都是不利的。

从对农业资源的科学认识和利用技术看，以农为本的思想使得我国传统农业的自然资源利用达到了前所未有的水平，一些重要的单项资源如土地资源、水资源、气候资源和作物资源等的科学思想和方法取得重要进展。

（二）传统农业生产技术体系

我国明清时期的农业生产有很大发展，创造了在人均耕地不足 2 亩的条件下养活四亿人口的奇迹。农业资源利用在继承精耕细作传统的基础上，沿着扩大耕地面积和提高单产的两条道路发展，可视为传统农业技术的继续发展时期，代表了农业社会资源利用的最高水平。这一时期既有全国性、综合性农学巨著，又有许多地方性、专业农书，如兽医专书、野菜专书和治蝗书等，构成了中国农业社会改造性利用农业资源的技术体系，可以归纳为几个方面：

1. 开垦耕地，多熟种植

明清时期扩大耕地有三种新发展，一是洞庭湖的围垦。洞庭湖跨湖北、湖南两省，因泥沙淤塞，早在宋代已有零星开垦，到明清大量围垦。洞庭湖的围垦和太湖不同，是在湖的北面筑堤以挡江水，在湖以南筑堤圩田。清代垸子地数目猛增到四五百处，开垦农田达 500 万亩。洞庭湖的开发使两湖地区成为继太湖之后的又一个粮仓。明中叶以后人们已从"苏湖熟，天下足"改称为"湖广熟，天下足"了。扩大耕地的另一条途径是开发沿海的盐碱地。如河北省东部滨海平原，地势平坦，排水不畅，土壤盐碱化严重，碱草丛生，是无人耕种的地区。万历年间袁黄提出利用盐碱地方案，先在潮水浸渍的地方"挑沟筑岸，或树立桩橛"以阻拦潮水。继而开出中间高、两边低的田，并且相隔十数丈为小沟，百数丈为中沟，千数丈为大沟，以注雨潦。最初可以种水稗，数年以后，斥卤既尽，就可以种稻。

多熟种植是中国传统农业的精华。明清时期在北方的山东、河北、陕西关中出现了两年三熟："陂地两年三收，初次种麦，麦后种豆，豆后种蜀黍、谷子、黍、稷等"。长江流域除以稻麦两熟为主外，间作稻也很普遍。福建广东因无霜期长，很早即有连作稻、间作稻、混作稻。明代福州已有一年三熟制。多熟种植制度的发展，标志着中国传统农业在合理、高效利用农业自然资源领域达到当时世界的领先水平。

2. 引进新作物品种

明清时期由于世界航海迅猛发展，增加了各地作物相互引种的机会。这一时期从海外引进的玉米、甘薯、花生、马铃薯及烟草、番茄、洋葱等新作物[32]资源，对中国农作物结构调整进而合理利用农业气候资源、土地资源和水资源等具有深远的影响，同时也促进了对自然资源的系统性认识。

3. 完善传统施肥方法

明清时期，传统肥料科学进入完善和总结阶段。传统肥料科学的完善从三方面得到反映：①种类增加。清代杨屾的《知本提纲》把传统的有机、无机肥料归纳为十大类：人粪、畜粪、草粪、火粪、泥粪、蛤灰粪、苗粪、油粕粪、黑豆粪、皮毛粪。这反映了中国传统农业非常重视利用一切废弃物，纳入肥料范围，使之参加物质、能量循环，同时也保护了环境卫生。从现在看，这是废弃物资源化的典范。②理论发展。明清时期继承宋以来"用粪如用药"的思想，把各种肥料比作各种"药材"，有寒、热、生、冷之分。把土壤和作物视为两种活的有机体，根据作物生长情况，给以合适的肥料，犹如中医处方一样。一些致力于革新尝试的人想出各种肥料的配合，称之为"粪丹"，企图通过各种肥料的一定比例的混合、沤制、浓缩，施用于作物，以求获得更高的产量。③施肥方法。《知本提纲》的"三宜"最有代表性。所谓三宜是指时宜、土宜和物宜。时宜是说要根据季节选择速效、迟效等不同性质的肥料。土宜是根据土壤的肥瘠、轻重、寒湿等选择不同的肥料。物宜是说要按作物选择不同的肥料。由此可见，我国古代传统农业对各种自然资源的系统认识和利用技艺，已经达到很高的科学水准。

4. 创造农田生态平衡模式

明清时期太湖地区杭嘉湖平原和珠江三角洲地区人口稠密，蚕桑、甘蔗等经济作物发达，家畜饲养兴旺，但粮食、饲料、肥料、劳力的矛盾交错，迫使其农业从单一经营方式向粮、桑、渔、畜综合经营方式发展，从而保持粮、桑、渔、畜都丰产。在粮食生产方面，实行稻麦两熟（冬季除麦外，也加入油菜、蚕豆、紫云英），其中的紫云英是作为绿肥。其他肥料来自养猪的猪粪和挖河泥等。蚕桑方面，利用挖塘堆起的土墩种桑，以稻秆泥、河泥壅桑，桑叶饲蚕，蚕屎喂鱼，水面种菱及养鱼虾，菱的茎叶腐烂及鱼虾粪沉在河塘底，成为河泥的重要成分。农家又舍饲猪、羊，以羊粪壅地，羊吃草及冬季桑叶，又可生产羊羔皮等。在这种农业生产方式把粮食、菱、蚕桑、鱼、猪、羊等的生产，组织成一个能量流动、物质循环的农业系统，人们从中获得粮食、蚕丝、猪羊肉、鱼虾、羊羔皮、菱角等动植物产品，是中国传统农业生产系统所达到的最高成就。这种生产和生态平衡的农业模式持续了几百年，至今仍有很强的生命力。

随着人类对自然资源认识的深化，金属工具的广泛应用，种植业、畜牧业、手工业的分工，资源利用的范围和规模逐渐扩大，人类从原始社会走向传统农业社会。传统农业社会人们注重科学技术应用、注重对自然生产力保护，通过修建堤防、水坝、堰、渠、塘、井、防护林、水保林、梯田等人工设施，使资源利用范围不断拓展，资源利用的广度和深度逐步扩大[33]。人们从依附自然走向积极地干预自然，有目的利用资源满足人类需要，初步形成了在适应自然的同时改造利用自然资源的思想。由于传统农业生产是以畜力、铁制手工工具为主，资源利用科学技术也只是建立在经验基础上，自然生产力和社会生产力水平长时期较低，难以较大规模地利用开发自然资源，同时也没有对自然资源造成较大的破坏。

七、自然资源管理机构与制度

（一）自然资源管理机构设置及其职能

我国古代很早就设立专司自然资源管理的官职和机构。舜曾让"益"任此职。据《周礼》载："大司徒"是管理土地的官员，其职责是"以土宜之法，辨十有二土之名物，以相民宅，而知其利害，以阜人民，以蕃鸟兽，以毓草木，以任土事"；"山虞掌山林之政令，物为之厉，而为之守禁""林衡掌巡林麓之禁令"；"泽虞"掌管湖沼之政令；"川衡""川师"执管河流政令。"迹人"管田猎禁令。"囿人"掌"囿游之兽禁，牧百兽"。"渔人"是掌管打鱼政令的官员等。《荀子》指出："养山林薮泽草木鱼鳖百索，以时禁发，使国家足用，而财物不屈，虞师之职"[34]。《吕氏春秋》也提到"野虞""水虞"和"渔师"等类似官名。

庙宇、神山、宗祠、陵地、苑囿的建立，在客观上起到了自然保护区和生物基因库的作用。最早的园囿首推周文王的"灵台"。据《诗经·大雅》记载，灵台养有大量的鹿、鹤、鹭、鱼等。由秦始皇建立，经汉武帝扩建的"上林苑"方圆三百里，不仅有北方的鱼、鸟、兽、名花异卉，还有南方的龙眼、荔枝、槟榔、大象等。宋代的"寿山艮岳"，可称得上古代的大型植物园，既有纯林，又有经济植物、水生植物、亚热带植物种植区。我国培育和引种的动植物品种，在苑囿中得到保存和发展。宋代洛阳牡丹有24种，到清代发展到131种；芍药从39种发展成88种。

（二）自然资源管理礼制

自然资源在古代人们的生活中占有重要地位。我国很早就制定了有关自然资源保护的礼仪制度，以引导自然资源的利用与保护。不准滥砍滥伐，只许在规定时间内砍伐的"时禁"，见诸多个典籍。《逸周书·文传》说："山林非时不登斧斤，以成草木之长。"《荀子·王制》

说："草木荣华滋硕之时，则斧斤不入山林，不夭其生，不绝其长。"《孟子·梁惠王上》云："斧斤以时入山林，林木不可胜用。"《左传·隐公五年》有："鸟兽之肉不登于俎；皮革、齿牙、骨角、毛羽不登于器；则公（君）不射，古之制也。"《礼记·月令》云："仲春之月，……毋焚山林。"

战国末期《吕氏春秋》记载，孟春之月：禁止伐木，无覆巢，无杀孩虫、胎夭、飞鸟，无麛无卵。仲春之月：无竭川泽，无漉陂池，无焚山林。季春之月：田猎罼弋、罝罘罗网、餧兽之药，毋出九门。孟夏之月：无伐大树……驱兽无害五谷，无大田猎。仲夏之月：令民无刈蓝以染，无烧炭。季夏之月：令渔师伐蛟取鼍，升龟取鼋。……树木方盛……无或斩伐。孟秋之月：鹰乃祭鸟，始用行戮。季秋之月：草木黄落，乃伐薪为炭。仲冬之月：山林薮泽，有能取疏食田猎禽兽者，野虞教道之。……日至短，则伐林木，取竹箭。

（三）自然资源管理法规

战国以后，在礼制的基础上制定了法律来加强自然资源合理利用与保护。《秦律·田律》有："春二月，毋敢伐材木山林及雍堤水；不夏月，毋敢夜草为灰，取生荔，麛卵，毋……毒鱼鳖，置穽网，到七月而纵之。维不幸死而伐棺享者，是不用时"[35]。《唐六典》卷七《虞部》规定："凡五岳及名山能蕴灵产异，兴云至雨，有利于人者，皆禁樵采。"

多部典籍涉及以"火宪"（防火法令），禁止焚山烧林的记载。《管子·立政》："修火宪，敬（警）山林泽蔽积草。"《周礼·夏官》说，司爟"掌行火之政令，……凡国失火，野焚莱，则有刑罚焉。"《宋史·食货志》载，真宗大中祥符四年（1011年），朝廷下诏："火田之禁，著在礼经，山林之间，合顺时令。其或昆虫未蛰，草木尤蕃，辄纵燎原，则伤生类。诸州县人畬田，并如乡土旧例，自余焚烧野草，须十月后方得纵火。其行路野宿人，所在检察，毋使延燔。"

参考文献

[1] 秋浦. 鄂伦春社会的发展 [M]. 上海：上海出版社，1978.

[2] 赵冈. 人口、垦殖与生态环境 [J]. 中国农史，1996，15（1）：56–66.

[3] 曹旭华.《管子》关于充分利用土地及其他自然资源发展农业生产的思想 [J]. 管子学刊，1991（1）：24–8.

[4] 吴自肃，等. 云南通志 [M]. 卷十二，康熙三十年刊本.

[5] 吴堂撰修. 同安县志 [M]. 卷十四，光绪十一年重印嘉庆三年本.

[6] 叶延推撰. 海澄县志 [M]. 卷十五，民国十五年重印乾隆二十七年末.

[7] ［宋］宋佃. 埤雅. 卷十五.

[8] ［晋］葛洪. 西京杂记. 卷一.

[9] ［宋］庞元英. 文昌杂录. 卷一.

[10] 陈寿. 三国志·王昶传.

[11] 尔雅，卷七，释地.

[12] 清世祖实录，卷四三.

[13] 钟祥财. 中国土地思想史稿 [M]. 上海：上海社会科学院出版社，1995.

[14] ［明］徐贞明. 潞水客淡.

[15] ［清］包世臣. 安吴四种，卷二六，庚辰杂著二.

[16] ［清］薛福成著，丁凤麟，王欣之编. 薛福成选集 [M]. 上海：上海人民出版社，1987.

［17］［战国］商鞅. 商君书·徕民.

［18］万鼎校注：陈敷农书校注［M］，"粪田之宜第七"，农业出版社.

［19］胡厚宣，再论殷代农作施肥问题［J］. 社会科学战线，1981（1）.

［20］［汉］王充，论衡·率性.

［21］［北魏］贾思勰. 齐民要术·种谷.

［22］［汉］戴圣. 礼记·效特牲.

［23］［明］胡翰. 胡仲子集，卷一，井牧.

［24］明史. 海瑞传.

［25］［明］黄宗羲. 明夷待访录·田制二.

［26］［明］丘濬. 大学衍义补，卷一四，固邦本制民之产.

［27］［清］盛康. 皇朝经世文续编，卷三十五，因时论十·田制.

［28］［明］王夫之. 船山遗书·噩梦.

［29］［清］李塨，王源. 平书订，郑十原注.

［30］列宁. 列宁选集（第二卷）［M］. 北京：人民出版社，1972.

［31］［明］徐光启著，陈焕良注. 农政全书［M］. 岳麓书社，2002

［32］李约瑟. 中国科学技术史［M］. 北京：科学出版社，1975.

［33］中国农业科学院. 中国农学史［M］. 北京：科学出版社，1984.

［34］荀况. 荀子，卷六，富国［M］. 北京：中华书局，1986.

［35］睡虎地秦墓简整理小组. 睡虎地秦墓竹简［M］. 北京：文物出版社，1978.

第二章 古代自然资源的科学史观

中国是一个农业古国，资源的开发利用与农事活动密切相关。中国古代与农业生产最为密切相关的主要是气候资源、水利资源、土壤与土地资源和农业生物资源。虽然在商周时期为了打制铁器、青铜器以及军事武器，中国就开始开发利用矿物，但开发层次和水平一直到现代工业革命之前都很低，始终未能形成规模。由于当时生产力水平较低，对资源的利用相对合理，资源的负荷较轻。在这种合理性的背后，人类通过实践积累了资源开发和利用的经验，在气候资源、水利资源、生物资源和土壤与土地资源方面，产生了一些重要的与资源有关的科学思想。

第一节 分类分级的资源评价观

随着资源利用范围的拓展，逐步产生了相关的资源知识，如资源分类和评价知识。古人在对资源特征具有一定认识的基础上，形成了资源分类知识；资源评价则是从资源利用的角度对资源适宜性进行评定。中国自古以农立国，资源的分类和评价既建立在农业生产的基础上，又服务于农业生产。与农业生产密切相关的资源分类和评价知识与思想大致如下：

（1）气候资源。中国甲骨文中（前 1217 年）就有连续 10 天的天气记录，并划出"风、雨、晴、雪"等气候现象[1]。奴隶社会将各种气候资源利用的经验总结成物候，提出了二十四节气，根据物候和二十四节气安排农业生产。

（2）水利资源。中国古代在利用和改造陆地水资源的过程中，对其形态和大小做了划分[2]：①河流类，浍（小水沟）、沟、谷（涧、溪）和川（河）；②湖泊类，池、沼、泽（湖）和浸；③泉类，泉、肥泉；④沼泽类，淖。

（3）土地资源。中国古代土地利用经历了由平地渐次上山滨水的过程，逐渐形成了平地、滨水地和山田等不同的土地利用方式。滨水地又可分为湖田、圩田、沙田、涂田、葑田、架田等。《宋书·谢灵运传》有"决以为田"[3]，是把湖水放走，使湖底干涸成为农田。圩田是发源于长江下游的一种利用滨河滩地、湖泊淤地，筑堤挡水发展起来的农田。王祯《农器图谱·田制门》载"围田，筑土围以绕田也。盖江淮之间，地多薮泽，或濒水，不时淹没，妨于耕种，其有力之家，度视地形，筑土作隄。环而不断，内容顷亩千百，皆为稼地"[4]。沙田是"南方江淮间沙淤之田也……四围芦苇骈密以护堤岸，或中贯潮沟，旱则频溉，或傍绕大港，涝则泄水，所以无水旱之忧，故胜他田也"[4]。涂田是在近岸的泥沙堆积层上造田，须脱盐才可耕种，"初种水稗，斥卤既尽，可为稼田"[5]。葑田是在水体中漂浮的植物毡上栽种庄稼。将木架浮于水面，让水草附生于木架而形成人造葑田，称为架田[5]。山田包括畲田、梯田等[6]。《诗经·小雅·正月》的"瞻彼阪田"[7]的"阪田"，就是山田或畲田，多采用刀耕火种方式。《太平御览》卷五六《魏名臣奏》，有"其山居林泽有火耕畲种"[8]，"畲种"是放火烧山开田。梯田是沿着山坡等高线筑埂，埂内开成农田[9]。"梯田"最早见于南宋范成大的《骖鸾录》，江西袁州"岭阪上皆禾田，层层而上至顶，名'梯田'"[10]。

在长期的农耕实践中，古人认识了各种不同的土类，并根据土壤的颜色、质地、地貌等对土壤进行分类，并予以评价[11]。《禹贡》将天下九州的土地分为9等，据此课征赋税（表2-1）。《管子·地员》篇提出了"度地之宜"的问题。首先，根据地势高下和水泉深浅把土地分为"渎田"（平原）、丘陵和山地三大类。"渎田"又分为悉徒、赤垆、黄唐、斥埴、黑埴五种土壤。离泉水较远的"悉徒"（息土，即冲积土），五谷皆宜，还适宜"蚖苍""杜松"树及"楚棘"草生长。离泉水次远的"赤垆"（赤黑之粟土），适宜五谷，"赤棠"树和"白茅"、"藿"草。离泉水又次远的"黄唐"宜种黏黄米和黏高粱。离泉水较近的"斥埴"（碱质黏土）宜种大菽与麦。离泉水最近的"黑埴"（黑黏土）宜种稻麦。山地可分为五种。丘陵地分为十八种。其次，《地员》篇对九州的土壤作了详细分类，列述了不同土壤所适宜生长的谷物、草木、果品以至鱼产和畜产，并对各种土壤的生产力作了比较。该篇把"九州之土"分为上土、中土、下土三大类，每类又分为六种，即上土分粟土、沃土、位土、隐土、壤土、浮土，中土分怘土、垆土、盐土、剽土、沙土、塥土，下土分犹土、壮土、埴土、觳土、凫土、桀土，共十八种土壤。每种土壤又有五种品色，总共有九十种不同品色的土壤。每种土壤生长二种谷物，可以生长三十六种谷物。以"上土"中的粟土、沃土、位土三种土壤生产力最高。而"上土"中的隐土、壤土、浮土与上述三种土相比生产力"不若三土以十分之二"。"中土"六种土壤生产所获比粟土、沃土、位上要少三至四成。"下土"比粟土、沃土、位土生产所获要少五至七成（表2-2）。

表2-1　《禹贡》中的土地等级

州　别	土　类	田地等级	赋的等级
冀　州	白　壤	5（中中）	1
兖　州	黑　坟	6（中下）	9
青　州	白坟、海滨广斥	3（上下）	4
徐　州	赤埴坟	2（上中）	5
扬　州	涂　泥	9（下下）	7
荆　州	涂　泥	8（下中）	3
豫　州	壤、下土坟垆	4（中上）	2
梁　州	青　黎	7（下上）	7，8，8
雍　州	黄　壤	1（上上）	6

表 2-2　《管子·地员》土地等级表

等 级		土壤种类	生产力（上等一级为 100%）
上 等	一级	粟土、沃土、位土	100
	二级	隐土、壤土、浮土	80
中 等	一级	恋土、垆土、盐土	70
	二级	剽土、沙土、埇土	60
下 等	一级	犹土、壮土	50
	二级	埴土、觳土	40
	三级	凫土、桀土	30

（4）农业生物资源。新石器时代以后，产生了农业和牧业分工，开始栽培植物和驯化动物。最初的作物主要是谷类，是野生采种，没有专门的育种。《诗经》中的谷类有 13 种。到了秦汉，麻类、水果、蔬菜开始栽培。到了北魏，已初步形成了目前栽培的禾本科谷物种植系统，各种饲料作物、油料作物广泛栽培，蚕桑开始在南方发展。北魏以后作物选种专门化，开始作物品种选育。南宋棉花栽培也形成了一定规模。西周以后开始饲养六畜（马、牛、猪、犬、羊和鸡）。到了北魏，家畜包括了牛、马、驴、骡、猪、羊；家禽包括鸡、鸭、鹅。秦汉出现了专门的《马经》《牛经》等专著。

第二节　因地制宜的资源利用观

因地制宜是资源利用尤其是农业生产中的一项重要的指导原则。"土宜""地宜"说在我国已有 2000 多年的历史。《逸周书·文传》指出"土不失宜""土可犯，材可蓄，湿润不［可］谷［之地］，树之竹、苇、莞、蒲；砾石不可谷［之地］，树之葛、木，以为蹊谷，以为材用。故凡土地之闲者，圣人裁之，并为民用。是以鱼鳖归其泉，鸟归其林"[12]。元代《王祯农书》"地利篇"记述了大禹治水之后，后稷教民稼穑，已"视其土宜而教之"。《尚书·禹贡》篇"九州之内，田各有等，土各有产，山川阴隔，风气不同，凡物之种，各有所宜""江淮以北，高田平旷，所种宜黍稷等稼；江淮以南，下土涂泥，所种宜稻秫""善农者"，要了解"方域田壤之异，以分其类，参土化土会之法，以辨其种"，才能"不失种土之宜，而能尽稼穑之利"。在《礼记·礼器》和《淮南子·泰族训》中讲到不同的地理条件（山陵、平原、低地水泽）各有其所适宜的生产活动。宋代《陈敷农书》也有"地势之宜篇"。

中国古代在生产实践中，实行宜农则农，宜林则林，宜牧则牧，宜渔则渔，因地制宜，发挥地区优势，多途径地利用和开发资源。《淮南子·齐俗训》有"水处者渔，山处者木，谷处者稻，陆处者农"[13]。司马迁在《史记·货殖列传》里提到："安邑千树枣，燕秦千树栗，蜀汉江陵千树桔……此其人皆与千户侯等"，反映了汉代因地制宜发展果树因而致富的事实。东汉王充在《论衡》中说："地性生草，山性生木，如地种葵韭，山树枣栗，名曰美园茂林"，强调要适应地区特点，种植果木、蔬食，各得其所。而清代《知本提纲》规划的更为合理："水泽之地，宜修鱼塘；高燥处多牧牛羊；鹅鸭畜于渠潦，鸡鸽养于平原。因地之所产，而广其种类，随物之所利，而倍其功力"[14]。

第三节　人力胜天的资源开发观

人与自然的关系是一个亘古至今的哲学命题。人类对自然（资源）的认识、利用、开发的广度和深度，与生产技术的发展有密切关系。上古时代生产力水平极低，人们对自然现象充满困惑，产生了崇拜、敬畏，以至图腾。原始社会人类处于蒙昧混沌状态，人与自然一体化。原始的"天人一体"的经验为后来的"人类属于地球"的唯物主义打下了烙印，同时也为唯心主义埋下伏笔。随着人类社会的发展，唯物主义的自然观发展成为"制天命"和"天人相分"的观点。到战国末期，地学、数学、力学等的发展促使大型水利工程的兴修，农学、生物学的发展催生了精耕细作，人们能够向大自然索取更多的物质资料，这就是人力胜天思想产生的前提。荀子继承和发展了老子的"自然天道观"的唯物主义思想，批判了孔子和墨子关于"天命""天志"的唯心主义观点。荀子认为"天"就是"列星""日月""四时""阴阳""风雨"和"万物"等运动着的自然界。而自然界的运行和变化是有客观规律的，不受人的主观愿望决定。荀子针对西周以来"天帝"主宰一切的宗教迷信思想，强调了人的主观能动作用。他说："错人而思天，则失万物之情""疆本而节用，则天不能贫""夫人不能以行感天，天亦不随行而应人"[15]，否定了"天人相感"的唯心论。东汉王充吸取了先秦唯物主义自然观和汉代在自然科学方面的成就，在《论衡》中指出天是由"元气"构成的物质实体，天"无口目之欲，于物无所求索"。所谓"灾异"也都是自然现象，有其自然规律，"大率四十一、二月，日一食，百八十日，月一食，蚀之皆有时"[16]。"水旱""寒温"也是气候的自然变化，"天之阳雨自有时""非政治所招"。

14世纪以后，欧洲进入了文艺复兴时期，涌现出培根、笛卡儿、狄德罗、达兰贝尔等思想家和哥白尼、伽利略、牛顿等科学家。欧洲发生了以实验和观测为起点的第一次科学革命，并引发了以技术革命为前奏的产业革命。工业文明时代的自然史观认为"人是自然的主宰"，人类随即进入大规模利用、掠夺式开发自然资源的阶段。与同时期欧洲不同，明中叶以来中国仍沿着传统农业文明轨道发展，人对自然改造力度虽有所强化，但仍然是传统的改造性自然资源利用方式。明代马一龙在《农说》中提出了"人力胜天"的思想。"天畀所生，人食其力"。"食以农为本，农以力为功"。"力不失时，则食不困。故知时为上，知土次之。知其所宜，用其不可弃；知其所宜，避其不可为，力足以胜天矣"。不仅明确提出"人力胜天"，还指出"人力胜天"是有条件的：即一要"知时""知土""知物之所宜"，把握作物生长发育与气候、土壤的关系。《农说》道："然时言天时，土言地脉，所宜之稼穑，力之所施，视以为用不可弃，若欲弃之而不可也，不可为亦然。合天时，地脉、物性之宜，而无所差失，则事半而功倍矣"。在《吕氏春秋》"审时"，《氾胜之书》"趣时"的基础上，《农说》提出"知时"，并用阴阳来代表"时"。"时者，主阴阳之候而言，阳主发生，阴主敛息，物之生息，随气升降"，明确了"时"是作物生长发育和自然气候之间的关系。若违反"时"，就不能完成"根苗花实之体，无所待而成物矣"。所谓"知土"是指合理利用土壤，以保障作物生长需要。所谓"知物性之宜"就是要选种育种、移栽嫁接、除草施肥等；二要有战胜自然灾害的技术措施。风灾是当时沿海地区的重大灾害。种植甘薯可以应对风灾。"若将吉贝地种薯，十之一二，虽风潮不损，此种扑地成蔓，风无所施其威也。还风者，一日东南，一日西北之类也"[17]。明代提出了"风土驯化"之法。"古来蔬菜，如颇陵、安石榴、海棠、蒜之属，自外国来者多矣。今姜、荸荠之属，移栽北方，其种特盛，亦向时所谓'土地不宜'者也""凡地所无，皆是昔无此种，或有之而偶绝，果若尽力种艺，殆无不可宜者"[17]。徐光启认为"风土驯化"，除了精细栽培外，还要选择适宜品种，提高作物引种的适应能力，这是对"人力胜天"说的丰富和发展。

"人力胜天"的认识基于：①自然资源多属于可再生资源，如土壤肥力周期恢复，水分冬去春来，生物世代交替，给人们造成一种大自然取之不尽，用之不绝的错觉。②人类需求的不断增长，推动了自然资源的利用开发进程。③经验和科学技术推动了资源开发进程。在人地关系中，"人力胜天"强调人在认识自然、改造自然中的主观能动性，其"尽人力"的资源利用思想具有一定的积极意义。同时其还发出了"知不力者，虽劳无功"的告诫，对"人力"的局限性已经有了某种程度的认识。在"人力胜天"的思想指导下，尽管中国古代在局部或某些时段因经济人口增长也对资源环境产生了某些影响，但总体上资源、生态环境问题还不突出。

第四节　用养结合的资源管理观

合理利用资源可造福人类，不当利用则会破坏自然、耗竭资源，最终将危及人类生存。《孟子·告子上》讲"牛山之木尝美矣，以其郊于大国也，斧斤伐之，可以为美乎？是其日夜之所息，雨露之所润，非无萌蘖之生焉，牛羊又从而牧之，是以若彼濯濯也。人见其濯濯也，以为未尝有材焉，此其山之性也哉？"[18]意即对林木的滥砍滥伐将引发植被破坏，以至牛羊缺食，人民财产受损。《荀子·天论》篇指出"各得其和以生，各得其养以成"[19]，告诫人们资源利用应当遵循自然规律，用养结合，使万物共荣。自然资源用养结合的思想主要表现在：

一、土地资源利用坚持"地力常新壮""精耕细作"

在长期农业生产实践中，我国人民发现了土壤的自然肥力有限，生产力会逐年下降。为了保护较高的生产水平，必须防止土壤生产力下降，从而产生了用地与养地相结合的观念。

我国最早的养地方法是撂荒轮休，靠自然力来恢复土壤肥力。以后逐渐发展成为人工客土养土、粪肥养土和绿肥压青养土。《吕氏春秋·任地》提出"息者欲劳，劳者欲息"的土地休闲的原则。西汉赵过倡行"代田法"，交替利用耕地，使土地轮换休闲以恢复地力。《周礼》提出"土化之法"。战国末期《荀子·富国》倡导"多粪肥田"。《周礼·地官·司徒》提出不同的土壤要施用不同的动物粪肥。《礼记·月令》总结了"季夏之月，利以杀草，可以粪田畴，可以美土疆"。《氾胜之书》注重以"粪泽"施田，称区田"以粪气为美""不耕旁地，庶尽地力"。西晋郭义恭在《广志》中总结了绿肥和水稻轮作复种的经验。宋代"美田"和"肥田"发展为"地力常新壮"说。《陈敷农书》道:"若能时加新沃之土壤,以粪治之,则益精熟肥美,其力常壮矣,抑何敝何衰之有"[20]。陈敷指出,用粪犹如用药,要看地施肥。元代《王祯农书·粪壤》篇基于"田有良薄,土有肥硗,耕农之事,粪壤为急。粪壤者,所以变薄田为良田,代硗土为肥土也",强调"惜粪如惜金""粪田胜如买田"。他还记载了用石灰改良冷水田的办法:"下田水冷,亦有石灰为粪,则土暖而苗易发"[21]。1494年,陆容在《菽园杂记》中记载了把草木灰、石灰、螺蚌、蛎蛤灰等碱性肥料施入酸性水田中,以达到改土的目的。明代宋应星在《天工开物》中说:"土性带冷浆者,宜骨灰蘸秧根,石灰淹苗足。向阳暖土不宜也"。用骨灰蘸秧根,不仅可以加强土壤中有机物的分解,而且骨灰中的磷素会促进水稻根系发育,有利于增产。袁黄在《宝坻劝农书》中对施肥改土作了解释:"大都用粪者,要使化土,不徒滋苗。化土则用粪于先,而使瘠者以肥;滋苗则粪于后"。清代《知本提纲》指出,"地虽瘠薄,常加粪沃,皆可化为良田""产频气衰,生物之性不遂;粪沃肥滋,大地之力常新"[22]。

耕锄可以改良土壤物理性能,加速土壤熟化,促进作物生长发育。《吕氏春秋》的"任地""辨土"两篇,提出"五耕五耨,必审以尽",奠定了中国以"精耕细作"来改良土壤的农学基础。东汉王充对"深耕细作"作了阐述:"夫肥沃硗埆,土地之本性也。肥而沃者性美,树稼丰茂;硗而埆者性恶,深耕细锄,厚加粪壤,勉致人功,以助地力,其树稼与彼肥沃者相似类也"[23]。贾思勰进一步指出多锄可以加速土壤熟化,提高农产品质量:"锄者,非止锄草,乃地熟而实多,糠薄,锄及十遍,便得八米"[24],正确地阐明了"精耕细作"的科学原理。袁黄在总结历代经验的基础上,提出了一套耕作改土的办法,他说:"紧者宜深耕熟耙,多耙则土松,用灰壅之最佳。紧甚用浮沙壅之,此紧者缓之也。缓者曳礴重滚压之,不滚压,则土浮而根虚,雨后日炙易萎,此土用河泥壅之最妙,此缓者紧之也"[25]。这些合理利用自然资源的经验至今仍有现实意义。

二、生物资源利用主张"禁发有时""不可胜用"

天灾人祸对植物资源的破坏是很严重的。森林遭受破坏的原因大致有以下几方面:①战争、军事行动;②野火或纵火烧山;③冶炼、煮盐;④帝王大兴土木。如《水经注》卷九载:"汉武帝塞决河,斩淇园之竹木以为用。寇恂为河内,伐竹淇川,治矢百余万以输军资。今通望淇川,无复此物"。历代典籍都有禁伐、禁烧山、限时采伐、禁土工等合理利用与保护植物资源的记载。《周礼·地官》说:"山虞仲冬斩阳木,仲夏斩阴木"。《管子·八观》载:"山林虽广,草木虽美,宫室必有度,禁发必有时"。《管子·轻重》有:"为人君而不能谨守其山林菹泽草莱,不可以立为天下王"。《管子·七臣七主》指出,过度利用自然资源必将带来严重恶果:"阴阳不和,风雨不时,大水漂州流邑,大风漂屋折树,火暴焚地焦草,天冬雷、地冬霆,草木夏落而秋荣,蛰虫不藏,宜死者生,宜蛰者鸣,且多腾蟆,山多虫蠢,六畜不蕃,民多夭死,国贫法乱,逆气下生"。《管子》提出要保护自然资源:第一,"禁发有时"。《七臣七主》篇说:"春无杀伐,无割大陵,倮大衍,伐大木,斩大山,行大火,诛大臣,收谷赋。夏无遏水达名川,塞大谷,动土功,射鸟兽"。第二,森林防火。《管子·立政》篇说:"山泽救于火,草木成,国之富也""修火宪,敬山泽,林薮积草。夫财之所出,以时禁必焉"。《吕氏春秋》载:"制四时之禁,山(非时)不敢伐材下木"("上农")。"正月禁止伐木"("孟春纪”）。"二月无焚山林"（"仲春纪"）。"三月命野虞无伐桑拓"（"季春纪"）。"四月无伐大树"（"孟夏纪"）。"五月令民无刈兰以染，无烧炭"（"仲夏纪"）。"六月树木方盛，乃命虞人入山行木，无或斩伐，不可以兴土功"（"季夏纪"）。"九月草木黄落，乃伐薪为炭"（"季秋纪"）。"十一月日短至，则伐林木取竹箭"（"仲冬纪"）。《孟子·梁惠王上》载："不违农时，谷不可胜食也。数罟不入洿池，鱼鳖不可胜食也。斧斤以时入山林，材木不可胜用"。《吕氏春秋·义赏》载："竭泽而渔，岂不获得？而明年无鱼；焚薮而田，岂不获得？而明年无兽[26]"。《吕氏春秋·长利》："利虽倍数于今，而不便于后，弗为也"。表明当时人们已认识到掠夺性开发难以为继，已经初步具备了"因时禁发"，取之有度的资源持续利用的思想。

西周时期先祖就认识到乱猎、乱捕会对动物资源造成严重破坏[27]。为了保护和有计划地利用动物资源，古时就有"以时禁发"的规定。《国语·鲁语》载有"里革断罟匡君"的故事，大意是：春秋时期，鲁宣公在夏天鱼类繁殖季节到泗水撒网捕鱼，里革就将他的渔网割断，并劝诫宣公不应该在鱼类生长繁殖季节用网捕鱼，"古者大寒降，土蛰发，水虞于是乎禁罝罜，取名鱼，登川禽，而尝之寝庙，行诸国，助宣气也。鸟兽孕，水虫成，兽虞于是乎禁罝罗，猎鱼鳖以为夏犒，助生阜也。鸟兽成，水虫孕，水虞于是禁罝罜罗，设阱鄂，以实庙庖，畜功用也。且夫山不槎蘖，泽不伐夭，鱼禁鲲鲕，兽长麂麋，鸟翼鷇卵，虫舍蚔蝝，蕃庶物也，古之训也。今鱼方别孕，不教鱼长，又行网罟，贪无艺也"[28]。孔子说："刳胎杀夭则麒麟不至郊；竭泽涸渔则蛟龙不合阴阳；覆巢毁卵则凤凰不翔"[29]，滥用生物资源会使祥瑞动物绝灭，保护生物资源则可以为人类营造美好的生存环境。道家更主张回归自然、返璞归真。"万物群生，连属其乡，禽兽成群，草木遂长。故其禽兽可系羁而游，鸟鹊之巢可攀援而窥"，向往"与禽兽居"[30]，人与万物和平相处。《荀子·王制》载："山林泽梁，以时禁发""养长时，则六畜育"。"污池渊沼川泽，谨其时禁，故鱼鳖优多而百姓有余用也"。《吕氏春秋·孟春纪》载："是月也，无覆巢，无杀孩虫、胎犬、飞鸟，无麛、无卵"。就是说，初春这一个月，不要翻鸟窝，不要捕杀小动物以及即将产崽的狗，不要捕捉飞鸟，不要取鸟蛋吃。《淮南子·主术训》也说："畋不掩群，不取麛夭，不涸泽而渔，不焚林而猎。豺未祭兽，置罘不得布于野；獭未祭鱼，网罟不得入于水；鹰隼不挚，罗网不得张于谿谷；草木未落，斤斧不得入山林；昆虫未蛰，不得以火烧田。孕育不得杀，鷇卵不得探。鱼长尺不得取，彘不满年不得食。故草木之发若蒸气，禽兽之归若流泉，飞鸟之归若烟云，有所以致之也。"宋代《墨额挥犀》记载："浙人喜食蛙，沈文通（1025—1067）在钱塘日，切禁之"。

三、人工种植"护路""固堤""果木"等防护林和经济林

滥伐往往与生计窘迫、用材无着有关，提倡人工种植林木，既可抚育植被，又可保护环境。古代人工育林主要有护路林、护堤林、经济林。①护路林。秦代"为驰道于天下，东穷燕齐，南极吴楚，江湖之上，濒海之观毕至。道广五十步，三丈而树，厚筑其外，隐以金椎，树以青松"[31]。《隋书·食货志》曰："炀帝即位……自板渚引河达于淮海，谓之御河，河畔筑御道，树以柳"[32]。元代《马可波罗游记》"大汗（忽必烈）曾命人在使臣及他人所经过之一切要道上种植大树，各树相距二、三步，俾此种道旁皆有密接之极大树木，远处可以望见，俾行人日夜不至迷途"[33]。②固堤林。《管子·度地》记载了河堤上"树以荆棘，以固其地，

杂之以柏、杨，以备决水"。隋朝"大业中开汴渠，两堤上栽垂柳，诏民间有柳一株赏一钱，百姓竞植之"。宋徽宗重和之年（1118年）下诏："滑州、鄄州界万年堤，全藉林木固护堤岸，其广行种植，以壮地势"。③经济林。汉代司马迁在《史记·货殖列传》中载，"山居千章之材：安邑千树枣，燕秦千树栗，蜀汉江陵千树橘，淮北常山以南河济之间千树楸，陈夏千亩漆，齐鲁千亩桑麻，渭川千亩竹。此其人皆与千户侯等"。这是古代营造经济林致富的最早记录。

四、保护林木，以发展生产和改善生态

中国古代就认识到林木可以保持水土、防灾减灾、提高农业产量[34]。《管子·度地》提出广植林木，以防水患："地有不生草者，必为之囊。大者为之堤，小者为之防，夹水四道，禾稼不伤，岁埠增之，树以荆棘，以固其地，杂之以柏杨，以备决水"。汉代贡禹指出"斩伐林木无有时禁，水旱之灾未必不繇此也"[35]。仲长统提出"丛林之下，为仓腴之坻"[36]的"林茂粮丰"思想。宋代魏岘在《四明它山水利备览》说，四明它山地区"昔时巨木高森，沿溪平地竹木蔚然茂密，虽遇暴水湍激，沙土为木根盘固，流下不多，所淤亦少"。后来由于"木值价肯，斧斤相寻"，导致"靡山不童，而平地竹木亦为之一空"，结果"大水之时，既无林木少抑奔湍之势，又无根缆以固沙土之留，致使浮沙随流而下，淤塞溪流，至高三四丈，绵亘二三里"。因此，他主张"植榉柳之属，令其根盘错据，岁久沙积，林木茂盛，其堤愈固，必成高岸，可以永久"[37]。明清时期大批流民进入山区垦荒，时称'棚民'，导致灾害频繁。明阎绳芳在《镇河楼记》中说，山西太岳山区"正德前，树木丛茂，民寡薪采，山之诸泉，汇而为盘沱水，流而为昌源河，长波澎湃，……虽六七月大雨时行，为木石所蕴于流，故道终岁未见其徙且竭焉。以故由来远镇迄县北诸村，咸浚支渠，溉田数千顷，祈以此丰富。嘉靖初，元民竞为居室，南山之林，采无虚岁。而土人且利山之濯濯，垦以为田，寻株尺桑，必铲削无遗。天若暴雨，水无所碍，朝落于南山，而夕即达于平壤，延涨溃决，流无定所"[38]。清乾隆《武宁县志·风俗》云："棚民垦山，深者至五六尺，土疏而种植十倍，然大雨时行，溪流湮淤，十余年后，沃土无存，地力亦竭"。《汉中府志·风俗》载："山民伐林开荒，荫翳肥沃，一二年内，杂粮必倍至。四五年后，土既挖松，山又陡峭，夏秋骤雨冲洗，水痕条条，只存石骨"。阐明了毁林与水土流失的关系，从反面说明了保护植被对生态环境的重要性。

五、种植多元化，"必杂五种，以备灾害"

灾害防治是古代自然保护的又一重要理念。在农作物种植方面，战国初期李悝提出种谷"必杂五种，以备灾害"[39]。这是很有见地的农业生产经验，即今天的作物多样化，通过种植多种作物，可以缓解突发气候或病虫危害。

在寻求生物环境的最佳生态关系方面，《齐民要术》确立了豆谷轮作，粮食作物和绿肥作物合理轮作的格局，从而实现了用养地的结合。《齐民要术》、陈敷《农书》、《农桑辑要》等都阐述了作物高矮、尖叶与阔叶、深根与浅根作物的间作，套种中采用早对晚、快对慢、老对少的组合，以求得群体间的合理组合[40]。

第五节　天人合一的资源系统观

一、"天人合一"思想、"三才"理论、"三宜"原则

"究天人之际"，即研究人与自然的关系，自古就为思想家们所重视。尽管"天人合一"在不同时代有不同的表现形式，但都强调"人与自然和谐发展"[41]。春秋时儒家孔子认为人"可以赞天地之化育，则可以与天地参矣"（《礼记·中庸》）。管子主张："人与天调，然后天地之美生"（《管子·五行》）。道家庄子认为："天地与我并生，万物与我为一"（《庄子·齐物论》）。西汉哲学家董仲舒《春秋繁露·深察名号》："天人之际，合而为一"。宋代张载明确提出"天人合一"的思想命题。古人发现受天时制约，农作物、禽畜以及野生动植物都有春生、夏长、秋收、冬藏的轮回[42]。为了获取生产和生活资料，就要适时组织生产，对自然资源的利用要"以时禁发"，于是"顺天时"的观念就产生了。《易经·乾》中有："夫大人者，与天地合其德，与日月合其明，与四时合其序，与鬼神合其吉凶。先天而天弗违，后天而奉天时"[43]。《逸周书·大聚》云："且（周公旦）闻禹之禁：春三月山林不登斧，以成草木之长；夏三月川泽不入网罟，以成鱼鳖之长。且以并农力（执）[桑]，成男女之功。夫然，则有（生）[土]（而）不失其宜，万物不失其性，人不失其事，天不失其时，以成万财"[44]。"顺天时""尽地利"，天人同"道"，通过人与环境的协调达到稳定和谐的"天人合一"境界。"天人合一"的思想是和古人对天、地、人关系的认识相联系的：首先，它与对"天时"的把握有关；其次，它与对"地宜"的利用有关；第三，它与"农事"安排以及对"人"的作用的认识有关。

中国古代传统农学上的"天、地、人三才"之说就渊源于"天人合一"的思想。《吕氏春秋·审时》："夫稼，为之者人也，生之者地也，养之者天也"。《管子·禁藏》提出在利用自然资源时要"顺天之时""不失时然后富"。《管子·小问》篇说："力地而动于时，则国必富矣"。"三才"说把农业生产看成稼、天、地、人诸因素组成的整体，包含着整体观、系统观、动态观。人不是自然主宰者，而是自然过程的参与者。自然有其客观规律性，人可以认识客观规律，可以干预自然，可以"盗天地之时利""人力胜天"，但不能凌驾于自然之上。因此，传统资源利用思想强调"顺天时""尽地利""尽人事"，坚持"因时制宜、因地制宜、因物制宜"的"三宜"原则。李约瑟认为，中国的科学技术观是一种有机统一的自然观。例如土脉论、地力常新壮论、有风土而不唯风土论、"三宜"原则等，都是从"天人合一""三才"理论中派生出来的。《春秋繁露·立元神》中说"天、地、人，万物之本也，天生之，地养之，人成之，三者相为手足，不可一无也。"《潜夫论·本训》中"天本诸阳，地本诸阴，人本中和，三才异务，相待而成，各循其道，和气乃臻，机衡乃平"。

二、普遍联系与相生相克的资源利用系统

道家的自然观在我国传统思想体系中占据重要地位。《老子》第四十二章称："道生一，一生二，二生三，三生万物。"《老子》第二十五章曰："故道大，天大，地大，人亦大，域中有四大，而人居其一焉"。"人法地，地法天，天法道，道法自然"。我国传统的"阴阳"学说，是关于宇宙万物发生和相互作用的系统理论，用阴阳两种对立的因素来说明世界万千事物。

《易·序卦》曰："有天地，然后万物生焉。""一阴一阳之谓道"。《易·系辞传》："日新之谓盛德，生生之谓易。""天地之大德曰生"。《国语·郑语》载："夫和实生物，同则不继。以他平他谓之和，故能丰长而物归之；若以同裨同，尽乃弃矣。故先王以土与金、木、水、火杂，以成百物。"

　　到战国时期，《管子》将阴阳说和五行说相融合，建立以气为本原、以阴阳为"天地之大理"、配以四时（春、夏、秋、冬）五方（东、南、中、西、北）的阴阳五行说体系。"阴"与"阳"为两种性质相互对立的气，气生木、火、土、金、水五行。《管子·形势解》篇说："春者，阳气始上，故万物生；夏者，阳气毕上，故万物长，秋者，阴气始下，故万物收，冬者，阴气毕下，故万物藏。"自然万物在四时中按照阴阳的升降变化而生长收藏。《管子·四时》篇说："东方曰星，其时曰春，其气曰风，风生木与骨""南方曰日，其时曰夏，其气曰阳，阳生火与气""中央曰土""西方曰辰，其时曰秋，其气曰阴，阴生金与甲""北方曰月，其时曰冬，其气曰寒，寒生水与血"。在《四时》篇，东、春与木相配；南、夏与火相配；中与土相配；西、秋与金相配；北、冬与水相配。

　　金、木、水、火、土五行生克说（图2-1）是建立在早期农业生产实践基础上的。在原始农业向传统农业过渡过程中，从木竹、石器到金属，从刀耕火种、撂荒耕作到铁犁牛耕，从简单工具到复合工具，人们在"土"上种植收获作物，以"水"浇灌，以"火"烧荒，以"木""金"制作的工具改造自然，先民对于五行"生克"的认识不断深入。在五行中，对于土、木、水的认知基于其自然属性，而对于金与火的认知，则具备了较为高级的人工经验。《管子·四时》《五行》《幼官》篇用四时、五行时的更替说明五行先后出现的序列，具有了五行相生的内涵，即木生火、火生土、土生金、金生水，水生木，并且循环往复。《吕氏春秋·应同》篇说："黄帝之时……土气胜……；及禹之时……木气胜……；及汤之时……金气胜……；及文王之时……火气胜……；伐火者必将水，天且先见水气胜……；气至而不知数备将徙于土"，具有了明确的五行相克思想，即土胜水、水胜火、火胜金、金胜木、木胜土，并循环往复。西汉董仲舒在《春秋繁露·五行相生》说："天地之气，合而为一，分为阴阳，判为四时，列为五行。五行者，五官也，比相生而间相胜。"阐明了阴阳五行说中气、阴阳、四时、五行之间的相互关系以及五行相生相胜的关系[45]。

　　农业生产依循四时交替、五行生克，循环往复。《春秋繁露·五行对》曰："木生火，火生土，土生金，金生水。水为冬，金为秋，土为季夏，火为夏，木为春。春主生，夏主长，季夏主养，秋主收，冬主藏。藏，冬之所成也"，以五行生克解释农作物生长过程。《淮南子》指出了五行与天干、地支的

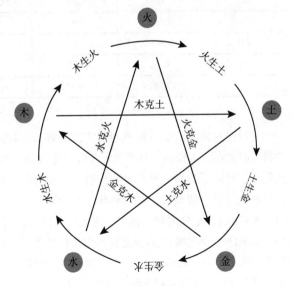

图2-1　五行相生相克关系

关系,《淮南子·天文训》曰:"甲乙寅卯,木也;丙丁巳午,火也;戊己四季,土也;庚辛申酉,金也;壬癸亥子,水也。水生木,木生火,火生土,土生金,金生水。"《淮南子·地形训》说:"木壮,水老火生金囚土死;火壮,木老土生水囚金死;土壮,火老金生木囚水死;金壮,土老水生火囚木死;水壮,金老木生土囚火死。"《春秋繁露·循天之道》曰:"凡天地之物,乘于其泰而生,厌于其胜而死,四时之变是也。故冬之水气,东加于春而木生,乘其泰也;春之生,西至金而死,厌于胜也;生于木者,至金而死,生于金者,至火而死;春之所生,而不得过秋,秋之所生,不得过夏,天之数也",以五行生克阐述四时季节与动植物生、长、化、收、藏发育规律。明代马一龙在《农说》认为"五行杂揉"是万物之所以为物的前提,指出"太虚生物之功,不过日月之代明,四时之错行,水火相射,五行杂揉,而万物之为物也,无尽藏",提出采用"济之以阴"和"济之以阳"的措施,以"水夺""火攻"之法改善土壤,以达到"水火协调,阴阳相济"的良好土壤状况[46](表2-3)。五行是一个复杂的网络系统,阐明了事物的普遍联系、互相制约和平衡,具有循环周期、整体系统、符号化体系、有机认识论等思想,生克制化及功能转化是五行说的精髓。

表2-3 五行及有关农业分类系统

五行	木	火	土	金	水
四时	春	夏	(季夏)	秋	冬
五方	东	南	中	西	北
五气	风	热	温	燥	寒
五土	山林	川泽	丘陵	坟衍	原隰
五化	生	长	化	收	藏
五谷	麦	菽	稷	麻	黍
五虫	鳞	羽	倮	毛	甲
五害	水	旱	风雾雹霜	厉	虫
五色	青	赤	黄	白	黑
五味	酸	苦	甘	辛	咸
天干	甲乙	丙丁	戊己	庚辛	壬癸[47]
地支	寅卯	午巳	辰戌丑未	申酉	亥子

五行说对资源认识及资源利用实践的启示:若违背资源系统中相关资源之间的平衡关系必将引起灾难。清代赵仁基指出,长江"水溢由于沙积,沙积由于山垦"。由于垦殖引起水土流失,使得河床抬高,导致水土平衡关系被打破、资源系统功能失调,进而引发洪灾。当人口与环境关系不协调时,就会破坏环境和资源[48]。如清代从乾隆六年到道光十四年的97年中,人口由1.4亿猛增到4亿多,能垦殖的草原、森林大多都已开垦,人口稠密区环境负担过重。据清汪士铎记载:"人多之害,山顶已殖黍稷,江中已有洲田,川中已辟老林,苗洞已开深菁,犹不足养,天地之力穷矣。种植之法既精,糠窍亦所吝惜,蔬果尽以助食,草木几无孑遗,犹不足养,人事之权殚矣""驱人归农,无亩可耕""地不能增而人口加众至二三十倍"[49]。

薛福成也有记载："谓中国地有遗利钦？则凡山之坡，水之浒，暨海中沙田、江中洲沚，均已垦辟无余"[50]。道家认为人类的许多活动破坏了大自然的和谐，违背了道德，故主张"无为"和"道法自然"。但"无为"并非不做事，而是不要做违反自然规律的事。当然在对待自然的态度上，道家更强调绝对保护，与儒家的取之有度相比，有点走极端。

参考文献

[1] 陈梦家. 殷虚卜辞综述 [M]. 北京：科学出版社，1956.

[2] 中国科学院自然科学史研究所地学史组. 中国古代地理学史 [M]. 北京：科学出版社，1984.

[3] 宋书·谢灵运传. 卷六十七·列传第二十七.

[4] [元] 王祯. 农书·农器图谱. 田制门.

[5] [元] 王祯. 农书，卷一四.

[6] 胡忠永. 中国古代土地资源开发利用研究 [D]. 南京：南京农业大学，2009.

[7] 诗经·小雅·正月，卷一三.

[8] 李昉，李穆，徐铉，等. 太平御览，卷五六.

[9] 阂宗殿. 中国古代农耕史略 [M]. 石家庄：河北科学技术出版社，1992.

[10] [南宋] 范成大. 骖鸾录，卷四一.

[11] 中国农业科学院，南京农学院中国农业遗产研究室. 中国农学史 [M]. 北京：科学出版社，1984.

[12] [先秦] 逸周书. 文传，卷二四.

[13] [汉] 刘向. 淮南子·齐俗训.

[14] 王永厚. 中国古代对食物资源的开发利用 [J]. 中国农史，1989（2）：136-137.

[15] [汉] 王充. 论衡·明雩.

[16] [汉] 王充. 论衡·说日.

[17] [明] 徐光启. 农政全书.

[18] [战国] 孟子. 告子上.

[19] 王先谦. 荀子集解，卷一一，天论.

[20] [宋] 陈敷. 陈敷农书，上卷.

[21] [元] 王祯. 农书，卷三，"粪壤".

[22] [清] 杨屾. 知本提纲，卷八.

[23] [汉] 王充. 论衡·率性.

[24] [北魏] 贾思勰. 齐民要术·种谷.

[25] [清] 袁黄. 宝坻劝农书，授时通考，卷十.

[26] 吕不韦. 吕氏春秋，卷十四，义赏 [C]. 四部备要本. 上海：中华书局，1936：92.

[27] 罗桂环. 中国古代的自然保护 [J]. 北京林业大学学报（社会科学版），2003，2（3）：34-39.

[28] 国语 [M]. 北京：华龄出版社，2002.

[29] 司马迁. 史记 [M]. 北京：中华书局，1963：1926.

[30] 庄子. 马蹄 [M]. 北京：中国书店，1988：66.

[31] 班固. 汉书·贾山传.

[32] 隋书·食货志.

[33] 冯承钧译. 马河波罗游记，第99章，中华书局，1957.

[34] 刘彦威. 中国古代对林木资源的保护 [J]. 古今农业，2000（2）：35-44.

[35] 汉书，卷七十二，贡禹传.

[36] [北魏] 贾思勰. 齐民要术·序.

［37］［宋］魏岘. 四明它山水利备览.

［38］光绪. 山西通志，卷六六.

［39］李昉. 太平御览［M］. 北京：中华书局，1963：3655.

［40］胡火金. 天地人整体思维与传统农业［J］. 自然辩证法通讯，1999，21（4）：54-60.

［41］樊宝敏，李智勇. 森林文化建设问题初探［J］. 北京林业大学学报（社会科学版），2006，5（2）：4-9.

［42］李根蟠. 先秦时代保护和合理利用自然资源的理论［J］. 古今农业，1999（1）：6-12.

［43］易经［M］. 苏勇点校. 北京：北京大学出版社，1996：79.

［44］黄怀信，等. 逸周书汇校集注. 上海：上海古籍出版社，2007.

［45］乐爱国. 《管子》的阴阳五行说与自然科学［J］. 管子学刊，1994（3）：9-13.

［46］胡火金. 五行说对古代农业的影响［J］. 自然辩证法研究，2012，28（1）：108-112.

［47］金正东. 自然界与阴阳五行说［J］. 宗教学研究，1999（1）：107-108.

［48］王勋陵. 我国古代在保护自然环境及利用生物资源上的经验教训［J］. 环境研究，1985（1）：17-21.

［49］［清］汪士铎. 汪悔翁乙丙日记，卷三.

［50］［清］薛福成. 庸庵文外编.

第三章　西学东渐与中国近代资源科学的孕育

有关自然资源利用和自然资源的知识，无论在近代还是古代，在已有文献中都有非常丰富的记载和积累，在近代，这些丰富的资源知识和资源思想既支撑了中国农业文明的辉煌，同时也为近代资源科学的孕育积累了本土的素材。16 世纪以来，随着西方科学体系的发展和不断完善，在西方国家全球探险考察和殖民化过程的影响下，西学东渐，西方的科学思想与中国农业文明的资源知识逐渐交融，中国近代资源科学的萌芽初见端倪。为了弄清西方近代科学对我国资源科学孕育的影响，本章将从更广阔的社会背景上予以阐述。

第一节　中国农耕文明与近代西方科技发展的联系

一、中国农耕文明的精妙与局限

如前所述，中国农耕文明在认识自然、萃取利用自然资源，无论是技艺上还是思想上，都达到了炉火纯青的高度。农耕文明被视为人类史上的第一种文明形态，主要发源与发展在北纬 20 度到 40 度之间。以土地为生存依据，是农耕文明在生产方式上的核心特征。四大古国（中国、古印度、古巴比伦、古埃及）是农耕文明的典型代表。古印度文明、古埃及文明、古巴比伦文明早在距今约一二千年前就消失了，唯中国文明从未中断，延续至今。在绵绵不息的历史长河中，炎黄子孙植五谷，饲六畜，农桑并举，耕织结合，形成了土地上精耕细作、生产上勤俭节约、经济上富国足民、文化上天地人和的优良传统，创造了灿烂辉煌的农耕文明[1,2]。

中国高效的传统农业技术，解放了人的部分时间，使人们有机会、有精力研发科技，发展文化，成为世界若干技术的最早发明国。例如，世界最早的制陶技术发现于江西万年县万年仙人洞遗址，距今约 1.9 万至 2 万年；世界最早的乐器发现于河南舞阳贾湖遗址中的骨笛，距今约八九千年；世界最早的造船技术见证于浙江萧山跨湖桥遗址中的独木舟，距今约七八千年；世界上最早的冶炼铜技术发现于中国陕西西安的姜寨遗址冶炼黄铜，距今约 6700 年；距今 2500 年左右，世界最早的哲学《道德经》与军事学著作《孙子兵法》问世。中国传统农业技术成熟早、水平高，在古代农业史上创造了物候历法、水利工程、传统农具和农作物育种技术"四大发明"。在科技史上创造了造纸、火药、指南针和活字印刷术四大发明。

总体而言，古代中国的科学发展十分全面。除中国传统的四大科学——农学、天文学、医学、数学外，其他自然科学和纺织、水利、建筑、陶瓷制造等技术科学方面的文献资料也不少[3]。在科技史专家李约瑟编著的《中国科学技术史》中，以学科名卷的有数学、天文学、气象学、地理学和制图学、地质学、地震学、矿物学、物理学、植物学、动物学、医学建制（解剖学、生理学和胚胎学）、医学、制药学等十三，以技术名章的有机械工程、土木工程、船舶制造技术、军事技术、纺织技术、造纸和印刷、炼丹和化学、化学工艺、制陶工艺、采矿与冶金、制盐工艺、生物化学技术、农业与畜牧业和渔业、农业技术等十四卷。中国高度发达的农耕文明，发展出高水平的农业与手工业，直到 16 世纪前，中国一直引领着世界科技与经济的发展。

中国农耕文明是人类文化史上具有划时代意义的事件，这不仅是技术和经济形态上的变化，而且带来了社会观念的巨大改变[4]。农耕文明本质上是顺天应命，经营自然。作为文明古国，中国是唯一地存在下来的，繁衍生息，而且不断发展强大，虽然历经挫折，但在今天的世界发展格局中依然具有举足轻重的影响。某种意义上，正是由于农耕文明给中国奠定了坚实的物质的与非物质的财富基础。

农耕文明核心特征首先就体现在对人与自然关系的思考、处理与陈述上。中国传统农业之所以能够实现几千年的持续发展，是由于先人们建立并遵循着"天人合一"对物质世界的哲学陈述、精神指南与文化精髓。就在"天人合一"哲学下，先人们并没有较为激进的悲观，俯首为自然的奴隶，而是积极探索自然经营之道，能动遵循与响应自然的法规。这是中国古代农耕文明的又一伟大之处。

中国的农耕文明一直持有思维的包容的特质，同时持有操作的排异烙印，由此形成了思行逻辑上的矛盾与纠结。一方面突出地反映在对农牧关系的处理上。作为文明的进路，游牧文明与农耕文明在古代中国一直并存，在不同的地理地带存在和繁荣，从未完全相互替代[5]。同时，以商鞅"垦草"为代表的农耕思想，代代相传，直到晚近的"以粮为纲"，以谷物生产为主的农业系统和农耕文化盘踞中国数千年[6]。中国农牧交错带的空间变动也反映了先人们对农、牧横向格局求包容、内部格局去差异的矛盾做法。这种思维的包容与操作的排斥至今依然留有明显的痕迹。例如，我们感悟生命的多样性与其生态价值的魅力，在很多的农业实践中又推崇作物的单一性，然后，冠之以规模性来掩盖这种理念与操作之间的矛盾。另一方面，突出反映在对民智的激发与管理上。中国古代历朝历代均注重农业技术向民众的推广。人民大众是创新的源泉，这一思想在古代中国以一种朦胧的状态在社会的科学与技术进步旅程中潜伏着，由于阶级的局限，又被社会统治阶层控制与压抑着。这种用才之时的包容与控才时的排斥的矛盾导致的社会现象也是不胜枚举。罢黜百家，独尊儒术，是例证；历次朝代变迁完成后对功臣的"狡兔死，走狗烹；鸟兽尽，良弓藏"，也是例证。在东西文明的碰撞中，这种纠结的烙印也多有呈现。

农耕文明培育了中国人的自豪，孕育了中国人执着的本位文化精神。在与外域文化打交道的时候，奉行以不变应万变的思想信念和"以我化人"，不要"以人化我"的行为准则。当有外域武力侵略时，中国人展现了不屈不挠的卫国精神，捍卫了国家，也捍卫了中国古代农业文明的延续。但是，对于思想、技术的侵略，在"天朝大国"的思想作用下，古代中国疏忽了，对于这样的糖衣炮弹先是沾沾自喜而后又闭关自守。加上在实用主义的技术体系助力下，中国古代农耕文化难以发生质的飞跃，自觉走向更高层次的文明。

二、东学西渐与西方科学的孕育

中国农耕文明在全世界领先达两千年之久。丝绸之路不仅为世界输送了精美、实用的商品，还将整个欧亚大陆（包括北非）联系了起来，对人类文明的交流发展起到了大动脉作用。辉煌科学成就，使古代中国蒙上了神秘色彩，外域日益对之青睐并效仿、学习，东学西渐持续了一千多年之久。

16 世纪以前是东学西渐的第一阶段，东西文化交流以中国单向输出为主。这一时期，中国与西方经济文化交流和传播曾出现过几次高潮：秦汉时期，通过陆路与海上"丝绸之路"中国的丝织品传至西亚、罗马和欧洲，以佛教为代表的外来文化也开始传到中国；唐宋时期中国的四大发明及冶铁技术不断西传；元代和明初中国同欧洲的交流进一步扩大。这几次交流均以中国的技术与文化外传为主，外来文化的传播主要在宗教领域[7]。

16—18 世纪是东学西渐的第二个阶段。此时西学东渐也发生着。西方的基督教文明和古老的中国农耕文明，进入到第一次大规模和平等的交流时期，彼此取长补短，共同进步[7]。传教士把中国的科学技术、历史文化、宗教哲学、典籍制度、礼仪习俗等大规模传入欧洲。1616 年，金尼阁将利玛窦撰写、金尼阁编辑的《利玛窦中国札记》以拉丁文出版后，很快风靡欧洲，随之有法文版、德文版、西班牙文版、意大利文版和英文版等问世。1645—1742 年，经耶稣会士介绍到欧洲的关于中国文化的书目多达 262 部，未发表的尚有数百种。罗明坚（Michele Ruggleri）翻译的拉丁文版《四书》、曾德昭的《大中国志》、卫匡国（Martino Martini）的《中国新地图集》、李明的《中国近事报道》、白晋（Joachim Bouvet）的《中国现状》、王志诚在的《北京附近的皇室园亭》等著作，受到了欧洲人热捧。1735 年杜赫德编撰的《中华帝国全志》出版，此书在欧洲直到 19 世纪末都被看作是关于中国问题的知识手册。1655 年卫匡国（Martin Martini）将中国的悬索桥介绍给西方，约 90 年后欧洲建起了第一座悬索桥。18 世纪，英国海军总工程师萨穆尔·边沁（Samuel Bentham）将中国的隔水仓造船技术传入英国，成就了 1795 年英国第一艘带隔水仓的军舰；科斯特将中国牛痘接种法介绍到欧洲。《医宗金匮》《洗冤录》《本草纲目》《奇经八脉总说》《脉诀》等医书译文也在欧洲出版了。德国著名哲学家和数学家莱布尼茨写出了《中国近事》一书，主张欧洲人学习中国的实用哲学、开展欧洲文化与东方文化的交流。

与生活密切相关的丝、茶技术，更是引起了西方人的青睐与学习。17 世纪中叶，英国斯图亚特王朝君主查理将饮茶习惯带入英国，欧美人饮茶初期，喝的茶几乎全是产自中国。18 世纪末左右，英国人马戛尔尼航行万里来到中国，偷窃茶技术与茶苗木，受益于此，19 世纪英国殖民者将茶叶引入印度，在印度大规模栽种茶。咸丰九年（1859 年）出洋的郭连城在其《西游笔略》中写道："（十月）初五，天晴……是晚，有客示余以《蚕桑辑要》一书，言此书出自中国，后译以西言。故至今西洋诸国，亦能养蚕为帛经"。欧美国家吸收学习中国传统蚕桑技术，经研究、改良和发展，产品质量优于中国，纺织技术也渐渐超越了中国。1890 年，外交官薛福成见到巴黎育蚕会教习郎都，了解到"近来西国经营蚕务，先以显微镜视蚕身之有黑点者，即知其所生之子皆不可用""夫饲蚕桑叶之费，育蚕人工之费，中西相同，而中国收丝仅得西人四分之一者，以蚕子未经拣择也"。法国著名微生物学家巴斯德（1822—1895）利用微生物学解决了蚕的传染病问题，减少了蚕业资本家的损失，使传统的养蚕技术跨进了近代化的门槛。与之相比，中国蚕病的发生与控制方面至少可以追溯到公元前 7 世纪，但是一直停留在宏观的生态条件致因上，防病方法也局限于精细饲养、生态条件控制上；虽然最晚在 13 世纪时就已经认识到了"其母病则子病"的规律，严格选用健康蛾留种，甄选之法也局限在对个体的宏观观察上，均未能在微生物学取得实质突破，为中国丝绸生产在后来的几个世纪中竞争力衰退留下了隐患。

17 世纪中国瓷器开始大批涌入欧洲，晶莹剔透的瓷器成了西方人的"情人"，John Gay 于 1725 年如此描述道："可是新的疑惑和恐惧在我内心挣扎，难道有什么样的情敌在我旁边？一个中国瓷罐。瓷器就是她心中的热情，一尊杯，一只盘，一片碟，一个碗，就能使她心中充满希望，就能点燃她的欢欣，或者打碎她的宁静。"在精美的瓷器，昂贵的价格，巨大的利润的感召下，欧洲国家开始出现仿制的中国瓷器。16 世纪，意大利城邦国家佛罗伦萨开始模仿中国的瓷器生产，但成效很小。1712 年，法国耶稣会士殷弘绪将景德镇瓷器生产过程中的胎土、釉料、烧成等一系列流程的细节传入欧洲。17、18 世纪制造荷兰代尔夫特陶器的厂商们广泛仿制中国瓷器的样式，制造锡釉陶瓷，"代尔夫特"技术而后为英国和法国广泛应用。欧洲工厂一方面仿制中国瓷器最流行的图案，一方面尝试研发属于他们自己的釉料及样式，欧洲瓷器逐渐脱离"中国风"，制造了一系列欧式艺术装饰风格的崭新瓷器。

第二阶段东学西渐在欧洲形成了一股强劲的"中国热"。与之相比，西学东渐在中国的影响甚小。欧洲则正是在向中国的学习过程中，走出了中世纪，步入到近代社会。为其地理大发现与殖民扩张储备了技术与信息，一定程度上也为西方科学体系的发展奠定了物质与信息基础。正如张西平先生所言，是"借东方之火煮熟了自己的肉"[8]，掀开了科学史上具有转折意义的壮丽篇章。

第二节　近代西方科学的缘起与发展

一、近代西方科学的缘起

在西方的科学史上，自然科学根据其发展的阶段性大致可分为古代自然科学、近代自然科学和现代自然科学。以 16—19 世纪为分野，之前的科学为古代自然科学，之后的科学为现代自然科学[9]。在古代科学中，大多数影响日常生活的发明是匠人和其他实用主义者的"经验"发现，而不是真正科学家对自然法则的深思。近代自然科学，是科学史上具有转折意义的壮丽篇章。它标志着科学首次从宗教束缚走向了相对独立，从工匠传统拓展成了学者传统，从经验科学走向了实验科学，从自由个体研究逐渐走向了科学社团研究。历经约 400 年的发展，近代西方科学由西方国家燎原到整个世界，为推动科学最终发展成为一种社会制度做出了卓越的贡献。

15 世纪西欧航海探险运动与近代三大思想解放运动（文艺复兴、宗教改革、启蒙运动），是近代自然科学的思想端绪。15 世纪中叶，随着资本主义生产方式的产生，欧洲出现了航海探险运动，15 世纪末至 17 世纪中叶"地理大发现"绵延了近两个半世纪。由于麦哲伦、哥伦布环球旅行和美洲大陆的发现，屏蔽新旧大陆之间的黑幕被撕裂，世界开始联成一个统一的整体[10]，大量的金银与资源被运回欧洲。地理大发现不仅是地理学领域内一次深刻的革命，也是自然科学发展史上一个伟大的里程碑。惊涛骇浪与探知神秘的旅程吸引与推动当时的欧洲人致力建造"先进"的船只与武器，被明令禁止的如数学、天文学等各种"异端邪说"却得到了广泛的应用和迅速发展，力学、数学与制造技术得到了发展。例如，墨卡托投影法地图问世，大量的地图集形成并出版，数据得到了在空间表达上的应用，世界第一台地球仪诞生了，决定经度的时钟被大量制造出来，决定纬度用的星盘得到了改进，十字形标尺等决定船只经纬度的仪器蓬勃发展，能工巧匠受到了社会的尊敬。受益于地理大发现，一批欧洲传教士来到中国，丰富的中国文化渐入西方。由于地理大发现的推动，由于航海实践的需要，一个全新的理论科学与应用科学结合的时代已经出现了，一个新的科学结构体系已开始形成。

在航海旅程中，惊喜不断的地理发现与前所未有的丰富自然现象开阔了欧洲人的视野，启迪了他们的思想，更是为天文学、地理学、动物学、植物学等自然科学的研究积累了大量的经验事实，科学观念取得了极大的突破。14世纪中叶开始在欧洲发生的文艺复兴，是新兴资产阶级在意识形态领域里的一场革命风暴。人文主义是文艺复兴运动的指导思想与核心精神，也是欧洲文艺复兴时期的主要社会思潮，它肯定人的价值和尊严，认为人是现实生活的创造者和主人；主张一切以人为本，倡导个性解放，反对神的权威，反对愚昧迷信的神学思想。文艺复兴破除了人们对宗教神圣不可侵犯的迷信，培育了自由研究的精神，引导人们去观察和研究自然界，培育了一批富有新鲜活力并建树超卓的自然科学家。正如恩格斯所言：这是一次人类从来没有经历过的最伟大的进步和变革，是一个需要巨人而且产生了巨人——在思维能力、热情和性格方面，在多才多艺和学识渊博方面的巨人的时代。17世纪至18世纪欧洲发生的启蒙运动（The Enlightenment），被誉为"继文艺复兴运动之后欧洲近代第二次思想解放运动"。启蒙运动接过并发展了文艺复兴的旗帜，在人文主义旁边加注上了理性和进步的字样，在哲学史上处于机械唯物主义向辩证唯物主义的过渡时期，在许多问题上体现了辩证法的思想。这次运动覆盖了自然科学、哲学和政治学、经济学、历史学、文学、教育学等社会科学领域，极大地推动了近代科学的发展与升华。

16—17世纪，在自然科学为争取独立而同神学的斗争中，一系列革命性的重大的科学发现揭开了近代科学的帷幕。近代科学革命是以哥白尼（Nikolaj Kopernik，1473—1543）创立日心说为开端，以牛顿（Isaac Newton，1642—1727）力学体系的建立而宣告成功，哈维（Harvey William，1578—1657）发现的血液循环是这场革命的一个重要标志[11]。机械的宇宙观在这一时期逐步建立并被广泛接受。

1543年是科学史上值得记忆的划时代一年。在这一年里，哥白尼的《天体运行论》面世了，掀起了近代科学史上的第一次科学革命，即天文学革命。它把天地翻转过来，用太阳中心说推翻了地球中心说，描绘了一幅关于太阳系的科学图景，宣告了神学宇宙观的破产与自然科学附属神学时代的终结。布鲁诺（Giordano Bruno，1548—1600）发展了哥白尼的学说，形成了无限宇宙思想，认为无限宇宙是包罗一切的，这些思想集中反映在《论无限性、宇宙及世界》一书中。伽利略（Galileo Galilei，1564—1642）作为近代实验科学的奠基人，告诫人们必须用实验去获得物理学的基本原理和考核推理的结果，进行自然研究，而不能盲目相信书本。他用新的发现支持了哥白尼的学说，在1632年发表了轰动整个学术界的《关于两大世界体系的对话》一书。丹麦天文学家第谷（Tycho Brahe，1546—1601）虽未接受哥白尼的体系，但是他创制了不少精密的行星运动观测仪器，并留下了长达二十年余年的行星运动观测资料，为德国天文学家开普勒（1571—1630）的伟大发现提供了资料源泉。开普勒突破了圆形轨道的传统观念，提出了行星运动的三条定律，即轨道定律、面积定律与周期定律，使行星运动的不均匀性等现象得到了自然而合理的解释，促进哥白尼日心说更趋完善。半个多世纪之后，牛顿提升了开普勒的三大定律，提出了三大运动定律和万有引力定律，建立起了机械力学体系——牛顿力学，他在 1867 年发表的《自然哲学的数学原理》一书中全面阐述了这些发现和理论。哥白尼的日心说经过布鲁诺、伽利略、开普勒和牛顿等人的宣传、捍卫和发展，已被公认为阐明太阳系实际结构的学说，在大宇宙认识上取得了划时代的飞跃。

1543 年，科学史上的另一件重大事件是维萨留斯（Andreas Vesalius，1514—1564）的《人体构造》也面世了。维萨留斯认为注重实际的解剖结果胜于思辨，通过解剖，他指出了古希腊医学家盖仑学说的许多错误，并将解剖观察与研究的结果集成在《人体构造》一书之中。英国医生哈维尝试用机械的原理来解释人体的血液运动，提出了血液循环理论，完善了维萨留斯的人体构造理论。1628 年哈维发表的《动物心脏与血液运动的解剖实习》一书，详细地论述了他的血液大循环理论。他还通过逻辑证明和计算，提出了毛细血管假说，这一假说于 1660 年被意大利人马尔比基在显微镜下观察证实。液循环理论在小宇宙——人体结构的物理构造与解释上冲破了神学所说的人体内部不会有循环运动的信条，使生理学、解剖学、医学从神学中解放出来。

西方从中世纪走进近代，自然的探究与理性的启蒙成为时代的双重变奏，欧洲人汲取了古往今来的各种知识体系，将形而上学的理论兴趣、形式化的逻辑方法和经验性的探究意图结合在一起，更借助于开疆拓殖和新型生产方式的推动力，爆发出伟大的科学革命、技术革命，奠定了西方文明的优势和强势地位[12]。近代科学经过在 18 世纪的平稳发展，不断积累实验材料，最终于 19 世纪进入了全面繁荣的发展时期。在 19 世纪，近代数学微积分的理论基础被精确化，代数学进入到抽象代数的新阶段，并且诞生了非欧几何学。物理学领域发现了热力学第一定律和第二定律，诞生了统计力学新学科，发现了电和磁相互转化的现象，建立了电磁学理论。化学领域创立了原子 - 分子学说，发现了元素周期律，建立了有机化学和物理化学等分支学科。生物学提出了细胞学说和生物进化理论等新理论，并创立了微生物学分支。天文学从观察、研究天体的机械运动深入到探索天体的本质开创了的天体力学分支领域，标志天文学开始了采用物理方法进行研究的崭新道路。地理学提出了地槽学说，建立了矿物的化学分类法，产生了近代岩石学，推进了地球物理学的发展，诞生了地球化学。19 世纪是科学纵深发展的蓬勃时期，各门自然科学的理论体系与分支学科的建立与发展。19 世纪末 20 世纪初，科学理论的重大突破与发现标志自然科学步入现代发展时期，追求统一性和探索复杂性这两大思潮逐渐成为社会主流的科学思想。近代科学自此圆满而华丽地在历史的舞台上落下了帷幕。

二、西方科学思潮的特征

西方近代科学遥遥领先，很大程度上得益于西方近代思维方式的变革，包括新概念、新方法、新理论的提出与发展。思维方式是科学理论创新的内在根据，规定了科学理论发展的方向，决定着科学家集团认识问题、解决问题的方式[13]。在西方近代科学的发展轨迹之中，一个或几个科学家的思想率先成熟，相当成功地解释了有关的现象，形成强烈的凝聚力，使一批科学家成为这种思想的追随者，使一批科学朝着相同的方向、沿着相同的思维轨道前进，许多科学家的点滴思想逐渐兼并、综合、去异存同，形成潺潺小溪，又不断汇合，形成滚滚潮流。这就是科学思潮，它是科学思想流动轨道，回答了特定时期自然科学所面临的主要问题，其思想具有一定的方法论意义。

西方近代科学思潮首先是一种创新思潮。正是由于创新思潮的产生与发展，人类社会才从朴素、萌芽状态的自然科学（古代自然科学）走出，并不断推动近代科学纵深发展，以及后来的现代科学的全面发展。创新的体现不在它的结论的正确性，而是采用的方法以及思维。创新是一个理性认识不断升华的过程，正确模型并不是永恒的。正如托勒密模型为哥白尼模型取代，哥白尼模型又被开普勒模型所取代一样。科学本身就是在不断纠正错误的创新过程中发展起来的[14]。

近代西方科学思潮是一种形式逻辑的建构思潮。这种影响首先影响在本体论上，自然科学的理想就在于不断地完善对存在的形式化和完成对形式的自恰的逻辑证明，以寻求形式化的极限为己任。哥白尼的日心说陈述体系阐明了自然是机械地自在运动着的客观实在，破除了原有地心说的陈述体系。哈维血液循环理论陈述体系破除了已有人体之内不存在循环的陈述体系。物理学领域的三大运动定律和万有引力定律、化学领域的原子－分子学说和元素周期律、生物学的进化论等众多定律与理论，无一不是对某一具体存在的形式进行建构与陈述，最终表现为一种新的陈述体系，揭示出某种客观的陈述关系。人们相信，科学之所以为科学，它必须是能够定性的、定量的、实证的、实验的和反映普遍规律的，正是这种科学思维的指导下，一个个公理、原理、定义、定律等形式建构逐渐形成与出现，推动了科学的发展[15]。然而，在机械论哲学的导引下，近代西方科学由于把自然科学看成了肢解自然的工具，导致了对"关系"的忽略，更为重视"实体"本身。这一点，与中国哲学和科学所特有的整体论和系统论正好相反。

在探索采用什么工具或者说方法进行形式逻辑的建构的过程中，近代西方科学形成与发展了理性主义思潮（Rationalism）。所谓理性，是指能够识别、判断、评估实践理由以及使人的行为符合特定目的等方面的智能，它通过论点与具有说服力的论据发现真理，通过符合逻辑的推理而非依靠表象而获得结论、意见和行动的理由。自然科学的成就和它提供的方法使人类理性的力量进一步得到证明。"日心说"破除"地心说"，人们发现接受的经验性的东西并不一定是真理，以理性为指导才能获得可靠的知识。启蒙运动对科学发展的最终贡献是形成了一种时代精神，即把理性当作一切现存事物的裁判者和衡量一切的尺度[16]。17 世纪至19 世纪中叶，自然科学从哲学中独立出来的趋势越来越明显，当时自然科学发展的全部成果始终是对有限客观领域内相对性的认识，然而，思想家们几乎都期望构造出新的能描绘世界全貌的绝对真理体系，并找到了最终的哲学方法：经验归纳法和理性演绎法，由此出现了理性主义的两个派别：经验派和唯理派[17]。理性主义认为大部分的知识是归咎于感觉上的独立思考，近代的欧陆理性学者也倡导利用科学方法去取得实际经验。显然，这里的"经验"是广义的，包括观察和实验中得到的经验。经验主义认为通过实验研究而后进行理论归纳优于单纯的逻辑推理。直到今天，经验主义的这种方法还在影响自然科学，是自然科学研究方法的基础。伽利略基于实验的伟大发现推动实验科学逐渐发展成为近代科学发展的动力和核心。近代西方科学也推崇理性，重视思维的逻辑性，要求一切认识都需要经过严密的逻辑推理、论证，由此上升到理论化、系统化。重视实验和讲究逻辑是近代西方科学与古代科学的本质区别，倡导经验和理性的结合，形成了近代西方科学方法论的重大突破。牛顿经典力学在解释自然奥秘上所获得的巨大成功，推动理性主义从最初的单纯理想开始走向科学理性。分析方法、实验方法、数学方法、逻辑方法和综合方法等相结合的思维方式，呈现了以人的理性为核心的特征。然而，由于西方的理性思潮是人对自然的理性，也由此导致了科学的工具化问题。

近代西方科学思潮还表现出机械的分析思潮与浓厚的实用思潮。牛顿的科学方法论在其身后的200多年里一直被后人奉为圭臬，并逐渐形成经典科学方法的所谓"分析传统"。它的核心思想和方法是还原与分析，即把自然界的各种过程和事物分成一定的门类，对事物的内部按其多种多样的形态进行解剖。还原论（reductionism）认为科学解释通过用更多的要素解释更复杂的现象而进步，换言之，就是用部分或局部来表征整体[18]，这种思维方式的明显不足是只注意局部而不注意整体，把复杂问题简单化。在近代自然科学尤其是物理学的影响之下，机械论的自然观受到推崇。主客体被二分化，认为精神与物质、主体与客体、人与自然是根本不同的两个领域，由此引发出主体如何认识客体，人类如何征服异于自己的自然的问题。人们变得得鱼忘筌，人类在认识个体、群体与自然之间的关系上失去平衡，无视与自然的多重联系，将自己视为尊上的受者，宇宙犹如要开采的资源，科学的主要任务是指导如何有效地主导自然[18]。科学的合理性逐渐演变成为了"工具合理性"，忽视了自我反思，并置价值考量于一旁[19]。在以人文主义为指导的文艺复兴时代，享乐主义从权贵基层开始向社会各阶层弥散，自然科学进步带来的生产力水平的提高使人们的享乐预期得到愈来愈可能与广泛的满足。生产力提高带来的享乐满足与贸易交往带来的暴利诱惑，使欧洲人绞尽脑汁在地理的、市场的与科学的领域不断地开疆扩土，又反过来推动了科学的创新与进步。在精神与物质的双重驱动下，实用主义在美国等一些西方国家逐渐成型，并扩散到更大的范围。直到今天，实用主义仍然对人类社会的很多方面持有浓厚的影响。对自然的主导与控制正在导致自然的失控，各类环境与资源生态均面临着前所未有的危机。

西方科学思潮的上述特征，不仅为人类提供了重新认识自然资源的学科视角，也为人类开发各种资源利用的新技术开辟了广阔的视野和手段。

第三节　西学东渐与中国近代资源科学基础的萌发

世界上一个区域发展起来的思潮和文明会影响另外一个区域的思潮和文明。16世纪以来，随着西方科学体系的发展和不断完善，东学西渐逐渐被西学东渐替代，伴随西方国家全球探险考察和殖民化过程，西方的科学思想体系包括地理学、地质学、土壤学、生物学等学科知识和方法逐渐传入中国，与中国农业文明的自然资源知识和技术逐渐交融，为中国近代资源科学的萌芽奠定了学科基础，从中国角度来看，这一西学东渐的过程可以划分为被动型时期和主动型时期两个阶段。

一、被动型时期（1600—1840年）

农耕文明铸就了中国在综合国力一度遥遥领先世界各国。英国著名经济史学家麦迪森写道："早在公元 10 世纪时，中国人均收入上就已经是世界经济中的领先国家，而且这个地位一直持续到 15 世纪。从西汉末年开始，中国的国民财富占世界财富的比例长期保持在 20% 以上。"[20] 按照麦迪森的计算，中国 GDP 在公元元年占世界 GDP 总量的 26.2%，仅次于印度；在公元 1000 年时占 22.7%；在公元 1500 年超过印度，居世界第一，占 25%。在技术水平上，在对自然资源的开发利用上，以及在辽阔疆域的管理能力上，中国都超过了欧洲[21]。然而，中国农耕文明重"用"轻"理"，很多技术虽然很符合科学道理，但是人们在理论上未给予科学的解释。而且，科技记载分布零散，记述多于论述，经验色彩浓厚，理论色彩淡薄，在一定程度上限制了科学的进程与传播，也限制了中国古代科学向近代科学的转化。在朝贡贸易政策导向与抗倭卫国的安全政策导向下，明朝实施了禁海闭关，清朝继续了这种闭关锁国的发展模式。同一时期西方开始航海运动，进一步推动文艺复兴运动，开展产业革命，致使中国错失了开眼看世界，继续引领科技发展的时机。从 16 世纪开始，中国科学技术的发展开始落后于西方。但是，底蕴深厚的农耕文明依然保障了中国世界经济大国的地位。直到 19 世纪，欧洲工业化的快速发展，中国农耕文明的生产力竞争优势不再，加上殖民者的战争破坏与掠夺，中国经济落入相对的衰退发展轨道。按照麦迪森的计算，中国 GDP 在 1600 年占世界 GDP 总量的 29.2%，在 1700 年占 22.3%；在 1820 年（嘉庆二十五年）占 32.9%，此时中国一国之经济远高于欧洲国家的总和；在 1870 年滑落至 17.2%，在 1913 年进一步滑落，占 8.9%。

地理大发现沟通了世界大陆之间的联系，富饶而神秘的中华大地吸引了西方人的到来，试图通过宗教左右中国。在 16 世纪末到 18 世纪初的 100 多年里，在西方近代科学技术形成与平稳发展的时期里，受殖民扩展的需求推动，大批传教士来到中国，探索出了"科学传教"的开展宗教活动的方针。近代西方科学和思想由此传入中国，并形成了一股科技翻译的热潮。《几何原本》《测量法义》《崇祯历书》（又名《西洋新法历书》)《泰西水法》《奇器图说》等译作，使中国人第一次了解到了欧洲的数学、历法、地理、水利、军火制造等科技知识。《崇祯历书》编译或节译了哥白尼、伽利略、第谷、开普勒等著名欧洲天文学家的著作。该书采用第谷创立的天体系统和几何学的计算方法，引入了清晰的地球概念和地理经纬度概念，以及球面天文学、视差、大气折射等重要天文概念和有关的改正计算方法，对中国近代天文学的发展有着积极的作用。《泰西水法》介绍了西方的水利技术，"西洋之学，以测量步算为第一，而奇器次之，奇器之中，水法尤切于民用，视他器之徒矜工巧，为耳目之玩者又殊"，促进中国对西方科学的理性与应用的结合之"道"的进一步理解。《远西奇器图说》介绍了重心、杠杆等物理原理，以及它们在器械上的应用。《火攻奇器图说》《火攻挈要》《神武图说》使中国对西方铳炮的制作原理与工艺有了一定的了解。《坤舆万国舆图》《坤舆全图》为中国带来了世界地图，与之一起还介绍了许多西方先进的地理知识，为中国近代地理学、制图学的发展做出奠基性的贡献。全国首张正式测绘的地图《皇舆全图》在 1708 年开始，最终于 1718 年完成。1767 年，传教士蒋友仁出版了两半球世界地图《坤舆全图》，在图的释文中，他特别提到了地球是椭圆的说法，指出地球不是天体的中心，而是围绕太阳旋转，把哥白尼的日心说传入了中国。艾儒略著的《职方外纪》、石振铎（PetursPinuela）著的《本草补》把西方的植物知识传入了中国。

在 1584—1790 年，来华的传教士共有译著成书 300 余种[22]，其中，自然科学的占 120 种左右，并以天文学与数学为主，分别为 89 种与 20 种，物理学 6 种，地理学 3 种、生物和医学 8 种。这一时期的科技翻译都是外国传教士与中国士大夫的合作翻译，模式基本是"由外国人口授，而由中国知识分子笔录成文"，从素材的选择到译文的成型都为传教士所主导。例如，合作翻译《几何原本》时，徐光启想译完该书的所有卷（15 卷），但是，1607 年翻译完前 6 卷之后，利玛窦认为已达到了科学传教的目的，便推诿不译了，徐光启只能作罢[22]。后 9 卷直到 1857 年在李善兰和英国人伟烈亚力的合作下才翻译出来。当时译书的知识体系基本上属于欧洲的古典科学体系，而 16 世纪出现的那些最先进、最富有革命性的自然科学成就涉及极少。

在"天朝大国"的心理作用下，当时的统治者与一些学者并未花心力去宣传科学，只是当时的西方科学译著的传播范围极为狭窄。他们甚至牵合附会寻找"西学东源"，坚持科学技术"西不如中"，以减轻"天朝大国"劣势的心理负担[23]。科学技术大都被视为"奇技淫巧"。第一次西学东渐以康熙皇帝禁止天主教在华传播而告终，中国失去了接触西方新鲜文明的机会，恰恰是从 18 世纪以后，中国发展的脚步才逐渐放慢，被欧洲赶超。除了天文与数学外，这一阶段的西学东渐对中国其他科学技术领域发展贡献在当时是微弱的。但是，它们为中国了解世界文明、打开了部分中国人的眼界提供了机会，其长期影响是深远的。

二、主动型时期（1840—1919 年）

1840 年的鸦片战争至 1919 年是中国近代史时期。在清末民初的这 80 年里，中国在与西方人的接触、与殖民者的战争较量中，中国对西方科学技术首次有了广泛的、主动的学习热情，思想也深深发生了改变。西学东渐进入第二个发展阶段。

文献翻译依然是西学东渐的重要途径。容闳等推动的幼童留学，清末的洋务留学与自费留学，以及庚款留美，使近代中国拥有了一支不可忽视的留学生。他们中的很多人是推动西学东渐与后来的中国科学发展的中坚力量。这一阶段，翻译文本选择的范围有了很高程度的自主，途径也丰富了起来，例如，经世派的代表人物林则徐、魏源等人开始组织编译外国书报，洋务派创办的两馆则主要翻译西书，内容主要集中在自然科学和应用科学上。由中国人独立编撰而成的科学著作已不再是空白了。

在这一阶段，自然科学的不同分支发展速度与命运在中国有了分异。1840—1911 年，中国一方面无力购置西方精密的天文仪器，一方面已有的天文仪器被殖民者们大量抢夺，天文学基本处于停滞状态。直到 1919 年五四运动以后，随着科学与民主思潮的发展，中国天文学界开始活跃起来。自 1840 年，中国传统的数学、物理学与西方数学、物理学的合流发展，大致 1911 年辛亥革命前后进入发展的开端时期。这主要获益于留学归来的爱国精英们的巨大贡献。数学系与物理系先后于 1912 年和 1918 年分别在北京大学成立。1855 年刊译的《博物新编》将科学意义的化学带到了中国。后来徐寿等人勤奋而广泛翻译西方化学，《化学鉴原》《化学鉴原续编》等译著将当时西方近代无机化学、有机化学、定性分析、定量分析、物理化学以及化学实验仪器和方法作了比较系统的介绍，使化学知识的引入走到了物理学与数学的前面。1910 年，北京大学开设化学专业。生物学与地理学在中国的发展需要吸纳西学的思想、原理与知识体系，同时还存在"落地"的问题，二者的发展相对于数学、物理与化学要滞后。1840—1919 年，生物学与地理学在中国的发展总体处于孕育阶段。但是，距离初创发展仅有跬步之距。

西方植物学是在鸦片战争后才开始系统地传入中国[24]。合信撰著的《全体新论》《博物新编》在 19 世纪 50 年代先后出版，前者将哈维的血液循环学说、人体解剖、解剖生理学的实验方法等传入中国，后者的第三集论动物中介绍了西方动物学界的一些研究成果。这些著作所论及的一些生命形态与常识与中国传统的相关知识发生了猛烈的撞击。1858年，李善兰等人合译的《植物学》出版，该书在内容上根据英国植物学家林德利（John Lindley）所著的《植物学初步原理纲要》重点选择，是中国第一部系统介绍西方近代植物学的译著。书中所介绍的许多西方近代植物学基础知识，与中国古代直观描述、偏重实用的传统植物学知识截然不同。李善兰的《植物学》可以说是东西方植物学的融合点，标志着中国近代植物学的萌芽。不过，中国近代植物学与传统植物学分野的著述当推艾约瑟1886年译著的《植物学启蒙》，以及19世纪末傅兰雅编译的《论植物》《植物须知》和《植物图说》。1908年，叶基祯撰写的《植物学》一书包括了植物分类、形态、解剖、生理、古植物、应用植物学等分支学科，还包括了少数中国的资料。1898年，严复节选翻译赫胥黎的《进化论与伦理学》，取名《天演论》，将"物竞天择"的进化论思想引入中国。20世纪初，马君武开始翻译达尔文的《物种起源》的第3章"生存竞争"、第4章"自然选择"，并以《达尔文物竞篇》和《达尔文夭择篇》分别单行出版。进化论对于中国不仅仅是生物学知识，更重要是一种崭新的自然观、世界观，一经传入中国后，引起学者们的普遍重视和整个社会的轰动，推进了中国近代生物学研究和教学事业的发展。除了翻译，国内许多学者还亲自撰写宣传进化论的文章和著作，国内有名的《新青年》《新潮》《民铎杂志》《博物杂志》《科学》《东方杂志》等刊物，都纷纷刊登了进化论方面的文章。中国人独自进行植物学分类和实验研究时期即将到来。20世纪10年，孟德尔的遗传学说传入中国，同时传入的还有德佛里斯的突变论、高尔顿的生物统计学、摩尔根的染色体学说等。在这十年的末期，中国近代植物学开拓者钟观光带队开始了中国人独立的植物资源考察、标本采集。可见，当时引入中国的生物学理论以西方现代崭新的生物学成就为主，极大丰富了中国生物学的视野与体系。

19世纪下半叶，伴随着"西学东渐"，中国近代地质学开始得到了孕育。李希霍芬和彭拜莱等西方人在中国进行的地质考察，虽然本质是直接服务于其国的殖民侵略，但对中国地质学也有一定的正向贡献。西方传教士继续将西方地理学著作与知识带入中国。英国传教士马礼逊创办的《察世俗每月统记传》，与人合办的《东西洋考每月统记传》包括很多地区的地理等信息，为后来中国学者的著述提供了许多翔实的资料，如为林则徐组织编译的《四洲志》、为魏源著的《海国图志》[25]。1848年，徐继畬的《瀛环志略》正式刊出。该书部分征引了《海国图志》。这本中国人首次自己撰写的系统介绍世界史地的著作，受到了中西方的关注。在书中，整个世界被描述为"大海所环绕的陆地"。传教士翻译的西方地理著作中，一些文献，如玛吉士撰写的《外国地理备考》、祎理哲编译的《地球图说》、祎理哲编译的《地球图说》与译述的《地球说略》、俾士编的《地理略论》、德生与赵如光合作的《地理志略》、孙文桢译的《坤舆撮要问答》、傅兰雅译著的《地志须知》《地理须知》《地学须知》《地学稽古论》等著作，以及慕维廉汉文著作《地理全志》等，使中国在短时间内了解了西方先进的地质学知识[26]。其中，《地理全志》是相对完整的地质学著作，共十卷，第一卷"地质论"涉及了岩石、矿物、底层、古生物和矿产等地质学知识。中国官方翻译了300多种地质学著作或教材，其中相对完整的地质学著作为玛高温与华蘅芳译著的《金石识别》以及《地学浅释》。《金石识别》是进入中国的第一部矿物学译著，被称为简明矿物学教科书及采矿冶金工程师参考书的原著，在1848—1859年就出版了12版。《地学浅释》是第一部进入中国的真正的西方地质学著作，它是以科学地质学的奠基人莱伊儿的划时代巨著《地质学原理》第五版基础上衍生的《地质学纲要》之第六版的部分内容改编的[27]。《地质学原理》与《地质学纲要》在逻辑上有着紧密的联系，然而，在内容安排上却有着显著的差异。《地质学原理》讲地球及其生物的现代变化，在内容上更接近现在的普通地质学；《地质学纲要》主要讲古代变化或用地质遗存说明古代地球及其生物的变化，在内容上更接近现在的地层学与地史学。《地学浅释》带入"将今论古"的地质思维进入中国。而在中国古代文化之中广泛留有"以古证今"的地质思维足迹。清末地理被作为正式课程，1909年学术期刊《地学杂志》创刊，京师大学堂（今北京大学）在格致科创办地质学门，1913年章鸿钊筹建了中国第一个地质研究所，一些留学的地质学家陆续回到祖国。相较于植物学，地理学的发展要大致进步一些。

总体而言，在西学东渐的第二个阶段，中国主动将近代西方科学的新成果大量引入中国，推动了科学意义的数学、物理、化学、地质学与生物学的初创发展或即将初创发展，同时为中国近代资源科学的萌芽奠定了学科基础。这对于当时的中国而言，这样的成就是极为不易的。这些自然学科的发展不仅仅是自然科学的发展，同时也推动了思想与思维的巨变。中国根植于土地的农耕文明即将为根植于矿藏的工业文明转变。经营自然的重心将由土地系统拓展到更广范围的资源系统。

参考文献

[1] 张波，樊志民. 中国农业通史：战国秦汉卷［M］. 北京：中国农业出版社，2007.

[2] 杜青林，孙政才. 中国农业通史［M］. 北京：中国农业出版社，2008.

[3] 张秀红. 中国古代科技文献概况［J］. 图书与情报，2005（5）：27-31.

[4] 大林太良. 神话学入门／李子贤. 探寻一个尚未崩溃的神话王国牛的象征意义试探——以哈尼族神话、宗教仪礼中的牛为切入点［M］. 昆明：云南人民出版社，1991，39.

[5] 廖申白. 农耕文明中国之省思：从人工与自然的关系方面谈起［J］. 学术月刊，2007，39（2）：24-30.

[6] 任继周. 华夏农耕文化探源——兼论以粮为纲［J］. 世界科技研究与发展，2003（4）：21-27.

[7] 王军，孟宪凤. 西学东渐与东学西渐——16—18世纪中西文化交流特点论略［J］. 北方论丛，2009（4）：90-92.

[8] 张西平. 中国与欧洲早期宗教和哲学交流史［M］. 北京：东方出版社，2001，7.

[9] 黄祥春. 科学传统的形成与近代西方社会发展观念的演进［J］. 长江论坛，2001（2）：55-57.

[10] 李素英，姜铭. 地理大发现——自然科学发展史上伟大的里程碑［J］. 贵州师范大学学报（自然科学版），1986（1）：123-130，106.

[11] 远德玉，丁云龙. 科学技术发展简史［M］. 沈阳：东北大学出版社，2000，49-65.

[12] 殷华成. 近代西方科学与技术联姻的外部机制研究［J］. 科技创业，2009（1）：126-127.

[13] 梁云昌. 从近代西方思维方式谈近代科学产生的原因［J］. 延安教育学院学报，2006，20（2）：12-14.

[14] 江晓原. 科学史十五讲［M］. 北京：北京大学出版社，2006.

[15] 许启雪. 形式的建构与解构：科学思潮对声乐演唱技术的影响及思考［J］. 贵州大学学报（艺术版），2007（4）：27-32.

[16] 张晓华. 为科学正名——中国早期科学主义思潮的回顾与反思［J］. 聊城师范学院学报（哲学社会科学版），2001（6）：13-17.

[17] 赵华. 现代西方科学主义哲学思潮评介［J］. 沈阳教育学院学报，2002，4（1）：6-8.

[18] Olalla J. The Crisis of the Western Mind［J］. Oxford Leadership Journal，2009，1（1）：1-6.

［19］ Shumba O. Critically interrogating the rationality of Western science vis-à-vis scientific literacy in non-Western developing countries ［J］. Zambezia，1999，26（1）：55-75.

［20］ 贾玮. 从《农学丛书》看近代西方农业科技的传入 ［J］. 安徽农业科学，2007（19）：5953-5954.

［21］ 麦迪森（著），伍晓鹰（译）. 世界经济千年史 ［M］. 北京：北京大学出版社，2003.

［22］ 李建中，雷冠群. 明末清初科技翻译与清末民初西学翻译的对比研究 ［J］. 长春理工大学学报，2011（7）：84-86.

［23］ 郭永芳. 近代中国对西方科学传入后的反响 ［J］. 科学、技术与辩证法，1987（3）：57-64.

［24］ 刘学礼. 西方生物学的传入与中国近代生物学的萌芽 ［J］. 自然辩证法通讯，1991（6）：43-52，80.

［25］ 张楠楠，石爱华. 西方传教士对中国地理学的影响 ［J］. 人文地理，2002（1）：77-80.

［26］ 邹振环. 19世纪西方地理学译著与中国地理学思想从传统到近代的转换 ［J］. 四川大学学报（哲学社会科学版），2007（3）：26-36.

［27］ 聂馥玲，郭世荣.《地质学原理》的演变与《地学浅释》［J］. 内蒙古师范大学学报（自然科学汉文版），2012（3）：307-313.

第四章　中国近代自然资源考察及其科学方法

　　近代是中国资源科学发展的起步时期，随着西方先进科学技术引入中国，中国的资源科学研究也正式进入了自然资源科学考察的萌芽阶段。19世纪末期到20世纪上半叶，中国自然资源考察主要来自三个方面：一是西方探险家及日本人出于种种目的，在中国进行的自然资源考察；二是中方学者与外方学者合作进行的自然资源考察；三是中国自然资源相关组织机构推动的自然资源考察。这一时期，中国进行了初具现代意义的自然资源考察，并初步形成了自然资源考察的科学方法，这些都为新中国自然资源综合科学考察和资源科学的形成与发展奠定了基础。

第一节　清末民初外国探险家在华的自然资源考察

　　19世纪以来，随着世界范围内地理探险与考察活动不断深入，人类的未知地域越来越少。19世纪末到20世纪上半叶，东亚及欧亚大陆腹地作为仅有的几个未知地区，引起了世界学者的广泛关注。中国在东亚、中亚占有辽阔的疆域。这里不但有复杂的自然环境、丰富的生物和矿产资源，而且还有独具特色的人文景观。西方学者逐渐把目光集中在了亚洲腹地，尤其是中国的西部地区。

　　在形形色色的外国人当中，很多是带有侵略或掠夺性质的政客。他们来华的目的主要是为了从事带有文物掠夺和殖民色彩的探险活动，其中，日本侵华时期所作的调查较为系统，涉及东北、华北、内蒙古、海南岛等地。当然，其中也不乏世界一流的学者和西方著名的探险家。这些人主要从事以调查自然资源和收集人文资料、生物标本为目的的探险考察。无论西方学者来华目的如何，他们的活动，或多或少地积累了考察区域的自然条件和自然资源的资料。同时，他们的考察大都采用西方近代地理学的思想和方法，对地理现象进行分析、研究和记述，并著有多种研究报告。他们的自然资源考察成果，一方面向国际社会介绍了中国的地理状况，同时，又成为中国近代资源地理研究的基础，扩大和促进了西方近代地理学在中国的传播和深入，加速了中国自然资源综合科学考察和资源科学研究的近代化。

一、清末西方探险家来华的自然资源考察

　　19世纪末期到20世纪初期，来自俄国、英国、法国、瑞典、德国、美国等十几个西方国

家的数百名学者、探险家、旅行家、外交官、军官、教师甚至商人，在各国政府、企业、学术团体或研究机构的资助之下，以个人身份先后到中国从事探险考察活动，他们的足迹几乎踏遍了中国各个省区，尤其是边疆各地，考察报告和相关论文、论著数以千计。清末来华西方学者多是擅自前来，他们与中国学者之间少有直接交流。

（1）德国学者李希霍芬及其 5 卷本《中国》。清末到中国的欧洲探险家中，不乏世界一流学者，最著名的当属德国地理学家、地质学家李希霍芬（Feridinand von Richthofen）。他于1868—1872 年 5 年时间里先后 7 次对中国的沿海和内陆地区进行了广泛的考察，涉足了当时中国 18 行省中的广东、湖南、湖北、四川、陕西、山西、直隶（今河北）、河南、江苏、浙江、安徽、江西、山东、奉天（今辽宁）共 14 个省，几乎走遍了整个中国。其考察内容甚广，凡化石、岩石、山脉、河流、地形、土壤、森林、农作物、村镇及当地居民的生活习俗等都被详尽地记录下来。回到德国后，从 1877 年开始，历时 35 年，李希霍芬先后发表了 5 卷本的考察报告——《中国：亲身旅行和据此所作研究的成果》（China：Ergebnisse eigener Reisen und darauf gegründte Studien）（简称《中国》），他亲自执笔完成了第 1 卷和第 2 卷，其余 3 卷是他的友人和学生在他去世后根据他留下的资料编辑完成的。

《中国》第 1 卷主要介绍了中亚和中国的历史及地理地貌。第 2 卷重点记叙了他在东北、华北、西北地区的调查成果。后 3 卷主要是他在西南、华中、华东的调查成果。附有 2 册图集，1 册由李希霍芬本人编辑，1885 年出版，收有考察路线图、地质构造图、地质剖面图等；另 1 册由戈罗尔（M.Groll）博士主编，1912 年出版，其中收录了李希霍芬在中国南方地区绘制的地理、地质图等。5 卷本《中国》巨著详细记载了李希霍芬在中国的调查成果，并凝结了他诸多的学术思考和探索。

在《中国》第 1 卷里，李希霍芬以专门的章节论述了中国的黄土，最早提出了中国黄土的"风成论"。他也采集了大量各门类化石，收集了很多各时代地层资料。德国古生物学家弗莱希、施瓦格、凯塞尔等对李希霍芬所采化石的研究论文也发表在《中国》各卷中。李希霍芬在辽宁、山东、山西和河北北部建立了 3 条系统剖面。他也首先提出了"五台系"和"震旦系"等地层术语。他在山东、北京西山、大青山、五台山等地发现了许多褶曲和正断层，在秦岭发现了逆掩构造，在《中国》第 2 卷中的"中国北方构造图"上，他画了一条被称为"兴安线"的推断构造线，从兴安岭经太行山，一直达到宜昌附近。他还提出了中国北方有一个古老的"震旦块"，是一个具时间关系的地质构造单元。由此可见，他对中国造山运动所引起的构造变形也具有开创性的研究[1]。

《中国》是李希霍芬 4 年考察研究的结晶，其中提出的"震旦纪""黄土高原风成说""丝绸之路"等术语和理论，不仅在西方学术界影响很大，而且对中国学者也有深刻的影响。在其考察过程中，李希霍芬非常关注中国的矿产资源及其分布，尤以煤炭资源记录最为丰富，绘制有中国第一张《中国煤炭分布图》，并撰写有报告《山东地理环境与矿产资源》。近代早期来华考察的地学家中，经历时间之长、搜集资料之丰富、发表著作份量之大，李希霍芬是最为突出的。他为当时的中国带来了近代西方地学、甚至整个自然科学的思想和方法，他的工作也对后来中国学者的考察研究起到了示范作用[2]。

（2）俄国人普尔热瓦尔斯基及其 4 次中国行。欧洲人把野外考察看做是认识自然界的重要贡献，把收集世界各地的地理环境资料和动植物标本作为科学研究的基础性工作。这种思想很快影响到了俄国。俄国统治者十分重视对各地自然资源情况的考察，他们"认识到用正确的地理资料来引导帝国向东方扩张的极端重要性"[3]。科学思想的影响和统治者的支持，成为俄国远征探险的重要动力。俄国人开始用堂皇的科学研究目的，掩饰其考察的真正动因。政治与科学结合起来，促成了俄国早期在中国的探险考察。

出于扩张领土的政治野心，俄国人的考察兴趣集中在确定河流、海岸、山脉的位置，寻找矿产资源地，采集动植物标本，并收集自然特征、人口和经济方面的资料。从19世纪后期开始，他们进入中国的西北和东北地区进行考察。在进入中国版图的俄国人中，影响较大的是普尔热瓦尔斯基（N. W. Przewalski）。他在俄国地理学会和陆军部的资助下，于1870—1885年先后四次率领考察队到中国西部探险，足迹遍及内蒙古、新疆、青海、藏北等广大西部地区。其目的主要是了解中亚地区的自然环境、调查中国西北地区的矿产资源，并收集动植物标本。

普尔热瓦尔斯基的第一次探险始于1870年，止于1873年，他率队从北京出发，经张家口、库车、阿拉善，越长城入甘肃境内，沿着通往拉萨的古道进入柴达木盆地。这次探险使他第一次以亲历者的身份向西方展示了亚洲中部包括鄂尔多斯、阿拉善沙漠、贺兰山、青海湖、长江上源在内的地理面貌。他的第二次中亚探险始于1876年，止于1877年，探险队从伊犁出发，越过天山，下塔里木河到达罗布泊，详细考察了该地区的动、植物和居民的记录。普尔热瓦尔斯基的第三次探险活动始于1879年，止于1880年，他原计划是进入西藏，但最终未获成功。第四次探险始于1883年，止于1885年，这次他自恰克图进入中国，沿着库伦—戈壁沙漠—阿拉善的路线，系统调查了阿尔金山脉和昆仑山脉。普尔热瓦尔斯基在考察中收集的哺乳动物、鸟类、鱼类、昆虫和植物标本数以万计，其中野马、野骆驼等珍贵动物标本更是第一次被带到欧洲。同时，普尔热瓦尔斯基还撰写了《蒙古和唐古特地区：在东部亚洲高原的三年旅行》《从伊宁经天山到罗布泊》等著作。

自1892年开始，俄国多次派人进入中国东北地区进行矿产资源和地质调查。规模最大的是1892—1894年由俄国地理学者奥布鲁切夫（D.V.Obruchev）率领的考察队。他们在大兴安岭、呼伦贝尔一带进行地质、地理和生物资源调查。考察队在中国境内采集了大量的动植物标本和种子。奥布鲁切夫也十分重视对中国境内矿产资源的考察，他是最早在中国从事石油资源考察的西方人。

（3）欧洲其他国家学者与美国学者的在华考察。英国、法国、瑞士等欧洲国家的学者也曾经来华考察。1885—1897年，英国人亨利（A.Henry）先后四次来华，雇佣中国人在湖北、四川、云南、海南、台湾等地采集了数万件标本，著有《中国植物名录》和《中国经济植物笔记》。他在华的采集和研究，被认为是最有价值并富有意义的工作。法国学者桑志华（Emile Licent）于1914年来华，并长期担任天津北疆博物院院长。他在中国北方从事了长达20余年的资料收集与考察工作，采集了数以万计的植物标本，著有《1914—1923年黄河流域十年勘察报告》《黄河流域十年调查记》及《1923—1933年黄河流域十一年勘察报告》。

美国来华考察的学者当中，最著名的当属地质学家庞培烈（Raphael Pumppelly）。他于1862—1865年在华从事考察。他来华的目的本是地质调查，但是当他来到中国时，受清政府的邀请首先从事了一个多月的北京西山煤矿资源调查。随后，他在东北、华北和西北一带从事地质调查，并横穿欧亚大陆。回到美国后，庞培烈于1866年发表了在华的地质考察报告

《在中国、蒙古及日本的地质研究》，书中他提出中国的主要地质构造线是北北东—南南西走向，从山体结构看，这是一种极为独特的现象，他将其命名为"震旦上升系统"（The Sinain System of Elevation），创用了中国构造地质学上的一个专业术语。[4] 1904 年他再次来华，与美国地理学家戴维斯（W. H. Davis）和亨丁顿（E. Huntington）考察了天山和塔里木盆地。虽然庞培烈不及俄国人那样重视中国的自然资源情况，但是他在华考察时间长、范围广，所以他的考察成果中还是包含了大量有关中国自然资源的资料，这些资料成为后人自然资源研究的基础。[5]

在上述来华的西方探险者中，既有学者也有政客，更有出于侵略或掠夺目的的探险家，其中有些考察也很粗糙。但是，不可否认，清末民初外国学者在中国境内进行的考察为我国的近代自然资源调查揭开了序幕。他们的调查成果及学术观点大多凝结为考察报告或专著公开发表，成为早期研究中国资源环境情况的重要资料，尤其是在区域环境特点、动植物和矿产资源的分布、中国地层系统的建立、古生物种属的发掘、描述与鉴定等方面，都具有参考意义。这些宝贵的考察资料更是我国资源科学家进行后续研究的重要基础，中国学者早期从事野外调查时，也多是参考这些西方人的工作。

二、民国初期日本人在华的自然资源考察与调查

步西方人的后尘，20 世纪初期，日本人也开始涉足中国的自然资源考察。日本人在中国的考察活动虽然晚于俄、美、德、英、法等西方国家，但却后来居上，在中国的东北、华北、华东、西北以及台湾等地进行了大规模的矿产和生物资源调查。

19 世纪后半叶，由于蒸汽轮船的发展和扩充军备的需要，日本国内对煤、铁等资源的消费大量增加。而日本国内的金、铜等矿山的开采量在此时却趋于衰退。为了解决矿产资源问题，进入 20 世纪以后，日本人开始窥视周边国家的自然资源，尤其是矿产资源。出于侵略目的，他们开始对中国东北和台湾等地进行考察。日本在占据台湾的 50 年里，调查了岛上的煤、金、石油等矿产资源，采集了大量的生物标本，在考察的基础上，先后出版了不同比例尺的《台湾地质矿产地图》和《台湾植物名汇》等资料。

（1）日本人对中国大陆地区的自然资源考察与调查主要是通过南满洲铁路株式会社（以下简称满铁）完成的。满铁成立于 1906 年 11 月 26 日，总部设在东京，1907 年 3 月 5 日迁往大连。满铁刚成立时设总务部、运输部、矿业部、地方部四个部，在正式运营的当月成立了调查部，只规定一般经济调查、旧惯调查和图书保管等三项业务。1920 年，调查部排除了与调查业务无关的工作，成为真正意义的调查机构。1932 年应关东军的要求，满铁成立了经济调查会，下设 7 个委员会和 5 个部。调查部改组为总务部资料课。1938 年 4 月，满铁重新设立调查部。1939 年 4 月，调查部改组为大调查部，本部设有庶务课、综合课、资料课、第一调查室、第二调查室、第三调查室、第四调查室、大连图书馆、满洲资源馆，本部以外还设有华北经济调查所、张家口经济调查所、上海事务所、东京支社、新京（沈阳）支社、北满经济调查局、铁道总局调查局。1945 年 8 月，随着日本的战败投降，满铁自行解散。[6]

起初，满铁以大连为基地，以南满铁路为依托，把势力渗透到中国东北腹地，进而向中国各地扩散。满铁第一任总裁后藤新平主张在以经营铁路为主的前提下，逐步向其他领域延伸，通过发展经济增强在中国东北的势力，为此他设立了调查机构。满铁的调查机构广泛从

事调查活动，担负着各种资料、情报、数据统计的制作及搜集、整理、保管、分发使用等多项任务，在它存在的近 40 年中，一共提出了 6000 多份调查报告，出版了数千种图书资料及杂志。

（2）满铁调查部成立初期，重点工作是旧惯调查。旧惯调查又称惯行调查，相当部分是关于中国农村传统习惯与秩序的实地调查。最初主要是对奉天和吉林、黑龙江的部分土地及其法规进行调查。满铁组织大批具有实地调查经验的专业人员，对东北各地进行规模化、系列化的调查。在调查当中，满铁编制了统一的调查程序和调查项目，设立了专门的调查班子，而且与关东军联合组成了一支机构庞大的调查队伍，有针对性地选点入户进行调查。这期间有两次调查内容最为详细：一次是"满洲土地旧惯调查"，包括："一般民地""蒙地""皇产""内务府官庄""典地习惯""押地习惯""租权"等专题；另一次是在满铁调查部直接控制和指导下，由伪满洲国实业部临时产业调查局主持进行的，调查范围涉及了伪满洲国全境的数十个县，调查内容共分为三个大类：即以县为单位的"农村实态一般调查"；以自然村为单位的"农村实态户别调查"和"农村实态专项调查"（包括租佃关系、农具、农家生计、农家经营、农村社会、土地关系等）。根据这些调查结果，共编纂出调查报告约 50 余册[7]。

（3）矿产资源调查是日本人在华调查的重中之重。1907 年，满铁矿业部内设地质课（科）和煤田地质调查事务所，主要从事抚顺煤矿调查，后将调查范围扩大到整个东北地区。地质课后迁至大连，交由兴业部管理，更名为满铁地质研究所，1919 年改为地质调查所，从事东北地区的地质矿产资源考察。1938 年，满铁地质调查所的部分机构迁至长春，由伪满洲国接管，隶属于大陆科学院，并更名为满洲帝国地质调查所。地质调查所对东北的地质、矿产做了大量调查工作。随着日本侵华势力的扩大，地质调查所一度把调查区域推进到华北地区[8]。满铁地质调查所十分重视地质图的编绘，曾完成辽宁、吉林、黑龙江各区县的地质图及说明书，诸如《关东州地质图》《关东州地质构造图》，1917 年编成 1:100 万《南满州地质预测图》；同时进行过 1:40 万、1:10 万、1:5 万的地质填图工作。这批大量地质资料，基本上反映了东北地质矿产概貌。在他们出版的专著《满洲地质与矿产》《满洲的火山活动》，井关贞和的《满洲西部地质及地志》《满洲东部地质与地志》《满洲北西部地质及地志》，新带国太郎的《关东州的地势及地质》等都记述了大量可供参考的资料和论点。到 1945 年，地质调查所共有 1500 份地质矿产报告，其中记述了 3000 个矿点，搜集的情报、资料和研究成果出版有《满铁调查资料》162 种，资料汇存 12 种，交涉资料 20 种，调查资料 11 种，各种小册子 75 种，俄、汉翻译资料和经济统计资料多种[9]。

（4）"九一八"事变后，满铁于 1932 年成立经济调查会，负责筹划全东北的经济建设计划，并负责开发东北及东亚经济、完成伪满洲国国策等各项事业的任务。经济调查会的首要工作是制定日本在东北的殖民地经济统制政策，它的主要活动是政策起草和调查活动。经济调查会主要负责基本政策和移民、农业、矿产、商业、贸易等部门政策的起草制定，其下属的移民调查班曾深入民间，调查各地民族、风俗、社情等情况，为制定移民政策提供资料。经济调查会进行的另一项调查活动就是"特殊调查"，即以国防资源为主的资源、兵要地志调查和一般经济调查。到伪满洲国成立之前，日本统治东北的各项政策和计划，几乎都是由满铁的经济调查会起草。经济调查会存在期间所完成的调查、计划和资料总共达 1882 件，其中起草方案 829 件，资料 1053 件。

随着日本势力侵入华北，满铁的调查活动重点转移到华北，并不断向全中国扩展。1934年起，满铁对华北进行了有组织的调查，还在天津、青岛、太原设立了事务所，提出的有关华北的调查立案报告书共39项，同年10月还派人参加了中国驻屯军实施的华北资源调查[10]。

由此可见，民国时期日本在我国进行了比较系统而全面的自然资源考察与调查，其中尤以其当时占领的东北和台湾地区最为详尽。但日本在我国进行的自然资源考察与调查虽然运用的是科学的方法和手段，但是其目的和宗旨则是对我国自然资源的占领和掠夺，在抗日战争期间进行的考察与调查更是完全服务于日本在华的战事所需。可以说，日本在华进行的自然资源考察与调查是一场政治性目的极为明确的侵略行径。

第二节 民国初期中外合作的自然资源考察

进入20世纪，随着考察规模的不断扩大，德国、法国、意大利、美国等国家纷纷组织考察团或远征队来华。早期的考察大多未经中国政府允许。西方人的行径引起了中国学术界的强烈不满。从1920年开始，经过西方近代科学思想的传入和五四运动的洗礼，中国学术界开始走向成熟。一方面，为了反对外国人在未经允许的情况下在中国从事考察活动，对于计划来华的外国考察团采取中外合作的方式，组成中外联合科学考察团；另一方面，随着近代科学在中国的引进及发展，为了解决考察人才短缺的问题，中国政府开始聘请西方学者来华从事自然资源的调查与研究。

一、中外联合组织的自然资源考察

20世纪20年代开始，经过西方近代科学思想的传入和"五四运动"的洗礼，中国学者开始具有现代意识与民族精神。为了反对外国人在未经允许的情况下在中国从事考察活动，中国学者于1927年组织成立了"中国学术团体协会"。对于计划来华的外国考察团，中国学术团体协会采取合作的方式，组成中外联合科学考察团。联合组团，一方面可以增进中外的学术交流，解决中国学者缺乏考察经费和设备的实际问题；另一方面也限制了外国人在华的资源考察与掠夺。中外联合组团考察的方式，始于1927年中国学术团体协会与瑞典地理学家斯文·赫定（Anders Sven Hedin）联合组建的"中瑞西北科学考察团"。仿照"中瑞西北科学考察团"的合作模式，中国学者还先后与美国和法国学者组织了联合科学考察团。

（1）斯文·赫定与中瑞西北科学考察。斯文·赫定从1885年开始多次来华，在西北和西藏等地从事考察，并收集了大量资料，发表了许多在中外学术界具有广泛影响的著作。如《穿过亚洲》《1899—1902年中亚科学考察成果》《南西藏》《长征记》《皇城热河》《丝绸之路》《游移的湖》等，叙述准确、内涵丰富，为后人的研究留下了丰富的史实资料。[11]

1926年冬天，斯文·赫定带领一支由瑞典人、德国人及丹麦人组成的探险队再次来华，准备组织考察队对中国西北地区开展一次大规模的考察时，受到了中国学术界的强烈抵制。为能够顺利开展工作，斯文·赫定与中国学术团体协会经过多次协商，决定由中国瑞典双方共同组建"中瑞西北科学考察团"（The Sino-Swedish Scientific Expedition to the North-Western Province of China, 1927—1935），考察团采集和挖掘的一切动植物标本文物矿物质样品等，都是中国的财产。[12]

1927年5月9日，斯文·赫定和北京大学教务长、哲学系教授徐炳昶共同率领一支空前规模的现代化科学考察队离开北平，经包头、百灵庙至额尔济纳河流域，于1928年2月到达乌鲁木齐。整个考察活动从1927年开始到1935年结束，考察内容涉及自然资源与环境、地磁、地质矿产、气象与气候、天文、考古和民俗。[13]由于考察团经历地域辽阔、参加人数较多、涉及学科广泛、时间跨度较长，在自然资源考察方面取得了丰硕成果。在矿产资源方面，中国学者丁道衡和袁复礼发现了白云鄂博铁矿。这个发现经过1955年的详查证实后，为包头钢铁工业基地的建设奠定了基础。在植物资源方面，年轻的植物学者郝景盛在甘南和青海等地收集了大量植物标本及资料，并对这一地区的植物地理和植物区系进行了研究。在气象观测方面，考察团在内蒙古和新疆两地建立了6个气象站，取得了第一手气象观测资料。在沿途考察过程中，考察团成员还进行了大地测量和地形测量，绘制了包含有资源情况的详细地图。考察结束后，中外学者发表了大量的考察报告和研究成果。瑞典方面将研究成果汇集成了11大类55卷的《中瑞西北科学考查团报告集》(Reports from the Scientific Expedition to the North-Western Provinces of China under the Leadership of Dr. Sven Hedin, Sino-Swedish Expedition)，在斯德哥尔摩陆续出版。中方学者黄文弼撰写了《罗布淖尔考古记》《吐鲁番考古记》《塔里木盆地考古记》，在中国出版。[14]此外，所有的调查成果和探险事迹都被斯文赫定以游记的形式记录在《亚洲腹地探险八年》，著作堪称经典。[15]

（2）安得思与中美联合科学考察。20世纪20年代初期，美国自然历史博物馆组织了中亚远征队(Central Asiatic Expedition of the American Museum of Natural History)。在队长安得思(Roy Chapman Andrews)的领导下，考察团每年春来秋返，先后在云南、四川、福建、西藏、蒙古等地考察，发掘了大量动物化石。1928年考察队自蒙古返回北京时，中国舆论界普遍谴责中亚远征队偷盗中国宝物、查勘中国矿产资源，考察队采集的85箱化石也在张家口被扣留。

1930年中亚远征队再次来华时，改由中美学者共同组团，考察团的名称也定为"中美联合科学考察团"。中国学者张席禔、杨钟健、裴文中等参与了考察活动。"中美联合科学考查团"的考察成果，对中国学术界影响也比较大。早在1922年秋季"中亚远征队"完成考察任务回到北京时，中国地质学会举行第4次常会，专门邀请考察队的四名成员安得思、伯克(Berkey)、莫里斯(Morris)和格兰格(Granger)介绍考察成果；1925年当远征队再次来华时，中国地质学会又特地举行了第9次和第11次常会，分别邀请考察队成员介绍他们的考察计划和成果。

（3）中法联合科学考察。第三个大型的中外联合考察团，是中法之间的合作。20世纪20年代末期，在法国政府、军方和法国雪铁龙公司的支持与赞助下，法国方面计划组织亚洲考察活动，并于1930年派代表卜安(V.Point)来华，商谈成立"中法科学考察团"事宜。双方在协商的基础上初步达成协议，按照协议考察的主要内容涉及地理、地质、生物、人类、考古和民俗等诸多方面。

1931年中外联合考察团正式成立，法方19人，团长为卜安；中方9人，团长为褚民谊。虽然协议中规定这是一次综合性的学术考察，但中方团员、地质学家杨钟健评价法国人的目的只不过是一次横贯亚洲的大旅行，而不是什么学术考查。[16]法方人员中真正的科学家很少，只有德日进和雷猛。由于在考察过程中法方一些团员态度蛮横，甚至殴打中方团员，致使这次中法合作以失败告终。

中外联合组成的科学考察团，由于经费充足、设备先进、涉及学科广泛，在自然资源考察方面大多成绩斐然。同时，为避免引起中国学者对西方人掠取中国文物的不满，考察团一般都把与自然资源有关的内容列为考察的重点。这些都有利于推进自然资源的考察工作。但是由于双方无法真正平等的合作，各自的考察目的也不尽相同，这也造成了在考察过程中缺乏良好的协调，考察结束以后双方的合作关系随即终止，无人再督促后期的成果交流与考察总结。这一点在中国学者方面更是明显，即使合作良好的"中瑞西北科学考查团"，考察结束后的总结工作也进展迟缓。抗日战争爆发后更是导致考察资料散失、研究中断。

二、中方聘请西方学者进行的自然资源考察

中国近代工业的发展，刺激了对国家自然资源及其分布情况的调查。为了解决考察人才短缺的问题，中国政府开始聘请外国学者来华，帮助调查矿产资源的分布和储量。早在19世纪末期，清政府就曾高薪聘请英国人来华帮助调查中国内地的矿产资源。进入20世纪以后，随着近代科学在中国的引进及发展，中国政府不断聘请西方学者来华，从事自然资源的调查与研究。这一时期被聘请来华的大多是西方著名学者，他们的到来，为中国自然资源考察和科学研究事业增添了生命力。早在20世纪20年代初期，中国地质事业的开拓者章鸿钊就曾经指出："十年以来，外国的有名地质学家，常常在我们左右和我们共事，这即是使我们得到一个'不能不发展'的好机会。"[17]

德国学者梭尔格（F. Solgar）是在华影响较大的西方学者之一。早在1909年，梭尔格就应聘到京师大学堂地质科从事教学工作，后因地质科停办，他便应农商部之邀与中国学者共同从事矿产资源的考察。1913年，梭尔格与地质学家丁文江和王锡宾在山西铁路沿线从事地质和矿产资源的调查，并与丁文江共同绘制了煤矿区域地质图。

曾任瑞典地质调查所所长的地质学家安特生（Johann Gunnar Anderson）于1914—1924年应聘来华，担任北洋政府农商部矿政司顾问，并带领他的助手丁格兰（F. R. Tegengren）从事矿产调查。安特生十分重视调查中国煤、铁及其他矿产资源，他在中国最大的成绩就是发现了宣化烟筒山铁矿，并且详测了龙关线一带的铁矿资源。他于调查煤、铁、铜各种矿产期间，连带注意从事地文分期的研究，并进一步研究了新生代的分层、新生代古生物采集及远古人类考古。为了能够收集到大量的化石标本，他利用外国学者的身份，托请在中国各地的教会帮忙采集各地化石等史前遗物。他还发现了周口店等重要的化石地点。这位发表论著达60多种的多产学者，不但亲自对中国的自然资源做了大量的调查和研究，而且还积极推动中国学者从事相关的调查研究工作。

20世纪20年代，中国开始对土壤资源进行调查。由于缺乏土壤学家，美籍学者潘得顿（R.L.Pendleton）被聘请来华指导，并帮助中国学者从事土壤资源的调查工作。30年代，中国建立起了土壤学研究机构，又聘请了美国学者梭颇（James Thorp）参与土壤调查。在华期间，梭颇在与中国学者多年共同考察的基础上，绘制了1:750万的《中国土壤概图》，编写完成了《中国之土壤》一书。

与各国自行组织的来华考察相比，中国政府聘请来华的西方学者对中国学者的影响更加直接。首先，这些学者大多在相关研究领域有着很深的造诣，他们带来了先进的科学理论和

研究方法，他们的考察报告或研究论文又大部分发表在中国的刊物上，对中国学者起到了示范作用。其次，他们在华工作期间大多与中国学者有直接的合作与交流，一些西方学者更是亲自带领中国学生在野外考察，在培养科学人才方面发挥了积极作用。还需指出这一时期来华的学者，在中国学术界大多具有很高的地位，他们的学术观点和工作方法直接影响甚至左右着中国学者的工作。西方学者多是在抗日战争爆发之前、中国近代科学事业正在起步的时期来华工作的，他们在中国学术界大多成为了学术权威。经过几十年的努力学习，中国学者逐渐成为各学科主体，同时由于抗日战争影响，在华西方学者减少，中国人开始扮演自然资源考查活动的主角。

第三节　民国时期的自然资源相关机构及其考察活动

图 4-1　原中央研究院总办事处旧址

近代国内自然资源考察的发展离不开国内学术组织以及政府机构的贡献，例如，1915 年成立的"中国科学社"，1928 年成立的"中央研究院"（图 4-1），1932 年成立的"国防设计委员会"及其于 1935 年易名的"资源委员会"等。正是这些组织机构的成立和壮大才得以网罗一批专业人才，不少从西方留学归来的有识之士怀揣着建设祖国家乡的理想回到国内，丁文江、翁文灏、秉志、胡先骕、曾昭抡、李四光、竺可桢、吴有训等一批杰出的科学家以"科学救国、学以致用；独立创建、不仰外人"的精神思想，参与组织了众多学会、机构，大家戮力同心取得了一系列研究成果。这些机构对我国的自然条件、自然资源做了近代科学意义上的一些调查、观测和初步研究，同时还创办矿业，开发矿山，对气象、水文、土壤、植物、动物等资源也分别做了调查，并收集了大量的标本，有力地推动了中国的自然资源综合考察与资源科学发展。

民国时期的自然资源考查工作大多围绕学术研究展开。地质学、地理学、生物学等领域的学者分别从不同的角度，对同一项或几项自然资源进行考查研究。学术机构组建的考察队，着重于自然资源的调查、自然条件的观测与初步研究。为了克服经费、人员等方面的困难，曾经也有学术团体、高等院校、学术机构，甚至政府机构和社会团体联合组织考察团。民国时期组织的考察团数目众多、名目繁杂、时间长短和规模大小不等、考察水平参差不齐。主要的考察与调查活动如表 4-1。

一、中央研究院等学术机构组织的考察

20 世纪开始，地学、生物学等研究机构纷纷建立，主要机构如表 4-2 所示。这些以地域性研究为主要特点的学术机构，成立之初的首要任务就是到野外收集资料，为科学研究奠定基础。与此同时，为了研究机构的发展，也为了解决研究经费的困难，许多机构也接受政府或企业交给的任务，在服务社会的同时从事学术考察。研究所组织的考察队一般规模小、

表4-1　民国时期组织的考察团

年　份	名　　称	备　　注
1928年	广西科学调查团	中央研究院组织，历时9个月，着重采集动植物标本，调查地质环境及风土人情
1931年	西陲学术考察团	政府组织，前往蒙古、甘肃、新疆各地考察
1932年	西北考察团	百多名在中央党部工作的专家学者奔赴陕西、甘肃、宁夏三省区考察
1932年	长江通讯社西北考察团	撰写有《西北实业计划调查报告》
1932—1933年	四川考察团	资源委员会组织，在四川省乌江流域考察
1934年	雷马峨屏考察团	西部科学院组织，在云南和四川东南部考察
1934年	云南地理考察团	中央大学、国防设计委员会、云南省政府联合组织
1937年	西北考察团	中美庚款董事会、西北移垦促进会联合组织，在甘肃调查
1940年	西北艺术文物考察团	教育部组织，在西安开展工作
1940年	西北考察团	中华自然科学社组织，考察范围在川西北及甘南白龙江流域
1940年	西南公路考察团	由青海起南北穿过西康到云南一条可能的公路线
1941年	中印公路勘查队	全国公路总局组织，北队曾拟从云南经西藏入印度，但被藏族所阻，未能完成任务
1941年	川康古迹考察团	中央研究院历史语言研究所、中央博物院筹备处和中国营造学社共同组建，在四川彭山和新津等处调查发掘
1941年	川康考察团	西南联合大学化学系、生物系和地质系联合组织
1941年	甘青考察团	农林部组织
1942年	川西科学考察团	中央大学地质系、地理系、生物系联合组织
1942年	西北史地考察团	后改名为"西北科学考察团"，中央研究院历史语言研究所、中央博物院筹备处、中英庚款董事会、中国地理研究所和北大文科研究所联合组织，以甘肃、青海、宁夏、新疆等省区为中心
1943年	西北科学考察团	中央研究院组织
1943年	西北建设考察团	中央设计局主持
1943年	国父实业计划西北考察团	

时间短，有时两三个人即可组成一个考察队。当然，在经费充裕、条件允许的情况下，研究所也会组织远距离、大规模的考察工作。

（1）生物资源调查与采集。中国生物资源及其丰富，中国科学社生物研究所、中央研究院动植物研究所、静生生物调查所、广州中山大学农林植物研究所和广西大学植物研究所等，在动植物资源的调查、植物标本的采集，以及药用植物资源的调查和采集方面做了大量的工作。1932年，静生生物调查所组织了由蔡希陶领队的云南生物采集团，这是中国生物学史上时间最长、收获最多的一次生物标本的采集活动。1949年之前，全国约有六七十位植物学者，经过多年的努力，采集的高等植物标本约80万号，代表2万余种植物，并在全国15个省市的植物学研究机构及大学建立了27个标本室。[18]其中，中国科学社生物研究所所取得的成果最为丰富。

表4-2 自然资源调查相关机构列表

研究专业	机构名称	成立时间（年）
地质学	中央地质调查所	1916
	河南地质调查所	1923
	两广地质调查所	1927
	湖南地质调查所	1927
	中央研究院地质研究所	1928
	江西地质调查所	1928
	贵州地质调查所	1935
	四川地质调查所	1938
	西康地质调查所	1939
	云南地质矿产调查所	1939
	资源委员会矿产测勘处	1940
	福建地质土壤调查所	1940
	新疆地质调查所	1944
	台湾地质调查所	1945
	宁夏地质调查所	1946
	浙江省地质调查所	1946
	察绥地质调查所	1947
生物学	中国科学社生物研究所	1922
	广州中山大学农林植物研究所	1927
	北京静生生物调查所	1928
	北平研究院植物学研究所	1929
	北平研究院生理学研究所	1929
	北平研究院动物学研究所	1929
	中央研究院动物学研究所	1934
	中央研究院植物学研究所	1934
	广西大学植物研究所	1935
	西北植物研究所	1936
地理学	中国地理研究所	1940

中国科学社生物研究所是中国科学社于1922年下设的研究所，也是中国第一个生物学研究机构。该所自成立之日起就积极进行生物学的标本采集与研究，该所研究人员所到地区"北及齐鲁，南抵闽粤，西迄川康，东至于海"。前后历时30余年，并在物种调查及动植物实验研究方面做了大量工作。不仅如此，还在原生动物、介壳类、两栖爬行类等11个领域取得了突破性的成就。其中，以动物资源和植物资源的调查成果最为丰富。

动物资源调查方面，中国科学社生物研究所除常年注意南京附近的动物调查采集外，着重于长江流域和沿海的动物资源调查，该所研究人员几度到山东、浙江、福建、广东沿海调查海产和陆生动物资源。1934年，中国科学社生物研究所同静生生物调查所、中央研究院自然历史博物馆、山东大学、北京大学、清华大学等单位合组"海南生物采集团"，在海南岛进行较大规模的调查，采集到了大量珍贵的热带和亚热带动物。1935年，他们应江西省经济委员会和实业厅之请，前往调查鄱阳湖鱼类，顺便采集了其他动物标本。长江下游的动物资源调查始于1929年，后来为了同日本科学远征队竞争，该所从1930年起加紧了长江上游，尤其是鱼类资源的调查研究工作。

植物资源调查方面，中国科学社生物研究所进行了江苏、浙江、江西、安徽、四川、西康等地区的植物种类及生态调查。1934年，中国科学社生物研究所与中央大学农学院合组远征队去云南，调查与缅甸接壤的我国边疆的植物资源。同年，受国防委员会委托，该所派人去青海、甘肃、新疆进行了为期约一年的植物资源调查。1935年，该所派人参加实业部"浙赣闽林垦调查团"调查采集植物资源。抗日战争期间，该所还进行了森林植物资源、药用植物资源的调查，以及康定至泰宁、火炬山、丹巴一带的植物采集工作。

中国科学社生物研究所取得的大量生物资源调查成果为科研人员提供了丰富的研究资料，也催生了不少优秀研究著作，如张景钺的《蕨类组织之研究》、钱崇澍的《安徽黄山植物之观察》、陈桢《金鱼的变异》等在中国生物资源科学发展上都具有重要地位。[19]

（2）土壤资源调查与制图。中华教育文化基金会曾委托中央地质调查所开展的全国范围的土壤调查是20世纪前半叶规模最大、范围最广的土壤资源调查。为此该所专门成立了土壤研究室，并聘请美国学者来华指导工作。由于最初几年经费比较富裕，土壤调查工作进展顺利，取得了丰硕的成果。土壤调查工作先后在山东、河北、陕西、甘肃、广西、广东及江西等地展开。这次考察的研究人员在野外工作的基础上，编制土壤图百余幅、采集土壤标本万余个、撰写调查报告和论文百余篇。学者们还研究了土壤生成及分类、土壤分布规律、指示植物、土壤形态、土壤分层、土壤理化性质、土壤肥力等内容[20]。

由于条件的限制，早期的土壤资源调查主要集中在中国的东部地区。西部地区，只在山西省和陕西省的部分地区做了一些工作，东经100度以西的地区则是空白。抗日战争爆发后，土壤调查工作开始转向西北和西南，开展了相关区域的土壤资源考察。

（3）矿产资源调查。矿产资源考察是地质学者开始最早、投入人力和财力最多的工作。中国学者在煤、铁、石油以及其他金属矿产和非金属矿产资源的考察方面都做了大量工作，尤其重视对煤、铁等资源的考察。据统计，仅中国学者调查过的煤田就有180多处，其中新发现的有十几处。他们在铁矿资源的调查方面也做出了重大贡献，发现有六七处铁矿。

地质调查所是民国时期最早、最主要的矿产资源查勘者。它从1916年成立起就集结了一批地质学人才，如章鸿钊、丁文江、翁文灏等在国外学习地质学的留学生陆续回国，相继进入地质研究所和调查所任职，积极开展矿产资源调查勘察工作。1919年，翁文灏依据该所人员的调查勘察结果，并吸收外国地质人员和地方矿产管理机构技术人员的调查成果，编写了《中国矿产志略》并编制了中国第一张彩色中国地质测量图。书中分不同地质地貌、各个省份、各类矿种记载了全国矿产资源的分布蕴藏状况，以及相关勘察报告和开发价值分析。

南京国民政府成立以后（1927年之后），进一步加强地质调查机构的建设。1931年，实业部公布《整理全国地质调查办法》，规定按实际需要分区设立地质调查所，由部统一管理，以部属北京地质调查所为总机关。1932年成立国防设计委员会，1935年改名为资源委员会，以"关于人的资源及物的资源之调查统计研究事项"为主要职责，其下属的原料及制造组与地质调查所合作继续进行矿产资源勘查工作，对中国的矿产资源作进一步的勘查。1938年6月成立了甘肃油矿筹备处，更在中国油矿的勘探和开发中发挥了重要作用。以孙建初为首的科技人员通过艰苦细致的勘测，于1939年10月由孙建初执笔写成《甘肃玉门的地质》一书，确认玉门地质为储油的良好区域，并大致勘定储油范围为100余平方千米，肯定其具有重要的开采价值，从而使玉门油矿终于从1939年起钻井产油，拉开了中国石油开采工业的历史序幕。

（4）在地质学家和生物学家从事专项资源考察的同时，地理学家已经开始尝试从区域研究的视角，在力所能及的范围内进行小区域的、综合性的自然资源和自然条件的综合性考察。中国地理研究所作为1949年以前唯一的地理学研究机构，从成立伊始就把区域综合考察作为学术研究的重要内容。该所建立初期还缺乏组织大规模区域规划和区域开发的条件，进行全国范围内的综合性区域考察与研究条件尚不成熟。从当时的学术基础来看，区域范围的选择如果太大，在人力、时间、财力等条件的限制下工作无法深入，从而也就失去了考察研究的意义。因此在区域的选择上，有地理学家建议："最好是一个岛屿、山谷、冲积扇、三角洲、一丘一埠等，因为这一类的研究，宜于精细。"[21]中国地理研究所以及高校地学系，根据自身的条件，首先在机构周边地区开展了区域考察与研究，像中国地理研究所早期的考察区域，就主要集中在中国的西南部地区。

可见，民国时期各政府机构、学术组织和高等院校都在十分艰苦的条件下进行了自然资源的科学调查，不但取得了丰硕的成果，而且还撰写了富有学术价值的自然资源调查报告，为后来研究中国自然资源的发展和变化提供了珍贵的历史资料。

二、科研院校等多方联合组织的考察

野外考察需要大量的经费，20世纪20—30年代，一次野外考察旅费的支出少则几百元，多则几千元。相对于当时北京四五口人之家每月只要有十几元的伙食费就可以维持生活，这个开销非常大。随着研究机构的增多和野外考察规模的扩大，单靠一个机构的力量已经无法担负起大规模的野外工作。组建联合考察团在一定程度上可以解决这些问题。

联合考察团一般规模较大，利于在短期内迅速筹集资金。它的组织形式也比较灵活，可以建立起包括多个机构、多个学科的队伍。只要有一定的经费支持，这个队伍就能够迅速成立并开展工作。1949年以前成立的、以自然资源考察为目的的考察团，涉及学科范围广泛，包括地质学、地理学、生物学、考古学、历史学、经济学等多个学科。

中央研究院、北平研究院和西部科学院等机构，本身就具有多学科的优势。1928年4月，尚在筹备期间的中央研究院与广西当局积极接洽，组织了由生物学家和地质学家共同参与的"广西科学调查团"，着重对广西地质矿产、动植物、农业、气象以及人类学等方面进行调查。经过近9个月的调查，采集了大量珍贵的动物、植物标本及活物，并调查了瑶山族群的风土人情[22]；1934年，西部科学院生物、地质两所共12人组成了考察团，在云南和四川东南部地区考察。这种组团方式，以学术研究为目的，所以收集有丰富的资料，并撰写有考察研究报告。

高等院校也具有多学科的优势。由于教学工作的需要和时间上的限制，高校组织的考察团一般时间较短，但是参与人数众多，由教师和学生共同参与工作。这种考察团组建目的多是为了教学需要，所以研究性的考察报告不多。当然也有部分人员经过个人的努力，发表了考察记录或研究论文。1930 年，中山大学地理系组织的"云南地理调查团"对云南中部的调查，1934 年，南京中央大学地理系组织的"云南地理考察团"对西双版纳的调查和"两淮考察队"对苏北两淮地区的调查，1941 年，西南联合大学化学系、生物系和地质系组织了"川康考察团"。考察团的领队曾昭抡于 1945 年出版了 20 万字的考察报告《大凉山夷区考察记》。报告介绍了这一地区的矿产资源、交通和少数民族情况[23]；1942 年中央大学地质系、地理系、生物系，也曾联合组织了 100 多人参加的"川西科学考察团"。但是该考察团没有发表正式的报告。高等院校组织的考察团的教育目的和意义要高于学术意义。考察团的组建是为了促进教学、培养学生吃苦耐劳的科学精神，所以考察工作没有明确的任务要求，考察后的研究成果往往也较少。

研究机构与高校之间，也曾经联合组织过跨机构的考察团。例如，1934 年中国科学社生物研究所与静生生物调查所、中央研究院自然历史博物馆、山东大学、北京大学等单位联合组成了"海南生物采集团"，赴海南岛一带调查热带和亚热带动植物资源，采集标本。

在跨机构联合组织的考察团中，规模最大的当属 1942 年组建的"西北史地考察团"。考察团早期由中央研究院历史语言研究所、中央博物院筹备处和中国地理研究所联合发起。西北史地考察团由西北农学院院长辛树帜担任团长，中国地理研究所所长李承三担任领队，以甘肃、青海、宁夏、新疆等地为中心，着重调查陇西及河西走廊一带的历史古迹、自然环境与资源情况。1943 年，考察团规模扩大，北京大学文科研究所正式加入，并新增了地质、矿产、动植物等组。考察团名称也改为"西北科学考察团"[24]。"西北科学考察团"虽然涉及学科众多，但是结构松散，学科组各自为政，经费也是独立使用的。各组之间基本上没有学术交流，考察成果也是在各自的学术刊物上发表。所以名为联合考察，实际上是在统一的旗号下独立工作。只是这种组团的形式可以增加考察的社会影响、扩大考察的规模，也利于得到经费资助、维持较长的工作时间。

三、资源委员会等政府机构推动的综合考察

尽管 20 世纪前半叶考察活动频繁，各种名目的考察队数量众多，有些也具有一定的水平和规模，但是大规模的考察活动由于经费、组织管理等客观条件的限制，学术团体或研究机构无力承担。政府的支持，无疑是大规模考察的最好推动力。从国家经济建设角度看，由政府机构出面来组织考察，也可以更好地把科学研究与经济建设结合起来。

民国时期国防设计委员会与资源委员会的建立，在一定程度上推动了自然资源综合考察工作。"九一八"事变后，为了发展工业、增强国力、及早进行抗战准备，国民政府 1932 年11 月创立了国防设计委员会，隶属于国民政府军事委员会参谋本部。1935 年，国防设计委员会改隶军事委员会，并易名为资源委员会。后来资源委员会的隶属关系不断变化，还曾隶属于经济部、行政院。委员会成立后，致力于加强国防建设，发展工矿企业，推动经济建设的全国性建设方案的拟定。

（1）国防设计委员会及其推动的考察与调查。面对千头万绪的建设工作，应该从何入手？时任国防设计委员会秘书长的翁文灏提出："建设必先有计划，计划又必须有实在根据，不能凭空设想，亦不能全抄外国成法……古人说：七年之病必求三年之艾。现在可以说五年建设，

必须先有五年的测量调查和研究。所以俄国五年建设计划比较可能，因为他们预备功夫究竟比我们开始得早了许久。他们第二个五年建设计划成功必定更大，因为已有第一个五年工作做了基础。中国在前清末年的建设事业，差不多都是毫无计划，贸然实行，所以用力虽大而成效甚微，甚至还引起许多危险。民国以来方始有些测量调查研究的工作，但仍未尽得实用，或者因为不能一贯进行，所有成绩大半损失。或者因为当局主持的人没有利用此种材料的能力及信心，所以事业上仍得不着指导"。[25]

国防设计范围甚广，它不仅包括军事，还包括财政、工业、农业、资源、教育等诸多方面。为了制订完整的国防计划，国防设计委员会下设三处八组。三处分别是秘书处、调查处、统计处；八组分别是军事、国际、经济及财政、原料及制造、运输及交通、文化教育、人口土地及粮食、专门人才委员会等8个组，每组聘用一批专门委员，从事调查统计与研究工作，其中主要参与自然资源调查的为调查处、土地人口及粮食组和原料及制造组。然而，仅仅依靠国防设计委员会的力量显然无法完成全国性的调查研究。翁文灏认为："这种机关不必完全另起炉灶，一一创立，国内现有的调查所、研究所都应该尽量利用。一则事半功倍立刻可用，一则也使这种研究机关多加几分为国努力实事求是的意义。"[26]

调查处最初进行的调查工作主要有：① 关于江苏句容地区食品原料生产的调查；② 关于粮食储备及分配的调查；③ 关于中国无线电台及设备的调查；④ 关于津（天津）浦（浦口）铁路沿线的调查；⑤ 关于津浦铁路沿线矿产资源的化验；⑥ 对津浦铁路经营管理进行考察，包括车站设备、机车车头及车辆等；⑦ 对于在中国的企业进行调查。⑧ 对全国的公路系统进行考察；⑨ 重点对江苏、浙江、安徽、湖南、湖北、江西、河南等省的公路系统进行调查；⑩ 对地方金融系统进行调查；⑪ 对食物资源问题的研究；⑫ 对中国人口问题的研究；⑬ 对江苏、浙江、河北、山东、山西等省的经纬度进行全面勘测，测出这些省的 1:200000 地图；⑭ 关于华中和华南食品资源的征集和分配的调查；⑮ 一项对句容地区农业状况的调查；⑯ 句容地区土地分配的考察；⑰ 句容地区灌溉系统的考察；⑱ 中国水路交通系统的考察；⑲ 江西省稻米运输及配给的考察；⑳ 武进、南通地区土地税的考察。[27]

土地人口及粮食组为了避免与专任机关的工作重复，侧重于人口、农业的调查，地亩田赋的精密调查等方面。该组选择距离南京较近的江苏句容地区为实地调查的试点，对该地区获得灌溉的土地面积，和未获灌溉的土地面积、灌溉系统、土地荒废问题、河流及其他水资源、年降雨量及其他气象资料等进行深入细致的调查。这为在我国范围内开展调查探索了方法，积累了经验。同时对全国农产品的产量、库存量、运输、消费等情况进行调查。该组还通过资助社会团体，采用西方人口普查的方法，对全国的人口数量、分布及流动情况进行调查。

原料及制造组与北平地质调查所、中国经济统计研究所等单位合作，完成课题38个，仅北平地质调查所便完成陕北油田地质调查、华北硫矿调查、黄河水力测定量、燃料研究等项目。由专家各自负责完成的有试探陕北石油矿计划、四川油田调查、津浦路沿线煤矿调查、四川盐产调查、勘察长江上游水电进行计划、上海钢铁厂调查、平汉－平绥－正太三路沿线及长江沿岸煤矿状况调查、桐油及锑矿调查、各省工业调查等。进行上述工作的除当时国内化学界泰斗曾昭抡、赵承嘏、洪中之外，还有国内著名化工企业专家范旭东、杨公庶、吴葆元、张郁岚、丁天雄、侯德榜等，他们对当时中国的矿业和工业建设做了较为广泛的工作。

该组还对四川、青海的金矿，长江流域各省及山东、福建等省的铁矿，湖北、河南、山西、四川、云南的铜矿，湖南、广西的铅锌矿，湖南、江西的钨、锑、锰矿，云南的锡矿及钨、锑矿等进行了调查，并对其中的大部分矿山拟订了开采计划。对陕西北部地区的油田，四川的油田、自流井、火井等也进行了调查。对在浏河口、汉口、浦口分别建立和改建 100 吨现代化钢铁高炉，在长江中下游建立 3 个钢铁生产中心进行了调查和论证。

国防设计委员会还组建了西北调查团，团内下设水利测量、地质矿产、垦牧及民族、农作物及移垦、人文地理等 5 支分队，赴西北地区进行了长达两年的调查研究，提出了开发西北地区的初步方案，并对一些地方的羊毛改造、森林开发、农垦设施改进等提出了比较详细的工作计划。对西南地区的农垦林牧也进行了初步调查。此外，国防设计委员会还比较重视水力的调查，组织了水利勘测队，进行了一系列调查，主要由黄育贤负责，包括黄河壶口水力、甘肃黄河水力、扬子江上游及浙东、四川水力等。[28]

国防设计委员会在不到 4 年的时间，先后组织各方面的力量开展调查，对中国的国情进行了一次全面系统的综合调查，提出了中国国防发展计划，绘制了中国现代工业发展的蓝图，成为名副其实的决策智库。

（2）资源委员会及其推动的考察与调查。1935 年，军事委员会内部进行改组合并，将国防设计委员会与兵工署资源司合并，易名为资源委员会。资源委员会成立后，依然设有调查处和统计处，调查处分为交通、动力、矿业和专门人才四组，统计处分为粮食、农垦、林牧、土地、财政、重工业经济状况研究、资源统计各组，分别从事调查研究与计划拟制。由此可见，自然资源调查依然是资委会成立之初的一项重要工作，但是其调查工作重心主要集中在经济资源的调查上。到抗日战争爆发前，该会对全国的农业、工业、矿业、交通、运输、人才等六项经济资源作了较为详细的调查统计，并分别拟定了调查统计报告，还不定期发布《资源委员会公报》，办有《资源委员会季刊》（为内部发行"机密"资料，其封面及版权页如图 4-2）。资源委员会主持的具体项目有：① 在鄂赣豫皖江浙六省选择 84 处重要市场，设立粮食定期报告制度，以便随时了解各地粮食仓储、运销状况；② 调查了西北地区（陕西、甘肃、宁夏、绥远）各省农业作物、农田水利、移垦、畜牧、森林、特产、鸦片产销及禁绝办法等情况，编制了 13 个调查报告；③ 江浙皖赣湘鄂六省农政、地政调查报告和浙江全省及某些县的田赋调查报告；④ 全国煤炭生产运销消费状况调查统计；⑤ 钨、锑、锡、铜、锌、铝等重要战略矿产的调查、研究；⑥ 全国石油生产、进口、运销及存货状况调查统计；⑦ 中央财政及债务统计；⑧ 江浙赣皖豫湘及上海市地方财政调查报告；⑨ 国内主要口岸间货物流通详细统计；⑩ 主要国有铁路货物运输统计；⑪ 水运军事运输纲要；⑫ 长江流域金属、电气、机械及重化工业状况调查统计；⑬ 根据生产流通统计对各区域主要资源平时有余或不足的初步估计；⑭ 全国各省市 1935 年度岁入岁出概算汇编及其分县税收初步估计。[29]

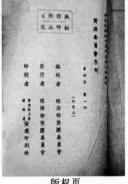

封面　　　　　　　　版权页

图 4-2 《资源委员会季刊》封面和版权页

20世纪40年代以后，为了满足西南地区建设对矿产资源的要求，资源委员会专门成立了"资源委员会矿产测勘处"。该机构先是负责西南，后改为负责全国矿产资源的勘探任务。资源委员会在抗战爆发后调查工作的重心转移到了地质调查方面，工作主要由资源委员会矿产测勘处开展。抗日战争期间，尽管条件极其艰难，矿产测勘处仍在四川、湖南、云南、贵州、西康（今西藏一部分）等西南地区开展了大量调查工作。抗战之中其主要地质调查成果如表4-3所示。[30]

表4-3　1938—1945年矿产测勘处主要调查成果

类　别	主　要　成　果
煤　矿	调查煤矿60余处
铁　矿	除叙昆铁路沿线外，在滇、黔、康境内尚发现16处
铜　矿	发现20处
银铅锌矿	发现25处
汞　矿	发现10处
金　矿	发现3处
钨　矿	发现2处
锡砒矿	发现5处
锑　矿	发现7处
镍　矿	发现1处
铝　矿	发现27处
石　油	发现3处
盐	发现4处
瓷　土	发现3处
磷灰石	发现5处
硫　磺	发现5处
硝　石	发现1处
石　棉	发现7处
云　母	发现5处
刚　玉	发现1处

抗日战争胜利之后，各方面条件有了较大的改善，矿产测勘处的工作渐入佳境，调查工作推进到山东、江苏、河南、安徽、湖南、福建、广西、台湾，甚至东北等地，发现了许多重要的矿产资源，主要调查成果如表4-4所示[31]。这些调查工作为当时工矿业的发展做出了巨大贡献，其所取得的成就直到今天看来依然是可圈可点的。

表4-4　1945—1949年矿产测勘处主要调查成果

类　别	主　　要　　成　　果
煤　矿	调查安徽淮南新煤田、湖南中湘煤矿、南京附近煤矿、河南英豪煤矿、湘赣铁路宜春一带的煤田、开滦煤矿区东南部及西北部国营矿区、安徽宣城、怀远、大通煤田、江苏镇江煤田、徐州与贾汪煤田、台湾新竹煤田
铅锌矿	调查并发现了南京栖霞山铅锌矿
磷　矿	调查并发现了安徽凤台磷矿
铝　矿	调查并发现了福建漳浦铝矿
铜　矿	调查并发现了安徽铜陵关山铜矿
铁　矿	调查了安徽当涂马鞍山、南京凤凰山铁矿、湖北大冶铁矿
铀　矿	调查了广西钟山黄羌坪和辽宁海城的铀矿
石　油	调查了台湾油矿、四川重庆沙坪坝、四川遂宁、绵阳
钨锑锡	调查了湖南新化锡矿山锑矿、两广以及贵州的钨锑锡矿
地下水	调查了台湾地下水

　　国防设计委员会和资源委员会对近代中国基本国情首次进行了比较全面和系统的调查摸底，并均撰写成为调查报告成果，仅在国防设计委员会时期就形成了156个调查报告。这些调查报告以实际调查为基础，运用了统计学、社会学以及经济学的方法和理论，具有很高的资料和文献价值。报告的内容一般都被有关部门采纳并作为政府制定政策的重要参考，为下一步开展经济建设和其他各项建设事业打下了基础。[32]

　　除了资源委员会组织的有关调查工作外，其他政府机构，如建设委员会、铁道部、交通部，以及各省建设厅纷纷围绕建设任务组织资源调查。1929年，铁道部邀请当时隶属于农矿部的地质调查所帮助调查南部各省铁路沿线的矿产资源。为此，该所制定了详细的《拟定调查办法大纲》，大纲中将考察的重点放在了中国西南部地区。[33]1929—1930年，在铁道部的资助下，地质调查所组织了一个规模较大的考察队到西南考察。这个考察队不但人员众多，而且配备了当时较好的考察设备，如经纬仪、手携无线电收听仪、干气压计、沸点温度仪、手携扩大镜等。高素质人员和先进设备的组合，使这一次西南考察成果丰硕。考察队采集了大量标本，收集了这一区域的自然资源和人文情况的丰富资料。

　　地方政府在推进考察工作方面也发挥了重要的作用。20世纪30年代中期，生物学家计划开展海洋生物资源的考察。1935年，北平研究院计划开展海洋生物资源调查。因为他们的计划可以"辅助实业"，得到了青岛市政府的支持。双方联合组织了"胶州湾海产动物采集团"，对胶州湾及临近海域的海洋动物进行考察。青岛市政府为考察团提供了设备、组织等保障，北平研究院则派出动物学研究所、生理学研究所的研究人员，并与青岛市观象台海洋科和山东大学等机构的学者共同开展工作。[34]

　　民国时期，政府部门虽然在经费和组织管理方面推动了自然资源考察与调查，但是不难看出，有关国家和地区的自然资源考察与调查工作依然力量分散、各自为政，缺乏统一规划和强有力领导。大规模、有计划地对全国范围内自然资源进行综合考察与研究，则是中华人民共和国成立之后的事情。

第四节　近代自然资源考察方法的初步建立

一、国外自然资源考察活动及其影响

在 19 世纪初期的欧洲，近代地理学创建人洪堡（Alexander von Humboldt）和李特尔（Karl Ritter）主张地理学应以经验为依据，地理学者应该从观察中寻找一般的法则，他们强调野外考察对于学科研究的重要性。洪堡就曾经亲自在中亚一带从事野外考察。洪堡等的影响带动了一批欧洲学者到东亚、中亚从事考察。对于欧洲人来说，殖民扩张的需要也激发了他们对域外地理知识的渴望。19 世纪后期，欧洲已经建立起 28 个地理学会。这些地理学会召开的会议和出版的刊物，都与世界各地的科学考察有关。西方探险家不但基本完成了对欧洲、北美洲的考察，而且南美洲、非洲、大洋洲以及西伯利亚等广大地区的地理概况也逐渐为人们熟知，随着世界范围内地理探险与考察的不断深入，人类的未知领域越来越少。从 19 世纪末到 20 世纪上半叶，东亚及欧亚大陆腹地作为仅有的几个未知领域，引起了世界学者的广泛关注，这也促使欧洲人来到中国进行探险。

从 19 世纪最后 10—20 年到 20 世纪初期，中国自然资源研究发生了根本性的变化。形形色色的外国人云集于中国境内，其中既有带着侵略目的的政客，也有当时世界一流的地理学者和地质学者。他们最初主要从事地理、气象、生物学等考察，以后逐渐扩大，涉及历史、考古、民族、语言、民俗、宗教、艺术以及现实政治、经济、军事等领域。他们不但考察了中国各地的地理环境、资源概貌、历史遗迹和文物宝藏、民风民俗等，而且也将近代科学研究方法传入中国。20 世纪初在亡国危机的压力和近代科学方法的引导下，中国学者也开始了具有近代科学意义的自然资源考察。

近代西方学者入华进行的自然资源考察既打开了西方全面了解中国的窗口，也拓宽了世界资源科学的认知范围。近代之前，由于受科学技术的限制，早期西方对东方了解并不多，更谈不上对中国自然资源的研究。19 世纪末期开始，随着国外学者、探险家入华探险考察，逐渐揭开了中国神秘的面纱。他们主动探索、研究中国的自然资源，并向西方介绍中国的自然资源。这一时期的国外学者用他们的实践再次探索并明晰了中国的地理方位，纠正了历史上西方对中国认知的误解，同时也向世界详细介绍了中国的地理位置、分省情况、自然资源、风物特产、人口经济等。而正是因为他们用实践展开对中国自然资源的探索，使得他们的研究更具说服力和影响力。由此可见，西方资源学者在此阶段所做出的综合考察贡献是具有世界意义的。

国外对华自然资源的考察也推动并刺激了我国近代资源科学的发展。国外学者对华的探险考察所揭示的地理环境和地质学的自然景象与奥秘，无疑对我国的自然资源研究具有很大的推动作用。有些国外学者，如安徒生、德日进、李希霍芬等，来华后还帮助我国建立科研调查机构和博物馆、受聘大学任教、给政府部门做顾问、摸清自然资源，为培养我国资源科学人才都做出过有益的贡献。法国学者德日进与我国地质学家杨钟健、裴文中建立了良好融洽的关系，并成为他们的良师益友。我国近代自然资源研究的许多开拓者也都曾在西方学习，

有些还师从过上述一些研究我国自然资源的名家，我国当时还有许多资源学者在专门研究我国自然资源的机构学习，如生物学者在那些收藏有大量我国生物标本的著名研究机构学习、工作等。从中不难看出，我国在引进国外科学的过程中，也曾把国外研究我国自然资源的成果作为相当重要的一部分加以吸收。同时，又因我国近代主要以研究本国自然资源作为出发点，因此，国外在华的自然资源考察成果也成为我国近代资源科学建立的基础。例如，中国最早的地质调查报告《地质研究所师弟修业记》（1916年）和《北京西山地质志》（1920年）等，都参考了外国人的工作。又如，外国学者通过实地考察发现和提出的一些科学问题，如罗布泊的游移问题、黄土高原的成因问题、西部气候的变迁问题等，都成为了中国学者的研究重点。

同时，一些国外学者的行径也产生了非常恶劣的社会影响。一些欧美学者以"洋大人"自居，他们不尊重中国主权，蔑视中国人民。这些欧美考察者中，有相当数目的人是未经我国政府批准擅自闯入我国，其目的是为他们国家的扩张、侵略目的服务。如俄陆军参谋部派遣的普尔热瓦尔斯基，开始第一次考察时仅有三个人，但第二次以后已是荷枪实弹的武装考察队伍。英国的杨哈斯班德是带领一个旅的军队侵入我国拉萨的，由此而晋升为中校，成为英国驻拉萨的专员。另外应该提到的是，这些考察学者在他们考察中，搜集了大量地理、地质学资料、矿石及古生物标本、珍贵的文物，这些东西绝大部分被带到国外，最突出的如斯坦因从敦煌千佛洞、柯兹洛夫从黑城废墟、斯文·赫定从楼兰古国遗址中拿走了大量珍贵文物，安德鲁斯从内蒙古拿走了大量古生物化石等，这些都严重损害了中国人民的利益和感情，早已受到我国人民与科学家的指责和鄙视。也正是目睹了外国人在华进行的资源掠夺，激发了中国资源学者的民族情怀，更坚定了做好本国资源调查与研究的决心和使命感。事实上，痛感落后，奋力洗刷耻辱正是我国近代科学发展非常重要的原动力。20世纪上半叶我国资源科学发展相对较快，这也是重要的原因之一。

二、国内自然资源考察方法的建立与发展

19世纪之前，中国的自然资源调查主要表现为许多政治家、思想家及一些博物学家对自然资源进行的零星记载和简单的总结描述。大量的方志著作对于自然资源的记载非常重视，书中一般列有"物产""土产""矿产"等项目，对地上的动植物资源和地下的矿产资源进行记载和描述。除了方志中大量记载描述有关自然资源外，百科全书式的专门著作也有出现。这一阶段自然资源研究主要以记载描述全国和地区的自然资源分布状况及其原始利用为特征。[35]

西方从19世纪中期到20世纪初的工业革命时期，人口迅速增加，生产力大大解放，进而推动了科学技术的进步，许多学科如生物学、地理学、地质学、农学、经济学和资源利用的工程技术学科都迅速成长起来。这些学科分别基于各自的学科理论体系，从不同的认识角度分别对同一项资源和某几项资源进行了各自的研究，它们之间很少交叉渗透，仍各自保留着自己学科的理论体系。但是，这些学科所具有的共同的资源基础，导致了它们分别积累的科学资料和知识在资源和资源利用这个总"网结"的汇合，为资源科学的产生奠定了基础，由此，现代资源科学的发展也进入了一个崭新的阶段。反之，中国由于闭关锁国，自然资源调查研究寥寥，缺少了调查实践的积累，自然资源科学发展停滞不前。从思维方式看，还停留在农业文明的时代，是中国古代农业文明资源思想的继承和发展；从内容上看，主要局限

在治国安邦的土地政策和农业生产紧密相关的农业生物、气候、水资源范围内；从科学方法上看，以综合、经验、思辨为主。[36]

鸦片战争爆发后，西方列强用炮舰政策打开了中国的大门。西方对中国的渗透使我国从清朝后期开始，在社会、政治、经济、文化等方面发生了巨大变化，中国近代科学也由此进入了起步时期。[37]面对中国科学学术基础和研究水平都很薄弱的情况，中国学者认为应从自然资源考察入手开展研究工作。他们认为："含有地方性的各种科学，如地质学、动物学、植物学、气象学之类，我们在理论方面，虽然不敢高攀欧美，至少在我们国境内的材料，应当去研究研究。"[38]由其受到的重视程度，自然资源考察研究进入了一个比较活跃的中西文化交流时期。这一时期的文化交流主要有两种形式：一种是国外学者、探险家来华探险考察从而将考察研究成果以及先进的自然资源考察研究方法留在中国；一种是国内的有识之士和留洋归国的青年才俊积极学习、引进西方自然资源考察研究方法，从而发展、改造中国传统的自然资源调查方法。

科学的兴起是同科学方法的运用密切相关的。科学方法不仅是要严谨客观地去认识和把握一切事物的规律和本质，更是一种思维方式和思维态度。而实验和逻辑作为西方科学中最基本也是最核心的两种科学方法也被我国资源学者着重引进：①实验方法是西方科学发展的基石，是推进科学研究、建立与验证科学理论的基本方法。中国古代传统的地学研究并不重视实验方法的运用，而随着西方科学的传入，实验方法得到了大力的倡导，在近代资源科学研究中也得到了广泛的应用。资源科学研究在实验方法的具体运用上，注重实验仪器的完备、实验目的的选择、实验过程的构思与设计及实验结果的理论分析。②逻辑方法包括归纳法和演绎法。归纳法和演绎法无疑是西方科学的基本逻辑方法，在科学研究中缺一不可。恩格斯指出："归纳和演绎，正如分析和综合一样，是必然联系着的。不应该牺牲一个而把另一个捧到天上，应当把每一个都用到该用的地方，而要做到这一点，就只有注意它们的相互联系、相互补充。"[39]在《科学方法讲义》一文中系统地对二者进行了比较：①归纳逻辑是事实的研究，演绎逻辑是形式的敷衍；②归纳逻辑是由特例以发现通则，演绎逻辑是由通则以判断特例；③归纳逻辑是步步脚踏实地，演绎逻辑是凭虚构造；④归纳逻辑是随时改良进步的，演绎逻辑是一误到底的。归纳法和演绎法在中国的思想传统和科技传统中都较为缺乏，强调前者有利于人们改变传统的空疏学风，注重基本事实；强调后者可促使人们注重理性思维，避免思维上的直观性、臆断性，二者互为补充，相辅相成。

近代地理学创建人洪堡和李特尔非常强调野外考察对于地学研究的重要性，洪堡就曾亲临中亚从事野外考察，这也感召了中国的第一批近代地学工作者。具有近代科学思想的地学工作者已深感"秀才不出门，能知天下事"的传统观念制约了地学研究的深入，指出"试看古今中外，凡是对地理学有造诣的人，很少是促居斗室，足迹不到野外的"。因此，地学工作者们疾呼："我国不提倡新地理则已，欲提倡新地理，当由实地考查入手。"胡焕庸对中国与法国地理学进行了比较研究后指出，中国新地学研究应由旅行探险调查入手，对地学研究者应加强理科的训练[40]。

中国具有近代科学意义的自然资源考察，始于20世纪二三十年代。这一时期的工作已不限于单纯地描述或记录资源的分布情况，而是通过制定实地调查、口头访问、表格调查、收集资料、采集标本、摄绘影图和建立实验站点等多种自然资源调查方法，编定自然资源调查纲要，并利用先进的设备进行考察，考察内容相当详细，自然方面包括位置、地质、地形、水文、土壤、气候、植物、动物等，人文景观包括土地利用、农业、矿藏、工业、商业、交通、人口、聚落、房屋、社会状况、教育、历史背景等内容，每一需要调查的要素下还有1~2级的亚类。由此，中国自然资源研究也进入了科学调查阶段和科学范式的萌芽阶段。

经过长期的努力和思考，学者们对自然资源考察的方法有了更加深入的认识。李春芬将其概括为：先观察后推理，先分析后综合[41]。观察是为了获得原始资料，关键还在于分析现象或要素的相互关系和分布格局或型式，进行综合以揭示区域特征，并为所提出的假说或理论提供验证。而对于自然资源研究方法的认识可谓仁者见仁，智者见智，归纳起来主要体现在三个方面：一是强调规律性的研究，二是强调综合性研究，三是强调实地考察[42]。还有学者站到了新的高度，把考察作为一种手段，而将地学研究方法概括为三个方面：分析、综合、比较。指出："分析重在各种因素本身型性的探讨，及其对于有关事物的影响之辨明。综合重在由分析所得的各种认识，交揉参合，求得总结果。总结果是否正确，尤待和本专论类似的其他地理论著，作一比较"[43]。

由此可见，在20世纪中叶，自然资源考察的流程已初步形成：①制定计划。通过收集资料汇总吸收前人研究成果，并对调查区域和调查内容做定性了解，从而制定较为详细周全的调查计划。②实地调查。点面结合、以点带面，通过取样、采集标本、量测、摄绘影图，必要时建立实验站点等方法做到全面调查和典型调查两不误。③室内分析。对野外实地调查时所取得的样本、标本、图件、数据等成果进行进一步的实验、演绎、分析、总结、归纳，从而最终提出调查结论。

在近百年的时间里，自然资源调查的工作目的、组织形式、关注焦点、研究方法和手段都在不断变化、发展。这些发展与当时的学术研究基础、社会经济水平甚至政治文化环境都有着密切的关系。正是自然资源考察研究的兴起使得近代自然资源调查科学方法初步建立，同时，也正是近代自然资源考察研究方法的应用使得自然资源研究真正进入了科学范式的萌芽阶段。

参考文献

［1］廖佳敏. 李希霍芬及其在中国的工作［J］. 中国地质，1988，12（10）：27.

［2］陶世龙. F.V.李希霍芬在中国的地质地理考察［J］. 山东地质，1995，11（2）：91-92.

［3］［美］普林斯顿. 詹姆斯，等. 地理学思想史［M］. 李旭旦译. 北京：商务印书馆，1989：270.

［4］杨静一. 庞佩利与近代地质学在中国的传入［J］. 中国科技史料，1996，3：18-27.

［5］朱宗元. 十八世纪以来欧美学者对我国西北地区的地理环境考察研究［J］. 干旱区资源与环境，1999，13（3）：55-64.

［6］解学诗. 隔世遗思——评满铁调查部［M］. 北京：人民出版社，2003：105.

［7］曹幸穗. 旧中国苏南农家经济研究［M］. 北京：中央编译出版社，1996：8-9.

［8］梁波，冯炜. 满铁地质调查所［J］. 北京：科学学研究，2002，3：251-255.

［9］吴凤鸣. 1911至1949年来华的外国地质学家［J］. 中国科技史料，1990，3：66-83.

［10］庞喜海. 试论"满铁"的情报工作［J］. 江南社会学院学报，2009，3：28-31.

［11］林世田. 斯文赫定与中亚探险［J］. 中国边疆史地研究，1989，3：44-49.

［12］张九辰. 中国现代科学史上的第一个平等条约［J］. 百年潮，2004，10（6）：42-46.

［13］李学通. 中瑞西北科学考查团组建中的争议［J］. 中国科技史料，2004，25（2）：95-105.

［14］罗桂环. 中国西北科学考查团综论［M］. 北京：中国科学技术出版社，2009.

［15］杨镰. 斯文赫定的探察活动及《亚洲腹地探险八年》［J］. 中国边疆史地研究，1992，3：15-24.

［16］杨钟健. 西北的剖面［M］. 北京：北平西四兵马司地质图书馆，1932：141-143.

［17］章鸿钊. 中国古代之地质思想及近十年来地质调查事业之经过［J］. 地学杂志，1922，2：55-62.

［18］中国植物学会. 中国植物学史［M］. 北京：科学出版社，1994.

［19］薛攀皋. 中国科学社生物研究所——中国最早的生物学研究机构［J］. 中国科技史料，1992，13（2）：47-57.

［20］程裕淇，陈梦熊. 前地质调查所（1916~1950）的历史回顾——历史评述与主要贡献［M］. //李庆逵. 前地质调查所土壤研究室的工作回顾. 北京：地质出版社，1996.

［21］杜石然，等. 中国科学技术史稿［M］. 北京：科学出版社，1982.

［22］田世英. 地理学新论及其研究途径［M］. 北京：商务印书馆，1947.

［23］姜玉平，张秉伦. 从自然历史博物馆到动物研究所和植物研究所［J］. 中国科技史料，2002，23（1）：18-30.

［24］裘立群. 西南联大师生步行考察大凉山［J］. 中国科技史料，1994，15（2）：32-41.

［25］刘诗平，孟宪实. 敦煌百年：一个民族的心灵历程［M］. 广州：广东教育出版社，2000.

［26］翁文灏，李学通. 科学与工业化——翁文灏文存［M］. //翁文灏. 建设与计划. 北京：中华书局，2009.

［27］翁文灏，李学通. 科学与工业化——翁文灏文存［M］. //翁文灏. 经济建设与技术合作. 北京：中华书局，2009.

［28］马振犊，许菌. 国防设计委员会工作概况［J］. 民国档案，1990，2：28-37.

［29］薛毅. 国民政府资源委员会研究［M］. 北京：社会科学文献出版社，2005.

［30］郑友揆，等. 旧中国的资源委员会（1932-1949）——史实与评价［M］. 上海：上海社会科学院出版社，1991.

［31］郭文魁，等. 谢家荣与矿产测勘处［M］. //殷维翰. 矿产测勘处对中国勘探事业的贡献. 北京：石油工业出版社，2004.

［32］任伟伟. 南京国民政府社会调查研究［D］. 山东大学，2012：56-69.

［33］中国第二历史档案馆档案：全宗号375，卷宗号115.

［34］张九辰. 自然资源综合考察委员会研究［M］. 北京：科学出版社，2013.

［35］封志明. 资源科学导论［M］. 北京：科学出版社，2003.

［36］封志明. 资源科学导论［M］. 北京：科学出版社，2003.

［37］赵荣，杨正泰. 中国地理学史：清代［M］. 北京：商务印书馆，1998.

［38］竺可桢. 竺可桢全集［M］. //竺可桢. 取消学术上的不平等. 上海：上海科技教育出版社，2004.

［39］恩格斯. 自然辩证法［M］. 北京：人民出版社，1971.

［40］竺可桢. 新地学［M］. 南京：钟山书局，1933.

［41］李春芬. 现代地理学与其展望［J］. 地理学报，1948，1：21-30.

［42］张九辰. 中国地理学近代化过程中的理论研究［J］. 自然科学史研究，2001，3：215-224.

［43］田世英. 地理学新论及其研究途径［M］. 上海：商务印书馆，1947.

第二篇　学科现代史

第五章　自然资源综合科学考察与资源科学的创立

　　自然资源综合科学考察研究是在自然规律和经济规律的指导下，通过对自然资源进行跨学科、跨部门、跨地区的考察与研究，探索自然资源合理开发利用的有效途径，为国家和地方有关部门制定国民经济发展战略和发展规划提供科学依据的一种科学研究活动。其主要任务是在查明并评价自然资源数量、质量和分布的基础上，为国家和地方编制中、长期经济发展规划提出可供选择的科学设想和方案，并对资源开发利用中的重大问题提出可行性建议。实践证明，此类科研成果已对生产力发展、社会进步和生态环境改善等起到了推动和推进作用，为区域可持续发展奠定了科学基础。同时，自然资源综合科学考察研究不仅为国家培养了一大批从事资源研究的科学家，而且也带动了资源科学和相关学科的发展[1]。

第一节　20 世纪 50 —60 年代的大规模自然资源综合考察

　　中国幅员广阔，有着优越的自然条件和丰富的自然资源，但在中华人民共和国成立前，有关科学资料却极为贫乏，占全国总面积 60% 以上的边疆地区，在科学上几乎还是一个空白地区[2]。新中国成立后，为迅速发展社会生产力，开始了大规模的工业化过程，技术进步和一批新的工业部门的形成，大大加快了工业生产中资源消费结构的变化，扩大了对自然资源开发利用的深度和广度。为了使这些优越的自然条件和富饶的自然资源能够适应国家建设的需要，并得到合理的开发和充分的利用，中国开始了大规模的自然资源综合考察研究，各产业部门先后组建了资源考察队伍，不同学科（地质学、地理学、生态学、经济学和技术科学等）的学者一道投入到大规模的自然资源调查与研究之中。各学科也相继分别从不同角度对自然资源进行了单项研究[3]。中国的自然资源考察研究虽然起步较晚，但在中华人民共和国成立以后，与发达国家的差距却日益缩小，特别是在考察规模、研究方法以及对资源的认识深度等方面已迎头赶上，在资源科学研究领域也颇有建树[1]。

一、新中国早期的自然资源综合考察（1951 —1955 年）

　　1949 年中华人民共和国成立后，自然资源综合考察随着中国经济建设的需要而兴起。建国初期，为了在充分掌握自然条件的变化规律、自然资源的分布情况及社会经济的历史演变过程，提出自然资源利用和国土开发的方向、国民经济的发展远景以及工农业合理配置的方案，中国独立自主地开展了大规模的自然资源科学调查与区域综合考察工作。建国初期，中国的自然资源综合考察主要围绕边疆地区和国民经济需要展开工作。

最早组织的较大规模的综合考察始于 1951 年[2]。当时为了配合和平解放西藏协议的签订，中央人民政府向西藏派出了一支包括地质、地理、气象、水利、土壤、植物、农业、牧业、社会、历史、语言、文艺及医药卫生等专业在内的西藏工作队，队长由李璞担任，副队长是方徨。西藏工作队对西藏自然条件、自然资源及社会人文状况等进行了将近三年的考察研究，揭开了中国综合考察发展史的第一页。

为了打破帝国主义的经济封锁，自力更生发展国民经济，解决橡胶种植、金鸡纳种植和寻找橡胶代用品等问题，1952 年中科院组建了以橡胶资源考察为主要内容的

图 5-1 中苏专家在热带地区考察

南方热带生物资源综合考察队。由中科院内外数十单位、千余名工作者组成的考察队，在近一年的时间里，对海南岛、雷州半岛及粤西、广西沿海的橡胶资源进行了考察。

1953 年，由多位植物学家、土壤学家和苏联专家组成的科考队伍对云南边缘热带地区进行了考察，这是中苏两国科学院第一次联合从事野外考察（图 5-1）。1955 年，中国科学院与苏联科学院共同组织成立了云南紫胶工作队（1956 年改名为云南热带生物资源综合考察队），主要由苏联科学院动物研究所、植物研究所和中国科学院昆虫研究所、植物研究所和部分大专院校、有关部委、云南省厅等[1]百余名工作人员组成。工作队的主要任务是开展紫胶虫及其寄主植物的调查研究。

为了治理黄河水害，开发黄河水利，加强黄土高原水土保持工作，1953 年，水利部、农业部、林业部、中国科学院、部分高校和西北行政委员会的有关部门，共同组成了"西北水土保持考察团"。考察团由水利部牵头，主要任务是了解黄河上中游的全面概况，作为黄河上中游水力发电、航运、灌溉、防洪、调节气候的参考，编制治理黄河水害和开发黄河水利规划的工作，并为这一区域的全面开发提供初步的资料。考察开始的第一年就有 8 个队、450多人同时在野外工作。1955 年，为了加强水土保持研究的综合性，中科院正式成立了"中国科学院黄河中游水土保持综合考察队"。考察队由中科院的地质、地理、土壤、植物、地球物理、农业生物、经济共 7 个研究所，中央林业研究所、黄河水利委员会的测量组和北京农业大学、北京大学、南京大学、兰州大学等高等院校组成。另外，这项工作还得到了地方政府的有力支持。陕西省有关各厅局和有关的区级、县级干部也参与了水土保持考察。考察队的组织结构灵活，可以根据工作的需要临时组织各种专题研究小组。在苏联方面提出考察黄河流域的要求后，又临时组织了一个中苏联合考察队。经过四年的综合考察，考察队收集了有关自然条件、水土流失情况、社会经济条件、农林牧等方面的大量资料，制定了自然区划、经济区划、水土保持土地合理利用区划和 11 个试验点的土地合理利用规划。此次考察出版了大量的考察成果，其中包括科学出版社编辑出版的十余册考察报告。学术性的研究成

果大多成为相关研究领域的奠基性著作；应用型的研究成果在社会上也产生了一定的影响[4]。

二、第一次科技规划后的自然资源综合考察（1956—1965 年）

为了有效领导正在兴起的自然资源综合考察，根据中国科学院苏联专家顾问组负责人 B.A. 柯夫达通讯院士的建议和中国科学院的请示，国务院 1955 年 12 月批示，于 1956 年 1 月正式成立"中国科学院综合考察工作委员会"（1957 年改名为中国科学院综合考察委员会），以协助院长、院务会议领导综合调查研究工作。同年，根据国家建设的需要，国务院科学规划委员会制定了我国第一个科学发展规划《1956—1967 年科学技术发展远景规划》，简称"十二年科技规划"，之后由中国科学院综合考察委员会担负有关自然条件与自然资源的综合考察任务。"十二年科技规划"的制定和实施，有力地推动了中国自然资源综合考察事业的发展。

"十二年科技规划"由《1956—1967 年科学技术发展远景规划纲要（草案）》（以下简称《纲要》）和四个附件组成。作为"十二年科技规划"的主要文件，《纲要》涉及国家科学技术发展的 13 个方面，并从中提出了 57 项重要的科学技术任务。其中第一个方面就是"自然条件和自然资源"。《纲要》开明宗义指出，我国有着优越的自然条件和丰富的自然资源，要使这些优越的条件和富饶的资源得到充分的利用和及时的开发，必须展开一系列的调查研究工作，以便掌握自然条件的变化规律和自然资源的分布情况，从而提出利用和开发的方向，并在这个基础上，研究各区和全国国民经济发展远景以及工、农业合理配置的方案。

在 57 项重要科学技术任务中，有关自然条件与自然资源的重大科技任务达 10 项之多，专门涉及资源综合考察的重要规划任务有 4 项，分别为：第 3 项，西藏高原和康滇横断山区的综合考察及其开发方案的研究；第 4 项，新疆、青海、甘肃、内蒙古地区的综合考察及其开发方案的研究；第 5 项，我国热带地区特种生物资源的综合研究和开发；第 6 项，我国重要河流水利资源的综合考察和综合利用的研究。

以上综合考察项目在当时主要由中国科学院综考会负责。根据国家"十二年科技规划"以及随后提出的科研任务，中国科学院先后组织了黄河中游水土保持综合考察（1955—1958年）、云南紫胶与南方热带生物资源综合考察（1955—1962 年）、土壤调查（1956—1960 年）、黑龙江流域综合考察（中苏合作，1956—1960 年）、新疆资源综合考察（中苏合作，1956—1960 年）、华南热带生物资源综合考察（1957—1962 年）、青海柴达木盆地盐湖资源考察（1957—1961 年）、青（海）甘（肃）地区综合考察（1958—1960 年）、西北地区治沙综合考察（1959—1961 年）、西部地区南水北调综合考察（1959—1963 年）和蒙宁地区综合考察（1961—1964 年）等，除西藏高原综合考察（1959、1960—1961、1964 年）断续进行外，到 1963 年大多基本完成了预定任务[5]。其中，从涉及学科数以及参加人次看，规模相对较大的综合考察主要有以下几项：

（一）黑龙江流域综合考察[1,6]

黑龙江流域的综合考察工作，是根据 1956 年 8 月 18 日中苏两国政府于在北京签订的《关于中华人民共和国和苏维埃社会主义共和国共同进行调查黑龙江流域自然资源和生产力发展远景科学研究工作及编制额尔古纳河和黑龙江上游综合利用规划勘测设计工作的协定》而进行的。考察的主要任务有下列 5 项：一是，研究黑龙江流域的自然地理条件，查明配置工农业和运输线最有利的区域；二是，研究该流域对发展矿产有特殊价值的各个地区的地质构造，以便建立工业的原料基地；三是，研究流域内主要河流的水能资源，并对制订其径流调节和利用的规划提出初步建议；四是，研究流域的水运现状，制订黑龙江及其主要支流以及相连的铁路、公路运输开发的规划；五是，对流域内国民经济的现状进行分析研究并编制初步发展方案。

为了完成上述任务，中国科学院与苏联科学院于1956年共同组建了黑龙江流域综合科学考察队，由冯仲云（水利部原副部长）担任队长，朱济凡（原中科院林土所所长）任副队长，主持日常工作。考察队对黑龙江流域以及毗邻地区124万平方千米地区进行了为期4年的科学考察，每年有100~200名水利、地质、地理、林业、土壤、动力、交通、经济等方面的科学家，从不同部门和地区来共同进行考察研究工作，并且还有数十位苏联科学家（最多的时候达80位）参加中国黑龙江综合考察队的工作，传授苏联先进经验。本次综合考察不但初步掌握了该区域的自然条件、地质矿产、水利水能、交通运输、经济远景发展等方面的基本情况和发展规律，并在这些基本情况和规律认识的基础上提出了有关发展本区以水能开发为中心的工、农、林、牧、渔和交通等国民经济各部门的初步建议。这些成就不仅为我国东北地区的资源利用与经济发展奠定了科学基础，也对本区国民经济的建设做出了贡献。

（二）新疆资源综合考察[1,6]

新疆维吾尔自治区是中国国土面积最大的行政单位，自然资源极为丰富。中华人民共和国成立初期，由于生产力比较落后，同时又因为该地区自然条件比较复杂，因此很多资源并没有被开发利用。为了查明新疆自然条件的分布规律，研究合理利用自然资源和生产力配置，提供编制国民经济远景发展计划的科学依据和论证，中国科学院于1956年组建了新疆综合考察队，先后由土壤学家李连捷和经济地理学家周立三担任队长，其成员除中国科学院所属的地理、地质、土壤、植物、昆虫和动物各所以及新疆分院外，还广泛地先后得到了新疆八一农学院、北京农业大学、江西农学院、新疆学院、北京师范大学、华东师范大学、北京大学、兰州大学等院校及新疆农林牧科学研究所、生产建设兵团、荒勘局、水利厅、畜牧厅等机构的支持和参加协作。参加人员的规模也是逐年有所扩大，由最初的70余人增加到约200人。此次综合考察也得到了苏联科学院的大力帮助，派出了十几位科学家来中国参加合作考察研究。

鉴于新疆的面积辽阔，研究对象较复杂，考察队着重将以农、林、牧为中心的自然条件和资源合理利用及生产配置作为考察的主要任务。经过4年广泛的考察和重点分析研究，初步探明了新疆干旱地区特殊自然条件的性质和内在联系规律，并结合国民经济现状和生产力配置特征，对新疆农业发展远景及合理布局提出科学论证与轮廓性方案。本次综合考察不仅对过去缺少研究的新疆边远地区积累了大量的科学资料，填补我国干旱区许多研究领域的空白，也促进了我国地理、生物等学科的发展。

（三）热带生物资源综合考察[1,6]

"十二年科技规划"制定之前，热带生物资源考察的主要内容是橡胶资源与紫胶资源。1956年，云南热带生物资源综合考察队的考察内容增加了动植物区系的调查研究，并在此基础上扩展到热带自然环境与生物资源的研究。1957年，依据"十二年科技规划"制定的热带生物资源考察任务，负责这项工作的综考会扩大了热带生物资源的考察地域范围，将考察队更名为"云南热带、亚热带生物资源综合考察队",由列崇乐担任队长,考察地区包括云南、贵州和四川;同时成立了"华南热带生物资源考察队",由张肇骞担任队长,在广东、广西和福建等地考察。此时,两队开展的是以橡胶、其他热带作物和紫胶三部分为主的考察。全国先后参加考察的科研单位、生产部门和高等院校有80多个单位,20多个专业和1000余人,苏联的动物、植物、昆虫、地貌、土壤等方面的专家也参加了考察研究。

历经近6年时间,两支考察队在华南和西南进行大规模热带生物资源综合考察,在对自然条件分析与评价的基础上,在粤(包括海南)、桂、闽、滇、黔、川等六省(区)选出以橡胶树为主的热带作物(主要是椰子、油棕、腰果等)宜林地133万余公顷,咖啡等饮料植物、药用植物、香料植物、纤维植物以及紫胶等一般热带植(生)物宜林地800万公顷以上,热带作物宜林地1000万公顷,还对综合开发利用特种生物资源和其他资源提出了科学建议,对满足国家需求,促进资源开发与产业发展发挥了重要作用。

(四)青海柴达木盆地盐湖资源综合考察[1]

图5-2 盐湖考察

依据"十二年科技规划"科考任务,中国科学院于1957年成立盐湖科学调查队,由化学家柳大纲任队长,开展了以柴达木盆地盐湖资源为重点的综合科学考察(图5-2),同时对柴达木盆地西部含盐地层和第三系油田水以及藏北硼矿进行了调查研究。参与此次综合考察的有中科院多个研究所、研究院以及北京地质大学等40多个单位,涉及了地质、水文地质、物理、化学、化工等20多个专业,包括苏联专家在内的900多人次。

5年的盐湖资源综合考察证实了该盆地盐湖面积广、矿产种类多、品位高、储量巨大,既有作为一般化工原料的石盐、芒硝,还有作为肥料原料的钾和轻金属的镁,更重要的是有作为高能燃料、特种合金、发展尖端技术所必须的硼和锂。考察结果为我国建立大型硼、钾、镁矿基地,以及国家锂矿工业的建设提供了科学依据。

(五)青甘地区综合考察[1, 6]

根据国家"十二年科技规划"的第四项任务,即"新疆、青海、甘肃、内蒙古地区的综合考察及其开发方案的研究",中国科学院于1958年在组建了青甘综合考察队,由地质学家侯德封任队长,考察研究的地区范围是青海西部、甘肃北部,即青海省的海西蒙古族藏族自治州(柴达木)、海北自治州和甘肃省的张掖专区(以下简称青甘地区)。考察的主要任务与目的是:勘察研究青甘地区的自然条件和自然资源,结合社会经济情况的综合考察,提出该地区生产力的全面配置方案,为合理利用自然资源、国民经济长期发展提供科学依据。

1958—1960年青甘综合考察队先后有苏联专家、中国科学院多个研究所、国家计委基建局、青甘两省的相关厅级单位以及多所高等院校等20多个单位的500多人次参加。此次考察工作摸清了青甘地区自然与经济的基本情况,并在此基础上提出了资源合理利用与生产力配置和工农业基地力配置,以及发展的远景设想方案和重大政策建议。

（六）西北地区治沙综合考察[1]

由于前期黄河中游水土保持综合考察队在西北进行考察时发现，我国北方地区风沙的危害不亚于黄河流域的水土流失，又鉴于国防建设的需要了解沙漠地区的自然状况，中国科学院综考会于 1959 年成立了治沙综合考察队，邓叔群任队长。治沙队组织了中国科学院的 11 个研究所、15 所大专院校、60 多个生产部门和地方的科技力量，共计 1000 多人参加沙漠考察研究，组成 32 个

图 5-3　进入腾格里沙漠深处考察

考察分队对新疆、青海、内蒙古、甘肃、宁夏、陕西等 6 个省区的沙漠进行大规模考察（图 5-3），同时设立了 7 个综合试验站、24 个中心试验站，以站为基地，将试验和考察结合起来，开展了沙漠的考察和治理试验示范研究工作。

治沙队在两年的时间里对我国各大沙区的基本自然状况进行了考察，同时为了防风治沙，在各个试验站开展了多学科、多层次的试验研究工作。在这两项工作的基础之上，首次提出了西北地区治沙规划方案，也为我国的防风固沙工作总结了宝贵经验。

（七）西部地区南水北调综合考察[1]

南水北调综合考察，是"十二年科技规划"执行以后新增加的任务。50 年代末，随着我国北方工农业的不断发展和城市建设的需要，水资源不足问题日益突出。从全局和长远来看，进行跨流域调水，对南北水资源进行再分配，使之适应工农业发展的用水需求，实现各地区水资源的供求平衡，成了一项十分紧迫的任务。根据党中央的指示精神，1959—1963 年中国科学院和水利部共同组织有关单位进行我国西部地区南水北调的引水路线和该地区自然条件、自然资源以及社会状况的多学科综合科学考察，由水利部副部长冯仲云任队长，水文学家郭敬辉任副队长主持日常工作。这是我国开展的大规模跨流域调水的早期科学考察研究，先后有 114 个单位、38 个专业、800 余人参加，提出了西部地区南水北调的可能引水路线。

（八）蒙宁地区综合考察[1, 7]

在完成新疆、青海、甘肃地区综合考察工作的基础上，中国科学院于 1961 年组建了中国科学院内蒙古宁夏综合考察队，由地质学家侯德封任队长，任务是调查两自治区的自然资源、自然条件及其分布规律，并结合对国民经济现状考察，综合研究该地区自然资源合理利用方向与途径，为国家和地方有关部门制定资源开发利用和发展生产力规划提供科学依据。同时，本着综合考察工作远近结合的原则，要提出上述设想的实现步骤，以便更好地为当前建设服务。该队组织了中国科学院有关研究所、有关部委和高等院校以及内蒙古、宁夏有关部门共 28 个单位，16 个专业，约 150 人参加考察研究，在考察区域自然资源状况的基础之上对两地区的开发和生产力发展问题提出了建议。

据不完全统计，基于上述工作先后出版区域性科学考察著作上百册。这些成果涉及的地区集中在西藏、云南、四川、新疆、甘肃、宁夏、山西、内蒙古和黑龙江等省、区，内容涉及地质、地貌、水文、土壤、气候、生物、矿产等自然资源利用与区域发展问题。在此期间，参加综合考察的科研人员多达数千余人，涉及几十个专业，包括中央与地方的科研与教学单

位，形成我国第一次综合考察高潮。这一时期综合考察的特点是着重摸清考察地区的自然条件与自然资源，结合社会经济情况，研究提出资源开发意见、方案与建议，所谓"摸清资源，提出方案"是当时的口号，也反映了当时综合考察的主要内容与基本特点。这个时期的自然资源综合考察处于摸索阶段[8]。

具有战略意义的十二年科技远景发展规划的实施，不仅推动了在中国边远地区与大江大河流域自然条件与自然资源的综合考察，初步掌握了自然条件的基本状况和自然资源的数量、质量与分布规律，积累了丰富的资源科学资料，填补了我国有史以来对自然条件与自然资源的科学资料，尤其是如此广大的边远省区的空白。同时，为配合国家工业建设和发展的需要，对于耗竭性的地下矿产资源与能源资源，也由各产业部门进行了大量的工作，为国家制定国民经济发展规划和地区开发方案提供了重要科学依据。而且这一时期的大规模的资源综合考察工作，带动了从中央到地方一大批科学研究机构的诞生和一大批科学技术人员的成长，将中国的自然资源研究由零星分散的状态提高到了一个整体水平，为中国资源科学的形成与发展创造了条件。

三、1960 年前后：资源综合考察思想与资源综合观形成

中国资源综合考察事业和资源科学研究的奠基人竺可桢教授（图 5-4），在长期组织领导资源综合考察工作的半个世纪中，提出了一系列资源综合考察研究的宝贵理念，形成了"竺

可桢资源综合考察思想。"竺可桢 1956 年领导并创建了中国科学院综合考察委员会，直到 1974 年逝世一直兼任委员会主任。五六十年代，他领导并亲自参加了一系列自然资源与自然条件的综合考察工作，提出了一系列的精辟论断，至今仍然是我们开展自然资源综合考察的重要指导思想[9]。

竺可桢认为，自然资源综合考察是一种包括社会科学在内的多学科、多专业的综合研究工作，"必须是自然科学、社会科学和技术科学的全面合作"，要全面分析，综合比较，多方论证，多种方案，只有通过综合研究才有可能取得科学成果。但综合考察研究必须要有统一的中心目标，做到综合下的专业深入，专业深入基础上的综合；要利用自然，首先必须认识自然，研究自然变化和相互联系的规律；要认识自然资源，就必

图 5-4　竺可桢（1890—1974）

须到大自然中去，到野外去。"资源综合考察方法应强调点面有机地结合；通过面上考察发现问题，通过点的深入研究来解决问题，取得经验"。

1959 年，竺可桢在《十年来的综合考察》中指出[2]："综合考察工作只有积极地配合国家的重要中心任务，才能使研究工作得以顺利地进行""国民经济发展不仅要有飞快的速度，而且各种资源的开发利用应该是全面的、合理的、综合的"。竺可桢认为，综合考察根据国家提出的任务和地理资源的特点，组织各种必要的学科，如地质、水文、水能、水利、地理、土壤、植物等学科和工、农、林、牧、交通、经济等方面共同参加工作，不但要有自然科学方面的，也要有社会科学方面的学科，"它所考虑问题的着眼点与某一学科、某一专业或某一部门不同，它须从各个角度分析、考虑，多方面比较论证，提出多种方案，选择取舍，尽量达

到比较综合、全面和合理，避免片面性和盲目性"。竺可桢进一步指出，综合考察的"工作方法是点面结合，以点带面。在一个地区的考察中，抓着关键性的重大的问题深入研究，以解决这些问题为中心，考虑全面布局"。经过综合考察最后提出的报告是建议性的远景方案，供国家计划部门编制国民经济计划时参考。"综合考察工作的总方向虽然应当着重于长远目标，而不应当单纯从解决眼前的具体问题出发，但是在我国的具体情况下，不能把远景和当前生产建设截然分开，当前的重大建设计划要与远景的展望相结合，而远景的规划有许多方面又需要现在即着手进行"。

上述关于资源综合考察的研究要点面结合、远近结合、多学科合作等观点集中体现了竺可桢的资源综合科学考察思想和方法，这些思想和方法在 20 世纪六七十年代开始的跨地区、跨部门、跨学科的大规模资源综合考察研究中得到不断实践，为中国现代资源综合考察和资源科学研究事业的发展奠定了思想基础。在总结 10 多年来资源综合考察成果和实践经验与教训的基础上，竺可桢联合其他 23 位科学家，在 1963 年春全国农业科技工作会议期间，向中央写了题为《关于自然资源破坏情况及今后加强合理利用与保护和意见》的报告[10]，反复强调了自然资源的整体性、有限性及其合理利用与保护问题。报告明确指出："开发利用自然资源要有全局观点。自然界是一个有机整体，任何自然资源同很多有关自然因素有其内在的密切联系，这种资源与他种资源又是密切相关的，同时任何一种资源都有多种利用途径和综合利用的可能性"。因此，对待资源的开发必须抱有整体观点、全局观点，使自然资源能按照其本身的特点与国家整体的需要得到最合理最充分的利用。反之，如果只从一个部门的方便出发，强调完成本部门的任务而不考虑国家整体的要求，只顾本部门的需要而忽视资源本身的特点，就必然造成自然资源遭到浪费与破坏的后果。因此他强调，应充分认识我国自然资源是有限的，必须十分珍惜。我国虽然是个大国，地大物博，但如果误解地大物博为自然资源是无限的，从而滋长了一种对自然资源盲目乐观甚而浪费一点无所谓的情绪，则是十分有害的。因为不仅矿产采后不能再生，耕地占用后不能再做农田，而且土地的生产能力、生物的生殖生长能力也受自然规律的制约和受一定条件的限制。"自然资源有限，而社会需要日增，就必须很好地考虑自然资源与社会需要之间的平衡问题。为了使有限的自然资源能够在发展生产上永续地为社会需要服务，只能采取按照自然规律使其生产能力不断增长的办法（对土地、生物资源而言）和提高生产技术水平以充分发挥资源效用的办法。"绝不能超越自然规律的可能和不顾自然资源的特点，采取竭泽而渔、拆东补西、因小失大的办法。如果只强调当前生产任务第一，不顾自然规律，不保护自然资源，不充分注意合理地、综合地利用自然资源，最后势必导致一系列的严重后果，而达不到迅速发展生产的目的。"资源的利用与保护是统一的。保护、繁殖、培育与节约的目的都是为了更好地永续地利用；而要合理地开发使用资源，就必须大大加强保护"。因为自然资源必须全面规划综合利用，才能地尽其利、物尽其用。一个部门、一个地区考虑问题，指挥生产建设，不可能不受部门与地区的限制。负责综合经济工作的领导部门，应该用相当大的力量注意部门与部门之间、地区与地区之间、局部与整体之间、今天与明天之间、社会需要与资源可能之间的调节平衡，也就是着重要考虑社会主义经济建设中带有战略性的问题。而根据自然资源特点安排生产，保护与合理利用自然资源，进一步发掘与增殖资源，确是社会主义建设中带战略性的重大问题之一。

竺可桢关于资源合理利用与保护、资源有限性及全局观念和资源整体性的观念在报告中得到了充分体现。竺可桢先生的资源综合观对推动后来的中国资源综合考察事业和中国资源科学的产生与发展发挥了重要的思想基石作用。

第二节　20世纪70—80年代的自然资源综合考察与资源研究

1962年，国家科委根据第一个"十二年科技规划"基本提前完成的新情况，及时制订了第二个科学技术发展规划《1963—1972年科学技术发展规划纲要》，简称"十年规划"，包括9章内容，其中第3章是"自然条件和资源的调查研究"，涉及土地生物资源的调查研究、矿产资源的调查勘探与合理开发、水利资源及其综合开发利用、海洋资源调查、气象研究和测量与制图技术等内容。纲要明确指出，"执行'十二年科技规划'以来，各种考察、调查、勘探、观测、研究等工作已经取得很大成绩，对我国自然条件和资源的概貌已经有初步了解，但是工作做得很不到位。不仅地下矿产资源的地质调查不够普遍，对土地、生物资源的调查工作量也十分有限。工作深度尤其不够，综合性研究更为薄弱。永续利用各种资源的科学途径有待进一步探讨，今后10年内，必须从各方面加强自然条件与资源的调查研究工作，使它既能适应当前国民经济发展的要求，又能为以后的发展储备必要的资料。"

"十年规划"中的综合考察开始加强综合性、专题性的考察研究，工作重点逐步从未开发地区转向半开发、开发地区。由于当时对西部地区在生产发展、自然条件以及社会经济状况等方面的研究程度远远不如东部地区详细，并且在资料的完整、可靠程度和成果的科学水平方面也无法满足生产发展规划的需要，因此，"十年规划"主要包括三项集中于我国西部的区域性综合考察任务：①西南地区综合考察研究；②西北地区综合考察研究；③青藏高原综合考察研究。同时，还提出了我国西部与北部的宜农荒地和草场资源的综合评价等两个重点考察研究项目。"十年规划"执行后，综考会先后迅速组建了西南地区、河西荒地、西北炼焦煤基地、祁连山区、西南地区紫胶等综合考察队，对我国西部地区进行考察。

一、"文化大革命"时期的自然资源综合科学考察（1966—1976年）

正当自然资源考察事业蓬勃发展之际，1966年"文化大革命"开始，除青藏高原综合考察（1965、1966—1968年）外，区域性综合考察工作很难按照第二个科技规划确定的任务继续组织实施，结果只是进行了一些小规模、短周期的专题考察研究，大多未完成既定目标，大规模的考察，如西南、西北考察均已停止。当时，除紫胶考察尚保留十几名科考人员、选择重点地区进行有限考察之外，其他考察全部因参加"运动"而停止。1972年中国科学院综合考察委员会被撤销，并入中国科学院地理研究所，综考会全体人员分别下放"五七干校"劳动，科考人员分散到院内各研究所及省市单位[1]。

综合考察在"文化大革命"时期的一个特例，就是青藏高原综合考察。这项工作成为"文化大革命"时期综合考察的重要项目，也是后来重建的综考组和重建的综考会占第一位的重要工作[4]。1972年，遵照周恩来总理关于重视基础研究等精神，中国科学院制定了《中国科学院青藏高原1973—1980年综合科学考察规划》，要求积累基本科学资料，探讨有关高原形成、发展的若干基础理论问题，并结合当时经济和国防建设需要，对自然资源开发利用和自然灾害的防治等提出科学依据。1973 年，地理研究所以原综考会部分科研人员为基础，组建了中国科学院青藏高原综合考察队，先后由冷冰、何希吾、孙鸿烈担任队长，开展了以"阐明我国青藏高原隆起原因及其地质发展历史，分析高原隆起后对自然环境和人类活动的影响，调查研究自然条件和自然资源的特点及其改造利用的方向和途径"为主要任务的大规模综合科学考察研究。

由于此次综合考察侧重于基础理论的研究，因此学术成果丰硕。从 1973 年起，青藏高原考察历时 7 年，其中前四五年主要在野外工作，考察队对整个西藏自治区进行了全面考察。考察队伍规模很大，先后参加野外工作的单位来自全国 14 个省（自治区、直辖市）院内外研究所、高等院校、生产部门共有 45 个单位、50 多个专业、400 多人参加考察。从 1977—1980 年进行室内总结工作，参与总结工作的达 1000 余人[11]。

为了保证考察研究的顺利进行，经国务院批准，1975 年科考工作又从地理研究所分离出来，成立了"中科院自然资源综合考察组"，从而保留了一批科考骨干，为后来的自然资源综合考察研究事业的复兴和发展奠定了基础。围绕青藏高原的综合考察（图 5-5），综考会先后负责组织出版了包括 34 部专著或论文集的《青藏高原科学考察丛书》、3 部《珠穆朗玛峰科学考察论文集》和一本《青藏高原科学专察画册》，同时

图 5-5　1975 年青藏高原考察队行进在川藏公路上

提交了 180 多篇论文参加"青藏高原科学考察讨论会"。1978 年，中科院召开了京区直属单位表彰先进大会。"青藏高原综合科学考察队"被评为全国先进集体。胡克实代表院党组在报告中指出："青藏队在困难条件下，经受艰苦的考验，积累了大量的科学资料，为青藏地区农林牧业综合发展提供了科学依据。"1978 年，青藏高原综合考察项目获得了中国科学院重大科技成果奖。1979 年，青藏队受到国务院嘉奖[1]。1986 年 12 月，青藏高原科学考察获中科院科技进步奖特等奖。这次科考时间之长、规模之大、学科之多，不仅在西藏地区，而且在我国科学考察史上也是空前的。正是这次科学考察活动为以后的青藏高原科学研究奠定了坚实基础[11]。其中的珠穆朗玛峰地区科学考察与青藏高原综合科学考察研究成果均获得了全国科学大会奖[12]。

"文化大革命"时期，自然资源综合考察受到了极大的冲击，综考会也由瘫痪到最终被撤销，但科学考察工作尚未间断，除了对青藏高原进行的系统科学考察，还在开发地区进行了一些专题性考察，有关机构还联合组织了学科性与地方性综合考察队。考察地区小、参加的学科少、队伍规模小、考察周期短，成为这个时期综合考察的基本特点[4]。

二、第三次科技规划后的自然资源综合科学考察（1978—1990 年）

1978 年，中国共产党第十一届三中全会"拨乱反正"，中国进入了以经济建设为中心的时期，为了适应经济发展的迫切要求，经国务院批准，在考察组的基础上恢复了中国科学院自

然资源综合考察委员会，主要任务是组织协调我国自然资源的综合考察，并进行综合分析研究，提出开发利用和保护的意见[1]，从此又掀起了我国自然资源综合考察的第二次高潮。

20世纪80年代，由于国家和地方的资源考察与资源调查已经积累了一定数量的科学资料，而且人们已更深刻认识到合理开发利用自然资源、加强生态环境建设的重要性，国际上也提出了环境与发展的问题，综合考察研究的社会背景发生了变化。为此，综考会在"查明资源，提出方案"的方针基础上，及时地提出了"立足资源，加强综合，为国土整治服务"的办会方针，并对研究室进行调整，设置了土地资源、水资源、生物资源、气候资源、资源经济、工业布局、计算机应用等研究室。此时，综考会已基本形成了一支专业齐全、更能胜任各种大型综合考察研究的科技队伍[1]。

"文化大革命"之后的中国，百废待兴，为了迎头赶上发达国家，尽快实现四个现代化，国家制定了《1978—1985年全国科学技术发展规划纲要》（即第三个科学技术发展规划）。《纲要》涉及8个综合性研究领域，确定了重大科技研究项目108项。其中，第1项是"对重点地区的气候、水、土地、生物资源以及资源生态系统进行调查研究，提出合理开发利用和保护的方案，制定因地制宜地发展社会主义大农业的农业区划"。第18～26项，即资源与自然条件领域，包括九个重大科技研究项目，基本任务是考察研究我国自然资源及其合理利用和保护，内容涉及重点地区自然资源综合考察、开发利用与工农业合理布局的研究，研究富铁矿、铀钍矿和有色金属矿成矿规律、找矿方向和现代化的找矿手段，磷、硫、钾等农用、化工矿产成矿条件、找矿方向与方法的研究，北方干旱、半干旱地区地下水的赋存条件、水质水量及合理开发利用的研究，根治黄河研究与南水北调的科学技术，中国海自然条件和资源、研究大陆架的海洋环境和结构、进行深海大洋特定水域综合考察等。另外，鉴于经济建设与社会发展的需要，国家第七个五年计划的科学技术攻关计划把黄土高原的综合考察列入重中之重，20世纪80年代，中国科学院会同国家计委国土司根据各自的任务相继组织黄土高原综合治理科学考察队、新疆资源开发综合考察队、南方山地资源综合利用科学考察队和西南地区综合开发科学考察队以及青藏高原科学考察队，直接为地区的资源开发、环境治理与生产力布局服务以及为科学研究空白地区积累资料[8]。

经国务院批准，国家农委、国家科委、农业部、中国科学院于1979年4月3—7日在北京联合召开会议，议定了《1979年—1985年农业自然资源和农业区划研究计划要点（草案）》。农业自然资源和农业区划研究计划要求对重点地区气候、水、土地、生物资源，以及资源生态系统进行调查研究，提出合理开发利用和保护方案；制定因地制宜地发展社会主义大农业的农业区划。截至1986年，全国各级、各部共完成各类农业自然资源调查、农业区划、地图与图集等成果约4万多项，其中获得各级科学科技成果奖的有8000多项。《中国综合农业区划》（1985年）和《全国农业气候资源和农业气候区划研究》（1988年）获国家科技进步奖一等奖。期间，编制完成了中国1:100万地貌、植被、土壤、草地、森林、土地资源与土地利用现状图等。农业自然资源和农业区划研究计划的实施，对查清中国农业资源家底、促进自然资源优化配置与合理利用起到了重大作用。

根据第三次科技发展规划，在自然资源综合科学考察与研究领域，先后组织实施了全国土地资源、水资源、农业气候资源及主要生物资源的综合评价与生产潜力途径的考察研究；青藏高原形成、演变及其对自然环境的影响与自然资源合理利用保护的综合考察研究；亚热带山地丘陵地区自然资源特点及其综合利用与保护的综合考察研究；南水北调地区水资源评价及其合理利用的综合考察研究等任务。20 世纪 70 年代末 80 年代初，中国科学院除继续青藏高原综合考察工作外，还先后组织了贵州山地资源综合考察、黑龙江伊春荒地资源综合考察、湖南桃源综合考察、东线南水北调考察、南方山区综合科学考察和山西煤化工基地建设与水土资源关系综合考察等工作。

在这一时期，基于上述科学考察任务，还整理出版了一系列的考察研究成果。如青藏高原科学考察队，据不完全统计，孙鸿烈（图 5–6）等先后主编出版了西藏考察丛书 45 册、青藏高原横断山区考察丛书 13 册。

为了加强国家资源科学考察研究工作，密切研究单位与决策部门的关系，更好地为国民经济建设服务，国务院 1982 年决定对自然资源综合考察委员会实行中国科学院和国家计划委员会双重领导。在继续执行第三次科技发展规划任务的基础上，结合国家国土整治工作的要求，1983—1985 年中国科学院编制了《中国科学院 1986—2000 年自然资源专题规划》（中国科学院 1986—2000 年规划专题研究报告之四：自然资源，自然资源规划专题组，1985 年 6 月）。根据规划的任务和国家计委的要求，中国科学院组织国家和地方有关单位先后开展了亚热带东部丘陵山区综合考察（1984—1989 年）、新疆资源开发综合考察（1985—1989 年）、黄土高原地区综合科学考察（1985—1990 年）与西南地区资源开发考察（1986—1989 年）

图 5–6 孙鸿烈（1932—）

等资源开发与区域发展综合考察研究工作，先后出版了中国亚热带东部丘陵山区考察丛书 32 册、黄土高原考察丛书 46 册、新疆地区考察丛书 21 册和西南地区考察丛书 28 册及其他若干区域性、专题性著作，为区域资源开发与经济发展提供了重要科学依据。同期，除了开展区域性、全国性和专题研究工作外，还进行了区域考察与典型地区生产性试验相结合的试验研究，相继建立了江西省泰和县千烟洲红壤丘陵综合开发试验站、拉萨市达孜农业生态实验站、四川省巫溪县红池坝亚热带中高山草地畜牧业试验站和江西省九连山森林生态试验站。期间也开始重视了新技术在资源调查中的应用，如用遥感技术对黄土高原地区资源环境和重点流失区进行调查研究，编制了 1∶50 万和 1∶10 万系列图件；开展了西南地区国土资源数据库和黄土高原地区国土资源信息系统研究，并建立了中国资源研究数据库。

《1978—1985 年全国科学技术发展规划纲要》实施以来，中国的自然资源综合考察开展了一系列全国性和专题性的资源科学研究工作，为全面、系统、深入研究我国不同类型地区自然资源开发利用的特点和规律积累了科学资料，创造了最基本的研究条件。这一时期的科考范围几乎覆盖了大半个中国，科考的主要进展是：第一，自然资源综合考察对遥感、信息技术和数据库的建设与应用列入了国家攻关项目，并重点在黄土高原考察队加以实施。这不仅明显减少了科考的野外和室内工作量，也大大提高了资源数据的准确度，同时也为综合考察研究工作运用先进技术手段、向现代化方向发展奠定了基础。第二，把定位研究列入规划，大大促进和加强了野外宏观考察与定点微观试验研究的点面结合、宏微互补、相互反馈的作用，因而明显提高了科考成果的科学性和实用价值。第三，规划项目中的科考区域从"科学空白"的边远省区扩展到内地的多种类型区,为全面、系统、深入研究我国不同类型地区自然资源开发利用的特点和规律创造了最基本的研究条件,把我国的区域自然资源综合科学考察推上了一个新的发展高峰和考察研究水平。这一时期的综合考察的特点是经验趋于成熟,考察成果多数能够直接为当地资源开发、经济建设和社会的可持续发展服务。自然资源综合科学考察研究在经历十年浩劫的摧残之后,又迎来了第二个黄金时代。

三、1980 年前后:《自然资源》创刊与中国自然资源研究会成立

1980 年前后,《自然资源》创刊和中国自然资源研究会成立是中国资源科学历史进程中的两个标志性事件。

从第一次科技规划实施到第三次科技规划完成的 30 年的时间里,综考会先后组织了数十支综合科学考察队,进行了大规模、多学科的自然资源考察和区域开发研究,为国家能源基地、商品粮基地和工业基地布局及建设提供了大量的基础资料、科学依据和技术支撑。但是,早期的资源调查和研究成果大多是以内部报告的形式刊印,只有少量文章在地学、生物学、农学等相关刊物上发表。到了 20 世纪 70 年代,随着信息技术的发展和改革开放观念的转变,与资源有关的研究成果才逐步对外交流。1975 年,中科院自然资源综合考察组刚成立就开始筹办刊物,同年 11 月决定创办《自然资源》学术季刊,并成立了挂靠在业务处的《自然资源》编辑部。但当时申办新刊很是困难,由于没有取得国家主管部门的正式批件,《自然资源》在开办初期只能作为内部刊物试办[13]。1977 年 1 月,首本《自然资源》杂志面世,发表了 9 篇文章。在"前言"和"征稿简则"中明确规定:"《自然资源》是以水、土、生物资源为主的综合性科技刊物",并且对刊登的内容作了具体说明。这是我国最早的综合性资源刊物。《自然资源》内部发行两年后,1979 年经中国科学院和国家科委批准后于当年 9 月正式公开发行,这是我国有关自然资源综合研究最早的专门学术期刊。20 年后的 1998 年,根据资源科学发展的要求,更名为《资源科学》。在《自然资源》创刊后,1984 年 UNESCO 的《自然与资源》中文版公开发行。紧接着,中国自然资源研究会主办的《自然资源学报》在 1986 年创刊发行。

同时,1980 年 9 月 1 日,中国科协正式下发了"关于同意成立中国系统工程学会等几个学会的通知"[科协发学字(80)278 号],同意成立中国自然资源研究会。这标志着社会及学术界初步认可资源科学是一门值得重视与研究的学问[14]。1983 年 10 月,中国自然资源研究会成立大会暨第一次学术交流会在北京召开,会后 1985 年正式出版了两本会议文集《自然资源研究的理论与方法》和《自然资源研究》。据不完全统计,《自然资源研究的理论与方法》连同集内文献的引用次数数以万计,已成为资源科学研究的重要经典文献之一。1986 年成立中国科学院资源研究委员会。1993 年,根据资源科学的发展态势,经中国科学技术协会批准,中国自然资源研究会更名为中国自然资源学会,标志着中国资源科学研究向前迈进了一大步。

第三节　20 世纪末至 21 世纪初的区域科学考察与资源科学创立

20 世纪 90 年代初，大规模的自然资源综合科学考察工作基本完成，综合考察研究进一步向纵深方向发展。中国科学院开始设立了区域开发前期研究专项。在综合考察工作不断深入发展的过程中，资源科学也逐步形成。

一、区域开发前期专项考察研究（1990—1999 年）

以往的自然资源综合科学考察研究，都是为将来资源开发、国民经济发展而进行的前期研究。但从 20 世纪 80 年代末以来，随着改革开放的不断深入，高速发展的国民经济体系中社会主义市场经济的影响越来越大，自然资源综合科学考察研究面临着在市场经济体制下如何为国民经济建设服务的挑战。在这种新形势下，特别是在国家按计划下达的资源科考等任务很少的情况下，为适应改革开放不断深化的要求，为了促进当前国民经济建设快速、健康、持续的发展与基础性研究工作的稳定发展，中国科学院于 1990 年设立了中国科学院"区域开发前期研究"特别支持项目。立项的特点与要求是：①符合近期重点开发与建设地区的需要；②该研究具有超前性、基础性、综合性与战略性；③考察研究周期短（2～3 年）；④有中国科学院特别支持基金的支持。它主要研究我国重要区域经济、社会的总体发展战略与建设布局，特别是重点产业带开发与发展政策；资源的合理开发利用、保护与环境协调发展，国情研究和"人与自然关系"研究等（表 5-1）[1]。

表 5-1　20 世纪 90 年代中国科学院组织的区域开发前期专项研究 [1, 15, 16, 17]

专项主题	主要研究内容	主持单位	起止年度
环渤海地区整体开发与综合治理	区域资源开发利用与生态环境改善	地理研究所	1991—1994
粤东沿海地区外向型经济发展与区域投资环境综合研究	经济发展状况与优化区域投资环境	地理研究所	1991—1993
晋陕蒙接壤地区工业和能源发展及布局	工业合理发展与布局对策	自然资源综合考察委员会	1991—1993
黄河上游沿岸多民族地区经济发展战略研究	地区优势与发展战略及产业布局	自然资源综合考察委员会	1991—1993
长江中游沿江产业带建设	区域资源特征与产业带建设建议	自然资源综合考察委员会	1991—1993
长江三角洲区域特点与区域发展若干问题的研究	区域产业结构现状、城市建设与区域整治	南京湖泊地理研究所、南京土壤研究所	1991—1993
西江流域经济开发与环境整治若干重大问题	经济建设现状与山地灾害防治	成都山地灾害与环境研究所	1991—1993
川滇黔接壤地区综合开发的重点、时序选择及方案比较	能源、矿产、交通、农业等基地建设重点和时序	成都山地灾害与环境研究所	1991—1993

专项主题	主要研究内容	主持单位	起止年度
黑龙江干流水电梯级开发对右岸自然环境与社会经济发展影响的预测研究	梯级开发的影响预测与对策	长春地理研究所	1991—1993
东北地区北水南调工程对资源开发、经济发展和生态环境的影响研究	北水南调的意义、影响与保护环境的对策	长春地理研究所	1991—1993
北疆铁路沿线地带的开发与整治		新疆地理研究所	1991—1993
大福州地区外向型经济发展与投资环境综合研究	区域发展战略、产业布局与发展建议	自然资源综合考察委员会	1992—1993
中国环北部湾地区总体开发与协调发展研究	区域特征、工业与农业发展布局、发展对策	自然资源综合考察委员会	1994—1996
京九铁路经济带开发研究	沿线基本特征、产业结构调整与重大战略问题	自然资源综合考察委员会、地理研究所	1994—1996
图们江地区资源开发、建设布局与环境整治的研究	资源特点、环境状况、社会经济发展与布局	长春地理研究所	1994—1996
晋冀鲁豫接壤地区区域发展与环境整治	区域优势、战略布局与可持续发展对策	生态中心、自然资源综合考察委员会	1994—1996
苏鲁豫皖接壤地区资源开发、产业布局与环境整治	社会经济、能源、工业、农业、交通发展与布局以及环境整治对策	地理研究所、南京湖泊地理研究所	1994—1996
澜沧江下游开发整治与中老缅泰国际经济合作区建设研究	梯级开发与航道建设、区域发展与工农布局、生态环境保护	地理研究所	1994—1996
中国沿海地区面向21世纪的持续发展	社会经济现状、产业结构、城市化建设、自然灾害与环境污染防治对策	地理研究所	1994—1996
汉江流域资源合理开发利用与经济发展综合研究	工业与工业发展布局、投资环境评价、经济与环境协调发展战略	武汉测量、地球物理研究所和成都山地灾害与环境研究所	1994—1996
塔里木河流域水资源利用、生态环境整治与经济发展战略研究	生态环境整治、持续发展对策、经济发展战略	新疆地理研究所	1994—1996
河西走廊经济发展与环境整治的综合研究	产业结构布局与区域环境整治	兰州冰川冻土研究所、自然资源综合考察委员会	1994—1996
中国社会发展地区差异研究	差异存在现状、缩小差异的思路与政策	生态研究中心	1997—1999
中国陆疆开放系统与重点区产业建设研究		地理研究所	1997—1999
我国区域差异测度与区域政策制定的科学基础研究	区域差异指标体系、政策类型区分与政策建议	地理研究所	1997—1999
中国区域发展报告	区域发展战略实施效果、区域发展差异性	地理研究所	1997—1999
中部区21世纪持续发展前期研究	机遇与发展战略、产业发展与布局、基础设施建设与环境整治	地理研究所	1997—1999
渝鄂湘黔接壤贫困山区综合开发与持续发展	社会经济、农业、旅游业、交通现状与生态环境建设	成都山地灾害与环境研究所	1997—1999

续表

专项主题	主要研究内容	主持单位	起止年度
我国新亚欧大陆桥双向开放性经济带建设研究	战略思路、产业选择、发展对策	自然资源综合考察委员会	1997—1999
中国西部区域类型与产业转移综合研究	区域类型划分与区域发展战略	自然资源综合考察委员会	1996—1999
南昆铁路沿线产业协调发展的建议	区域现状、资源优化配置与可持续发展对策	自然资源综合考察委员会	1997—1999

"区域开发前期研究"特别支持项目每3年安排1期，到2000年先后支持了30多个项目，对我国区域发展的重大战略问题、重点地区进行了系统的科学考察与研究。期间，全国性的自然资源综合研究工作开始展开，主要研究内容涉及中国宜农荒地资源、中国1∶100万土地利用图、土地资源图和草地资源图的编制、世界资源态势与国情分析、中国土地资源生产能力及人口承载量、中国自然资源态势与开发方略等，研究提出了诸如"5亿亩荒地""20亿亩耕地""60亿亩草地""16亿人口承载量"和"建立资源节约型国民经济体系"等若干重大科学论断，并取得了青藏高原、新疆、黄土高原和西南地区等资源环境与区域发展重大科技成果，为国土资源优化配置与区域可持续发展做出了重大贡献。

这一时期的资源考察研究，除继续以定位站研究为依托的可更新资源整体系统（生态系统）的结构、功能和调控等研究向纵深方向发展外，主要进展是：

（1）资源考察研究向跨学科、跨部门、跨地区的更高层次的综合研究方向发展，可持续发展成为资源综合研究的中心目标。如中国科学院重点开展了涉及资源相互关系、资源开发利用与环境关系、人类活动与资源关系以及可持续发展等区域发展战略问题的一系列区域开发前期的综合考察研究。

（2）进一步加强了全国性资源与社会经济发展的综合研究。如开展了中国自然资源态势与对策研究、中国农业自然资源经济研究、中国农业气候资源研究、中国森林资源研究、中国区域经济发展模式研究等。

（3）受地方委托，直接为当地社会经济发展服务的资源考察和区域规划研究工作也有了进一步发展。如开展了西藏"一江两河"、尼洋河流域、昌都三江流域以及艾马岗农业综合开发区综合规划与设计，以及中国内陆封闭地区资源依托型经济综合发展战略研究等。

（4）进一步加强了新技术的应用研究。如综考会主持的国家重点科技攻关课题"重点产粮区主要农作物遥感估产"研究，成功地解决了遥感估产中的一些关键科学技术问题，使估产精确度得到很大提高。

这一发展阶段的最大特点是对历年综合考察所积累的科学资料进行了系统总结，加强了自然资源科学的理论研究和新技术的应用研究，初步形成了资源科学的理论方法与学科体系。同时，在考察研究的过程中也逐渐形成"科考实践—理论研究—再科考实践……"的良性循环，既促进了区域发展，也带动了学科发展。

总之，几十年来，在老一辈科学家的带领下，自然资源综合科学考察研究积累了丰富的资源科学资料，取得了丰硕成果，为国家经济发展决策提供了大量科学依据，逐渐形成了在全国尺度、区域尺度和试验站（点）小尺度上进行资源综合考察研究的基本格局。资源研究的国际合作与交往也得到迅速发展。资源科学理论体系也初步形成，并得到较快发展。资源研究工作在我国社会主义建设中发挥越来越重要的作用。同时，一大批中青年资源科学工作者迅速成长起来。

20 世纪 90 年代，这时我国正处于改革开放不断深入、由东向西（特别是西部大开发）纵深发展的准备时期。国家确定了可持续发展的战略和全面建设实现小康社会的战略目标，明确提出了解决好人口－资源－环境问题的战略要求。同时，国际上兴起的"全球变化""数字地球""可持续发展"等重大热点以及全球的人口、资源、环境危机日益加深等问题，也拓宽了考察研究工作的视野和领域。所以此期的科考重点也随之很快转向了为 21 世纪的经济－环境－社会协调发展创造条件的考察研究阶段。

二、2000 年前后：中国资源科学形成及其标志性成果

中华人民共和国成立以来的自然资源综合科学考察研究几乎覆盖了整个中国。除了完成国家"科学发展规划"、促进区域经济发展任务之外，还有一个同等重要的任务——"以任务带学科"，即在完成国家任务的基础上，带动资源科学及其相关学科的发展。

随着自然资源综合科学考察的深入和发展，自然资源研究也迅速发展起来，并由此而带动了我国自然资源科学一批分支学科的形成和发展，如土地资源、农业气候、森林生态、工业资源经济、农业资源经济、能源经济以及资源信息等学科。自然资源科学的萌生和发展，得到了国内、国际许多专家学者的支持和认可，国家科技部于 2000 年正式将资源科学列入我国科学技术发展规划。

近半个世纪的综合考察研究都是以单项性自然资源研究为基础、综合性自然资源研究为主题（即通过学科交叉，在吸取各单项自然资源研究成果精华的基础上，经多学科、大协作的综合分析研究，最终形成大综合的科考观点）的两个研究层次有机结合、相互反馈、具有相当完整的自然资源科学体系的研究群体，不仅出色地完成了历次科考任务，而且也促进了两个层次的学科发展。其中，需要特别指出的是：随着综合科学考察研究在深度与广度上的深入，日益丰富的科学基础资料积累和自然资源科学与相关学科理论的不断深化，衍生与发展了一大批分支学科和边缘学科，如盐湖、冰川、冻土、沙漠、黄土、水土保持、高原湖泊、高山生理、高山病理、水文、地热、地球物理、地球化学、航空航天遥感技术等许多新兴学科和边缘学科。同时，在科考的基础上，一些相关的研究机构也陆续建立起来，如盐湖研究所、冰川冻土研究所、沙漠研究所、水土保持研究所、遥感应用研究所、能源研究所等，部分地理研究所也根据研究对象和学科主体的定位而相继改名为湖泊（南京）、沼泽（长春）、山地灾害（成都）等研究所，专门承担相应的研究课题。这些学科在地学、生物学以及经济学等领域内所显现的欣欣向荣、蓬勃发展的大好局面，充分体现了自然资源综合科学考察"以任务带学科"方针的重大意义。

2000 年，在国家自然科学基金委主持完成的《全国基础研究"十五"计划和 2010 年远景规划》中，把资源环境科学列为 18 个基础学科中的一个独立的科学领域，下列资源科学与技术、环境科学与工程、资源与环境管理等 3 个一级学科，在资源科学与技术学科下设自然资源、资源生态、资源经济和资源工程技术等 4 个二级学科。

　　2000 年前后，我国资源科技工作者在总结区域自然资源综合考察与资源科学综合研究成果的基础上，完成了促进资源科学形成与发展的四项标志性成果（图 5-7）：1995 年完成了 42 卷本的《中国自然资源丛书》的出版，2000 年正式出版 240 万字的《中国资源科学百科全书》，2006 年 80 万字的《资源科学》专著出版发行，2008 年出版了含有 3339 条专业技术名词的《资源科学技术名词》。这四项综合性、标志性成果的出版发行，无疑为我国资源科学的发展与完善奠定了坚实的科学基础。

图 5-7　中国资源科学初步形成的四部标志性著作

　　（一）1992 年开始编撰、1995 年陆续出版《中国自然资源丛书》

　　1995 年出版的 42 卷本《中国自然资源丛书》是我国有史以来最系统、最全面、最深入地反映我国资源开发、利用、保护与管理的巨型著作[18]。丛书编委会由 51 人组成，房维中任主任，刘江、孙鸿烈、方磊、沈龙海任副主任。《中国自然资源丛书》由地区卷、部门卷和综合卷 3 部分组成：地区卷包括每个省（区、市）各一卷共 30 卷（重庆市包括在四川），主要阐述了区域资源分布、资源特点和资源态势，在资源区划的基础上开展了区域资源综合评价，并阐明了区域资源开发利用方向；部门卷包括水、土地、气候、矿产、森林、草地、内陆水产、野生动植物、能源、海洋和旅游资源 11 卷，重点论述各项资源的数量、质量、分布和开发潜力，探讨了资源合理开发利用和保护途径与措施；综合卷分别从全国、重点地区和资源分区的角度，系统研究了中国的资源特点及其开发利用问题。《中国自然资源丛书》把单项资源研究和区域资源评价相结合、全国宏观研究和典型区域综合相结合阐明了中国单项资源和区域资源的特点及其开发利用方向，为中国区域资源学和部门资源学的发展与完善奠定了科学基础。

　　（二）1996 年开始编撰、2000 年正式出版《中国资源科学百科全书》

　　2000 年出版的 240 万字的《中国资源科学百科全书》，第一次从综合资源学到部门资源学，系统阐述了资源科学的基本概念、研究内容和方法论、科学体系和学科分异，为资源科学的发展和完善奠定了科学基础[19]。全书编委会由 41 人组成，主任由孙鸿烈担任，石玉林、赵士洞、张巧玲、沈龙海担任副主任。《中国资源科学百科全书》明确指出，资源科学是自然科学、社会科学和工程技术科学相互交叉、相互渗透、相互结合的新学科发展领域。资源科学的主要分支学科按其研究对象和研究内容的差异，划分为综合资源学和部门资源学。前者较为成熟的分支学科主要有资源地理学、资源生态学、资源经济学、资源管理学和资源法学等；后者较为完善的分支学科主要包括气候资源学、生物资源学、水资源学、土地资源学、矿产资源学、海洋资源学、旅游资源学和能源学等。《中国资源科学百科全书》的出版发行，标志着中国由综合（基础）资源学、部门（应用）资源学和区域资源学等若干分支学科构成的资源科学体系基本形成[20]。

（三）2003年开始编写、2006年正式出版《资源科学》专著

图 5-8　石玉林（1936—）

2006年出版的80万字的《资源科学》专著，以《中国自然科学百科全书》为基础，进一步系统阐述了资源科学及16个主要分支学科的科学地位、研究对象、研究任务、理论基础、学科体系，以及研究热点与前沿问题，是一部比较全面、系统的资源科学理论著作[8]。专著编委会由21人组成，编委会主任由石玉林担任（图5-8），陈传友、何贤杰、容洞谷、沈长江担任副主任。《资源科学》共包括3篇21章：第一篇总论是对资源科学的综述，主要阐明资源科学的研究对象与研究内容、理论基础与方法论、资源分类与学科体系、发展历史与前沿问题等；第二篇基础资源学，阐述了包括资源地学、资源生态学、资源经济学、资源信息学、资源法学和资源管理学等6门分支学科的科学定义、研究内容、理论基础与发展前景；第三篇部门资源学，主要是自然资源和以自然资源为基础的10门分支学科，内容包括学科地位与研究对象、理论基础与研究内容、研究现状与发展趋势等。

（四）2002年开始编写、2008年正式出版《资源科学技术名词》

自然资源学会于2002年成立了"资源科学技术名词审定委员会"，着手开展界定资源科学术语和资源科学概念的工作，并于2008年10月向全国颁布了由科学出版社出版的《资源科学技术名词》。名称审定委员会由48人组成，主任由孙鸿烈担任，石玉林等担任副主任。《资源科学技术名词》主要包括资源科学总论、资源经济学、资源生态学、资源地学、资源管理学、资源信息学、资源法学、气候资源学、植物资源学、草地资源学、森林资源学、天然药物资源学、动物资源学、土地资源学、水资源学、矿产资源学、海洋资源学、能源资源学、旅游资源学、区域资源学、人力资源学等21部分，共3339条[21]。科学厘定了包括6个综合性学科和14个部门性学科的资源科学技术名词，每条名词都给出了定义或注释，是科研、教学、生产、经营以及新闻出版社等部分应遵守使用的资源科学技术规范名词。统一资源科学名词术语，对资源科学研究和学科理论的发展、传播与普及都具有重要意义，标志着资源科学体系的进一步发展与完善[14]。

从2000年到2008年，上述四部专著问世标志着中国由综合（基础）资源学、部门（应用）资源学和区域资源学等若干分支学科构成的资源科学体系基本形成。资源科学研究以其固有的综合性和整体性特点，在一系列新技术、新方法的武装下，以崭新的姿态展现在现代科学的舞台上，资源科学研究由此进入了一个快速发展时期。

2010年发布实施的中华人民共和国国家标准《学科分类与代码》（GT/B13745-2009）首次将"610，环境科学技术及资源科学技术"列为62个一级学科或学科群之一，并明确指出"属综合学科，列在自然科学与社会科学之间"。"61050，资源科学技术"列为676个二级学科之一，明确包括资源管理。资源科学由此正式进入了国家学科分类体系。

三、科学基础性工作专项科学考察研究（2001—2015 年）

鉴于中国基础数据还相当薄弱，2001 年科技部启动"科技基础性工作专项"，明确科技基础性工作是指对基本科学数据、资料和相关信息进行系统的考察、采集、鉴定，并进行评价和综合分析，以探求基本规律，推动这些科学资料的流动与使用的工作。近年来，科技基础性工作专项特别支持科学考察与调查、志书编研与立典、标准物质与规范等领域，科技基础性工作不断加强，综合科学考察进一步规范。

"科技基础性工作专项"启动以来，先后组织了多项专项综合考察。2005—2006 年，水利部、中国科学院、中国工程院共同组织国内水土保持生态建设及其他相关领域跨行业跨学科的著名专家、学者，联合开展了"中国水土流失与生态安全综合科学考察"。本次考察在近 3 年的时间里，共有 86 个科研院所以及各流域机构、各省（区、市）、地、县水利部门的 800 多名工程技术人员参加。考察在摸清我国水土流失状况、总结我国水土流失防治经验的基础上提出了水土流失防治对策及建议[22]。

2004—2008 年，中科院地理资源所组织本所资源科学研究中心的科研人员，开展了以国家资源安全为主题的专项研究，对该所十余年来在资源安全领域所做的工作进行了系统总结，完成《中国资源报告——新时期中国资源安全透视》的编写。该报告系统界定了资源安全及其基本特征，分析了中国资源安全的环境和影响因素，构建了定量评价国家资源安全的指标体系，对中国水资源、土地资源、能源资源、矿产资源和生物资源安全态势及其影响因素进行了重点分析，进而从生态安全和环境安全视角透视了它们与资源安全的共轭关系，并从"资源流"角度探讨了资源贸易和资源节约与资源安全的关系，提出了增进国家资源安全保障能力的基本途径，以及建立健全国家资源安全保障体系和制度的对策建议[23]。

2008—2012 年，以中方科学家主导，联合俄罗斯、蒙古科学家，共有 30 多个中外单位，170 多位科学家开展了"中国北方及其毗邻地区综合科学考察"。此次考察首次对中国北方及俄罗斯和蒙古国中高纬度地区进行了多学科、多尺度、大范围型综合科学考察，考察范围涉及中国北方及俄罗斯西伯利亚、贝加尔湖地区、勒拿河流域及北冰洋沿岸、远东和太平洋沿岸等我国科学家过去难以到达的高纬度和北极地区。开创了中国对俄蒙中高纬度地区的国际综合科学考察，延续了中断多年的中苏科学考察，填补了中国近几十年在该地区的资料空白[24]，标志着中国跨国资源、环境与社会经济综合科学考察工作迈出了坚实的一步。

2009—2013 年，中国科学院地理科学与资源研究所主持开展了"澜沧江中下游与大香格里拉地区综合科学考察"。该项目是我国首次在流域尺度上开展的多学科、多尺度、大范围的综合科学考察，范围涉及中国西南地区与中南半岛毗邻地区，接续了中断数十年的中国西南科学考察，有力地推动了新时期中国综合科学考察工作。此次考察在综合集成多学科、多尺度、多源科学数据的基础上，揭示了澜沧江流域与大香格里拉地区的自然资源、生态环境和社会经济梯度变化规律。评估了气候变化及水电开发、矿产资源开发、产业发展等人类活动对区域水土资源、生态环境、生态系统服务功能、人居环境的影响以及山地灾害的敏感性，提出了区域内需要进一步深入研究的若干科学问题。

目前，中国科学院正在组织的综合科学考察有"青藏高原资料匮乏区综合科学考察""藏东南动物资源综合考察和重要类群资源评估""武陵山生物多样性综合考察"等，中国的科学考察与调查工作再次步入规范化、程序化轨道。

参考文献

[1] 孙鸿烈. 中国自然资源综合科学考察与研究［M］. 北京：商务印书馆，2007.

[2] 竺可桢. 十年来的综合考察［J］. 科学通报，1959，10（14）：437–441.

[3] 刘成武，黄利民，等. 资源科学概论［M］. 北京：科学出版社，2004.

[4] 张九辰著. 自然资源综合考察委员会研究［M］. 北京：科学出版社，2013.

[5] 中国科学院、国家计划委员会自然资源综合考察委员会. 回顾过去，展望未来［J］. 自然资源，1986（3）：1–10.

[6] 中国科学院编译出版委员会. 十年来的中国科学综合考察（1949–1959）［M］. 北京：科学出版社，1959.

[7] 李文彦. 经济地理研究拾零与经历回顾［M］. 北京：气象出版社，2008.

[8] 石玉林. 资源科学［M］. 北京：高等教育出版社，2006.

[9] 孙鸿烈. 纪念我国自然资源综合考察事业的奠基人—竺可桢［J］. 中国科学院院刊，1990（1）：75–77.

[10] 竺可桢，钱崇澍，秉志，等. 关于自然资源破坏情况及今后加强合理利用与保护的意见［J］. 科技导报，1993（5）：48–51.

[11] 孙鸿烈，李文华，章铭陶，等. 青藏高原综合科学考察［J］. 自然资源，1986，8（3）：22–30.

[12] 孙鸿烈，成升魁，封志明. 60年来的资源科学：从自然资源综合考察到资源科学综合研究［J］. 自然资源学报，2010，25（90）：1414–1423.

[13] 李家永，王立新，耿艳辉，等. 从《自然资源》到《资源科学》：资源类科技期刊发展的一个例证—纪念中国自然资源学会成立30周年［J］. 资源科学，2013，35（9）：1729–1740.

[14] 沈镭. 三十年来中国自然资源学会的发展与展望［J］. 自然资源学报，2013，28（9）：1464–1478.

[15] 康庆禹，等. 中国区域开发研究［M］. 北京：中国科学技术出版社，1995.

[16] 陆亚洲. 中国区域持续发展研究［M］. 北京：气象出版社，1997.

[17] 陆大道. 中国可持续发展研究［M］. 北京：气象出版社，2000.

[18] 中国自然资源丛书编委会. 中国自然资源丛书［M］. 北京：中国环境科学出版社，1995.

[19] 孙鸿烈. 中国资源科学百科全书［M］. 北京：中国大百科全书出版社，2000.

[20] 陈传友，赵振英.《中国资源科学百科全书》问世［J］. 自然资源学报，2000（2）：137.

[21] 资源科学技术名词审定委员会. 资源科学技术名词［M］. 北京：科学出版社，2008.

[22] 鄂竟平. 中国水土流失与生态安全综合科学考察总结报告［J］. 中国水土保持，2008（12）：3–7.

[23] 谷树忠，成升魁，等. 中国资源报告——新时期中国资源安全透视［M］. 北京：商务印书馆，2010.

[24] 中国科学院地理科学与资源研究所.《中国北方及其毗邻地区综合科学考察》为"一带一路"战略提供坚实科技支撑［J］. 环境与可持续发展，2015（1）：191–193.

第六章 现代资源科学理论体系的形成与发展

第二次世界大战以后，随着社会生产力的飞速发展和科学技术水平的不断提高，人类认识自然、改造自然的能力大大增强。在审视人与自然相互关系的历程中，人类对资源的认识也不断深入。许多专家学者从各个领域对资源的合理利用和资源科学的产生及发展进行了卓有成效的科学研究，特别是前述中国大规模长时序的资源综合科学考察研究，对我国资源科学及其分支学科的形成与发展发挥了独特的历史性带动与助推作用。这些作用的价值主要体现在为把资源作为独立研究对象提供了历史机遇和实证研究平台，在继承各传统学科的理论与方法的基础上，促进了资源学科有关的理论与方法的孕育和形成，逐渐形成了资源科学的学科体系与学科特点，并初步形成了资源综合研究的一系列研究方法。

第一节 自然资源概念及其分类逐步深化发展

一般认为，资源科学研究的实体对象是自然资源，而自然资源这个生产和生活中经常出现的概念是随着人们的需求、科学技术的进步和人们所做的选择而不断变化的。自然资源作为基本的科学概念逐步形成并被提出是在 20 世纪 70 年代，并在之后不断得到发展和完善。根据不同的学科背景和研究目的，目前学术界对自然资源研究的角度、方法和侧重点存在很大区别，研究自然资源的方向主要是经济、地理和生态学三大学科[1]。

一、自然资源概念日益深化

地理学家金梅曼（Zimmermann）较早给自然资源下了较完备定义，至今仍得到广泛认同。他 1933 年在《世界资源与产业》一书中指出[2]，环境或其某些部分，只有它们能（或被认为能）满足人类的需要时，才是自然资源。自然禀赋，或称之为环境禀赋，在能够被人类感知到其存在、认识到能用来满足人类的某些需求、并发展出利用方法之前，它们仅仅是"中性材料"。他解释道：譬如煤，如果人们不需要它或者没有能力利用它，那么它就不是自然资源。金梅曼从自然资源的主客观价值的角度对自然资源作了一个笼统的定义，按照这种观点，资源这一概念是主观的、相对的与功能性的，也就是人类中心主义的。

《辞海》一书把自然资源定义为"天然存在的自然物，不包括人类加工制造的原料，如土地资源、水利资源、生物资源和海洋资源等，是生产的原料来源和布局场所"[3]。这个定义强调了自然资源的天然性，也指出了空间（场所）也是自然资源。

《英国大百科全书》中把自然资源定义为："人类可以利用的自然生成物以及作为这些成分之源泉的环境的功能。前者如土地、水、大气、岩石、矿物、生物及其群集的森林、草场、矿藏、陆地、海洋等；后者如太阳能，环境的地球物理功能（气象、海洋现象、水文地理现象），环境的生态学功能（植物的光合作用、生物的食物链、微生物的腐蚀分解作用等），地球化学的循环功能（地热现象、化石燃料、非金属矿物生成作用等）"（图6-1）。[①]

随着社会生产力的提高和科学技术的发展，自然资源的经济价值逐渐被人们所发现，人类开发利用自然资源的广度和深度不断增加。突出经济价值则成为对其定义的新角度。1970年联合国出版的有关文献中指出："人在其自然环境中发现的各种成分，只要它能以任何方式为人类提供福利的都属于自然资源。从广义来说，自然资源包括全球范围内的一切要素，它既包括过去进化阶段中的无生命的物理成分，如矿物，又包括其他如植物、动物、景观要素、地形、水、空气、土壤和化石资源，后者是我们这个星球的进化的产物。"

1972年，联合国环境规划署（UNEP）强调："所谓资源，是指在一定的时间条件下，能够产生经济价值以提高人类当前和未来福利的自然环境因素的总称。"尽管资源的概念不尽相同，但它的进一步泛化和通用化为以资源或资源利用为核心的资源科学的诞生，奠定了最基本的概念框架。

德国经济地理学家认为，任何产品、东西和环境，当掌握其生产、加工过程和使用时，它们就具有价值。这些产品、东西和环境就是资源，其中包括任何能为经济活动服务或能为

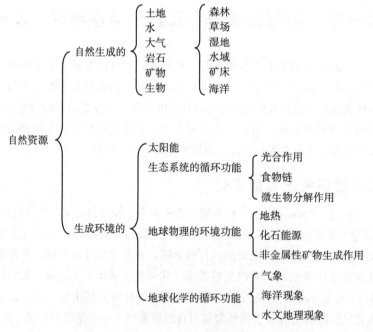

图6-1 《英国大百科全书》的自然资源系统

① 孙鸿烈：《中国资源科学百科全书》[M]。北京：中国大百科全书出版社，2000年，第2页。

每个实体提供生存条件的东西。他们提出，自然资源是指自然界以某种可估计形态存在的可使用的，诸如空气、气候、土壤、植物、动物、矿物以及可供旅游使用的某种环境等。

世界各国对自然资源的概念亦向广度和深度发展，如海洋的传统资源是鱼类，而现在范围扩大了，它还包括石油、能源和金属矿藏，甚至是作为交通运输和处理废物的场所。又如，随着航天事业的发展和人类对宇宙的探索研究，地球外的资源将被人们认识和利用，而且空间资源的概念也日趋成熟。总之，自然资源的概念是随着人们的需求、科学技术的进步和人们所作选择而不断变化的。

20世纪80年代中期，经过对自然资源的长期研究，中国部分学者对于自然资源的定义是："自然资源是指存在于自然界中能被人类利用或在一定技术、经济和社会条件下能被利用来作为生产、生活原材料的物质、能量的来源。或在现有生产力发展水平和研究条件下，为了满足人类的生产和生活需要而被利用的自然物质和能量"[4]。

2000年，《中国资源科学百科全书》给出的定义是"自然资源是人类可以利用的、自然生成的物质与能量。它是人类生存与发展的物质基础。"自然资源主要包括土地、水、矿产、生物、气候和海洋6大资源，自然资源的概念是随时间变化的，具有动态特征[5]。

从自然资源概念的发展过程来看，不能否认自然资源是由一系列基本单元和不同层片构成的一个极其复杂的多维结构网络体，它以一定的质和量分布在一定地域，且按一定规律在四维时空内发展变化的。

二、自然资源分类逐步发展

分类是人们认识客观世界复杂事物的基本手段。人们为了认识资源及利用资源，就要按资源的特点和性质进行资源分类。由于自然资源实体种类繁多，目前尚无统一的自然分类系统，可以从各种角度、根据多种目的来分类。

（一）自然资源的单一分类

人们对客观存在的自然资源的认识，是一个由简而繁，由浅入深逐渐发展的过程。伴随科学技术的发展，人们开发利用自然物再创造出各种新的资源，使资源种类不断丰富。由于人们对自然资源开发利用的出发点或目的不同，使用的分类方法也多种多样，这些方法多是从不同的角度出发，为说明自然资源某一方面的特征而进行的单一分类。

中国的《辞海》从地理学的角度，将自然资源区分为"土地、矿藏、气候、水利、生物与海洋等资源，但不包括那些由人类加工制成的原材料"[3]。《中国大百科全书·地理学》的"资源地理"条目中做了类似表述。1984版的《简明不列颠百科全书》称"自然资源在传统上分为可更新及不可更新两类，前者指森林、粮食、饲料、木材、鱼、禽、牲畜及野生动物等生物资源，后者指无生命的矿产与燃料等资源"[7]。《中国大百科全书·经济学》中将自然资源按存在形式和恢复条件进行分类[8]。《中国自然资源丛书》将自然资源划分为土地资源、水资源、气候资源、生物资源、矿藏资源和旅游资源。《中国自然资源手册》将自然资源分为土地资源、森林资源、草地资源、水资源、气候资源、其他生物资源、矿产资源、海洋资源和能源资源[9]。刘学敏等在《资源经济学》一书中将自然资源作了以下分类：（1）按其在地球上存在的层位，可划分为地表资源和地下资源。前者指分布于地球表面及空间的土地、地表水、生物和气候等资源，后者指埋藏在地下的矿产、地热和地下水等资源；（2）按自然资源的利用程度和能否再生，可划分为可再生资源和不可再生资源。可再生资源亦称为"非耗竭性资源"，指可以在一定程度上循环利用且可以更新的水体、气候、生物等资源；不可再生资源亦称为"耗竭性资源"，是指储量有限且在人类时间尺度上不可更新的矿产等资源；（3）按自然资源数量及质量的稳定程度，可分为恒定资源和亚恒定资源。恒定资源是指数量和质量在较长时期内基本稳定的资源，如太阳能、潮汐能、原子能等；亚恒定资源是指数量和质量经常变化的资源，如风能、降水等[10]。

此外，常见的自然资源分类还有：①按资源的用途，可划分出农业资源、工业资源、旅游休憩资源等，或生产资源与生活资源；②按资源数量多寡，可划分为无限资源与有限资源，前者如光、空气等，后者如水、森林、矿物等；③按资源存在与发展中是否有生命运动来划分，可划分为生物资源与非生物资源；④按资源的物质形态，可分出可流动的资源、固定性资源；⑤按资源作用的软、硬不同划分出"软"资源与"硬"资源等。

总之，由于自然资源的种类和用途的多种多样，以及人们利用自然资源目的的差别，就形成了各种各样的资源分类方法，以指导人们对自然资源进行开发利用，也正是由于目的各异的资源分类，往往难以避免引导人们在开发利用资源和对资源进行管理方面出现矛盾，例如，对土地与水的分割管理，造成对资源的无序和滥用，致使资源退化、恶化，甚至造成危害人类的自然灾害[11]。

（二）自然资源的多级分类

如前所述，对多种多样的资源分类，其依据是随人们认识资源和利用资源目的不同而转移的。随着历史的发展与生产技术的进步，人们对自然资源的认识不断深化，自然资源分类正逐渐由单一特征分类，走向更为强调系统性和整体性的多级分类。

1964 年版的《不列颠百科全书》[12]第 16 卷"自然资源"条目中，将自然资源首先划分为土壤、植被、动物、水、矿物、战略资源和大气（1973 年版改用"气候"）7 大类，每大类中又细分为若干从属于该类的具体资源，如：将植被划分为有草地、草原、荒漠、森林，在森林植被下面，又可细分出热带雨林、热带混交林、落叶阔叶林、针叶林、旱生林（dry forest）、热带旱生林（thorn forest）、硬叶灌丛（sclerophyll brushland）。此种多级分类取代单一直接分类，应该是资源分类学发展中的一大进步。

1971 年出版的"Natural Resource Conservation"[13]第 1 版中，对自然资源提出了三级与四级的分类。第一级将所有自然资源划分为"枯竭性"（exhaustible）和"非枯竭性"（inexhaustible）资源两大类。第二级在"枯竭性"资源中，又分出"可维持的"（maintainable）与"不可维持的"（nonmaimtainahle）两类二级资源。在"非枯竭性资源"中分出的第三级资源分别是"不变的"（immutable）与"会被滥用或误用的"（misusable）两类。在"不变的"资源中，作者列出的资源实体有原子能、风能、降水、潮汐能等。在"会被滥用或误用"的资源中，列出了太阳能，大气，海洋、湖泊与河流的水资源，水能及自然美景等。在"枯竭性""能维持"的自然资源中，还可分出两类第四级资源，即"可更新"（Renewable）与"不可更新"（nonrenewable）两类。

到 1985 年，"Natural Resource Conservation"[14]第 4 版对自然资源分类的级别层次做了明显的简化，并加强了资源分类的逻辑性，使多种资源实体间的逻辑关系得到增强。其第一级分类的依据是资源的耗竭性；第二级分类的依据则是资源的可更新性；第三级的依据是资源的属性，然后才划分到各资源实体。

　　2002 年，"*Natural Resource Conservation*"[15]第 8 版基于 1985 年第 4 版自然资源分类的逻辑思维，划分出两大类的第一级资源，即可更新资源与不可更新资源，在第二级资源的"可更新资源"中包含了六项资源：肥沃的土壤、土地的产品、江河湖海的产品、地表水与地下水、生态系统、能源。在每一个二级资源下面，才落实到各种资源的实体。这种分类方法虽然在资源实体的内容与逻辑关系上较为混乱，但是这种多级分类的方法应是资源分类学的又一个进步，使各种资源的分类跳出了传统学科的分类，进入了统一的资源分类系统。在资源概念的基础上，使各种自然资源得以融入到统一的资源体系之中，这才有可能使各传统学科中有关资源的学科内容逐步综合到资源科学的学科体系之中。

　　中国学者关于自然资源分类的研究最早可见于李文华（图 6-2）和沈长江[4]在 1983 年中国自然资源研究会成立大会与第一次学术讨论会上提出的自然资源多级分类（图 6-3）。这个分类系统是在 *Natural Resource Conservation* 著作第 3 版的基础上做了一些简化，并根据中国实际又作了一些补充后提出的，至今在国内仍然较为广泛地被参考使用。

图 6-2　李文华（1932—）

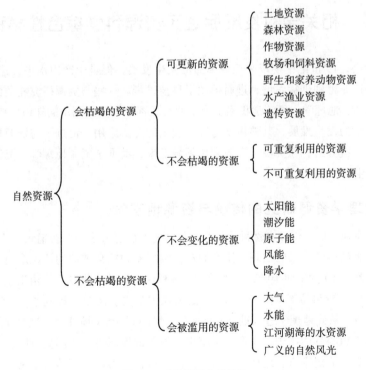

图 6-3　自然资源分类系统

2000 年，由中国大百科全书出版社与石油大学出版社出版的《中国资源科学百科全书》上册列出的"自然资源分类"条目，就是利用多级综合分类方法，对所有的自然资源进行了三级分类[5]。其一级资源包括陆地自然资源系列和海洋自然资源系列，陆地自然资源系列有土地资源、水资源、气候资源、生物资源、矿产资源。海洋生物资源、海洋水资源、海洋气候资源、海洋矿产资源与海底资源等则隶属于海洋自然资源系列。以上这些多级分类主要是依据各种自然资源的属性，并根据属性之间的相互关系形成的。

对于认识各类自然资源在资源属性上的异同很有帮助。这可以避免孤立地认识自然资源，同时也可避免因忽视不同类别自然资源属性的相似性，而采取相互矛盾的开发利用决策。因此，这种多级分类自 20 世纪 80 年代初提出以后，在全国得到了较广泛的应用。但该分类的不足之处，是在一级、二级、三级的资源属性上，还不能十分明确地界定。例如水资源与可更新资源间的关系，在资源属性的界定上尚混淆不清。又如能重复利用的资源与可更新资源的界线也难于准确地界定，例如土地资源是一种复合资源，是由土壤及在土壤中存在的多种生物资源构成，按其属性是可更新的或是可重复利用的，但很不易界定。这种多级分类较单一分类的另一好处，是可以将几乎彼此决然无关的自然物，例如昆虫与铁矿石、鱼虾与松柏与原子能等，彼此在属性与形态上是决然地不同，但一旦赋予资源的概念，纳入资源的范畴，将它们归入资源体系后，就可以发现它们之间存在的内在联系。也就是说，使它们从各自某一学科的分类，进入一个新的分类领域，即自然资源的分类，成为有关的资源实体。但此种多级分类的不足是还没能将资源各种属性与各自然物实体的关系表达得更为确切，所以还存在分类位置混乱的问题[11]。

第二节　相关学科发展促进了资源科学综合性学科形成

在西方社会，19 世纪中期以来工业革命的发生发展，促进生产力水平飞速提高。挖煤、采油、开矿等产业得到迅猛发展，进而推动了科技进步。一些与资源研究相关的学科，诸如生物学、地质学、地理学、经济学积累了丰富的有关资源与资源利用的知识。特别是 19 世纪中叶以来生态学的发生发展，其整体观与综合理论的广泛应用，促进了与资源科学有关的各学科与其母体日益分野，在资源与资源利用领域汇聚，助推了资源地理学、资源经济学与资源生态学的诞生。

一、地理学资源研究的传统与资源地理学

在地理大发现之后，许多自然科学与社会科学的发展进入了一个新纪元。从 17 世纪到 19 世纪，一些重大的科学成果的出现，使人们对自然现象和社会现象的认识走向了精确解释和公式化道路。到了 19 世纪前半叶，地理学在各种科学的影响和带动下，由洪堡和李特尔两位大师完成了被詹姆斯和马丁（G. Martin）称之为地理学史上两个阶段的"一个终结和一个开始"的巨大转折。从此地理学进入近代发展阶段。《宇宙》和《地球学》这两部划时代的巨著是他们地理学思想的具体体现。洪堡的《宇宙，物质世界概述》这部空前巨著，忠实反映了他的地理学思想。他把宇宙、地球、山脉、河流、植物、动物、人类描述成一个逐渐发展的

有机体，各部分构成一个普遍联系、和谐统一的宇宙图像，他对特定的自然要素（自然资源）如植物、动物、土壤、气候进行研究时，首先将其作为一个不可侵害的整体去分析，注重它们与周围环境的关系。他的整体思想不仅使人类对自然的认识有了巨大拓展，奠定了自然地理学思想基础，而更为重要的是它同时也深化了人类对自然资源的认识，为自然资源地理学的形成与发展奠定了坚实的思想基础。早在1923年，自然资源保护论者莱奥波尔德（A. Humboldt）把自然当作一个有机的整体来看待，提出"大地共同体"概念。他认为"至少把土壤、高山、河流、大气圈等地球的各个组成部分，看成地球的各个器官、器官的零部件或动作协调的器官整体，其中每一部分都有确定的功能"莱奥波尔德的《大地伦理学》为西方当代资源与环境观提供了一个坚实的哲学和科学基础 ①。

20世纪初期主要从满足人类生产和生活需求出发，进行了大量的"应用地理"研究工作，着重探讨自然资源的开发利用与不良因素控制，以资源调查、分类区划和规划制图为主要内容。较为突出的有20年代美国开展的小区域土地利用研究，30年代开始的全英大比例尺土地利用调查与制图，以及20、30年代的世界森林资源调查与统计工作。主要著作有与农业自然资源密切相关的《世界农业地理》（V.C.Finch & O.E.Baker，1917）和矿产资源为核心的《世界资源与工业》（E.W.Zimmerman，1931）。

资源地理学作为一门独立学科，是在第二次世界大战之后，基于军事和经济规划的需要而逐步形成的。欧美40年代起已有资源地理研究，并在大学设置资源地理与区划课程。1960年苏联出版的《简明地理百科全书》首次刊载"资源地理学"条目，指出资源地理学的任务是研究自然资源综合体的发展、布局与利用问题，而不应局限于单一资源的孤立研究。明茨（A. A. Mints）1972年出版了自然资源的经济评价——评价利用效益方面地理差异的科学方法论问题，系统阐述了矿产、木、土地和水资源的评价原则，强调自然资源评价必须把地理观点与经济观点相结合。70年代出版的两本关于资源地理学的专著令人瞩目，这便是莱基的《地理学与资源》（Negi，1971）和布鲁斯·米切尔的《地理学与资源分析》（Bruce Mitchell，1979）。特别是后者，1989年再版可见影响之大。印度地理学家拉马什（Ramesh）在1984年编辑出版的一本书，是目前唯一以"资源地理学"（Resources Geography）名称出版的专著。他认为资源地理学可以阐明资源利用中的人地关系，高瞻环境危机、揭示保护资源潜力的重要意义，并能运用资源评价理论完成不同尺度的自然资源利用规划。在该书的前言中，他概括出资源地理学的八大内容：①资源分类；②资源评价；③资源利用；④资源评估的技术；⑤资源开发；⑥资源开发过程的空间不平衡；⑦过度利用及环境后果；⑧资源保护和管理。全书分为三大部分：①资源和开发；②资源评价方法和技术；③资源管理和保护。全书主要论述印度地理学家对资源研究的贡献，更像是一本区域资源地理学著作。

在国内，50年代后期开展了资源地理学的研究，1982年之前的区域资源调查与综合考察工作多在此列。1984年出版、李旭旦主编的中国大百科全书《人文地理学》单行本，列有"资源地理学"条目及相关辞条，认为它既是经济地理学的一个分支，也是介于自然地理学与经济地理学之间的边缘学科[2]；1990年出版、黄秉维主编的《中国大百科全书·地理学》，仅列有"资源地理"这个条目，并将其归为经济地理学的一个分支[4]；同年出版、左大康主编

---

① 叶平：《生态伦理学》。长春：东北林业大学出版社，1994年，第76页。

的《现代地理学辞典》，列有"资源地理学"条目[3]，并秉承了上述观点。

二、土地资源研究、土地经济学与资源经济学

19世纪到20世纪中叶，尽管西方国家由农本而重商，但是在各项资源中，最先被重视和研究的仍然是土地资源。重农学派重视自然资源的稀缺性，强调它是经济发展的最终制约因素。马尔萨斯、李嘉图等人以悲观的论点看待自然资源问题，强调自然资源稀缺的绝对性和报酬递减规律的作用，从而夸大了人口增加与生活资料增长间关系的重要性。英国资产阶级古典政治经济学创始人威谦·配第（W. Petty）从劳动价值论的观点出发，指出"土地为财富之母，而劳动则为财富之父"。虽然上述观点各有所短，但是不可否认，他们已认识了人与土地等资源之间的关系，人的作用与保护资源的思想已有了发展。

马克思在《资本论》中指出："为了全面起见，还必须指出，在这里，只要水流等等有一个所有者，是土地的附属物，我们也把它作为土地来解释。"[17]同时，马克思还科学地揭示了土地价格的真实含义、计算公式及土地价格的变动因素与变化趋势等一系列问题。这不仅为他的土地经济学增添了新的内容，使之更加完善与严谨，也是资源经济学的重大进展。资产阶级土地经济学的创始人马歇尔把土地视为"大自然为了帮助人类，在陆地、海上、空气、光和热各方面所给予的物质和能力"。20世纪20年代美国的伊利（R. T. Ely）和莫尔斯（E. W. Morehouse）合写的《土地经济学原理》对土地的定义继承了马歇尔的观点，认为："土地一词的涵义，就经济学术语来讲，不限于土地的表面，它包括一切自然资源—森林、矿产、水等在内"[18]，其后，伊利又和韦尔万（G. S. Wehrwein）1940年合著《土地经济学》，他们把土地作为自然资源综合体，为资源经济学的建立提供了统一的研究对象，正是土地经济学催生了资源经济学的发生与发展。霍德林（H. Hotelling）在1931年发表了题为《耗竭性资源经济学》，提出了资源保护和稀缺资源的分配问题，为资源经济学的发展和完善创造了条件。1958年，巴洛维（R. Barlowe）的《土地资源经济学》，完成了传统土地经济学和资源经济学相联系的开创性工作。

资源经济学是在第二次世界大战后由土地经济学扩展起来的新学科。20世纪70年代末80年代初，随着生态保护主义思想的泛起和资源有限论的确立，资源经济学研究进入了一个辉煌时期。1976年邦克斯（Banks）出版了《自然资源经济学》，之后，《经济学理论与耗竭性资源》（Dasgupta，1978）、《自然资源经济学——问题、分析与政策》（C. W. Howe，1979）、《资源经济学——从经济角度对自然资源和环境政策的探讨》（Alan Randall，1981）、《经济学和环境政策》（Butlin，1981）和《自然资源经济学》（Daniel，1986）等一系列著作问世，西方许多国家的大学里相继组建了资源经济专业或开设有关资源经济课程，C. W. 郝的《自然资源经济学》（1984）和A. 兰德尔的《资源经济学》（1989）在80年代先后被介绍到中国。

随着资源经济的日益广泛深入，与之相关的资源利用和环境经济方面的著作大量涌现：《自然与环境资源经济学》（Smith，1979）、《环境与自然资源经济学》（Tom Tietenberg，1981）、《自然环境经济学》（Krutilla，1985）和《自然资源利用经济学》（Harwick，1986）相继出版。其中，泰坦伯格（Tom Tietenberg）的《环境与自然资源经济学》2000年出版了第五版，2003年出版了中文版。在英、美等国，资源经济研究已成为研究其社会经济体系功能的核心。在中国，仅20世纪80年代末90年代初，见诸文献的资源经济学著作就超过10本，资

源经济研究已成为资源科学研究的重要组成部分。

三、生物学、生态学研究与资源生态学

19世纪中叶以前，生物学还没有成为一门统一的科学，其各分支学科本身大都是事实的记载和知识的积累，尽管也有一些科学理论，但都是零星的，不完整的；而各分支学科之间彼此没有联系。当时的生物学在神创论和物种不变论的思想统治下，对生物学的一些根本问题做了唯心主义和形而上学的解释。当时的一些学者们认为，不同生物之间没有血缘的连续性，认为同一纲生物的统一性是上帝精心创造的结果。

19世纪60年代，达尔文提出了进化论的观点。他用历史的观点和方法武装了生物学，使生物学各分支学科（如植物学、动物学）成为彼此相互联系、相互印证的统一体系，它们有着共同的理论基础，即生物界发生、发展的规律性。这样，进化论使生物学走上了健康发展的道路，推进了生物学发生革命性变革，从而使生物学成为一门名副其实的科学。19世纪末，孟德尔利用分离与自由组合规律对遗传机制做了部分解答，1915年摩尔根等人阐明了染色体的遗传机制。所有这些发现，不仅推动了生物学的发展，也深化了人们对生物资源的认识。从而为人类掌握生物遗传规律、合理开发和利用生物资源打下了坚实的基础。

国内外大规模综合考察工作大大推动了资源科学的综合研究思想的发展，以生物圈、生态系统为基础的综合理论为资源生态学的综合研究起到了重要的指导作用。"生物圈"早在19世纪末就出现在奥地利地质学家休斯（E. Suess）的巨著《地球的面貌》中，直到1926年苏联维尔纳茨基（B. BepHancken）做了题为《生物圈》的演讲，才得到公认，成为食物生产、能源利用和资源开发所依赖的大系统概念。1896年，"生态学"一词首次出现，它主要以生物与其环境之间的相互关系及其作用机理为研究对象。1935年，英国生态学家坦斯利（Tansley）提出"生态系统"概念，明确地把有机体与它们生存的环境视为一个不可分割的自然整体，并引入热力学的能量循环思想对生态系统进行研究；英国学者林德曼（R. L. Lindeman）1942年发表"食物链"和"金字塔营养基"报告，提出"十分之一定律"，为研究人口、资源与环境的关系指出了新的综合方向。随着生态学的发生、发展，特别是它的生态系统观、结构与功能，以及生态平衡、物质循环与能量流动等理论在资源研究领域得到广泛应用，为20世纪60、70年代资源生态学的发生、发展奠定了基础。

20世纪60年代，随着环境运动在国际上的兴起，生态学观点、理论和研究成果在环境保护和资源管理工作中受到普遍重视，资源生态研究开始出现。这一时期见之于文献的有《生态系统的概念在自然资源管理中的应用》（Dyne，1961）和《生态学和资源管理》（Wall，1968）。20世纪70、80年代，随着资源生态研究日趋活跃，先后有《自然资源保护——一种生态学途径》（Owen，1971）、《自然资源生态学》（Simmons，1974）和《自然资源生态学》（Ramade，1984）等著作问世。其中，法国生态学和动物学教授拉马丹（F.Ramada）的《自然资源生态学》全面论述了自然资源与生态学的关系，提出了指导自然资源利用的生态学原则与相关规律，特别是物质、能量、时间、空间与多样性原则及其相互作用规律，为自然资源生态学的形成和发展奠定了理论基础。特别值得提出的是，美国学者O.S.欧文教授的《自然资源保护——一种生态学途径》从1971年初版，到他1995年去世已再版5次；由他的继承人D.D.查尔斯博士和J.P.里根诺尔修订的第8版——《自然资源保护——管理可持续的未来》

2002 年出版;《自然资源保护》前后 30 年、再次 7 版,该书的学术影响由此可见一斑。与此同时,农业生态学、畜牧生态学、草地生态学、森林生态学等生态学应用研究领域日见广泛,资源生态学研究更趋成熟。自然资源的整体性、系统性、资源的永续利用与自然保护,以及资源有限性等观点日益为人们所接受。

第三节 资源科学的学科体系与研究特点

当今科学发展的一个重要趋势是走向综合与交叉。为解决当代复杂而严峻的人口剧增、粮食紧张、资源短缺、环境退化和能源危机等一系列"全球性问题",许多学科彼此交叉、相互渗透,形成了一批交叉发展的新学科领域。资源科学就是其中的一个突出代表,它是在已基本形成体系的生物学、地学、经济学及其他应用科学的基础上继承与发展起来的,是自然科学、社会科学与工程技术科学相互结合、相互渗透、交叉发展的产物,是一门综合性很强的科学。资源科学是研究自然资源的形成、演化、质量特征与时空分布及其与人类社会发展之相互关系的科学。目的是为了更好地开发、利用、保护和管理资源,协调资源与人口、经济和环境之关系,促使其向有利于人类生存与发展的方向演进。

一、资源科学的研究对象与研究任务

(一)资源科学的研究对象

理论上讲,资源科学的研究对象是资源,它既包括自然资源,又包括社会资源;既包括全球资源,又包括特定国家或地区的资源;既包括现实资源,又包括潜在资源;既包括单项资源,又包括复合资源和一定地域的资源系统、资源生态系统和资源生态经济复合系统。但从社会科学与自然科学研究范式的差异性以及现实角度,资源科学目前研究的主要对象,则是作为人类生存与发展物质基础的自然资源及其与之开发利用密切相关的人力、资本、科技与教育等社会资源[19]。

在可预见的时期内,地球上的各种自然资源仍是人类开发利用的主体。地球结构最明显的特征,就是由一系列不同理化性质的物质圈层(大气圈、土壤圈、岩石圈、水圈、生物圈、人类圈等)所构成,每个圈层都有相应的资源:①大气圈主要由气态物质组成,包括部分液态水和固体颗粒。大气层,特别是大气对流层中的光照、热量、水分,甚至空气都是重要的气候资源,其中的太阳能、风能还是重要的新能源。②土壤圈主要由固体物质组成,包含部分气态、液态物质和生物。土壤圈的主体资源是土地资源,还包括一定的生物资源。③岩石圈主要由固体物质组成,包括部分液态、气态物质。岩石圈的主体资源是矿产资源和化石能源,还包括地下水资源。④水圈主要由液态水组成,还包括溶解和悬浮在水中的固体物质,以及部分气体和水生生物。水圈的水体资源是水资源、水能资源、淡水渔业资源和海洋资源等。⑤生物圈是具有生命活动的圈层,生物圈的主体资源是生物资源,包括动物、植物、微生物及其群集体森林、草场等。⑥人类圈则是人类以其特有的智慧和劳动,通过社会生产和生活的方方面面在对自然资源开发利用的过程中发展起来的一个新的圈层,也有人称之为智能圈或技术圈,其主体资源是人力、资本、科技与教育等社会资源。人类圈与其他几个由物质自然发展的圈层显著不同，人类虽然也由生物进化而来，但具有主动开发利用和保护管理自然的能力，特别是人力资源作为科学技术的载体，具有主观能动性。上述各地球圈层中的资源及与自然资源开发利用密切相关的社会资源就构成了现代资源科学特有的研究领域与范畴。

对于资源科学是否应该包括上述社会资源，学界目前仍有争论，尚未有一致的看法。但普遍的共识是研究自然资源必须考虑到社会经济条件，甚至制度与文化的因素，即自然科学与社会科学的综合。

（二）资源科学的研究任务

资源科学研究，在20世纪60年代之前，侧重于各个圈层的单项资源，特别是单项自然资源研究。尽管20世纪20—30年代就已有自然资源的整体观念，但把自然资源作为一个整体的综合性研究则是在60年代之后才得到应有重视[①]。作为一门自然科学、社会科学和工程技术科学相结合的综合性学科，资源科学不仅研究人类与资源、资源与资源、资源与环境之间的相互作用与关系，揭示社会经济发展与资源利用和环境保护之间协调发展的基本规律；而且研究资源的形成环境、资源化过程及资源分布的时空规律性，探讨资源的二次利用与替代途径；还研究资源开发利用过程中的物质循环与能量流动规律，探索它们对人类活动的影响与资源机理。就目前而言，资源科学的主要任务是：

1. 阐明自然资源的发生、演化及其时空分布规律

这是一项基础性工作，并且强调资源的整体功能。时间、空间与运动是无限的，物质与能量也是无限的，资源变异也随时随地发生。在人类改造自然的过程中，为使资源系统向有利于人类的方向发展，免于恶化，就必须了解资源系统的变化过程，包括自然资源属性、自然资源的数量与质量评价、自然资源的形成机理与演化形式、资源结构形式与演变机理和自然资源的地域分异规律等。

2. 探索自然资源各要素间的相互作用机制与平衡机理

诸如地表水与地下水的相互转换与平衡、水土资源的平衡、光温水等气候要素平衡、农林牧用地平衡、草畜平衡等平衡关系分析与资源系统各要素之间的关系探讨。

3. 揭示自然资源特征及其与人类社会发展的关系

人类社会、自然资源与地理环境构成了一个相互关联的"人地系统"，要协调人地关系，或者说人口、资源、环境与发展之间的关系，寻求持续发展的途径，必须从资源的数量与质量评价入手，分析人口与资源之间的平衡关系，研究不同时期自然资源的保证程度与开发潜力，如社会需求与资源供给的关系；分析资源与环境之间的平衡关系，即资源开发与再生、污染排放与环境容量的关系等。

4. 探索人类活动对自然资源系统的影响

人类自诞生起，就开始了对自然资源的开发利用，特别是在当今科技飞速发展、经济高速增长、人口日益膨胀的情况下，人类活动对自然资源的压力愈来愈大，已成为作用于自然资源系统的一个新的重要营力。有人做过估算，地球每分钟从太阳得到6×10^{23}kW能量，减去云层反射和大气吸收部分，地表得到能量为10×10^{13}kW，但目前人类使用动力（发电站、各

---

① 自然资源规划专题组：《中国科学院1986–2000年规划专题研究报告之四：自然资源》，1985年。

种机械等）已达每分钟 10^9 kW，与太阳辐射能量 6×10^{23} kW 相比，10×10^{13} 和 10^9 kW 被认为是相近的数量级。人类活动的失误会严重危及自然资源系统的稳定性，如全球变暖等一系列全球性环境问题的发生就是很好的证明。由于人类活动已是自然资源系统潜在不稳定性的重要力源，因此，深入开展资源科学研究、探索人类活动对自然资源系统的影响已是人类面临的重要使命。

5. 研究区域资源开发与经济发展之间的相互关系

自然资源是以一定的质和量分布在一定地域的，资源科学研究离不开具体的时空尺度。探讨区域资源的种类构成、质量特征、区域组合状况与经济发展的关系，如何将区域资源优势转变为经济优势，如何寻求区域资源优势互补、解决区域性资源短缺问题都是区域资源科学研究面临的主要任务。

6. 探讨新技术、新方法在资源科学研究和资源开发利用中的应用

自 1972 年第一颗陆地资源卫星上天以来，航天、航空遥感已成为资源科学研究的一个重要手段。此外，计算机技术的发展，促进了资源数据库与资源信息系统的建立，自动化制图与系统分析方法得到了广泛应用。遥感、遥测与计算机等新技术方法的广泛应用极大地提高了资源科学研究的效率和精度、深度和广度。资源科学研究中的技术进步将对人类在全球资源的开发、利用、保护、管理方面产生深远影响。

资源对一个国家经济发展与社会繁荣的意义是不言而喻的，但社会发展阶段不同，自然资源和社会资源的地位与作用是不一样的。在自然经济时期，资源的开发多属自然资源初级加工品，主要取决于自然资源的丰度。随着社会生产力的提高，自然资源附加工的次数增多，程度加深，物化在实物中的劳动量增加，人力资源愈来愈成为资源开发利用中的主导性因素。甚至有人认为，在发展中国家自然资源是战略资源，发达国家的战略资源则是社会资源，特别是人力与资本，后工业化社会的战略性资源将是信息资源。虽然如此，人类社会的形成与发展都离不开对自然资源的开发利用。自然资源不仅是人类生存的物质基础，而且是发展生产力的基本条件，也是决定地区间关系和国家间关系的重要因素。随着人类社会发展和科学技术进步，资源的内涵与外延不断深化扩大，资源科学研究也将日益深化和拓宽。并且，人类社会进化水平愈高，资源科学研究也就愈将成为人类文明的一方重要基石[20]。

二、资源科学的学科体系与研究特点

（一）资源科学的学科体系

现代资源科学的重要特征就是要把自然资源的开发、利用与保护、管理结合起来，建立起完善的自然资源—资源生态—资源经济—资源管理复合理论体系。这样，资源科学势必要涉及诸如地学，特别是地质学与地理学；生物学，特别是生态学；经济学与农学等许多学科的研究领域与内容，可能这就是被人怀疑能否与其他学科明确分工的重要原因。其实，这正是资源科学的综合性特征：在继承与发展的基础上，它横断了其他相关学科的研究内容，形成了以自然资源或自然资源利用为核心的跨学科领域。诸如气象学、气候学与气候资源学，生物学与生物资源学，土壤学、景观生态学与土地资源学，水文学与水资源学，矿床学、矿物学与矿产资源学等单项资源学科的承继关系；以及地理学、地质学与资源地学，生态学与资源生态学，经济学与资源经济学，法学与资源环境法学等综合性学科的交缘发展背景，都说明了这一点。因此，资源科学的学科体系建设不仅要体现它的纵向分异，更要体现它的横向综合，已成为当代资源科学工作者的共识。

就目前而言，资源科学的主要分支学科按其研究对象和研究内容的差异性与应用目的不同可主要划分为两种类型：一种是综合性研究，即综合资源学，研究自然资源发生、演化及其与人类相互作用关系的一般性规律，为部门资源学的研究提供相应的理论基础和方法论；一种是专门性研究，即部门资源学，研究各类资源的形成、演化、评价及其开发、利用、保护与管理的理论与方法。而理论资源学作为资源科学通论，主要从事自然资源本体性研究，有关自然资源计量与评价方法、自然资源价值与核算理论、自然资源循环与流动规律等一般性问题应该是理论资源学研究的基本内容，这是其他学科无法替代的。区域资源学作为资源科学的具体应用领域，则是综合资源学与部门资源学在具体时空的结合，不同尺度的区域资源学（世界、国家、省、县）正是一定类别的综合资源学与一定层次的部门资源学在一定地域的具体实践与应用。需要指出，对于区域资源学是否应该成为资源科学的分支学科，目前也有不同看法。

图6-4是资源科学目前的学科分类及其体系结构的梗概。资源科学的学科体系包括理论资源学、综合（基础）资源学、部门（应用）资源学与区域资源学，在此基础上可以续分为18个二级资源学科与若干三级资源学科。诸如生物资源学，可以分解为森林资源学、草地资源学、植物资源学与动物资源学等，日、美大学农林学院多采用此种学科体系；资源经济学可以续分为土地资源经济学、水资源经济学、矿产资源经济学、能源技术经济学，乃或农业资源经济学、环境资源经济学等，都已是欧美资源经济学科的核心课程；行政区资源学可以分为世界资源学、国家资源学（中国自然资源）、地区资源学（河北省自然资源）和地方资源学（平山县自然资源）等，此处不再枚举。

（二）资源科学的研究特点

资源系统的地域性、整体性、全球性和复杂性等特征决定了资源科学研究的区域性、综合性、国际性及其研究方法的多样性。

1. 自然资源的地域性决定了资源科学研究的区域性

自然资源的分布，是有一定空间范围和分布规律的，具有明显的地域性。不仅各种资源的地带性分布规律有很大差异，而且同一种资源因不同属性的地带性规律影响，也表现出很

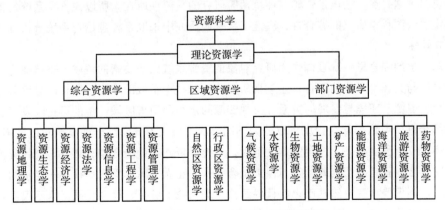

图6-4　资源科学的学科体系与主要分支学科

大的空间差别。气候、水、生物和土地资源等主要受地带性因素影响，但同时也受非地带性因素的制约；矿产资源和化石能源等则主要受非地带性因素的控制。此外，自然资源开发利用的社会经济条件和技术工艺水平也具有地区发展的不平衡性。因此，进行资源科学研究必须掌握因地制宜的原则。可以说是资源分布的地域性决定了资源科学研究的区域性。由于不同地区存在着不同的自然资源和社会资源，一种资源或资源要素在一个地区表现出的变化规律性在另一个地区可能完全不同，因此研究区域资源就要研究一个地区资源系统的结构与功能，剖析不同区域内部的资源结构及其经济结构的耦合关系，不同资源间的关系及其在区域整体中的地位与作用，区域之间的联系及其发展变化的制约关系。可见，资源科学研究必须有特定的空间尺度。

区域资源研究一直是资源科学研究的一个重要领域。资源学者在资源调查和评价工作中对于分析主题的"区位""分布""空间联系"的思考，为资源供求关系研究提供了一个基本出发点。这种研究思想主要考虑到资源的价值在于能转换成人类所需要的最终产品。而在一定地域范围内组织加工最终产品的过程中既需要拥有直接转换的主体资源，又需要一定的基础设施、技术手段和信息等促成上述转换的辅助资源；还需要考虑保持主体资源的持续性，进而顾及到资源开发对资源、生态、环境的影响。因此对区域资源总体的研究或地域资源研究的经济意义和环境意义都是显而易见的。在上述思想指导下，国内外学者几十年做出的大量工作，如地域综合体研究、流域开发和区域规划研究等都在实践中发挥了显著作用。近年来，在这方面的工作正转向对区域资源系统的分析，用系统科学思维来探讨区域资源系统的结构、功能和过程模式，在更广泛的联系上探索该系统与区域经济系统、区域环境系统和区域社会系统的协同机制，旨在从理论方法上完善这方面的实际工作[21]。

2. 资源系统的整体性决定了资源科学研究的综合性

自然资源在自然界中是作为系统存在的，是相互制约、相互联系的一个整体。人类活动对其中任何一种资源的改变都会影响到其他资源，一个资源要素的变化，势必影响整体。同时，一个子系统的变化必然引起大系统的涨缩。诸如，河流上游水资源的不合理利用，导致了中、下游生存环境的恶化与生态系统的退化。这种流域整体性所致的连锁反应就要求我们把上、中、下游的综合利用与治理联为一体来考虑。并且，在时间变化上资源演变也是一个整体，过去影响现在，现在影响未来。无论是系统的时空演替，还是生态失衡带来的滞后效应，都说明了这一点。这正是资源、环境预警研究的重要性所在。所以说资源系统的整体性直接决定了资源科学研究的综合性，决定了在资源研究中采取系统理论与系统分析方法的重要性和有效性。

资源科学的综合思想既强调作为研究对象的资源系统内部要素的关联与整体效应，也强调资源系统与其环境系统的耦合，还重视研究方法与技术手段的集成。综合的最终目的在于协调人口、资源、环境与发展的关系，实现资源的永续利用与区域经济的可持续发展。资源科学的综合性研究依据复杂程度可以分为不同层次。层次不同，综合的复杂程度就不一样。层次越高，复杂程度越高，综合的难度越大，系统分析、定量综合越有必要。现代资源科学的重要特点之一就是要把资源开发与保护结合起来，建立资源—生态—社会—经济的复合理论体系，这不仅要求有自然基础，而且要经济合理、技术可行、社会认同。这不仅需要有关资源的各种自然科学，也需要资源开发利用的工程技术科学和有关的社会科学。作为一门综合性学科，资源科学正是从这些相关学科中汲取有关资源与资源利用的专门知识与研究方法，进一步完善自己学科中有关资源研究的内容，形成了以资源系统合理利用和有效保护为核心的综合研究领域。

3. 资源系统的全球性决定了资源科学研究的国际性

资源系统的全球性可以说是资源分布的地域性与整体性在全球尺度上的充分体现。首先，全球自然资源是一个整体系统，一个国家或地区的资源利用后果往往会超过其主权范围而波及世界其他地区，诸如温室气体增加导致的全球气候变暖、大气污染导致的酸雨危害等；其次，全球资源分布的地域性与不平衡性，导致了全球区域性的资源短缺与优势互补问题；再次，有些资源是全球性共享资源，诸如公海中的自然资源和南、北极的资源，以及界河、跨国流域和迁移性资源等，只有通过国际合作行动才能达到合理利用目的。因此，国际间签订了许多协议和公约来协调这些"全球性"的工作。据初步统计，目前有关资源与环境保护的国际公约和协议已有上百个。国际合作也包括对资源环境评价的概念和方法的探讨，以及"软法律"的阐述和宣传。此外，现代资源的开发利用还打破了闭关锁国的状态，国际资源合作开发、资源贸易和技术交流日益广泛，一个国家的资源政策和贸易价格往往会产生世界性的连锁反应。另一方面，航天技术的发展，使我们可以在空间对地球进行新的、全面的观察，完全打破了国界限制。可以说是自然资源及资源问题的全球性，决定了资源科学研究的国际性。因此，在研究资源开发时，除要立足本国外，也要放眼世界，了解国际上资源的供需状况及发展前景。

20世纪50年代以来，在世界范围内就自然资源的开发、利用、保护、管理方面，开展了一系列的大型国际合作，特别是60年代的"国际生物学计划"（IBP，1964–1974），70年代开始的"人与生物圈计划"（MAB，1972–），80年代《世界自然资源保护大纲》（1980）的实施，以及90年代"全球变化中的人类作用计划"（IHDP，1990–）和"国际地圈、生物圈计划"（IGBP，1991–）的开展极大地推动了资源科学研究的国际合作。此外，诸如全球资源信息数据库（GRID）和世界数据中心（WDC）等有关全球资源的信息中心或数据库已有10多个。这种国际合作不仅解决了资源利用中的一些全球性问题和关键技术，而且也促进了各国在资源科学领域的理论、方法和信息交流，提高了资源科学研究的整体水平。

4. 资源系统的复杂性决定了资源科学研究方法的多样性

资源科学不断发展与完善，离不开科学的研究方法。面对研究对象与范畴如此复杂而综合性极强的交叉学科，其研究方法更是多种多样，且已形成一个较为完整的方法体系[22]。各方法之间既相互联系、相互渗透，又具有相对独立性。从思维方式来看，资源科学的研究方法可分为实证、规范和形式化方法三大类；从研究步聚和程序看，可分为资源调查方法、资源分类与区划方法、资源评价方法、资源规划方法、资源预测方法和资源决策方法等；从信息系统角度看，可划分为信息采集方法、信息存贮整理方法、信息加工分析方法和信息传输方法；从定性与定量化角度看，可划分为定性描述方法和定量化方法，其中定量方法包括数学方法、系统分析方法和模型化方法等。

现代资源科学研究主要采用野外考察、试验与室内分析、模拟相结合，定性分析与定量分析相结合的研究方法。随着航空遥感技术的飞速发展及地球资源卫星、气象卫星等航天技术的广泛应用，野外考察的速度和精度大大提高，资源调查方法改进了一大步，遥感调查已成为资源科学研究的重要手段。随着资源科学研究的不断深入，定量研究已成为不可或缺的方法，甚至已成为资源研究的主流和趋势。数理方法、遥感技术和计算机技术的广泛应用是促使资源科学研究由定性走向定量化的"催化剂"，而学科发展追求自身的完善是定量化的内在动力。资源定位研究、室内实验分析、遥感技术应用与计算机模拟、物理模型仿真相结合，不仅大大提高了工作效率和研究精度，而且实现了资源时空变化的动态监测，极大地促进了资源科学的发展与完善。

三、资源科学研究的跨学科性

资源科学可以借用其他学科的理论、概念，如地理学的地域分异理论、物理学的热力学相关理论、生态学的生态系统理论和经济学的经济效率与物质平衡论，但并不能说这些借用来的理论就属于资源科学的理论。作为一门问题导向性学科来认识，应该寻求资源科学独特的理论——跨学科性理论[23]。具体地说，就是指与资源相关的各学科之间进行理论、范式、概念、模型、资料等的交换、同化、综合、拼接的规律、原理和方法。它并非要求产生什么新的定理、公式，而主要是将已有的理论如何重组以致产生新的理论体系，从而更好地分析、解释和解决资源问题。跨学科性一个形象的比喻有点类似于交通运输枢纽，各种交通工具顺着"交通线路"将货物（已有的理论、概念）送达各地，在此期间并没有产生什么新的"货物"（新的理论和概念），但产生了一种完全不同的"货物配置"（跨学科性理论），如何使这种配置最接近自己的目标就是关键。目前，跨学科性理论很不成熟，这正是我们需要努力解决的资源科学问题。

根据社会科学、自然科学和规范性概念，对资源问题就构成了三种类型的解释，因此就有三种不同的理论交换通道：一是资源科学与社会科学的交换，涉及人类—资源关系、人类行为的选择、资源科学的历史观、资源价值论、比较利益原则、共享资源与资源外部性等基本理论。二是资源问题与自然科学基础理论的交换，如生物多样性理论、随机和混沌事件模型的认识论、熵理论、生态平衡理论、物质循环与能量流动规律等。三是一些规范性核心概念的交换，如效率与公平、持续性与稳定性、平衡态、环境质量、多样性等。

解决资源问题的方法设计与评价等这类研究的最终结果或是一份区域资源开发利用的规划，或是一项资源管理战略报告等。这里的理论交换显然与技术科学以及伦理学、经济学有关，如成本—效益分析、代间平等分析等。

跨学科性理论决定了在研究水平上资源科学必须是合作研究，但合作研究的方式有多种，如图6-5所示。

合作研究的目的是为了达到更有效综合的目的，但组织不好，不仅达不到这个目的，反而效果会更糟。多学科研究通常是由研究同一论题的不同学科组成，但各个学科却固执于自己传统的语言和概念，缺乏协调与合作，谈不上真正的综合。综合的企图一般只见于立项报告、成果引言或结论部分，主体部分往往只是一个拼盘。由此可见，多学科并不等于综合。

交叉学科研究是单向性的，以某一学科为主展开相互作用和协调，因而容易导致研究过程中的学科极化现象（polarization），使一些参加者处于可有可无的地位，综合的质量无法得到保证。中国对交叉学科研究的理解与国际语义不符，可能会影响交流、产生误解。

跨学科研究则意味着存在某种共同的概念框架作为整个研究的基础，这要求在跨学科性

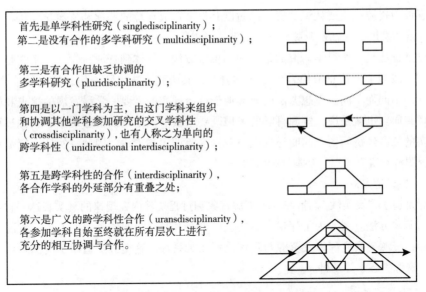

首先是单学科性研究（singledisciplinarity）；
第二是没有合作的多学科研究（multidisciplinarity）；

第三是有合作但缺乏协调的
多学科研究（pluridisciplinarity）；

第四是以一门学科为主，由这门学科来组织
和协调其他学科参加研究的交叉学科性
（crossdisciplinarity），也有人称之为单向的
跨学科性（unidirectional interdisciplinarity）；

第五是跨学科性的合作（interdisciplinarity），
各合作学科的外延部分有重叠之处；

第六是广义的跨学科性合作（uransdisciplinarity），
各参加学科自始至终就在所有层次上进行
充分的相互协调与合作。

图 6-5　跨学科的 6 种合作研究方式示意图

理论的指导下有意识地寻求一些统一的概念，相互之间的理解，加强各学科之间的协调与合作，消除学科之间交流的障碍，在研究的设计和实施过程中达到各学科之间的融合贯通。总之，在跨学科的研究中，各参加学科不是一个松散的集体，它既是尊重学科之间的界限，使每个参加者在解决问题的过程中都起着不可替代的作用；同时，它又不受这种学科界限的束缚，各参加者自始至终都处于不断协调、合作之中。显然，跨学科研究是一种理想的合作研究方式，唯有此，才能达到真正的综合。

第四节　资源科学研究的方法论

资源科学的研究对象极为明显，主要是自然资源。但是自然资源的内容却极其广泛，许多资源问题的研究已包含在相应的其他学科之中，资源科学如前所述，正在横截了其他学科中有关资源与资源利用的研究内容，形成了一门综合性极强的横断科学。对这样一门具有庞大知识体系的横断科学应如何着手研究？其主要研究方法是什么？经过 30 多年的探索，已经初步形成一些基本的方法。

一、资源科学研究的科学思维方法

任何科学都是研究一定事物的运动变化规律的。认识事物运动规律的最根本的方法是唯物辩证法和科学哲学的相关思维方法。对于资源科学来说，由于其研究客体——自然资源的开发、利用、管理和保护系统具有高度的综合性，还涉及自然环境、社会经济和科学技术等各方面的因素，要想正确认识和解决这些复杂的关系问题，需要唯物辩证法的科学思维。如我们在认识资源、环境与经济发展之间的协调关系时，既要认识到资源来自于环境，是环境的组成要素，又是经济发展的基础；又要认识到经济发展会促进资源的开发，从而使更多的

环境要素成为资源；还要认识到资源的过度开发会造成环境的恶化和资源枯竭等，从而反过来制约经济的发展。这就是资源科学中的辩证思想。

唯物辩证法是一切科学研究的最普遍的思维方法。具体到资源科学，由于它是多种学科领域之间，或多个大信息群组合而成的学科系，其研究方法也随着信息群之间性质的差异、研究目标的不同而不同。思想方法的差异源于社会现实的需要、学科发展的追求和研究者自身的心理趋向。也就是说，资源科学的发展既要不断深入地刻画资源现象和资源过程，又要解决现实的社会经济问题，同时还要改进自身交流的表述方法，因此，实证、规范和形式化就成了资源科学研究的三大基本思维方法[24]。

（一）实证论方法

目标是追求"真实性"，旨在寻求资源现象和过程及其内在规律的真实表达，它是资源科学发展的基本方法。主要为了探讨资源的质、量及其时空分布；资源的产生、发展、演化及分布规律；资源要素之间以及资源与环境之间的关系等。这类方法适用于资源发生学、资源地理学、资源生态学等学科。

（二）规范论方法

目标是追求"合理性"，旨在探索资源利用过程中的各种关系，以及这些关系的协调与调整问题。这些关系除了资源本身的空间组配关系外，还包括人与自然、人与人（部门之间）和现在与未来之间的关系等，具体地说，这些关系包括资源的合理分配与组合，现实利益的分割与规划；在社会、经济和生态三者的利益最大化目标下，如何合理利用资源、优化资源管理、协调各种利益就成为资源规范论的思想前提。这类方法适应于资源规划论、资源经济学、资源管理学、资源法学和资源伦理学等学科。

（三）形式化方法

目标是追求"简明性"，旨在消除由于概念定义不严格，外延模糊而引起的混乱现象，借助语言的一致规范、逻辑结构的严谨和可演绎性以及丰富的制图语言、数学语言来促进资源科学研究的不断深入。这类方法适用于资源分类或资源区划、资源制图学、资源信息学等专业研究。

二、资源科学研究中的程序化操作方法

资源科学研究的全过程可大体上分为六大步骤：①以收集和整理资料为主的资源调查阶段；②在大量数据和文字资料基础上的分类与区划阶段；③为资源开发利用保护提供可靠科学依据的资源评价阶段；④以追求资源开发利用合理性为基础的资源规划阶段；⑤以预测未来资源变化趋势和满足需求的程度为主的资源预测阶段；⑥以提供可供选择的若干方案，供决策者参考为前提的资源决策研究阶段等。不同阶段所采用的研究方法是不尽相同的[25]。

（一）资源调查方法

资源调查方法是一种传统的研究方法，它包括多种形式，如实地考察、访问、收集资料、建立实验站点和遥感调查等[26]。资源调查还包括单项资源调查和整个区域内所有资源的综合考察两方面。但无论哪一方面，考察方法的程序是基本一致的。针对研究对象的复杂性，为提高工作效率，资源调查者多采用由多种方法相结合的考察方法：①在传统的定性考察的同时，尽力采用遥感技术、系统工程与计算机等最新手段。②实行室内分析与野外考察相结合，

既吸收前人成果，又实地获取第一手资料。③点面结合、以点带面，既要全面考察，又要典型调查，必要时实地观测。④运用各种测试手段，通过采样、取标本、量测、分析化验、编绘图件等工作获取定量的成果资料。⑤组织精干小分队，对考察区进行踏勘、以制定完整的行之有效的考察计划。⑥采取灵活机动的野外活动形式，一种是"野外定点，设立队部，集中管理、分组考察"，另一种是"统一安排、分组考察，期中小结、集中总结。"有时还可根据需要和可能，组织地方和考察队的小型会战。

（二）资源分类与区划方法

资源分类是按照资源类型的相似性和差异性程度逐级进行归并和类群归并，以确定出级序不同的各种资源类型单位。资源区划则是指在区域上划分的资源类型。也就是说，由于自然环境各要素具有地域分异规律，资源分布也就具有明显的地域差异，为揭示这些客观存在的分布规律而对区域进行的逐级划分称之为资源区划。无论是类型划分还是区划，均是按一定的原则和一定的等级系统，选取一定的指标体系而进行的自上而下的划分。资源类型划分与区划可分为单项和综合两类，常用的方法有归纳法、聚类分析方法、主因子分析方法和最优分割法等。在综合类型划分和区划中，对所有资源进行分类和区划，需要将它们用同一量纲的指标来度量和划分，这就需要资源的统一计量法，如用能量单位或货币单位计量等。

（三）资源评价方法

资源评价实质上就是从人类利用的角度对资源进行鉴定和分等定级。通常是从质和量两方面来衡量的，当然还应结合资源本身在时间上的动态变化和对资源开发利用的技术水平以及国民经济对资源的不同需求特点采取相应的方法进行评价。资源评价的目的，实质上就是为合理利用自然资源、为经济建设服务。因此，经济建设需求侧重点不同，评价的内容和方法也就不同。不同的评价目的，所采用的评价原则、评价指标和评价系统是不一致的，评价结果也就迥然不同。然而资源评价的程序步骤大致相同，主要是：①确定评价工作的目标，整理已有的资料数据，拟定工作计划。②进行资源适宜性评价研究——根据当地社会经济状况及经济发展要求，提出资源开发利用方案，并对方案中各类资源的必要性和限制因素进行分析。③进行资源特征的评价研究——根据初步调查结果和资料，选取适当的评价指标，对每种资源特性与质量进行深入调查，并根据所收集资源，按照优劣程度划分等级。④将划分结果与利用上的要求进行比较，判断两者之间是否相宜。如宜即可肯定下来；如不宜则需要考虑改变利用方式或采取有效的改造措施。同时，还要对各种利用方式进行经济效益及社会、环境影响分析，以便获得最佳利用模式。⑤对评价划分的各等级资源利用方式进行具体规划，提出最终结果。

（四）资源规划方法

资源规划是资源综合开发利用的核心。通过自然资源科学考察、分类评价，最终做出开发利用规划，以服务于经济建设。规划包括单项资源开发规划、产业资源开发规划与区域资源综合规划几种类型。所谓资源规划是指根据需要和可能及未来发展的目标要求，对资源开发的各种方案进行最优化，以使资源开发达到经济、社会和生态效益综合最优的结果。最优化规划方法是俄罗斯科学家康托罗维奇最先发明的。线性规划法为最优利用资源问题的解决提供了有效而通用的手段，它不仅使最优计划的制订成为可能，也使一组与最优计划相协调的指标有可能制订。但是在实际问题中，非线性的存在更为广泛，目前最常用的方法就是非线性最优规划法。除此之外，动态规划、目标规划、整数规划、投入产出优化模型等也得到越来越广泛的应用。

（五）资源预测方法

资源预测是一项基础性的工作，是指对资源系统的演化或变化趋势做出符合客观规律的预测与判断，从而使人类能够有意识地进行控制和管理。资源预测方法多种多样，大体上可分为机制模型预测方法、统计模型预测方法和系统模型预测方法三类。其中机制类模型是指在大量试验基础上，根据物理的、生物的变化机制研制的模型，包括实验模型、物理模型、生化模型等；统计模型则是根据数理统计学原理在大量数据资料基础上研制的，如回归预测模型、马尔可夫链预测模型、谱分析与方差分析预测模型等；系统类模型是根据系统动力学原理，利用数学物理方法研制而成的，包括线性系统预测模型、非线性系统预测模型、灰色系统预测模型等。

（六）资源决策方法

资源决策是资源研究的最后一步，也是应用性很强的一项研究，它直接服务于资源系统的开发与管理。它要解决资源开发方案的选择，开发时序的确定、区域开发、产业结构、经济结构、环境生态保护、人口发展等一系列的决策。常用的方法有风险决策、层次分析方法以及专家系统等。特别值得一提的是，资源决策一定要综合考虑专家意见和定量计算结果，偏废哪一方都将可能出现偏差。

很显然，从上述资源研究的六大步骤中所使用的方法可以看出，无论哪一个环节中，都需要定性与定量方法相结合。

三、资源科学研究中的定量化方法与信息系统方法

（一）资源科学研究中的定量化方法

随着资源科学研究的不断深入，定量研究已成为不可缺少的一部分，甚至已成为资源研究的一种趋势。数学方法、遥感技术和计算机的广泛应用是促使资源研究由定性走向定量化的"催化剂"，而学科发展追求自身的完善是定量化的内在动力。只要将资源系统模型化、数量化、信息化的研究方法或手段能比较准确地了解各因素之间的相互联系和相互制约的变化过程，从而有助于揭示资源开发利用的基本规律，推动学科的不断发展。定量方法包括数学方法、系统分析方法、模型方法等几类，它们之间是相互联系、相互渗透的，又具有相对独立性，图 6-6 给出了定量化方法的基本框架[27]。

其中数学方法是基础，它包括数理统计学方法、几何方法以及模糊数学方法等；系统分析方法则是建立在数学与资源系统之间的"桥梁"，它通过对系统思想的应用，来分析资源系统的结构、功能、演化等时空分布与变化规律，包括功能分析方法、反馈方法、线性与非线性系统分析方法、灰色系统分析方法、最优化系统分析方法等；模型方法则是在数学方法和系统分析方法的基础上，对资源系统的结构、功能和演化特征与规律进行模拟、仿真与逼近，包括结构模型、分类与评价模型、预测模型、规划模型、决策模型、机制模型等。由此可见，在定量化方法中，数学方法是基础，系统方法是分析手段，而模型方法是最有力的应用武器，它最接近于真实的资源系统。

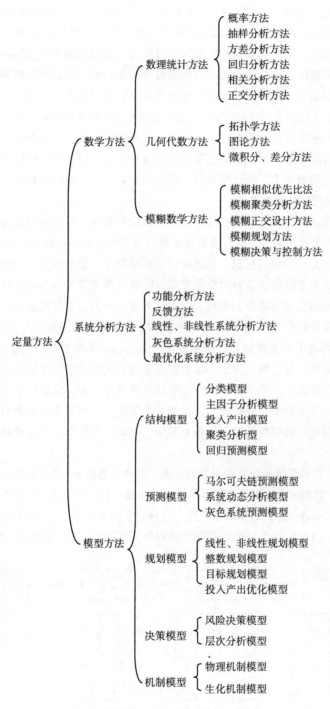

图 6-6　资源研究中的定量化方法体系框图

（二）资源信息系统方法

资源信息系统是一个收集自然资源数据（或资料），通过信息技术对数据进行加工处理、分析解释，最后输出适用的自然资源信息的系统。由于自然资源包含的内容十分广泛，因而，自然资源信息系统是由若干子信息系统组成的一个庞大而复杂的大系统[28, 29]。其服务对象可概括为以下三个方面：①为宏观决策者服务。具体地说是国家或大河流域一级，其区域范围相对稳定。这种研究往往着重于较长时期的趋势分析和预测。②地区资源开发。根据地区开发目标适当扩大或缩小，范围是相对的。这类信息系统主要用于区域规划、资源开发和综合治理。③城镇系统（包括工矿区和农场）。这类系统用于实时管理地籍、城市供水、节能、环境保护、旅游、交通等方面，要求它实时检索、实时监测，是个动态系统，要随时根据市场进行调整。由于服务对象不同，各信息系统的性质便不同。第一类为统计型为主、空间型为辅；第二类则是空间型为主、统计型为辅；第三类最复杂，必须同时具备空间型和统计性两种性质，广度和深度要兼而有之。

关于信息系统的功能，目前更多的是重视它的数据管理、检索查询功能。而更高层次的功能，如分析、模拟和预测等，这方面的社会经济效益比检索、查询功能大得多。由此可见，自然资源信息系统是一门由信息论、系统论、计算机技术、数据库技术、通信技术、遥感技术、应用数学方法等多种最新学科和技术支持下的现代最先进的技术集合体，它能够对自然资源的数据与资料信息进行采集、整理、贮存、处理、分析、管理和输出，以便于对数据进行管理与查询、对资源系统进行分析、预测和模拟，是资源科学发展的重要技术保证。图 6-7 给出了资源信息系统中所包含的各种研究方法。包括信息采集方法、信息加工与整理方法、信息处理与分析方法、信息输出方法。其中信息采集方法相当于资源调查方法，信息贮存整理方法相当于建立数据库，并对资源实行标准化与规范化处理；信息加工分析方法则是对信息进行综合分析、建立模型，进行规划、预测与决策研究，相当于建立模型库；信息输出方法则是根据用户要求，利用各种输出设备如显示、打印、电传等，以完成其查询、检索和咨询等功能。

综上所述，资源科学的不断完善与发展，离不开科学的研究方法。而对如此复杂而综合性极强的横断学科，其研究方法更是多种多样且逐渐形成一个方法体系（图 6-7），各种方法之间既相互联系、相互渗透，也具有相对独立性。这种独立性来自于我们分析问题的不同角度，如从思想方法来看，可以将资源科学的研究方法划分为实证论方法、规范论方法和形式化方法；

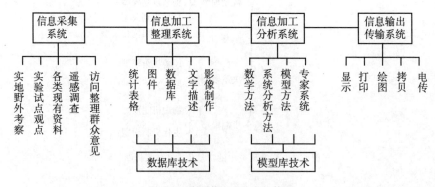

图 6-7　资源信息系统方法体系

从资源研究步骤和程序来看，可划分为资源调查方法、资源分类与区划方法、资源评价方法、资源规划方法、资源预测方法和资源决策方法；从定性与定量角度，可划分为定性描述方法和定量分析方法，其中定量分析方法又分可划分为数学方法、系统分析方法和模型化方法等；从信息系统角度，还可划分为信息采集方法、信息贮存整理方法、信息加工分析方法和信息输出传输方法，其中信息采集对应于资源调查；信息贮存整理对应于数据库技术；信息加工分析对应于资源的评价、规划、预测与决策等方法，也可称之为模型库技术等。

图 6-8 从系统思想给出了资源科学研究的方法体系。由图可见，资源科学研究中原始资料的获取还离不开资源调查方法，而遥感技术的应用是资源调查的方法改进了一大步；其次资源科学研究中普遍使用定量方法，使资源科学研究不断深入的重要原因，这已成为资源科学研究的一大趋势；信息系统的建立更使资源科学研究可以直接服务于国家经济建设，为区域开发、国土整治提供科学的决策依据，甚至服务于世界资源研究。

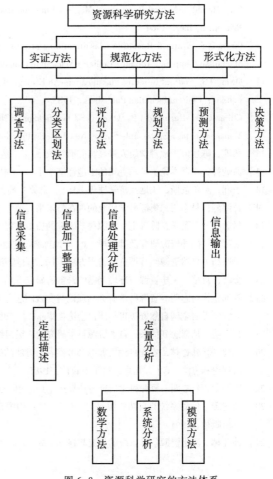

图 6-8 资源科学研究的方法体系

参考文献

［1］ 汪慧玲. 农业自然资源评估［M］. 甘肃：甘肃人民出版社，2011.

［2］ Zimmermann E W . World resources and industries［M］. New York：Harper，1933.

［3］ 辞海编辑委员会. 辞海（缩印本）［M］. 上海：上海辞书出版社，1980.

［4］ 李文华，沈长江. 自然资源科学的基本特点及其发展的回顾与展望［A］. 见：李孝芳. 自然资源研究的理论和方法［C］. 北京：科学出版社，1985.

［5］ 孙鸿烈. 中国资源科学百科全书［M］. 北京：中国大百科全书出版社，2000.

［6］ 封志明. 资源科学导论［M］. 北京：科学出版社，2004.

［7］ 中国大百科全书出版社《简明不列颠百科全书》编辑部译编. 简明不列颠百科全书 5［M］. 北京：中国大百科全书出版社，1986.

［8］ 中国大百科全书总编辑委员会. 中国大百科全书·经济学 1［M］. 北京：中国大百科全书出版社，1988.

［9］ 中国科学院国家计划委员会自然资源综合考察委员会. 中国自然资源手册［M］. 北京：科学出版社，1990.

［10］ 刘学敏，金健君，李咏涛. 资源经济学［M］. 北京：高等教育出版社，2008.

［11］ 石玉林. 资源科学［M］. 北京：高等教育出版社，2006.

［12］ Guy-Harold S. Natural Resources ［M］.In：Encyclopedia Britannica. Chicago, London, and Toronto：Encyclopedia Britannica, Inc., 1964.

［13］ Owen O S. Natural Resource Classification ［M］.In：Natural Resource Conservation 1st ed. New York：The Macmillan Company, Toronto：Collier—Macmillan Canada Ltd, 1971.

［14］ Owen O S. Natural Resource classification-An Ecological Approach ［M］. 4th ed. New York：Publishing Company, London：Collier Macmillan Publishers, 1985.

［15］ Chiras D D, Reganold J P, Owen O S.Classification of Natural Resources ［M］.In：Natural resource Conservation-Management for a Sustainable Future. New Jersey：Prentice Hall, 2002.

［16］ 郑度，陈述彭. 地理学研究进展与前沿领域［J］. 地球科学进展，2001，16（5）：599-606.

［17］ 曲炳祥.《资本论》与马克思的土地经济学［J］. 中南财经大学学报，2000（2）：22-26.

［18］ 伊利，莫尔豪斯. 土地经济学原理［M］. 北京：商务印书馆，1981.

［19］ 孙鸿烈，封志明. 资源科学研究的现在与未来［J］. 资源科学，1998，20（1）：3-12.

［20］ 封志明，王勤学，陈远生. 资源科学研究的历史进程［J］. 自然资源学报，1993，8（3）：262-269.

［21］ 秦耀辰. 国外资源研究及其进展［J］. 地球科学进展，1994，9（3）：36-42.

［22］ 吴登茹. 自然资源经济评价的若干方法［J］. 自然资源译丛，1988（3）：25-29.

［23］ 金玲，肖平. 关于资源与环境问题的跨学科研究［J］. 科技导报，1994（3）：40-43.

［24］ 陈远生，封志明. 资源科学研究的理论与实践问题［A］. 见：中国自然资源研究会青年协会. 资源、环境与农业发展全国自然资源青年研讨会论文集［C］. 北京：中国科学技术出版社，1992：1-6.

［25］ 封志明. 从概念到体系：自然资源科学研究的三级组织水平［J］. 国土与自然资源研究，1992（2）：1-6.

［26］ 毛德华，韩德林. 农业自然资源综合考察若干方法的探讨［A］. 见：中国自然资源研究会. 自然资源研究的理论和方法［C］. 北京：科学出版社，1985.

［27］ 王勤学，封志明. 资源科学研究方法概述［J］. 国土与自然资源研究，1994（4）：35-41.

［28］ 陈述彭. 信息系统与自然资源研究［A］. 见：中国自然资源研究会. 自然资源研究文集［C］. 北京：科学出版社，1991.

［29］ 孙九林. 国土资源信息系统的研究与建立［M］. 北京：能源出版社，1986.

第七章 现代资源科学学科建制的创立与发展

学科建制（disciplinary institution）即学科社会运作层面上的范式建构制度，包括专业研究机构的设置、大学系科和培养计划的设置、学会组织和学术会议制度的建立、专业期刊的创办等[1, 2]。一个学科之所以成为学科，就在于他有有自己独立的学科理论体系，独特的观念范式和社会建制，从而形成一种知识传统或思想传承体系，并构建起学术共同体，以便同行易于交流并相互认同，新人被培养训练成这项学术事业的继承者[2]。中国自然科学研究建制化始于 20 世纪初叶，但作为独立的资源科学学科建制则是在新中国成立以后，随着大规模的自然资源综合考察研究兴起才逐步形成。本章重点考察和记述现代资源科学研究机构和学会组织，以及专业学术期刊的创建与发展，教育和人才培养将在下章专门叙述。

第一节 研究机构的历史沿革和变迁

如前所述，早在 20 世纪初期，丁文江、翁文灏、竺可桢等先辈就参与和组织了众多机构开展自然资源考察研究活动，对我国的自然条件和自然资源做了具有近代科学意义的一些调查、观测和初步研究。但是，早期的工作并没有产生专事资源研究的职业化组织，直到 1956 年中国科学院自然资源综合考察委员会（以下简称综考会）成立，中国才有了从事自然资源研究的专门机构。20 世纪 80 年代以后，随着资源科学学科体系逐步迈向成熟，资源研究队伍也迅速扩大，一些与土地、矿产、水、能源和生物资源相关的单位纷纷更名，相继在机构名称中冠上"资源"的名号。据不完全统计，目前国家有关部门、省（市、自治区）和高等院校所属的资源研究所（院、中心等）已达三百多家。此外，国家有关部委和省（市）还设立了一批重点开放实验室，开展与资源开发、利用和保护相关的研究。纵观这些机构的衍化，我国现代资源科学研究机构的发展大致经历五个阶段。

一、重构探索时期（1949—1955 年）

解放战争后期，随着军事上取得节节胜利，中共中央适时对知识分子的阶级成分、工作性质、社会地位等进行了新的认识和界定[3]，并采取灵活措施争取科技人员、保护科研资料和科学仪器设备。1948 年北平解放前夕，董必武、徐冰等亲自到北京大学、清华大学等校教授茶话会上宣讲党的知识分子政策[3]；1948 年下半年，夏衍根据周恩来的指示约见资委会负责人钱昌照，同时通过上海地下党组织做资委会委员长孙越琦等高级职员的工作，成功策反"资委会起义"[4]；1949 年 4 月，周恩来特地让前往布拉格参加和平会议的郭沫若给身在国外的地质学家李四光带信，请他早日归国参加新中国建设[3]：这些都是一些典型的例子。通过细致入微的团结教育工作，旧中国数以万计的科技人员和工程技术人员逐渐消除疑虑和不安，开始满怀信心和期望地转向支持中共，从而实现了近代史上具有重大历史意义的知识分子心态的转变[5]，为新中国的科研机构建设和科技事业发展奠定了基础。

1949 年中华人民共和国诞生后，随即于 11 月 1 日成立了中国科学院。1956 年国家科学规划委员会和国家技术委员会（1958 年合并为国家科学技术委员会）成立以前，中科院不仅是全国的学术研究中心，而且也是全国的学术管理机构[6]。地质学家李四光和地理学家竺可桢被任命为中科院副院长，重建自然科学研究机构就成为了他们的职责。

在早期的自然资源研究中，矿产资源调查最受重视，1913 年成立的中央地质调查所成为中国建立最早、规模最大的近代科学研究机构[7]。1949 年 4 月南京解放后，该所由南京市军管会文教部接管；11 月，裴文中等 21 位科学家联名上书中国科学院，主张成立新中国统一的地质研究机构。1950 年 5 月，李四光提出了重组全国地质机构的方案，即设立"一会（中国地质计划调配委员会）、二所（地质研究所、古生物研究所）、一局（矿产地质勘探局）"。同月 25 日，这个重组方案获得中央人民政府政务院第 47 次会议通过，并将"地质计划调配委员会"改为"地质工作计划指导委员会"，由 21 名委员组成，李四光任主任委员，尹赞勋、谢家荣为副主任，章鸿钊为顾问。在李四光的领导下，中国科学院将地质调查所各研究室与中央研究院的地质、气象、地磁、地震等相关研究单元合并，重新组建了地质研究所（后又分出兰州地质所、贵阳地球化学所）、古生物研究所、古脊椎与古人类研究所、地球物理研究所（后又分出大气物理所、应用地球物理所等）等多个地质研究单位，非地质研究单元重组为南京土壤所、地质矿产陈列馆（南京地质博物馆、中国地质博物馆的前身）等。

中央地质调查所解体重组后，各个独立的地质研究机构开始侧重于本领域内的专业研究，自然资源调查与研究的任务开始更多地在竺可桢的领导下，由中科院新组建的下列研究所承担。

（1）地理研究所。其前身是中国地理研究所。1937 年中央研究院开始筹建，后因战乱及经济问题未果。1940 年由中英庚款董事会在重庆北碚创建，内设自然地理、人生地理、大地测量、海洋四个学科组。1946 年 8 月，改属国民党教育部，1947 年夏由重庆迁至南京。1949 年 4 月南京解放，由南京市军管会文教部接管，1950 年 4 月移交中国科学院，竺可桢、黄秉维任筹备处正、副主任。后几经变迁，又分出南京地理所、武汉测地所、成都地理所、冰川冻土所、兰州沙漠所、遥感应用所等机构。地理所在解放前后，均参与了大量的自然资源考察研究，特别是在南水北调考察（郭敬辉任队长）、新疆综合考察（南京地理所周立三曾任队长）、西藏综合科学考察（施雅风、郑度等先后任队领导）、土地利用调查（吴传钧负责）、综合自然区划（黄秉维负责）、综合农业区划（周立三负责）等国家自然资源调查中做出重大成果。

（2）南京土壤研究所。前身为中央地质调查所土壤研究室。1949 年 4 月由南京市军管会文教委接管，1953 年移交中国科学院，同时还并入了 40 年代成立的福建地质土壤调查所和江西地质调查所土壤研究室，后又派生出东北林业土壤所、长沙农业现代化所等机构，首任所长马溶之。土壤所在 1949 年前即对中国土壤进行过系统的调查与研究，1949 年后参与领导两次全国土壤普查工作。马溶之曾任综考会副主任，负责自然资源综合考察研究的业务组织。熊毅、李庆逵、朱济凡、宋达泉、席承藩等多次参与云南热带生物资源考察、黑龙江流域综合考察、南方山区自然资源考察等工作，并担任队领导或土壤专业组负责人。

（3）植物研究所。1950 年由原静生生物调查所（1928 年建立）和北平研究院植物研究所（1929 年建立）合并组建成中国科学院植物分类研究所，1953 年更名为植物研究所，后又分离出中国科学院昆明植物研究所以及西双版纳热带植物园等。植物学家简焯坡曾任最早的综考会办公室主任，协助竺可桢、顾准完成早期考察队的组织、协调工作。侯学煜曾任中国自然资源研究会首任理事长。吴征镒、蔡希陶等著名学者曾参加紫胶资源研究、热带生物资源综合考察、青藏高原科学考察研究等工作，并担任队领导或资源植物组负责人。

除上述中科院组建的相关研究所之外，还有一些与资源研究密切、专业性较强的机构则分别划归到有关部门，如原"中央水利实验处"，1950 年更名为"南京水利实验处"（现"南京水利水电科学研究院"的前身），划归水利部；原中央林业实验所改为林业科学研究所（现"中国林科院"的前身），划归林垦部（1951 年改为林业部）；大行政区一级的农业科研机构划归农业部，后来又交由 1954 年筹建的中国农业科学研究院统一管理。

在完成上述科研机构组建的同时，中科院还根据国家经济建设和社会发展的需要，组织了多支综合科学考察队，开展大规模的自然资源综合考察与研究。1951 年组建的西藏工作队是新中国成立后建立的第一支综合考察研究队伍，参加人员包括地质、地理、气象、水利、农业、牧业、植物、土壤以及社会、历史、医药卫生等 47 个学科的专家。自 1952 年起，中科院又进行了海南岛、雷州半岛和广西南部的考察。1953 年，开始进行黄河中游地区水土保持调查。1954 年，与苏联科学院合作，开启紫胶虫和紫胶资源考察的合作研究。

随着考察规模、涉及区域和任务的不断扩大，建立一个新的机构组织、协调全国的自然资源考察研究，逐渐提上中科院的议事日程。但是，建立什么样的机构一时成为中国学者思考与探索的问题。由于当时的政治倾向一边倒地偏向苏联，且出于历史原因"中央地质调查所"和"国民政府资源委员会"模式是忌讳的，因此苏联生产力研究委员会的经验受到青睐，

但也有中国学者从国情和涉及国家机密角度提出意见，认为不能照搬苏联模式，也不能靠苏联专家的帮助来解决中国的资源问题。经过反复酝酿，在 1955 年召开的中科院第 16 次、第 19 次和第 31 次院务常务会议上，讨论并最终通过了成立"综合调查工作委员会"的议案。11 月 15 日，在中科院向陈毅副总理报送的《关于调整和改善科学院院部直属机构的请示报告》中，正式提出了成立综考会的建议。在获得国务院批准后，中科院于 1956 年 1 月 1 日正式发文，通知成立"中国科学院综合考察工作委员会"。9 月，中央批准竺可桢副院长兼任综考会主任。接着，中科院又任命经济学家顾准（图 7-1）为副主任。从此，综考会担负起了组织和领导全国自然资源综合考察与研究的使命。综考会的历史就是我国资源科学研究机构衍化的一个缩影。

图 7-1　顾准（1915—1974）

二、综考会引领时期（1956—1966 年）[①]

早期的综考会归属中国科学院直接领导，是与学部同级的组织协调机构，综考会主任由中组部和国务院直接任命，由中科院一名副院长兼任，其他主要领导人由中科院任命，但要报国务院和党中央备案。1960 年以前，中科院各个考察队均归直接领导，考察队正副队长一般由国内知名学者担任，科学院直接任命，综考会负责组织、协调。1956 年刚成立时，作为中科院的管理部门，综考会只设办公室，办公地点也设在位于北京文津街的中科院院部（图 7-2），办公室主任由植物学家简焯坡担任，副主任是石湘君和李超。下设计划科、行政科、秘书人事处，主要负责：①经费分配和管理；②统一领取器材后分发给各队使用；③整理文书档案及各队交来的成果出版物；④各考察队的人事调配（包括借调人员管理）；⑤各队在野外工作期间的工作联系和野外工作结束后的汇报总结，以及会议组织、安排等。同时，各考察队还设有自己的办公室，处理各自事务。一般情况下，综合考察的日常事务由办公室处理，遇到较大问题可直接向竺可桢汇报。

在最初设想中，多数学者认为综考会应归国务院直接领导，但也有专家认为国家部门是根据已经知道的资源来做计划和决策，而这个机构是调查未知的资源，所以应该是科学院和产业部门的媒介。为此，竺可桢在 1957 年进一步提出了这个机构建设的两种方案[②]：

（1）成立国务院直属的生产力研究委员会。①组织科学研究机构、业务部门、高等院校的科学家进行自然资源的调查；②综合自然资源调查的资料，进行开发利用的综合研究；③组织为进行这些工作所必要的直属的研究机构与试验室，研究与试验一般应利用现有机构，因此它的规模用不到很大。

（2）在中国科学院现有的综合考察工作基础上，由有关学部负责人及各队队长组成人数不多的综合考察委员会，补充少数人员，充实其机构，并经现已成立的科学规划委员会的协调小组，与各业务部门进行工作协调。

第一方案是在苏联顾问拉扎连柯的建议下提出的，竺可桢虽然将其列为第一项，但他强调：我国情况与苏联不同，有关自然资源调查的科学力量，很大部分已集中于各业务部门，目前总的科学力量不足，为加强综合考察工作而过分削弱各业务部门的力量未必妥善。最终，中科院采用了第二方案，并在 1957 年 10 月任命漆克昌为副主任，主持综考会的日常工作。

综考会建立后很多体制上的问题仍然困扰着这个机构的发展。1958 年 8 月，根据一些学者的提议，院里拟将综考会与地

图 7-2　综考会成立初期办公地址（北京文津街）

---

① 本段主要参考《综考会会志》《自然资源综合考察委员会研究》《中国自然资源综合科学考察与研究（附件二：大事记）》《中国资源科学大百科全书》和《竺可桢日记》相关内容整理。

② 竺可桢 1957 年 6 月 18 日向中科院常务会议的报告。《竺可桢全集》第 3 卷，上海科技教育出版社，2008 年，第 363 页。

学部合并①。后经院党组再三考虑，决定保留和加强综考会建设②。在12月9日召开的第13次院常务会议上决定：竺可桢继续兼任综考会主任，漆克昌（图7-3）任副主任，聘请裴丽生、谢鑫鹤、孙治方、尹赞勋、童弟周、张子林、林溶、李秉枢、侯德封、马溶之、朱济凡、熊毅、于强、孙新民、简焯坡、陈道明、施雅风、马秀山等18位同志为委员。1959年2月，中科院召开了第一次综合考察工作会议，分管这方面工作的党组副书记裴丽生作了题为"把综合考察工作提高一步"的重要讲话，对综合考察的工作方针、成果形式、组织形式、工作方法和机构特点等做了明确阐述，提出综考会要有班底，要设立研究室[8]。

图7-3　漆克昌（1910—1988）

　　1959年7月，竺可桢在《科学通报》第14期上发表了《十年来的综合考察》的文章，系统地总结了中科院组织的综合考察所取得的成果，同时指出：通过大规模的综合考察，中科院"摸索了一套在中国具体情况下如何组织综合考察工作的基本方法和经验。"[9]1959年底，综考会根据竺可桢、裴丽生、漆克昌等老一辈科学家和院领导历次指示精神，以及在科考实践中积累的经验，将综考会的工作准则归纳、概括为"政治挂帅，经济为纲，科学论证"的综合考察"十二字方针"。这个方针多年来一直贯穿于科考工作中，从原则上规范了自然资源综合科学考察研究的性质，即：指明了科考工作为谁服务，服什么务和怎样服务的方向问题。

　　到了1960年，院、会领导一致认为有必要增强综考会的业务组织与科学研究职能，按照院党组指示实行队、会合并，中科院所有的考察队都归综考会直接领导。接着，综考会又制定了精简机构的方案：黑龙江考察队和新疆考察队任务结束不再保留，云南、华南2个热带生物资源考察队随同任务下放给地方分院，盐湖调查划归化学所，治沙队与地理所沙漠室合并组建兰州沙漠研究所，综考会只保留南水北调、青甘、西藏3个考察队。1961年初，经科学院批准，综考会成立了综合经济、农林牧资源、水利资源、矿产资源4个研究室，以及分析室、资料测绘室等业务辅助机构，将保留的各考察队业务人员与辅助人员统一编制，分配在各个研究室和业务辅助机构。1963年，为加强宏观能源研究，经李富春、聂荣臻两位副总理批示，中科院又将数学所、电工所、力学所等单位从事动能经济研究的人员统一调配到综考会，成立了综合动能研究室。

　　建立研究室以后，综考会肩负起组织、研究双重职能。一方面仍然作为我国综合科学考察的组织、协调机构，组织地理所、植物所、土壤所、地质所、地球物理所、动物所、国家测绘局、气象局、地质科学院等单位，以及北京大学、南京大学、北京农业大学等高校，承担西南地区综合考察、河西荒地考察、燃料动力资源勘探、西北炼焦煤基地考察、酒钢炼焦煤基地

　　① 竺可桢1958年8月21日日记："下午裴秘书长来谈，知院主张综考会和地学部合并，我也赞同此说，地学部主任由我兼，尹主任要先征求意见。"《竺可桢全集》第15卷，上海科技教育出版社，2008年，第163页。

　　② 竺可桢1958年11月9日日记："前提地学部与综考会合并事，经院党组考虑，认为综考会仍要单独成立，所以暂不合并。委员名单，前已拟过一个，我主张把裴秘书长加入委员会内，他不反对，但仍以谢秘书长为副主任。"《竺可桢全集》第15卷，上海科技教育出版社，2008年，第231页。

图 7-4　1964-2004 年原地理所、综考会、遗传所办公地址
（北京 917 大楼，2004 年划入奥运公园被拆除）

专题研究、青藏高原科学考察等多项国家任务。另一方面，作为中科院所属的研究单元，开始按照现代研究机构模式运作，在 1964 年初确定了各研究室的方向与任务：①农林牧资源研究室：考察研究农业自然条件、自然资源的分布、特点、数量、质量评价，以及合理利用的方向与途径；②水利资源研究室：评价水利资源及其开发条件，并论证水利资源开发利用的合理途径；③矿产资源研究室：考察研究矿产资源的数量、质量与分布特点，评价其地质储量远景与开发条件与保护；④综合经济研究室：在以上各室对自然资源考察研究的基础上，从充分利用资源满足经济发展需要出发，综合研究工、农、运输业的发展方向与生产力布局；⑤综合动能研究室：研究燃料动力方面基本的技术经济问题[①]。

经过十年建设，综考会在组织和领导完成国家大规模综合科学考察任务的同时，自身也在不断壮大发展（图 7-4），1965 年员工总数达 364 人（其中科研人员 231 人，占 64%），基本形成一支专业配置齐全、年龄结构合理的自然资源研究队伍。不幸的是，1966 年"文化大革命"开始，综合考察工作陷入停顿，综考会遭受到前所未有的严重冲击。

三、"文化大革命" 时期（1967—1979 年）

由于综考会建立当初并无"范式"可循，且因中科院按"数、理、化、天、地、生"专业设所，综考会的专业方向问题曾多次引发争论，多次组织有关领导、学者和会内人员讨论也未达成共识。1966 年"文化大革命"一开始，就出现了"彻底砸烂综考会！"的"砸派"和主张改革的"改良派"[②]，是调整还是解散综考会成了当时各方各派争论的一个焦点，竺可桢在日记中对各方面的反映和态度做过这样一些记载："关于综考会是不是继续办理，会中人多数以为可停，但近来问了聂副总理，他认为这工作应该继续。"[③]"王光伟认为综考会工作是有用的，农水局意见也以为然，农业单位认为综考会有点用，而工矿单位则认为可有可无。"[④]"近来新疆、甘肃、宁夏、福建均来信，认为综（考）工作过去材料对计划很有用。冶金部要我们南水北调材料。"[⑤]

竺可桢在 1967 年 11 月 9 日和 1968 年底曾两次到综考会听取意见，"斗批改"与"斗批散"

① 李文彦.综考会最初创建的研究室.《综考会会志》第二篇"探索与追求"电子版，第 54 页。

② 郎一环.见证综考会的坎坷历程.《综考会会志》第二篇"探索与追求"电子版，第 56 页。

③ 竺可桢 1967 年 8 月 1 日日记，《竺可桢全集》第 18 卷，上海科技教育出版社，2010 年，第 551 页。

④ 竺可桢 1967 年 10 月 27 日日记，《竺可桢全集》第 18 卷，上海科技教育出版社，2010 年，第 628 页。王光伟为时任国家计委副主任。

⑤ 竺可桢 1969 年 8 月 16 日日记，《竺可桢全集》第 19 卷，上海科技教育出版社，2010 年，第 480 页。

的争论还是没有结束。在此种情况下，1969 年中科院调整机构，综考会便首当其冲地成为被撤销的单位。从 1969 年 9 月到 1971 年底，300 多名职工分 4 批下放到湖北潜江的中科院五七干校劳动锻炼。1972 年 10 月五七干校撤销，除了已经调走和决定调走的职工外，综考会其余的 240 多名职工全部并入了地理研究所。由于两个单位合并，地理所对原有的科研方向、任务与机构设置作了调整，研究室由 6 个增加到 8 个，综考会人员分别归入到相关处、室。

综考会被撤销后，青藏高原科学考察、热带生物资源考察等工作仍然在继续进行，但中科院的组织、协调作用受到很大影响，院党组经过多次调研，在 1974 年 12 月做出了恢复综考会的决定，机构名称改为"中国科学院自然资源综合考察组"。1978 年 4 月，中科院又向国务院提交了《关于恢复我院自然资源综合考察委员会的请示报告》，这个报告很快得到批准。1979 年 5 月，漆克昌恢复工作，任党的领导小组组长（后改为党委书记），重新主持综考会工作。

重建后的综考会虽然继续担负组织、协调职能，但在机构编制上不再是与学部同级的院直机构，而是一个明确的所级建制单位。按照研究所建制，综考会加强了土地资源室、水资源室、生物资源室、能源研究室、综合研究室和技术室等研究实体的建设，并开始重视学术共同体建设，恢复后的第二年（1975 年）即着手筹办《自然资源》杂志，接着又开始筹划建立"中国自然资源研究会"（详见本章后两节）。

尽管综考会从撤销到恢复不过几年时间，但因人员星散综考会元气大伤。1970 年综考会解散前，已经是一个拥有 73 个专业、230 多名研究人员、360 多名职工的研究实体[6]。重建时正好赶上"文化大革命"后期各单位争抢人才，有相当一部分科研骨干因各种原因没有回归，特别是矿产资源室归队的人员偏少而未能恢复。后来，又因 70 年代两次世界能源危机以后，国家开始重视能源研究，1978 年科学大会后徐寿波等提出在综考会能源研究室基础上组建能源研究所（1980 年 9 月正式成立），于是，能源研究又从综考会分出。由于人员结构和专业配置的变化，综考会的方向调整为以地面农业资源研究为主。

四、群雄并起时期（1980—1999 年）

1978 年 3 月全国科学大会在北京隆重召开，会议通过的《1978—1985 年全国科学技术发展规划纲要》（草案）列出了 108 项重点研究项目，第一项便是"对重点地区的气候、水、土地、生物资源以及资源生态系统进行调查研究"。接着，国务院在 1979 年 2 月批转了国家农委、国家科委、农林部和中国科学院联合上报的《关于开展农业自然资源调查和农业区划研究的报告》。同年 6 月，国家科委、国家农委公布了《全国农业自然资源和农业区划研究计划要点》，该项工作由此全面展开。1981 年 7 月，国务院又做出了"搞好国土整治"的决定。由于综考会在这方面有着长期的积累，"全国农业资源调查"和"国土整治"进行为综考会密切与决策部门的联系创造了契机。1982 年 11 月，综考会改由中科院和国家计委双重领导，中科院在发文中明确指出：双重领导以中科院为主，综考会是我国自然资源综合性的考察研究单位和组织协调机构，这一性质基本不变。

在改革开放的转折时刻，综考会领导班子在 1983 年完成代际交替，土壤地理与土地资源学家孙鸿烈出任综考会主任，李文华、张有实、石玉林任副主任，赵训经任党委书记。1984 年 3 月孙鸿烈升任中科院副院长后，李文华任常务副主任（1988 年石玉林接任）主持日常工作。新时期的综考会在 80 年代争取到了"中国 1∶100 万土地资源图编制""南方草场资源调查及全国 1∶100 万草地资源图编制"、南方山区资源考察、黄土高原地区综合考察、新疆资源考察、西南地区资源考察、青藏高原科学考察等多项国家重点科技课题（详见第五章），综考会再次在新时期的自然资源考察研究中发挥了组织、协调作用。

然而，机遇与挑战往往并存。农业资源调查、土壤普查、国土整治、国土资源大调查等国家大项目全面铺开也催生了一批资源研究机构面世，综考会面临的已经不再是从前那种一家包揽的局面。图 7-5[①] 以 1935 年民国政府资源委员会建立为起点，对我国 80 年来名称中含有"资源"的研究所（院、中心、会等）的数量变化进行了描述。从图 7-5 可以看出，1980年和 2000 年是两个明显的转折点。1980 年前后几年，从中央到地方都前所未有地开始关注资源问题，并着手建立相应的自然资源研究机构，下列几个单位具有一定的代表性。

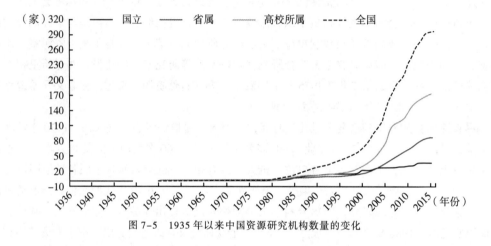

图 7-5　1935 年以来中国资源研究机构数量的变化

（1）中国农业科学院农业资源与农业区划研究所。在 1979 年全国农业自然资源调查和农业区划启动之时，国务院决定成立"全国农业自然资源调查和农业区划委员会"[②] 领导该项工作，在通知成立农业区划委员会的国发（1979）36 号文件中同时指出：在中国农业科学院成立农业自然资源和农业区划研究所，负责收集、综合研究农业自然资源和农业区划资料[10]。1979 年 3 月中国农科院土壤肥料研究所高惠民所长领衔筹建，1981 年健全机构，设立农业区划、农业资源、新技术应用等 3 个研究室。90 年代增设种植业布局、畜牧业布局、持续农业与农村发展、农业资源信息等研究室。1997 年农科院山区室整建制并入。2003 年与土壤肥料研究所整合。该所在植物营养、土壤肥料、农业微生物资源利用、农业遥感应用、区域发展、食用菌研究等方面具有优势，在探索农业资源环境领域中的理论与方法、农业发展战略、区域布局与结构调整、农业生产实用技术等问题，培养农业高级人才做出贡献。是全国农业资源区划资料库管理单位，中国农业资源与区划学会挂靠该所。编辑出版《中国农业资源与区

---

① 图中数据主要是根据中国知网"中国学术文献网络出版总库"作者署名单位检索和部分单位网站发布的信息整理，并剔除了部分成立或更名时间无法查证的单位，因此是一种不完全统计。

② 简称"农业区划委员会"，时任国务院副总理、国家农委主任王任重兼任主任，下设办公室（简称区划办）负责处理日常事务，首任办公室主任由中国农科院副院长朱则民（副部级）担任，国家有关部、委、局和中科院地理所、南京地理所、综考会等为委员单位。1993 年撤销，其职能转由农业部承担。

划》《植物营养与肥料学报》《中国土壤与肥料》《中国农业信息》和《农业科研经济管理》等学术刊物。

（2）中国水利水电科学研究院水资源研究所。其前身是1954年筹建的水文研究所，1986年改用现名。设立有水资源管理、水资源配置、水生态环境、节水与水资源综合利用、流域水循环模拟与调控、气候变化与水资源、水资源信息、水资源调度、水经济与战略、城市水文与水务工程等研究室，主要从事水文水资源领域的理论、应用基础与应用研究。该所首任所长陈志凯院士开拓了我国水资源评价工作，主持完成中国水资源初步评价，编制了《中国水资源初步评价报告》以及相关图表，填补了我国水资源基础调查评价工作的空白。陈家琦教授曾多年担任《自然资源学报》副主编，对水资源学有独到见解，专门论述了水资源学与水文学的联系与区别[11]。王浩院士在流域水循环过程模拟、水资源评价、水资源规划、水资源配置和调度、生态需水理论及其计算方法、水价理论与实践、水资源管理等方面取得一系列成果，曾任中国自然资源学会副理事长和《资源科学》编委。水资源所主持和参与完成上百项国家科技任务，已形成创新特色显著的现代水文水资源理论与技术方法体系。该所是全球水伙伴中国委员会、中国水利学会水资源专业委员会、中国可持续发展研究会水问题专业委员会等学术组织和《中国水资源公报》编辑部的挂靠单位；与世界银行、联合国发展署、环境计划署以及美国、澳大利亚、日本、英国、意大利、韩国等国际同行有着广泛深入的合作，是中澳流域管理联合研究中心的中方技术支撑单位。

（3）四川省自然资源科学研究院。其前身为西昌规划开发委员会。1978年，在时任四川省委书记杨超的提议和直接过问下，四川省正式向国家科委申请成立"四川省自然资源综合考察开发利用研究所"，国家科委以（78）国科发字221号文件予以支持。1978年11月该所正式建立，定为由四川省科委领导的地级单位。1983年更名为"四川省自然资源研究所"，2007年11月在研究所的基础上，改建"四川省自然资源科学研究院"。该院发展经历了三个大的阶段：第一阶段，1979—1987年，组织、开展了区域性的土地、生物、资源、矿产、水、能源、旅游等多项大型自然资源综合调查、评价与规划；第二阶段，1988—1999年，改制办公司，队伍不稳，研究成果弱化；第三阶段，2000年以后回归为公益性科研机构，重点开展珍稀、濒危、特有动植物自然资源调查、评价、收集、迁地保护，以及开发利用等研究工作，开展区域资源生态与社会宏观战略与总体发展规划研究工作，以及市（地、州、县）的生态建设中长期规划。下设区域资源、生物生态、种质资源、数字资源、资源产业、猕猴桃、资源与环境等7个研究所，1个中心实验室，以及峨眉山生物资源实验站、什邡猕猴桃资源国际合作基地、双流永安资源孵化基地、西昌热带植物资源研究基地等4个野外基地；同时设资源经济与管理研究所等从事科技生产力促进的科研服务部门。办有《资源开发与市场》期刊。

（4）内蒙古大学自然资源研究所。成立于1982年。1957年内蒙古大学成立之际，著名植物学家、生态学家李继侗院士（曾任内蒙古大学副校长）就把他在北京大学创建的植物生态学与地植物学专门组移植到内蒙古大学，在植物生态学与地植物学研究方面取得重要成就。以此为基础，李博院士于1982年建成自然资源研究所。建所以来，该所充分考虑地区特色和学科优势，长期从事干旱、半干旱区植被生态学、草原生态学与环境科学的研究，并形成了从基础研究、应用基础研究、应用研究的发展链条，现已成为我国北方草地生态学研究中心和人才培养基地。

除上述几个典型单位之外，尤其是水利部门在这个时期更名的机构多，如原南京水文研究所，在 1985 年更名为"南京水利科学研究院水文水资源研究所"；原黄河水源保护科研所更名为"黄河水资源保护科学研究院"；其他水文研究所也几乎都加上了"资源"二字，改为"水资源研究所"或"水文水资源研究所"。中国林科院也在 1984 年将原"森林调查及计算技术研究中心"更名为："中国林业科学研究院资源信息研究所"。中国农科院资源区划所成立后，一些省（市、自治区）也成立了相应的研究机构，到 1981 年 8 月，各地已建立 19 个农业资源和农业区划研究机构[10]。

在中科院系统内部，虽然没有出现更名现象，但根据国家科技体制改革的精神，从 1986 年开始实行研究所分类管理，地学口的大部分研究所被确定为"公益性事业单位"类型，经费"包干"使用，中国的科技体制开始进入"竞争与市场化"阶段。

在内外竞争压力增大的情况下，综考会从内部体制上加强了以研究室为基础的自身能力建设。1986 年，在原水、土、气、生资源研究室和资源经济室基础上，重建了工业布局室，新建了计算机应用室。1988 年，计算机应用室改为国土资源信息室。同年，报请中科院和江西省人民政府批准，在试验点基础上建立了千烟洲试验站。1989 年，生物资源室分化为农业资源生态室、林业资源生态室和草地与家畜资源生态室。同时，研究室的基本任务也转变为组织科研人员争取课题、提高学术水平、发展本门学科和培养科研人才。

到了 90 年代，综考会领导班子于 1991 年 1 月换届，孙鸿烈副院长继续兼任主任，石玉林任常务副主任，杨生任党委书记，康庆禹、朱成大、田裕钊（1992 年调离，慈龙骏接任）、孙九林任副主任。此时，全国各地自然条件与自然资源状况已逐渐清晰，以积累资料为主的考察时期基本结束，资源合理利用与区域可持续发展的综合研究任务日益突出，资源科学的理论体系初见端倪，时任中科院副院长、综考会主任的孙鸿烈认识到：支撑科技活动的网络平台已经成为科技水平的重要代表，这是发挥科学院综合优势的又一途径，是关系到科学院在资源环境领域里能否再深入一步，再前进一步的重要战略问题①，力促中科院启动了中国生态系统研究网络（CERN）建设。由于综考会有着长期组织宏观考察与研究的经验，并且从一开始就积极参与网络台站筹备工作，因此 1992 年中科院决定将 CERN 的综合研究中心设在综考会；1993 年成立了项目管理机构，孙鸿烈任总经理，赵士洞任副总经理，朱成大兼网建办主任，孙九林负责计算机联网工程；CERN 的建设成为综考会的中心工作之一。1994 年 8 月，中科院又任命赵士洞为综考会主任，孙九林、杨生、谭福安为副主任，1996 年 8 月增补成升魁为副主任。

在此阶段，综考会继续在资源科学研究领域起作"带头羊"的作用。1991 年组织各研究室和地理所的有关专家，在《地球科学进展》第 4 期和第 6 期上，集中发表了气候资源学、资源环境学、农业资源生态学、资源经济学、工业资源开发学、资源生态学、旅游资源学、土地资源学、土地经济学、水资源学、动物资源学和森林资源学，以及"自然资源科学及其学科体系"等文章，系统地阐述了"自然资源学"各个分支学科的研究对象、研究内容和研究进展。1995 年，由中国自然资源学会组织，出版了 42 卷本的《中国自然资源丛书》，对我国

---

① 孙鸿烈口述：中国生态系统研究网络的创建，中国生态系统研究网络建设访谈录电子版，第 4 页。

区域资源分布、资源特点、资源态势和开发利用方向进行了全面梳理。1996年，开始编纂《中国资源科学百科全书》，并编辑出版了《自然资源综合考察研究四十年》文集，总结了40年来自然资源综合考察和资源研究的成果，展望了资源科学的发展趋势。1997年，中科院决定启动知识创新工程。综考会根据中科院学科布局战略以及综考会的学科定位，向中科院提交报告，建议将该机构更名为"中国科学院资源综合研究所"。更名的目的是"突出学科建设，加强综合研究，适应发展趋势，服务我院需要"。但在1998年中科院对研究所的分类定位中，综考会无法纳入进入经济建设主战场的技术开发型研究所，而是被划入基础研究类，与以学科为中心的地理所同属一个类型，综考会的资源科学学科定位未被中科院认同[6]。因此，在1998年7月领导班子换届时主任空缺，只任命了成升魁为常务副主任主持工作，谭福安、欧阳华为副主任。1999年9月，中科院决定地理所与综考会整合，组建"中国科学院地理科学与资源研究所"（简称地理资源所）。

五、快速膨胀时期（2000年以后）

地理资源所在2000年建立以后，科学目标定位为：创新地理科学、发展资源科学和地球信息科学，学科领域调整为5个，第二领域是"区域资源与环境综合研究"，内部科研机构设立4个研究部18个研究室（中心、站），资源科学研究人员及其任务集中于"区域资源与环境综合研究室""土地覆被变化与土地资源研究室""陆地水文与水资源研究室""资源经济与资源安全研究室""资源与环境信息系统国家重点开放实验室"和"国家资源环境数据中心"，部分散落在试验站以及"国情分析""乡村发展"等研究室。2006年，地理资源所在创新三期中对研究领域和内部结构做了进一步调整，设立四个重大战略性研究命题，命题1是"水资源与水土资源耦合/配置研究"，将"资源科学研究"列为六个学科方向之一，成立了"资源科学研究部"，以深化资源科学理论和方法的研究。目前，地理资源所仍然是我国专门从事资源科学研究的最大机构。

但是，从数量上看，2000年以后资源研究机构如雨后春笋迅猛增长。2000年前后全国的"资源"研究机构不过六七十所，2005年过百，2008年超过200所，2012年超过300所，目前不下350所。按隶属关系和名称类别统计（表7-1），目前是高等院校所办的"生物资源类"研究所（中心）最多，主要是由一些农、林、师范院校以前从事宏观动、植物研究的系科组建。其次是"水资源"研究机构，一些从事水利、水文研究的机构多已改为"水资源所"，这部分机构集中分布在水利部门和有一定基础的高校，如河海大学、清华大学、吉林大学、武汉大学、北京师范大学等。综合性研究机构也占有较高比例，这部分多是省级农科院"土壤肥料研究所"或综合大学及师范院校的"地理系科"转来，有的还有相当长的历史，如"江苏省农业科学院农业资源与环境研究所"可追溯到1932年成立的"中央农业实验所土壤肥料系"。国土资源部成立后，一些从事土地和地质研究的单位通过整合组建成一批国土、矿产方面的研究机构，如中国国土资源经济研究院、中国土地勘测规划院、国土资源部油气资源战略研究中心、中国国土资源航空物探遥感中心、中国冶金地质总局矿产资源研究院、中国地质调查局油气资源调查中心、中国地质科学院矿产资源研究所、中国地质科学院盐湖与热水资源研究发展中心等。

表 7-1　资源研究机构分类统计表 *

隶属关系	综合	土地	水	生物	能源矿产	海洋	人力	信息	法学	其他	合计
国立机构	6	3	14	3	6	1	1	1	0	1	36
省属机构	27	15	28	40	9	5	7	0	0	2	133
高等院校所属机构	35	17	35	52	11	4	23	5	5	2	189
合　计	68	35	77	95	26	10	31	6	5	5	358

* 本表根据中国知网"中国学术文献网络出版总库"作者署名单位检索和部分研究机构网站数据列出的科研机构名单整理，为不完全统计。

特别值得一提的是，中国地质科学院矿产资源研究所曾经在矿产资源研究中做出很大贡献。该所始建于 1956 年，其前身为地质矿产部矿物原料研究所，2000 年改用现名。设立有金属矿产资源研究室、海洋资源与非金属研究室、资源环境与利用研究室、成矿远景区划研究室、盐湖与热水资源研究发展中心、成矿作用与资源评价重点实验室、矿产资源勘查与评价技术方法实验室等研究实体。聚集了中国科学院院士宋叔和、中国工程院院士郑绵平、陈毓川、裴荣富、赵文津等一批矿产资源研究的资深专家，并且宋叔和等老专家与原中央地质调查所有渊源，郑绵平院士早年曾随柳大纲先生参加柴达木盐湖科学调查和西藏综合科学考察。办有《矿床地质》期刊。

此外，在最近十几年，社会资源以及自然资源的社会学研究也开始受到重视。如 2008 年，国务院发展研究中心成立了资源与环境政策研究所。2004 年，原国家科委标准化综合研究所能耗标识管理中心改建为"中国标准化研究院资源与环境标准化研究所"。北京大学、厦门大学、中国人民大学、上海交通大学、中南大学、南京农业大学等建立了人力资源研究所（中心）。清华大学、中国政法大学、武汉大学、西南政法大学等自 2000 年起，先后成立了"环境资源与能源法研究中心""国土资源法律研究中心""环境与资源法学研究所"和"矿产资源法研究中心"等。

除上述研究机构之外，作为国家科技创新体系的重要组成部分，国家重点实验室是国家组织高水平基础研究和应用基础研究、聚集和培养优秀科学家、开展高层次学术交流的重要基地。设立国家重点实验室，从一个侧面反映出国家对该学科的重视，也表明依托单位在该领域具有一定实力。据不完全统计，不包括省部共建，目前与资源开发利用相关的国家重点实验室有 14 个（表 7-2），其中综合研究 2 个，水资源 3 个，能源与矿产资源 5 个，生物资源 4 个。依托中科院地理资源所的"资源与环境信息系统国家重点实验室"是我国最早成立的国家重点实验室之一，陈述彭院士任首届实验室主任和学术委员会主任。

表 7-2　资源类国家重点实验室*

类型	实验室名称	依托单位	地区	建立年份	首任学术委员会主任	首任实验室主任
综合	资源与环境信息系统国家重点实验室	中国科学院地理科学与资源研究所	北京	1985	陈述彭院士	陈述彭院士
	地表过程与资源生态国家重点实验室	北京师范大学	北京	2007	安芷生院士	史培军教授
水资源	水文水资源与水利工程科学国家重点实验室	南京水利科学研究院，河海大学	江苏	1989	王浩院士	彭世彰教授
	水资源与水电工程科学国家重点实验室	武汉大学	湖北	2003	郑守仁院士	谈广鸣教授
	城市水资源与水环境国家重点实验室	哈尔滨工业大学	黑龙江	2007	曲久辉院士	任南琪教授
能源与矿产资源	油气资源与探测国家重点实验室	中国石油大学（北京）	北京	2007	贾承造院士	郝芳教授
	地质过程与矿产资源国家重点实验室	中国地质大学（武汉）	湖北	2005	郑绵平院士	成秋明教授
	煤炭资源与安全开采国家重点实验室	中国矿业大学（北京）	北京	2006	范维唐院士	彭苏萍院士
	稀土资源利用国家重点实验室	中国科学院长春应用化学研究所	吉林	2010	洪茂椿院士	张洪杰院士
	煤炭资源高效开采与洁净利用国家重点实验室	煤炭科学研究总院	北京	2010		
生物资源	微生物资源前期开发国家重点实验室	中国科学院微生物研究所	北京	1989	赵国屏院士	东秀珠研究员
	植物化学与西部植物资源持续利用国家重点实验室	中国科学院昆明植物研究所	云南	2001	郝小江研究员	刘吉开研究员
	遗传资源与进化国家重点实验室	中国科学院昆明动物研究所	云南	2007	朱作言院士	张亚平院士
	亚热带农业资源保护与利用国家重点实验室	广西大学，华南农业大学	南宁	2011	卢永根院士	陈保善教授

　*本表根据科学技术部基础研究司和基础研究管理中心2009年10月编制的《国家重点实验室简介》整理，不包括"化工资源""污染控制与资源化研究"等实质性研究内容与本书定义的"资源"有较大出入的实验室，也不包括虽然做一些相关的研究工作但名称中不含"资源"字样的实验室。

第二节　学会与学术会议制度的建立和发展

　　创建学会的根本动机就是要促进学科的发展。中国自然资源学会自1993年由原来的研究会更名为学会之后，一直围绕创建和发展资源科学而不懈努力。先后开展了全国范围的重大自然资源综合科学考察研究、资源科学的理论与方法体系构建、资源科学技术名词的梳理、专业研究委员会的设立、学术年会制度的创办等一系列重大活动，极大地推动了资源科学的发展。本节重点回顾中国自然资源学会的发展历程和学术会议制度的创办与发展。

一、中国自然资源学会的发展历程

（一）开创阶段（1980 年 9 月—1993 年 1 月）

图 7-6　中国自然资源研究会筹备会会场

1979 年 12 月 5 日，中国科学院自然资源综合考察委员会向中国科学技术协会报送"关于成立自然资源研究会"的请示报告。1980 年 9 月 12 日，中国科协下发了"关于同意成立中国系统工程学会等几个学会的通知"[科协发学字（80）278 号]，标志着社会及学术界初步认可资源问题是一门值得重视与研究的学问。

1982 年 4 月 6~8 日，中国自然资源研究会筹备组在北京召开成立大会（图 7-6）。会议推选了 28 位同志组成了研究会筹备组，组长为漆克昌，副组长有马世骏、吴传钧、徐青、孙鸿烈。其主要任务是：宣传研究会的宗旨，创办会刊，发展会员，健全组织，大力举办学术会议，向社会普及自然资源科技知识，树立民众爱惜资源、节约资源、合理利用资源和保护资源意识。

1983 年 10 月 23~28 日，在北京召开了研究会成立大会暨第一次学会交流会，编印了会刊。筹备组组长漆克昌致开幕词，副组长孙鸿烈代表筹备组做了工作报告汇报，中国科协原副主席裴丽生、中国社会科学院顾问于光远在成立大会上做了报告发言，中国国土经济学研究会原副秘书长周政和四川省自然资源研究所原副市长胡代泽分别致贺词。本次会议历时 6 天，共有 16 位特邀代表和 170 多位来自全国 120 多个单位的代表出席，会议通过了研究会的工作报告和章程，选举了新的领导机构理事会，开展了学术交流，宣读了 71 篇论文，会后编辑出版了两本重要文集，一本是关于自然资源研究方法论（科学出版社，1985 年）[12]，另一本是关于自然资源的综合研究（能源出版社，1985 年）；研讨了研究会的未来发展方向和重大任务，为研究会的创立奠定了良好的开端。据不完全统计，《自然资源研究的理论与方法》连同集内单篇文献，其引用频次数以千计，已成为资源科学研究的重要经典文献[13]。

这一阶段先后召开了中国自然资源研究会第一次、第二次全国会员代表大会，选举产生了两届理事会。第一届理事长是侯学煜（1983 年 10 月—1988 年 1 月，图 7-7），副理事长有孙鸿烈、阳含熙、陈述彭、王慧炯、李文彦、李文华，秘书长是郭绍礼。第二届理事长是孙鸿烈（1988 年 1 月—1993 年 2 月），副理事长有李文华、李文彦、陈家琦、张新时、包浩生、杨树珍，秘书长是陈传友。

此阶段，在组织建设方面，首次建立了"中国自然资源研究会章程"，规定了研究会的宗旨、性质、研究对象以及主要任务等问题，还形成了必须办好自己刊物的重大决定。考虑到当时国内已有《自然与资源》《自然资源研究》《自然资源译丛》等，1985 年 2 月 9 日创办了

《自然资源学报》，经济学家程鸿任主编，1986 年 3 月 1 日正式创刊发行。1984 年至 1991 年，先后成立了 8 个分支机构，分别是：干旱半干旱区资源研究专业委员会、山地资源研究专业委员会、资源经济研究专业委员会、热带亚热带地区资源研究专业委员会、自然资源信息系统研究专业委员会、土地资源研究专业委员会、青年工作委员会和教育工作委员会等。先后成立了 5 个省级学会（山东省资源与环境学会，1989 年 9 月成立，理事长为张林泉；福建省自然资源学会，1989 年 6 月成立，理事长为朱鹤健；宁夏回族自治区自然资源与国土经济学会，1989 年 7 月成立，理事长为蓝玉璞；湖南省自然资源学会，1992 年 11 月成立，陶敏为理事长；湖北省自然资源学会，1993 年 3 月成立，理事长为曹文宣）。此外，在资源科普方面，

图 7-7　侯学煜（1912—1991）

重点在青少年中开展了资源知识普及活动，举办了"可爱的中华"系列讲座，宣讲祖国的大好河山以及各种资源分布概况。1989 年 7 月 1~31 日，联合国人与生物圈中国委员会和联合国教科文组织中国委员会举办了"中国自然遗产保护与管理培训班"，参加人数 40 余人。

在学术研究方面，重点是从理论上系统总结了资源科学理论与方法，组织专家撰写了 10 余部资源科学专著，包括《自然资源研究的理论和方法》《西部地区资源开发与发展战略研究》《资源环境与农业发展》等。主办或参与组织召开了 100 余次全国自然资源综合研究学术交流活动，形成了许多在现在看来仍具有重大参考价值的学术交流成果。如 1982 年 7 月受原国家计委国土局委托，中国自然资源研究会筹备组和中国地理学会、中国国土经济学研究会、中国生态学会、中国环境科学学会联合召开了"国土整治战略问题第一次讨论会"，探讨了以 2000 年为目标的我国国土整治战略目标、战略方针、战略部署及政策措施，对我国国土开发、利用、保护、治理问题和国家中长期国土整治的重大项目，向有关决策部门提出了书面建议，有力地促进了国土资源研究工作与国土开发整治工作的结合，使自然资源研究更好地为经济建设服务。1990 年 3 月 9 日，与中国科学院资源研究委员会（1986 年 11 月 29 日设立，孙鸿烈为主任委员）在北京召开了"中国南方草山、草坡开发利用学术座谈会"，对南方草山草坡范围、特点、开发利用现状和综合开发方案进行了研讨。

这期间的一些资源研究成果受到学界的长期关注，如孙鸿烈先生强调把自然资源作为一个整体开展资源研究的综合观，提出结合区域发展目标，开展人口—资源—环境—经济综合研究，不同资源、不同区域、流域内部的资源综合研究；石玉林先生关于"中国土地资源承载力"的研究，组织完成了"建立资源节约型国民经济体系"国情研究报告和"两种资源、两个市场"国情研究报告；李文华先生和沈长江先生首次提出了自然资源分类系统并强调资源开发对生态环境的影响等[14]；孙九林先生提出建立和开展自然资源信息系统的研究，丰富了自然资源科学研究的理论和方法[15]。

（二）发展阶段（1993 年 2 月—2004 年 3 月）

通过以上一系列活动，研究会不断壮大，组织机构和学科内容日臻完善，学术影响日益扩大。为此，中国科协于 1993 年 2 月 4 日正式批准研究会更名为中国自然资源学会 [（1993）科协发组字 042 号]。在批复中指出，鉴于我国自然资源科学研究的理论和方法日臻完善，学

科体系已初步形成，同意将中国自然资源研究会更名为"中国自然资源学会"。从此，中国自然资源科技工作者有了自己的学术园地。

这一阶段召开了第三次（1993年2月24—26日）、第四次（1998年5月11—13日）全国会员代表大会。第三届理事长为孙鸿烈（连任，1993年2月—1998年5月），副理事长有石玉林、张新时、杨树珍、方磊、张巧玲、何贤杰、包浩生，秘书长为陈传友。第四届理事长为石玉林（1998年5月—2004年4月），副理事长有陈传友、刘纪远、史培军、何贤杰、石定寰、李博、李晶宜、聂振邦，秘书长为陈传友（兼）。

此时期，全国相关高校、研究所相继成立了资源学院、研究室，学会也进入一个全面发展阶段，学会在组织建设方面，继续完善了8个专业委员会和2个工作委员会等分支机构。

此时期的工作是在加强组织建设和学术交流的基础上，着重于资源学科体系建设和围绕着资源热点、重点开展学术讨论和科技咨询活动，建立和完善资源科学理论。1993年4月2日，在原国家计委国土地区司的组织下，学会主要领导参与组织编撰了《中国自然资源丛书》，10种资源分册和30个省市分册与1个综合分册，共42册，约1500万字，是我国第一套自然资源的实践总结巨著[16]。该套丛书获国家计委机关特等奖、国家计委系统科技进步一等奖，获奖的6个人中，有2个是学会主要领导。

在上述丛书的基础上，学会组织专家进行理论研究，1995年2月23日启动了《中国资源科学百科全书》（以下简称《全书》）的编撰工作，孙鸿烈先生任编委会主任，2000年6月1日该书正式出版[17]，对我国资源科学的建立和学科定位，起到了极大的作用。参加评审鉴定会的专家一致认为：①《全书》是一项由全国100多个单位、近600名专家学者用了5年时间完成的宏伟系统工程。该书由19个分支学科构成，共2589个条目，327万字，有插图和照片1670张，内容广泛丰富，是长期以来调查勘测、开发利用、保护管理资源实践的总结和资源科技工作者辛勤劳动的结晶，系统反映了国内外资源科学的成就和进步。②《全书》在我国首次从资源科学的角度，系统、综合、全面地论述了资源研究的内容、方法和特点，以及资源科学的学科体系与分支学科的学科定位，为有中国特色的资源科学的进一步发展和完善奠定了坚实的基础。该书从理论的高度，科学、系统地为读者提供了丰富的科学信息，对实现资源可持续利用，协调人口、资源、环境与经济社会发展的关系，促进经济与社会可持续发展有重要的指导意义。③《全书》集资源考察、开发、利用、保护与管理于一身，融自然科学、社会科学与工程技术科学为一体，为学科的综合与交叉树立了又一个范例，为资源研究和管理提供了一部大型的工具书。④《全书》的体系完整，结构严谨，内容翔实，释义准确，图文并茂，印刷精美。该书获得全国科技图书二等奖和山东省1999—2000年优秀图书奖。

2002年，国家名词委员会委托学会组织成立了"资源科学技术名词审定委员会"，着手开展界定资源科学术语和资源科学概念的工作，并于2008年正式公布了《资源科学技术名词》[18]，标志着自然资源科学体系的进一步发展与完善。

在资源科普和继续教育方面，学会也进行了积极探索。1998年，学会组织撰写"自然资源丛书"，李文华教授任主编，编辑出版了《大地明珠——湖泊资源》《林木葱郁——森林资源》《蓝色的聚宝盆——海洋资源》《凝固的水库——冰川资源》《祖国的旅游胜地——旅游资源》《气候资源》《中国能源资源》《天富之区——海岸带资源》《自然资源——生存和发展的物质基础》等系列科普丛书，填补了我国资源领域科普方面的空白。1993年5月，学会在北京开办了第一期"土地估价师资格培训班"，来自全国的 50 位学员参加了培训，学员结业后全部取得了土地估价师资格并获得了资格证书，为推动我国土地的合理利用发挥了积极作用。

学术交流方面也十分活跃。在 1993 年的第三次全国代表大会期间，孙鸿烈、陈述彭、张新时等多位与会科学家紧急呼吁全国人大尽快设立"人口资源环境委员会"，这一提议由《人民日报》编印的《情况汇编》第 119 期提交给全国人大。50 年前，竺可桢等 20 多名科学家就曾联名向中央提出统筹保护自然资源的建议，在七届四次全国人大会议上，孙鸿烈等曾向人大联名呼吁成立资源与环境委员会的建议。当时获悉在七届五次人大会上，要成立人口环境委员会。这是全国人民的心愿，与会代表非常高兴，但认为这个名称很不确切。首先，把人口与环境作为因果关系是不恰当的，看不出资源对人口、环境的影响；其次，人口虽然也是一种资源，但不能代表全部的自然资源；第三，当时在资源合理开发利用与保护领域还没有统一的专门的管理协调机构。因此，专家们建议，新成立的人口环境委员会还是叫人口资源环境委员会为好。这个提法及所代表的内涵比较科学，更重要的是能把自然资源持续利用提到议事日程。

1998 年 12 月 28~29 日，学会联合中科院原综考会和北京师范大学等召开了全国有关资源研究部门、教育机构和生产、管理部门主要领导和著名资源专家的"跨世纪资源科学座谈会"，在资源科学定位、资源综合研究、我国下世纪资源战略方面达成共识，会后向国务院呈交了"建议国务院学位委员会将资源科学列入国家学科序列"。中央电视台对会议内容进行了采访报道。此外，1993 年学会还组织了"气候、自然灾害与农业对策国际学术研讨会""干旱区环境整治与资源合理利用国际研讨会""中泰河流流域整治与开发学术讨论会""全国喀斯特地区农业发展研讨会"等国内外各种学术会议。

2001 年，国家科技部委托学会开展了在资源科学领域"九五"科技进展的统计、比选、撰稿和报道工作。5 月 17 日，科技部在北京召开"九五"科技进展新闻发布会，陈传友副理事长在会上发布了中国资源科学领域的 6 项重大科技成果，即：一是采用遥感、计算机、地理信息系统等高新技术，首次全面查清了我国土地资源，为社会经济可持续发展奠定了物质基础；二是提出基于线状采样框架的采样新方法，成功开发与之相配套的农情采样系统，形成高效农情速报与农作物估产技术体系；三是虚拟现实技术的成功实践，为深入开展资源环境科研、教学、管理和宏观决策等工作提供了高新技术工具；四是矿产资源勘查地球化学理论与技术获得新突破，为我国寻找大型巨型矿床提供了新的依据和方法；五是资源环境遥感动态信息系统的建立，使我国资源、环境监测与管理步入世界先进行列；六是资源科学的理论与实践研究取得丰硕成果，为我国建立资源科学体系和奠定学科地位做出了重要贡献。

这个阶段，中国自然资源学会的挂靠单位发生了变更。1999 年 9 月，依据中国科学院知识创新工程的战略部署，由原地理研究所和原自然资源综合考察委员会整合而成中国科学院地理科学与资源研究所。

由上可知，学会这期间的工作为资源科学的发展与完善奠定了良好的基础，也是学会大发展的重要阶段。1997 年，被授予中国科协第一届先进学会称号。2000 年，在国家自然科学基金委主持完成的《全国基础研究"十五"计划和 2010 年远景规划》中，把资源环境科学列为 18 个基础学科中的一个独立的科学领域[19]，下列资源科学与技术、环境科学与工程、资源与环境管理等 3 个一级学科，在资源科学与技术学科下设自然资源、资源生态、资源经济和资源工程技术等 4 个二级学科[20]。

（三）壮大阶段（2004 年 4 月—2016 年）

这 10 多年是中国自然资源学会迈入更深入发展和不断壮大的阶段。期间先后于 2004 年 4 月、2009 年 10 月、2014 年 10 月召开了第五次、第六次、第七次全国会员代表大会。第五届理事长为刘纪远（2004 年 4 月—2009 年 10 月），副理事长有成升魁、史培军、何贤杰、李善同、王浩、张福锁，秘书长为沈镭；第六届理事长为刘纪远（连任，2009 年 10 月—2014 年 10 月），副理事长有成升魁、李善同、王浩、张福锁、陈曦、郑凌志、高琼，秘书长为沈镭。2012 年因高琼辞职更换李晓兵为副理事长；第七届理事长为成升魁（2014 年 10 月—2019 年 10 月），副理事长有王仰麟、王艳芬、江源、吴文良、沈镭、陈发虎、陈曦、林家彬、郑凌志、封志明、夏军，高峻、濮励杰，沈镭兼秘书长。

表 7-3 列出了从学会创立至 2016 年历届理事长（筹备组长）、副理事长（副组长）和秘书长的名单。

表 7-3　中国自然资源学会历届理事长、副理事长、秘书长名单

届　次	理事长	副　理　事　长	秘书长	当选时间	会议地点	理事会规模（人）
筹备组	组长：漆克昌	副组长：马世骏、吴传钧、徐青、孙鸿烈		1982 年 4 月	北京	26
第一届	侯学煜	孙鸿烈、阳含熙、陈述彭、王慧炯、李文彦、李文华	郭绍礼	1983 年 10 月	北京	60
第二届	孙鸿烈	李文华、李文彦、陈家琦、张新时、包浩生、杨树珍	陈传友	1988 年 1 月	北京	77
第三届	孙鸿烈	石玉林、张新时、杨树珍、方磊、张巧玲、何贤杰、包浩生	陈传友	1993 年 2 月	北京	94
第四届	石玉林	史培军、石定寰、何贤杰、李博、李晶宜、陈传友、聂振邦	陈传友	1998 年 5 月	北京	98
第五届	刘纪远	成升魁（常务）、史培军、李善同、何贤杰、王浩、张福锁	沈　镭	2004 年 4 月	北京	120
第六届	刘纪远	成升魁（常务）、王浩、李善同、张福锁、陈曦、郑凌志、李晓兵	沈　镭	2009 年 10 月	上海	121
第七届	成升魁	王仰麟、王艳芬、江源、吴文良、沈镭、陈发虎、陈曦、林家彬、郑凌志、封志明、夏军、高峻、濮励杰	沈　镭	2014 年 10 月	郑州	146

这个阶段学会跻身于全国优秀科技社团行列，各项工作亮点纷呈，包括：建立了学会年会制度和学会志愿者工作模式，三次组织编写了《资源科学学科进展报告》（2006—2007[21]、2008—2009[22]、2011—2012[23]），启动了《中国资源科学学科史》的编写，推进了学会制度建设和主办期刊质量建设，积极开展了各种科普和决策咨询活动，坚持民主办会，加强分支机构的管理，各项工作取得了突破性发展。2011 年通过了国家民政部组织的中国社会组织评估并获得 4A 级社会组织等级证书；2012 年、2015 年两次获得中国科协组织评审的优秀科技社团三等奖，并将学会纳入中国科协"学会能力提升专项"第一期和第二期，连续给予两次、共 6 年的经费资助。

二、开展各种学术交流与宣传推动学科建设

为了促进资源科学的创立与发展，学会始终把弘扬学术思想、活跃学术交流作为重要工作，通过打造中国自然资源学会的学术年会、鼓励和支持重点专业委员会举办学术研讨会或论坛，整合各种资源科学信息并开设中国自然资源学科信息平台、举办各种科普活动等，广泛宣传资源科学技术研究成果，惠及广大资源科技工作者和资源科学方面的读者，反响很好。

（一）努力打造学会学术年会品牌

学会先后主办或参与组织了200余次学术交流活动，特别是从2004年起建立了一年一度的中国自然资源学会学术年会制度，对于充分展示资源科学发展，探讨研究热点和前沿领域，促进学科交融，紧密结合国家需求，探讨如何更好地为建设资源节约型社会提供科技支撑，发挥了重要作用。

自2004年至2015年，学会已成功举办了12次学术年会（表7-4）。每次年会设大会特邀报告半天；分会场交流1天半。会议规模在500人左右，代表中的院士、教授、研究员占40%；当地政府及科技、教育、科协等部门领导和管理人员占5%；在读博士、硕士研究生占55%，具有研究生学历的占90%以上。每次年会征集论文近400篇，交流报告200余个，评选表彰青年优秀论文奖30名，出版论文摘要集。学术年会主题紧扣国家重大需求和学科前沿，结合资源领域社会热点问题、举办地所在区域资源特色确定年会主题，开设区域专题论坛，学术活动服务社会、服务经济，活跃了资源科学的学术思想，促进资源科学的学科建设和发展，取得了很好的效果。

表7-4 中国自然资源学会历届学术年会统计（2004—2015年）

年份	承办单位	主题	规模（人）	论文情况
2004	南京师范大学	全面、协调、可持续发展：资源科学的机遇与挑战	335	论文162篇，摘要70篇，出版论文集（上、下册共1100页）
2005	山东师范大学	发展资源科技建设节约型社会	280	论文190余篇
2006	福建师范大学	创新资源科技促进和谐发展	360	论文及摘要210余篇
2007	陕西师范大学	推动资源科学创新 促进社会和谐发展	500	论文及摘要480余篇
2008	南开大学	生态文明与资源节约	500	论文及摘要400余篇
2009	上海师范大学	谋划资源科学发展 加强资源安全保障	600	论文及摘要420余篇
2010	西南大学	谋划西部加快发展 推动资源科学创新	400	论文及摘要250余篇
2011	新疆自然资源学会	发挥资源科技优势 保障西部创新发展	400	全文87篇，摘要74篇
2012	广州大学	建设资源节约与环境友好社会 促进经济转型与资源科学发展	600	共304篇，其中全文122篇，摘要182篇
2013	海南大学	创新资源科学技术与方法 助推海南国际旅游岛建设	400	论文及摘要260多篇
2014	河南自然资源学会	深化资源科技创新驱动中部绿色发展	600	220篇
2015	云南师范大学	新常态和新丝路战略下的资源科技创新与区域发展	700	250篇

　　中国自然资源学会的重要活动之一，就是为资源学界的专家学者提供高层次高起点的学术交流平台。学术活动充分展示资源科学的发展，探讨研究热点和前沿领域，促进学科交融，紧密结合国家需求，为更好地建设资源节约型社会提供科技支撑。

　　学会的分支机构设立逐步走向规划化和制度化。截止到 2016 年年初，学会分别设立了 19 个专业研究委员会（表 7-5）、3 个工作委员会和 5 个省级学会（表 7-6）。专业委员会组织和承办的学术交流活动呈现出制度化、规模化的良好态势。其中水资源专业委员会每年举办一次的"中国水论坛"（2002—2015）；天然药物资源研究专业委员会每年一次的学术年会；土地资源研究专业委员会、热带亚热带地区资源研究专业委员会、资源工程专业委员会、湿地资源保护专业委员会等分支机构每两年举办一次的学术年会已形成制度和规模，以其展示本学科领域研究成果，参与代表广泛，出版的论文集充分反映了近年来本领域我国科研院所取得的新成果和新进展而引人瞩目。

表 7-5　中国自然资源学会分支机构

名　　称	主　任	成立时间
干旱半干旱区资源研究专业委员会	第一届主任：赵松桥 第二届主任：汪久文 第三届主任：陈发虎	1991 年 6 月
山地资源研究专业委员会	第一届主任：李孝芳 第二届主任：崔海亭 第三届主任：郑度 第四届主任：唐亚 第五届主任：邓伟	1991 年 6 月
热带亚热带地区资源研究专业委员会	第一届主任：吴征镒 第二届主任：张经纬 第三届主任：朱鹤健 第四届主任：陈健飞	1991 年 6 月
水资源专业委员会	第一届主任：夏军	2004 年 1 月
土地资源研究专业委员会	第一届主任：石玉林 第二届主任：肖笃林 第三届主任：倪绍祥 第四届主任：刘彦随	1987 年 10 月成立 1991 年 6 月民政部登记
中药及天然药物资源研究专业委员会	第一届主任：周荣汉 第二届主任：段金廒	1994 年 11 月
农业资源利用专业委员会	第一届主任：张福锁	2009 年 1 月
旅游资源研究专业委员会	第一届主任：高峻	2011 年 7 月
湿地资源保护专业委员会	第一届主任：林振山 第二届主任：刘红玉	2004 年 8 月
资源经济研究专业委员会	第一届主任：程鹏 第二届主任：杨树珍 第三届主任：孙久文 第四届主任：董锁成	1991 年 6 月

续表

名　　称	主　　任	成立时间
资源生态研究专业委员会	第一届主任：谢高地	2006 年 11 月
资源工程研究专业委员会	第一届主任：陶敏 第二届主任：谢庭生 第三届主任：魏晓	1997 年 11 月成立 2013 年 6 月民政部登记
自然资源信息系统研究专业委员会	第一届主任：李文华 第二届主任：刘纪远 第三届主任：庄大方 第四届主任：刘荣高	1991 年 6 月
资源循环利用专业委员会	第一届主任：周启星	2006 年 11 月
资源持续利用与减灾专业委员会	第一届主任：史培军 第二届主任：李晓兵	1994 年 10 月
政策研究专业委员会	第一届主任：谷树忠	2012 年 7 月
资源产业专业委员会	第一届主任：崔彬	2014 年 10 月
资源地理专业委员会	第一届主任：濮励杰	2014 年 10 月
教育工作委员会	第一届主任：包浩生 第二届主任：彭补拙 第三届主任：周寅康	1989 年 5 月成立 1991 年 6 月民政部登记
青年工作委员会	第一届理事长：齐亚川 第二届理事长：封志明 第三届主任：封志明	1987 年 5 月成立 1991 年 6 月民政部登记（更名为青年工作委员会）
编辑工作委员会	第一届主任：张克钰 第二届主任：王立新	2012 年 7 月

表 7-6　省级自然资源学会

名　　称	理　事　长	挂靠单位	成立时间
湖南省自然资源学会	第一届理事长：陶敏 第二届理事长：谢庭生 第三届理事长：魏晓	湖南省经济地理研究所	1992 年 11 月
湖北省自然资源学会	第一届理事长：曹文宣 第二届理事长：蔡述明 第三届理事长：杜耘	中科院武汉测地所	1994 年 1 月
福建省自然资源学会	第一届理事长：朱鹤健 第二届理事长：张文开	福建师范大学	1989 年 6 月
新疆自然资源学会	第一届理事长：陈曦	中国科学院新疆生态与地理研究所	2005 年 8 月
内蒙古自然资源学会	第一届理事长：赵明	内蒙古师范大学	2014 年 9 月

（二）促进资源科学知识的普及与传播

2006 年，在沈镭和叶苹的积极组织下，学会圆满完成了《中国资源安全警示录》电视科普专题片的拍摄任务并在北京电视台（BTV-3）播出。全片共四集，即：水资源安全篇、土地资源安全篇、矿产资源安全篇、能源资源安全篇，每集 20 分钟。北京电视台科教节目中心致函中国科协："《中国资源安全警示录》四集系列片在我台科教频道（BTV-3）播出后，收视反应强烈，除有关合作各方认为该片警示性强，具有强烈的震撼力之外，从观众反馈的意见来看，大家认为该片画面丰富，具有强烈的冲击力，强烈要求继续重播。从统计收视率的专业公司反馈回来的意见显示，该节目达到本周该栏目收视排行之首"。之后在春节前夕的黄金时段，再次重播。

2007 年，学会组织专家编写面向全国县处级公务员的科普读本《建设资源节约型社会——学习·思考·行动》，由中国水利水电出版社正式出版发行，约 150 个问答题，共 35 万字。

湿地资源研究专业委员会、干旱半干旱专业委员会、土地资源研究专业委员会、资源工程专业委员会多次组织科普讲座、科学考察等活动，对于普及科学知识、提高全民科学素质发挥了重要作用。

（三）加强资源学科的系列化、规范化建设与发展

（1）从 2006 年起学会先后 3 次组织承担 "中国科协学科发展研究项目"，完成了《2006—2007 资源科学学科发展报告》《2008—2009 资源科学学科发展报告》《2011—2012 资源科学学科发展报告》。此系列报告的目的是为了促进资源科学学科发展和学术建设，展示资源科学的发展目标和前景，提出中国资源科学发展的战略需求。根据中国科协的统一部署，资源科学被纳入首批全国 30 个学科 2006 年度学科发展研究之一。2006—2007 年度报告重点选择了学科发展较为成熟、与国家战略需求和重大热点问题紧密相关的部分分支学科，展开深入的调查和分析研究，包括：资源信息学、资源生态学、资源经济学、区域资源学、资源管理学、水资源学、土地资源学、能源资源学和矿产资源学。2008—2009 年度报告的重点从学科转向重点研究领域，以学会专业委员会为主体，围绕天然药物资源学、干旱半干旱区资源学、资源持续利用与减灾学、湿地资源学、资源循环利用学、资源工程学、山地资源学等展开研究。2011—2012 年度报告的重点以自然资源科学的综合性学科（包括资源生态学、资源经济学、资源信息学、资源管理学）为重点，选择主要自然资源（水资源、土地资源、能源资源和矿产资源）为对象，凝练各学科的新进展、新成果、新方法、热点问题，展示学科前沿研究动态和发展趋势。

（2）正式组织并出版《资源科学技术名词》。学会于 2002 年成立了 "资源科学技术名词审定委员会"。全国资源科学技术名词审定委员会于 2008 年 10 月向全国颁布了《资源科学技术名词》，并由科学出版社出版。主要内容包括资源科学总论、资源经济学、资源生态学、资源地学、资源管理学、资源信息学、资源法学、气候资源学、植物资源学、草地资源学、森林资源学、天然药物资源学、动物资源学、土地资源学、水资源学、矿产资源学、海洋资源学、能源资源学、旅游资源学、区域资源学、人力资源学等 21 部分，共 3339 条。科学厘定了包括 20 个学科的资源科学技术名词，每条名词都给了定义或注释，是科研、教学、生产、经营以及新闻出版社等部分应遵守使用的资源科学技术规范名词。统一资源科学名词术语，对资源科学研究和学科理论的发展、传播与普及都具有重要意义。

（3）出版《资源科学》专著。2006 年，由学会组织、石玉林院士主编的《资源科学》专著正式出版 [24]。全书包括 3 篇 21 章共 80 万字，系统论述了资源科学及 16 个分支学科的科

学定位、研究对象、研究任务、理论基础、学科体系以及当前研究的前沿、热点与主要内容，是一本涵盖较广，综合性较强，比较全面、系统的资源科学理论专著（详见第五章）。

第三节 学术期刊的创办和发展

科技期刊在知识生产和知识传承过程中起着不可或缺的媒介作用，而且具有展示和公示本领域最新研究成果的功能，因此常常被看作是学科成熟度的重要标志之一[25]。法国人 1665 年 1 月创办的《学者杂志》（Journal des Scavans）和英国人同年 3 月创办的《哲学汇刊》（Philosophical Transaction of the Royal Society）被认为是世界上最早的科技期刊[26]。中国最早的科技期刊出版时间众说纷纭，有人认为是 1897 年上海农学报馆创办的旬刊《农学报》，也有学者认为是 1792 年江苏长州人唐大烈主编的《吴医汇讲》[27]，总之，农学和医学类期刊在我国开办较早，也是目前种类和数量较多的期刊。

我国早期的资源调查和研究成果多以内部考察报告形式刊印，或者是以专著、专题地图等形式出版，只有少量文章在地学、生物学、农学、水文学等相关刊物上发表。随着资源科学研究的深入，学科理论框架和研究方法逐步形成，创办学术性科技期刊就成为学科发展的必然需要，综考会在 1977 年创办的《自然资源》杂志是我国资源科学领域最早的科技期刊。近 20 年来，资源类科技期刊快速发展。目前，刊名中冠有"资源"字样的中文科技期刊已达 60 多种，英文期刊 2 种，其中被国内几个主要文献数据库收录的核心期刊有 20 多种（表 7-7）[28]。

表 7-7 部分资源类核心期刊[29]

现用刊名	创刊刊名	主办单位	创刊年份	收录情况
林业资源管理	林业勘查设计	国家林业局调查规划设计院	1972	北大核心
资源科学	自然资源	中国科学院地理科学与资源研究所，中国自然资源学会	1977	CSCD，CSTPCD，北大核心，CSSCI
植物分类与资源学报	云南植物研究	中国科学院昆明植物研究所	1979	CSCD，CSTPCD，北大核心
国土与自然资源研究	自然资源研究	黑龙江省科学院自然与生态研究所	1979	北大核心
中国农业资源与区划	农业区划	中国农业科学院资源区划所，中国农业资源区划学会	1980	CSCD，北大核心
中国野生植物资源	野生植物研究	南京野生植物综合利用研究设计院	1982	CSCD
水资源保护	—	环境水利研究会，河海大学	1985	CSTPCD
资源开发与市场	资源开发与保护	四川省自然资源研究院	1985	北大核心，CSSCI
自然资源学报	—	中国自然资源学会，中国科学院地理科学与资源研究所	1986	CSCD，CSTPCD，北大核心，CSSCI
亚热带资源与环境学报	福建地理	福建师范大学	1986	CSTPCD

现用刊名	创刊刊名	主办单位	创刊年份	收录情况
干旱区资源与环境	—	中国自然资源学会干旱半干旱地区研究委员会，内蒙古自治区科学技术协会	1987	CSCD，北大核心
国土资源遥感	地质遥感	中国国土资源航空物探遥感中心	1988	CSCD，CSTPCD，北大核心
中国人口·资源与环境	—	中国可持续发展研究会，山东师范大学	1990	CSCD，CSTPCD，北大核心，CSSCI
水资源与水工程学报	西北水资源与水工程	西北农林科技大学	1990	CSCD，CSTPCD
长江流域资源与环境	—	中国科学院资源环境科学与技术局，中国科学院武汉文献情报中心	1992	CSCD，CSTPCD，北大核心，CSSCI
植物资源与环境学报	植物资源与环境	江苏省植物研究所，中国科学院植物研究所，江苏省植物学会	1992	CSCD，CSTPCD，北大核心
地质与资源	贵金属地质	沈阳地质矿产研究所	1992	CSTPCD
资源与产业	资源·产业	中国地质大学（北京），中国地质调查局	1995	北大核心
植物遗传资源学报	植物遗传资源科学	中国农业科学院作物科学研究所，中国农学会	2000	CSCD，CSTPCD，北大核心
Journal of Resources & Ecology	—	中国科学院地理科学与资源研究所，中国自然资源学会	2009	CSCD

注：本表按创刊时间排序，"–"表示未更名期刊，CSCD 为"中国科学引文数据库"，CSTPCD 为"中国科技论文引文数据库（核心版）"，CSSCI 为"中国社会科学引文数据库"，北大核心为北京大学"中文核心期刊要目总览"收录的期刊。

除表 7-7 所列期刊外，《地理学报》《地理研究》《地理科学》《地球科学进展》《水利学报》《农业工程学报》等期刊也发表了大量的有关自然资源研究的文章。据南京大学张晓霞[29]等对《地理学报》《地理研究》《自然资源学报》与《资源科学》载于 1983—2012 年的 13253 篇文献分析，近 30 年"两地两资"期刊登载的有关自然资源学的论文所占比例基本维持在 50%，学术期刊在推动资源科学学科进展方面发挥了重要作用。下面侧重介绍对资源科学学科形成和发展有较大影响的几个期刊。

一、中国自然资源学会会刊：《自然资源学报》

早在 1982 年中国自然资源研究会筹备组成立时，就把创办会刊列入了学会的主要任务之一。1983 年学会正式成立时，又将编辑、出版有关自然资源方面的学术著作、刊物和普及读物写进了《章程》。1985 年 2 月 9 日，中国自然资源研究会召开了在京理事会议，根据第二次常务理事会的提议，决定创办《自然资源学报》，并向国家有关主管部门提出了申请。1985 年 7 月，国家科委批准同意创办、公开发行《自然资源学报》，随后成立了编委会，经济学家程鸿教授任主编，李文华、赵松乔、陈梦熊三位先生任副主编。1986 年 6 月《自然资源学报》

首卷第一期正式出版发行（图 7-8），中国
科学院院长卢嘉锡为《自然资源学报》发刊
号题词："促进自然资源科学研究，充分发
挥本刊在四化建设及国内外学术交流中的重
要作用。"学会理事长侯学煜院士撰写了发
刊词，中国社会科学院于光远院士发表了题
目为"资源·资源经济学·资源战略"的文
章，论述了资源经济学的重要性及其内涵。
国家计划委员会徐青研究员、植物所侯学煜

图 7-8　不同时期的《自然资源学报》封面

院士、王献溥研究员、地矿部陈梦熊院士、南京土壤所席承潘院士、中国科学院航空遥感中
心童庆禧院士等也在《自然资源学报》发刊号上发表了多年研究成果积累的论文。

《自然资源学报》创刊之初就确定了办刊宗旨和刊稿范围。其办刊宗旨为:《自然资源学
报》是由中国自然资源学会主办的自然资源科学研究的综合性学术刊物。它以反映我国自然
资源的数量与质量的评价、资源开发、利用、管理与保护等领域研究的主要成果为任务，在
"百花齐放、百家争鸣"方针指导下，积极开展有关学科领域内的学术交流和学术讨论，促进
自然资源学科研究的繁荣，推动社会可持续发展。刊稿范围包括：①自然资源和国土开发整
治的理论体系和方法论的研究成果；②我国自然资源（着重可更新资源）考察、开发、利用、
治理、保护的实践经验和研究成果；③自然资源研究中不同学术观点的讨论；④自然资源研
究中新技术的应用；⑤国外自然资源研究发展趋势的重要论述；⑥其他对自然资源研究具有
指导性的文章。

1986 年出版了两期，1987 年即以季刊按期出版。1988 年 9 月，编委进行换届，由土壤地
理学家李孝芳先生担任主编，李文华、赵松乔、杨树珍、徐启刚四位先生任副主编。随后联
合中国自然资源研究会召开了"资源承载力座谈会"，交流和探讨资源承载力研究方面的理论
和方法，促进了资源承载力研究的健康发展。在资源科学工作者、编委会和编辑部同志的共
同努力下,《自然资源学报》学术水平有了明显提高，编辑质量不断提高，发行量稳步增加，
编委会的作用得以充分发挥。1990 年,《自然资源学报》成为中国自然科学核心期刊，在 1992
年度期刊评比活动中，取得了中国科学院优秀期刊三等奖、中国科协优秀期刊三等奖和北京
市新闻出版局全优期刊奖的好成绩。

1994 年，编委进行了第三次改选，由生态学和森林学家李文华先生担任主编，杨树珍、
赵士洞、陈家琦、徐启刚四位先生担任副主编。在他们的指导和支持下,《自然资源学报》保
持了学风严谨、编委会作用发挥充分等特点。同时，李文华先生提出了活跃学术气氛；结合
学术会议召开小型座谈会，对焦点问题进行专访；增设焦点热点访谈、博士论坛等栏目，以
便及时报道新的学术思想、见解和学术动态；适时出版主题明确的专刊；通过各种渠道，探
索将来出英文版的可能性等新构思。坚持高标准、高质量；反映资源学科的前沿研究动态，
导向要有一定的预见性、超前性和创新性；扩大反映人口、资源与环境、资源立法、资源核
算、资源工程方面的内容；适当增设一些诸如研究热点、博士论坛等栏目；创造条件争取与
国际合作；加强编辑部建设。

1995 年,《自然资源学报》结合资源研究领域热点及国际发展动态，在第 3 和第 4 期发表

专刊，介绍有关合理管理自然资源的战略行动，以适应中国可持续发展的需要。

1996年，进一步加强了资源研究领域热点问题的报道力度，及时出版了以"中国农业资源的可持续利用"为主题的专刊；并且编辑工作逐步实现现代化，实行了自行微机排版。

1998年，长江流域的特大洪水带来了重大的灾难并引起全国人民的关注。主编李文华先生在学报1999年第1期以"长江洪水与生态建设"为题，撰文对洪水的原因进行分析，认为1998年的洪水是多种因素造成的，既有自然因素的影响，又有由于人类的不合理的活动，如滥伐森林、过牧、围湖造田等造成的，并对生态重建提出了一系列建议。

1999年，编委会进行了第四次改选。仍由李文华先生担任主编，副主编是成升魁、赵士洞、陈家琦、姚懿德（专职）。继续注重报道研究热点，从中国科学技术协会第33次青年科学家论坛推选的28篇论文中优选出19篇论文在《自然资源学报》第4期刊出，中国科协第33次青年科学家论坛的主题是"人地系统动力学与生态环境建设"，集中讨论了人地系统动力学模型、土地利用/土地覆盖变化的驱动力、生态环境建设中的一些学科前沿问题。史培军等撰写的"深圳市土地利用/覆盖变化与生态环境安全分析"、顾朝林撰写的"北京土地利用/覆盖变化机制研究"、李秀彬撰写的"中国近20年来耕地面积的变化及其政策启示"等论文成为此后学者研究土地利用/覆盖变化必看的经典文章。

随着来稿的不断增加，2001年《自然资源学报》由季刊改为双月刊，更加注重突出主题。2001年第5期刊出"森林的水文气候效应学术研讨会"专集，系统探讨森林的水文气候效应，围绕森林对于区域降水的影响、森林对于流域水文的影响、森林生态系统水分循环机制和森林水文气候效应应用研究——区域森林植被生态恢复工程等四个方面进行了研究，促使大家正确地认识森林的水文气候效应，对学科建设起到很大的作用。

2006年，编委会进行了第五次改选，主编仍由李文华先生担任，副主编是成升魁、赵士洞、陈家琦、林耀明（专职），编委进行了一些调整，补充了一批中青年学者。2008年建立独立网站http：//www.jnr.ac.cn，并不断完善，目前已涵盖采编系统、论文在线查询与发布、免费E-mail推送及富媒体出版等功能。

2009年，来稿量激增，《自然资源学报》由双月刊改为月刊，容量增大，以满足资源科技工作者和学科发展的需求。

2015年，编委会再次换届，李文华先生继续担任主编，副主编由成升魁、周广胜、董鸣、沈镭、王群英（专职）担任。编委会强调：①在新时期，学报不应局限在"自然资源"领域，要关注交叉学科的发展，如水土资源耦合、气候变化的影响等；②学报应关注具有丰富基础数据、关键参数的论文，或者方法、模型上有明显创新的论文；③应关注学科前沿和热点问题，如可探讨中国粮食增长的潜力等；④栏目设计上可进行包装，目前的栏目较为呆板，可设立"学术争鸣""学科热点""专家论坛"等；⑤做好读者、作者与审稿专家的桥梁，为读者提供关心的信息，对作者提供更贴心的服务，如进一步缩短审稿周期、奖励优秀论文等，同时建立一支稳定的审稿专家队伍，审稿专家对学报质量的提升提到相当重要的作用。

经过多年的努力，《自然资源学报》在2008年、2011年、2014年被中国科技信息研究所评为"中国精品科技期刊"；2006年起连续获得中国科协精品科技期刊项目资助；2013年起连续获得中国科学院三等出版基金资助；2013年入选"中国最具国际影响力学术期刊"，2012年、2014年、2015年3次入选"中国国际影响力优秀学术期刊"；2014年荣获"中国百种杰出学术期刊"称号；并被中国社会科学院中国社会科学评价中心评为"中国人文社会科学综合评价 AMI"核心期刊。

二、中国最早的资源研究期刊：从《自然资源》到《资源科学》

1975 年，综考会恢复后意识到加强学术交流的重要性，开始筹划创办学术刊物。据原编辑部主任张天光回忆[①]，大概是在 1975 年 9、10 月份，综考会召开了两次座谈会，讨论刊物的名称和定位问题，多数科研人员主张办一个反映自然资源考察研究成果和国内外研究动态的综合性学术期刊，读者对象以该领域科技工作者和生产部门的技术人员为主；但也有一些同志主张要办科普读物，读者对象更广泛一些。经过一段时间的酝酿，综考会于 1975 年 11 月决定创办《自然资源》学术季刊，并成立了挂靠在业务处的《自然资源》编辑部，责成张天光同志具体负责。12 月，综考会向中国科学院和有关部门呈送了报告。1976 年初，创办《自然资源》得到了中科院出版委的认可，同意该刊由科学出版社出版，老院长郭沫若先生亲笔题写了刊名。但当时申办新刊很是困难，由于没有取得国家主管部门的正式批件，《自然资源》在开办初期只能作为内部刊物试办。1977 年 1 月，首本《自然资源》杂志面世，在"前言"和"征稿简则"中明确规定："《自然资源》是以水、土、生物资源为主的综合性科技刊物"。

1978 年继续试刊，分别在 6 月和 12 月出版，共发表文章 23 篇。这些文章对地区土地资源评价、水资源利用、生物资源调查等问题进行了深入的阐述和讨论，受到科技界、出版社和生产部门的广泛重视，部分文章后来成为本学科领域的经典文献，如石玉林的"土地与土地评价"，阳含熙的"植物群落研究的取样问题"等，在国内地学、生物学、农学领域产生了很大的影响。

1979 年 3 月，中国科学院和国家科委批准《自然资源》公开出版。1979 年底，《自然资源》第一届编辑委员会成立，由著名生态学家阳含熙先生担任主编，副主编有冯华德、李孝芳、李驾三，编委包括马世俊、李连捷、侯学煜、朱显谟、陈述彭、吴传钧、赵松乔、宋达泉、席承藩、贾慎修、孙鸿烈、石玉林、李文华、郭敬晖等著名学者。同时，综考会又充实了编辑队伍，任命张天光为编辑部主任，并先后调进谢淑清、郭碧玉、杨良琳任编辑。

1980 年以后，《自然资源》按照科学出版社对学术期刊的规范要求进入常规运作，在文章质量把关上严格执行"三审三校"制度，每期通过编委会审定的稿件，都要经编辑加工做到"齐、清、定"，然后还要将校样送到科学出版社期刊室审校合格后才能印制。由于该刊是当时我国唯一关注资源问题的科技期刊，国内发行量曾达到 7000 份左右，国外发行也在 500 份上下，在阐述自然资源的数量、质量、分布、变化以及资源开发、利用、评价方面很有影响。

到了 1982 年，国内科技期刊蓬勃发展，编辑委员会于 4 月 1~3 日在北京友谊宾馆连续开了 3 天的会议，讨论本刊发展方向问题。经过认真、热烈地讨论，《自然资源》定位为综合性中级学术期刊，刊登内容包括：①有关自然资源形成、分布、分类、开发利用与保护的考察研究成果；②自然资源综合评价；③资源利用中的经济技术问题；④自然资源研究方法和新技术应用；⑤国内外研究动态等。由于主编阳含熙先生到国际组织任职，决定冯华德先生任

---

① 2008 年，原编辑部主任张天光先生曾写过一篇《自然资源》办刊过程的回忆录，本段有相当多的内容系根据张先生手稿整理。

常务副主编主持工作。

　　1989年，经济地理学家程鸿教授接替阳含熙担任主编，新任副主编有江爱良、康庆禹、杨良琳（1990年增补），编委会委员也换了大约3/4。1992年，《自然资源》被《中文核心期刊要目总览》列入19种地学核心期刊之一，编委会再次明确：本刊是有关自然资源研究的综合性学术期刊，并从1993年起，对书写体例做了调整，在正文前增加了中文摘要和关键词，正文后增加了英文标题、署名、摘要和关键词，并加强了引文规范。同时提出：在立足于区域资源开发、利用与评价研究的同时，加深对单项资源的论述，重视能源与矿产和资源经济的研究，更加关注资源与环境、资源与灾害、资源与全球变化、中西部地区开发等热点问题。

图7-9　从《自然资源》到《资源科学》不同时期的封面

　　随着资源科学的发展，最初的自然资源考察已经上升到资源学科领域的深入研究，综考会于1997年3月决定将《自然资源》更名为《资源科学》（图7-9）。7月，《资源科学》编辑委员会组建，由综考会主任、生态学家赵士洞研究员担任主编，孙鸿烈、吴传钧、陈述彭、石玉林、程鸿等被聘为顾问，副主编有成升魁、陈百明、祖莉莉，编委会成员除了保留少数知名学者之外，大部分换成了当时的中、青年科研骨干。赵士洞主编在1998年第1期刊登的《改刊词》中明确提出："资源科学"是一门研究资源的形成、演化、质量特征和时空规律性，以及与人类发展的相互关系的科学；《资源科学》的宗旨是促进"资源科学"的发展，为我国资源可持续利用和社会经济的可持续发展服务，并把培养中、青年资源科学学术带头人作为重要的战略任务来完成。《改刊词》还对本刊定位做了明确阐述，确定《资源科学》为学报级学术期刊，登载与资源保护、开发和利用有关的自然科学、人为科学和技术方面的研究论文，从而向综合研究资源问题迈出了关键的一步。

　　2000年，地理所和综考会合并组建地理资源所，《资源科学》主办单位随之变更，编辑委员会也进行了换届重组，副所长成升魁研究员担任主编，孙鸿烈、吴传钧、陈述彭、石玉林、蒋有绪、李文华、刘昌明、郑度、冯宗伟院士和赵士洞研究员被聘为顾问，副主编有刘毅、封志明、谷树忠、史培军、李保国、祖莉莉、李家永（2002年11月增补），编委也进行了调整，补充了一批中、青年学者。新的编委会特别强调了要突出科学目标与国家目标，要加强自然科学与社会科学的综合与交叉研究，要努力克服泛泛议论有余、科学论据不足等问题，要加强国际交流，并强调要加强资源管理、资源政策和资源立法等与国家目标密切相关领域的组稿。

　　在2003—2004年，编辑部按照"期刊网络化"的要求，采用了接受电子文档投稿、审稿与编校电子化处理的采编模式，并于2003年9月启动独立网站建设。2004年4月网站（http://www.resci.cn 和 http://www.resci.net）中文版正式运行，后来又进一步实现了网站由静态向动态的过渡和升级，把在线阅读、检索查询、远程审稿、稿件管理、电子邮件收发、统计分析等多种功能融合在一起，基本建成期刊采编和编排的数字交流平台。

　　2005年，本刊编委会再次换届，成升魁研究员继续担任主编，副主编有刘毅、封志明、谷树忠、史培军、李保国、李家永，编委也进行了小范围调整。3 月 28 日新一届编委会在北京召开，对前几年的工作进行了总结，并决定开始接受和发表少量英文文章，以及海外留学生和港澳台学者的中文文章，同时还对版式做了较大调整，由小 16 开通栏改为 285mm×210mm 大开本双栏，英文摘要扩大到 400 个单词以上，并使用铜版纸全彩印刷。由于采取了电子化处理文稿、优先发布优秀论文电子版等措施，本刊来稿量迅猛增长，从 2008 年起《资源科学》变更为月刊，载文量由上年的 186 篇增加到 270 篇。

2009 年，经中国科学院出版委和国家新闻出版总署批准，《资源科学》改由中科院地理资源所和中国自然资源学会共同主办。此后，学会加强了对期刊的学术指导，并通过参与学会活动、承办期刊论坛等途径，增进了编辑部和相关高等院校的合作与交流。2012 年，第八届编委会成立，副所长封志明研究员任主编，副主编有王仰麟、史培军、李保国、黄季焜、康跃虎、张宪洲、王立新（专职）。经过长期的努力，《资源科学》的进步也得到了社会的认可和肯定，2008 年、2011 年、2014 年 3 次入选"中国精品科技期刊"，自 2012 年起连续 3 年入选"中国国际影响力优秀学术期刊"。

三、国际学术交流平台：Nature and Resources（中文版）和 Journal of Resources and Ecology

改革开放以来，随着国家战略需求和经济实力日益增强，资源环境领域科研项目逐年增多，人才队伍不断扩大，取得的成果也越来越多，从而也带动了资源类科技期刊的发展。但在改革初期，即 20 世纪 80 年代初，我国的资源环境类期刊与发达国家和相关国际组织出版的同类期刊在数量和质量上均存在较大差距。在这种情况下，为探索不同传媒条件下国际资源环境类期刊的发展轨迹，缩小国内资源环境类期刊同国际期刊间的差距，在李文华院士的引领和具体指导下，综考会开始寻找建立国家学术交流的途径。

《Nature and Resources》（自然与资源）是联合国教科文组织（Unesco）出版的自然科学学术期刊。1982 年之前，该刊英、法、西和俄文版相继出刊。1982 年 12 月 17 日，我国常驻联合国教科文组织代表团致函 [（82）506 号] 中国科学院，通报了该团与《Nature and Resources》主编 Clison Clayson 夫人就拟出版该杂志中文版一事交换意见的结果。Clison Clayson 夫人表示，联合国教科文组织希望尽快出版《Nature and Resources》的中文版（以下称《自然与资源》)，并愿意为此提供必要的资金支持。1983 年 2 月，中科院外事局致函综考会，希望能够承担编辑出版《自然与资源》的任务。

1983 年 3 月 19 日，综考会发文报院外事局 [（83）综外字 011 号]，同意承担编辑出版《自然与资源》杂志的任务。按照科学院外事局的要求，综考会同时将该报告和期刊出版财政预算报中国常驻教科文组织代表团。常驻团随即将这些材料提交给时任联合国教科文组织科学助理总干事的 A.Kaddoura 先生。A.Kaddoura 先生对综考会为出版《自然与资源》先期所做出的努力表示感谢，并同意由综考会常务副主任李文华任该杂志主编。1983 年 12 月 30 日李文华代表综考会在双方合作出版协议书上签字。1984 年 1 月组成编委会，主编李文华，编委有冯华德、李孝芳、沈澄如、李驾三、陈灵芝、吴宝铃、王广颖、佟伟、吴季松，张克钰为编辑部负责人，沈德富、王群力、祖莉莉先后任编辑，出版单位为：中国科学院自然资源综合考察委员会。从此，《Nature and Resources》中文版全译本在国内外公开发行（图 7-10)。

图7-10 《Nature and Resources》中文版封面

1991年，由于一些国家相继退出联合国教科文组织，致使该组织经费来源锐减。1992年6月，综考会分别收到了科学助理总干事Badran和《Nature and Resources》编辑Silk的来函，告之教科文组织从1992年起停止对《自然与资源》的资助。由于事发突然，中方对此毫无准备。为了对教科文组织负责和对中国众多读者负责，综考会于1992年6月20日致函中国教科文全国委员会，全面阐述了关于坚持编辑出版《自然与资源》的意见，但在国际大趋势的左右下，1992年6月《自然与资源》在完成1991年全年的出版任务后，总共出版8卷32期后被迫停止出版。

《Nature and Resources》中文版停刊后，编辑部开始寻找新的国际科技期刊合作伙伴，经中国人与生物圈国家委员会韩念勇举荐，1993年3月8日张克钰致信瑞典皇家科学院《AMBIO》主编E.Kessler女士，希望与瑞典皇家科学院合作出版《AMBIO》中文版。E.Kessler女士对出版《AMBIO》中文版非常感兴趣，并愿就该合作在瑞典皇家科学院立项做出努力。此后在李文华先生的领导和组织下，双方编辑部就合作中的有关细节问题进行了多次交流。1993年10月，综考会向中科院出版委提交了"关于《自然与资源》中文版更改刊名为《AMBIO—人类环境杂志》(以下简称AMBIO)的请示"。

1993年11月4~6日，瑞典皇家科学院业务管理主任Kai-IngeHillerud和外事秘书Olof Tandberg专程访问综考会，就合作出版AMBIO中文版协议书同综考会进行最后磋商，中方代表有：综考会副主任孙九林、《自然与资源》主编李文华、编辑部主任张克钰、编辑出版室主任杨良琳，以及杨周怀、田学文等。孙九林和Kai-IngeHillerud分别代表双方正式签署了合作协议书。1994年1月，国家科委正式发文同意《自然与资源》更名为《AMBIO—人类环境杂志》。

1994年3月21~24日，AMBIO主编E.Kessler女士和出版编辑B.Kind女士首次访问综考会，双方就中文版编辑出版的各个业务环节进行了认真地讨论，制定了详细的出版时间表，同时就出版过程中可能涉及的版权、国家主权及领土等政治问题阐明了各自的立场，并就解决方法达成了共识。6月AMBIO中文版正式出版，面向全国发行。

1999年5月在瑞典皇家科学院副院长B.Aronsson教授和秘书长ErlingNorrby教授访华期间，综考会就瑞典国际开发署(Sida)通过瑞典皇家科学院在1999—2001年度资助中国版一事同瑞典皇家科学院进行了协商，于5月18日正式签定了1999—2001年度合作协议，瑞方将在1999—2001年向中文版提供约150万瑞典克朗出版资助。参加会谈的中方成员有综考会常务副主任成升魁、CERN执行副主任兼学术委员会秘书长赵士洞、AMBIO主编李文华、编辑部主任张克钰、《自然资源学报》执行副主编姚懿德等。

但到2005年瑞典皇家科学院通知中文版编辑部，根据两国各自的实际情况，并参照一般国际惯例，瑞典皇家科学院自本年度起每年按30%递减对中文版的资助，直至2007年全部停止资助。为保证AMBIO中文版向新刊过渡，地理资源所在2008年给予财政补贴，使该刊

2006—2008 年的出版工作圆满完成。中瑞合作 16 年，共出版 AMBIO 中文版 128 期、专题报告集 3 期，还举办了两期科技论文写作培训班，组织了一次由双方资源与生态专家参加的学术研讨会。

　　随着我国改革开放的日益扩大，中国在世界的影响不断增强，国际从事自然资源和生态学研究的科学家愈加关注中国在该领域的研究动向和取得的成果，同时，国内也急切需要构建对外学术交流平台，真实全面地反映我国资源科学和生态学的研究水平和成就。在此情况下，2009 年地理资源所决定联合中国自然资源学会和中国生态学学会将 AMBIO 中文版改为《Journal of Resources and Ecology》（英文）（缩写为 JORE，中文译为"资源与生态学报"，图

7-11），以此拓宽我国资源科学和生态学研究成果的国际输出渠道，加大并提升我国资源科学和生态学领域的科学家在世界学界的声音。该刊由我国著名生态学家李文华院士为主编。经国家新闻出版总署批准，创刊号于 2010 年第一季度正式出版发行。JORE 创办 6 年来，已经出版 26 期，共发表英文文章331 篇。

图 7-11　JORE 封面

参考文献

[1] 王建华. 学科、学科制度、学科建制与学科建设 [J]. 江苏高教，2003（3）：54-56.

[2] 吴国盛. 学科制度的内在建设 [J]，中国社会科学，2002（3）：79-80.

[3] 刘辉. 解放战争后期党的知识分子政策及其实践 [J]. 教学与研究，1999（2）：61-65.

[4] 薛毅. 国民政府资源委员会研究 [M]. 北京：社会科学文献出版社，2005.

[5] 刘辉. 解放战争时期知识分子社会心态的变化 [J]. 中州学刊，1998（4）：136-141.

[6] 张九辰，自然资源综合考察委员会研究 [M]，北京：科学出版社，2013.

[7] 张九辰. 漫忆民国时期的中央地质调查所 [J]，档案与史学，2004（6）：35-39.

[8] 裴丽生. 把综合考察工作提高一步 [J]. 科学通报，1959（14）：442-444.

[9] 竺可桢. 十年来的综合考察 [J]. 科学通报，1959（14）：437-441.

[10] 全国农业资源区划办公室，中国农业资源与区划学会，中国农业科学院农业资源与农业区划研究所. 中国农业资源区划 30 年 [M]. 北京：中国农业科学技术出版社，2011.

[11] 陈家琦，论水资源学和水文学的关系 [J]，水科学进展，1999，10（3）：215-218.

[12] 中国自然资源研究会编. 自然资源研究的理论和方法 [M]. 北京：科学出版社，1985.

[13] 孙鸿烈，成升魁，封志明. 60 年来的资源科学：从自然资源综合考察到资源科学综合研究 [J]. 自然资源学报，2010，25（9）：1414-1423.

[14] 李文华，沈长江. 自然资源科学的基本特点及其发展的回顾与展望. 见：中国自然资源研究会编. 自然资源研究的理论和方法 [M]. 北京：科学出版社，1985，

[15] 孙九林. 自然资源信息系统的研究与应用，见：中国自然资源研究会编. 自然资源研究的理论和方法 [M]. 北京：科学出版社，1985，

[16] 中国自然资源丛书编委会. 中国自然资源丛书 [M]. 北京：中国环境科学出版社，1995.

［17］孙鸿烈主编. 中国资源科学百科全书［M］. 北京：中国大百科全书出版社，2000.

［18］资源科学技术名词审定委员会. 资源科学技术名词［M］. 北京：科学出版社，2008.

［19］沈镭，陈传友. 2020年中国资源科学和技术发展研究［C］//2020年中国科学和技术发展研究暨科学家讨论会，北京：2004-04-01.

［20］孙鸿烈主编. 中国自然资源综合科学考察与研究［M］. 北京：商务印书馆，2007.

［21］中国自然资源学会编著，2006-2007资源科学学科发展报告［M］. 北京：中国科学技术出版社，2007，

［22］中国自然资源学会编著，2008-2009资源科学学科发展报告［M］. 北京：中国科学技术出版社，2009，

［23］中国自然资源学会编著，2011-2012资源科学学科发展报告［M］. 北京：中国科学技术出版社，2012，

［24］石玉林. 资源科学［M］. 北京：高等教育出版社，2006.

［25］鲍嵘，学科制度的源起及走向初探［J］，高等教育研究，2002，23（4）：102-106.

［26］杜云祥，王颖，刘桂玲，科技期刊的起源和发展［J］，中华医学图书情报杂志，2010，19（9）：19-24.

［27］钟天明，科技期刊与新学科的创立［J］，编辑学报，1991，3（4）：198-202.

［28］李家永，王立新，耿艳辉，等，从《自然资源》到《资源科学》：资源类科技期刊发展的一个例证——纪念中国自然资源学会成立30周年［J］，资源科学，2013，35（9）：1729-1740.

［29］张晓霞，金晓斌，杨绪红，等，基于文献计量学的1983—2012年中国自然资源学发展回顾［J］. 资源科学，2014，36（4）：661-669.

第八章 现代资源科学教育体系的 形成与发展

中国资源科学现代教育体系的形成与发展根植于中国传统、朴素而辩证的资源利用思想，根植于中国 1949 年以来大规模多学科的自然资源综合考察与研究，根植于改革开放以来经济社会快速发展之于资源科学发展的客观与内在要求，根植于中国资源、环境、生态与发展之间关系与矛盾认识的不断深化与耦合过程。因此，中国资源科学现代教育体系的形成与发展与我国资源利用及资源科学研究相辅相成而共同推进。

资源科学涉及理学、工学、农学、医学、经济、社会、法律、管理等不同学科，涉及土地、水、气候、矿产、能源、海洋、药物等不同类型，而不同区域，其资源之基础、特征、分布、问题等不尽相同，差异明显；不同时期，对于资源之问题、利用以及研究亦有相应之侧重。所谓因时因势，资源科学是一类综合性、区域性与实践性的科学。有鉴于此，对于资源科学学科性质的认识目前并不完全统一。有强调部门类资源的，如水资源、土地资源、矿产资源、生物资源等；有强调综合性特征的，如资源地理、资源生态等。以致在目前的国务院学位与教育部学科名录中，资源科学还不是一级学科，而散落于各相关学科中，这与生态学、环境科学等同类新兴的综合性学科相去甚远。资源科学学科建设与教育体系仍在发展与完善过程之中。

第一节 资源科学现代教育发展梗概

一、资源科学现代教育的启蒙

中国资源科学现代教育的起源可追溯到 1949 年以前的民国政府期间及至清末时期。随着清末国门的全面被动打开，在西方军事、经济等严重影响中国经济社会发展的同时，西方思维以及现代科学也相应开始影响中国。一批先贤陆续远渡重洋，学习西欧科学（技术），学成后回国施行"科学救国"之梦想，启蒙并推动了我国包括资源科学在内的一系列现代科学（技术）与学科的形成与发展。如早期的丁文江、翁文灏、竺可桢等先贤，开创了我国地质、地理、气象等方面的考察、研究，并发起、创设了中国地质学会、中国地理学会、中国气象学会等一批学术团体组织，创立了地质调查所、地球物理研究所、地理研究所等一批当时可与国际水平比肩的学术研究机构，成为我国资源科学和现代资源教育的早期启蒙（萌芽）。

与此同时，国民政府 1932 年成立的具有浓重军事色彩的国防设计委员会于 1935 年调整为以国土资源和人力资源（战略资源）调查与谋划为主的资源委员会，将工作重心直接放在资源领域，在翁文灏等学界翘楚的参与下，在路矿、煤炭、有色金属、桐油等当时国家战略资源方面进行了必要的考察与调查，推动了我国资源科学的研究与发展。

至 20 世纪 30—40 年代，胡焕庸、张其昀、叶良辅、李庆逵、李旭旦、任美锷等先生，拓展了先贤的资源研究领域，结合当时国家需求，初步形成了既有理论又有实践的基于地质、地理、气象的资源考察与研究。如胡焕庸先生的《中国人口之分布》，从统计与人口密度的角度提出了瑷辉—腾冲线是中国人口地理分界线，即著名的"胡焕庸线"理论，从人口角度明确了我国东西分异的基本界线[1]，同时，之于我国资源利用与区划具有重要的历史和时代意义；李庆逵先生的《中国土壤之概述》，初步论述了我国土壤类型、分布以及土壤资源之利用；杨利普先生等的《岷江峡谷之土地利用》，开中国土地资源与土地利用研究之先河；而任美锷先生于 1946 年出版的《建设地理新论》，比较系统地介绍了国外尤其是德国的区位理论，探讨了当时资源委员会所重视的实业发展所需要的资源利用、经济建设与布局问题[2]，其建设地理之名词及观点在当时国际上也是新颖的，对我国资源利用与经济建设具有理论与实践的指导性。此外，他们本身又多在当时国内主要大学任教。以南京大学为例，其前身南京高等师范学校（"南高"）于 1919 年即设文史地部，首开我国高等学校与资源密切相关而同源的地学方面的教学，其后于 1921 年东南大学时期分设文理的地学系，1930 年国立中央大学期间地学系分设地质学系和地理学系，1944 年地理学系又分设气象学系，陆续有竺可桢、李四光、谢家荣、胡焕庸、李旭旦、任美锷、徐克勤、朱炳海等学者任教，逐步形成了包括地质、矿产、地理、土壤、气象等为内容的现代资源教育教学雏形。其他大学，如燕京大学、北京大学、清华大学、浙江大学、中山大学、北京师范大学、武昌高等师范学校等，亦然，开设了与资源密切相关的地质、地理、气象等学科（组），并得到了良好的发展，成为我国资源科学与现代资源教育教学的启蒙。

先贤们在教育教学过程中，克服客观条件之严重不足，非常重视野外考察，力倡"登山必到峰顶，移动必须步行"的野外考察准则。重视野外实习，注重启发式教学，引导学生自己提出问题、解决问题，培养学生的独立思考和工作能力。以浙江大学为例，史地系叶良辅先生指导的严钦尚、丁锡祉、沈玉昌、杨怀仁、施雅风、蔡钟瑞、陈述彭、陈吉余等研究生，在新中国成立后的地理科学和资源科学的研究与教育教学中发挥了先导性和不可或缺性的重要作用。

此外，该时期亦有外国学者（传教士）在国内任教的，其中最优秀最权威的当是任教于南京金陵大学农学院的美国学者卜凯教授（John L. Buck，1890—1975 年）。他一方面带来了西方的调查研究方法，使包括农业经济问题在内的资源调查科学化；另一方面对中国土地利用问题进行了广泛、全面而长期的调查，涉及中国 22 个省、168 个地区、16786 个农场和 38256 户农户，历时 4 年，形成了文字、地图和资料三卷的《中国土地利用》（1937 年）[3]，这一划时代的科学巨著反映了中国近代农业经济和土地利用研究的状况。

可以认为，与其他学科一样，1949 年以前是我国资源科学与现代资源教学的一个重要启蒙（萌芽）时期。

二、资源科学现代教育的形成

资源学科，是一类实践性与综合性的学科，与纯科学（Pure Science）的学科形成不同，其形成源于资源利用，而资源利用又以资源问题为导向。

1949年以后，我国资源研究也进入了一个全新的时代。应当时国家基础资源环境认知以及重要战略资源（如橡胶、石油等）利用的内在与紧迫要求，时任中国科学院副院长的竺可桢先生认为，要合理开发利用自然资源，发展国民经济，必须进行大规模的综合考察工作，并于1956年领导创建了中国科学院自然资源综合考察委员会（综考会）。综考会成立后（成立前亦有相应的综合考察工作，如1955年组织的中苏专家（云南）联合考察、1953年的黄河中游水土保持综合考察、1951年为配合进藏而进行的西藏基础地理考察等），先后组织了中国科学院有关研究所、各有关高校参加的云南热带生物资源考察（1956年）、土壤调查（1956年）、华南热带生物资源综合考察（1957年）、盐湖科学调查（1957年）、黑龙江流域科学考察（1956年）、新疆综合考察（1956年）、青甘地区综合考察（1958年）、西部地区南水北调考察（1959年）、内蒙宁夏综合考察（1959年）等大规模、多层次、长时间的综合考察，陆续形成了诸如西藏综合考察论文集（1964年）、珠穆朗玛峰地区科学考察报告（1962年）、新疆综合考察报告汇编（1958年）、晋西水土保持综合考察报告（1955年）、山西西部水土保持调查报告（1957年）、云南省农业气候条件及分析评价（1964年）、黑龙江流域综合考察学术报告（1958年）、宁夏回族自治区有关农业考察研究专题报告集（1965年）、川西滇北区域农业地理（1966年）等重要的基础性系列考察研究成果和大量的在"文化大革命"后陆续出版和发表的成果，以及系列性的基础科研资料，业已形成了资源调查、评价、规划、开发、利用、保护与管理为基础的资源科学体系，一方面基本摸清了中国的基础地理与资源家底，另一方面大大推进了我国自然资源研究与资源科学的发展。

除自然资源综合考察委员会以外，在国家有关资源管理部门下属的研究院所，开展了针对其管理部门所涉及的资源的有关方面的研究。如水利部中国水利水电科学院水资源研究所之于水资源方面的研究，农业部中国农业科学院自然资源区划所、国家林业局中国林业科学研究院林业资源研究以及国土资源部中国土地勘察规划院之于土地资源方面的研究、环境研究所之于农林资源方面的研究等。此外，部分省份也有相应的部门类资源研究机构及其区域性研究。

1952年，参考苏联高等学校学科与专业设置模式，全国高等院校实行系统性的院系调整，形成今天基本的学科设置与学科结构格局。以与资源科学与资源学科紧密联系而同源的地理学为例，清华大学于1928年即成立地理系，1952年院系调整时，将其与燕京大学的地质地理系一起组成北京大学地质地理系；浙江大学的史地系地理组、地质组和气象组分别调整到华东师范大学、南京大学和浙江师范学院；中山大学的地质系调整到中南矿冶学院，等等。其他学科与专业，如农学、林学、矿产、水利、师范等，也相应地大规模调整，为今天资源类专业或与资源相关专业在全国各高等学校的设置奠定了基础。

随着国家经济建设的发展以及对于资源利用要求的不断提高，各高等院校对自然资源综合考察的参与以及自然资源综合考察本身的不断深入，有关高等院校的专业设置不断发展。如北京大学1952年成立地质地理系，同年设自然地理专业，1955年增设经济地理与地貌专业，同时引进部分地质学教师，开始招收地质专业学生；南京大学地理系1952年前即分设地质学系、地理学系、气象学系等，其中地理学系于1952年即开设地貌与第四纪地质、经济地理二个专业，1957年增设地图学专业，1959年又设陆地水文专业；中山大学地理学系于1952年设置了自然地理学专业，1956年增设经济地理学专业，1959年地质系并入，1961年设气象学专业，1972年又设水文学专业。其他与资源研究、资源科学相关的学科也有类似的情况。如1952年院系调整时将南京水利系、交通大学水利系、同济大学土木系水利组、浙江大学土木系水利组与华东水利专科学校的水利系合并成立华东水利学院（现河海大学）。

从上述国内最主要的几所高等院校与资源密切相关而同源的地理学的专业设置情况可以看出，一方面，地理学专业的增设与当时的国家经济建设以及相应的人才需求密切相关。如1955年前后，各高等院校纷纷增设经济地理专业，在原自然地理的基础上，强调从经济的视角来审视有关的地理学现象，这与地理学研究对象之资源本身的自然性、经济性以及资源研究的综合性有直接的关系；另一方面，如地图学专业、陆地水文（水文学）专业等的增设，反映了资源研究领域的拓展以及对新的技术手段的需求。以地图学专业为例，自然资源综合考察成果反映的一个重要的和突出的方面是制图与成图，自然资源制图与成图方面专业人才的迫切需求引致了南京大学地图学专业的设立和相应人才的培养，并成为1980年以后全国地理信息系统（GIS）专业人才培养的摇篮。又如陆地水文（水文学）专业的设立，主要从地理学或资源科学的视角综合性地研究水文现象，培养相应人才，体现了地理科学之于资源科学的基础性和同源性。

另一方面，自然资源综合考察以及其他方面的成果不断地应用于地理学与资源科学的教育教学与人才培养中。

随着自然资源综合考察的深入与成果汇总，对中国大地貌格局的认识不断深化，中国大地貌格局"三级阶梯"的理论浮出水面，成为我国资源利用、资源研究、资源科学的重要基础，我国大农业发展、防灾减灾的历史、现实与将来的重要基础，也是我国地理学与资源科学的重要理论基础。这一理论不仅体现了对我国基本地貌格局的认识以及相应的资源利用格局的认识，也是培养学生综合分析能力的典型案例。

1960年前后，因地理研究的综合性、影响因素的多重性、因素间关系的复杂性、资源利用的多样性以及我国地理环境区域差异显著性的驱动，中国自然区划成为当时地理学研究的一个阶段性重点。林超、罗开富、黄秉维、任美锷、赵松乔等纷纷展开研究，形成各具特色的中国自然区划。其中，南京大学任美锷等结合当时政治环境，认真学习《毛泽东选集》。受《矛盾论》的启发，创造性地应用矛盾论的观点，辩证地分析中国自然环境之特点、区域差异及其与农业生产间的关系，提出了自然区划的综合性原则，强调自然区划的实质在于研究各区域内部以及区域间各种矛盾和矛盾的不同方面，找出主要矛盾和矛盾的主要方面。他们结合自身多年的自然资源综合考察经验，参考中国科学院关于中国大地貌格局"三级阶梯"的理论，以及竺可桢先生等关于中国热量分布、气候带划分等成果，提出了"准热带"的概念，并形成了一套完整的中国自然区划方案。该方案依据综合性原则、发生学原则和地域完整性原则，将中国自然区域划分为8个一级区（自然区）28个二级区（自然亚区）58个三级区（自然小区），比较简明地反映了中国自然区域的相似性和差异性及其各自特征，适合于高等学校的教育教学。该成果先于1962年发表《中国自然区划问题》《从矛盾的观点论中国自然区划的若干理论问题》等论文，"文化大革命"后，经任美锷先生等的系统梳理与总结，于1979年形成商务印书馆出版的《中国自然地理纲要》[4]。其后，该书一版再版，并陆续翻译成多种语言的版本，是我国自然地理与自然资源教育教学的基础性教材，也是国外学者与政要了解中国自然环境基本情况的重要的介绍性书籍。该教材不仅教导学生对我国自然环境与自然资源及其区域差异的基本认识，而且更重于教导学生之于地理与资源问题的综合分析能力。以该区划方案为基础，结合自然环境问题的时代性和重要性，于1992年拓展形成了《中国自然区域与开发整治》升级版[5]，是当今全国主体功能区划等的基础。

此外，钟功甫先生对珠江三角洲的"桑基鱼塘""蔗基鱼塘"，从地理环境、资源利用、生态系统等角度梳理与总结了水陆相互作用的人工生态系统[6]，反映了资源利用的生态化方向。

1949年以来，随着我国经济社会的发展，尤其是自然资源综合考察的推进，与地学同源的资源科学现代教育已经初步形成。然而，受历次政治运动的影响，资源教育的发展并不顺利。尤其是"文化大革命"期间，我国的资源教育与其他学科一样，基本处于停滞甚至倒退的状态，直至改革开放后才得到发展，并逐渐形成体系。

三、资源科学现代教育的发展

（一）首个自然资源专业的诞生

1. 自然资源专业的诞生

1978年，全国高等院校开始恢复高考招生，开启了改革开放所必需的人才培养的序幕，各高等院校纷纷恢复原有院系、系科、学科和专业。1979年，教育部即优选派出少数教师出国进修或深造，开启了我国高等院校国际学术交流的新时代。

南京大学包浩生（图8-1）为首批派遣进修的教师之一。他在澳大利亚国立大学（Australia National Univ.）生物地理与地貌学系师从 J. N. Jennings 教授进修 KARST 地貌和水文的同时，十分关注国外对于资源、环境与生态方面的研究状况。1981年回国后，基于当时国内学科设置的（原）苏联化模式、国际上对于资源环境生态等重视的实际、未来中国急需资源环境生态方面人才的敏锐预判，以及南京大学在自然地理尤其是

图 8-1　包浩生（1932—2007）

土地、水文、土壤方面的基础与特色，他率先提出了创设自然资源专业的设想，并等到了当时系领导的高度重视。经过紧张的筹办，及时成立了相应的师资队伍，于1982年将原陆地水文专业招生入校的学生并轨为自然资源专业，并于1983年正式招生，开创了我国自然资源专业人才培养之先河。

当时，如何培养自然资源专业人才，即使在国外也还没有现存的经验与模式。尽管南京大学地理系组织了以水文、土壤等为主要力量的自然资源专业教师队伍，但包浩生先生从自然资源专业人才培养以及未来人才需求的视野出发，设置了比较完整的课程体系。为了保证教学质量，除常规课程外，包浩生先生等还专门聘请了在自然资源综合或专业方面率全国之先的相关学者前来讲学与讲课，如资源生态方面有中科院植物所的侯学煜学部委员（院士），资源利用方面有综考会的李文华研究员（院士），土壤资源方面有中科院南京土壤所的赵其国研究员（院士）、龚子同研究员、徐琪研究员，土地资源方面有综考委的石玉林研究员（院士）、李孝芳研究员，水资源方面有水利水电科学研究院的谢家泽研究员，资源地理方面有中

科院南京地理研究所的余之祥研究员，资源经济方面有地理研究所的沈道齐研究员等。其中，赵其国、龚子同、徐琪与南京大学的彭补拙还专门出版了《中国土壤资源》教材。他们的讲学与讲课不仅带来了最新的学术研究成果与国际视野，也带来了新的学术思想与观点，为南京大学自然资源专业人才的培养奠定了良好的基础。

2. 自然资源管理专业形成

1986年，随着经济社会的快速发展，管理成为我国经济社会发展的重要要素。包浩生先生审时度势，适时将管理融入自然资源专业，并将自然资源专业更名为自然资源管理专业，如增加了资源经济、资源法等相应课程，又一次体现了包浩生先生敏锐而超前的学术与教育思想。

3. 资源环境与城乡规划管理专业列入《普通高等学校本科专业目录》

1993年，因教育部《普通高等学校本科专业目录》（1993年）对先前专业目录的修订以及高等学校专业设置的规范化要求，南京大学首创的自然资源专业被调整为资源环境区划与管理专业，并于1999年被调整为资源环境与城乡规划管理专业。2003年，教育部批准设立资源科学与工程本科专业，北京师范大学、华南理工大学开始招收此专业本科生。由于资源环境与城乡规划管理专业内涵过于宽泛而目的不明，以及高校专业设置膨胀式发展，于是各高校纷纷增设或改设了资源环境与城乡规划管理专业，促使我国资源类专业快速发展。

（二）首个资源科学大学建制单位诞生

1. 成立资源学院与组建国家重点实验室

北京师范大学资源学科建设起始于1993年，当时为了响应国家实施可持续发展战略，回应1992年联合国在巴西里约热内卢召开的环境与发展大会所倡导的协调资源开发利用与环境保护精神，在北京师范大学支持下，地理系与环境科学研究所共同组建了资源与环境学院，同年获得教育部批准开设资源与环境管理本科专业。此后在史培军教授的积极努力下，于1997年学校正式发文组建了当时在国内第一家专门从事资源科学研究的大学建制性研究所——北京师范大学资源科学研究所，从而使该校资源学科建设与发展步入了快车道。

2003年12月，在孙鸿烈院士、刘昌明院士等资源科学领域中著名专家的支持下，北京师范大学在"资源科学研究所"基础上，正式成立"资源学院"，史培军教授任首任院长。2007年，北京师范大学整合资源学院、地理与遥感科学学院、减灾与应急管理研究院、生命科学学院的研究力量，申报并获批建设"地表过程与资源生态国家重点实验室"。自此，北京师范大学资源学科依托资源学院、地表过程与资源生态国家重点实验室、减灾与应急管理研究院等建制性单位，形成了鲜明的交叉性学科特色，成为我国资源科学学科建设、科学研究和人才培养的一个重要基地。

2. 创设人才培养体系

在学科建设方面，北京师范大学资源学院根据资源具有的自然、技术和社会属性特点，充分借鉴世界一流大学中资源学院的人才培养专业方案，也广泛听取并吸纳国内专家、高校和科研院所的建议，确立了以"资源科学""资源技术"和"资源管理"为三个主体支撑点的资源学科人才培养方向和学科体系，体现了理学、工学、经济学和管理科学在解决资源问题中的交叉互补与综合作用。2003年获教育部批准，北京师范大学联合华南理工大学在国内率先设立了"资源科学与工程"本科专业（081105S），共培养了9届级本科毕业生，2012年"资源科学与工程"本科专业更名为"资源环境科学",持续为资源科学培养本科人才。在研究生培养方面,2005 年针对资源问题的综合性和交叉性,北京师范大学在地理学一级学科内自设"自然资源"二级学科,形成了资源科学、资源技术与资源管理专业方向,并以自然资源利用与保护,区域资源开发与规划等为重点,特别是以生物资源、土地资源、水资源等可更新资源为特色的研究生人才培养体系。

3. 践行学科建设、推进学科发展

通过在形成本科—硕士—博士完整的资源科学人才培养体系的同时,北京师范大学资源学院一直努力推进资源科学学科发展。2005 年向国务院学位办提交了"关于增设资源科学与工程一级学科的请示"、2006 再次提出"关于增设资源科学与工程硕士与博士学科体系的请示"。2008 年,经专家评议论证和审核,自然资源交叉学科人才培养体系得到充分认可,获批为交叉学科北京市重点学科,成为全国唯一的"自然资源"省部级重点交叉学科。

2010 年在中国自然资源学会支持下,北京师范大学和中国科学院研究生院共同向国务院学位办提交"自然资源科学一级学科调整建议书",史培军教授代表建议单位向国务院学位办进行了汇报。建议书提出在理学门类中增设"自然资源科学"一级学科的建议,包括本科专业、硕士与博士学位授予学科,可授理学学位,以满足国家建设对自然资源科学学科专门人才的需要。建议增设自然资源科学一级学科。建议中明确列出了自然资源人才培养体系和主要课程体系,获得了国内 16 所高校的支持,也获得了本领域近 20 位院士和专家的签名认同。

(三)资源类专业的蓬勃发展

1993 年教育部《普通高等学校专业目录》第二次修订之前,鲜有学校直接设立资源类专业。1998 年教育部依据科学、规范、拓宽的原则,将原来以学科分化为特征的有关专业进行了学科层次为基础、学科为特征的调整,即《普通高等学校专业目录》第三次修订,其中将原来地理科学类(0707)的六个本科专业调整为地理科学(070701)、资源环境与城乡规划管理(070702)和地理信息系统(070703)三个专业(1998)。

资源环境与城乡规划管理尽管在专业目录或划分上归地理科学类,但其名称或内涵方面均涉及资源科学的多个方面,是一个交叉性、综合性明显的新兴学科。1999 年,资源环境与城乡规划管理专业开始招生,当年全国即有 32 所高校设置了该专业,主要是综合性院校以及本身有地理学科的师范类院校。随后,受国家经济快速发展之于各类人才需求的现实、高等学校扩招和自主招生的全面推行,以及资源环境与城乡规划管理这一专业目录中新的专业本身内涵的广泛性,全国各地各类型高等院校纷纷开始新设增设该专业,并呈蓬勃发展之势。到 2007 年,设置该专业的高等院校已有 150 多所;至 2012 年则有 166 所,约为初始设置院校数量的 5 倍以上(图 8-2)。

从新设增设资源环境与城乡规划管理专业的院校来看,以原有地理学科的综合性院校较多较早,如北京大学、南京大学、中山大学等;其次,原有地理学科的师范类院校也较多较早,如北京师范大学、华东师范大学、南京师范大学等。此外,其他与部门资源有关的院校新设增设该专业的也较多,如农林类、水利类,而地方性院校(独立学院和民办院校)新设增设该专业的最为普遍,发展最为迅速;其他类院校(如医药、语言、民族、交通建筑等)也有设置(图 8-3)。

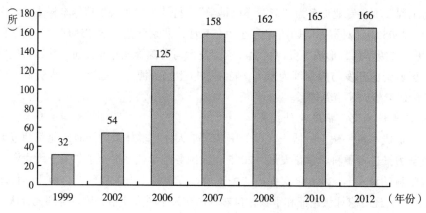

图 8-2　全国资源环境与城乡规划管理专业设置情况统计

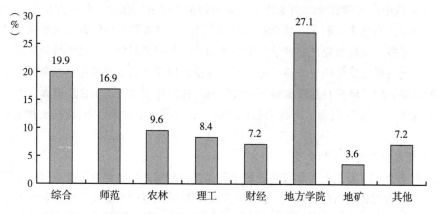

图 8-3　按院校类型的资源环境与城乡规划管理专业分布情况（2012 年）

　　由于设置资源环境与城乡规划专业的院校数量多、类型杂，其分布也广。其中，以华东区域开设院校数 55 所为最多，东北、华南开设院校相对较少。各省份除青海、宁夏未开设此专业外，其他省份均有院校开设，但存在较明显的区域差异性（图 8-4）。

　　资源环境与城乡规划管理专业的快速广泛设置，其相应的课程体系、教学内容、教材建设等也相应快速发展。更有许多高校先后设置或更名了与资源相关的院系，制定了具有自身原有基础的人才培养方案，如南京大学地理学系更名为城市与资源学系。此外，除本科教育教学以外，研究生教育与学位制度的改革也促使资源类专业研究生培养的长足发展，并迅速形成了资源或资源类硕士、博士培养系列（分散于各相关学科），促进了资源科学学科建设与人才培养，并将大量的毕业生输送到资源或资源类院系或研究院，反馈推动我国资源研究与资源科学的持续和发展。

　　我国资源教育在经过萌芽、形成与发展的几个阶段后，初步形成了具有自身理论、方法、技术、手段的学科体系。另一方面，从资源环境与城乡规划管理专业的设置以及 2012 年教育部第四次修改《普通高等学校专业目录》中调整该专业名称的实际可以看出，资源教育体系还在发展与完善过程中。

　　从上述关于我国资源教育形成与发展梗概可以看出，资源问题、资源利用引致资源研究，

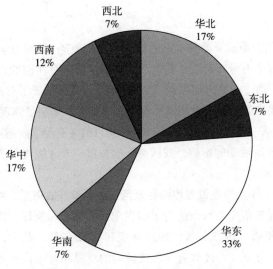

图 8-4　按区域分布资源环境专业设置情况

即资源研究源于资源的问题与利用，资源研究的系统化导致资源科学的产生与发展；而资源研究、资源科学的发展与深化需要相应的专业人才，即资源学科的建设与资源教育的发展；资源专业人才的培养又进一步反馈促进资源研究的持续与资源科学的发展。因此，资源问题、资源利用、资源研究、资源科学以及资源学科与资源教育并不是单纯的或线性的关系，而是互为影响相互推进的协同关系（图 8-5）。

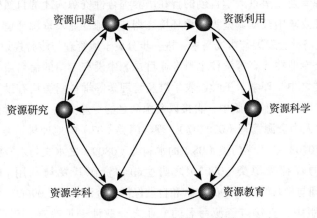

图 8-5　资源教育形成关系示意图

第二节　资源学科专业课程体系与教材建设

一、资源学科专业设置

由于资源学科的多源性、分散性和复杂性特点，资源学科专业设置也具有多源性和复杂性特点。

（一）本科专业设置

1949年以前，我国资源或资源类专业主要地分布于地学，如地理学、地质学、气象学等，在水利、农业、矿业等亦有分布。受（前）苏联高等学校教育体制的影响，1952年全国性院系调整，一改过去的"通才教育"而强调"专才教育"，逐步形成了对我国高等教育影响深远的以专业为核心的现代高等学校教育制度和专业设置制度。该制度体现于1954年颁布的《高等学校专业分类设置（草案）》以及相应于1962年修订的《高等学校通用专业目录》之中。至此，尽管受大跃进等政治运动的影响，我国高等学校以"专才教育"为基本人才培养的模式初步形成。

"文化大革命"的十年，专业设置停滞甚至倒退。改革开放以后，结合当时经济社会发展以及高等教育实际，对先前专业目录进行了四次全面的调整和修订，逐步形成了《高等学校本科专业目录》1987年版、1993年版、1998年版和2012年版。其中，对专业目录的修订逐渐体现了对过去（前）苏联"专才教育"模式弊端的反思和对现代高等教育普遍的"通识教育"模式设置的重视。如1987年版的修订中，修订后的专业种数由原来的1300多种减少到671种；1993年版的修订中，则又减少到504种；而1998年版的修订则减少到249种，改变了过去（前）苏联式过分强调"专业对口"的教育观念和模式。而地理科学类（0707）在1993年版的修订中分设6个专业，在1998年的修订版中，只设有3个专业，分别是地理科学（070701）、资源环境与城乡规划管理（070702）和地理信息系统（070703），通识教育思维与意识体现无遗。

无论是20世纪50年代的专业目录，以及改革开放后4次专业目录的修订，均没有专门的资源或自然资源专业。南京大学首创的旨在培养综合性资源人才的自然资源专业亦在以后专业目录的规范性要求中被动调整为资源环境区划与管理专业及资源环境与城乡规划管理专业，并结合当时经济社会发展与市场需求，进一步分设土地管理与旅游规划等专业方向。

资源或资源类专业在《高等学校本科专业目录》中没有专门的命名或定位，但分散于相应的不同学科门类之中。理学、工学、农学以及管理学等学科门类均有设置，其相应的学位也有相应设置。如1993年修订版中，直接以资源命名的专业分设于经济学门类（02）的工商管理类（0202）之人力资源管理（020207）、理学门类（07）的地理科学类（0707）之资源环境区划与管理（070703）、工学门类（08）的水利类（0809）之水文与水资源利用（080901）、农学门类（09）的森林资源类（0902）之野生植物资源开发与利用（090204）、管理类（0906）的渔业管理与渔政管理（090604）和自然保护区资源管理（090605）

1998年修订版中，直接以资源命名的专业之分散性未见改观，仍分设于各学科门类中，有理学门类（07）的地理科学类（0707）之资源环境与城乡规划管理（070702）、工学门类（08）的地矿类（0801）之资源勘察工程（080105）和水利类（0808）的水文与水资源工程（080802）、农学门类（09）的森林资源类（0903）之森林资源保护与游憩（090302）和环境生态类（0903）的农业资源与环境（090403）、管理学门类（11）的工商管理类（1102）之人力资源管理（110205）和公共管理（1103）之土地资源管理（110304）（表8-1）。

表8-1　《普通高等学校本科专业目录》（1998）所设置的资源类专业

学科门类	学科类	专　业	学　位
理学（07）	地理科学类（0707）	资源环境与城乡规划管理（070702）	理学
工学（08）	地矿类（0801）	资源勘察工程（080105）	工学
	水利类（0808）	水文与水资源工程（080802）	工学
农学（09）	森林资源类（0903）	森林资源保护与游憩（090302）	农学
	环境生态类（0903）	农业资源与环境（090403）	农学
管理学（11）	工商管理类（1102）	人力资源管理（110205）	管理学
	公共管理（1103）	土地资源管理（110304）	管理学或工学

　　2012年的修订版中，资源或资源类专业则分设于理学门类（07）的地理科学类（0705）之自然地理与资源环境（070502）、工学门类（08）的水利类（0811）之水文与水资源工程（081102）、地质类（0814）的资源勘查工程（081403）、农学门类（09）的自然保护与环境生态类（0902）之农业资源与环境（090201）、医学门类（10）的中药学类（1008）之中药资源与开发（100802）、管理学门类（12）的工商管理类（1202）之人力资源管理（120206）、公共管理类（1204）的土地资源管理（120404）、图书情报与档案管理类（1205）的信息资源管理（120503）（表8-2）。

表8-2　《普通高等学校本科专业目录》（2012）所设置的资源类专业

学科门类	学科类	专业	学位
经济学（02）	经济学类（0201）	资源与环境经济学（020104T）	经济学
理学（07）	地理科学类（0705）	自然地理与资源环境（070502）	理学或管理学
	海洋科学类（0707）	海洋资源与环境（070703T）	理学
工学（08）	水利类（0811）	水文与水资源工程（081102）	工学
	化工与制药类（0813）	资源循环科学与工程（081303T）	工学
	地质类（0814）	资源勘查工程（081403）	工学
	矿业类（0815）	矿物资源工程（081505T）	工学
	海洋工程类（0819）	海洋资源开发技术（081903T）	工学
	环境科学与工程类（0825）	资源环境科学（082506T）	工学或理学
农学（09）	自然资源与环境生态（0902）	农业资源与环境（090201）	农学
医学（10）	中药学类（1008）	中药资源与开发（100802）	医学或理学
管理学（12）	工商管理类（1202）	人力资源管理（120206）	管理学
	公共管理（1204）	土地资源管理（120404）	管理学或工学
	图书情报与档案管理类（1205）	信息资源管理（120503）	管理学

　　从上述专业设置及其修订变化中可以看出，一是我国高等学校本科专业设置或学士学位设置总体体现强基础、宽知识的"通识教育"模式的转变；二是资源或资源类专业分散于不同的学科门类以及相应的学科类中，且分散性大，不仅涉及理学、工学等传统学科，也涉及管理学甚至医学等不同学科；三是资源与同为综合性的环境生态在一定程度上被视为一体，如自然资源与生态环境类（0902）等的设置；四是体现了对新兴资源类型的重视，如中药资源以及信息资源的设置等，拓宽了资源研究和资源科学的范畴，也拓宽了资源教育教学的领

域；五是资源类或与资源相关的专业，尽管未直接以资源名字命名，但专业更多，更分散于各学科门类中，如工学门类（08）的测绘类（0812）之遥感科学与技术（081202）、矿业类（0815）的采矿工程（081501）和石油工程（081502）、农学门类（09）的林学类（0905）之森林保护（090503）等。因此，资源或资源类专业的设置总体体现为多源性与分散性特点。这既是资源内涵之广泛性及其资源科学之复杂性的必然，也是资源学科一级学科建设或专业目录中资源科学类设置的困难所在。

（二）研究生专业设置

我国于20世纪30年代即开始招收研究生。如浙江大学叶良辅先生于20世纪30—40年代陆续招收与培养的研究生严钦尚、丁锡祉、沈玉昌、杨怀仁、施雅风、蔡钟瑞、陈述彭、陈吉余等，均为1949年后重要的地理学研究与教学人才；又如吴传均先生乃1943年国立中央大学地理系的研究生。但我国的研究生招生与培养至改革开放前规模均较小，招生人数有限而学科分散。如南京大学地理系于1978年以前陆续招收的研究生人数共18人（"文化大革命"期间停招），一届最多不超过5人，且不连续招收。

改革开放后，1978年即恢复研究生招生，并迅速形成了硕士、博士、博士后培养系列。在研究生招生中，其专业设置同样遵循国务院学位委员会所颁布的学科与专业目录，体现了我国高等学校研究教育管理与本科教育管理相一致的规范性特点。

1983年，国务院学位委员会即颁布《授予博士、硕士学位和培养研究生的学科、专业目录》（试行草案）。目录按门类、一级学科和二级学科划分为三个层次。其中，门类的划分与《普通高等学校本科专业目录》相同，是各教育单位审核学位制授权点的依据，也是招生、培养和授予学位的依据。其后，与本科专业目录一样，基于科学、规范、拓宽的原则，逐步规范理顺一级学科、调整拓宽二级学科的目标，进行了3次全面的修订，分别形成《授予博士、硕士学位和培养研究生的学科、专业目录》1990年版、1997年版和2008年版。与本科专业目录之厚基础宽知识的修订不同，研究生学科与专业目录的修订更注重"专"的内在要求。如1997年版目录中增加了管理学科门类，授予学位的学科门类由原来的11个增加到12个；一级学科则由原来的72个增加到89个。

与资源命名的直接专业在1997年版的专业目录中，涉及经济学、法学、工学、农学、管理学等6个门类，而作为资源科学基础的理学之地理学、地质学等一级学科中并无直接的资源二级学科，2008年的修订中，直接的资源专业的设置与1997年的相同，没有调整（表8-3）。

表8-3 《授予博士、硕士学位和培养研究生的学科、专业目录》（1997、2008）所设置的资源类学科

学科门类	一级学科	二级学科
经济学（02）	理论经济学（0201）	人口、资源与环境经济学（020106）
法学（03）	法学（0301）	环境与资源保护法学（030108）
工学（08）	水利工程（0815）	水文学及水资源（081501）
	地质资源与地质工程（0818）	
农学（09）	农业资源利用（0903）	
	水产（0908）	渔业资源（090803）
管理学（12）	工商管理（1202）	企业管理（含人力资源管理）（120202）
	公共管理（1204）	土地资源管理（120405）

与此同时，20 世纪 90 年代中期以来，高校研究生招生全面扩张，相应招生专业设置在重点高校具有自主性，后陆续扩展到一般性的高校。因此，研究生招生除上述规范的目录外，还有许多自主的与当时经济社会以及市场需求相结合的专业以及相应的专业招生。以资源或资源类专业而言，涉及经济学、法学、理学、工学、农学、医学、管理学 7 个门类，以及相应的一级学科和二级学科（表 8-4），专业设置过于庞杂而分散，缺乏资源之综合性内涵。

表 8-4　我国现行博士、硕士学位和研究培养目录中所涉及的资源类学科

学科门类	一级学科	二级学科
经济学	理论经济学	人口、资源与环境经济学（020106）
法　学	法学	环境与资源保护法学（030108）
理　学	地理学	自然资源
		国土资源学
		资源科学
	大气科学	气候资源开发与利用
	地质学	矿产资源化学
	海洋科学	海洋资源与权益综合管理
工　学	水利工程	水文学及水资源（081501）
		海岸带资源与环境
		海洋资源与环境
	地质资源与地质工程	矿产资源经济与技术
		计算机技术与资源信息工程
		能源资源与环境地球化学
		非传统矿产资源开发
		资源产业经济
		资源环境遥感
		资源管理工程
		资源与环境遥感
		矿产资源经济
		资源与环境保护
		油气资源工程
		矿产资源保护与法治
		资源与环境遥感
	农业工程	农业水资源与水环境工程
	环境科学与工程	资源环境
		再生资源科学与技术
		资源环境规划与管理
	土木工程	城市水资源
	矿业工程	资源经济与管理
		资源开发规划与设计
		资源信息与决策
		资源综合利用工程
		资源与环境经济学
	测绘科学与技术	数字矿山与资源勘探

续表

学科门类	一级学科	二级学科
农 学	农业资源利用	资源环境生物技术
		水资源与农业节水
		水资源利用与保护
		环境修复与资源再生
		资源环境信息工程
		土地资源与空间信息技术
		药用资源化学
		气候资源与农业减灾
		资源环境生物学
		土地资源利用与信息技术
		土地资源学
		土地资源利用
		农业水资源利用
		草地资源利用与保护
	作物学	植物资源学
		植物资源的保护与利用
		农业遥感与资源利用
		药用植物资源学
		药用植物资源与利用
	园艺学	药用植物资源工程
		草坪资源与利用
	水 产	渔业资源学（090803）
		湿地资源与环境
	林 学	森林资源学
		森林植物资源学
	植物保护	植保资源利用
医 学	中药学	中药资源学
管理学	公共管理	土地资源管理（120405）
	农林经济管理	农业资源与环境经济学
		农业资源环境经济管理
		自然资源管理
	管理科学与工程	区域经济发展与资源优化管理
		国土资源信息化管理

注：无学科代码的为不同学校自主设立的资源类相关专业。

与本科专业设置一样，我国研究生专业设置亦存在多源而分散的现象。资源或资源类专业本科与研究生设置的多源性和分散性现象表明了资源学科建设任务的繁重和紧迫性。

二、资源学科课程体系与教材建设

（一）资源学科课程体系

（1）本科生课程体系。

1952 年全国性高等院校院系调整后，高校招生与课程设置以专业为基本单位。这一以突出专业为核心（重点）反映"专才教育"的苏联课程体系与教育模式一直延续到20世纪80年代末，至现在仍未彻底改变。期间，受不同时期经济社会政治等因素的影响而呈现不同的阶段。一是改造与借鉴阶段（1949—1956）：该阶段高校课程改革主要是继承、改造旧课程，建设全国"大一统"的高校课程体系；二是探索与调整阶段（1957—1965）：该阶段全国高校进行了"大跃进"式的教育大革命，随后又进入"定规模、定任务、定方向、定专业"的"调整"时期，贯彻"调整、巩固、充实、提高"的教育工作八字方针；三是挫折与倒退阶段（1966—1976）：受"文化大革命"的冲击，该阶段高校课程体系建设受到严重挫折，明显倒退；四是恢复与发展阶段（1977—1992）：此阶段为恢复高考和改革开放后，高等教育指导思想明确"教育必须为社会主义建设服务，社会主义建设必须依靠教育"（1985年5月，全国教育工作会议），并逐渐形成了（校级）公共课、（院系级）基础课和专业课的三级课程设置体系。

另一方面，恢复高考后，借鉴西方高等学校教育体制与模式，北京大学、南京大学等重点高校于1978年即行探索和试点学分制，1985年中共中央关于教育体制改革中正式肯定了学分制。1993年《全国高等教育改革和发展纲要》中提出要在全国高等院校逐步实行学分制。因此，我国高等教育从80年代中期开始，学分制得到全面推广。学分制的推广，选修课和双学位制得以相应落实。学分制加选修课成为我国新时期高等教育课程体系建设和教育模式确立的基本特征，课程体系也相应演变为公共课程、学科平台课程、专业核心课程、专业选修课程，为素质教育或通才教育的改革奠定了基础。

1992年以后，随着国家经济社会的快速发展以及相应的综合性人才需求的显著增长，对原来的"专才教育"培养模式进行反思，"深化教育改革，全面实施素质教育"的"通识教育"人才培养思想得以确立。在招生方面，以院系或学科为单位而不直接以专业为单位，入学一年或2年后进行专业分流；在学位方向，学生可以借助校内选修课进行第二学位选修；在学分修选方面，陆续进行大学院系内及至院校外的学分互认的试点与探索。如湖北省武汉大学等5所院校本着"资源共享、优势互补、平等互利、相互促进"的宗旨，于1999年实施五校互相选课、辅修双学位的"联合办学"的探索；2003年，上海交通大学等13所高校在多年实践基础上，实现跨校、跨学科辅修制度，等等。南京大学在多年"通才教育"模式探索的基础上，坚持"适度扩大规模、着力提升内涵"的办学思路和"以学科为龙头、队伍建设为核心、人才培养为根本"的办学理念，贯彻"学科建设与本科教学融通、通识教育与个性化培养融通、拓宽基础与强化实践融通、学会学习与学会做人融通"的"四个融通"人才培养思路，构建"拓宽口径、鼓励交叉、多次选择、逐步到位"具有个性化、多元化的人才培养体系，创设了"三三制"本科教育模式，即实行"三个培养阶段"和"三条发展路径"，具体指本科生经过大类培养、专业培养、多元培养三个阶段，学生在完成专业培养阶段规定的学分之后可以在"专业学术类、交叉复合类、就业创业类"三条发展路径中自由选择。由此形成了通识通修课程（52-66）、学科专业课程（38-45）、开放选修课程（31-52）的课程体系（表8-5），得到了教育部的认可与赞扬（2014年教育部优秀教育成果特等奖），初步建立了新时期人才培养课程体系。

在资源或资源类课程设置方面，不同院校多依据其自身传统的学科基础与特色而设置。因此，其课程体系与专业设置一样，在院系级与专业级，或学科专业课程与开放选修课程层面，呈现多源性和分散性特点（表8-6）。如以原地理学科基础而设立的资源环境与城乡规划管理专业，其课程主要有普通地质、自然地理、人文地理、GIS、城市规划等属于地理学科的专业基础类课程以及依据其专业方向而设立的专业课和选修课，如土地资源评价、土地利用规划、土地利用工程、旅游规划、房地产估价等；以原测绘学科基础而设立的该专业，其课程主要有计算机与3S技术、数字地图制图、资源环境信息系统等属于测绘与制图科学的专业基础类课程以及依据其专业方向而设立的专业课和选修课，如自然灾害学、资源环境与可持续发展、土地资源规划与设计等；以原地质学科为基础而设立的该专业，主要有地质学基础、地理科学导论、第四纪地质学、现代地貌学等属于地质学科的专业基础类课程以及依据其专业方向而设立的专业课和选修课，如资源环境管理、国土资源调查技术与方法、资源利用与评价、城乡规划等；以农学或林学学科为基础而设立的该专业，主要有地理科学、土壤学、植物学、计算机与3S技术等属于农学或林学学科的专业基础类课程以及依据其专业方向而设立的专业课和选修课，如资源环境管理、水文与水资源学、生态学、土地资源与环境经济学等，不一而足。总之，不同高校不同学科基础设立的资源环境与城乡规划管理专业之课程体系设置，尤其是专业基础课、专业课与选修课设置方面存在明显的原学科基础烙印，具有明显的多源性和分散性特点[7]。这源于该专业名称与内涵的广泛性，也体现了我国高校招生规模扩充后迅速扩张的专业设置需求，也反映了我国资源或资源类专业课程体系设置急需规范性的内在要求。从这一角度而论，资源学科建设迫在眉睫。

表8-5 南京大学"三三"制课程设置体系（2009年）

课程体系（学分）	课程性质	序 列	课程类别（学分）	建议学分
I- 通识通修课程（52 ~ 66）	指选	A		
	必修	B	政治类	
	必修	C	军事类	
	指选	D	基础类	19 ~ 33
II- 学科专业课程（38 ~ 45）	必修	E	学科平台课程	38 ~ 45
		F	专业核心课程	
III- 开放选修课程（31 ~ 52）	选修	G	专业选修课程	31 ~ 52
		H	跨专业选修课程	
		I	公共选修课程	
		J	第二课堂	
毕业论文/设计（8 ~ 10）	必修	L	毕业论文/设计	8 ~ 10

2003年北京师范大学资源学院获教育部批准在国内率先设立了"资源科学与工程"本科专业，开始探索性培养自然资源交叉学科本科生。经过充分研讨和征求校内外专家意见，确立了"基础综合、模块导向"的人才培养课程体系。前2.5年的基础课学习阶段，通过数学、

物理学化学，以及地理学、生态学、测量科学与工程、经济学、管理学等学科基础课的学习，打下坚实基础，具备向资源学科不同专业方向延伸发展的潜力；后 1.5 年通过模块科知识学习，引导学生向土地资源与生物资源，资源经济与管理和资源遥感与信息方向延伸知识结构，为进入更高层次的资源学科学习奠定基础（表 8-7）。

该课程体系使用了 9 年，培养了 200 余名本科毕业生，学生质量获得广泛认可。不仅连续 5 年就业率达到 100%，并且获得了多种继续深造的机会。2009 年，德国斯图加特大学经考察，充分肯定了本专业毕业生的基础水平，与北京师范大学正式签约，每年接受 4 名本科毕业生直接攻读其"基础设施规划"专业的硕士研究生，除此之外，更有 2009 级学生在第八届"挑战杯"中国大学生创业计划竞赛中力夺金奖。

（2）研究生课程体系。

20 世纪 80 年代以前，我国高校研究生课程设置主要有学校层级的基础课（如自然辩证法、英语等），院系或学科层级的数量有限的必修课（如地理学科中的自然地理学、GIS 等），以及以导师指导为主所修的选修课或指定的参考书目（文献）。导师在研究生选课方面具有较重要的指导性作用。研究生亦多会在导师的指导下查阅相关之文献阅读并与导师进行研讨，以达到该学科研究生培养的学术基础要求。80 年代以后，尤其是 2000 年以后，高校研究生培养亦趋向综合性与宽基础性，学科建设得以加强，专业有所弱化。反映在课程设置方面，陆续形成了学校层次的公共课（A 类）、院系或学科层次的必修课（B 类）、专业选修课（C 类）以及拓展型的选修课（D 类）。选课过程中，导师在其中的作用呈逐渐减少之倾向，而代之以规范性的学校或院系对研究生选课的要求，如对学分的要求。就课程体系而言，这并不有利于"专"的培养，而有点类似于本科生的通识的培养。

资源或资源类研究生课程设置，由于其没有统一的学科，而分散于众多的不同学科中，如经济学、法学、理学、工学、农学等，因此，资源类研究生的培养中，其课程设置除本科生资源类课程设置的分散性特点外，还具有特殊性。此外，由于其对原（一级）学科的依附性，其课程设置体系之必修课（B 类）及至选修课（C 类）往往随原（一级）学科而设。如地理科学中的资源类研究生课程设置中，往往将自然地理、人文地理、GIS 作为其必修课，而选修课的范围则很广，类似于本科专业课程之设置；又如，农学中的资源类研究生课程设置中，往往将土壤学、植物学等作为其必修课；地质学科中，则将普通地质学、地貌学等作为其必修课。如南京大学土地资源管理（硕士）专业，依托于地理科学（一级学科），其相应的研究生课程设置中，除英语等学校类基础课（A 类）以外，院系或学科类必修课程主要有自然地理学、人文地理学、地理信息系统等（B 类），专业类选修课程主要有土地管理基本问题、土地经济学、土地评价与规划原理、土地管理与房地产开发、西方人文地理研究方法等，此外还有拓展性的选修课，如资源环境经济与政策、区域发展与区域规划（讲座）、土地科学原理、土地整治理论与方法、城乡规划管理与政策研究、城市与区域经济学进展、生态规划与评价、环境问题（讲座）等。博士研究生的培养，其课程也有相应的体系，但课程在学位培养中所占比重较小，修学的课程也相应较少，一般只相当于硕士生学科级的必修课程类，当然，其视野更宏观。

表8-6 国内部分代表性高校资源环境与城乡规划管理专业课程设置

学校学院名称	学科背景	主要专业课程及学分
北京大学地理与环境学院	地理学	**地理科学：**自然地理学（3）、经济地理学（3）、人文地理学（2）、人口地理学（2）、工业地理学（3）、计量地理学（2）、城市地理学（3）、经济地理研究方法（2） **计算机及3S技术：**地理信息系统（3） **资源环境管理：**经济学基础（3）、土地利用与房地产开发管理（2） **城乡规划：**城市规划原理（3）、区域规划原理（3）、城市空间与结构（3）、城市基础设施系统规划（3）
北京师范大学地理学与遥感科学学院	地理学	**地理科学：**地质与地貌学（3）、植物地理学（3）、人文地理学（3）、经济地理学（3）、城市地理学（2）、地球系统科学（3）、自然地理学（2）、地学统计（3）、中国地理（3） **计算机及3S技术：**测量与地图（3）、地理信息系统（3）、遥感原理（3） **资源环境管理：**气象学与气候学（3）、资源与环境科学志论（1）、环境学（3）、经济学基础（2）、资源与环境经济学（2）、土地评价与土地管理（3） **城乡规划：**区域分析与规划（2）、城市规划概论（3）、旅游地理与旅游规划（3）
武汉大学资源与环境科学学院	测绘学	**地理科学：**地质地貌学（3）、环境地学（3） **计算机及3S技术：**数字地图制图（3）、环境管理信息系统（3） **资源环境管理：**自然资源学（3）、环境科学原理（2）、环境化学（2）、城市环境分析（3）、自然灾害学（2）、资源环境与可持续发展（2） **城乡规划：**经济地理学与区域规划（3）、生态环境规划（2）、土地资源规划与设计（3）、城市规划原理（3）
吉林大学地球科学学院	地质学	**地理科学：**地质学基础（4.5）、地理科学导论（2.5）、经济地理学（2）、第四纪地质学（2.5）、现在地貌学（2） **计算机及3S技术：**地理信息系统（3）、MapGIS制图（2）、遥感技术及应用（2.5）、资源环境信息处理（2） **资源环境管理：**国土资源概论（2.5）、环境科学导论（2）、气象与气候学（2.5）、资源利用与评价（2）、管理学概论（2）、运筹学（2）、环境经济学（3）、国土资源调查技术与方法（1.5）、环境法（1.5）、技术经济学（1.5） **城乡规划：**城市规划（2）、环境规划与管理（2）、国土规划与国土整治（1.5）
中国矿业大学（北京）资源与安全工程学院	地质学	**地理科学：**地球科学概论（3.5）、自然地理学（3）、城市地理学（3）、经济与人文地理学（4）、地图学（2）、测量学（2） **计算机及3S技术：**资源环境数据库技术（3）、可视化编程语言（4）、地理信息系统基础（3）、计算机绘图（2）、地理信息系统设计（3）、遥感技术基础（2） **资源环境管理：**资源环境法规概论（2）、土地评价与管理（3）、城市经济学（3）、城市生态学（2）、环境学导论（3） **城乡规划：**建筑学基础（3）、区域规划原理（3）、城市规划原理（4）、环境规划（3）、数字规划（3）
西北农林科技大学资源环境学院	农学	**地理科学：**经济地理学（2）、自然地理学（3）、地图学（3）、测量学（3） **计算机及3S技术：**遥感技术（2）、地理信息系统（3）、计算机辅助规划设计（2）、建筑工程制图（3） **资源环境管理：**水文与水资源（3）、普通生态学（3）、植物学（2.5）、土地资源学（2）、管理学（2）、运筹学（3）、资源与环境经济学（2）、土地评价与管理（2） **城乡规划：**城镇工程绿化技术（2.5）、城乡规划与设计（3）、城镇园林绿地规划设计（2.5）、区域分析与规划（3）、土地利用规划（2）、城市规划原理（3）、建筑设计（2.5）

表8-7 资源科学与工程专业本科生培养课程体系

课程类别及学分比例		课程名称	学分数
学校平台课程		小　计	52
院系平台课程	相关学科基础课	大学数学 A	31.5
		基础物理 B	
		无机与分析化学	
		概率论与数理统计	
	学科基础课	资源科学导论	42
		经济学原理	
		管理科学原理	
		水文与水资源学	
		地质与矿产资源学	
		地理信息系统原理	
		遥感原理	
		数据库原理	
		测量与地图学	
		高级语言程序设计	
		系统工程	
专业平台课程	专业方向课	必修课程：土地资源与生物资源方向	10
		普通生态学	
		资源经济学	
		植物与植被资源学	
		土地资源与管理	
		必修课程：资源经济与管理方向	11
		国民经济管理	
		资源与环境法学	
		会计学原理	
		必修课程：资源遥感与信息方向	11
		数字图像处理	
		数据结构	
		计算机图形学	
		GPS 原理与应用	
		选修课程	26
		城市规划与管理	
		资源环境政策法规	
		生态环境评价与规划	
		资源开发与环境保护	
		水资源利用	
		……	
	专业实习	专业及生产实习	6
	毕业论文	毕业论文	8
		小　计	41
总计（100%）			166.5

值得一提的是，2005 年之后北京师范大学资源学院经教育部批准在地理学一级学科内自设"自然资源"二级学科，搭建了自然资源学科的高级人才培养的学科平台。鉴于我国授予博士、硕士学位培养研究生的学科、专业目录中，与自然资源相关的研究生培养分属经济学、法学、工学、农学和管理学 5 个门类 7 个一级学科，10 个二级学科。经过梳理自然资源学科的交叉性特点，借鉴国外资源领域研究生培养的模式与经验、以自然资源利用与保护，区域资源开发与规划等为重点，特别是以生物资源、土地资源、水资源等可更新资源为特色，构建了自然资源交叉学科研究生培养课程体系（表 8-8、表 8-9）。自然资源交叉学科研究生培养课程体系至今已经用于 10 级硕士和博士研究生培养，他们与资源科学与工程本科生课程体系相对接，形成了完整的自然资源学科本、硕、博三级人才培养课程体系和培养方案，满足了资源学科领域高质量创新人才培养的需要。

（二）资源学科教材建设

（1）本科生教材建设。

作为人才培养的基础，教材建设历来为高校所重视。20 世纪 80 年代中期以前，高校教材建设基本以规制性或通用性的教材建设为主，发展相对缓慢，但也呈现了许多优秀的乃至经典的资源或资源类教材。以地理科学为例，主要有北京大学、南京大学等重点高校所编写的通用型教材，如普通地质学、自然地理学、地貌学、植物地理学、土壤学、水文学原理、气象学与气候学、经济地理学、城市规划等。南京大学任美锷先生主编的《中国自然地理纲要》由于其学术性与通适性，为许多高校所采用，成为以地理学科为基础的资源环境与城乡规划管理专业的重要教材。另一方面，受当时出版条件等的限制，许多课程内容以教案、讲义、讲稿等形式出现，尤其是北京大学等重点高校，教师往往依据其自身的科研经历与研究成果，编写教案、讲义或讲稿，教学内容不限于通用教材，是出版教材的重要组成与补充。

80 年代中期以后，一方面各高校纷纷设立自己的出版社，为高校教材建设与发展奠定了客观的基础与条件。如北京大学、南京大学等于 1984 年前后即创设自身的出版社，后各高校纷纷设立。另一方面，部门类资源学科发展迅速，综合性的资源学科逐渐兴起，资源类教材建设亦开始快速发展。南京大学在自然资源专业创办与建设过程中，在各相关课程教案、讲义和讲稿的基础上，逐渐形成了具有自身特色的资源类综合人才培养的教材，主要有：《自然资源学导论》（包浩生等，1987）、《资源法导论》（吴平生，1990）、《土地类型与土地评价概论》（倪绍祥，1990）、《水资源评价》（汪承杰，1993）、《中国土壤资源》（赵其国等，1994）、《地理信息系统》（黄杏元等，1984）、《环境科学导论》（窦贻俭等，1999）等。

与此同时，各高校纷纷编制自己的或适合自身的资源类教材，如《自然资源学导论》（刘胤汉，1988）、《自然资源学》（陈永文，2002）、《资源科学导论》（童庆超，1999）、以及部分翻译类教材，如《环境与资源价值评估：理论与方法》（A.Myrick Freeman III 著，曾贤刚译）等。《自然资源学原理》（蔡运龙，2002）等。在这一时期中，践行资源科学本科人才培养的北京师范大学资源学院，为了满足"资源科学与工程"本科专业（081105S）的人才培养的需要，于 2006 年获高等教育出版社批准，开始编写普通高等教育"十一五"国家级规划教材——"资源科学与工程专业教材"，第一套 10 本，包括：资源科学导论、资源经济学、自然资源生态学、资源信息技术、区域规划、资源调查技术（手册）、土地资源学、水资源学、植物与植被资源学、能源与矿产资源学等。至今已经出版了《资源科学导论》（史培军，2009）、

表 8-8　自然资源学科硕士研究生培养课程体系

课程类别		序号	专业方向	课　程　名　称	学　分	学　时
学位基础课	基础理论课	1	资源科学	自然地理学	3	54
		2		自然资源学	3	54
		3		全球环境变化	3	54
		4		生物地球化学循环	3	54
		5		自然资源生态学	3	54
		6		中药学专论	3	54
		7		中药资源学	3	54
		8	资源技术	地图学与地理信息系统	3	54
		9		遥感原理与应用（英语）	3	54
		10		空间测量与制图	3	54
		11		能源资源概论	3	54
		12	资源管理	人文地理学	3	54
		13		自然资源与环境经济学	3	54
		14		管理经济学	3	54
		15		土地资源与管理	3	54
		16		区域发展规划	3	54
	方法技术类基础课	1	资源科学资源技术资源管理	地理信息系统理论与实践	3	54
		2		数理统计在资源科学研究中的应用	3	54
		3		SPSS 数据统计分析与实践	3	54
		4		系统工程理论与实践	3	54
		5		摄影测量与遥感技术	3	54
学位专业课	学位专业课	1	各专业方向	自然资源学 / 生态学前沿讲座	3	54
		2		专业外语	2	36
		3	资源科学	气候资源与海洋资源	3	54
		4		水文与水资源	3	54
		5		中药资源学	3	54
		6		陆地生态系统生态学原理	3	54
		7		全球变化与陆地生态系统	3	54
		8		生态水文学	3	54
		9		植被生态学	3	54
		10		城市生态学	3	54
		11		生态恢复技术	3	54
		12		实验生态学	3	54
		13		生态系统模拟方法	3	54
		14		生态系统管理	3	54
		15	资源技术	空间分析和空间模型	3	54
		16		空间信息分析与遥感模型	3	54
		17		资源与环境遥感模型实验	3	54
		18		模式识别	2	36
		19		数据库设计与空间分析	2	36
		20		地籍测量与地籍管理信息系统	3	54
		21		数字城市与城镇地理信息系统	3	54
		22		油气地质与资源利用	3	54
		23	资源管理	区域经济学理论与实践	3	54
		24		区域资源环境管理的政策工具	3	54
		25		城市空间结构与城市规划	3	54
		26		土地经济学	3	54
		27		土地资源评价与规划	3	54
		28		环境风险评价及管理	3	54

表 8-9 自然资源学科博士研究生培养课程体系

课程类别	序号	专业方向	课程名称	学分	学时
学位基础课	1	资源科学	自然地理学	3	54
	2		自然资源学	3	54
	3		全球环境变化	3	54
	4	资源技术	地图学与地理信息系统	3	54
	5		遥感原理与应用（英语）	3	54
	6		系统工程理论与实践	3	54
	7	资源管理	自然资源与环境经济学	3	54
	8		土地资源与管理	3	54
	9		区域发展规划	3	54
学位专业课	1	各专业方向	自然资源学/生态学前沿讲座	3	54
	2	资源科学	自然资源生态学	3	54
	3		陆地生态系统生态学原理	3	54
	4		中药资源学	3	54
	5		生态恢复技术	3	54
	6		生态系统模拟方法	3	54
	7	资源技术	空间分析和空间模型	3	54
	8		资源与环境遥感模型实验	3	54
	9		数据库设计与空间分析	2	36
	10		地籍测量与地籍管理信息系统	3	54
	11		油气地质与资源利用	3	54
	12	资源管理	区域经济学理论与实践	3	54
	13		区域资源环境管理的政策工具	3	54
	14		土地经济学	3	54
	15		土地资源评价与规划	3	54
	16		环境风险评价及管理	3	54

《自然资源经济学》（刘学敏等，2009）、《资源信息技术》（李京等，2009）。

部门类资源教材则较多，但更分散。以土地资源专业为例，土地资源分属公共管理学门类。据统计，全国"985"高校中，共使用80本核心教材，其中23本归属于公共管理学（表8-10）。这些教材对土地资源管理学的知识体系进行了系统的总结和科学的概括，内容包括：介绍土地资源管理学的学科体系和应用方向；阐述土地资源管理的基本理论和主要流派的学术观点；并在此基础上，结合中国土地管理的现状，对土地产权、产籍管理、土地利用管理、土地资产管理等的原则、内容、方法和工作程序等进行了全面的阐释和论述，成为国内普通高等学校土地资源管理学、房地产经营与管理、城市规划与区域经济等相关专业的基本教材。

表 8-10 资源类本科本专业教材（以土地资源为例）

门 类	一级学科	教 材
经济学	应用经济学	《不动产估价》《城市土地经济与利用》《经济地理学》《经济地理学导论》《经济全球化与生态安全》等
	理论经济学	《土地经济》《土地经济学》《中国城市地价论》《资源经济学》等
法 学	法 学	《土地法教程》《资源法导论》《环境保护法》等
	政治学	《土地制度与土地政策》
理 学	地理学	《资源科学导论》《气候与气候资源学》《自然地理学》《人文地理学》《城市地理学》《中国城市地理》《中国自然地理纲要》等
	地图学与地理信息系统	《地理信息系统》《地理信息系统导论》《地理信息系统概论》《土地信息学》《土地信息技术》等
工 学	建筑学	《城市规划》《城市规划原理》等
	环境科学与工程	《环境保护与可持续发展》《环境化学》《环境科学原理》等
	农业工程	《土地整理》《土地与生态重建》等
	测绘科学与技术	《遥感导论》
管理学	公共管理	《地籍管理》《房地产产权产籍管理》《房地产估价》《房地产管理学》《房地产经营与管理》《房地产开发与管理》《公共管理学》《管理学》《管理学概论》《管理学原理与方法》《区域分析与规划》《区域分析与区域规划》《区域研究与区域规划》《土地管理信息系统》《土地管理学》《土地管理学总论》《土地利用规划学》《土地资源管理》《土地资源学》《土地资源管理学》《中国土地利用规划理论、方法与战略》等

通过对全国 39 所"985"高校开设的土地资源学人才培养专业（包括外围专业）进行统计（表 8-10）可知，其中的 22 所高校开设了土地资源学的核心课程，而北京师范大学、南京大学、浙江大学、中国农业大学开设的课程较多，不仅涉及土地资源管理、城市规划、土地利用变化等，还涉及地质学、遥感、地理信息系统等基础性或相应性课程。

（2）研究生教材建设。

与研究生专业设置一样，研究生教材建设往往具有各高校自身的基础与特色，也表现为多源性和分散性。此外，与本科教育之高等教育出版社出版的全国通用教材或 21 世纪重点教材等不同，研究生教学往往以问题为导向进行研讨性教育教学，因此，各高校教授在研究生包括博士生授课时往往没有统一的教材，而发挥研究生"研究"的特色。以土地科学基本问题（课程）为例，该课程并没有统一的或专门的教材，教学内容主要从土地产权、土地市场、土地利用、土地规划、土地利用技术等方面或其中的理论性或时代性问题出发，以问题为基本导向，以文献查阅为手段，以研讨为主要形式，充分发挥研究生教育教学的特色或内在要求。

除研讨性教学内容外，有的则以本科生教材为基础，作相对深入之讲解或剖析。也有专

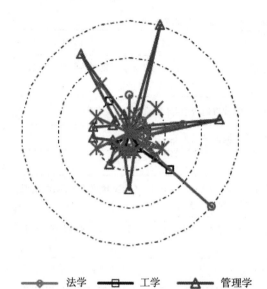

法学 —— 工学 —— 管理学

图8-6 "985"高校资源科学领域核心教材分布①

门形成研究生教材的。如中国科学院研究生院（现中国科学院大学）封志明教授在多年授课的基础上，编写出版了研究生教材《资源科学导论》（科学出版社，2003）。该教材分上、中、下三篇，共21章，50万字。其中，上篇为总论，主要从资源科学研究的源起与发展出发，系统地论述了资源科学的学科体系与研究内容、科学思想与基本概念、理论基础与方法论，扼要阐明了资源科学研究的框架体系；中篇为分论，基于资源科学研究的纵向分异和部门资源学科的特点，分别从气候资源、水资源、土地资源、生物资源、矿产资源、能源资源、海洋资源、旅游资源与人力资源等部门资源出发，分门别类地讨论了自然资源的开发利用及其评价问题；下篇为专论，基于资源科学研究的横向综合和跨学科性质，从资源物理、资源地理、资源生态、资源经济与资源管理的角度，论述了资源科学综合研究的学科基础、主要领域与研究内容，其中，最后2章从生存、发展与资源、环境安全的角度，全面地阐述了国家和地区的人口、资源、环境与发展问题。该教材具有较好的代表性。

此外，《中国自然资源丛书》《中国资源科学百科全书》等的出版，成为资源专业或资源类专业本科教学和研究生培养中最重要的参考性教材，而《资源科学》《自然资源学报》等刊物则是重要的参考性文献来源。

第三节　资源学科学位体系的形成与发展

一、资源科学学科体系

1949年以前我国资源科学与其他现代科学一样已产生萌芽，1949年以后则得到逐步发展。回顾自然资源领域的科学研究、人才培养的整个历程，不难看出资源科学学科的形成与发展，得益于国家对自然资源开发、利用和管理的迫切需求。20世纪中期以来的自然资源考察和研究，形成了大量自然资源的考察和研究成果，与此同时也培养了一批资源科学研究人才，对资源的地理规律、经济规律、生态规律等各种特征和机理的认识不断深入和完善，进而推动

---

① 考虑到图形的实用性与美观性，高校名称用数字代替，代替规则为：北京大学1，清华大学2，复旦大学3，南京大学4，上海交通大学5，中国科技大学6，西安交通大学7，浙江大学8，哈尔滨工业大学9，北京理工大学10，南开大学11，天津大学12，华南理工大学13，中山大学14，山东大学15，华中科技大学16，吉林大学17，厦门大学18，武汉大学19，东南大学20，中国海洋大学21，湖南大学22，中南大学23，西北工业大学24，大连理工大学25，重庆大学26，四川大学27，北京科技大学28，北京航空大学29，兰州大学30，东北大学31，同济大学32，北京师范大学33，中国人民大学34，中国农业大学35，国防科技大学36，西北农林科技大学37，中央民族大学38，华东师范大学39，下同。

了自然资源学科的形成与发展。

20世纪80年代以来,自然资源专业期刊和研究机构更加完善,如1977年《自然资源》(1998年更名为《资源科学》)的创刊、1983年中国自然资源研究会(1993年更名为《中国自然资源学会》)的成立,以及1986年《自然资源学报》的创办,极大地推动了我国资源科学的研究与学科发展。而后,在20世纪末到21世纪初,集全国资源科学工作者力量完成的《中国自然资源丛书》(1994—1996)和《中国资源百科全书》(1997),以及《资源科学》(2006)、《资源科学技术名词》(2008)等的出版,标志着我国资源科学体系的形成和日臻完善。

在资源科学学科发展的历程中,资源科学学科体系的集中讨论出现在20世纪末期。1998年孙鸿烈和封志明提出了资源科学的学科体系框架[8](图8-7),提出了由综合资源学、部门资源学和社会资源学和区域资源学共同支撑的资源科学学科体系,其中综合资源学研究资源的发生、演化及其与人类相互关系的一般性规律,为部门资源学的研究提供理论基础和方法论;部门资源学研究各类资源的形成、演化、评价及合理开发、利用、保护和管理;作为资源科学重要领域的区域资源学,既是理论研究的起点,又是实践研究的归宿(图8-8)。

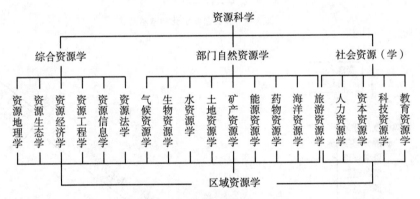

图8-7 资源科学的学科体系框架

同年,成升魁(1998)建议了一个与上述体系类似的资源科学框架体系[9],认为资源科学有综合资源科学、部门资源科学和资源科学理论三个基本部分构成;资源科学的产生和发展缘起与可持续发展中的资源问题,其终极目标也是服务于可持续发展的需要。

2001年,沈长江提出了一个资源科学的三维网络结构学科体系与主要分支学科[10](图8-9),认为之前的学科体系为资源科学的发展带来了突破,它们将割裂的相邻学科,以自然资源为纽带沟通了期间的内在联系,为推动资源科学概念的形成提供了新的思维。但它们还未能充分揭示该庞大的综合性的学科群在学科体系上的全貌,也未能表明这一学科群中各相关的资源分支学科各自的地位与作用及其相互关系。因此,特提出了一个三维网络体系。

2003年,史培军提出了一套较为详细的学科体系划分框架(表8-11)[11]。认为环境与生态问题的根源是资源的利用问题。加强资源问题的研究是解决资源利用所引起的环境与生态问题的关键。在环境与生态问题研究日趋完善与深化的今天,加强对资源学科体系和资源领域人才培养体系的建设显得更加迫切。他依据自身多年来从事资源问题研究和资源领域人才

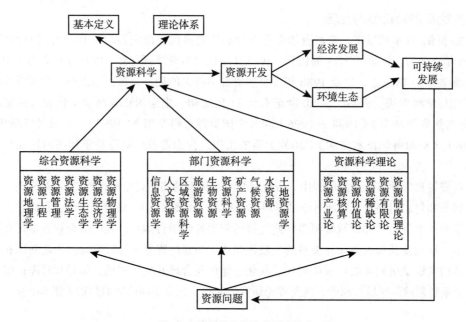

图 8-8　资源科学演化的基本范式

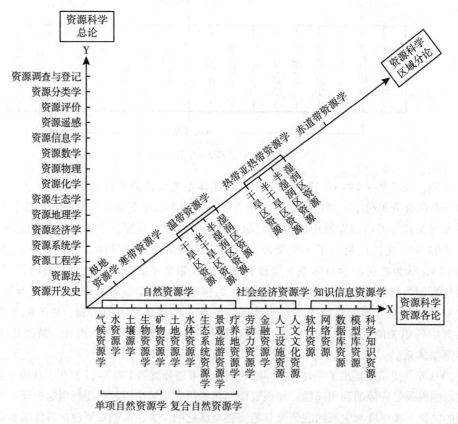

图 8-9　资源科学的三维网络结构学科体系与主要分支学科

培养的实践，以及我国资源研究、资源科学以及人才培养的趋势，就资源学科定位、学科体系建设以及人才培养体系构建，提出了一个由资源科学、资源技术学和资源管理学部分构成的资源学科体系方案。

二、学位体系的形成与发展

资源科学学位体系一方面随着资源科学学科体系的发展而发展，另一方面也随着我国学位制度的建设和完善而不断完善。1949 年之前我国资源学科发展十分有限，新中国成立之后1952 年全国性院系调整，逐步形成了对我国高等教育影响深远的以专业为核心的现代高等学校教育制度和专业设置制度，1954 年颁布了《高等学校专业分类设置（草案）》，1962 年修订了《高等学校通用专业目录》。在这一阶段，我国资源科学类专业大多分布于地理学、地质学、气象学、水利学、农学等学科之中。虽然我国于 1950 年起开始招收研究生，但未实行学位制度，当时的资源科学人才培养并未纳入学位体系。

1980 年，中华人民共和国第五届全国人民代表大会第十三次大会审议通过了《中华人民共和国学位条例》，1981 年国务院批准了《中华人民共和国学位条例暂行实施办法》，制订了学士、硕士、博士三级学位的学术标准，资源学科的学位体系也随之步入我国统一的学位体系。

1. 资源科学的学士学位及本科专业

我国 1987 年版、1993 年版和 1998 年版《高等学校本科专业目录》看，授予学士学位的资源科学专业在这一阶段中有所发展，从 1987 年的 3 个，增加到 1998 年的 8 个。然而，这些专业分散于理学、工学、农学和管理学等不同学科门类，没有体现资源科学自身的学科体系特征。为改变这种现状，南京大学和北京师范大学经过努力分别尝试了设立自然资源领域的学士学位专业。1983 年在包浩生教授的努力下，南京大学开始招收"自然资源"专业本科生，1986 年将"自然资源"专业进一步调整为"自然资源管理"专业。2003 年，在史培军教授的努力和学校的大力支持下，经教育部批准，北京师范大学资源学院于当年开始招收"资源科学与工程"本科专业（081105S），共有 9 届学生获得该专业学士学位。

目前，在最新修订的《普通高等学校本科专业目录》（2012）中，资源科学领域的本科专业进一步增多，全国共有 14 个本科专业，但资源科学学士学位专业分散于各个门类之中的状况仍未得到根本改观（表 8-2）。

2. 资源科学的硕士、博士学位及专业设置

较之于学士学位和本科生培养专业，资源科学领域中硕士和博士学位以及研究生的培养引起的关注更为广泛，从 20 世纪末以来在理论上有过较多探讨。

1998 年，陈百明根据当时的"学科分类与代码"（1992 版）以及 1997 年国务院学位委员会审议通过的"授予博士、硕士学位和培养研究的学科、专业目录"中均无作为整体的资源学科的现实，结合我国未来资源类人才培养的发展趋势，建议了我国资源环境学学科的学科构，其中提出了"资源科学与管理"一级学科，并建议该一级学科包含"资源科学"和"资源管理"两个二级学科（表 8-12）[12]。

表 8-11　资源学科体系划分方案

10　资源科学	20　资源技术学
1010　基础资源学	2010　资源技术学
10101 资源系统学	20101　资源测量技术学
101011　资源分类学	201011　资源大地测量学
101012　资源协同学	201012　资源地球物理勘探学
101013　资源控制学	201013　资源地球化学勘探学
10102　资源动态学	201014　资源遥感测量学
101021　资源演变学	201015　资源计量学
101022　资源动力学	20102　资源信息技术学
10103　地资源学	201021　资源信息分类学
101031　岩石圈资源学	201022　资源地图学
101032　生物圈资源学	201023　资源信息系统学
101033　水圈资源学	20103　资源保护技术学
101034　大气圈资源学	201031　自然资源保护
101035　地球表层资源学	201032　人类遗产保护学
1020　应用资源学	2020　资源工程学
10201　矿产资源学	20201　资源工程模型学
102011　能源资源学	202011　资源工程模型学
102012　金属矿产学	202012　资源工程仿真学
102013　非金属矿产学	20202　资源工程设计学
10202　可更新资源学	202021　矿产工程设计学
102021　土地资源学	202022　能源工程设计学
102022　水资源学	202023　水资源工程设计学
102023　生物资源学	202024　土地资源工程设计学
102024　气候资源学	202025　生物资源工程设计学
102025　旅游资源学	202026　气候资源工程设计学
10203　人力资源学	202027　旅游资源工程设计学
102031　劳动力资源学	30　资源管理学
102032　人才资源学	3010　资源法学
10204　知识资源学	30101　资源保护法学
102041　专利资源学	301011　矿产资源保护法学
102042　商标资源学	301012　能源资源保护法学
102043　版权资源学	301013　可再生资源保护法学
102044　专有权资源学	301014　人力资源保护法学
102045　人类遗产资源学	301015　知识产权保护法学
1030　区域资源学	301016　人类遗产保护法学
10301　自然区域资源学	30102　资源经济法学
103011　全球资源学	301021　自然资源贸易法学
103012　陆地资源学	301022　人力资源流动法学
103013　海洋资源学	301023　知识产权交易法学
10302　行政区域资源学	30103　资源国际法学
103021　世界资源学	3020　资源政策学
103022　国家资源学	30201　资源公共政策学
103023　地区资源学	30202　资源产业政策学
103024　地方资源学	3030　资源经济学
	30301　资源核算学
	30302　资源区划学
	30303　资源规划学

表 8-12　资源环境科学学科体系（陈百明，1998）

学科门类	一级学科	二级学科
资源环境学	环境科学与工程	环境科学
		环境工程
	资源科学与管理	资源科学
		资源管理
	生态学	生态学

2003 年，史培军在总结和分析了 1997 年以来我国颁布的授予博士、硕士学位和培养研究生的学科、专业目录时发现，对一些综合性或交叉性学科采取了可授予多个学科门类学位的方案。同时他认为，资源领域人才培养的学位专业体系不同于资源科学本身的体系划分，主要应该针对人才培养的目的来确定。资源学科在现有研究生学位专业体系中，分属经济学、法学、工学、农学、管理学 5 个门类、7 个一级学科、10 个二级学科，在现行学士学位（本科）专业目录中，分属理学、工学、农学、管理学 4 个门类、6 个学科、8 个专业，这充分显示出资源科学的综合性与交叉性特点。据此，他提出了具有理学、工学和管理学交叉特色的本科 - 研究生学位专业设置体系，并提出了课程设计建议（表 8-13 和表 8-14，图 8-10）[11]。

表 8-13　资源领域人才培养专业设置体系

本科专业	研究生专业	硕士、博士研究生专业方向
资源学	资源科学	基础资源学、应用资源学、区域资源学
	资源技术学	资源技术学、资源工程学
	资源管理学	资源法学、资源政策学、资源经济学

表 8-14　资源领域人才培养的核心课程体系

课程类型	课程名称
专业基础课（3 门）	资源科学原理、资源技术方法、资源管理
专业课（8 门）	地资源学、资源动态学、资源系统学、资源技术学、资源工程学、资源法学、资源政策学、资源经济学
专业方向课（22 门）	能源资源学、金属矿产学、非金属矿产学、土地资源学、水资源学、生物资源学、气候资源学、旅游资源学、人力资源学、知识资源学、资源遥感测量学、资源计量学、资源信息系统学、自然资源保护学、资源工程模型学、矿产工程设计学、能源工程设计学、水资源工程设计学、土地资源工程设计学、生物资源工程设计学、气候资源工程设计学、旅游资源工程设计学

与此同时，封志明（2003）也建议修改相关标准，把资源科学与技术作为新的跨学科（交叉学科）门类，纳入"学科分类与代码"国家标准，列入国家"授予博士、硕士学位和培

养研究生的学科、专业目录"。为此，他提出了一个将资源科学与技术整合为一个交叉学科领域的方案，并参考国内外资源科学的院、系与专业设置和中国的实际情况，建议了课程设置体系（表8-15）[13]。

表 8-15　资源科学与技术的学科体系与专业设置

学科门类	一级学科	学科、专业
资源科学与技术	资源科学（理学）	综合（基础）资源学（资源地理学、资源生态学与资源经济学等）
		部门（应用）资源学（水、土、气、生、矿、能等）
		区域资源学（自然区资源学与行政区资源学）
	资源技术（工学）	资源信息学（资源信息系统与遥感技术等）
		资源技术学（可更新资源利用与恢复技术等）
		资源工程学（资源生态工程与矿产资源工程等）
	资源管理	资源法学（可更新资源法、矿产资源法与能源法等）
		资源政策学（可更新资源政策与矿产资源政策等）
		资源管理学（土地资源管理、水资源管理与矿产资源管理等）

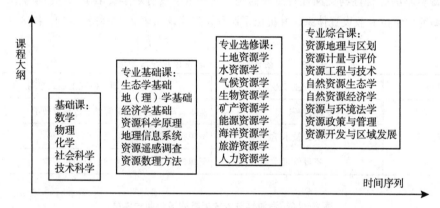

图 8-10　资源科学的核心课程设计

3. 资源学科的硕士、博士学位研究生培养实践

鉴于资源科学人才培养长期以来缺少独立的学科体系的现状，北京师范大学资源学院经批准，在地理学一级学科内自设"自然资源"二级学科，形成了以自然资源利用与保护，区域资源开发与规划等为重点，特别是以生物资源、土地资源、水资源等可更新资源为特色的研究生人才培养体系。

自然资源交叉学科本科生培养缺少可供借鉴的现成模式。自从 2003 年自主设立"资源科学与工程"专业以来，经过充分研讨和征求校内外专家意见，确立了以"基础广博、专业精深"为特色的自然资源交叉学科人才培养体系，2007 年首届学生顺利毕业，获得"资源科学与工程"理学学士学位。

所形成的"资源科学与工程"本科生培养方案经过两次修订，至今已经被连续应用于 9 级本科人才培养。2005年经教育部批准，北京师范大学自主设立"自然资源"硕士和博士生人才培养二级学科，并制定了相应的培养方案和课程体系，2008年首批毕业生获得"自然资源"硕士和博士学位。自然资源专业至今已经为国家在这一领域培养出一批创新人才，共计有9届研究生获得"自然资源"硕士学位和博士学位。

　　资源科学学科有了完整的人才培养体系并成功付诸实践之后（图8-11），对资源科学学科建设的重要性认识不断得到提高并达成共识。到2010年，在中国自然资源学会在多次研究讨论以及征求有关学者专家意见和建议的基础上，以北京师范大学和中国科学院研究生院为建议单位，向国务院学位办公室提交了"自然资源科学一级学科调整建议书"，建议增设自然资源科学一级学科。该建议书认为，资源科学在我国的需求日趋强烈。我国人口众多，资源相对短缺，资源供需形势日益严峻。近年来频繁发生的"油荒""电荒""水荒""地荒"等，已经成为制约我国经济与社会发展的直接原因，解决资源紧缺问题、保障资源供给安全成为国家社会经济实现可持续发展的第一要务。

　　资源学科的显著特色是综合性与交叉性。资源科学以资源的综合利用为研究对象，从资源

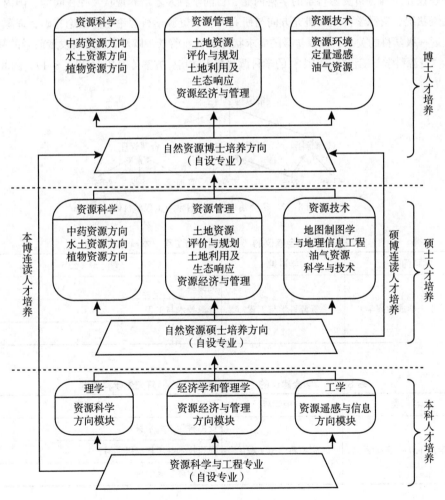

图8-11　北京师范大学资源学院资源科学人才培养体系

的自然、社会和技术三重属性出发，研究水、土地、气候、生物、能源与矿产等自然资源的形成、演化、质量特征和时空分布，探究资源利用与人类社会发展的相互关系，以及其中的经济社会规律和相关政策、法律体系，并依托资源技术的方法手段，研究资源转化为现实生产力的现实途径，以及资源集约、高效和可持续利用的有效方法。资源科学源于传统的地理学、生态学、经济学、管理学、法学、农学、工学等学科，但其研究对象既包括单一资源开发利用的个性问题，又包括多种资源利用的共性问题，还包括资源环境乃至整个生态环境的整体性问题。

为了更好地开发、利用、保护和管理自然资源，实现资源与人口、经济、社会、环境的协调和良性循环发展，研究资源问题的学科逐步发展并走向成熟。但是，资源学科目前仍没有明确的学科定位和完善的专业体系规划，专业定位不准、专业无特色和学生就业不理想是制约其健康发展的最主要障碍[14]。学科设置滞后于学科发展的现状，使得对资源问题的研究以及相关的人才培养受制于特定的学科领域，相对分散，从而失掉了资源研究的综合特点，很难形成学科优势和人才培养优势，难以在国家建设中发挥应有的巨大作用。因此，建立与建设资源科学一级学科以及相应的学科体系迫在眉睫。

该建议在全面分析资源科学的学科内涵、目前学科人才培养现状及存在问题、国内外资源学科发展状况、资源学科主要研究方向与研究内容、资源学科理论与方法论基础、资源学科与其他相近一级学科的关系、资源学科的需求状况与就业前景，以及资源学科发展前景的基础上，提出了"资源科学与工程"一级学科的学科调整与人才培养方案（表 8-16 和表 8-17，图 8-12）。

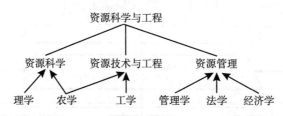

图 8-12　学会建议的资源科学与工程学科体系

表 8-16　学会建议的"资源科学与工程"本科专业结构

学科门类	学科类	专　业
理学或工学或管理学	资源科学与工程	资源科学
		资源技术与工程
		资源管理

表 8-17　学会建议的"资源科学与工程"研究生学科结构

学科门类	一级学科	二级学科
理学或工学或管理学	资源科学与工程	资源科学二级学科
		资源技术与工程二级学科
		资源管理二级学科

　　显然，我国资源科学日臻完善，资源学科也初步形成体系，对资源学科之系统化建设与设置已有相对成熟的看法。然而，在新近修订的《普通高等学校本科专业目录》（2012）中，没有形成相应的资源或资源类的一级学科，人才培养中所授予的资源科学类学位分散于各相关学科中的现状还将持续一段时间。我国资源科学学科建设仍然需要多方努力，在形成相对独立学位体系方面也期待着更多成效显著的人才培养实践，但这并不影响对我国资源学科人才培养体系和学位体系的发展和完善。

参考文献

［1］胡焕庸. 中国人口之分布［M］. 上海：中山书局，1935.

［2］任美锷. 建设地理新论［M］. 北京：商务印书馆，1946.

［3］董维春，邓春英，袁家明. 金陵大学农学院若干重要史实研究［J］. 中国农史，2014（6）：128–137.

［4］任美锷，杨纫章，包浩生. 中国自然地理纲要［M］. 北京：商务印书馆，1979.

［5］任美锷，包浩生. 中国自然区域及开发整治［M］. 北京：科学出版社，1992.

［6］钟功甫. 珠江三角洲"桑基鱼塘"与"蔗基鱼塘"［J］. 地理学报，1958，24（3）：257–274.

［7］彭位华，张勇，刘雪艳. 专业调整背景下资源环境与城乡规划管理专业发展现状与展望［J］. 皖西学院学报，2013，29（1）：134–137.

［8］孙鸿烈，封志明. 资源科学研究的现在与未来［J］. 资源科学，1998，20（1）：3–12.

［9］成升魁. 资源科学几个问题探讨［J］. 自然科学，1998，20（2）：1–10.

［10］沈长江. 资源科学的学科体系——关于资源科学学科建设的研讨［J］. 自然资源学报，2001，16（2）：172–178.

［11］史培军. 关于资源学科定位及其学科与人才培养体系的建设［J］. 自然资源学报，2003，18（3）：257–266.

［12］陈百明. 资源科学学科的建设与定位［J］. 资源科学，1998，20（1）：13–15.

［13］封志明. 资源科学的研究对象、学科体系与建设途径［J］. 自然资源学报，2003（6）：742–752.

［14］黄贤金，赵小凤，钟太洋，等. 高校资源环境与城乡规划管理专业发展现状及展望［J］. 高等农业教育，2011（12）：40–42.

第三篇 基础分支学科史

第九章　资源地理学

资源地理学是资源科学的重要分支，它与资源生态学、资源经济学、资源法学和资源信息学一道，共同构成了资源科学的理论基础学科体系。资源地理学主要研究资源的空间分布与制约因素、地域资源种类构成、数量和质量的区域组合特征，并进行综合评价，为区域资源开发与保护服务[1, 2]。资源地理学探索人类经济社会发展中各类资源的地理成因、地理状态、地理趋势，对资源勘查、资源时空配置、资源开发与可持续利用具有十分重要的理论意义和应用价值。资源调查、资源信息系统和资源制图是资源地理学研究的重要数据来源和技术支撑。本章考察中国资源地理学发生、发展的历程，以及资源地理学研究方法的演进，追溯中国资源地理分区的历史。

第一节　资源地理学的形成与发展

中国资源地理学起源于古代对资源区域性特征的朴素认识，萌发于中国近代对资源勘探调查中对地理分布特征的认识，形成于 20 世纪 50—60 年代资源大调查期间，发展壮大于 20 世纪 80 年代寻求应对全球资源短缺、人口经济压力激增和生态环境问题凸显等严峻挑战的时代，之后资源地理学在我国社会经济发展和资源环境保护中一直发挥着重要作用，指导着我国资源的开发利用与科学管理[3]。

一、古代资源地理学知识的积累（1860 年前）

这个阶段主要以资源地理现象的零星记录为特征，是指从我国开始有文字记载起，一直到近代科学技术传入中国的 19 世纪末。在漫长的人类历史发展过程中，为了满足生活和生产的需要，人们在开发利用各种自然资源的过程中，积累了有关资源的分布、特征、用途以及在管理和保护等方面的知识与经验，并对这些经验给予了总结和文字记述，但其中不乏一些规律性的深刻见解，如对物候、生物资源、土壤与土地特征、植被分布和生态环境关系的初期认识。中国资源地理学的知识积累主要是对各种资源的规律特征和分布开展的相关记录和描述，在我国五千年的文明历史中，资源地理的认识和信息见诸于我国古代各朝代的著作和各类文字记载，其中较为系统的描述和总结记载可见于以下古代文献[4]。

春秋时期的历史著作《山海经》开创了古代资源地理学的区域描述的先河，其中《山经》将全国划分为 5 个区域，对各个区域以山为坐标进行了描述。它以今天晋西南和豫西为"中山经"的描述区域，又将其东、西、南、北分为 4 个区域，分别在"东山经""西山经""南山经""北山经"中进行综合描述。在各区域的描述中，仍是以山系为纲，内容也有一定的规律可循，描述了各区域内山川、植物、动物、水系、矿产等各种资源的情况，共记载了5370余座山名，涉及的自然资源类型包括300余条河流的水资源、130余种植物资源、260余种动物资源和70多种矿物资源。战国时期的《尚书·禹贡》根据对地理内容的综合分析进行了区域划分，将当时已知的"天下"分为9个区域，并对区域土壤资源的等级、特点和植物资源特征进行了区域描述。对于土质分类，《禹贡》兼顾到黄、黑、白等颜色，坟垆、壤、涂泥等松黏的差别、也关注到盐碱成分。《禹贡》还对植被的南北地带性分布规律进行了描述，反映出我国东部平原地区植被资源的地理变化。

北魏时期的著作《水经注》首次系统全面地记录了全国的河流水系，涉及河流达1252条，它从河流的发源到归宿，凡有关干流、支流、河谷宽度、河床深度、水量和水位的季节变化、含沙量、冰期以及沿河所经过的伏流、瀑布、湖泊等，都有详细记载，其较完整地反映了全国各地水资源特征。西晋时期的著作《南方草木状》首次详细记载了岭南、番禺、南海、合浦、林邑（越南北部）以及南越（粤西地区）、九真（越南北部）等地植物80余种，是我国最早的区域植物资源著作，其资源地理学思想十分清楚地体现在记述了岭南各地植物分布的差异，如某些地区植物资源的特有性特征。

我国自古以来就是一个农业大国，人们在长期的农业生产劳动实践中，逐步摸索和积累了有关农业生产与气候资源之间的关系。与农业生产相关的"二十四节气"最早记录是在战国后期成书的《吕氏春秋》"十二月纪"，其中就有了立春、冬至等8个重要节气记录，它标示出季节的转换。到了西汉时，形成了现在通用的二十四节气，对农业产生了重要影响，其在《淮南子·天文训》中有完整的记载。同时，宋朝沈括的著作《梦溪笔谈》对物候作了最早的理论阐述，其详细地论述了物候与海拔高度、纬度、植物品种的关系。从上述著作中可以看到我国很早就开始关注到气候资源的区域特征和时空规律，并很好地将其应用于农业生产。

二、近代资源地理学研究的萌发（1860—1949年）

科学调查萌芽阶段。20世纪初至中华人民共和国成立这段时期内，随着西方势力的入侵，现代经济、科学和技术的传播，本土学者和西方人士都更加关注中国自然资源的数量、质量与地理分布，相继开展考察和研究，资源地理学的研究也随之进入到以科学调查为主的萌芽时期。这一时期的调查研究，从全国来看，主要有两个方面：一是由当时政府及有关部门组织的零星的资源调查、考察；二是不少外国学者在当时各国列强殖民主义政策的保护下，在我国不少地区进行的为数众多的资源调查。上述两个方面的调查，不仅少而分散，更重要的是由于半封建半殖民地社会性质的决定，不少调查成果被外国侵略者所窃取。

（一）矿产资源地理分布的调查与认识

近代我国资源地理学研究，主要是基于自然资源的综合考察，从而记录并初步了解全国以及不同区域自然资源的分布和利用状况。这个时期对资源地理分布特征的认识在矿产资源方面进展较大。清末时期随着外国地质学的传入和地质科技人员的进入，从外资对华扩张的需要出发，有少量外国地质人员开始调查中国的矿产资源，1868—1872年，著名的德国地理学家李希霍芬先后7次对我国的沿海和内陆地区进行了地质与地理学的考察，足迹遍及我国18个省区。在考察过程中，李希霍芬非常关注中国的矿产资源及其地理分布，尤以煤炭资源的记录描述最为详尽，其绘制了中国第一张《中国煤炭分布图》，并撰写了报告——《山东地理环境与矿产资源》[5]。

至于中国自己的矿产资源勘查，则是中华民国成立以后才开始的。民国成立之初，政府从振兴实业加强矿业出发，在工商部（1913年12月改称农商部）设立矿政司，负责已开矿业的管理和地质矿藏的调查研究。在地质矿藏调查研究方面，工商部于1913年设立地质研究所（1916年结束），又将地质科改为地质调查所，各省实业司内附设各省地质调查所，在部属地质调查所的指导下开展各省的地质矿产查勘工作，自此地质矿产的查勘被推向全国。

地质调查所是民国时期最早、最主要的矿产资源查勘者。它从一成立起就集结了一批地质学人才，如章鸿钊、丁文江、翁文灏等在国外学习地质学的留学生陆续回国，相继进入地质研究所和调查所任职，并克服种种困难，积极开展矿产资源调查勘察工作。1919年，翁文灏[6]依据该所人员的调查勘察结果，并吸收外国地质人员和地方矿产管理机构技术人员的调查成果，编写了《中国矿产志略》并编制了中国第一张彩色中国地质测量图。书中分不同地质地貌、各个省份、各类矿种记载了全国矿产资源的分布蕴藏状况，以及相关勘察报告和开发价值分析。

南京国民政府成立以后（1927年之后），进一步加强地质调查机构的建设。1931年实业部公布《整理全国地质调查办法》，规定按实际需要分区设立地质调查所，由部统一管理，以部属北京地质调查所为总机关。1932年成立国防设计委员会，1935年改名为资源委员会，以"关于人的资源及物的资源之调查统计研究事项"为主要职责之一，其下属的原料及制造组与地质调查所合作继续进行矿产资源勘查工作，对中国的矿产资源作进一步的勘查[7]。1938年6月成立了甘肃油矿筹备处，在中国油矿的勘探和开发中发挥了重要作用。以孙建初为首的科技人员通过艰苦细致的勘测，于1939年10月由孙建初执笔写成《甘肃玉门的地质》一书，确认玉门地质为储油的良好区域，并大致勘定储油范围为100余平方公里，肯定其具有重要的开采价值，从而使玉门油矿终于从1939年起钻井产油，拉开了中国石油开采工业的历史序幕[8]。

抗日战争时期，在资源委员会及各地质矿产调查机构的共同努力下，整个大后方11省的矿产蕴藏状况得到进一步的查勘，有些在战时得以开采投产，这些查明的矿产资源，不仅反映了中国矿产资源的地理分布特征，也为以后采矿业的发展提供了蓝图。

（二）生物资源及其他资源地理分布的调查与认识

对中国植物资源地理分布规律的认识，从19世纪初开始系统积累。鸦片战争前，主要有个别西方国家人士开展过零星考察，如1827年到1833年荷兰人S. L. Jacobson等先后六次来我国寻找茶树资源。鸦片战争之后西方资本主义国家的学者、传教士等纷纷来华调查自然资源。其中著名的有多次来华考察西部地理的瑞典探险家Sven Hedin，植物学家Karl. A. H. Smith；第一位来华进行地质考察的美国地质学家R. Pumpeuy，美国纽约自然博物馆的R. C. Andrews；英国人E. H. Wilson以及英国园艺学会和爱丁堡植物园派人来中国调查研究和搜集中国的经济植物，特别是花卉和其他观赏植物，之后出版了《China, Mother of Gardens》[9]；德国传教士E. Faber以及受俄国皇家地理学会资助考察蒙古、宁夏、甘肃等省地质地貌的H. M. Przewalwki等，他们带走了15000多份1700种植物的标本，详细描述了不同动植物的生活和生长的条件，以及他们的分布特征，阐述了该地区生物资源的地理分布与特征[10]。

20 世纪初期，中国学者也开始了系统考察并揭示我国自然资源区域特征的工作。1922 年 8 月，胡先骕等学者在南京成立了我国近代第一个生物研究机构——中国科学社生物研究所，1928 年成立了北平静生生物研究所，1929 年成立了北平研究院生物研究所，1930 年初创立了中央研究院南京自然历史博物馆动植物研究所等，这些研究机构成立后，或单独或联合先后开展了一系列科学考察工作[11]，获得了大量的动植物标本及其物种分布等信息[12]。1930 年 9 月爱国实业家卢作孚先生在重庆北碚创立了一所科研机构——中国西部科学院，这是当时中国西部地区最早的一家科研机构[1, 2]。该机构从筹备阶段起就开始了广泛的自然资源调查活动，1929—1936 年间几乎每年都会派人进行大规模的标本采集活动，整理出版了《四川雷、马、屏、峨考察记》《四川嘉陵江下游鱼类之调查》《四川鸣禽之研究》《四川植物采集记》等科学报告，中国的第一个大熊猫标本就是在这一时期制作的，由此开启了我国大熊猫资源的研究[10]。1920—1949 年期间，全国有 60~70 位植物学者，经过多年的努力，采集的高等植物标本约 80 万号，代表约 2 万余种植物，并在全国 15 个省市的植物学研究机构及大学建立了 27 个标本室，对我国植物资源的分布有了一个较全面的认识和理解[14]。

土壤资源和气候资源的考察在这个时期也有所开展。1929 年在太平洋学会的资助下，请美国土壤学家肖查理为指导，由金陵大学农经系调查了我国华北、淮北、苏北及长江中、下游的土壤。肖查理于 1931 编写了《中国土壤》一书，并绘制了比例尺为 1:840 万的"中国土壤区域略图"[15]。之后 1941—1945 年，我国学者陈恩凤、刘培桐等人也开展了我国的土壤调查，将土壤作为地理的综合因素的产物，着重研究气候、地形、母质、植被和人为活动等在土壤形成中的作用及对土壤性状的影响，并于 1951 年写了《中国土壤地理》一书，该书将中国土壤资源分为 15 个土类 28 个亚类，并附有 1:1500 万的中国土壤分布图，对各类土壤进行了描述，对当时土壤的合理利用提供了依据。在气候资源的地理区域特征研究方面，竺可桢先生做出了很多贡献。1929 年，竺可桢先生提出了《中国气候区域论》，这是我国最早的气候分区，他将全国划分出了八大区域类型，对各区域的气候特征进行详细的阐述，其对后期的全国农业分区及气候资源的合理利用提供了依据[16]。

三、现代资源地理学的建立（1949 年以后）

（一）资源地理学的形成（1949—1980 年）

自 1949 年中华人民共和国成立至 1980 年是资源地理学的建立与发展阶段。这个时期中新中国最早组织的综合考察始于 1951 年[17]。当时中央人民政府向西藏派出了一支地质、地理、气象、水利、土壤、植物、农业、牧业、社会、历史、语言、文艺及医药卫生等专业在内的西藏工作队，对西藏自然条件、自然资源及社会人文状况等进行了将近 3 年的考察研究，揭开了中国综合考察发展史的第一页。1952 年和 1953 年，广东省和中国科学院开展了华南热带亚热带生物资源综合考察。1953 年，中国科学院会同黄河水利委员会及其他有关部门在黄河中游各地区进行了调查研究。1955 年，中国科学院组织院内外数十个单位，包括地质、水文、气象、土壤、植物、农业、林业、畜牧、水利、田间工程、经济以及测绘等专业，组建了黄河中游水土保持综合考察队[18]。

1956—1966 年，中国科学院先后组织开展了黑龙江流域综合考察（1956—1960 年）[19, 20]、新疆资源综合考察、青海柴达木盆地盐湖资源考察研究（1957—1961 年）、黄河中游水土保持综合考察（1955—1958年）、云南紫胶与南方热带生物资源综合考察（1955—1962年）、西北地区治沙综合考察（1959—1961年）、青甘地区综合考察（1958—1961年）、西部地区南水北调综合考察（1959—1963年）和蒙宁地区综合考察（1961—1964）等，除西藏高原综合考察（1959年、1960—1961年、1964年）断续进行外，到1963年大多基本完成了预定任务[21]。1966年"文化大革命"开始，除青藏高原综合考察（1965年、1966—1968年）外，区域性综合考察工作很难继续实施，结果只是进行了一些小规模、短周期的专题考察研究。

基于上述工作先后公开出版区域性科学考察著作100多册，内容涉及地质、地貌、水文、土壤、气候、生物、矿产等自然资源利用与区域发展问题，如《中国宜农荒地资源》《中国东北北部地质矿产概况》《西藏东部地质区矿产调查资料》《青甘地区矿产资源及其远景》《川滇接壤地区自然资源开发及生产力发展远景设想方案》《新疆气候及其与农业的关系》《内蒙古自治区及其东西部毗邻地区气候与农牧业生产关系》《西藏气候》《西藏森林》等著作。这一时期科学考察的重点是"查明资源，提出方案"，即以查明自然资源为主，同时提出生产力布局方案。通过这一时期的自然资源综合考察，初步掌握了自然条件的基本状况和自然资源的数量、质量与分布规律等资源地理信息和数据，填补了广大边远省区的自然条件与自然资源的资料空白；不仅在国民经济建设中起到了先行作用，而且积累了丰富的资源科学资料，更将中国的自然资源研究，由零星分散的状态提高到了一个整体水平，为资源地理学的形成与发展奠定了基础条件[18]。

1972年，中国科学院又专门制定了《青藏高原1973—1982年综合科学考察规划》，并于1973年组织了"青藏高原隆起及其对自然环境与人类活动影响以及自然资源合理利用"为主题的大规模综合科学考察研究，直到1980年结束。这次科考时间之长、规模之大、学科之多，不仅在西藏地区，而且在我国科学考察史上也是空前的。正是这次科学考察活动为以后的青藏高原科学研究奠定了坚实基础。

（二）资源地理学的发展（1981—2015年）

1978年恢复重建"中国科学院自然资源综合考察委员会"之后，中国科学院在北京联合召开会议，议定了"1979—1985年农业自然资源和农业区划研究计划要点（草案）"。该计划要求对重点地区气候、水、土地、生物资源，以及资源生态系统进行调查研究，提出合理开发利用和保护方案，制定因地制宜地发展社会主义大农业的农业区划。自此，资源地理学基本完成了其形成过程中以单项资源类型调查、信息汇集和数据积累为主的发展阶段，进入了对中国资源全面综合考察和对其地理规律的全面分析研究和应用的阶段。

截至1986年，全国各级、各部共完成各类农业自然资源调查、农业区划、地图与图集等成果约4万多项，其中获得各级科技成果奖的有8000多项，《中国综合农业区划》（1985年）和《全国农业气候资源和农业气候区划研究》（1988年）获国家科技进步奖一等奖。期间，编制完成了中国1:100万地貌、植被、土壤、草地、森林、土地资源与土地利用现状图等。农业自然资源和农业区划研究计划的实施，对查清中国农业资源家底、促进自然资源优化配置与合理利用起到了重大作用。1980—1989年间，资源地理学进入了以合理开发利用自然资源、提出方案为重点的区域资源科学综合考察研究阶段，主要开展各种自然资源的评价与开发利用研究工作，并取得了一大批重要成果。在该阶段，国内学者编制了《中国1:100万土地资源图》《1:100万中国土地利用现状图》《中国1:100万草地资源图》，完成了中国综合农业分区、全国农业气候资源和农业气候分区研究,这对查清中国农业资源家底、促进自然资源优化配置与合理利用起到了重大作用。

这一时期,在面向国家需求开展综合考察之外,也是科学考察报告及相关专题研究大量产出的阶段,先后出版了西藏考察丛书45册、青藏高原横断山区考察丛书13册、中国亚热带东部丘陵山区考察丛书32册、黄土高原考察丛书46册、新疆地区考察丛书21册和西南地区考察丛书28册及其他若干区域性、专题性著作,为区域资源开发与经济发展提供了重要科学依据[18]。

同时,1980年以后,资源地理学研究也从自然资源领域很快扩展到社会经济和人文领域。徐君亮开展了汕尾港城系统、陆丰县自然资源和经济社会发展战略研究,论证了"整体观系统论是自然地理学经济化、人文化的理论基础""地域自然资源结构和生产结构对应变换分析法是研究自然 – 经济 – 社会复杂系统的科学方法"等重要理论思想。秦权人从自然资源分析入手,联系区域战略地位,提出区域资源发展战略。龚威平对比研究了辽中地区和苏锡常地区自然资源条件不同对经济结构、生产规模、城市体系和环境质量产生的差异,论证了自然资源综合体(主要是矿产资源、生物资源、水资源)对城市发展的影响[22]。

1990年,经济社会的加速发展和地理科学、资源科学研究的深入,大大拓展了资源研究的范围,在钱学森抛出"天、地、生、人"及自然与人文学科汇合的地理科学研究理念后,吴传钧提出将人地关系地域系统作为地理学和相关学科的研究核心[23]。中国资源地理学的研究很快拓展到人力资源、科技资源、文化资源、信息资源等方面[24-27],其中人力资源地理的研究开始引入人口资源、劳动力资源、人才资源的层次分析结构,在区域人力资源流动及优化的研究等方面取得进展,科技资源地理、文化资源地理、信息资源地理、旅游资源地理的研究为区域资源合作开发提出了有效思路。例如余游对澜沧江 – 湄公河次区域人力资源进行了比较研究,指出地理环境等客观环境对区域人口资源素质、劳动力资源质量和人才资源数量有显著制约效应[28]。胡兆量通过分析中国南方与北方的文艺、语言等方面的差异,阐释了中国内部文化资源差异的表现和地区间迁移现象,提出了继承和发扬不同地区文化资源的区域合作对策[26]。全国信息资源调查领导小组于1995年开展了27个省(市、自治区)的信息资源调查,为制定信息产业政策和发展规划奠定基础[27]。陈传康等人对大连金州的旅游资源评价研究中,强调了旅游资源的区域综合性和研究视角的自然、人文交叉性,提出风景、市场、旅游者、服务设施等区域旅游资源的结构体系,深化了区域旅游资源发展战略的理论基础[29]。

21世纪以来的中国社会(人文)资源地理研究快速发展,在研究范围和方法上都有了很大突破。作为资源地理研究重点的人力资源地理研究在研究内容上从城乡劳动力资源空间分布及转移,持续向科技人才资源、产业人才资源地理格局、流动、集聚方面深化与拓展[2, 30],旅游资源地理研究受到旅游地理学家的高度肯定,在旅游区资源开发和保护研究基础上将旅游流、人文景观资源等纳入研究范围[31],科技、教育、信息等领域的资源地理研究逐渐增多[2]。资源地理的研究呈现三大特点:一是开始体现综合性和整体性,例如通过对新疆的典型研究,分析了科技、教育、人力、资本等各类社会资源在西部大开发中的积极作用与现实约束,提出了优化区域社会资源配置、打破资源地区分割等具体策略[32]。二是研究对象的具体化和研究层次的深化,例如张呈琮研究了我国城乡间人口资源、人力资源的地区差异问题,指出人口资源的城乡流动有利于提高农村人力资源质量，并进一步促进农村人力资源的合理开发和剩余劳动力资源的流动[33]。三是研究方法的逐渐定量化，以遥感和 GIS 技术支撑的社会（人文）资源计算机空间分析和地理过程模拟、评价、预测逐渐普及，形成"数据 - 模型 - 地图表达"的研究范式[34]，以旅游资源地理研究为例，王铮等[35]应用计算机构建数学模型的方法分别对旅游资源分区、旅游地开发评价、旅游资源的集聚程度和风景资源管理系统、旅游环境承载力、游客空间流动规律、客源市场结构等问题进行了系统研究，汪德根等[36]基于点 - 轴理论，对呼伦贝尔 - 阿尔山地区的旅游资源类型和空间分布等进行比较分析，构建了"板块旅游"资源空间结构体系，章锦河等[37]对安徽南部地区旅游资源的空间分布形态及空间网络结构连接性进行了研究，通过最近邻比、通达度、紧密度等指数的综合测算，分析了研究区旅游资源的区域特征和优势，提出了区域旅游资源合作开发的重点。

随着有关资源地理学研究工作深入系统地开展，资源地理学的学科地位也逐渐确定下来。1989 年，全国科学技术名称审定委员会所属的地理学名词审定委员会将资源地理学明确为地理科学体系中一门应用基础科学。90 年代以来，国内学者正式提出将资源地理学列为资源学科分支的观点，孙鸿烈先生指出资源地理学是资源科学中五大综合资源学中的首要学科。进入新世纪以来，资源地理学研究更多地关注于资源可持续利用和资源优化配置，在我国多项重大国家战略规划和部署中，在国家资源和生态安全管理中发挥着重要作用。

第二节　资源地理学研究方法的演进

资源地理学研究方法涉及数据采集、处理、分析、存储、传输、集成与服务等方面，随着信息技术和系统分析技术的发展与普遍应用，中国资源地理学在研究方法和技术手段上从手工分析过程为主，逐渐发展为以自动化、信息化和综合化方法为主。这种转变突出表现在两方面：其一是随着计算机技术、遥感技术、信息技术、数字通信技术和航空航天技术的迅速发展，人类对资源信息的获取、传输、管理、分析和形成决策的手段也随之发生改变，使资源调查、制图以及动态监测等工作的时空精度和速度得以提高；其二是随着现代系统科学和非线性科学等复杂系统理论的深入和复杂模型的发展，神经网络、元胞自动机、人工智能等各类系统动力学模型等在资源地理学相关研究领域获得了运用和推广。总体而言，中国资源地理学在研究方法的发展和进步过程大致可以分为三个阶段。

一、早期人工调查阶段（70 年代中期以前）

资源地理学早期的调查、制图与分析等工作，主要通过人工过程完成，虽然这个时期的工作积累了宝贵的资料和信息，但获取信息的速度缓慢。

新中国成立之后，以中国科学院 1950 年开展"东北和山西矿产资源调查""南京土地利用调查"为起点，中国科学院组织了多项自然资源考察，在 70 年代之前以对中国自然资源的综合考察为主要内容[19, 20]，主要技术手段为野外调查或设立野外实验站点进行长期定位观测，手工整理野外调查数据并手工绘图，以纸质媒介进行数据存储与传输，并以文字资料和图件表现成果。这一阶段的研究以观察资源地理事物和资源调查资料分析为基础，从资源系统与地理环境系统相互关系中认识和阐释资源地理过程和格局规律，总体属于经验归纳综合研究[38]。大规模自然资源综合考察初步掌握了我国自然条件的基本状况和自然资源的数量、质量与分布规律，填补了广大边远省区的自然条件与自然资源的资料空白，对中华人民共和国成立初期工业、农业、交通运输乃至整个国民经济的规划布局都产生了显著作用[39]。

二、遥感对地观测和资源生态环境监测研究阶段（70 年代末期—90 年代中期）

70 年代末期国内资源遥感方法的大量应用开创了我国资源地理研究的新时代。利用遥感卫星影像提供的遥感信息勘测地球资源，成本低、速度快，有利于克服自然界恶劣环境的限制。我国于 70 年代末期开展大型综合遥感试验，对新疆哈密（1977 年）、云南腾冲（1978—1979 年）、长春净月潭（1979 年）等地实施了资源调查和勘测。遥感技术的发展和应用使得野外考察的速度和空间定位精度大幅提高，特别是卫星影像结合历史数据的对比研究促进了资源时空变化信息获得的低成本化和快速便捷，大大改进了资源地理研究方法。例如 80 年代利用陆地卫星图像对青藏高原湖泊资源的分析，将湖泊的总体个数从原先野外调查的 500 个增加到 800 多个，其中的 250 个湖泊的形状、大小和类型也得到纠正，从而准确掌握了青藏高原的水资源地理分布现状及其环境变迁[40]。再如 1991—1995 年中科院组织实施的"国家资源环境遥感宏观调查与动态研究"，采用 90 年代陆地卫星 TM 图像为信息源，利用地理信息系统技术、组合分类方法，构建多级分层地理单元，建成中国资源环境数据库，与 1985 年完成的全国土地资源概查成果相比，研究的时间长度、成果精度、成果储存质量都有了质的提高[41]。

20 世纪 80—90 年代，我国利用遥感技术先后进行并完成全国土地资源概查、宜农土地资源调查，完成全国 1∶100 万的土地利用、土地资源、草场资源、土壤类型和植被系列分布图件[40]。1984 开始、1999 年全面完成的全国 31 个省（直辖市、自治区）的 2843 个县级区域土地资源调查，基于遥感、计算机、地理信息系统（GIS）等高新技术，首次全面查清中国土地资源的分类、质量、利用状况分布。具体调查中采用以航空为主（600 多万平方千米）、航天为辅（近 200 万平方千米）的遥感技术，结合大比例尺地形图，实行全野外调查，广泛应用计算机、GIS 技术进行航片纠正、面积量算、数据汇总、土地利用图编制、土地信息系统建设[42]。此外，这段时期也开展了以服务农业区划为目的的农业资源调查与区域工作，也有力推进了农业资源地理学的实践与发展。

结合资源地理遥感探测的成果，20 世纪 80 年代我国已经开始建立资源地理信息系统，将自然资源信息进行系统集成、可视化表达和综合分析。例如 1985 年，受国家计划委员会委托，中国科学院自然资源综合考察委员会以河南省洛阳经济区为试验对象，建立了我国第一个区域性资源信息系统，将土地资源、水资源、矿产资源、生物资源、能源资源、旅游资源和劳动力资源等资源信息作为主要内容进行数字化存储和加工处理，构建了资源信息系统数据库系统、辅助决策模型系统、图形软件系统和控制与转换软件系统，为国土资源综合开发、管理、规划等提供了重要决策依据[43]。1996—2000 年（国家"九五"期间）初步形成资源环境遥感动态信息系统，使得我国资源监测与管理步入世界先进行列。该系统全面应用遥感卫星地面站接收和处理的陆地卫星遥感数据，在 1∶10 万比例尺的水平上，建立国家级基本资源与环境遥感动态信息服务体系，对国家耕地资源面积每年的变化情况和各主要土地资源类型（森林、草地、滩涂等）每5年的变化情况进行全面的动态监测，发展了精度检验与提高的多重采样框架布设和细小地物采样技术，形成了完整的空间采样技术方法，在系统应用中与"4D"等新技术结合进行了有效示范[42]。基于资源调查基础，结合FAO相关工作，中国科学院、原国家土地管理局还组织开展了土地资源人口承载力研究，为我国制定耕地保护这一基本国策提供了直接参考。在这些技术手段和分析方法的支持下，资源及其区域生态服务动态监测和预测成为可能，如现已开展的全国土地资源动态监测，重点区水域动态和水土流失、土地利用状况的遥感动态监测，全国生态环境十年变化（2000—2010年）遥感调查与评估等。

在遥感对地观测技术的广泛应用的同时，资源生态环境观测网络系统也在逐步建立。自1972年联合国人类与环境会议和1992联合国"环境与发展大会"以后，各种生态系统研究和监测网络相继成立。中国生态系统研究网络（CERN）于1988年开始组建成立，其目的是为了监测中国资源环境变化，综合研究中国资源和生态环境方面的重大问题。资源生态环境观测网络系统的作用是通过标准化的同步观测，使观测地域内资源观测要素更加完整、可靠和可比，以便能更有效地反映资源的整体动态和区域差异；其发展趋势是监测与分析方法标准化、监测技术连续自动化、数据处理计算机化，以及多空间尺度监测分析并举。

三、资源地理多元技术研究阶段（1999—2015年）

以1999年10月我国第一颗地球资源卫星为起点，加上地面遥感等地表空间勘测技术的快速发展和资源研究多学科融合的加速推进，中国资源地理研究正式进入多元和系统化时代。在我国推进《联合国千年宣言》制定的人口、资源与环境发展目标等过程中，资源科学研究界逐渐认识到，资源系统具有地域性、整体性、全球性和复杂性，研究方法必须多样化[44]。把相互联系、相互制约的资源作为一个整体，从已经开展的比较成熟的单项资源和单一技术调查研究基础入手，综合新技术和相关学科优势对区域资源进行系统研究，在较大尺度上揭示资源的地理特征和规律，可以发挥资源地理学对维护资源系统平衡、合理调配区域资源、促进资源可持续利用等方面的重要作用[45]。

在陆地地下资源地理勘测技术研究方面，运用地球化学理论与技术，以元素的全球分布为背景，发展出地球化学块体的概念，在20世纪末、21世纪初完成覆盖全国约600万平方千米的区域化探全国扫面计划（地球化学填图），获得39种元素海量的数据，据此编制了中国地球化学图，结合利用地球化学谱系树追索大规模成矿作用的对应采样方法，为迅速获得矿产资源的区域分布状况提供了理论和方法支撑[42]。

在陆地地面资源调查勘测技术方面，1999年10月至2014年12月，中国和巴西联合研制并成功发射4颗资源卫星，其中资源2号卫星、资源3号卫星的影像几何分辨率分别达到3米、2.1米，正在持续向国土、林业、水利、农情、海冰、环境保护等领域的监测、规划和管理提供国际先进水平的自主遥感测绘服务，降低了中国资源地理研究成本和科技对外依赖程度。航空遥感技术也蓬勃发展，目前已经利用无人机、高光谱分辨率卫星等建立了较为完善的遥感技术支撑体系，数字航空测量相机已具有8000万以上像素，可以拍摄彩色、红外、全色的高精度资源航片，在气候资源、土地资源、生物资源、水资源等的监测和测量中发挥了巨大作用[46, 47]。

在海洋资源调查监测技术方面，我国20世纪初从资源卫星中发展出海洋卫星，将海洋资源的特征信息进行更加定量的分析，从而指导海洋的开发管理和海洋资源动态应对。2011年8月我国成功发射第三颗海洋卫星，以厘米级定轨的精度和微波探测的方式，全天时全天候获取海洋资源和环境数据，极大地提高了海洋资源科研的能力[47]。

在资源地理分析和区域管理技术方面，进入21世纪以来，遥感、全球定位系统、地理信息系统和计算机技术的广泛应用，使得各层次、各种尺度的资源地理综合研究在技术手段上全面转向高新技术，如基于信息资源及信息技术构建资源环境动态监测与评估分析系统，粮食估产及农情速报系统，农作物面积测量与估产业务运行管理系统，自然灾害预警、评估系统，生态风险评价系统等业务应用系统；此外，管理资源地理信息系统的设计和建立，现代系统科学、非线性科学、复杂性科学的兴起，资源地理学开始大量运用神经网络、元胞自动机、人工生命等各类系统动力学模型开展资源分布格局、时空配置模拟研究[48]。

第三节　资源地理学的综合分区研究进展

由于我国所处的地理位置和整个地势格局，自然资源的分布具有明显的区域特征，并因资源类别而异，表现出一定的空间分异规律性。揭示和认识自然资源的区域分布特征，对各部门自然资源或综合资源进行区划研究，为资源可持续利用和资源优化配置服务，是资源地理学研究的重要任务，也是本门学科发展成熟的体现。在建国之前，我国资源地理的分区研究相对较少，处于初始阶段。20世纪50年代之后，随着资源地理数据的不断积累，对资源的区域分异规律和分布特征等的认识逐渐成熟，资源的地理分区工作进展迅速。

一、简单数据支撑的资源地理分区

简单数据支持的资源地理分区以数据量少，数据类型单一为特征。20世纪20—30年代，我国学者就开始了资源的地理分区的相关研究工作。在该时期，由于受客观条件和基本资料的限制，所制定的分区方案大多比较简略，专家集成的定性工作较多。然而，这些初期开创性的研究为我国后期资源的地理分区工作的全面发展奠定了基础。

1929年，竺可桢发表的《中国气候区域论》标志着我国资源地理分区研究的开始，该分区根据我国气候资源的特点，将全国划分为八类（区域），即中国南部类、中国中部或长江流域类、中国北部类、满洲类、云南高原类、草原类、西藏类、蒙古类，对各区域的气候资源特征进行了详细描述，该分区中提出的一些原则、方法、区域、名称、指标和界线等，至今仍为学者们所采用。几乎在同一时期，金陵大学卜凯教授编著了《中国土地利用》，拉开了中国现代土地利用分区研究的序幕。根据实地考察结果，该研究探讨了地势、气候、土壤、耕地面积、土地利用、土地肥力等问题，并将全国划分为小麦和水稻2大农业地带及8大农区。稍后，在20世纪30—40年代，胡先骕先后两次进行了中国东南部森林植物区系的观察，同时对我国安息香科、紫杉类、松柏类的地理分布也进行了研究，在对比分析中国和北美东部木本植物区系的基础上，阐明了中国植物区系的区域特征和亲缘。刘慎谔根据对我国西北各省及新疆、西藏等地植物资源的考察，于 1934 年写成中国北部及西部植物地理概论，之后又进一步开展全国分区初步研究，提出了用松属作为植物地理区分区标志的思路；也是在这个时期，黄秉维发表了"中国之植物区域"和"中国之气候区域"[49]。

1947 年，李旭旦同时考虑到中国各类自然资源（气候、水文、土壤植被等）和人文因素（人口、经济、民族、文化等）的地域差异，从宏观角度提出了综合地理分区方案，发表了"中国地理区域之划分"一文。自此，资源的地理分区研究从对单要素的分区发展到了综合要素分析的新阶段[50]。

二、服务于资源开发利用的资源地理分区

新中国成立之后，随着国民经济建设的迅速发展，需要对全国的自然资源有全面了解，以便因地制宜地发展工农业及其他建设事业，自然分区工作被列为我国科学技术发展规划中的重点项目。这一时期，有关资源的地理分区工作，体现在资源的地理综合分区和各部门资源的单独分区两个方面。

（一）综合分区

20 世纪 50 年代之后，国内学者开展了大量的有关资源的地理综合分区。综合自然分区研究有着广泛的应用价值，其可为地表自然过程与全球变化的基础研究以及环境、资源与发展的协调提供宏观的区域框架，为自然资源的合理利用、土地生产潜力的提高、农业土地利用结构调整与管理，以及区域可持续发展战略与规划的制定等工作提供科学依据。

1958 年，黄秉维[51]编写了《中国综合自然区划》方案，将全国分成 3 大自然区（东部季风区、蒙新高原区和青藏高原区）、6 个热量带（赤道带、热带、亚热带、暖温带、温带、寒温带）、18 个自然地区和亚地区、28 个自然地带和亚地带、90 个自然省。区划开展了农林牧水发展的综合区划研究，揭示并肯定了地带性规律的普遍存在[3]。1963 年，候学煜等[52]在气候、土壤、水利、地貌、植被等学科的基础上，综合研究了以发展农、林、牧、副、渔为目的的自然分区。首先按照热量指标，将全国分为六个带和一个区域（温带、暖温带、半亚热带、亚热带、半热带、热带及青藏高原区），其次根据水热状况将全国划分为 29 个自然区。分区方案从发展大农业的角度进行综合研究，对各个自然区的农、林、牧、副、渔的生产配置，安排次序，利用改造等方面提出了轮廓性意见[19]。1983 年，赵松乔[53]提出了中国综合自然分区的一个新方案，方案明确了综合分析和主导因素结合、多级划分、主要为农业服务的三个分区原则，把全国划分为三大自然区（东部季风区、西北干旱区、青藏高寒区）。再按照温度、水分条件的组合及其在土壤、植被等方面的反映，划分出 7 个自然地区，然后按照地带性因素和非地带性因素的综合指标，划分出 33 个自然区[54]。

在资源的地理综合分区影响下，70 年代末期到 80 年代，全国各行政区广泛开展了"综合农业区划"研究，为农业生产规划与布局提供了科技支撑。1980 年，科技期刊《中国农业资源与区划》创刊。

（二）部门资源分区

与资源地理综合自然分区相呼应，从 20 世纪 50 年代以来，各部门资源的地理分区也在不断扩展。与资源的地理综合分区相比，各部门自然资源分区研究对于单一自然资源的开发和利用体现出了更强的应用价值。

1. 水资源分区

1954年，中国科学院罗开富等[55]拟定了中国第一个水文分区草案，并以流域、水流形态、冰情及含沙量为分区指标将全国划分为3级9区，由于受资料条件的限制，其分区成果是相对粗线条的，但该项工作是我国水文分区研究的一个良好开端。之后，1956年，中科院自然分区工作委员会再次进行了全国水文分区研究，并编写了《中国水文区划草案》和《中国水文区划》（初稿），这次以河流的水文特性和水利条件为指标将全国划分为三级区域，第一级以水量（用径流深表示）为指标共划分为13个水文区，第二级以河水的季节变化为指标共划分为46个水文地带，第三级以水利条件为指标共划分为89个水文省，其分区成果基本上反映了全国水文区域的面貌。1990年以来，中国科学院为了适应水利事业的进一步发展而专门成立了中国水文区划课题组，在大量实地科研考察，结合对我国历年水文观测资料的统计、分析和编图的基础上于1995年由熊怡和张家桢等出版了《中国水文区划》，全国水文分区采用两级分区系统：第一级以径流量为主要划分指标将全国划分为11个水文地区，第二级以径流的年内分配和径流动态为指标细分为56个水文区[56]。

2. 土地资源分区

1949年新中国成立后，中国第一个真正的土地利用分区成果为邓静中等学者编制的《全国土地利用现状区划》，完成于20世纪60年代，将全国划分为4个一级区，反映了全国土地利用最主要的地域差异；12个二级区，反映了农林牧等部门不同的地域组合和生产水平的差别；54个三级区和128个四级区，反映了作物组合或牧畜组合、种植方式或放牧方式，以及存在的关键问题等方面的差异性[57]。1982年，石玉林[58]在《1:100万中国土地资源图》编制初期，提出把"土地区"作为土地资源评价系统的"0级"单位，在后来的实际制图过程中将全国划分为9个潜力区，然后在分区框架下再制定各自的土地适宜类、质量等和限制型评价标准[59]。1994年，吴传钧等[60]在《1:100万中国土地利用图》的基础上，将全国土地划分为4个一级区，17个二级区，一级区反映中国水、热条件和土地利用结构最大的地域差异；二级区反映中国各地区因自然、社会经济条件及历史发展过程不同而形成的不同土地利用结构、不同利用水平等最基本的地域差异。

3. 气候资源分区

20世纪50年代以来，中国科学院张宝堃等[61]提出了以日平均气温稳定≥10℃积温及最冷候气温、或最冷月气温、或极端最低气温与干燥度指标划分全国热量资源与干湿状况的区划方案和方法，形成了以热量指标为一级、干湿指标为二级，同时在二级基础上进行三级气候区划分的区划等级理论体系，并在利用谢梁尼诺夫的水热系数计算干燥度时，根据中国季风气候特点对其中的相关经验系数进行了修订。根据这一区划方法，再结合中国地形特点和行政区划状况，中国科学院自然区划工作委员第一次较系统地编制了我国气候区划方案，方案将中国划分为8个一级气候地区，32个二级气候省和68个气候州。20世纪60年代，中央气象局又在前面中科院气候区划方案基础上，采用1951—1960年全国各地气象观测资料，重新根据彭曼公式计算了可能蒸散量和干燥度，对区划方案进行了充实和修订，同时采用各季干燥度或日平均气温稳定≥10℃积温（东北地区）、最热月平均气温（青藏高原地区）等指标划分三级气候区界线，弥补了早期气候区划在划分三级气候区时没有定量标准的缺憾，并于1979年采用1951—1970年的资料对区划界线进行了修订，最终将全国划分为10个气候带（其中青藏高原称"高原气候区域")、22 个气候大区、45 个气候区。1987 年，李世奎[62]编制了中国农业气候分区，将全国划分为 3 个农业气候大区（东部季风大区、西北干旱大区、青藏高原大区）、15 个农业气候带、55 个农业气候区。第一级大区反映大农业部门发展方向的基本气候差异；第二级区为农业热量带，主要反映农林牧结构和种植制度的气候条件；第三级区反映农业气候类型。方案分区系统的农业物理意义明确，区划成果深化了对我国农业资源配置和生产力布局的认识。

4. 生物资源分区

1979 年，候学煜提出了中国植被分区的原则和依据以及高级分区单元的标志，将全国划分为 8 大植被区，即寒温带落叶针叶林区、温带落叶阔叶林区、亚热带常绿阔叶林区、热带季雨林和雨林区、温带草原区、高寒草甸和草原区、温带荒漠区、高寒荒漠区等，22 个植被带。该方案曾在国内得到广泛应用，对后来的植被区划产生了深远影响。1980 年，吴征镒制定了植被区划单位系统，即从高到低依次为植被区域—植被地带—植被区—植被小区，把我国划分为 8 个植被区域，18 个植被地带和 85 个植被区[63]。这是 20 世纪 80 年代之后对植被研究影响最大的植被分区方案。

20 世纪 80 年代初，在对全国中药资源普查的基础上，国内相关学者编写了《中国中药区划》，中国中药区划采用二级分区系统：一级区主要反映各中药区的不同自然、经济条件和中药资源开发利用与中药生产的主要地域差异，在同一级区内，又可根据中药资源优势种类及其组合特征和生产发展方向与途径的不同，划分二级区，全国共划分成为 9 个一级区和 28 个二级区。该分区为中药材生产的合理布局和分类指导提供了定性依据[64]。

三、服务于生态环境管理的资源地理综合分区

近年来，随着资源与环境问题的凸显，资源与环境保护问题受到广泛关注。鉴于我国地域广阔，自然资源系统区域差异明显，根据区域自然条件特征，需要对资源环境保护与管理因地制宜地制定政策与标准。因此，最近 10 多年以来，服务于资源与环境管理的地理分区发展迅速。

1999 年，郑度等编制了中国生态地域划分方案，生态地域分区考虑到了与全球环境变化的紧密联系与未来应用前景[65]。傅伯杰等[66]提出了中国生态分区方案，在充分考虑我国自然生态地域、生态系统服务功能、生态资产、生态敏感性以及人类活动对生态环境胁迫等要素的基础上，将全国生态分区分为 3 个生态大区 –1 级区（东部湿润、半湿润生态大区，西北干旱、半干旱生态大区，青藏高原高寒生态大区），13 个生态地区 –2 级区和 57 个生态区 –3级区。生态分区是生态系统和自然资源合理管理及持续利用的基础，其可为生态环境建设和环境管理政策的制订提供科学依据。

2000 年来，为了满足水资源合理开发和有效保护的需求，根据水资源的自然条件、功能要求、开发利用现状，水利部组织了我国有关单位开展了中国水功能区划的研究工作。我国水功能区划分采用两级体系，即一级区划和二级区划。一级功能区分四类，包括保护区、保留区、开发利用区、缓冲区；二级功能区划分重点在一级所划的开发治理区内进行，分七类：饮用水源区、工业用水区、农业用水区、渔业用水区、景观娱乐用水区、过渡区、排污控制区。一级区划宏观上解决水资源开发利用与保护的问题，主要协调地区间用水关系，长远考

虑可持续发展的需求；二级区划主要协调用水部门之间的关系。一级功能区的划分对二级功能区划分具有宏观指导作用[67]。

近年来，为了协调区域保护与发展的矛盾，国家环境保护部组织开展了"主体功能区划"研究，主体功能区划方案是刻画未来中国国土空间开发与保护格局的规划蓝图，该方案提出了国家和省区尺度进行空间管制的地域功能区域类型为城市化区域、粮食安全区域、生态安全区域、文化和自然遗产区域等4类，在此基础上转化为以县级行政区划为单元的优化开发、重点开发、限制开发和禁止开发4类主体功能区[68]。为了实现水体和流域陆地的一体化管理，2015年国家环境保护部在新近发布的《水污染防治行动计划》（水十条）中提出我国要建立流域水生态环境功能分区管理体系[69]，其对资源的地理分区研究提出了更高要求，2016年又开始研究水生态功能分区的理论与方法，尝试实现水陆一体化的地表分区[70]。

第四节　中国资源地理学的学科建设

资源地理学学科建设状况可以从专业研究机构、高校学科及课程设置、学科体系建设等三个方面了解。

一、专业研究机构建设

1953年，中国地理学会成立，迅速整合了分散在各科研院系和部门的地理学科研力量，明确了重视野外调查和推动国家水利、农业、交通、城市建设的目标，对资源调查和经济区划等工作提出了统一方向，加强了对《地理学报》《地理知识》两个重要刊物的指导，成为当时资源地理研究的重要阵地。新中国成立前已经存在的中国科学院地理研究所和1956年成立的自然资源综合考察委员会，在50年代至70年代中期国家战略资源紧缺的形势下，在理论研究和应用研究方面，围绕五年计划的实施做出了大量卓有成效的工作，对建立以自然资源为中心的资源地理研究体系发挥了重大作用[71]。

20世纪70年代末至80年代初，国家层次的区域资源管理和科研机构初成体系。全国农业规划委员会和国土部门相继成立，有力推动了区域资源调查和综合研究工作的展开[42]，资源地理研究开始从野外调查走向内外业结合研究，从单一自然资源研究走向综合自然资源和社会人文资源研究，从陆域表层资源研究走向包括海洋在内的国土资源立体研究。1983年中国自然资源学会成立，资源地理学科发展作为资源科学体系建设的重要组成部分得到一定的重视[42]，为其后国内资源环境研究机构的大量成立和地理、大气、规划、水文、生物等研究机构的调整优化创造了条件，也为资源地理学科正式作为资源科学分支学科提供了组织保障。之后的80年代至90年代末期，在中国自然资源学会、中国地理学会等机构共同推动下，《自然资源学报》《资源科学》《经济地理》《地理科学》《地理研究》《人文地理》等一批与资源地理研究密切相关的重要学术期刊得到快速发展，以地理视角和工具解决资源问题的文献普遍受到这些期刊的重视。

20世纪90年代以后，我国地理研究机构与资源研究机构整合不断推进。例如1995年，南京大学在原有经济地理与城乡区域规划、地理信息系统与地图学、资源环境与城乡规划管理、旅游规划与管理、地貌与第四纪地质学等专业基础上整合为城市与资源学系[72]。1999年，中国科学院整合地理研究所和自然资源综合考察委员会，成立地理科学与资源研究所，在国内首先尝试地理研究机构和资源研究机构的统一。此外，北京大学城市与环境学院、武汉大学资源与环境科学学院、兰州大学资源环境学院等都是经过长期机构调整、合并后逐渐形成的以资源和地理研究为主的高校院系。

2014年10月，中国自然资源学会在郑州召开第七次全国会员代表大会，成立了资源地理专业委员会，第一任主任由濮励杰教授担任，确立了资源地理学须加强战略区域资源地理问题研究、推动资源地理学科体系建设、促进资源－地理－遥感学科合作交流等3项基本工作目标，开始有组织、有计划地发展中国资源地理学，获得资源科学、地理科学等领域专家和学者的积极评价。

二、高校学科与课程设置

20世纪80年代起，我国"地理专业大合并"持续20余年，本科教育中的自然地理、地貌等专业被普遍调整为资源环境与城乡规划，博士与硕士学位授予专业目录中的区域地理、环境地理、地貌学等专业也不断调整，自然资源、区域开发、资源环境信息系统等专业已经成为目前我国高校地理学科建设中的主要专业[73]。

21世纪初，随着经济、社会、生态等学科研究的兴起，地理学和资源科学在高校学科设置中出现明显转变。一些名牌大学地理学的专业招生生源和毕业生就业率出现波动。通过地理信息技术发展和可持续发展思想的引入，借助高校、科研机构的合并、转型与升级，高校开始了新一轮资源学科和地理学科的大融合，资源地理研究的课程也大幅增加[73]。

目前，我国高校的资源地理学相关课程的设置主要是在地理科学专业中开设自然资源学、气候学、资源与环境经济学、区域规划、生物地理学、人口地理学、综合野外实习等基础课程[74]。资源评价、海洋学、地理区位论、区域地理学等课程也在部分高校设立。显然，与美国、英国等西方国家相比，我国尚没有高校设置专门的资源地理学科和专业课程[2, 73]，这也成为我国资源地理研究者共同努力的方向。

三、学科体系建设

学术界对中国资源地理学科体系的认识是基于资源体系和经济体系共识之上的。从资源科学和地理学的传统分类角度特别是经济地理学学科体系角度看，资源地理学大致可以划分为综合资源地理学、部门资源地理学和区域资源地理学[75]，其中部门资源地理学又可划分为自然资源地理学和人文（社会）资源地理学。例如李润田等[1]的专著《中国资源地理》以地域（部门）分异理论为基础，从总论和地理分区两个方面总结资源地理学研究体系，总论中将资源地理学的研究分为自然资源地理（气候资源地理、水资源地理等7个领域）和社会资源地理（旅游资源地理、人力资源地理等4个领域），地理分区按自然条件差异和行政区划分为东北、华北、西北、华东、华中、华南、西南和青藏高原8个区域。

从资源产生和利用的过程看，资源地理学也常被划分为资源地理成因研究、资源地理状态和特征研究、资源地理评价和预测研究。例如贾绍凤等[19]认为资源地理学应当分为"资源形成的地理背景与制约因素""区域资源结构""资源评价与区划""资源分布与制图"等4部分内容，重点包括两大领域，即"自然资源状况研究"和"人口与资源、环境协调发展研究"，前者以资源调查为主要研究方法，后者以人居环境、土地资源、水资源、人类发展等综合评价模型为主要研究手段。石玉林等[3]将资源地理学划分为资源形成的地理环境、资源的时空特征、资源调查与评价3部分。

参考文献

[1] 李润田，李永文. 中国资源地理 [M]. 北京：科学出版社，2003.

[2] 陈新建，濮励杰. 中国资源地理学学科地位与近期研究热点 [J]. 资源科学，2015（3）：425-435.

[3] 石玉林. 资源科学 [M]. 北京：高等教育出版社，2006.

[4] 杨文衡，杨勤业. 中国地学史（古代卷）[M]. 南宁：广西教育出版社，2014.

[5] 薛毅. 李希霍芬与中国煤田地质勘探略论 [J]. 河南理工大学学报（社会科学版），2014，15（1）：89-95.

[6] 翁文灏. 回忆一些我国地质工作初期情况 [J]. 中国科技史料，2001，22（3）：4-8.

[7] 虞和平. 民国时期的资源勘查和开发 [J]. 近代史研究，1998，3：173-194.

[8] 郑友揆，程麟荪，张传洪. 旧中国的资源委员会 – 史实与评价 [M]. 上海：上海社会科学院出版社，1991.

[9] Wilson. E. H. China, MotherofGardens [M]. Lodon：The Stratford Company Boston Massachusetts，1929.

[10] 牛天玉. 民国时期中国西部科学院的自然资源调查及其影响 [D]. 西南大学，2010.

[11] 唐锡仁，杨文衡. 中国科学技术史（地学卷）[M]. 北京：科学出版社，2000.

[12] 姬丽萍. 抗战前中央研究院的建立及其成就评析 [J]. 山西师大学报（社会科学版），2001，28（2）：92-96.

[13] 赵宇晓，陈益升. 中国西部科学院 [J]. 中国科技史料，1991，12（2）：72-83.

[14] 张九辰. 自然资源综合考察委员会研究 [M]. 北京：科学出版社，2013.

[15] 陈玉舟，高正华. 我国土壤调查制图事业的发展与成就 [J]. 土壤肥料，1989，4：7-12.

[16] 丘宝剑. 竺可桢先生与中国气候区划 [J]. 西南师范大学学报（自然科学版），1986，3：79-84.

[17] 竺可桢. 十年来的综合考察 [J]. 科学通报，1959，14：437-441.

[18] 孙鸿烈，成升魁，封志明. 60年来的资源科学：从自然资源综合考察到资源科学综合研究 [J]. 自然资源学报，2010，25（9）：1414-1423.

[19] 贾绍凤，封志明，李丽娟，等. 资源地理与水土资源研究成果与展望 [J]. 自然资源学报，2010，25（9）：1445-1457.

[20] 沈长江. 竺可桢与我国自然资源研究 [J]. 地理研究，1984，3（1）：34-40.

[21] 中国科学院 – 国家计划委员会自然资源综合考察委员会. 自然资源综合考察研究四十年（1956-1996）[M]. 北京：中国科学技术出版社，1996.

[22] 林超，蔡运龙. 我国综合自然地理学发展应用阶段的总结成果——评《自然地理学与国土整治》和《自然地理学与中国区域开发》[J]. 地理学报，1991（3）：375-377.

[23] 孙俊. 学科的地理科学：地理学发展的战略方向 [A]. 山地环境与生态文明建设：西南片区会议论文集 [C]. 中国地理学会，2013.

[24] 余游. 澜沧江 – 湄公河次区域人力资源比较研究 [J]. 云南社会科学，1998（2）：48-54.

[25] 万君康，李晓群，谢科范. 湖北省科技资源的制约因素及其对策研究 [J]. 科技进步与对策，1999（6）：108-110.

[26] 胡兆量. 中国文化的区域对比研究 [J]. 人文地理，1998（1）：5-11.

[27] 全国信息资源调查领导小组办公室. 全国信息资源调查分析报告 [J]. 中国信息导报，1996（2）：20-21.

[28] 王子平，冯百侠，徐静珍. 资源论 [M]. 石家庄：河北科学技术出版社，2001.

[29] 王守春. 旅游地理学理论与实践的探索——陈传康教授旅游地理学研究成就评述 [J]. 人文地理，1992（2）：1-10.

［30］吴传钧. 中国经济地理［M］. 北京：科学出版社，1998.

［31］刘住. 旅游学学科体系框架与前沿领域［M］. 北京：中国旅游出版社，2008.

［32］门纪辉. 关于优化社会资源配置对西部大开发的促进作用［J］. 新疆师范大学学报（哲学社会科学版），
2002（3）：46-48.

［33］张呈琮. 人口迁移流动与农村人力资源开发［J］. 人口研究，2005（1）：74-79.

［34］樊杰，孙威. 中国人文–经济地理学科进展及展望［J］. 地理科学进展，2011（12）：1459-1469.

［35］王铮，周嵬，李山，等. 基于铁路廊道的中国国家级风景名胜区市场域分析［J］. 地理学报，2001（2）：
206-213.

［36］汪德根，陆林，陈田，等. 基于点–轴理论的旅游地系统空间结构演变研究——以呼伦贝尔—阿尔山旅游
区为例［J］. 经济地理，2005（06）：904-909.

［37］章锦河，赵勇. 皖南旅游资源空间结构分析［J］. 地理与地理信息科学，2004（1）：99-103.

［38］岳大鹏，刘胤汉. 我国综合自然地理学的建立与理论拓展［J］. 地理研究，2010，29（4）：584-596.

［39］封志明，王勤学，陈远生. 资源科学研究的回顾与前瞻［J］. 科技导报，1993（5）：53-56.

［40］刘红辉. 资源遥感–从区域调查到全球变化研究［J］. 资源科学，2000，22（3）：34-38.

［41］庄大方，刘纪远. 中国土地利用程度的区域分异模型研究［J］. 自然资源学报，1997，12（2）：10-16.

［42］沈雷，陈传友. 2020年中国资源科学和技术发展研究［A］. 2020年中国科学和技术发展研究（下）［C］.
中国土木工程学会，2004.

［43］李泽辉，孙九林. 区域性自然资源信息系统［J］. 自然资源，1988，4（4）：81-91.

［44］孙鸿烈，封志明. 资源科学研究的现在与未来［J］. 资源科学，1998（1）：5-14.

［45］孙鸿烈. 在中国自然资源研究会成立大会上的工作报告［J］. 自然资源学报，2013，28（9）：1459-1463.

［46］史培军，周涛，王静爱. 资源科学导论［M］. 北京：高等教育出版社，2009.

［47］中国科学技术协会. 2011-2012资源科学学科发展报告［M］. 北京：中国科学技术出版社，2012.

［48］张芳怡，濮励杰，邢志远，等. 中国资源地理学发展的现状与趋势［J］. 地理科学进展，2010，29（5）：
543-548.

［49］国家自然科学基金委员会. 地理科学［M］. 北京：科学出版社，1995.

［50］约翰斯顿. 地理学与地理学家［M］. 唐晓峰，等译. 北京：商务印书馆，2010.

［51］黄秉维. 中国综合自然区划的初步草案［J］. 地理学报，1958，24（4）：348-361.

［52］侯学煜，姜恕，陈昌笃，等. 对于中国各自然区的农、林、牧、副、渔业发展方向的意见［J］. 科学通报，
1963，9：8-26.

［53］赵松乔. 中国综合自然区划的一个新方案［J］. 地理学报，1983，38（1）：1-10.

［54］封志明，王勤学，陈远生. 资源科学研究的历史进程［J］. 自然资源学报，1993，8（3）：262-269.

［55］罗开富. 中国自然地理分区草案［J］. 地理学报，1954，20（4）：379-394.

［56］熊怡，张家桢. 中国水文区划［M］. 北京：科学出版社，1995.

［57］冯红燕，谭永忠，王庆日，等. 中国土地利用分区研究综述［J］. 中国土地科学，2010，24（8）：71-76.

［58］石玉林. 关于《中国1/100万土地资源图土地资源分类工作方案要点》（草案）的说明［J］. 自然资源，
1982，4（1）：63-69.

［59］石竹筠. 编制《中国1：100万土地资源图》理论与方法上的几个问题［J］. 自然资源，1987，9（1）：21-26.

［60］吴传钧，郭焕成. 中国土地利用［M］. 北京：科学出版社，1994.

［61］张宝堃，朱岗昆. 中国气候区划［M］. 北京：科学出版社，1959.

［62］李世奎. 中国农业气候区划［J］. 自然资源学报，1987，2（1）：71-83.

［63］吴征镒. 中国植被［M］. 北京：科学出版社，1980.

［64］冉懋雄，张惠源，周莹，等. 中国中药区划的研究与建立［J］. 中国中药杂志，1995，20（9）：518-521.

［65］郑度. 中国生态地理区域系统研究［M］. 北京：商务印书馆，2008.

［66］傅伯杰，刘国华，陈利顶，等. 中国生态区划方案［J］. 生态学报，2001，21（1）：1-6.

［67］纪强，史晓新，朱党生，等. 中国水功能区划的方法与实践［J］. 水利规划设计，2002，1：44-47.

［68］樊杰. 中国主体功能区划方案［J］. 地理学报，2015，70（2）：186-201.

［69］石效卷，李璐，张涛. 水十条水实条——对《水污染防治行动计划》的解读［J］. 环境保护科学，2015，41（3）：1-3.

［70］江源，康慕谊，彭秋志，等. 水生态功能分区的理论与实践［M］. 北京：科学出版社，2016.

［71］吴传钧，施雅风. 中国地理学 90 年发展回忆录［M］. 北京：学苑出版社，1999.

［72］张敏，黄贤金，张捷，等. 南京大学人文地理学发展系谱［J］. 人文地理，2012（3）：147-151.

［73］史培军，宋长青，葛道凯，等. 中国地理教育：继承与创新［J］. 地理学报，2003（1）：9-16.

［74］张晓青，任建兰，武珊珊. 中美高校地理学专业课程设置特点比较及启示［J］. 世界地理研究，2012（2）：169-176.

［75］刘卫东，金凤君，张文忠，等. 中国经济地理学研究进展与展望［J］. 地理科学进展，2011（12）：1479-1487.

第十章 资源生态学

资源生态学是从生态学的角度研究自然资源形成、分布、流动、消耗及其过程和规律的学科。对于资源生态学的学科分类，目前有两种观点：一种是将之视为资源科学的一个分支学科[1]；另一种是将之视为生态学家族成员或者生态学与自然科学的边缘学科[2-4]。但不管将之视为生态学分支还是资源科学的分支，资源生态学在现有资源科学的学科体系中被列为与资源地理学、资源经济学、资源法学等并行的资源科学基础学科之一[5]。

第一节 资源生态学的发展

自然是人类生存与发展的家园。以资源为媒介的实践活动，是连结人类与自然界的纽带。资源满足人类多方面的需求，具有多样功能与多重价值，后者包括市场价值与非市场价值。在人地关系视角下，人类发展的历史是人类不自觉地与自觉地利用自然、实现经济社会发展的一部资源生态经济史，是人类创造性开发资源、适应性自然资源、持续性拓展自然图谱与反思性管理资源的一部自然经营史。法国学者丘文奥和坦格认为，生态学与其说是一个科学部门，不如说是一种观点，因为它涉及生命与环境，包括与人类社会和人类活动有关的所有问题的规律性[6]。在某种意义上，人类在利用自然、获得需求满足、促进文明发展的过程中一直在不自觉地或自觉地应用、积累与发展资源生态学的理论、知识与实践。

一、思想萌芽期

在人类文明的早期，为了生存，人类最初在寻找食物和治病药草的过程中，不得不对其赖以饱腹和治病的动植物的生活习性以及周围世界的各种自然现象进行观察[7]。这可能是包括中草药在内的农业资源生态学的最早萌芽。早在公元前1200年，中国古书《尔雅》就记载了多种动、植物的生存环境及其用途，以及乔木林用、草木药用的思想。在公元前二三百年左右，《孟子·梁惠王下》记载"数罟不入洿池，鱼鳖不胜食也；斧斤以时如山林，林木不可胜用也"，《荀子·王制篇》记载"斩伐养长，不失其时，故山林不童，而百姓有余材"；《吕氏春秋》中的《上农》《任地》《辩土》《审时》四篇专讲农业，并告诫人们"竭泽而渔，岂不得鱼，而明年无鱼；焚薮而田，岂不获得，而明年无兽"。此外，《氾胜之书》《四民月令》《齐民要术》《陈敷农书》《王祯农书》《农政全书》等中国古代农书在一定程度上都蕴含着朴素的资源生态学理念。古希腊和古罗马也有大量关于生物习性与环境之间相互关系的记载，也是如此。

二、早期发展期

经过漫长的萌芽，资源生态学于 19 世纪 60 年代进入科学孕育、诞生与部门研究主导的发展时期。1866 年，生态学一词由勒特（Reiter）创造出来，并为德国动物学家海克尔（Ernst Haeckel）初次定义为"研究动物与其有机及无机环境之间相互关系的科学"，从此，揭开了生态学发展的序幕。20 世纪三四十年代，英国学者 Tansley 提出了生态系统的概念，美国学者 Lindeman 提出了生态金字塔能量转换的"十分之一定律"。由此，生态学成为一门有专门研究对象、任务和方法的比较完整和独立的学科。生态学理论以其深刻而博大的思想或命题，从其形成开始就以高强的渗透势向资源研究领域渗透。几乎在生态学一词提出的同时，生态学就渗透到林业生产实践之中，森林生态学开始萌芽，并在 20 世纪 20 年代形成独立的学科，围绕造林学出现了不少著作①与独立课程②。1956 年，美国举办了"生态学应用研讨会"，会议探讨了生态学在森林经营、草地管理、野生动植物的保护、土壤管理等领域的应用问题，认识到正确理解人在自然界的作用的重要性，呼吁生态学家应加强应用生态学研究。20 世纪 60 年代系统论引入生态学，生态学研究进入系统研究时期。20 世纪 70 年代，Ramade（1972）[8]、Hinckley（1976）[9] 与 De Santo（1978）[10] 先后出版应用生态学专著，推动应用生态学走向系统化。此时，资源生态学诞生已是理所当然的事了。20 世纪六七十年代，森林资源研究进入系统研究时期。农业生态学也基本走到了孕育阶段的最后一公里，富有标志性的研究如 A zzi 研究的农业生态学是研究环境、气候、土壤对农作物遗传、发育、产量和质量影响的科学，丁颖教授组织开展了系统的水稻光温生态研究[11]。同期，国际生物学计划（IBP）开展的草地生态系统研究实验站建设，推动了把草地作为一个与人类有紧密联系的生态系统加以研究，20 世纪 70 年代 Spedding、Coupland 和 Breymeyer 等先后出版了《草地生态学》和《农业系统导论》[12]。但是，直到 20 世纪 70 年代以前，资源生态学研究整体以部门资源为对象，并以可再生资源为主。

各国开展的自然资源考察活动，与生态学理论发展一起，推动了部门资源生态学的理论与应用的发展。动植物资源、土壤资源与矿产资源最早进入考察者的视野。在农业文明时代，森林生态学、农业生态学、草地生态学、土壤生态学、土地生态学这些与"农"相关的部门资源生态学首先形成与发展起来是必然的结果。随着对自然资源考察范围由局部的理想生态区域向现实的大范围乃至全国的生态区域、考察对象由单向资源到综合资源的发展，资源考察的针对性目的不再拘于摸清自然资源的分布规律，服务生产力布局也逐渐成为针对性的核心工作目标。自然资源评价、资源区划由此进入了资源生态学范畴，极大丰富了资源生态学的内容体系，提升了其实用价值与社会魅力。例如，前苏联学者在 20 世纪 30 年代就曾广泛使用"土地生态学"一词来表示决定土地利用条件的自然因素的研究，20 世纪 60 年代，他们将土地生态学基本概念应用于作物的种植业区划，以提高土地生产力[13]。

---

① 20 世纪初的著作如德国 H. 迈尔所著《造林学》、日本本多静六所著《造林学》的前论；稍后的作者如美国 J. W. 涂迈的《造林学基础》、德国 A. 登格勒的《造林学生态学基础》、美国 F. S. 贝克的《造林学原理》。

② 例如，《造林学》前论、《森林立地学》、《造林学原理》、《造林原论》、《林学原理》或《森林生态学》等独立课程。

三、近代发展期

20世纪六七十年代，"科技革命的生态效应"被强烈地凸现出来。西方国家在推进工业化发展的同时，首先陷入了前所未有的资源短缺与环境污染问题泥潭。此时，发展中国家也开始身陷人口增长与发展不足带来的资源短缺与生态破坏问题泥潭。到了20世纪80年代，沙漠化、森林减少、生物多样性锐减、人口急剧增长、饮水资源匮乏、渔业资源减少、河水污染、气候变暖、酸雨等发展成了全球性问题。地球维持生命的能力和人类赖以生存的基础不断被削弱。由于资源越来越明显地支撑着人类的经济发展和越来越明显地制约着人类经济的发展，人类生存与资源环境间的矛盾和协调，日益成为人们关注的重大科学技术问题。一些先锋者们首先开始反思与呼吁社会关注对资源环境的影响，《寂静的春天》《增长的极限》《人类环境宣言》等富有影响力的著作相继面世。人们对资源利用的态度也发生了变化，特别在化石能源对西方国家的可获得性、不断提高的公众环境意识与资源有限方面。遗憾的是，愈分愈细的一些传统学科，对资源整体属性的分割，不但无法解决作为资源整体属性所形成的问题，事与愿违，还常常引出更多的新问题，并在实践中愈演愈烈[1]。正如恩格斯所言：人与自然的关系中人们往往在利用某个层次的自然规律取得了满意的近期效果时却由于没有认识或忽视了相关层次自然规律的作用而带来不良的远期后果，这种情况屡见不鲜。

"科技革命的生态效应"也引起了自然资源考察工作的演变，自然资源特别是陆地生态系统长期定位研究及其网络化的发展成为了资源考察的新手段、新内容与新趋势之一。国外特别是主要发达国家的长期生态系统研究网络已经包括全球性（国际长期生态系统研究网络（ILTER）、全球陆地观测系统（GTOS）等）、区域性（欧洲森林生态系统研究网络（EFERN）、欧洲生态网（EECONET）、东南亚的农业生态系统网络（SUAN）等）、专题性（IDEMN、SFEON等）以及综合性（英国环境变化研究网络（ECN）、加拿大生态监测与分析网络（EMAN）等）等不同性质的陆地生态系统研究网络，几乎囊括了所有森林、湿地、旱地和草原等陆地生态系统类型，也涵盖了不同地域和气候带[14]。中国、巴西、墨西哥等国家也建立了区域生态监测网络。资源与生态研究和观测网络系统的发展，在人类资源开发利用的生态后果与风险方面提供了丰富的信息与有力证据。

全球性的P（人）—R（资源）—E（环境）—D（发展）之间相互关系的矛盾不断加剧，产生的根源是资源问题，缓解矛盾的关键环节也是资源问题，如粮食紧缺、水源匮乏、生态破坏、环境污染、人口膨胀等无一不是如此[15]。伴随资源越来越明显地支撑着人类的经济发展和越来越明显地制约着人类经济的发展，社会对学科之家在更高层次与广度的融合需求十分迫切。生态学理论以其深刻而博大的思想或命题，以高强的渗透势向其他应用学科渗透[16]，生态学的研究开始不仅在生物学内，而且在工程技术、社会科学、经济与法学等方面的合理性[17]，生态学与各门科学的融合渗透，推动现代科学①走向"生态学化"[18]，增进了科学技术在保护社会赖以存在和发展的生态基础的职能。

在强烈的社会需求、现代科学"生态化"趋势与自然生态学学科内在发展规律的综合影响下，自20世纪60年代末，资源生态学由部门资源研究步入整体研究时期。矿产资源、水资

---

① 20世纪初，物理学革命开辟了科学认识的新领域，使自然科学进入到一个新的历史时期——现代科学时期。

源、全球气候资源继土壤资源与生物资源之后，进入资源生态学的研究视野。1968 年 Watt 出版《生态学和资源管理》[19]，Dyne 发表《生态系统的概念在自然资源管理中的应用》[20]，1971 年 Omen 出版《自然资源保护——一种生态方法》[21]。1974 年 Simmons 出版的《自然资源生态学》[3]，奠定了自然资源生态学在生态学领域的位置。该书从生态过程视角，运用生态学理论和多学科知识，对人口和自然资源的分布及其趋势进行了详尽的研究，并进一步探讨了人口和资源二者关系失衡所产生的后果[22]。Jeffers 高度概括了资源问题的本质与出路，指出：我们生活的标准依赖我们对食物、燃料、纤维资源需求与农村环境能提高这些资源的能力的匹配；随着需求的不断增长，我们更加依赖生态系统的生物活动；我们必须更加了解生态系统的效率与其工作方式，以在最大稳定点保持它们；农村环境与其内的土壤、气候与生态系统，是最重要的资源，政策要对之重视[23]。Ramade 发表的《自然资源生态学》，对自然资源开发、利用和保护中生态学理论问题基本做了较为全面的阐述。信息熵理论也逐渐进入自然生态学研究视野，熵增加的原理突出了世界的演化性、方向性和不可逆性，深化了人类对资源活动后果的科学认识。自 20 世纪 90 年代，生态服务功能与价值理论与实践的发展，极大丰富了资源生态学的内容与应用潜力，推动资源生态学由指导资源自然再生产到产业再生产、服务再生产乃至管理制度的形成与发展领域拓展。

　　进入新世纪，资源生态学以崭新的面貌活跃在当代科学的舞台上。学界更加注重在物质循环、能量流动和信息传递的大框架下研究资源开发、利用与保护等问题。Holechek 等（2000）[24]分门别类地分析了自然资源的生态学理论。人们对自然资源的可持续开发利用研究涉及到自然资源管理的各个方面：自然资源的特征与性质、资源代谢过程及其影响、自然资源的生态学原理、生态系统服务、自然资源及生态系统的价值评估、自然资源的产权与可持续管理、自然资源承载力、资源系统动力学、生态补偿理论及实践等。目前，部门资源生态学研究的基础已经较为雄厚，例如林学（森林资源）、草业学（草场资源）、农学（农田资源）、生物学（植物动物资源）、水文学（水资源）等[25]。虽然人与自然的关系已经置于系统的高度考量，资源生态学的研究方法主体是还原主义的。单一资源的研究、部门分割式的研究、自然科学与社会科学互相分开的研究不利于从系统的角度和整体观的高度解决可持续发展中所面临的大量复杂的、综合性的资源问题[15]。

　　资源生态学是一门问题导向性学科，随着资源问题的日益严峻而产生，也必将在解决资源问题的过程中不断得以发展和完善。现代科学发展的最明显特征和规律是学科之间的交叉性，资源生态学的学科发展趋势也是如此。未来，资源生态学需要不断发展新的思维与认识，在新的科学技术手段和方法的辅助下，开创具有资源整体性特点的现代资源生态学，将各个学科融合到一个新的体系中。资源系统生态学研究将逐步发展起来，以更高的交叉性、综合性和整体性的特点，在资源调查、核算、开发、利用及保护等各类资源活动中得到更为广泛的应用，支持与服务经济社会发展的发展决策，提高人类资源活动的理性化与生态化。在大数据的支持下，资源生态学的主导趋势是融合化发展，高度融合自然科学与社会科学，高度融合理论研究与实践应用。科学的未来是生态学的综合，在人类中心主义视野下，生态学的未来是资源生态学的综合。

第二节 资源生态学的学科性质与框架

一、资源生态学的学科性质与内涵

资源生态学现在已渗透到各个产业部门，成为国家可持续发展决策的理论基础之一。我国多家高校与研究院（所）都设有资源生态学部门学科，培育了大量的资源生态学人才，主要集中在部门资源生态学上，例如土地生态学、草地生态学、森林生态学，建成了近30家国家级重点实验室（表10-1）。但是，全国高校与研究院（所）中，仅中国科学院地理科学与资源研究所直接以"资源生态"为专业名称，公开招收与培养硕士研究生；全国国家级重点实验室中，仅北京师范大学的地表过程与资源生态国家重点实验室直接呈现"资源生态"专业名称。总体上，资源生态学在学科体系之中至今尚未独立。根据《中华人民共和国学科分类与代码国家标准》（GB/T 13745—2009），学科体系共设5个门类（自然科学类、农业科学类、医药科学类、工程与技术科学类、人文与社会科学类）、58个一级学科、573个二级学科、近6000个三级学科。资源生态学既非独立的二级学科，也非独立的三级学科，长期以来一直分割在各学科门类的众多二级学科之中。根据教育部《学位授予和人才培养学科目录》2011修订版，共设13个学科门类（哲学、经济学、法学、教育学、文学、历史学、理学、工学、农学、医学、管理学、军事学、艺术学）、110个一级学科，资源生态学在人才培养体系之中的境地也类似，分割在各一级学科之中。由于学科地位不独立，学界对其学科性质至今未形成共识。对于资源生态学的学科归属，目前有两种观点：资源学派认为资源生态学是资源学科体系分支学科之一[1, 25]，生态学派则认为资源生态学属于生态学领域[3, 26]。在国家学科分类体系中，"生态学"与"资源科学"目前均系二级学科；在学位授予和人才培养学科目录之中，"生态学"目前系一级学科，"资源科学"不在目录之中。

在不同学科体系视野下，学界对资源生态学的定义也不同。资源学派对资源生态学的定义基本有两种表达：资源生态学是从生态学的角度研究自然资源形成、分布、流动、消耗及其过程和规律的学科；资源生态学是研究资源或资源生态系统在开发利用与保护过程中的生态规律，特别是这些过程产生的生态环境影响及其自然资源维护与重建的理论与方法的学科。与资源学派相比，生态学派着重从"关系"出发定义资源生态学。Herbert与Langevelde（2008）[27]研究放牧时空动态变化时，由于开展的是部门资源生态学研究，明确指出"本书所指的资源生态学，是研究（草地生态系统中）消费者与其资源之间营养关系的生态学"。孙鸿烈等[28]认为，资源生态学是研究生物资源之间、生物资源与其他资源和环境因子之间相互关系的学科。李飞[26]认为，资源生态学是在资源学与生态学相结合的基础上发展起来的，它不但研究生物与环境的关系，而且更侧重于研究包括生物资源在内的自然资源开发利用对环境的影响。

表 10-1　资源生态学科相关的国家级重点实验室

国家重点实验室	依托单位
地表过程与资源生态国家重点实验室	北京师范大学
植被与环境变化国家重点实验室	中国科学院植物研究所
资源与环境信息系统国家重点实验室	中国科学院地理科学与资源研究所
森林与土壤生态国家重点实验室	中国科学院沈阳应用生态研究所
草地农业系统国家重点实验室	兰州大学
近海海洋环境科学国家重点实验室	厦门大学
热带海洋环境国家重点实验室	中国科学院南海海洋研究所
淡水生态与生物技术国家重点实验室	中国科学院水生生物研究所
湖泊与环境国家重点实验室	中国科学院南京地理与湖泊研究所
水力学与山区河流开发保护国家重点实验室	四川大学
黄土高原土壤侵蚀与旱地农业国家重点实验室	中国科学院教育部水土保持与生态环境研究中心
微生物资源前期开发国家重点实验室	中国科学院微生物研究所
作物遗传改良国家重点实验室	华中农业大学
水稻生物学国家重点实验室	中国水稻研究所、浙江大学
农业微生物学国家重点实验室	华中农业大学
畜禽育种国家重点实验室	广东省农业科学院畜牧研究所
家畜疫病病原生物学国家重点实验室	中国农业科学院兰州兽医研究所
天然药物及仿生药物国家重点实验室	北京大学
生物源纤维制造技术国家重点实验室	中国纺织科学研究院
生物质能源酶解技术国家重点实验室	广西明阳生化科技股份有限公司
植物病虫害生物学国家重点实验室	中国农业科学院植物保护研究所
污染控制与资源化研究国家重点实验室	同济大学
有害生物控制与资源利用国家重点实验室	中山大学
工业产品环境适应性国家重点实验室	中国电器科学研究院
生物反应器工程国家重点实验室	华东理工大学
城市和区域生态国家重点实验室	中国科学院生态环境研究中心

　　两个学派对资源生态学定义与学科性质的本质之争区别在于什么是资源生态学研究的核心对象。在资源学派视野中，作为客体的资源与资源生态系统是资源生态学研究的对象、主体与核心，尽管资源是基于人的标准定义的，资源生态学研究的是人类开发、利用、恢复与保护资源的过程的生态规律与方法，人在资源学派的定义与研究中总体是隐形的。在生态学派视野中，资源生态学研究的对象是"关系"，关系的主体是人，客体是人类活动作用的对象即资源与资源生态系统。在研究内容上，生态学视野下的资源生态学研究内容包含了资源视野下的资源生态学研究内容，在此，资源生态学也可以看成是生态学的一大研究门类即学科群，所有与研究人类运用社会经济资源对自然资源的作用的生态学分支，农业生态学、渔业

生态学、林业生态学、草地牧业生态学、污染生态学、环境生态学、景观生态学、生物多样性保护生态学等都可归属在这一学科群之下。资源生态学是生态学最核心的部分，具有理论生态学与应用生态学两方面：一方面自然资源开发的生态学理论需要不断研究和发现，同时需要根据生态学理论指导自然资源的开发、利用和保护。资源生态系统通过在复合资源生态系统框架下考察人口、资源与环境的关系，寻找资源开发利用的最佳策略，促进人类开发、利用与保护等自然资源的实践活动符合自然生态规律，使资源可持续利用，使人与自然和谐发展。

二、资源生态学的学科框架

资源生态学是现代生态学、环境学、地理学与资源科学等复合领域的交叉学科。它既不是有关各起源自然学科的理论的机械移植或重叠，也不是纯粹的自然科学理论的研究。资源生态学的主要任务除了学科本身发展以外，更重要的是服务于资源可持续开发、利用与保护的决策。

资源生态学属于生态学学科，是在生态系统观与相对广义资源观视野下，研究人类运用社会经济资源对自然资源的作用过程之中的相互关系的科学。资源生态学研究对象不是单纯的资源或资源系统，而是自然资源与社会经济资源相互作用的统一体，即人口资源—社会经济资源—自然资源复合资源生态系统。在这个系统之中，人与自然资源之间、自然资源相互之间都活跃地相互作用，构成复杂的关系网。在普通生态学中，食物网描述了生态系统之中生物之间的食物资源关系，相比而言，资源生态学描述的资源关系网更为丰富与抽象，在理论上包括食物关系在内的所有生态服务关系。生态学指出"生态系统使我们了解自然系统的动态和结构所决定的极限"。作为生态学的分支，资源生态学也强调资源所能支持的生命总量存在自然极限，在此自然极限内，人类文化调整起着极大的作用。

资源生态学的学科体系由综合资源生态学与部门资源生态学组成。综合资源生态学致力于资源生态学的基本理论与方法，为部门生态学提供较为一致的学科研究框架。在学科构成上，综合资源生态学包括资源生态系统学、资源生态经济学、资源生态统计学、资源生态系统评估与管理学、资源生态系统功能恢复与调控工程学等。依据资源类型而言，部门资源生态学包括土壤资源生态学、土地资源生态学、气候资源生态学、水资源生态学、生物资源生态学、环境资源生态学、农业（种植业、畜牧业、渔业）资源生态学、能源（化石能源、生物能源、太阳能等可更新能源）资源生态学、矿产资源生态学、景观及休闲资源生态学、生物多样性资源生态学等。部门资源产业化经营，衍生出各类产业生态学，例如农业生态学、森林生态学、草地生态学、工业生态学、旅游生态学等。目前，这些学科的很多内容分布在农业门类之中。部门资源生态系统管理化经营，衍生出天然资源（生物多样性、土壤、气候等）保育生态学、天然资源恢复生态学、资源生态再生工程学、环境（容量）管理生态学、区域资源生态承载力等分支学科。

第三节　资源生态学的研究内容与热点

一、资源生态学的一般研究内容

资源生态学继承生态学基于时空属性的结构 – 功能的总体内容框架，并进一步突显原本隐含在结构－过程框架之中的约束、影响、效应与响应内容。具体而言，资源生态学致力于探索复合资源生态系统的规律性，为人类社会合理利用自然资源与环境提供科学的生态系统的框架下的理论、方法支持与决策、行动指南，其主要内容框架包括：①资源生态系统的属性：包括资源类型与分布，以及复合资源生态系统的特点、结构与功能（包括生态服务功能）等基本属性。②资源生态系统代谢过程：主要研究自然资源从其形成、自然存在到与人类发生关系再到被消费的整个过程的关系及其动态变化。③资源生态系统代谢效应：包括资源开发利用的影响途径、强度、效果（产业化发展、负面影响）与风险等。④资源生态系统代谢极限：包括资源承载力、区域生态系统承载力、区域环境容量等。⑤资源生态系统代谢调控：包括调控机理与工程、技术及管理等恢复保育手段。⑥资源空间流动与影响转移：相关研究经常与资源代谢与代谢效应研究耦合。⑦资源价值：包括资源的价值形成、转化、实现、再分配与补偿等内容。⑧资源经营与管理：包括资源的产权、资源区划、产业化经营、公益化管理与生态恢复等内容。⑨资源生态系统动态：包括资源生态系统监测、评价与演替或变动规律等内容。⑩资源生态研究方法学：包括调查、监测、研究、统计等研究方法。

二、资源生态学的研究热点方向

自 20 世纪 70 年代中期，全球生态系统开始进入持续的生态赤字的情形，水、气、土壤三大生命支持环境介质的可再生能力广泛被超额利用。高度机械化的经济生产模式，在加速产品产出与节约人类劳动的同时，也将人类置于一个日益复杂与风险增加的发展系统之中。人类较历史上的任何时候都需要更大的智慧来化解资源管理问题。虽然生态学与资源学的研究都有较长时间的积累，并形成了相对完备的理论体系。但是，即使对单一资源，如何在现实的复合资源生态系统的整体性下考察与辅助资源管理，依然面临很多理论的与方法的挑战。

（一）资源生态系统的基本特征与资源核算研究

资源生态系统本质上依然是生态系统，是一个具有复杂网络关系结构、边界开放、具有自稳能力的功能单元，不断有物质与能量的输入与输出。资源生态系统是经过长期历史发展而成的历史产物，具有的自稳调剂能力一方面来自生物与其环境条件长期进化过程形成的互相适应机制，一方面来自人类对自然的干预与管理机制。人类开发、利用与管理资源的活动行为改变了资源的自然流路与输入、输出的规模，能在一定程度上增加系统的自然生态极限的上限及其弹性，但是依然遵循"负载有额"的生态基本规律。资源生态系统的承载力极限，由于摆脱了实物资源不能机械移动的生物约束，更多地由限制性生态服务功能因子决定，特别是非空间可转移的自然生态系统的可更新能力。如果复合资源生态系统中的物质运动无法实现循环，就无法保障有可持续的资源流与能量流对其做功来维持系统的稳定性，克服系统的熵增与能量退化，人类将一直无法摆脱环境污染、生态破坏、资源短缺的问题泥潭之中。对复合资源生态系统的基本特征的定性研究已经较为完备，基于具体对象系统的可测量与可重复的定量研究仍有待全方位深入开展与落地。

进行资源核算与动态管理，摸清家底是资源生态学与资源管理的永久的基础性工作。重点内容包括自然资源资产产权登记和自然资源资产定期核查。这项工作也是资源生态系统基本特征动态变化的重要研究领域与考察方面之一。

（二）资源生态系统代谢机理与过程研究

资源生态学对资源生态系统的研究更注重基于资源过程与内部相互作用机理的研究。机体与外界环境之间的物质和能量交换以及生物体内物质和能量的自我更新过程叫做新陈代谢。1989 年美国环境生态学家 R.A.Frosch 首次借鉴生物新陈代谢过程，模拟人类经济社会活动的物质过程，提出资源代谢理论，并逐渐发展起来了物质流核算方法（Material Flow Analysis，MFA）。MFA 通过对一个国家、地区或行业的范围内物质的代谢过程、流动模式与环境影响进行综合研究，反映了指定对象的资源代谢的规模、强度和效率[29]。由于 MFA 可以对指定对象的资源代谢状况进行表达和反映，它逐渐发展成为研究复合资源生态系统代谢过程与内部相互作用机理的重要工具。依据对象的复杂度与系统的复合性，MFA 可区分为三种模式：一种模式是单一物质对象的资源生态系统代谢过程研究，这类研究主要是摸清指定物质对象的资源代谢基本链路模型与相互转换关系。研究对象一般是对国民经济有着重要意义的物质（如铁、铜、锌）和对区域环境危害较大的有毒有害物质。第二种模式是产业部门的资源生态系统代谢过程研究，例如钢铁行业、石油行业、煤炭行业、水泥行业等，研究的主要目的是摸清楚产业内各股资源流的相互关系，识别出资源高效与低效利用的节点，为环境政策提供新的方法和视角，为决策者在资源和环境方面决策提供参考。第三种模式是区域的资源生态系统代谢过程研究，研究的主要目的与第二种模式类似，但是立足于区域更为复杂的资源复合生态系统考察资源代谢。在行业尺度与区域尺度的 MFA 研究中，现有的资源流动过程主要以资源流动链路的形式呈现，基于网络模式的 MFA 研究依然较为薄弱。资源代谢过程的隐流（也称生态包袱）分析一直也是其中的热点与难点。

（三）资源生态系统的服务功能研究

在 20 世纪 70 年代初，环境保护常务委员会（Standing Committee on Environment Protection）首次对生态系统使用了服务功能（Service）一词，及至 20 世纪 90 年代，生态系统服务的研究已成为生态学和生态经济学研究的热点和前沿。2002 年，联合国发起组织的千年生态系统评估项目（MA）框架将生态系统服务定义为"人类直接或间接从生态系统中获得的惠益"，并将生态系统服务功能分为供给、调节、文化和支持服务四大类，其中，支持功能是生态系统供给、调节与文化服务功能的集中表现。目前，生态系统服务功能的研究一方面没有解决尺度与重复计算问题，而且，生态服务的价值评估标准体系与方法尚未形成，不同研究得出的物理量与价值量可能相差很大，难以有效辅助决策。其次，生态服务价值的评估迄今仍多停留在静态模型，针对生态过程、生态系统结构及生态系统服务功能之间的关系的深入研究与动态模拟分析薄弱。此外，现有生态服务功能的核算对象主要基于自然生态系统，矿产资源的生态服务功能与价值较少被考察，资源替代的生态服务影响因而也较少被系统地考察与分析。基于区域资源流动格局与过程的复合资源生态系统的服务功能研究，将是资源生态学今后研究的核心问题之一。

（四）资源价值与生态服务价值的补偿机制

由于外部化，资源的价格与价值体系长期被扭曲着，在扭曲的价格与价值核算体系之中的资源优化配置与长远利益视角下的资源优化配置方案往往不同甚至迥异。如何将外部性成本内部化到生产经营成本之中，同时将外部化收益内部化到生产者生产经营收益之中，使社会成本与收益与私人成本与收益大体一致，发挥市场配置资源的基础作用，一直是资源生态学理论研究与实践的难点。首先，资源定价与财税机制人为地割裂了成本与收益的传导机制。一方面，资源产品尤其是那些市场化程度发育不足的资源产品，资源的替代资源开发成本、环境损失补偿等外部型成本，很难通过市场机制，进入到资源价格体系之中。另一方面，在很多国家，资源的财税机制使大部分资源收益为垄断企业掌握，而未分配给真正的资源拥有者。例如，中国的资源税还不到德国、法国这些低税率国家的1/30，而美国与俄罗斯的资源税水平分别为33.3%与60%~70%[30]。其次，生态补偿作为一种激励性经济手段，在国内外生态保护、减缓贫困和协调区域发展中的重要作用已获得广泛认可。生态补偿的核心是利用行政或市场的手段，依据生态系统服务价值、生态保护成本、发展机会成本以及博弈协定成本等，对生态系统和自然资源保护所获得效益的奖励或破坏生态系统和自然资源所造成损失的赔偿。但是，目前国内外对生态补偿的界定与理解不尽一致，法律也没有明确生态补偿的具体含义，造成了具体实施的困难[31]。此外，环境净化污染物的能力即环境容量已成为很多国家和地区的限制性稀缺资源，但是，与有形的自然资源相比，作为无形资源的环境容量，其资源定价与实现机制面临更为严峻的价值体系扭曲问题。20世纪70年代起源于欧美国家的排污许可制度，既能起到约束企业的污染物排放的作用，也能刺激企业环境保护技术革新已被实践证明是保护环境、防治污染制度的"支柱"。然而，很多国家在具体实施上都面临技术的、制度的等诸多困难。未来，资源生态学仍需围绕资源的成本与收益匹配与分配问题，探索从理论研究到实践应用的突破。

（五）资源生态系统的承载力问题

承载力理论源自种群承载力，随着生态学由理论研究向实践应用的扩展，发展起来了人口承载力、生态系统承载力、资源承载力、环境承载力等研究分支。虽然，由于研究基点与目标诉求不同，各类承载力的定义多有不同，但是，其核心内涵是一致的，首先，承载力的主体都是区域可供利用的资源（包括外来调入的资源）及其生态环境系统，客体均是以人类为中心的社会经济系统；其次，各类承载力都体现着外部环境对内部系统的约束与限制，此外，承载力均具有时空属性，并遵循可持续发展的原则[32]。目前，单向资源的承载力研究争议较小，但是，复合资源生态系统的承载力的性质与数量存在一定的争议。首先，复合资源生态系统不同于自然生态系统，其承载力是否是一种客观存在尚未达成共识。对立的代表性流派有发展无极限的技术乐观学派与发展有极限的生态约束学派。后者认为，虽然资源替代与技术进步能够扩展可用资源范围与提高资源效率，即使资源供给不存在极限，由于环境净化能力在内的很多生态系统的服务功能能力是相对稳定与存在阈值的，资源利用也因而存在极限，更何况资源稀缺早已是客观事实，因而，资源生态系统的承载力本质上是一种客观存在。在承载力"量"的研究方法，生态足迹法自20世纪90年代提出以后受到了广泛认可与应用。该法以生物可更新力为关键因子，以生物生产性土地利用为表达媒介，同时以生态足迹与生物承载力两大对称指标度量复合资源生态系统的承载力的供需及其平衡关系。由于资源利用图谱的不完善，生态足迹法存在固有的方法缺陷。系统动力学一直是承载力核算中的重要方法，由于资源流网络关系作用机制的定量信息的缺乏，系统动力学在方法论上还无法解决复合资源生态系统的承载力取决于何种或哪些限制因子问题。承载力是区域发展等诸多规划的重要参考，在复合资源生态系统整体框架下的承载力研究依然需要在方法论与决策支持性能上取得重大突破与创新。

（六）资源消费压力、影响与调控机制

资源消费的压力监测与其形成机制研究一直是资源生态学的核心任务。随着生态系统监测网络与环境质量监测网络的发展与完善，资源消费的压力监测问题已基本转变为制度管理问题。资源消费压力的形成机制多基于 IPAT 经典模式探讨。其中，I 为资源利用的影响压力，P 为人口规模，A 表示富裕（通常用人均 GDP 表征），T 为技术（通常用单位生产的环境影响或者说资源与环境效率表征）。在方法论上，基于 IPAT 模式无法回答资源消费增长是发展的"果"还是发展的"因"。协整分析和 Granger 因果检验有助于解决这一问题，近年来在资源压力与发展的关系研究中受到重视。在资源消费的生态环境影响方面，生态足迹、环境足迹、碳足迹、水足迹等"足迹"指标逐渐成为核心指标，基于生命周期过程的完全影响核算日益被关注。在调控机制方面，围绕发展与资源压力的解耦与脱钩的理论研究与政策工具需求一直是热点。基于系统动力学的研究存在过程"灰箱化"的问题，基于 IPAT 模型的研究存在关系简单化问题，因而限制了研究结果的决策支持价值。制度失灵是造成环境污染与资源过度浪费的根本经济学与制度学原因。资源市场发育不完善即"薄市场"是其中的关键因素。在资源生态系统的调控机制方面，理论研究与政策决策均需提高其整体性、透明性与创新性。

总之，资源生态学的未来发展总趋势是融合化发展，提高应用性，核心任务是更好地在生态系统整体框架下支持与服务资源管理，特别是资源优化配置与可持续利用，由此推动学科群的发展与完善。

参考文献

［1］ 沈长江. 资源科学的学科体系——关于资源科学学科建设的研讨［J］. 自然资源学报，2001，16（2）：172–178.

［2］ 蔡运龙. 自然资源学原理（第2版）［M］. 北京：科学出版社，2007.

［3］ Simmons L G. The ecology of natural resources［M］. New York：Halsted Press，1974.

［4］ 李飞. 资源生态学及其应用［J］. 生物学通报，1999，34（3）：5–7.

［5］ 封志明. 资源科学导论［M］. 北京：科学出版社，2004.

［6］ 丁鸿富. 社会生态学［M］. 杭州：浙江教育出版社，1987.

［7］ 杨利民. 中药资源生态学及其科学问题［J］. 吉林农业大学学报，2008，30（4）：506–510，537.

［8］ Ramade，F. Elements of applied ecology［M］. Paris：Ediscience，1974.

［9］ Hinckley A D. Applied Ecology：a nontechnical approach paperback［M］，Collier Macmillan，1976.

［10］ De Santo Robert S. Concepts of applied ecology［M］. Springer–Verlag，1978.

［11］ 骆世明. 农业生态学的回顾和展望［J］. 生态学杂志，1993，12（2）：4–6.

［12］ 任继周，李向林，侯扶江. 草地农业生态学研究进展与趋势［J］. 应用生态学报，2002，13（8）：1017–1021.

［13］ 郭旭东，谢俊奇，李双成，等. 土地生态学发展历程及中国土地生态学发展建议［J］. 中国土地科学，2015（9）：4–10.

［14］ 王兵，崔向慧. 全球陆地生态系统定位研究网络的发展［J］. 林业科技管理，2003（2）：15–21.

［15］ 陈百明. 资源科学学科的建立与定位［J］. 资源科学，1998，20（1）：13–15.

［16］ 张德辉. 喜树资源生态学的研究［D］. 哈尔滨：东北林业大学，2001.

［17］ 叶峻. 从自然生态学到社会生态学［J］. 西安交通大学学报（社会科学版），2006（3）：49–54，62.

［18］ 李万古. 现代科学"生态学化"和社会生态意识［J］. 山东师大学报（社会科学版）. 1996（3）：9–13.

［19］ Watt Kenneth E. F. Ecology and resource management：a quantitative approach［M］. New York：McGraw–Hill，1968.

［20］ Van Dyne，GM. The ecosystem concept in natural resource management［M］. New York：Academic Press，1969.

［21］ Omen O S. Natural resource conservation：an ecological approach［M］. New York：The Macmilian Company, 1971.

［22］ 魏天兴. 自然资源生态学：课程改革与研究型教学的探索［J］. 中国林业教育, 2013, 31（4）：76-68.

［23］ Jeffers J N R. The ecology of resource utilization［J］. Journal of the Operational Research Society, 1978（29）：315-321.

［24］ Holechek J L, Cole RA, FisherJT, et al. Natural resources：ecology, economics and policy［M］. Prentice Hall, 2000.

［25］ 朱源, 康慕谊. 森林资源生态学的理论体系研究［J］. 中国人口·资源与环境, 2010, 20（11）：112-118.

［26］ 李飞. 资源生态学［J］. 地球科学进展, 1991, 6（4）：67-68.

［27］ Herbert H T Prins, F van Langevelde. Resource ecology：spatial and temporal dynamics of foraging［M］. Springer, 2008.

［28］ 孙鸿烈, 等. 中国资源科学百科全书［M］. 北京：中国大百科全书出版社, 2000.

［29］ 杨多贵, 周志田, 等. 国家健康报告［M］. 北京：科学出版社, 2013

［30］ 朱敏. 我国现行资源定价体系存在五大问题［N］. 中国经济时报, 2009-01-19.

［31］ 李文华, 刘某承. 关于中国生态补偿机制建设的几点思考［J］. 资源科学, 2010, 32（5）：791-796.

［32］ 谢高地, 曹淑艳. 中国生态资源承载力研究［M］. 北京：科学出版社, 2011.

第十一章　资源经济学

资源经济学是以经济学理论为基础，通过经济分析来研究资源的合理配置与优化使用及其与人口、环境的协调和可持续发展等资源经济问题的学科[1]。资源经济学起源于西方经济学，形成于 20 世纪 30 年代，代表作为哈罗德·霍特林的《可耗竭资源经济学》，成熟于 20 世纪 90 年代。资源经济学经过 80 多年的发展，已形成了较为完整的学科体系与研究范畴。资源经济学植根于物质基础，是应用性学科、问题导向型学科。随着资源经济问题的日益复杂化、多元化，资源经济学表现出旺盛的生命力。本章梳理了资源经济学的产生、发展及中国资源经济学的形成与发展。

第一节　经济思想史演进与资源经济学思想萌芽

一、经济思想史演进概况

西方经济学起源于古希腊时代，古希腊至中世纪时期是西方经济学的孕育期和萌芽期。1776 年，亚当·斯密《国民财富的性质和原因的研究》（以下称《国富论》）的出版标志着古典经济学的诞生，同时标志着西方经济学的正式形成。在此之前，在不同的社会背景下，英国和法国诞生了"重商主义"学派（代表人物为托马斯·孟和让·巴普蒂斯特·柯尔贝尔）和"重农主义"学派（代表人物为弗朗斯瓦·魁奈和安·罗伯特·雅克·杜尔哥），此时的经济思想处于探索阶段，尚未形成完整的经济理论。两大学派根植于不同的社会背景，共同促进了古典经济学的产生，重商主义为古典经济学的产生做了孕育和准备，而重农学派则使古典经济学真正地从流通领域转向了生产领域。古典经济学形成之后，西方经济学经过 200 多年的发展，经历了新古典经济学、凯恩斯主义经济学、新古典宏观经济学，直至货币学派、供给学派、新制度学派、理性预期学派等的百花齐放、百家争鸣，各个学派在不同时期、不同领域发挥着自身独特的作用。

二、古典经济学与资源价值论

1776 年《国富论》的问世标志着古典经济学诞生。基于当时的经济背景，古典经济学家大多将除土地之外的自然资源视为取之不尽用之不竭的，对于价值理论的研究集中于劳动价值论。如威廉·配第提出"劳动是财富之父，土地是财富之母"[2]。根据配第提出的财富论，资源是一种财富形式，财富有价值，因而资源有价值。配第从资源的有用性出发，将资源的价值等同于资源的使用价值。亚当·斯密认为"劳动是衡量一切商品交换价值的真实尺度"，在交换关系中，货物价值等于劳动，商品价值包含投在其上的物化劳动和活劳动[3]。大卫·李嘉图对斯密的价值理论批判性继承，指出具有效用的商品，其交换价值来源于两个方面，一个是他们的稀缺性，另一个是获取时所必需的劳动量。资源越稀缺，交换价值就越高；生产所需的劳动量越少，交换价值就越低。在对地租的论述中，李嘉图指出自然资源的价值是土地租金的表现形式，资源的丰度及质量差异等因素造成了资源价值量的差异[4-5]。随着效用价值论和边际革命的兴起，对资源价值又有了新的认识。一般效用价值论认为商品价值取决于其带给人的效用，自然资源是人类生存和发展必不可少的自然物品，因而是有价值的。边际效用价值论认为资源效用量的大小决定着资源价值量的大小，即资源边际效用决定资源的价值或价格。边际机会成本理论认为当前对自然资源的开发利用会导致未来开发成本增加，从而产生使用自然资源的机会成本，因此自然资源产品的价格应包括资源开发利用的边际成本和边际机会成本[5]。

　　古典经济学从不同角度论述了资源价值，构成了早期的资源价值论。但由于资源的稀缺问题尚未明显表现出来，对资源价值的认识尚且不足，在经典的生产函数中从未将土地等自然资源纳入。随着资本主义社会进入机器大生产阶段，资源的稀缺性逐渐凸显，自然资源尤其是稀缺资源的价值问题受到了经济学家们的广泛关注。

三、新古典经济学与资源稀缺论

　　最早对资源稀缺问题进行论述的是古典经济学家马尔萨斯，马尔萨斯在其《人口原理》中指出"生活资料是以算术比率增加的，人口将以几何比率增加，由于人口和生活资料的增长比率不同，所以他们之间的平衡无法维持。"[6]随着新古典经济学的形成，"稀缺性"假设成为微观经济学的研究前提，微观经济学在资源稀缺的前提下研究稀缺资源的配置问题。随着世界经济飞速增长，资源的稀缺问题日渐显著，受到经济学家的广泛关注。最著名的就是20世纪70年代罗马俱乐部出版的《增长的极限》一书，书中指出："如果世界在人口、工业化、污染、粮食生产以及资源利用等方面按照当时的增长率继续下去，那么未来100年内地球上的经济增长将达到极限。除非到2000年人口和经济增长停止下来，否则社会就会超过限度并崩溃，即"经济零增长论"[7]。"在零增长论的基础上，一些经济学家提出"人类返回到大自然中去""经济和技术原点发展"等。《增长的极限》给全世界敲响了警钟，引发了全球对资源稀缺、经济增长的广泛关注。20世纪70年代以来，资源的稀缺性凸显，资源稀缺论得到广泛认可与传播，引发了世界范围对资源经济的研究。

四、福利经济学与资源管制论

　　1920年，英国经济学家庇古的《福利经济学》的出版标志着福利经济学的产生。庇古提出"经济福利论"和"外部性"理论，在经济福利论的论述中，庇古用国民收入代表经济福利，认为要有效地增加国民收入，最重要的就是生产资料的配置问题。外部性理论则是指在社会经济活动中，一个经济主体（国家、企业或个人）的行为直接影响到另一个相应的经济主体，却没有给予相应支付或得到相应补偿的非市场性活动[8]。庇古指出外部性的存在会使得资源配置不能达到最优状态，出现经济活动的低效率。按照西方经济学的完全竞争理论，在"看不见的手"的指导下，经济社会将自行运行至最佳状态，但是由于外部性的存在，使得经济社会偏离完全竞争状态，造成资源的低效配置，引发资源的过度利用或保护不足。外部性导致市场失灵，使社会难以达到最优状态，必须要对其加以管制才能减少外部性，降低资源的低效配置，"资源管制论"由此产生。资源管制论主张国家积极干预，以科学的理论指导资源的利用，通过控制资源开发利用总量和类别来达到保护环境资源不被破坏的目的，弥补市场机制的不足，维护经济社会发展与生态环境的和谐统一[9]。目前，中国在资源管制方面已取得了一些成效，提出价格干预、配额制、税收、排污收费、补贴等手段来限制资源的不当使用。外部性理论构成了资源经济学的基础理论，促进了资源经济学的产生和发展。

第二节　自然资源学科演进与资源经济学的产生

一、自然资源学科演进概况

作为一门综合性、交叉性学科，自然资源学科是在已形成体系的生物学、地理学、经济学及其他应用科学的基础上继承与发展起来的，是自然科学、社会科学与工程技术科学相互结合、相互渗透、交叉发展的产物。20世纪60、70年代之前，资源研究侧重于各个圈层的单项资源、特别是单项自然资源研究，资源作为一个整体的综合性研究则是在60、70年代之后才得到发展。

自然资源研究主要基于人类对自然资源的认知史和开发利用两条主线，反映人类—资源关系的演进历程。从人类社会的发展历程来看，人类社会主要经历了农业社会、工业社会和后工业社会。农业社会人类利用的基本上是可再生和可更新资源，这个阶段对自然资源的研究主要是政治家、哲学家对自然资源进行的零星记载和简单的描述与总结。随着工业革命席卷全球，社会生产力水平突飞猛进，人类对自然资源的利用从地上扩展至地下，从可更新资源扩展至不可再生资源，不仅加快了对于可更新资源的开发利用，同时开启了对地下矿产资源的利用。工业革命极大地解放了生产力，促进了开矿、挖煤、采油、伐木、垦荒和捕捞事业的发展，推动了科技进步，一些与资源研究相关的学科，诸如生物学、地理学、地质学、农学、经济学和资源利用的工程技术学科，分别从不同角度对同一项或某几项资源进行了各自的研究，但彼此间很少交叉渗透，仍各自保留着自己学科的理论体系。但是，这些学科所具有的共同的资源基础，导致了它们分别积累的科学资料和知识在资源与资源利用这个总"网结"的汇合，为资源科学的产生奠定了基础[10]。

经济发展、工业化进程不断深入的同时，自然资源学科的研究不断深入。20世纪60年代的国际生物学计划，70年代开展的人与生物圈计划，1972年的"人类环境会议"，以及1980年《世界自然资源保护大纲》的公布与实施，大大加快了资源科学研究的历史进程。各学科积累的有关资源和资源利用的科学资料和知识日益丰富，资源科学研究的一些分支取得了较大发展，资源地理学、资源生态学、资源经济学等分支学科逐渐形成并发展起来。

二、《土地经济学原理》：资源经济学建立的奠基之作

美国南北战争以后，资本主义生产迅速发展，在农村，自"宅地法"实行后，农业劳动

者和耕地面积快速增加，农业生产尤其是粮食作物和畜牧业非常发达，由此，土地利用政策和地权问题也随之复杂化起来。同时，农业上逐渐推行机械化和半机械化，劳动生产率随之提高，农民入城者日益增多，造成城市人口增多，地价上涨，引起社会上一部分人士的忧虑。第一次世界大战促成了美国农业生产的高涨，过了 1920 年的顶点以后，由于国外市场和国内市场的缩小，发生了生产过剩的危机，并由此而转入持续整个 20 年代的慢性农业危机。正是在这种美国农业发展的时代背景和资产阶级改良主义的思想倾向下，形成了 1924 年问世的由美国经济学家理查德 T. 伊利和爱德华 W. 莫尔豪斯合著的《土地经济学原理》。

该书中，作者着重论述了各类土地的利用问题。作者认为：在商业经济发达的资本主义社会，随着经济的发展，反映人类需要改变的物价变动指导着土地利用的改变。应按照比例更好地分配土地的各种用途，适应经济发展和人们改善生活的需要。同时由于土地利用要受到自然的、经济的、社会的种种因素的制约，所以要研究如何增加土地的经济供应，采用外延的（广度）和提高集约度（深度）的途径，以及消除妨碍土地充分利用的障碍（如改善农产品的运输、仓储、分配系统），务使地尽其力[11]。

《土地经济学原理》的出版标志着土地经济学成为一门独立的学科，引发了人们对资源作为经济要素的关注和重视，成为资源经济学奠基之作。

三、《可耗竭资源经济学》：标志资源经济学走向成熟

第一次工业革命后，以煤炭为代表的矿产资源成为当时社会的主要燃料，推动着机器大生产的进行。世界范围内开始了对煤炭资源的开发利用。煤炭资源虽加速了世界经济前进的步伐，但对煤炭资源的无度开采也引起了当时一些前沿经济学家对可耗竭资源的忧虑，哈罗德·霍华林便是具有代表性的人物之一。

1931 年，哈罗德·霍特林发表了《可耗竭资源经济学》，霍特林认识到了当时社会对可耗竭资源的肆意开发问题，并对资源的代际分配有了初步认识。霍特林在书中重点阐述以下问题：矿产所有者应以何种速度开发利用矿产资源；假设矿产是公众所有的，应该如何为了最大的共同利益开采，以及如何客观地比较一个追求利润的企业家的方案；当资源枯竭时，工人和相关产业将面临怎样的困境、政府怎样以管制或税收的方式，引导矿产主采取与公共利益更加协调的生产计划等[12]。为解决上述问题，霍特林分别从资源供给、资源需求、资源价格、资源市场和资源政策几方面简要地论述了资源跨期配置中的不确定性问题；论述了在不同市场类型下，实现矿产资源利用最优化的途径。

该著作首次正式对可耗竭资源的开发利用问题进行了论述，为后续的不确定性研究提供了基础。书中对不确定性的分析与认识不仅影响着资源配置效率，而且是资源跨期配置研究的一个重要方向。《可耗竭资源经济学》引发了人们对可耗竭资源的关注，奠定了资源可持续开采利用的理论基础，被认为是资源经济学产生的标志。自此以后，涌现了一系列关于可耗竭资源跨期配置模型和代际均衡模型的研究，并扩展到森林、渔业等可再生资源最优开采模型研究，资源经济学的研究体系逐渐走向成熟。

四、资源经济学产生与发展的历史原因分析

工业革命极大地提高了生产力，推动着社会进入工业化进程，资源型产业迅速崛起，经

济快速增长。在经济迅猛发展的同时，资源短缺、环境污染和生态破坏等问题进一步加剧，由此产生了建立资源经济学的现实需求。资源经济学于20世纪20—30年代应运而生，标志性著作就是哈罗德·霍特林的《可耗竭资源经济学》的出版。随着西方国家工业化进程的快速推进，西方国家对自然资源的消耗日渐加剧。20世纪50年代，西方的工业化进程达到顶峰，资源消耗与环境破坏也随着达到顶峰，引发了社会各界对资源消耗、环境破坏等问题的进一步关注。20世纪70年代，随着罗马俱乐部《增长的极限》的出版，学术界掀起了一场资源保护与经济增长的大论战，对资源稀缺问题的关注更上一层。这个阶段，资源经济学研究的内容主要是资源短缺或资源危机问题。进入80年代，全球经济和社会发展呈现出"五高"的特点：即人口高增长、经济高增长、高消耗且"用后即弃"的生产方式、高消费且"用后即弃"的生活方式、高城市化进程，"五高"导致了威胁人类生存的十大环境祸害，如土壤遭到破坏、气候变化和能源浪费、生物多样性锐减、森林面积减少等。面对如此严酷的现实问题，迫使人们开始对这种盲目追求经济的粗放型增长方式进行反思。20世纪80年代《21世纪议程》的颁布，使可持续发展成为世界各国经济发展的战略目标。可持续发展解决的四大问题——人口、资源、环境和发展都与自然资源及其开发利用密切相关，从而导致社会实践对资源经济理论的迫切需要与已有资源经济理论的供给短缺之间的矛盾。正是这种矛盾促使资源经济研究机构在世界各国如雨后春笋般涌现，促进了资源经济学的蓬勃发展。这期间，世界各国先后出版了一大批资源经济学和环境经济学论著，如《最后的资源》（朱利安·林肯·西蒙，1981）、《自然资源经济学》（Krutilla，1985）、《自然资源利用经济学》（Harwiek，1986）、《自然资源经济学》（Daniel，1986）、《自然资源与宏观经济学》（Peter&Sweder，1986）、《资源经济学》（兰德尔，1989中文版）、《自然资源与环境经济学》（罗杰·珀曼、马敲等，1995），等等[13]。

资源经济学是基于物质基础，在解决现实问题的基础上产生并发展起来，是经济社会的客观需求。经济增长、资源稀缺、环境退化、生态破坏等客观因素共同促进了资源经济学的发展。随着资源问题的日益复杂化，资源经济学的研究内容不断扩充，资源经济学正蓬勃发展。

第三节　中国资源经济学发展历程与进展

相较西方国家，中国资源经济学的正式产生较晚，但中国的资源经济思想可以追溯到古代。历代传统农业生产中不乏大量对自然生态系统、资源持续利用、资源循环利用的朴素描述。如《吕氏春秋·审时》中说到"夫稼，为之者人也，生之者地也，养之者天也"，把农业生产视为天（自然环境）、地（农业环境）、人（生产主体）构成的整体系统。《淮南子》中说到："故先王之法，不竭泽而渔，不焚林而猎"；荀子在《王制》中讲道："草木繁华滋硕之时，则斧斤不入山林，不夭其生，不绝其长也"；上述描述充分表达了对资源保护、资源持续利用的认识。资源循环利用方面，古代有"驱鸭治蝗""桑基鱼塘"等。时至今日，古代的循环农业思想仍保持着旺盛的生命力[14]。

进入近代社会，随着资源稀缺的逐步显现以及外国资源经济学研究的渗透，中国学者加快了对资源经济学的理论和实践研究。1930年，章植的《土地经济学》标志着中国资源经济学的诞生。此后，在相当长的一段时间，资源经济学的研究主要围绕在土地资源研究。新中国建立之后，中国自然资源资料存在大面积空白，加之科技水平落后，掌握到的自然资源信息极其有限。为摸清中国资源分布，国家提出"以任务带学科"，开展了大规模的自然资源综合考察，通过探明地区的资源特征制定相关的经济发展政策[15]。进入80年代，随着中国经济体制的改革，中国资源经济学的研究进入新的阶段。同时期，国外资源经济学已形成较为完整的理论体系，资源经济学进入重视社会、经济、技术和自然协调发展研究的可持续发展理论阶段，并朝自然资源评估、价值补偿、成本—效益分析、管理经济手段运用等多个研究领域发展。在国外资源经济学理论、方法的渗透下，中国资源经济学在学科建设、研究范畴等方面取得了较大发展。80年代至90年代，中国涌现了一大批具有代表性的资源经济学著作，如《农业资源经济学》（刘书楷，1988）、《资源经济学》（黄亦妙、樊永廉，1988）、《农业资源经济的理论与实践》（陈迭云，1989）、《农村资源经济学》（黄鸿权，1989）、《能源经济学》（吴德春、董继武，1991）、《矿产资源经济学》（贾芝锡，1992）、《资源经济学》（史忠良，1993），中国资源经济学的理论水平逐渐与国际接轨[16]。1995年，中国第一本自然资源系列著作《中国自然资源丛书》出版；2000年《中国资源科学百科全书》出版，书中第一次从资源科学的角度全面系统地论述了资源科学的学科体系、研究内容及方法，以总论、综合资源学和部门资源学三部分，分门别类地讨论了学科的各种概念及其构成[17]；随后《资源科学》（石玉林，2006）、《资源科学技术名词》（2008）出版，资源科学研究体系走向成熟。资源经济学作为资源科学的重要组成部分，在上述著作中得到了详细全面地论述，中国资源经济学研究逐渐走向成熟。

　　按照阶段性特征划分，中国资源经济学的发展主要经历了三个阶段，第一阶段：1949年建国以来至90年代的自然资源综合考察阶段，主要任务是查明资源条件，提出开发方案和建议；第二阶段：改革开放至90年代，中国经济体制逐渐从计划经济向市场经济转变，鉴于该阶段中国经济所处的过渡经济体制特征以及长期以来中国大量资源国有、公有及粗放型增长所造成的资源利用率低的状况，该阶段资源经济学研究主要围绕自然资源价值和价格、资源产权、资源战略展开；第三阶段：进入21世纪以来，资源稀缺、环境污染、生态破坏日益加剧，国际社会先后召开多次会议呼吁关注人口、资源、环境、社会可持续发展问题，资源保障与可持续发展成为资源经济学研究的新重点。

一、1950—1990年的自然资源综合考察与开发利用研究

　　自然资源综合考察，是中华人民共和国成立后为适应大规模的地区综合开发的需要开展起来的一种多学科科学调查研究工作。它根据国家特定任务，组织地学、生物、经济、经济地理以及工业、农业、交通等各种必要学科与专业的力量，共同对一定地区进行自然资源及其开发条件的科学考察与综合研究，以便为国家长远发展规划提供科学资料及规划设想的依据[15]。自然资源综合考察始于新中国成立之初，由于中国是一个地域广阔，资源和自然环境状况都非常复杂的大国，加上新中国成立前科学技术长期落后，因此建国初期存在着大面积边远地区资源资料空白，这些地区常常交通不便、人烟稀少或比较稀少、未开发或开发水平很低，因此，综合考察及其研究工作构成国土开发和区域发展的重要组成部分。其基本任务

是"查明资源条件,提出开发方案和建议"。1990年之前,中国对资源经济学的研究主要集中在自然资源的综合考察、区域自然资源综合考察与开发利用。按照新中国成立后自然资源综合考察的阶段特征,大致可分为以下几个阶段[15, 18]。

（一）新中国早期的自然资源综合考察（1951—1955年）

1951—1955年为新中国早期的自然资源综合考察,这一时期的综合考察主要是按国家或地方提出的任务或要求,临时组织有关学科来进行科学考察,主要围绕边疆地区和国民经济需要展开工作。如1951年,西藏和平解放,中央政府筹组了一支由地质、地理、气象、水利、土壤等数十个专业在内的工作队入藏考察,对西藏自然条件、自然资源及社会人文状况等进行了将近3年的考察研究,揭开了中国综合考察发展史的第一页。1952年、1953年为打破帝国主义的经济封锁,自力更生发展国民经济、生产国防建设所必需的橡胶等战略物资,广东省和中国科学院开展了华南热带亚热带生物资源综合考察。1953年,为了治理水害、开发水利、加强黄土高原水土保持工作,中国科学院会同黄河水利委员会及其他有关部门在黄河中游各地区进行了调查研究。

（二）大规模的自然资源综合考察时期（1956—1970年）

为了有效地领导正在兴起的自然资源综合考察,经国务院批准,于1956年1月正式成立"自然资源综合考察委员会",同年,国务院科学规划委员会制定《1956—1967年科学技术发展远景规划》（以下简称第一次科技规划）,由自然资源综合考察委员会担负有关自然条件与自然资源的综合考察任务。第一次科技规划包括4项资源综合考察与区域开发战略研究任务,分别是:西藏高原和横断山区综合考察及开发方案研究;新疆、青海、甘肃、内蒙古地区综合考察及其开发方案研究;热带地区特种生物资源的研究与开发;重要河流水利资源综合考察和综合利用研究。为加强对考察结果的综合研究,综考会于1960年开始,有重点地逐步成立了几个综合性研究室,如农林牧资源研究室、水资源研究室、矿产资源研究室等。这一时期科学考察的重点以查明自然资源为主,同时提出生产力布局方案。

通过这一时期的自然资源综合考察,初步掌握了自然条件的基本状况和自然资源的数量、质量与分布规律,填补了广大边远省区的自然条件与自然资源的资料空白;不仅在国民经济建设中起到了先行作用,而且积累了丰富的资源科学资料,更将中国的自然资源研究由零星分散的状态提高到了一个整体水平,为中国资源科学的形成与发展奠定了基础条件。同期,竺可桢先生指出:综合考察必须是自然科学、社会科学和技术科学的全面合作,应强调点面有机结合,以点带面;综合考察工作应着重于长远目标,不能把远景和当前生产建设截然分开,当前的重大建设计划要与远景的展望相结合。由此,跨地区、跨部门、跨学科的自然资源综合科学考察思想逐渐形成。

（三）区域自然资源综合科学考察与开发利用时期（1970—1990年）

进入20世纪70年代,人们对合理利用自然资源,加强生态环境建设已有了深刻认识,国家科学规划委员会根据第一个12年科技规划基本提前完成的新情况,1962年及时制订了《1963—1972年科学技术发展规划纲要》,纲要主要包括3项区域性综合考察任务:西南地区综合考察研究;西北地区综合考察研究;青藏高原综合考察研究,同时还提出了中国西部与北部的宜农荒地和草场资源的综合评价等两个重点考察研究项目。该阶段中国自然资源综合科学考察的主要特征是在以"查明资源"为重点的自然资源科学考察的基础上,转向以合理开发利用自然资源、提出方案为重点的区域资源综合科学考察研究阶段。但由于 1966 年 "文化大革命" 爆发，资源综合考察被迫中断，只是进行了一些小规模、短周期的专题考察研究。

"文化大革命" 以后，为赶超发达国家，实现四个现代化，国家制定了第三次科技规划，即《1978—1985 年全国科学技术发展规划纲要》。国家先后组织实施了全国土地资源、水资源、农业气候资源及主要生物资源的综合评价与生产潜力途径的考察研究；青藏高原形成、演变及其对自然环境的影响与自然资源合理利用保护的综合考察研究；亚热带山地丘陵地区自然资源特点及其综合利用与保护的综合考察研究；南水北调地区水资源评价及其合理利用的综合考察研究等任务。据不完全统计，基于上述科学考察任务先后出版了西藏考察丛书 45 册、青藏高原横断山区考察丛书 13 册和其他若干区域性著作。1982 年，国务院进一步明确了 "立足资源、加强综合、为国土整治服务" 的方针，在继续执行第三次科技发展规划任务的基础上，结合国土整治工作的要求，中国科学院编制完成了 "中国科学院 1986—2000 年自然资源专题规划"，组织国家和有关单位先后开展了亚热带东部丘陵山区综合考察（1984—1989年）、新疆资源开发综合考察（1985—1989 年）、黄土高原地区综合科学考察（1985—1990年）与西南地区资源开发考察（1986—1989 年）等资源开发与区域发展综合考察研究工作，出版了中国亚热带东部丘陵山区考察丛书 32 册、黄土高原考察丛书 46 册、新疆地区考察丛书 21 册和西南地区考察丛书 28 册及其他若干区域性、专题性著作，为区域资源开发与经济发展提供了科学依据。

20 世纪 90 年代，为了促进中国区域开发，中国科学院于 1990 年成立了以副院长孙鸿烈院士为首的 "中国科学院区域开发前期研究专家委员会"，先后组织了多项区域开发前期研究项目，进一步加强了全国性资源与社会经济发展的综合研究。这一时期，孙鸿烈院士、石玉林院士等老一辈资源科学家对中国资源经济学的形成做出了开创性的贡献，如孙鸿烈院士组织的中国科学院区域开发前期研究四期项目，围绕全国重点区域资源开发与区域可持续发展战略与政策开展了全面、详尽而深入的研究，对指导中国重点地区资源开发和区域发展具有重要指导意义，促进了中国资源经济学理论与实践研究，以及服务国民经济和改革开放战略需求的进程。石玉林院士主持完成的中国土地资源与区域开发研究，围绕资源开发、环境保护与经济发展的重大问题，进行系统、全面的综合研究，并提出了重大的发展战略和切实可行的开发方案，为政府有关部门决策提供了科学依据。

第三次科技规划实施以来，中国的自然资源综合考察研究区域从 "科学空白地区" 的边远省区逐渐扩展到内地的多种类型区，并同时开展了一系列全国性和专题性的资源科学研究工作，为全面、系统、深入研究中国不同类型地区自然资源开发利用的特点和规律积累了科学资料，创造了最基本的研究条件。这一阶段的综合考察开始注重中国边境地区之外的其他地区的调查研究，以自然资源为中心的综合考察领域更为广阔，工作更加面向实际、面向生产。

在此期间，自然资源研究学者、团体创办了一系列自然资源刊物，《自然资源》杂志于 1977 年创刊，1979 年公开发行，1998 年更名为《资源科学》；《国土与自然资源研究》于 1979 年创刊并发行；1984 年 UNESCO 的《自然与资源》中文版公开发行；1986 年《自然资源学报》创刊并发行；上述刊物是中国自然资源研究中的综合性权威刊物。区域性刊物则有《干旱区资源与环境》（1987 年创刊）、《长江流域资源与环境》（1992 年创刊）等；专业性刊物有《中国野生植物资源》（1983 年创刊）、《中国农业资源与区划》（1980 年创刊）、《水资源研究》（1985 年创刊）等。此外，《中国自然资源丛书》于 1995 年出版，是中国第一部自然资源系列著作，也是中国人民长期以来，特别是新中国成立以来，资源综合考察和开发利用研究的总结。丛书共 42 卷，对中国土地、水、矿产、气候、森林、草地、内陆水产、野生动植物、海洋、旅游资源情况以及包括台湾在内的各省份的自然资源情况进行了汇总，它的出版对促进中国自然资源合理利用与保护具有重要作用[19]。

二、90 年代的资源价值和价格、资源产权与资源战略研究

在相当长的一段时间里，中国对自然资源价值的认识停留在马克思的劳动价值论上，认为自然资源是没有价值的，加之改革开放之前，中国资源价格靠国家计划而非市场决定，造成资源价格的严重扭曲，不能真实反映资源的供需、成本等问题，导致自然资源的低效配置，资源浪费现象严重。随着改革开放的深入，社会经济体制逐渐由计划性向市场化转变，同时，在国外资源价值理论的影响下，中国学者着手研究自然资源的价值和产权问题；且随着资源短缺问题的凸显，中国开始了对资源战略的研究。

（一）资源价值和价格研究

按照马克思的劳动价值论，价值决定价格，而价值由投入在其中的劳动决定，自然资源没有投入劳动，因此自然资源是无价值的，也是无价格的。在中国自然资源的稀缺性尚未体现出来之前，中国在相当长的一段时间遵循马克思的劳动价值论，对自然资源进行掠夺式的开发。随着资源短缺的逐渐凸显，加之西方价值理论的引入，中国学者开始认识到研究资源价值问题的重要性。1988 年，国务院发展研究中心组织牵头了数十家部门和单位，在美国福特基金会的资助下，与美国世界资源研究所合作，进行了《自然资源核算及其纳入国民经济核算体系》的课题研究，开展了包括水资源、土地资源、森林资源、草地资源、矿产资源等的核算工作。这项研究构建了自然资源资产价值核算的理论框架，研究了自然资源资产价值与价格的问题，明确了自然资源价值基本理论和计算公式。在此基础上，李金昌教授在综合效用价值论、劳动价值论和地租论的基础上建立了独具特色的自然资源定价模型[20]。同期，中国其他学者从不同的角度提出了自然资源价值理论。如胡昌暖从马克思的地租论出发探讨了资源价格的实质，认为资源价格是地租的资金化[21]。吴军晖在分析了自然资源价值中劳动价值论与效用价值论的基础上将马克思的土地价格理论加以推广，认为天然资源的租金由供求关系决定，而不是由其包含的劳动决定[22]。黄贤金在深刻分析马克思的劳动价值论的基础上提出了自然资源二元价值论，提出自然资源稀缺价格理论[23]。

在上述价值论的基础上，中国形成两种资源定价理论：马克思主义的价格理论和市场经济价格理论。前者的核心是劳动价值论，认为价值是价格的基础，制定价格必须以价值为基础，而价值量的大小决定于所消耗的社会必要劳动时间。市场经济价格理论的核心是效用价值论和供需价值论，认为在市场经济中，决定市场价格的是供给和需求，任何商品的实际的市场价格是供给和需求相等时的价格，即均衡价格。基于市场价格理论的自然资源定价模型主要包括：影子价格模型、边际机会成本模型、均衡价格模型、效益换算定价模型等七种模型。在现行情况下，中国资源政府定价仍比较普遍，尤其是水、煤气、天然气和成品油等还均实行政府定价或指导价。

（二）资源产权研究

产权是一种通过社会强制而实现的对某种物的多种用途进行选择的权利。资源的产权是指自然资源的所有、使用、转让等法律制度的总称，主要包括自然资源的所有权制度、使用权制度和转让权制度。十一届三中全会之前，中国自然资源实行的是公有产权，资源归集体所有、全民所有，十一届三中全会之后转为开发利用产权的无偿委授，进入90年代后，中国自然资源产权才进入开发利用产权的有偿交易期[24]。

在中国自然资源产权市场化改革方向已成为共识的情况下，以李金昌、封志明、王勤学、董锁成等为代表的一批学者深入研究了自然资源产权、市场机制与模式，取得了一定的进展。关于资源产权市场的性质，主流的观点认为应该是使用权交易市场。对于改变中国目前自然资源产权制度的缺陷，不同学者从不同的切入点给出了不同的政策建议。一种观点认为，中国的自然资源产权改革应完全引入西方经济学中市场化的理念。另一种观点从中国资源和经济发展的实际情况出发，认为资源产权应是一个多层次的权利关系体系，包括国家有偿出让资源经营权给资源经营者，资源经营权在经营者之间的流转等层次[25-28]。

十八届三中全会的决定《中共中央关于全面深化改革若干重大问题的决定》中明确指出"完善产权保护制度"和"健全自然资源资产产权制度，形成归属清晰、责权明确、监管有效的自然资源资产产权制度"，表明了中国自然资源产权制度改革的方向，为中国自然资源产权制度的发展奠定了政策基础。

（三）资源战略研究

改革开放以来，为了快速恢复经济、实现四个现代化，中国走的是"高消耗、高排放、低利用"的粗放型经济增长道路。粗放型的经济增长方式造成了自然资源的急剧消耗和环境的严重退化。虽然中国地大物博、自然资源总量丰富，但人均占有量远低于世界平均水平，加上对自然资源的不合理利用，资源短缺已经为当时的突出问题。在这种背景下，以石玉林院士为代表的中国科学院国情分析研究小组开始了对中国的人口、资源、环境、经济等问题的全面综合研究，在此基础之上于1992年发表了中国科学院第二号国情报告——《开源与节约》。报告指出了中国人口与资源的矛盾，以及在此基础之上派生出的粮食问题、就业问题、住房问题等。石玉林院士当时断言：中国正面临着历史上最短缺的严峻状况，如不及早采取有效措施，总有一天会出现资源短缺的全面危机，提出"建立资源节约型国民经济体系"[29]，引起当时学术界的热议。在资源短缺日益突出的背景下，中国科学院国情分析研究小组又于2001年发表了第八号国情报告：《两种资源，两个市场——构建中国资源安全保障体系研究》。报告中指出：21世纪中国资源供应形势严峻，缓解危机的主要途径是改变消耗资源的粗放性经营模式为节约高效利用的集约型经营模式；改封闭、自给自足为开放、利用国内国际的两种资源和国内国际的两个市场，从多方面建立一个中国资源安全保障体系[30]。同期，中国学者对中国的自然资源利用的战略抉择进行了深入研究，以石玉林、朱立三、陈百明、董锁成、李立贤等学者为代表，发表了一系列资源战略的相关著作，提出资源保护、建立资源节约型农业、工业等战略[31-35]。"建立资源节约型国民经济体系"后被列入中国的"十一五"规划中，成为中国经济发展的重要战略目标。此外，2002年国土资源部油气资源战略研究中心成立，进行油气资源战略研究，为政府调查、决策和宏观调控与管理油气资源提供服务。同期，依托于中国科学院、中国人民大学、中南大学等多所知名高校的水资源研究中心、矿产资源研究中心、森林资源研究中心以及国家重点实验室、研究所等机构成立，研究中国自然资源开发利用、资源保护、资源战略等问题。

进入21世纪，中国在水、土地、能源等资源方面已表现出明显短缺，环境恶化严重，资源约束代替资本约束逐步上升为经济和社会的主要矛盾，实现资源战略转变刻不容缓。党的十六大报告提出走新型工业化道路，十六届三中全会提出科学发展观，十七大报告提出生态文明建设，对转变资源利用方式，提高资源的集约节约利用做出指示。"十二五"规划则明确提出："落实节约优先战略，全面实行资源利用总量控制、供需双向调节、差别化管理。"资源节约战略上升为国家战略。

三、2000 年以后的资源保障与资源可持续利用研究

进入21世纪以来，随着中国工业化、城镇化进程的不断加快，资源经济问题趋于多样化、复杂化。资源是经济发展、社会进步的物质基础，资源的保障程度与开发利用方式决定了社会的发展及发展方式，资源保障及其可持续利用问题成为研究的热点。

中国政府充分认识到了资源保障与资源持续利用的重要性，积极响应国家号召，并将其作为重要战略方针纳入到国家规划当中。伴随着资源保障和资源持续发展理论战略地位的提升，中国理论界加快了对资源保障和可持续发展的研究。2004年起，中国自然资源学会每年召开中国自然资源学会学术年会，探讨自然资源的持续利用问题；2010年起，国家自然科学基金委管理科学部、中国"双法"研究会能源经济与管理分会每年召开中国能源经济与管理学术年会，探讨中国能源利用问题。同期，能源、环境与可持续发展国际学术会议、地质资源管理与可持续发展国际学术会议、中国城市可持续发展会议等促进经济、社会、环境、生态可持续发展的会议相继召开。经过30余年的发展，中国资源保障与可持续利用的研究内容、研究方法等不断拓宽、不断完善，研究范畴拓展至资源承载力研究、资源安全研究、资源循环利用与循环经济研究、资源流动研究、世界资源等内容[36]。

（一）资源承载力研究

关于承载力的研究最早可以追溯到17世纪60年代法国经济学家奎士纳对土地生产力与经济财富的论述，但直至1921年，承载力的概念才被正式提出。20世纪40年代，承载力的概念被引入到土地资源研究中，土地成为最早开展承载力研究的自然资源[37]，而真正系统的对土地承载力展开研究则始于20世纪80年代。20世纪80年代初，联合国粮农组织（FAO）主持了土地资源人口承载力研究，对全球和区域经济、社会的规划与可持续发展做出了贡献。同期，中国的土地承载力研究开始进行。早期的土地承载力研究有宋健的《从食品资源看中国现代化所能养育的最高人口数》（1981）、田雪原的《经济发展与现代理想人口》（1981）、石玉林的《中国土地资源利用的几个战略问题》（1989）等，都对中国土地资源可承载的人口数量进行了研究[38-40]。80年代后期，中国土地资源承载力研究全面展开。期间，中国召开了两次关于土地承载力的学术会议："中国土地资源承载能力研究"和"全国土地承载力学术讨论会"，研究土地资源能否实现同步增产来满足未来人口的消费需求。1991年，原中国科学院—国家计划委员会自然资源综合考察委员会完成《中国土地资源生产能力与人口承载量研究》，探讨了土地与粮食的限制性，从可能性角度回答了不同时期的食物生产能力及其可供养人口规模，是中国土地承载力研究的代表性著作。此后，随着生态、环境、资源等问题的逐

渐显著，国内自然资源承载力研究逐渐走向多元化，水资源承载力、生态承载力、矿产资源承载力研究等相继出现。进入 21 世纪，生态、环境、资源与经济增长的矛盾日益突出，单一资源的承载力研究已经不能满足解决现实问题，区域资源环境综合承载力的研究越来越受到重视。2008 年汶川地震以后，国家提出将资源环境承载力评价作为重建规划的基础和重建工作的前提，资源承载力研究逐渐从单项资源承载力研究转向资源承载力的综合研究。

（二）资源安全研究

1994 年，美国学者莱斯特·布朗发表《谁来养活中国？》一文，在国内外引发了一场大讨论，徐匡迪、袁隆平、李荣生、封志明、陈百平等一批国内学者在研究国土资源承载力和食物生产技术革新的基础上，提出了中国不仅能养活中国人，而且能养好中国人的论断。这次大讨论引起了政府、学界和社会各界对中国资源保障的关注，中国学者明确提出了资源安全概念，提出资源安全"是一个国家或地区可以持续、稳定、及时、足量和经济地获取所需自然资源的状态和能力"[41]。中国科学院国情分析研究小组在全面分析了中国的资源供需现状后，于 2001 年发表了第八号国情报告：《两种资源，两个市场——构建中国资源安全保障体系研究》，自此，资源安全研究成为 21 世纪实现资源保障、资源可持续发展的另一重要研究领域。为了合理开发和保护资源，中国自然资源学会和中国科学院地理科学与研究所于 2001 年 11 月在北京召开"资源安全学术讨论会"，会议围绕能源安全、水安全、土地安全以及粮食安全等问题进行了交流和讨论，并决定此后每年召开一次"资源安全论坛"。同期，谷树忠、姚予龙、成升魁、王礼茂、沈镭等一批学者对中国资源安全现状、资源安全战略、资源安全评价体系等内容进行了研究[42-45]。2010 年，谷树忠、成升魁等出版了《中国资源报告——新时期中国资源安全透视》[46]，对中国资源安全进行了全面分析和论述，成为资源安全研究领域的重要著作。此后，谷树忠又对中国资源安全的影响因素及战略布局进行了详细论述，提出建立资源调查、资源保护、资源储备、资源配置、资源替代、资源创新、资源贸易、资源贸易、资源外交战略[47]。此外，习近平总书记于 2014 年召开中央国家安全委员会第一次会议时明确强调："构建集政治安全、国土安全、军事安全、经济安全、文化安全、社会安全、科技安全、信息安全、生态安全、资源安全、核安全等于一体的国家安全体系资源。"国家资源安全上升为国家安全的重要组成部分。

（三）资源循环利用和循环经济研究

经济增长带来的"资源危机"和"能源安全"问题，迫使人们寻求资源集约型利用和循环利用的新理念。1990 年，英国环境经济学家伯斯和特纳在其《自然资源和环境经济学》一书中首次使用了"循环经济"（Circular Economic）一词，此后循环经济成为国际社会的发展趋势。1998 年中国引入德国循环经济概念，确立"3R"原理的中心地位；1999 年中国从可持续生产的角度对循环经济发展模式进行整合；2002 年中国从新兴工业化的角度认识循环经济的发展意义；2003 年将循环经济纳入科学发展观，确立物质减量化的发展战略；2004 年 3 月召开的中央人口资源环境工业座谈会上，胡锦涛总书记提出"在推进发展中充分考虑资源和环境的承载力，积极发展循环经济，实现自然生态系统和社会经济系统的良性循环。"发展循环经济上升到国家战略层面。2005 年 7 月，国务院发布 22 号文件《国务院关于加快发展循环经济的若干意见》，标志着中国循环经济工作全面启动。2006 年，由新华社发起的首届"中国循环经济发展论坛"召开，探讨资源的节约集约利用、循环利用等，此后，每年召开一次

"中国循环经济发展论坛"。同时，中国学术界也对循环经济进行了广泛研究。中国工程院左铁镛院士指出循环经济是一系统工程，不是单纯的经济问题，但要着眼于经济；在此基础之上提出了小循环（企业层面）、中循环（区域层面）、大循环（社会层面）和资源再生业的循环体系[48]。董锁成等提出企业层面、产业层面、区域层面和社会消费层面的四层循环经济体系[49]。诸大建等提出中国循环经济的C（适宜模式）模式，指出新型工业化、新型城市化和新兴现代化是促进中国循环经济C模式实现的途径[50]。2013年，经民政部批准，"中国循环经协会"成立；同年国务院出台了《循环经济发展战略及近期行动计划》，提出"大循环战略"，中国的循环经济全面展开。

（四）资源流动研究

进入21世纪以来，中国成为亚洲和世界上最大的资源消耗国，资源流动的强度和规模呈爆炸式扩张，资源流动成为中国资源科学研究的新领域。2005年，成升魁团队首次在国内提出了"资源流动"概念，阐述了资源流动的内涵与研究方法[51]；2007年，又对资源流动研究的理论框架进行了阐述，通过分析具有代表性国家的资源流动研究，提出中国资源流动研究的决策应用[52]。2010年，成升魁、沈镭、徐增让等学者合作完成了《2010中国资源报告——资源流动：格局、效应与对策》，从资源流动的角度剖析了中国的石油、煤炭、林木和大豆资源的区域流动特征（横向流动）、产业流动特点（纵向流动）以及资源流动的环境效应，提出了优化资源流动的对策与建议，是中国"资源流动"研究的代表性成果，对促进中国资源进一步合理利用起到了指导作用[53]。总体而言，中国对资源流动的研究尚处于起步阶段。

（五）资源型城市转型研究

资源型城市的发展关系着国家资源安全和区域协调发展战略大局。中国资源型城市研究在国家提出"振兴东北地区等老工业基地战略"后再次成为重要研究议题。2000年以来，学术界对资源型城市转型的研究不断深入，学者对资源型城市转型升级、实现经济可持续发展进行了广泛研究，出版《资源型城市转型研究》（王青云，2003）、《资源型城市与发展出路》（孙雅静，2006）、《资源型城市与可持续发展》（李咏梅，2008）、《中国式突破资源诅咒》（刘岩，2013）等大量资源型城市转型著作，对促进中国资源型城市转型提供了重要参考意见。2006年11月9~10日，中国自然资源学会资源经济研究专业委员会与宁夏回族自治区发展和改革委员会、石嘴山市人民政府在宁夏石嘴山市共同举办了"二十一世纪中国资源型城市经济转型与可持续发展论坛"。根据此次会议成果，由孙鸿烈院士、陆大道院士指导、中国自然资源学会资源经济研究专业委员会学者董锁成、李泽红和中组部西部之光访问学者张谦等起草的"关于加快西部资源型城市经济转型与可持续发展的建议"，经由孙鸿烈院士、王淀佐院士、孙九林院士、陆大道院士、何季麟院士等专家的签名，直报国务院，得到了时任国务院总理温家宝同志的批示，并于当年出台了《国务院关于促进资源型城市可持续发展的若干意见》（国发〔2007〕38号），该文件的出台成为指导中国资源型城市转型的纲领性文件。从此加快了中国西部资源型城市转型和全国老工业基地振兴进程。

（六）世界资源研究

中国学者高度关注世界资源研究，早在1980—1990年就与美国世界资源研究所等机构建立了合作关系，开始认识外部资源。原中国科学院—国家计划委员会自然资源综合考察委员会先后组织翻译了《世界资源1986》《世界资源1987》《世界资源报告1988—1989》《世界资源报告1990—1991》等文献。并于1982—1991年期间出版了《自然资源译丛》(季刊)。1990—1992年,由李文华院士、郎一环、王礼茂、李岱、沈镭等学者组成的课题组,承担了国家自然科学基金资助的"全球自然资源态势与中国对策"项目。在完成项目的基础上,对已发表学术论文和研究报告进行加工和提炼,完成了《全球资源态势与对策》一书,成为国内第一部系统地研究全球资源并为中国利用国外资源提供对策的专著。1998年,开始对其进行调整和修正,并于2000年出版了《全球资源态势与中国对策》[54]。该专著以资源为主体,资源与经济的关系为中心,从超越国度的空间范围,把中国资源利用和保护的研究纳入全球资源系统之中。

在新的历史时期,中国自然资源学会资源经济研究专业委员会董锁成、成升魁、沈镭等学者,面对国际日益复杂的地缘政治和地缘经济形势,在中国周边国家资源经济研究方面取得了新的突破。2008—2012年由孙鸿烈院士、陈宜瑜院士任顾问委员会主任,刘恕副主席、孙九林院士任专家委员会主任,董锁成任首席科学家主持完成的国家科技基础性工作专项重点项目"中国北方及其毗邻地区综合科学考察",重点考察研究了中俄蒙生态环境、资源格局和经贸合作模式,出版考察报告10部[55]。2009—2013年,成升魁等学者主持完成的"湄公河流域和大香格里拉综合科学考察",开启了中国西南毗邻地区的资源综合研究。这两个重大项目的开展重启了中国中断近20年的资源综合考察和世界资源研究工作,与国外资源学家建立了广泛联系,提升了中国资源经济研究的国际化水平。

四、中国资源经济学研究进展

中国资源经济学经过半个世纪多的发展,已形成了较为完整的研究范畴、学科体系。中国资源经济学是基于中国国情,伴随着社会发展问题而逐渐产生和形成,是问题导向性学科。随着经济发展过程中问题的多样化、复杂化,中国资源经济学的学科发展表现出新的进展。

(一)研究内容方面

进入21世纪,人口、资源、环境、发展之间的矛盾日渐突出,人口、资源、环境、发展之间的耦合协调研究成为资源经济学的主要研究内容,更加注重资源系统内部要素的关联性和整体效应,强调资源系统与环境系统、经济系统之间的耦合。同时,随着经济的发展,能源、水、土地等资源危机层出,资源刚性约束日渐突出,资源约束成为社会发展的制约因素。在这种背景下,如何保障资源安全,尤其是国家资源安全受到广泛关注,资源安全战略得到广泛研究。

(二)研究理论方面

自然资源资产核算体系研究、资源产权及其价值—价格研究、资源评价、区划和规划研究等领域的理论研究在国家改革创新战略的需求拉动下逐步深入,近期中国科学院地理科学与资源研究所研制出全国首张自然资源资产负债表。

(三)研究方法方面

围绕提高资源经济学的定量化、模型化研究水平,数理方法、计算机方法与资源经济学集成研究得到深化。更多地采用数学和统计学等学科的定量方法,研究成果更加详尽、具体、可视和可信;注重运用信息科学技术,改进资源经济学的研究手段和思维方式,研究快捷、缜密和通用性增强。

第四节　中国资源经济学学科体系

　　学科分支：按照研究对象、内容和方法的不同，资源经济学有许多分支学科；按自然资源系统构成分，有水资源经济、土地资源经济、气候资源经济、生态资源经济、矿产资源经济、能源经济、自然风景资源经济等。每种资源按其构成又可分为许多经济问题，如水资源经济可分为地表水资源经济、地下水资源经济；生物资源经济可分为森林资源经济、牧草资源经济、水生物资源经济、农作物资源经济等。

　　学科设置：中国对部门资源经济学的研究始于20世纪30年代，当时国内很多重要高校都开设了农业经济系或农村社会学系，开设土地经济学、农业经济学等课程。如北平大学1927年设立农业经济系，同年浙江大学设置"农业社会学系"，1936年更名为"农业经济系"，1942年设立"农业经济研究所"，开始招收硕士生，从而揭开了中国部门资源经济学的研究。新中国成立以后，农业经济系在农林院校和部分综合性院校得到广泛开设，取得较大发展，但1966年的"文化大革命"使得相关研究遭受重创。1978年恢复高考后，大部分的相关院校都恢复了农业经济系，部门资源经济学的研究重新开启。专业设置方面，教育部分别于1987年、1993年、1998年、2012年对普通高校本科专业目录进行了四次重大修订。1987年的本科专业目录设置中，在经济、管理学类下设农业经济、旅游经济、土地管理专业，在部分学校开设粮食经济专业；同时在地理学类下设水资源与环境，开设试办专业自然资源管理专业。1993年的学科设置中，经济、管理学类专业拆分为经济学和管理学，其中在经济学下开设农业经济、土地管理；农学下设农业经济管理、林业经济管理、渔业经济管理。1998年的修订主要对1993年的专业目录进行了大幅度整合；土地管理、土地规划与利用归入土地资源管理；农业经济管理、林业经济管理、渔业经济管理及农业经济则纳入农林经济管理。2012年对本科专业设置的修订中，在经济学下新增特设专业资源与环境经济学、能源经济专业，中国的资源经济专业逐渐由部门资源经济学转向综合资源经济学。此外，国务院学位委员会1990年颁布的"授予博士、硕士学位和培养研究生的学科专业目录"中，在一级学科经济学下设置二级学科农业经济（含林业经济、畜牧业经济、渔业经济）和人口经济学。1997年对其调整时，撤消了原经济学下的人口经济学专业，在一级学科理论经济学下增设二级学科人口、资源与环境经济学专业；在管理学下设置一级学科农林经济管理，并在其下设置二级学科农业经济管理和林业经济管理；一级学科公共管理下设土地资源管理。2008年、2015年颁布的"授予博士、硕士学位和培养研究生的学科、专业目录"保留了上述专业。

　　上述专业在中国得到了广泛开展。目前，中国开设土地资源管理专业的高校有中国人民大学、北京师范大学、浙江大学、武汉大学、吉林大学、中国地质大学（武汉）、南京农业大学、天津大学、西南大学、中国农业大学、华中理工大学、中国矿业大学（徐州）、天津工业大学、山西农业大学、内蒙古师范大学等近百所高校；其中开设硕士点的高校60余所，博士点的70余所；核心课程为土地经济学、土地利用规划等。开设农林经济管理专业的有中国人民大学、浙江大学、吉林大学、华中农业大学、山西财经大学、中南财经大学、中国农业大学、北京林业大学、兰州大学、浙江财经大学、北京林业大学等 67 所高校，其中开设硕士、博士点 30 余所；核心课程为农业（林）经济学、农业技术经济学等。开设资源与环境经济学的高校有北京大学、人民大学、南京大学、山西财经大学、贵州财经大学、内蒙古财经大学、山东财经大学十余所高校；核心课程有自然资源学、资源与环境经济学、资源开发与管理等。开设能源经济专业的有中国人民大学、中国石油大学、山西财经大学、重庆大学等 9 所高校；核心课程有能源经济学、技术经济学、气候变化经济学等。开设人口、资源与环境经济学硕士点的高校包括北京大学、中国人民大学、武汉大学、复旦大学、南开大学、厦门大学、北京师范大学、吉林大学、山东大学、中南财经政法大学、华中科技大学、中国地质大学、陕西师范大学、四川大学、西南财经大学、西安交通大学、首都经贸大学、重庆大学、新疆大学、上海财经大学、南京财经大学等百所知名高校，上述高校中有 40 余所高校开设博士点；设有人口、资源与环境经济学、环境与资源经济学、环境与自然资源价值评估等核心课程。

参考文献

［1］全国科学技术名词审定委员会. 资源科学技术名词［M］. 北京：科学出版社，2008.

［2］威廉·配第. 配第经济著作选集［M］. 北京：商务印书馆，1981.

［3］亚当·斯密. 国民财富的性质和原因的研究［M］. 北京：商务印书馆，1972.

［4］李嘉图. 政治经济学及赋税原理［M］. 北京：商务印书馆，1977.

［5］郑永琴. 资源经济学［M］. 北京：中国经济出版社，2013.

［6］马尔萨斯. 人口原理［M］. 北京：商务印书馆，1992.

［7］德内拉·梅多斯，乔根·兰德斯，丹尼斯·梅多斯. 增长的极限［M］. 北京：机械工业出版社，2013.

［8］庇古. 福利经济学［M］. 北京：商务印书馆，2006.

［9］马家昱，段强. 论资源用途管制法律制度［J］. 河南省政法管理干部学院学报，2001（2）：94–97.

［10］封志明. 资源科学论纲［M］. 北京：地震出版社，1994.

［11］理查德 T. 伊利，爱德华 W. 莫尔豪斯. 土地经济学原理［M］. 北京：商务印书馆，1982.

［12］Harold Hotelling. The Economics of Exhaustible resources［J］. The Journal of Political Economy，1931，39（2）：137–175.

［13］国家建委人事教育局教育处，国家建委国土局办公室. 国土研究班讲稿选编［M］. 1982.

［14］陈兴国. 中国传统农业循环经济思想及启示［J］. 中共四川省省委省级机关党校学报，2007（2）：19–21.

［15］孙鸿烈. 中国自然资源综合科学考察与研究［M］. 北京：商务印书馆，2007.

［16］姚泊. 海洋环境概论［M］. 北京：化学工业出版社，2014.

［17］孙鸿烈. 中国资源科学百科全书［M］. 北京：中国大百科全书出版社，石油大学出版社，2000.

［18］孙鸿烈，成升魁，封志明. 60 年来的中国资源科学：从自然资源综合考察到资源科学综合研究［J］. 自然资源学报，20092，25（9）：1414–1423.

［19］中国自然资源丛书编撰委员会. 中国自然资源丛书［M］. 北京：中国环境科学出版社，1995.

［20］李金昌. 论环境价值的概念计量及应用［J］. 国际技术经济研究学报，1995（11）：12–17.

［21］胡昌暖. 资源价格研究［M］. 北京：中国物价出版社，1993.

［22］吴军晖. 论资源价格［J］. 价格月刊，1993（2）：6–7.

［23］黄资金. 自然资源二元价值论及其稀缺价格研究［J］. 中国人口·资源与环境，1994，4（4）：40–43.

［24］贺骥. 论我国自然资源产权制度的变迁及法律选择［J］. 水利建设与管理，2001（3）：71–72.

［25］钱阔，陈绍志. "自然资源资产化管理"——可持续发展的理想选择［M］. 北京：经济管理出版社，1996.

［26］成金华，吴巧生. 中国自然资源经济学研究综述［J］. 中国地质大学学报，2004，4（3）：47–55.

［27］代吉林.我国自然资源产权、政府行为与制度演进［J］.当代财经,2004（7）：19–23.

［28］孟昌.对自然资源产权制度改革的思考［J］.改革,2003（5）：114–117.

［29］中国科学院国情分析研究小组.开源与节约［R］.1992.

［30］中国科学院国情分析研究小组.两种资源　两个市场——构建中国资源安全保障体系［R］.2001.

［31］石玉林,李立贤,石竹筠.我国土地资源利用的几个战略问题［J］.自然资源学报,1989,4（2）：97–105.

［32］陈百明,石玉林.提高我国土地资源生产能力的战略抉择［J］.资源科学,1991（5）：1–9.

［33］朱立三,胡鞍钢,石玉林,等.中国国情分析——中国长期发展问题的系统研究［R］.1999.

［34］董锁成.我国资源节约型国民经济发展的若干问题探讨［J］.甘肃社会科学,1992（4）：47–52.

［35］董锁成.我国资源节约农业发展之管见［J］.农业经济问题,1992（8）：13–18.

［36］董锁成.资源经济学对生态文明建设的学术贡献与创新方向——纪念中国自然资源学会成立30周年［J］.2013,35（9）：1755–1764.

［37］景跃军,陈英姿.关于资源承载力的研究综述及思考［J］.中国人口·资源与环境,2006,16（5）：11–17.

［38］宋健,孙以萍.从食品资源看我国现代化所能养育的最高人口数［J］.人口与经济,1981（2）：2–10.

［39］田雪原,陈玉光.经济发展和理想适度人口［J］.人口与经济,1981（3）：12–18.

［40］石玉林.资源科学［M］.北京：高等教育出版社.2006.

［41］谷树忠,姚予龙,沈镭,等.资源安全及其基本属性与研究框架［J］.自然资源学报,2002,17（3）：280–285.

［42］姚予龙,谷树忠.资源安全机理及其经济学解释［J］.资源科学,2002,25（5）：46–51.

［43］王礼茂.中国资源安全战略——以石油为例［J］.资源科学,2002,24（1）：5–10.

［44］王礼茂.资源安全的影响因素与评估指标［J］.自然资源学报,2002,17（4）：401–408.

［45］沈镭,成升魁.论国家资源安全及其保障战略［J］.自然资源学报,2002,17（4）：393–400.

［46］谷树忠,成升魁,等.中国资源报告——新时期中国资源安全透视［M］.北京：商务印书馆,2010.

［47］谷树忠,李维明.实施资源安全战略确保我国国家安全［N］.人民日报,2014–04–29.

［48］左铁镛.关于循环经济的思考［J］.资源节约与环保,2006,22（1）：10–14.

［49］李泽红,董锁成,汤尚颖.建设中国特色循环经济体系构想［J］.理论探索,2008（1）：88–90.

［50］诸大建,钱斌华.有中国特色的循环经济发展模式研究［J］.价格理论与实践,2006（30）：66–67.

［51］成升魁,闵庆文,闫丽珍.从静态的断面分析到动态的过程评价——兼论资源流动的研究内容与方法［J］.自然资源学报,2005,20（3）：407–414.

［52］成升魁,甄霖.资源流动研究的理论框架与决策应用［J］.资源科学,2007,29（3）：37–44.

［53］成升魁,沈镭,徐增让.2010中国资源报告——资源流动：格局、效应与对策［M］.北京：科学出版社,2010.

［54］郎一环,王礼茂,李岱.全球资源态势与中国对策［M］.武汉：湖北科学技术出版社,2000.

［55］Dong Suocheng, Li Yu, Li Feng, et al. Key Scientific Issues for Regional Sustainable Development in Northeast Asia ［J］. Journal of Resources and Ecology, 2011, 2（3）：250–256.

第十二章 资源法学

资源是人类经济社会发展的重要物质基础，由于其有用性、稀缺性、分布地域性、整体性与相对性的特征，保护资源成为开发利用资源过程不可分割的组成部分。运用法律手段保护资源则产生了资源法。资源法是指国家为调整人们在自然资源开发利用和管理和保护活动中所发生的各种社会关系而制定或认可的法律规范的总称[1]。狭义的资源法是指自然资源保护法，是调整人们在开发、利用、管理和保护自然资源的过程中所产生的保护自然资源生态效益的各种社会关系法律规范的总称[2]。其目的是为了规范人们开发利用自然资源的行为，防止人类对自然资源的过度开发，改善和增强人类赖以生存和发展的自然基础，协调人类与自然的关系，保障社会、经济、资源和环境的可持续发展，推进生态文明建设。它调整的社会关系主要包括资源权属关系、资源流转关系、资源管理关系和涉及自然资源的其他经济关系。自然资源法是一个综合性概念，它由不同种类的资源法所组成。主要包括土地资源、水资源、矿产资源、森林资源、草原资源、渔业资源、野生动植物资源及以自然资源为依托的人文旅游资源等。

资源和环境相伴共生，互为依存。资源科学界认为资源是物质基础，环境是资源依存的条件，而环境资源法学界则认为资源是一种生态环境要素。虽表述略有差异，但两种观点均强调了资源与环境的共生性和不可分性。开发利用自然资源必然会对环境造成不同程度的影响，因此，保护环境也具有了保护自然资源的要义。囿于自然资源是环境保护的一项重要客体，自然资源法构成了环境资源法体系的重要组成部分。人类发展的历史阶段不同，对资源用途的认知、开发利用及法律保护方式也不尽相同，因而保护资源的法律法规也存在着差异。自然资源法的发展促进了资源法学学科和环境资源法学学科的发展。与资源立法的发展轨迹相类似，资源法学的发展也呈现出不同的阶段特征。本章介绍资源立法的发展脉络与趋势，梳理资源法学的发展历程及其研究进展。

第一节 中国自然资源立法的历史沿革

一、古代自然资源立法状况

我国保护自然资源最早的法规可以追溯到 4000 年前。早在夏、商、周时期，国王对全国的土地即拥有最高所有权，唯有国王才有权"授民疆土"。据《逸周书·大聚篇》记载："禹之禁，春三月山林不登齐，以成草木之长；入夏三月川泽不网罟，以成鱼鳖之长。"又据《周礼·地官》记载，西周时期已经有了蓄水、排水等农田灌溉设施，以及关于矿冶方面的禁令，并设专门官吏执掌其事。《管子·八观》记述有"山林虽广，草木虽美，禁发必有时。"西周的《伐崇令》规定："毋坏屋，毋填井，毋伐树木，毋动六畜，有不如令者，死无赦。"而现存最早最完整的古代自然资源保护法规，见于1975年在湖北云梦县出土的《秦简》。该《秦简》中的法律对农田水利、作物管护、水旱灾荒、风虫病害、山林保护等均有具体规定。在《田律》《厩苑律》《仓律》《工律》《金布律》等简牍中，记载有一系列关于遵循季节合理开发利用和保护森林、土地、水流、野生动植物等自然资源的规定，有些规定类似现代自然资源法规的条款。例如，《秦律》规定：春二月不伐木，不堵渠；不到夏季不燃草积肥，不采摘幼芽植物，或猎幼兽、拾鸟卵；不准毒杀鱼鳖、不准设置陷井和网罩，到七月解除禁令。秦始皇统一中国后，曾加强对自然资源的管理，在全国范围内以统一的法令规定土地私有制，实行盐铁官营，并对掌管采矿事物的官吏规定了严格的处罚办法[3]。

唐朝是我国封建社会的鼎盛时期，政权稳定，政治、经济、文化全面发展，法制方面也较为完备。现存永徽年间制定的《唐律》在其《户婚律》中规定："严禁妄认、盗买或盗耕公田或私田；禁止占田过限。占田超过规定一亩的笞十，十亩加一"等。唐朝颁布的《水部式》是专门管理水部的办事规程，具有法律效力，其中规定："龙首、泾堰、五门、六门、升原等堰，今随近县官专知检校，仍堰别各于州县差中男二十人，匠十二人分番看守开关节水。所有损坏，随即修理，如破多人少，任县申州，差夫相助。"《唐律》中有关林木的禁令也十分严格，如"诸盗园陵内草木者，徒二年半。若盗他人墓茔内树，杖一百"。唐王朝还设盐铁使等官吏，经营官矿冶业，对民间的采冶活动严加控制，对违反者规定了较重的刑罚。到了金代，金史中记载，金王朝设都水监：街道司隶焉。分治监，专规措黄、沁河、卫州置司。监，正四品，掌川泽、津梁、舟楫、河渠之事。……管勾，正九品，掌洒扫街道、修治沟渠。都巡河官，从七品，掌巡河道、修完堤堰、栽植榆柳、凡河防之事。分治监巡河官同此。明清时期，法律对土地兼并实施保护，规定"田多田少，一听民自为而已"。在水资源管理方面，清朝设都水"掌河渠舟航，道路关梁，公私水事"。在森林管理方面，制定了围猎条例、管理林木条例以及森林保护法律，并规定了许多具体办法促进种植林木和保护森林，对违法者规定了严厉的惩处条款。同期，对矿冶业也管禁极严，限定金银等贵重金属矿种基本上只能官营，其他铁、铜、锡等矿产也严禁民间开采，否则处以重刑。这对于限制和阻碍矿业的发展，较之以往任何朝代更为明显，但也从客观上保护了这些资源。1840年，西方列强用武力敲开了中国闭关自守的大门，丰富的自然资源成为其贪婪吞食的主要对象。软弱腐败的清政府与其订立了种种丧权辱国的不平等条约，致使中国宝贵的自然资源任人宰割[4]。

古代自然资源立法体现了从基于天然财产权而创制的约定规则向为维护统治阶级利益而制定的行为准则的转变。在阶级社会，法律代表了社会上占统治地位的阶级的利益和意志。从前述看，国控官营，严格限制私权并辅以严苛的罚则是古代开发利用和保护自然资源，特别是土地、水和矿产等基础性资源的重要立法特点。除鸦片战争作为特殊历史时期外，应当说，这个时期的资源立法虽然有限制与阻碍经济发展之嫌，但客观上保护了涉及国计民生的稀缺自然资源。

二、近代自然资源立法状况

辛亥革命推翻了清王朝的反动统治，结束了我国延续两千多年的封建君主专制制度，但由于长年战乱，灾害不断，自然资源遭到严重破坏。民国初期，政府也制定过一些保护自然资源的法规和政策措施。例如，中国民主革命的先行者孙中山先生在其撰写的《建国方略》（1920年）中曾提出一个比较全面的国土资源开发利用规划方案，并大力提倡植树造林，倡议将农历清明节定为植树节。民国政府也先后颁行了《森林法》（1929年）、《土地法》（1930年）、《矿业法》（1930年）、《河川法》（1930年）、《渔业法》（1932年）、《水利法》（1942年）等法规，但在当时特殊历史背景下，这些法规并未得到很好的实施。

新民主主义时期，中国共产党领导的苏区、抗日革命根据地与解放区的革命政权，在极端艰苦的战争年代制定了许多自然资源保护法规。例如，《关于土地决议案》（1927年）、《井冈山土地法》（1929年）、《兴国土地法》（1929年）、《闽西苏区山林法令》（1930年）、《中华苏维埃共和国土地法》（1931年）、《植树运动决议案》（1932年）、《保护林木条例》（1934年）、《晋察冀边区垦荒单行条例》（1938年）、《晋察冀边区禁山办法》（1938年）、《晋察冀边区保护公私林木办法》（1939年）、《晋冀鲁豫边区土地使用暂行条例》（1940年）、《陕甘宁边区森林保护条例》（1941年）、《关于抗日根据地土地政策的决定》（1942年）、《关于贯彻减租减息政策的指示》（1943年）、《晋察冀边区兴修农田水利条例》（1943年）、《陕甘宁边区地权条例》、《中国土地法大纲》（1947年）、《东北解放区森林保护暂行条例》（1949年）等。这些法规为我国新中国成立后自然资源法的发展奠定了良好的基础[3]。

囿于特殊的历史背景，我国近代自然资源立法呈现出零散庞杂、地域性、权宜性特征，法规的实施效度受到限制，也有限地保护了自然资源。

三、现代自然资源立法状况

1949年新中国建立，百废待兴，对资源的需求量猛增，自然资源立法日益受到重视。特别是改革开放以来，快速发展的经济导致资源约束趋紧，环境污染严重，生态系统退化，用法律手段保护自然资源的重要性日益凸显。新中国成立后，我国自然资源立法大致经历了孕育、转型、发展和完善四个阶段。

（一）1949—1965年：孕育阶段

建国初期，为了医治战争创伤，尽快恢复国民经济，发展生产，改善人民生活，治理山河、开发利用和保护自然资源成为政府的工作重心。为此，国家出台了一系列法律规范。1949年9月，《中国人民政治协商会议共同纲领》发布，其中规定："凡属国有的资源……，均为全体人民的公共财产，为人民共和国发展生产、繁荣经济的主要物质基础""保护森林，并有计划地发展林业""保护沿海渔场，发展水产业"等。1950年颁布的《土地改革法》规定："没收地主的土地""大森林、大水利工程、大荒地、大荒山、大盐田和矿山及湖、沼、河、港等，均归国家所有，由人民政府管理经营之""名胜古迹、历史文物，应妥为保护""在土地改革完成以前，为保证土地改革的秩序及保护人民的财富，严禁一切非法的……砍伐树木，并严禁废荒土地"。1951年政务院颁布《矿产暂行条例》，规定："全国矿藏，均为国有"，还明确规定："探矿或采矿人，应配合矿床构造及矿物岩石之特性，采用最适当的工程设备与探采方法，并尽力避免损害矿藏，或减低矿产收获率，同时应顾及矿区之未来发展。"1954 年我国颁行首部《宪法》，明确规定："矿藏、水流，由法律规定为国有的森林、荒地和其他资源，都属于全民所有。"以上这些法规均明确了自然资源的国家所有权性质以及以国有经济为主导的经济管理体制。

此外，国家还先后发布了许多其他规范，如《国家建设征用土地办法》（1953 年）、《政务院关于发动群众开展造林、育林、护林工作的指示》（1953 年）、《国有林采伐试行规程》（1956 年）、《公路绿化暂行办法》（1956 年）、《国务院关于保护和发展竹林的通知》（1956 年）、《狩猎管理办法（草案）》（1956 年）、《中华人民共和国水土保持暂行纲要》（1957 年）、《水产资源繁殖保护条例（草案）》（1957 年）、《国内植物检疫试行办法》（1957 年）、《国务院关于利用和收集我国野生植物原料的指示》（1958 年）、《关于加强水利管理工作的十条意见》（1961 年）、《国务院关于积极保护和合理利用野生动物资源的指示》（1962 年）、《森林保护条例》（1963 年）、《关于加强航道管理和养护工作的指示》（1964 年）、《矿产资源保护试行条例》（1965 年）等。这些规范从不同角度对不同自然资源的开发利用行为进行了规制。

这个阶段的自然资源立法具有如下特征：第一，新中国刚成立，国家活动的重点放在土地改革、国民经济恢复、生产资料的所有制改造、农业合作化等社会主义改造与社会主义革命方面，内容上和立法形式上受苏联的影响较大。第二，除宪法中一些有关土地和自然资源的简单规定外，自然资源法的效力等级或立法级别均较低，主要以行政法规和行政规章为主。第三，自然资源法规比较分散，内容原则，可操作性差，鲜见有程序化的具体法律制度。内容主要侧重于自然资源的利用和保护，与环境污染防治之间缺乏有机联系[5]。

（二）1966—1979 年：转型阶段

1958 年至 1960 年"大跃进"时期，在"大炼钢铁""以粮为纲"的"左倾"冒进政策驱使下，乱砍滥伐森林、围湖造田、垦草垦荒造田等现象相当普遍，使大量森林、草原、植被遭到破坏，水面减少、生态恶化、资源锐减，同时导致国民经济比例严重失调并造成空前的经济困难。1966 年爆发的"文化大革命"更是雪上加霜，加之严重破坏了国家法制，使业已不堪重负的自然资源状况持续恶化。

而此时，世界也正面临着资源与生态危机的双重考验。轰动世界的八大公害事件迫使西方发达国家开始关注环境与资源之间的关系问题，并采取各种措施，包括采用立法手段来解决问题。至此，以保护自然资源为特征的自然资源立法在世界范围得到迅速发展。标志性事件是 1972 年联合国召开的人类环境会议及《人类环境宣言》。宣言指出："保护和改善人类环境是关系到全世界各国人民幸福和经济发展的重要问题，也是全世界各国人民的迫切希望和各国政府的责任。"强调了保护环境和资源的重要性与政府的保护职责。这次大会对推动各国自然资源法的发展产生了深远影响。

我国于 1972 年派代表团参加了联合国人类环境会议。通过参会，代表团得出了两点结论：一是中国城市环境污染不比西方国家轻；二是中国自然生态破坏远在西方国家之上。严峻的资源与环境现状催生了我国 1973 年 8 月召开的第一次全国环境保护会议，会议通过了《关于保护和改善环境的若干规定（试行）草案》。这是我国首部综合性的保护环境和资源的行政法规，其中确立了"全面规划、合理布局、综合利用、化害为利、依靠群众、大家动手、保护环境、造福人民"的"32 字方针"。草案中对加强土壤和植物保护、水系和海域管理、植树造林和绿化、环境监测等都做了比较全面的规定。尤其值得一提的是，该文件规定了发展生产和环境保护"统筹兼顾、全面安排"的原则，"三同时"制度与奖励综合利用的政策。

1978年党的十一届三中全会召开，拨乱反正，确立了我国以经济建设为中心、实行改革开放的政策等，对这一时期的自然资源立法起到了积极推动作用。标志之一是在1978年修订的《宪法》中明确了自然资源权属并确立了自然资源的国家保护责任。如第六条规定："矿藏，水流，国有的森林、荒地和其他海陆资源，都属于全民所有。"第十一条规定："国家保护环境和自然资源，防治污染和其他公害。"标志之二是1979年9月通过了我国第一部环境资源保护方面的综合法律——《环境保护法（试行）》。该法规定了"谁污染谁治理"等原则，确立了环境影响评价、"三同时"、排污收费、限期治理、环境标准、环境监测等制度。

概言之，这一时期是自然资源立法的转型期，主要表现在：其一，1978年的《宪法》首次将自然资源与环境保护相提并论，彰显了二者之间的内在联系。除对自然资源和环境问题进行原则性规定外，宪法首次明确了保护环境和自然资源的国家责任。其二，《环境保护法（试行）》中规定的原则和许多具体制度，可适用于自然资源开发领域，对于合理开发利用和保护自然资源具有助推作用。但立法不足之处也显而易见：《环境保护法（试行）》以污染防治为主，保护自然资源的内容较少。此外，这一阶段除宪法相关原则性规定外，自然资源单项立法并不多且缺乏环境科学和自然科学理论基础[6]。

（三）1979—1989年：发展阶段

这十年是我国自然资源法迅速发展并初步形成体系的时期，以1989年颁布的《中华人民共和国环境保护法》为重要标志。70年代末，中国政治经济生活发生重大变革，纠正了"左倾"错误路线，确立了以经济建设为中心、改革开放的发展方略，国家进入良性发展的新时代。1987年中共中央书记处做出决定，强调"要搞立法，搞规划，把我们的国土整治好好管起来。"同年10月，国务院批准了国家建委关于开展国土整治工作的报告，指出："搞好国土整治，是一项很重大的任务。目前，我国的国土资源和生态平衡遭受破坏的情况相当严重，迫切需要加强国土整治工作。'国土整治'包括考察、开发、利用、治理、保护这些相互关联的五个方面的工作。"[7]在这一阶段，具体立法工作进展显著。主要表现在：

1. 宪法规定方面

在1978年《宪法》规定基础上，1982年修改后的《宪法》进一步充实、细化了有关自然资源保护方面的规定，如第九条规定："矿藏、水流、森林、山岭、草原、荒地、滩涂等自然资源，都属于国家所有，即全民所有；由法律规定属于集体所有的森林和山岭、草原、荒地、滩涂除外。""国家保障自然资源的合理利用，保护珍贵的动物和植物。禁止任何组织或者个人用任何手段侵占或者破坏自然资源。"第十条规定："城市的土地属于国家所有。""农村和城市郊区的土地，除由法律规定属于国家所有的以外，属于集体所有。""任何组织或者个人不得侵占、买卖、出租或者以其他形式非法转让土地。""一切使用土地的组织和个人必须合理地利用土地。"第二十六条规定："国家保护和改善生活环境和生态环境，防治污染和其他公害。""国家组织和鼓励植树造林，保护林木。"以上规定不仅明确了自然资源的产权关系，还明确了国家、组织和个人保护自然资源，保障它的合理利用的义务和责任，为我国自然资源法的发展奠定了坚实的宪法基础，也指明了自然资源保护和利用的方向。

2.《环境保护法》中的有关规定

作为综合性的环境保护基本法，其中有关保护和改善自然环境的基本任务、保护对象、基本原则与基本制度、管理机构与管理权限，以及法律责任等相关规定，均构成了自然资源法的重要法律渊源。如第二条界定了"环境"的概念：环境是指影响人类生存和发展的各种天然的和经过人工改造自然因素的总体，包括大气、水、海洋、土地、矿藏、森林、草原、野生生物、自然遗迹、人文遗迹、自然保护区、风景名胜区、城市和乡村等。第七条规定了土地、矿产、林业、农业、水利主管部门保护资源的监管职责。第十七条确立了各级政府保护和严禁破坏下列特殊资源的责任：具有代表性的自然生态系统区，珍稀、濒危的野生动植物自然分布区，重要的水源涵养区，具有重大科学文化价值的地质构造、溶洞和化石分布区、冰川、火山、温泉等自然遗迹，以及人文遗迹、古树名木。第四十四条规定，对造成土地、森林、草原、水、矿产、渔业、野生动植物等资源的破坏，依法应承担法律责任。

3. 自然资源单项立法方面

短短十年间，我国制定了一系列自然资源单行法律法规。主要包括：《森林法（试行）》（1979 年颁布，1984 年修订）、《草原法》（1985 年）、《土地管理法》（1986 年）、《矿产资源法》（1986 年）、《渔业法》（1986 年）、《水法》（1988 年）、《野生动物保护法》（1988 年）等。此外，还依据这些法律制定了大量行政法规和部门规章。

这一时期我国的自然资源法得到迅速发展并在 80 年代末初步形成体系。同期，污染防治法也得到较大发展，一系列重要单行法律，如《水污染防治法》《大气污染防治法》《海洋环境保护法》等相继出台。这一阶段的自然资源法呈现出如下特点：一是党和国家高度重视环境与资源之间的关系，把环境保护定为基本国策并写进宪法。二是国家在自然资源法的发展进程中，以环境科学与资源科学为理论基础，开始关注并重视尊重自然规律与经济规律。三是自然资源法体系基本形成。

（四）1990 年至今：完善阶段

进入 90 年代，国内外形势发生了重大变化，对我国自然资源法的发展产生了深远影响。国际上，联合国的三次重要会议确立了资源与环境协调发展的基调，也为我国的自然资源法向综合化方向发展提供了依据。1992 年 6 月在巴西里约热内卢召开的联合国环境与发展大会首次深刻审视了经济发展与环境保护的关系，提出了可持续发展战略。2002 年 8 月在南非约翰内斯堡召开的可持续发展世界首脑会议提出，经济增长、社会进步和环境保护是可持续发展的三大支柱，经济增长和社会进步必须同环境保护、生态平衡相协调。2012 年 6 月在巴西里约热内卢召开的联合国可持续发展大会提出，绿色经济是实现可持续发展的重要手段。三次世界性会议昭示，人类的发展必须处理好人与自然的关系、资源与环境的关系，必须放弃单纯依靠增强投入、加大消耗来实现发展以及牺牲环境来增加产出的传统发展方式，应当运用使发展更少地依赖地球上有限的资源，更多地与环境承载能力达到有机协调的方式来发展经济。

我国于 1993 年 11 月通过《中共中央关于建立社会主义市场经济体制若干问题的决定》，勾勒出了我国社会主义市场经济的总体规划。为搞好发展与环境的关系，我国于 1992 年 8 月公布《中国环境与发展十大对策》，指出我国必须转变传统发展战略，走可持续发展道路，认为实行可持续发展战略是加速我国经济发展和解决环境问题的正确选择与合理模式。同时，为回应国际新形势，国务院于 1994 年 3 月批准《中国 21 世纪议程》，强调中国的可持续发展要建立在资源的可持续利用和良好的生态环境基础之上，促进资源、环境与经济、社会的协调发展，要求建立体现可持续发展的法律体系，包括自然资源法体系。为了更好地实施可持续发展战略，党中央在充分认识我国社会主义初级阶段基本国情的基础上，于 2003 年提出科学发展观，即"坚持以人为本，树立全面、协调、可持续的发展观，促进经济社会和人的全面发展"。科学发展观的提出进一步强化了合理开发利用自然资源，保护生态环境，促进人与自然的和谐发展的重要性，也为我国自然资源法的发展指明了具体方向。为了进一步落实科学发展观，也为人类真正实现"天人合一"的理想，2007 年党的"十七大"报告首次提出要"建设生态文明，基本形成节约能源资源和保护生态环境的产业结构、增长方式、消费模式"。之后，2012 年党的"十八大"报告重申了生态文明理念，并强调要更加自觉地把全面协调可持续作为深入贯彻落实科学发展观的基本要求，全面落实经济建设、政治建设、文化建设、社会建设、生态文明建设"五位一体"总体布局，促进现代化建设各方面相协调。"五位一体"描绘了人与自然和谐发展的高级文明阶段，也为环境与资源立法的发展提出了更高要求。

在这一阶段，为了加快立法进程，全国人民代表大会早在 1993 年 3 月就成立了环境与资源保护委员会（当时称"环境保护委员会"）。该专业委员会成立伊始便着手立法工作，制定了五年立法规划，提出了"我国环境与资源保护法律体系框架"。从 1994 年起我国自然资源法的立法与修法工作全面展开，自然资源法的发展步入快车道。目前，我国已形成了以宪法中有关自然资源开发利用与保护的规定为基本依据，以环境保护法为基本法[8]，① 以各单行自然资源法为主干，以其他部门法的相关规定为补充的较为完备的自然资源法律体系。具体而言，我国目前已形成生物资源、非生物资源与特定区域资源三大自然资源保护法子系统。

生物资源保护法是关于具有可再生自然资源的开发、利用、管理和保护的法律规范，主要包括野生动植物资源、森林资源、草原资源、渔业资源等。《野生动物保护法》（1988 年通过，2004 年修订，目前该法的"修订草案"刚刚结束公众意见的征集）就野生动物的保护对象、权属、监督管理体制、具体法律措施进行了规定。《野生植物保护条例》（1996 年）是野生植物保护的主要法规，其他内容散见于《环境保护法》（1989 年通过，2014 年修订）、《森林法》（1984 年通过，1998、2009 年修订）、《草原法》（1985 年通过，2002 年修订）、《野生药材资源保护管理条例》（1987 年）等法律法规之中。《渔业法》（1986 年通过，2000 年、2004 年修订）规定了渔业资源保护的基本原则，养殖业、捕捞业、渔业资源的增殖和保护的法律制度。《森林法》（1984 年通过，1998 年修订）规定了森林资源保护法的基本原则、林权制度、森林经营管理制度、植树造林制度、森林采伐制度等法律制度。《草原法》和《草原防火条例》（1993 年发布，2008 年修订）等法规就草原保护的基本法律制度做出了规定。生物资源

① 我国 1979 年制定的《环境保护法》（试行）和 1989 年制定的《环境保护法》均是按照基本法的地位制定的，而且学界在构建环境资源法律体系时，基本上也是将《环境保护法》当作基本法的。虽然它的法律效力层级较低（由全国人大常务委员会通过），内容上主要偏重污染防治，少有关于自然资源保护的原则性规定，作为基本法尚有欠缺，但是从对既成法变动最小的原则考虑，应当对《环境保护法》进行全面修订，使它成为真正综合的、具备基本法地位的环境资源基本法。2014 年，1989 年制定的《环境保护法》被全面修订，增加了许多关于保护自然资源的内容。尽管这部新法仍是由全国人大常务委员会通过，但在学界它作为环境与资源保护法领域的综合性基本法的地位并未改变。

类法规重在强化人们对这些可再生资源自然规律性、完整性及与人类生产生活息息相关性的认识，所以，规划区划、分类分级、许可、环境影响评价、禁限开发、监测预警及鼓励研发等制度构成这一类资源保护的重要法律制度。

非生物资源保护法是指生物资源之外，具有有限性和不可再生性的自然资源的开发、利用、管理和保护的法律规范。主要包括土地资源、水资源和矿产资源等。土地资源保护法规主要有：《土地管理法》（1986年通过，1998年、2004年修订）规定了土地规划制度、用途管制制度、耕地特殊保护制度。此外，《基本农田保护条例》（1998年）与《土地复垦条例》（2011年）对有效保护耕地，提高土地利用率也起到重要作用。《水法》（1988年通过，2002年修订）规定了有关水资源开发、利用、节约、保护和防治水害的基本法律制度。有关水资源的法规还包括：《河道管理条例》（1988年）、《城市供水条例》（1994年）、《城市节约用水管理规定》（1988年）、《防汛条例》（1991年发布，2005年修订）、《取水许可制度实施办法》（1993年）、《水土保持法》（2008年通过，2010年修订）。矿产资源法是调整勘查、开发利用、管理和保护矿产资源过程中所发生的各种社会经济关系的法律规范的总称。国家对矿产资源的勘查、开发实行统一规划、合理布局、综合勘查、合理开采和综合利用的方针。法律法规主要有：《矿产资源法》（1986年通过，1996年、2009年修订）、《矿山安全法》（1992年通过，2009年修订）、《煤炭法》（1996年通过，2011年、2013年修订）、《对外合作开采海洋石油资源条例》（1982年发布，2001年、2011年（1月、9月）、2013年修订）、《对外合作开采陆上石油资源条例》（1993年颁布、2001年、2007年、2011年、2013年修订）、《矿产资源监督管理暂行办法》（1987年）、《矿产资源补偿费征收管理规定》（1994年发布，1997年修订）、《矿产资源勘查区块登记管理办法》（1998年发布、2014年修订）、《矿产资源开采登记管理办法》（1998年）、《探矿权采矿权转让管理办法》（1998年）等。非生物资源类法规重点强调该类资源的稀缺性与合理利用的重要性，所以，权属、规划、许可审批、登记、有偿使用等制度是此类资源保护的重要法律制度。

特定区域资源保护法是关于特定区域资源的开发、利用、保护和管理的各种法律规范的总称。特定区域资源是指基于生态保护、经济文化建设、科学研究等方面的特殊需要，人为依法划定并通过法律特殊保护的区域资源，如海岛、自然保护区、生态功能区、风景名胜区、森林公园、人文遗迹等，广义上也包括城市环境、农村环境、小城镇环境等。这类资源具有特定区域性、生态脆弱性、不可再生性与价值典型性，因而需要特殊的法律保护。主要法规有：《海岛保护法》（2009年）、《自然保护区条例》（1994年发布，2011年修订）、《国家级自然保护区监督检查办法》（2006年）、《风景名胜区条例》（2006年）、《国家重点风景名胜区审查办法》（2004年）、《国家级风景名胜区监管信息系统建设管理办法（试行）》（2007年）、《森林公园管理办法》（1993年）、《国家级森林公园管理办法》（2011年）、《文物保护法》（1982年通过，1991年、2002年、2007年、2013年修订）、《水下文物保护管理条例》（1989年发布，2011年修订）、《文物保护工程管理办法》（2003年）、《城乡规划法》（2008年，取代了1989年出台的《城市规划法》）、《城市绿化条例》（1992年发布，2011年修订）、《农业法》（1993年通过，2002年、2012年修订）、《村庄和集镇规划建设管理条例》（1993年）等。特定区域资源由于区域特定、功能特殊，所以保护这类资源的法律亦比一般区域的法律更为严格，分类分级、规划、审批、监管部门专门化等制度构成了该类资源保护的主要法律制度。

除了前述生物资源、非生物资源和特定区域资源三大子系统的资源保护法规外，关于环境保护和污染防治的法律规范中也包含了大量保护自然资源的规定。例如，《环境保护法》（1989 年通过，2014 年修订）、《水污染防治法》（1984 年通过，1996 年、2008 年修订）、《海洋环境保护法》（1999 年通过，2012 年、2013 年、2014 年修订）、《防沙治沙法》（2001 年）、《环境影响评价法》（2002 年）、《清洁生产促进法》（2002 年通过，2012 年修订）、《循环经济促进法》（2008 年）等。此外，其他部门法中也包含有关于自然资源保护的规定，例如，《民法通则》（1986 年）、《刑法》（1979 年通过，1997 年、1999 年、2001 年 8 月、2001 年 12 月、2002 年、2005 年、2006 年、2009 年、2011 年和 2015 年修订）、《侵权责任法》（2009 年通过）等。

四、我国当代自然资源立法的发展趋势

纵观我国自然资源法的发展历程，特别是党的十一届三中全会以来，我国自然资源立法发生了巨大的变化，概括起来主要有如下特点：

（一）实现可持续发展战略成为自然资源立法的指导思想

自 1994 年发布《21 世纪议程》，可持续发展思想成为我国当代自然资源立法的主导思想。自然资源立法更加注重和强调对资源的合理利用和环境保护。从立法目的上看，早在 1998 年修订的《土地管理法》中已将"促进社会经济的可持续发展"纳入其中，而 2014 年修订的《环境保护法》开宗明义，将"促进经济社会可持续发展"纳入立法目的并上升到"推进生态文明建设"的高度，同时还强调要"采取有利于节约和循环利用资源、保护和改善环境、促进人与自然和谐的经济、技术政策和措施，使经济社会发展与环境保护相协调"。在立法原则上，新环保法把"保护优先"确立为首要原则，充分体现了可持续发展思想。在调整对象上，自然资源一直是环保法着力保护的客体。早在 1989 年颁布的首部环保法中已将自然资源各项要素囊括其中，"湿地"成为了 2014 年新环保法的新成员。在具体法律制度上，新环保法中确立的环境影响评价制度、生态保护红线制度、生态保护补偿制度、环境资源承载能力预警机制、跨区域协调机制等，均是基于可持续发展思想而设计的保护环境与资源的重要法律制度。

（二）越来越多地引入经济手段和市场机制

我国当代自然资源法越来越多地引入经济手段和市场机制，力求使资源开发利用活动的经济外部性内部化，强化资源开发利用的可持续性。例如，强调将环境与自然资源纳入到国民经济核算体系中；强调税收政策在综合决策中的作用；强调自然资源权有偿取得、生态保护补偿、"损害担责"等，这些要求均体现了经济手段在当代自然资源法中的运用。目前，我国法律规定实行的经济手段大致包括三类：一类是由环保部门执行的经济措施，如排污费、生态保护补偿费、生态服务功能损失费、按日计罚费等；另一类是由各资源、产业部门执行的经济措施，如矿业权价款、矿产资源补偿费、矿用地复垦保证金、土地复垦费、水产资源保护费、土地损失补偿费、育林费、造林和育林优惠贷款等；还有一类是由综合管理部门执行的经济措施，如城镇土地使用费、耕地占用税、资源税、奖励资源综合利用和环境服务政策等。这些经济手段与命令控制手段相结合，可以有效规范自然资源开发利用活动，达到保护与改善自然资源和环境的目的。

（三）调整手段日益多元化、灵活化

我国当代自然资源法日益呈现出调整手段的多元化与灵活化。主要表现在以下几方面：第一，多项资源综合调控。囿于人与自然、环境与资源及自然要素之间的客观依存性，自然资源法越来越注重和采用多项资源综合调控手段。例如，2002 年修订的《草原法》规定，"草原保护、建设、利用规划应当与土地利用总体规划相衔接，与环境保护规划、水土保持规划、防沙治沙规划、水资源规划、林业长远规划、城市总体规划、村庄和集镇规划以及其他有关规划相协调"（第 22 条）。又如，2014 年修订的《环境保护法》规定，国家在重点生态功能区、生态环境敏感区和脆弱区等区域划定生态保护红线，实行严格保护（第 29 条）；开发利用自然资源，应当合理开发，保护生物多样性，保障生态安全（第 30 条）；国家加强对大气、水、土壤等的保护，建立和完善相应的调查、监测、评估和修复制度（第 32 条）。第二，政府、企业与公众多元共管。传统的环境法，包括自然资源法在学界被称为"行政管理法"，政府（环保部门）与企业是主角，公众参与严重不足。新环保法不仅加大和明确了政府与企业的环境和资源保护责任，还专章规定了公众对环境和资源开发利用的知情权、参与权与监督权，形成了政府引导、企业自律、公众监督三管齐下的环境和资源保护共管模式。公益诉讼成为公众参与的重要途径。2012 年修订的《民事诉讼法》首次赋予环保组织对污染环境等损害社会公共利益的行为提起诉讼的权利（第 55 条），2014 年修订的《环境保护法》也以法的形式确立了适格环保组织"对污染环境、破坏生态，损害社会公共利益的行为"提起公益诉讼的资格（第 58 条）。第三，多部门联手规制。环境与资源的不可分性要求现行管理体制下的环境与资源管理部门联手行动，形成合力。这一要求体现在自然资源立法上表现为多部门共抓共管格局。例如，在 2005 年至 2010 年开展的以山西省为试点的煤炭资源整合中，中央出台了大量指导性规范，其中有不少规范是由多个部门联合下发，其中不乏有 9 个、12 个，甚至14 个部委参与联合发布。又如 2015 年 4 月发布的"水污染防治行动计划"（又称"水十条"），以水资源环境承载能力作为刚性约束，提出了多项关于科学用水、节水、治污等的具体政策措施，其中每一项措施之后均具体明确了主管部门和需与之协调配合的相关职能部门。第四，区域协作管控。自然资源要素的不可分性与行政区划管理模式之间的矛盾冲突说明，自然资源的开发利用和管理和保护必须考虑其生态规律性与完整性，跨界行政区域之间必须建立协作关系，所以在自然资源立法中充斥着大量跨区域协作要求。例如，新环保法第 20 条规定，"国家建立跨行政区域的重点区域、流域环境污染和生态破坏联合防治协调机制，实行统一规划、统一标准、统一监测、统一的防治措施。"此外，《自然保护区条例》规定，跨两个以上行政区域的自然保护区的建立，需由有关行政区域的人民政府协商一致后提出申请（第 12 条）。《水法》《水土保持法》等法律也规定了类似的区域协作要求。

第二节　中国资源法学的初步形成

一、资源法学的概念与基本内涵

（一）资源法学的概念、理论依据与研究方法

资源法学的研究对象是资源法，或称自然资源法，是研究资源法并随资源法的产生、发

展而形成一门法律科学。[1]资源法学是一门综合性的交叉学科，它以法学理论为基础，运用生态学、环境学、经济学和社会学等理论，研究自然资源开发利用、管理和保护过程中发生的一系列社会经济关系问题，并在此基础上构建资源法学的理论体系。资源法学研究所依据的基础理论主要包括：物权法的产权结构理论与流转理论、价值规律理论、社会公共功能理论与资源可持续利用理论等。学界关于资源法学的研究方法有不同的分类方法，比较有代表性的观点有两种。一种观点认为资源法学的研究方法主要包括系统论、平衡论和实践论方法[1]。系统论考量整体与局部，普遍性与特殊性，本体论、认识论和方法论之间的关系；平衡论研究在一定制约条件下自然力、经济力和社会力的综合平衡力，即体现在法律关系中的权利与义务之间的平衡及制定规则时鼓励力与抑制力的平衡；实践论探讨资源立法从认知到实际操作的具体化过程。另一种观点将资源法学的研究方法概括为：以生态学方法为主的综合分析法、传统法学方法与自然科学技术研究方法[5]。以生态学方法为主的综合分析法强调在"主（人）、客（自然）一体化"，即整体论世界观研究范式下，用生态学思维方法，综合运用多学科的研究方法来研究资源法律现象和资源法学问题。传统法学方法主要包括：唯物辩证法、阶级分析法、经济分析法、历史分析法、价值分析法和实证研究法等。自然科学技术研究方法强调运用"老三论"（控制论、系统论和信息论）方法、"新三论"（耗散结构论、协同论和突变论）方法以及博弈论、生物科学等自然科学方法来阐释并解决资源法律关系问题。两种观点各有侧重，方法各异，但异曲同工，终极目的是通过这些不同的研究方法，阐明人与自然的和谐关系，并通过研究最终为国家制定出促进这种和谐关系的各种制度安排提供理论依据。

（二）资源法律关系

资源法律关系由资源主体、资源客体和内容三个要素组成。资源主体指参加资源法律关系并享受权利和承担义务的当事人，其法律地位资格由资源法所规定的法定程序予以确认，包括国家、国家机关、社会团体、企事业单位和公民个人。资源客体是指资源主体的权利和义务所指向的对象，包括各类自然资源及其相应的环境条件和资源开发利用、管理和保护中的各种行为。以国界作为划分标准，资源法还包括国际资源法的内容。国际资源法是指各个国家、国际组织为调整各国及国际社会之间在开发利用和治理保护自然资源过程中产生的社会关系而制定的各种法律规范的总称[1]。国际资源法律关系的主体主要是国家，而国际资源组织是国际资源法律关系的特殊主体。国际资源法的产生源于地球人日益严重的资源环境问题与更合理地利用资源、改善和保护人类生存环境的诉求。基于此，国际资源法立法的指导原则是：一个地球、资源共享、友好合作与分享权利均等。围绕这些原则形成了一系列包括外层空间、极地、公海、气候、生物多样性等多种国际资源保护的公约和条约体系。这些国际资源法律规范在推进未来我国"一带一路"发展战略中的资源与环境保护也将发挥重要作用。

（三）资源法体系

资源法体系是指按照一定标准或原则，把国家发布的有关资源方面的法律、法规进行分类与整合，从而使这些法律法规组成一个既有纵向隶属关系又有横向协调关系的整体[1]。学界多数认为，从国家层面讲，我国的资源法体系应当是：以宪法为依据，环境资源法为基本法，综合性自然资源法为龙头、各单项资源法为基干，其他部门法中有关资源保护的规定以及我国参加或缔约的有关资源保护的多边、双边国际条约和协定为补充的完备的法律体系[8]。①

宪法是国家的根本大法，它对自然资源的规定是资源立法的基础法律根据，处于资源法体系的最高层级。第二层级是环境资源法为基本法，是根据宪法制定的环境资源母法。它的效力仅次于宪法，由全国人民代表大会通过颁布，主要规定环境与资源的开发、利用、保护以及管理的原则性规定。第三层级是综合性自然资源法。它规定国家关于自然资源开发利用和管理和保护的基本方针、政策、任务、目标、基本制度和措施等，是其他单项资源立法的依据准则。我国目前尚无一部这样的综合性资源法。第四层级是单项资源法及其子系统法，是针对某一类型自然资源的开发利用、管理和保护而制定的资源法与规范，是我国当前资源法的主要组成部分，也是狭义理解的资源法。第五个层级是环境保护法律规范。囿于我国资源、环境约束趋紧，环境污染加剧，生态功能退化以及人们对资源与环境关系认知度的提高，对资源与环境一体保护的重要性日益彰显，因而，在传统的、以污染防治为主导的环境保护法律规范中越来越多地融入了资源保护的内容，使这些规范成为资源法体系中的重要组成部分。这一层级法群发展相对完备，既有综合性基本法——《环境保护法》，还有几乎涵盖所有环境要素的单行法，如《水污染防治法》《大气污染防治法》《海洋环境保护法》《防沙治沙法》《城市规划法》等。第五个层级是其他部门法中关于资源保护的规定。如《民法通则》《刑法》《侵权责任法》以及行政法、经济法和诉讼法中与保护自然资源密切关联的规定。这些规定是资源法的重要补充。第六个层级是我国参加或缔约的有关资源保护的多边、双边国际条约和协定，也即国际资源法。目前，我国参加或缔约的国际自然资源条约有30余项，包括有关气象、海事、海洋、水道、南极、外空、濒危野生动物、气候变化、生物多样性保护等的国际公约以及区域性协定与双边资源保护条约。

（四）资源法的基本原则和主要制度

资源法，即狭义上的自然资源法，是环境资源法体系的重要组成部分，因此，环境保护法的基本原则和制度也适用于资源法，但同时，资源法又有其自身的一些特点和要求。

1. 资源法的基本原则

资源法的基本原则是指在资源法律调整中体现的基本指导方针，是法律调整资源社会关系的基本准则，是资源立法、执法和司法的基本依据[1]。2014年修订的《环境保护法》确立了我国经济新常态下环境和资源保护的基本原则：保护优先、预防为主、综合治理、公众参与、损害担责。依据这五项原则，又根据自然资源的特点，资源法的基本原则可归纳为：保护优先、合理开发，预防为主、开源节流，循环利用、综合治理，因地制宜、公众参与，受益补偿、损害担责。

保护优先、合理开发原则。自然资源的开发利用应当考虑资源总量动态平衡[9]，"承载能力及临界性，发展不应当以损害支持地球生命的自然系统为代价"[5]。这项原则克服了旧环保法（1989年）中"环境保护与经济社会发展相协调"原则的"二元价值"取向，明确了环境和资源保护相对于开发利用具有优先性。这项原则体现了自然规律对资源法的客观要求，

---

① 也有学者主张，应当建立独立的自然资源法律体系，使自然资源法上升为与民法、刑法等等同的基本法地位，构建起以宪法为依据，以综合性自然资源法为龙头、以单行法自然资源为基干，以行政法规、地方性法规和部门规章为主体，以民法、刑法中有关规定为补充的结构合理、内容完备、效力层次分明的自然资源法律体系。这种观点比较受自然资源管理部门和少数学者的欢迎。

也体现了可持续发展的本质要求。我国最早规定保护优先的规范性文件是国务院 2006 年通过的《国民经济和社会发展第十一个五年规划纲要》，其中确立了国土空间的主体功能区划制度，要求在不同的功能区采取不同的经济发展策略和环境保护措施，在关于限制开发区域发展方向的规定中提出"坚持保护优先、适度开发、点状发展"的要求。

预防为主、开源节流原则。这项原则强调在开发利用自然资源时要合理规划、节制节约，减少浪费和破坏。自然资源具有稀缺性和耗竭性，遭到破坏后即无法恢复或逆转，所以，开发利用自然资源必须"树立尊重自然、顺应自然、保护自然的生态文明理念，坚持节约资源和保护环境的基本国策，坚持节约优先、保护优先、自然恢复为主的方针"[10]，重视预期开发利用计划，事前防范，正确处理好资源消耗与资源再生能力之间的关系。

循环利用、综合治理原则。自然资源是一种自然综合体，多数具有共、半生特征，因此，开发利用自然资源需要强调统筹兼顾、循环利用[11]，从而实现"减量化、资源化、无害化"。此外，当自然资源受到破坏时，应当按照其整体性特点，采取多种手段（如政治、经济、技术等）和途径（如行政、市场和公众等）开展综合治理与生态修复。

因地制宜、公众参与原则。自然资源的分布具有地域性分异规律和季节分异规律（如水、气和生物资源），这就决定对自然资源的开发利用和管理和保护应当遵循科学规划、因地制宜的原则，从而发挥地区／区域自然资源的优势[1]。同时，自然资源的开发利用、管理和保护还应当兼顾资源分布区域／社区原住民的利益，广泛听取他们的建议和意见，尊重并维护他们的原生态生活方式与文化完整性，对受到影响的原住民做好合理补偿与善后工作。

受益补偿、损害担责原则。自然资源不仅具有重要的经济价值，而且还具有重要的生态价值和社会价值。所以，开发利用自然资源者应当依法有偿使用自然资源，支付相应的资源对价；同时，对资源和环境造成损害的应当承担相应的法律责任，包括民事责任、刑事责任和行政责任，也包括自治规约、道义和纪律等责任。资源管理者因不作为或作为不当造成自然资源破坏的，也应当承担相应的法律责任。

2. 资源法的主要制度

资源法律制度是指依据资源法的基本原则，由调整特定资源社会关系的一系列资源法律规范而形成的相对完整的实施措施和手段[1]。由于资源和环境的不可分性，资源法中也包括了一些环境保护法律制度，如规划制度、环境影响评价制度和许可制度等，但资源法律制度又有其侧重点。

资源权属制度。自然资源权属制度是关于自然资源归谁所有、使用以及由此产生的法律后果由谁承担的一系列法律规范的总称。包括自然资源所有权和自然资源使用权。自然资源所有权是指所有权人依法占有、使用、收益和处分自然资源的权利，分为国家所有权与集体所有权，集体所有权具有有限性。自然资源使用权是指单位和个人依法对国家所有或集体所有的自然资源进行占有、使用和收益的权利，分为国家自然资源使用权和集体自然资源使用权。

资源规划与资源保护红线制度。自然资源具有经济和生态双重价值，有些自然资源的生态价值甚至远远大于其经济价值。因此，对自然资源进行科学规划，对于合理开发利用，保护生态环境，保障自然资源的永续利用，实现生态效益、经济效益和社会效益的同步提升都具有十分重要的意义。资源规划应当根据自然资源的特点和保护的需要，合理规划，严守资源消耗上限，防止过度开发或不当开发，并应当与经济社会发展、土地利用、城乡建设、生态环境保护等规划相协调。

资源影响评价制度。该制度是指对资源开发规划或项目实施后可能造成的环境影响或对其他资源造成的影响进行分析、预测和评估，提出预防或者减轻不良影响的对策和措施，进行跟踪监测的方法与制度。该制度充分体现了预防为主的目的。我国 1979 年颁布的《环保法（试行）》中首次确立了这项制度，在其后的大量环境保护单行法中均规定了这一制度。我国的资源法中大都规定对各类自然资源的开发要进行综合论证，其含义与环境影响评价要求有异曲同工之处，旨在做好事前防范，将因资源开发对生态环境和其他资源可能造成的负面影响降到最低。

资源许可制度。资源许可制度又称资源许可证制度，是指从事自然资源开发活动，必须事先依法提出申请，经有关管理机关审查批准，发放许可证后方可实施该项活动的有关规定的总称。它既是资源开发利用主体的资格证明，也是对这些主体开发利用自然资源的确权凭证，是资源管理机关对自然资源进行有效保护和监督的基础性措施。实施此项制度有利于对自然资源的开发活动进行事前审查和控制、事中监管与事后追责，从而实现对自然资源和生态环境的保护并推进资源、环境和经济社会的可持续发展。我国的各项资源法中均规定了这一制度。按照资源的不同性质，许可证分为：资源开发许可证、资源利用许可证与资源进出口许可证等。

资源有偿使用制度。传统的资源有偿使用制度是指自然资源开发利用主体在依法开发利用自然资源过程中，对自然资源所有权人支付相应对价的制度。是对自然资源损益部分的补偿，也称为自然资源资产性补偿，主要包括资源税与资源费两种。现代意义的资源有偿使用制度还包括了对自然资源增益部分的补偿，即指生态环境受益主体对为生态环境保护或恢复付出代价的主体（受偿主体）支付相应费用的制度。如河流上游（受偿主体）为实施涵养水源，减少水土流失付出了代价，而中下游（补偿主体）享受到改善了的生态服务，因此应当对上游（受偿主体）进行相应补偿。除流域性生态补偿外，生态增益性补偿还发生在不同行政区域之间。由于生态产品具有较强的公共性与无界性，所以生态补偿多发于国家与不特定的多数人群之间，或不同行政区之间。增益性生态补偿方式目前有：纵向财政转移支付、横向财政转移支付。未来还有待于开发市场补偿方式，如排污权交易、水权交易并形成法律化制度。关于生态补偿制度学界尚有诸多讨论，[9] 但最新进展是 2014 年修订的《环境保护法》明确规定我国要建立健全生态保护补偿制度。增益性补偿旨在对生态系统本身保护（恢复）或破坏的成本进行补偿。目前，我国划定的生态补偿重点范围包括：自然保护区；重要生态功能区；矿产开发；流域水环境保护等。无论是资源损益性补偿还是生态增益性补偿，两种手段均强调了资源的有价性，皆体现了保护自然资源和生态环境、实现人与自然和谐相处的终极目的。

二、资源法学的发展历程

囿于自然资源与环境之间的相互依存性和不可分性，资源法学的形成与发展一直与环境法学（环境资源法学的前身）呈现出"你中有我、我中有你"，呈现出相互融合、渗透的态势。经过 40 多年的发展，资源法与环境法由各自自我完善模式发展成为今天在"内容上互相渗透、在制度上相互衔接、在法理上相互影响、在法律发展上相互促进"[12] 的新的法律部门（也有学者称之为"新的法律领域"）——环境资源法与新的法学学科——环境资源法学。从学科发展而言，环境资源法学从无到有、从弱到强，已形成自己独特的研究范式、基本规范和理论体系，并且日益显示和发挥出它对中国环境资源法制建设和生态文明建设的理论指导作用。

中国环境资源法学的发展大体经历了以下三个阶段[13]：①

（一）初步探索（20世纪70—80年代）

20世纪70—80年代，一批法学拓荒者开辟了环境资源法（又称"环境法"）研究的处女地。这一时期的环境资源法学主要着眼于环境资源法的概念、特征、本质、体系等基础理论的研究。环境资源法是一个独立的法律部门是本阶段环境资源法学的核心论题，教材、论著、译作、文集、论文等环境资源法学研究的成果陆续出现。这一时期，环境资源法学者翻译、介绍了大量国外环境资源法律文本和研究文献。此外，武汉大学、北京大学等高校率先开设了环境资源法课程，并陆续招收环境资源法学硕士研究生。1984年，原教育部制定的《综合大学法律系法律专业教学计划》将环境资源法学列入选修课，1985年《经济法学专业教学计划》将环境资源法学与自然资源法学列为必修课，1987年国家教委在《普通高等学校社会科学本科专业目录》（1987年9月）的"法学类"中增设了"环境资源法"（试办）专业，这为环境资源法学的发展提供了政策支持。

（二）步入正轨（20世纪90年代）

进入20世纪90年代，可持续发展思想奠定了人类经济社会发展的新模式，也给中国环境资源法学研究带来新视角与新思考，也使其逐步步入正轨。与此同时，我国资源科学研究也取得较大发展，学科体系基本形成，有关理论资源学、综合（基础）资源学、部门（运用）资源学和区域资源学的一些理念与研究方法深刻影响着环境资源法学的研究。至此，环境资源法学研究领域逐步深化，其研究体系初见雏形，中国环境资源法学、外国环境资源法学、比较环境资源法学、国际环境资源法学、环境资源法史学等几大分支相继成形，并有了不同程度的发展。一大批环境资源法专著、教科书、论文面世。代表性专著有：《环境法政策与法律》（叶俊荣，1993年）、《论公民环境权》（吕忠梅，1995年）、《环境法原理》（陈泉生，1997年）、《美国环境法概论》（王曦，1992年）、《日本环境法概论》（汪劲，1994年）、《国际环境法导论》（马骧聪，1994年）、《环境法基本问题新探》（王灿发，1995年）等。另外，环境资源法学是一个独立的学科日趋获得国家政府部门（如教育部门、科研部门等）和高等院校的认可和支持。在1990年颁布的《授予博士、硕士学位和培养研究生的学科、专业目录》中，"环境法学"成为一级学科法学项下16个二级学科中的一个学科。七年后，1997年颁布的《授予博士、硕士学位和培养研究生的学科、专业目录》，将一级学科法学项下的原16个二级学科减为10个，"环境法学"得以保留并更名为"环境与资源保护法学"。环境与资源首次并称，成为环境资源法同等保护的两个重要客体，也成为环境资源法学研究同等重要的两个领域。

（三）全面发展（2000年至今）

进入21世纪，伴随着我国改革开放的深化与资源科学及环境资源法的发展，环境资源

---

① 本节主要参阅蔡守秋，王欢欢文（2008年）并做了改动，此外，对2008年后的内容做了相应补充。

法学步入了全面发展期。特别是 2007 年科学发展观和 2012 年生态文明理念的提出，促使人们对人与自然的关系、环境与资源的关系进行更加深刻与理性的思考。环境资源法学理论的研究和探讨也更加深入细致，自然资源法与环境法的融合渗透亦更加显著。这一时期，环境资源法学研究氛围空前活跃，在基本理论、环境政策科学、环境执法、环境权和自然资源权、自然资源管理制度等理论的研究方面取得了一系列丰硕的成果。代表性专著主要有：《可持续发展与法律变革》（陈泉生，2000 年）、《环境法新视野》（吕忠梅，2000 年）、《环境法律的理念与价值追求》（汪劲，2000 年）、《环境资源法论丛（第一卷）》（韩德培，2001 年）、《生态环境法论》（周珂，2001 年）、《当代海洋环境资源法》（蔡守秋，2001 年）、《俄罗斯生态法》（王树义，2001 年）、《环境法律责任原理研究》（常纪文，2001 年）、《环境资源法新论》（钱水苗，2001 年）、《环境侵权救济法律制度》（王明远，2001 年）、《超越与保守——可持续发展视野下的环境法创新》（吕忠梅，2003 年）、《可持续发展与环境法治建设》（蔡守秋等，2003 年）、《调整论——对主流法理学的反思与补充》（蔡守秋，2003 年）、《环境法总论》（陈慈阳，2003 年）、《环境法融合论：环境、资源、生态法律保护一体化》（杜群，2003 年）、《环境权——环境法学的基础研究》（徐祥民等，2004 年）、《中国环境法原理》（汪劲，2006 年）、《动物的法律地位研究》（高利红，2005 年）、《环境法的新发展：管制与民主互动》（李挚萍，2006 年）、《自然资源法基本问题研究》（孟庆瑜等，2006）、《生态法新探》（曹明德，2007 年）、《科学发展观与法律发展：法学方法论的生态化》（陈泉生等，2008 年）、《生态效益补偿法律制度研究》（李爱年，2008 年）、《可持续发展视野下中国小矿的法律规制》（曹霞，2008 年）、《人与自然关系中的伦理与法》（蔡守秋，2009 年）、《资源法原理专论》（陈德敏，2011 年）、《求实·探理·拓新：环境资源法学理论与实践研究》（陈德敏，2012 年）、《基于生态文明的法理学》（蔡守秋，2014 年）、《生态文明法律制度研究》（吕忠梅，2014 年）、《新能源与可再生能源法律与政策研究》（李艳芳，2015 年）等。这些成果立足于可持续发展以及生态文明建设的战略高度，深入探讨如何通过法律手段调整好环境保护和资源开发利用的关系以及人与自然的关系。另外，在这一时期，一些民法学者开始关注自然资源权利问题，并尝试从物权角度对诸如矿业权、水权、渔业权、狩猎权等准物权制度进行了研究，也形成了一些有影响力的成果。如《准物权研究》（崔建远，2003 年）、《绿色民法典草案》（徐国栋，2004 年）、《论争中的渔业权》（崔建远，2006）、《自然资源物权法律制度研究》（崔建远等，2012 年）、《土地储备制度的现状与完善》（崔建远等，2014 年）。以上成果理论水平高、思想性高、创新性强，为环境资源法学的研究注入了鲜活的生命力。

此外，较之 20 世纪末，环境资源法学学科建设取得长足发展，环境资源法学的硕士点和博士点的数量成倍增加。国内外学术交流与合作空前活跃，资源科学的研究与环境资源法学研究的交叉与联系日趋紧密。从学科体系来看，除环境资源法史外，中国环境资源法学、外国环境资源法学、比较环境资源法学和国际环境资源法学都有了较大的发展。

40 多年来，资源法学在与环境法学的不断磨合中渐趋丰满，已成为环境资源法学的重要组成部分，但是，囿于环境资源法学发展历史短，体系发展还不够均衡，理论研究的深度与系统性还有待进一步提升，特别是在我国经济新常态下，如何构架生态文明理念引领下的环境资源法学体系是一个需要学界共同认真思考的问题。

三、资源法学的主要理论贡献

（一）基础理论创新

1. 可持续发展与法律价值论

可持续发展思想为人类未来发展、保护环境和资源提供了新思路、新模式，也深刻影响到了中国未来经济社会的发展和变革。1994 年《中国 21 世纪议程》发布，强调要逐步建立国家可持续发展的政策体系、法律体系，这成为了推动环境资源法学理论与环境资源法制建设可持续发展的动力和机制。学界热烈回应，形成了一系列高水平的学术成果。如，在可持续发展法律的定位和价值取向上，陈泉生教授提出了可持续发展法律的生态本位观，主张可持续发展的价值取向应由人与人之间的社会秩序向人与自然的生态秩序扩展，并确认自然界存在的价值性和一切生命与人类对等的生存权利。[14]吕忠梅教授也认为，对环境资源法理论与实践的研究应实现"人类中心主义向生态中心主义"的转变，树立可持续发展的利益观与价值观。[15]蔡守秋教授主张法学视域下的可持续发展价值观应当是以更深层次的人类—自然系统为目标，既承认自然界对于人类的各种价值，也承认自然界自身存在的价值。[16]可持续发展对人类传统发展模式提出反思与超越，这必将开启一种有别于传统工业文明的新文明，即生态工业文明，并形成与此相适应的政治、经济、社会、文化和生态"五位一体"的制度。这也促使人们从促进人与自然协调与和谐出发，在资源约束趋紧和环境不断恶化的前提下探索新的概念体系与理论方法。随着整个社会由传统的"经济人"模式向新时代"生态人"模式转型，生态利益将在立法上越来越多地得以体现，并推动环境资源法学认识论的完善和发展[17]。这些观点克服了极端的"人类中心论"和"自然中心论"观点，强调了人与自然和谐共处的关系，对环境资源立法，包括目的、原则、各项制度设计与法律责任安排、执法、司法以及环境资源法学理论研究向纵深发展均起到了重要的引领作用。

2. 人与自然关系调整论

进入 21 世纪伊始，学界展开了一场关于环境资源法学的调整对象问题的大讨论，提出了一些新观点和新见解，主要存在两种观点："人—环境关系说"和"人—人关系说"。"人—环境关系说"对主流法理学坚持法律只能调整人与人之间的观点提出挑战，主张环境资源法既调整人与自然的关系，又调整与环境资源有关的人与人的关系。环境资源法的调整对象为环境社会关系和自然保护关系[18]。这些观点引起了环境资源法学界甚至整个法学界的轩然大波。坚持"人—人关系说"的学者则认为，环境资源法律只调整人与人之间的关系。环境资源法可以调整人与自然关系的观点其实是受非人类中心观点的影响，存在哲学与法学两个层面的误区。持不同观点者还认为，环境资源法只能调整人与人之间的关系；环境是介质，通过"人—自然—人"的系统结构进行调整人与人之间的关系。还有学者认为环境资源法可直接调整人与自然的关系的观点违背了法学基本原理，混淆了法律规范与技术规范的界限，否认了人的主观能动性，把子系统与大系统对立起来；提出应坚持环境资源法通过调整人与人的关系达到协调人与自然的关系的观点[19]。关于法律是否可以直接调整人与自然的关系问题的讨论仍在持续，尽管这一命题的论证具有不小的难度，但至少由此而引发了人们对人与自然关系的重新审视与重视，这无疑是更重要的。

3. 环境民主、正义与环境权论

自 1972 年联合国人类环境会议以来，各国环境资源法学界纷纷将环境正义、环境安全、环境公平、环境秩序、环境民主、环境权和环境效率（效益），作为环境资源法制建设的指导思想或基本理念，促使环境资源法中的环境保护日益道德化、环境监督管理日趋民主化、环境保护工作中的民主手段和公众参与日益法制化[20]。环境民主化也成为中国环境资源法和环境资源法学研究发展的趋势之一。有学者认为环境权是一项法律上的权利，基本的、独立的人权，并且是一项确定的权利[21]，具体指"公民享有的在不被污染和破坏的环境中生存及利用环境资源的权利[22]。"保障这项权利必须坚持公平、正义，提倡机会均等，公平竞争，如平等分配自然资源，为防止环境污染而平等分担责任和承担费用等；同时还要倡导代内公平和代际公平[16]。公众参与是体现环境公正、公平，保障环境权的重要途径。我国《宪法》《水污染防治法》和《环境影响评价法》等法律和政策文件均体现了环境民主和公众参与的立法理念和要求。更值得一提的，2014 年修改通过的《环境保护法》将"信息公开和公众参与"独立设章。这是我国环境资源法的一大进步，也是环境资源法学研究的一大成就。

4. 自然资源法与环境法融合论

我国早期的环境法是在狭义的环境观下发展起来的，集中体现在它全部或部分地排斥自然资源法，……将环境法与自然资源法割裂开来，给两者的立法与法学研究都造成了很大的困难[8]。1992 年联合国环境与发展大会之后，人们对环境与资源之间关系的认知不断深化，使得自然资源的保护和环境的保护趋向统一，对自然资源的保护更注重于生态平衡，环境保护也更加注重资源的永续利用[9]。自然资源和环境的共生共存性与资源保护和环境保护的一体化趋势，为确立"环境资源法"成为一个独立的部门法领域与法学学科提供了客观现实基础，也成为了学界的普遍共识。以"环境与资源保护法""环境与资源法"和"环境资源法"为内容的学术论文和冠名的教科书不断涌现，将自然资源法的内容或多或少地整合在了一起。实际上，我国的环境法有被狭义理解之嫌。从根本上讲，前述各种称谓和内容都属于"环境法"的范畴，都存在于大"环境法"的框架体系中[8]。但为了区别于传统的、狭义化的环境法，有必要让现行的环境法融合自然资源法而形成新型的"环境法"，以"环境与资源法"统一称谓[8]。

然而，也有学者并不赞同前述的融合观，认为分别作为物质基础和环境条件的自然资源和环境各有其自身属性、特征和作用，并相互联系配合、互为条件。自然资源法的核心内容是合理开发和保护自然资源，是本；环境保护法的基本目标则在于防治环境污染与破坏，是末。两者难以相互包容、替代，只能是一种相互配合、支持的关系，因此，把自然资源法纳入环境法，以环境法为主导构建法律体系的观点在理论上与实践上存在严重缺陷，是不足取的。

目前学界，尤其是环境资源法学界多数已接受和采纳了"环境资源法"与"环境资源法学"的称谓，并坚持认为自然资源法与环境法应在整体环境观指导下进行全方位融合，使自然资源法成为环境资源法律体系的组成部分，而自然资源法学成为环境资源法学的一个分支。

（二）主要完善法律建议①

1. 制定综合性自然资源法

关于目前综合性自然资源法虚位的状况，学界提出不同的完善建议。有学者认为，虽然

---

① 本节主要根据参考文献［23-28］整理编写。

现行自然资源法律基本涵盖了整个自然资源领域，但仍有法律的"真空地带"存在，自然资源单行法之间缺乏整体配合、部门利益冲突日趋严重；许多条文的规定过于原则，难以操作。在这种情况下，建议制定综合性自然资源法，协调单行自然资源法之间的关系，指导单行自然资源法律的修改与完善，实现局部利益与全局利益相协调、地方利益与中央利益相统一[23]。还有学者建议制定综合性的自然保护法，并在此基础上对现有自然资源法进行修订[8]。

　　2.《森林法》的修改[24]

　　《森林法》的修改应注重体现森林的生态效益理念，发挥森林的生态服务价值和森林生态效益补偿制度的建设。《森林法》的修改需要遵循全面修改原则、不拘泥于现行法律之内容结构原则、连续性和稳定性原则、客观需求原则、充分反映林业改革成果和要求原则、有利于现代林业功能发挥原则以及开放性和可操作性原则等。将《森林法》修改为《林业法》，亦可将公益林单列专章，并做出专门、特殊的保护规定。林权应当类型化，不同类型的森林或者森林生态系统、不同区域的森林可以实行不同的制度，采取不同的权利形态。森林采伐制度的改革应完善林业分类经营政策，实现公权与私权分治；合理界定森林采伐限额的权、责、利关系，促使公权管理自我完善；改革森林采伐许可证管理制度，给经营者以私权空间；健全森林采伐法律责任制度，促使公权与私权各行其是。非公有制林业的采伐应当取消采伐许可证制度，实行采伐报告备案制度，以赋予非公有制林业经营主体真正的林木所有权。促进低碳经济，《森林法》的修订应当：重视我国森林碳汇资源核算方法、体系的建立；做好森林碳汇产业的规划工作；加强政策推动造林绿化；进一步完善生态补偿制度；强化公众应对气候变化和造林固碳的意识。我国初期的森林碳汇应当确立由国家补偿、地方补偿、市场补偿和社会补偿有机结合的多元化生态补偿机制。

　　3.湿地保护问题

　　我国湿地保护法规和管理制度长期缺位，应当制订《湿地保护法》或《湿地保护条例》，将生态优先和可持续利用作为基本理念，并着力解决保护对象、管理体制、生态补偿这三个核心问题。建立健全湿地保护法律制度体系，包括湿地规划制度、湿地有偿使用制度和占用补偿制度，湿地调查、监测和信息共享制度，湿地分级分类保护和名录制度，湿地自然保护区制度，湿地公园制度，湿地保护小区、湿地多用途管理区或季节性保护栖息地制度，湿地风险评估制度，湿地合理利用制度，湿地环境恢复和生态补偿制度，湿地法律实施保障制度等。也有观点认为，保护湿地无需单独立法，可将其纳入自然保护圈中加以保护。

　　4.自然保护区问题

　　自2004年我国启动自然保护区立法工作以来，学界的讨论就从未间断过。就名称而言，学界一致认为制定一部《自然保护区法》相对于《自然保护地法》《自然保护区域法》和《自然遗产保护法》等名称更科学、更符合我国的基本国情与法律体系的特点。此外，制定《自然保护区法》需要科学界定自然保护区的内涵和外延，应确立遵循生态规律、协同合作、与社区协调发展等的立法原则；建立健全自然保护区管理体制和资金机制、自然保护区规划制度、自然保护区基础调查和信息公开制度、土地权属制度、功能分区制度、生态补偿制度和公众参与制度。

　　5.野生动物保护问题

　　有学者认为，现行《野生动物保护法》对野生动物的定义缺乏科学性，应当将驯养繁殖的野生动物也纳入考虑范围。还有学者认为将野生动物按照陆生与水生区分，又分属于两个管理部门分别进行管理，这种部门分割管理方式并不符合环境保护的要求。关于野生动物猎捕（狩猎）许可问题，多数学者认为应当借鉴国外经验，从种群的动态管理出发，逐步确立和实施野生动物许可证拍卖制度。另有学者认为动物权利的概念缺乏连贯性和一致性，也缺乏社会普遍意义，在人权尚未得到充分保护的情况下奢谈动物的权利不合时宜。另外，针对食用野生动物产生的疾病传播问题，《野生动物保护法》的修订应当在立法目的中增加预防疾病传播的内容，同时应当规定相应行政主管部门有义务采取多种形式向公民宣传擅自食用野生动物的危害并建立协作机制以控制或者禁止食用野生动物。

关于《野生动物保护法》修改的最新进展是：该法的"修订草案"于 2015 年 12 月 26 日由十二届全国人大常委会第十八次会议进行了审议，不日前刚结束征集公众意见。草案对"禁止违法经营利用及食用野生动物""栖息地保护和野生动物保护名录调整""加强人工繁育管理""野生动物保护资金"和"法律责任"等五个方面进行了修改，克服了一些前述问题，但学界多数专家认为，该草案原则性规定条款太多，对程序的细致设定欠缺；保护范围应扩大，野生动物分类分级管理应该更明晰；栖息地保护需要加强力度和清晰化；应增加鼓励公众和独立第三方参与监督内容；应处理好"利用"和"保护"的关系等[25]。

6. 自然资源产权制度问题

我国的自然资源产权制度长期重产权的国/公有而轻公有产权的实现形式；重国家单一所有而轻多种经济形式的共同发展；重产权归属而轻资源利用；重静态产权保护而轻动态资源流转。未来对自然资源产权制度的完善可以考虑在产权界限清晰的基础上对某些资源实行国家、地方、社团和个人等多元所有权体系。如可依据储量和经济价值的大小将地下矿藏分别划归中央所有和地方所有，一些零星小矿划归乡镇集体所有[26]。应当根据我国多数矿体小而散的实际矿情，留存一部分合法小矿并在未来修订《矿产资源法》时增加对小矿的专章规定，保障其合法权益，实现与国有大矿的同等保护[27]。为了促进矿业权的流转，建议赋予探矿权人直接取得采矿权的权利，并可以获准的"采矿证"进行流转；取消或修改矿业权流转不得牟利的规定，同时制定严格的审查、监督与管理制度；简化矿业权取得手续；提高矿产行政主管机关的办事效率；实行矿业权一体化，引入矿业权信托机制、加强中介服务组织建设[28]。

四、资源法学学科建设与学术交流

（一）学科建设与人才培养

我国的环境资源法学教育起步较晚，但经历了从无到有、从弱小到不断壮大的过程，环境资源法教学力量不断增强，规模逐年增大，质量大幅提升。党的十一届三中全会后不久，中央批转的《国务院环境保护领导小组办公室环境保护工作汇报要点》中提出在一些高等院校和中等专业学校设立环境保护专业、开办环境保护短训班的意见。接着，1979 年通过的《环境保护法（试行）》明确规定，"要有计划地培养环境保护的专门人才。教育部门要在大专院校有关科系设置环境保护必修课和专业"（第 30 条）。为响应号召，20 世纪 80 年代初，一些高校或科研院所尝试在法科本科生中开设"环境资源法""自然资源法"课程，如武汉大学，开启了我国环境资源法学本科教育模式。之后，我国于 1997 年对法学学科进行调整，将环境资源法学列为独立的二级学科，2007 年教育部高校法学学科教学指导委员会又将环境与资源保护法增列为法学学科的核心课程，这两项举措大大推动了法学本科必修课程的改革。

环境资源法学独立学科地位的确立也大大推进了研究生教育。1983 年，国务院学位委员会在《授予博士和硕士学位的学科、专业目录（试行草案）》中将"环境与资源保护法学"增设为法学门类下的一个专业。1984 年，武汉大学首获环境资源法硕士授予权；1993 年，北京大学成为首个环境资源法学博士授予单位[26]。根据教育部官方网站最新统计，全国目前共有 125 所高等学校设立了"环境与资源保护法学"硕士专业，其中有 25 所将自然资源法学（尽管名称略有差异）单独确定为该专业下的一个研究方向，占到招生高校总数的 5%。另外，招收"环境和资源保护法学"专业博士研究生的高校也在逐年增加，目前已达到 18 所，主要集中在"211"和"985"类高校，清华大学、北京大学、中国人民大学、中国政法大学、中央民族大学、武汉大学、华东政法大学、复旦大学、上海交通大学、上海财经大学、四川大学、重庆大学、中国海洋大学、湖南师范大学、中南财经政法大学、西南政法大学、福州大学、辽宁大学在列，其中有 5 所列明了"自然资源法学"方向，占到总数的 3.6%。从以上硕、博研究生专业方向设置来看，虽然单设自然资源法学方向的比重并不大，但仍可说明自然资源法学是环境资源法学学科体系下不可或缺的组成部分。

环境资源法教材的建设也突飞猛进。1984 年，由我国著名民法学教授刘经旺先生指导的高等学校第一本环境资源法教科书——《环境保护法律教程》问世[11]。此后，一大批以"环境法""环境资源法""环境与资源保护法"或"环境法学"等名称冠名的环境资源法教科书集结面世。据不完全统计，数量达到 20 余种。在这些教科书中，自然资源法 ① 的内容所占比重明显加大，占到全书的一编或一章的内容。相较而言，专门涉及自然资源法的教科书为数并不多，据统计，截至目前仅有四部：《自然资源法教程》（肖乾刚，1989 年）、《自然资源法》（肖乾刚，1992 年）、《自然资源法》（戚道孟，2005 年）与《自然资源法学》（张梓太，2007 年）。以上两类教科书出版数量之比也可说明，资源法和环境法的融合与相互渗透已成为一大趋势。

经过 30 多年的发展，我国环境资源法学教育的基本模式已经形成，确立了涵盖本科教育，法律硕士、法学硕士、法学博士研究生的完整教育体系，为我国培养了大批环境资源法学人才，他们在环境资源法学教学和研究，环境资源立法、执法、司法，以及环境管理和环境外交等领域做出了重要贡献。

（二）学术机构建设与学术活动

1. 学术机构建设

40 多年来，环境资源法学研究经历了起步、步入正轨和全面发展的不同阶段，在为国家提供重要环境资源法学理论与实践指导的同时，积极开展学术机构建设，不断丰富环境资源法学研究实践经验。目前，已形成以国家级环境资源法学研究会为龙头、以省级环境资源法学研究会为基础、各高校科研院所以及法律事务部门属下的环境资源法学中心、科、所为骨干的多层次、全方位的研究机构体系，为环境资源法学研究提供了坚实的体制基础。

---

① 多数教科书中以"自然资源法"进行编目，也有个别冠以不同的名称，如"环境要素保护法"（见吕忠梅.环境法［M］.北京：法律出版社，2004）、"生态环境保护法"（见周珂.环境法（第四版）［M］.北京：中国人民大学出版社，2014）。

1999 年，中国法学会环境资源法学研究会成立大会在武汉举行，中国法学会、原国家环境保护总局、国土资源部和武汉大学联合举办。会议通过了《中国法学会环境资源法学研究会章程》，共选举产生常务理事 54 人、理事 109 人。此后，每年召开一次全国会议并紧紧围绕国家环境资源法制建设中的突出问题进行深入研讨。迄今该研究会已举办年会 17 届，参会人数与论文篇数逐年增加，已形成了一系列思想性高、创新性强、质量优异的学术成果，对丰富我国环境资源法学研究、有效解决我国面临的环境与资源的立法、守法、执法和司法实际问题起到了积极作用。2012 年，该学会改组正式升格为国家级独立学会，更名为"中国环境资源法学研究会"。该会目前尚无下设的专业委员会，正在拟议之中。

除国家级学会外，许多省份与直辖市也纷纷成立了环境资源法学研究会。据不完全统计，全国目前约有 10 余个省份在省属法学会下设立了环境资源法学研究会，虽名称略有不同，但这些学会已活跃在助推各省环境资源法学研究发展和生态文明建设进程中。北京市法学会环境资源法学研究会 2004 年成立，是全国较早成立的直辖市研究会，目前承担了大量国家重点环境法治问题，特别是围绕北京首都，如京津冀污染防治一体化等问题的研究。武汉大学率先于 1980 年成立了首个环境资源法研究所（前身为武汉大学法律系环境法研究室），之后各高校也纷纷成立了环境资源法研究所。还有科研院所建立了环境资源法律实务服务机构，如中国政法大学污染受害者法律帮助中心（1999 年成立），无偿提供有关环境资源法律服务；另有实务部门与高校合作成立环境资源法学理论研究机构，如最高人民法院在中国人民大学设立"环境资源司法理论研究基地"（2015 年 4 月），实现了环境资源法理论与实践的直接对接。

2. 主要学术期刊

囿于环境资源法学是一门交叉学科，有关环境科学、资源科学与法学等方面的学术期刊均成为展示环境资源法学研究成果的阵地。主要学术期刊包括：《环境保护》《中国环境科学》《中国环境管理》《中国土地科学》《中国人口·资源与环境》《生态经济》《自然资源学报》《资源科学》《中国矿业》《国土资源科技管理》《中国地质大学学报》《中国人民大学学报》《中国政法大学学报》《中国环境管理干部学院学报》《绿叶》《中国法学》《法学研究》《法学家》《法商研究》《现代法学》《法学评论》《政法论坛》《法学》《法学杂志》《比较法研究》《环球法律评论》《法律适用》《法律科学》《政法论丛》《河北法学》《江海学刊》《法制与社会发展》等。目前，环境资源法学界尚无自己的专刊，但目前有三个集刊具有较高影响力，它们是：《中国环境法学评论》（中国环境资源法学研究会主办，中国海洋大学法政学院承办，科学出版社出版，2005 年创刊，每年 1 卷）、《环境资源法论丛》（中南财经政法大学法学院环境资源法研究所主办，法律出版社出版，2001 年创刊，每年 1 卷）和《中国环境法治》（中华环保联合会主办，法律出版社出版，2006 年创刊，每年 1—2 卷）。

3. 国内外学术活动

随着环境资源法学研究的发展，有关环境资源法的国内外学术交流活动也逐渐增多。就国内而言，各层级研究会、研究所/中心的学术研讨会此起彼伏。另外，与国内其他相关学会、研究会的学术对话也日趋增多。中国环境资源法研究会的会员很多同时又是其他学会、研究会，如中国自然资源学会（1983 年成立）、中国能源法学研究会（1997 年成立）的成员，他们每年参加这些学术机构举办的会议，研讨交流共同关心的问题，形成了宝贵的学术共识，为环境资源法学研究的发展提供了丰富的学术源泉。从国际层面来看，中外环境资源法学研究的交流日益频繁，有些学术交流活动最终还形成了一些长效交流机制，如中南财经政法大学环境资源法研究所与美国律师协会（ABA）和美国自然资源委员会（NRDc）共同发起设立了"环境法高级研究培训基地"（2009 年 7 月成立），致力于培养环境资源法理论研究和实务操作的高级人才。中国人民大学法学院与德国罗莎·卢森堡基金会合作，从 2011 年起每年举办一次"中欧社会生态与法律比较论坛"，对中国和欧盟国家在生态环境保护领域的法律制度进行比较借鉴，取长补短。还有其他高校与美国、英国、加拿大、德国、法国、瑞士、澳大利亚、新加坡等国家以及与世界自然保护联盟（IUCN）、联合国环境署（UNEP）、全球环境基金（GEF）、亚洲开发银行（ADB）等国际组织开展学术交流或项目合作研究。这些跨国的、深度的交流研讨结出了不少有影响力的成果，也拓宽了环境资源法学者们的学术思维，促使他们对环境资源法的研究更加体系化、完整化。

参考文献

[1] 石玉林. 资源科学［M］. 北京：高等教育出版社，2007.

[2] 金瑞林. 环境与资源保护法学［M］. 北京：北京大学出版社，2000.

[3] 蔡守秋. 环境资源法学教程［M］. 武汉：武汉大学出版社，2000.

[4] 肖乾刚. 自然资源法教程［M］. 北京：法律出版社，1989.

[5] 蔡守秋. 环境资源法学［M］. 北京：人民法院出版社／中国人民公安大学出版社，2003.

[6] 戚道孟. 自然资源法［M］. 北京：中国方正出版社，2005.

[7] 中华人民共和国国土法规选编［Z］. 北京：中国计划出版社，1998.

[8] 杜群. 环境法融合论：环境、资源、生态法律保护一体化［M］. 北京：科学出版社，2003.

[9] 曹明德，黄锡生. 环境与资源保护法［M］. 北京：中信出版社，2004.

[10] 习近平. 坚持节约资源和保护环境基本国策努力走向社会主义生态文明新时代［R］. 习近平在中共中央政治局第六次集体学习会议上的讲话，2013-05-24.

[11] 韩德培. 环境保护法教程（第五版）［M］. 北京：法律出版社，2007.

[12] 姜建初. 论我国环境资源法的几个问题［J］. 法制与社会发展，1995，（1）：40-44.

[13] 蔡守秋，王欢欢. 改革开放 30 年：中国环境资源法、环境资源法学与环境资源法学教育的发展［A］. 2008 年全国环境资源法学研讨会（年会）论文集［C］. 中国南京，2008. 10. 16-19：752-753.

[14] 陈泉生. 可持续发展与法律变革［M］. 北京：法律出版社，2000.

[15] 吕忠梅. 中国环境法的革命［A］. 韩德培. 环境资源法论丛（第一卷）［M］. 北京：法律出版社，2001.

[16] 蔡守秋，等. 可持续发展与环境法治建设［M］. 北京：中国法制出版社，2003.

[17] 陈泉生. 环境法学认识论—生态整体论［A］. 中国环境法学评论（2012 年卷）［M］. 北京：科学出版社，2012.

[18] 国家环境保护局自然保护立法课题组. 自然保护立法若干问题研究［J］. 中国环境管理，1996，（1）：9.

[19] 周珂，李延荣，李艳芳，等. 2001 年环境和自然资源法学研究的回顾与展望［J］. 法学家，2002，（1）：75-79.

[20] 蔡守秋. 环境资源法学基本理念的含义、来源和发展——一论环境资源法学的基本理念［J］. 河海大学学报（哲学社会科学版），2005，（3）：1-7、45、92.

[21] 吕忠梅. 超越与保守——可持续发展视野下的环境法创新［M］. 北京：法律出版社，2003.

[22] 吕忠梅. 环境法新视野［M］. 北京：中国政法大学出版社，2000.

[23] 孟庆瑜，陈佳. 论我国自然资源立法及法律体系构建［J］. 现代法学，1998，（4）：42.

[24] 颜士鹏. 中国法学会环境资源法学研究会 2010 年年会综述［J］. 法商研究，2010（6）：150-155.

［25］ 野生动物保护法时隔 26 年首次大修，社会各界建言献策［EB/OL］．中国日报中文网，2016-01-28.
http：//china．chinadaily．com．cn/2016-01/28/content_23279051．htm，2016-01-29.

［26］ 孟庆瑜，刘武朝．自然资源法基本问题研究［M］．北京：中国法制出版社，2006：247-249.

［27］ 曹霞．可持续发展视野下中国小矿的法律规制［M］．北京：中国财政经济出版社，2008.

［28］ 周珂，曹霞．环境资源法学蓬勃发展、务实创新［J］．法学家，2007，（1）：77-80.

第十三章　资源信息学

　　资源信息学是研究与人类生存和发展密切相关的各种自然及社会资源信息的形成机理及其获取、处理、存储、管理、分析、传输、应用相关联的理论与方法论的科学。它是资源科学与信息学发展到一定程度后交叉融合的新兴学科，其理论基础是资源科学、地理学、信息科学、物理学、数学和可持续发展理论。资源信息学融合上述学科的理论及其方法，用于解释资源信息的演化机理，并在发展资源信息研究的方法论的基础上实现资源信息的科学分析，进而对人类开发利用和保护资源提供决策支持[1, 2]。随着资源问题的研究越来越受到政府、学者、企业等广泛关注，借用新理论、新技术、新方法来揭示资源空间特点、资源管理、资源决策、资源服务等高效途径，资源信息学研究不断深入。

第一节　资源信息学的科学涵义及理论基础

一、资源信息学的科学涵义

（一）资源信息

　　人类对资源信息的认识始于古代，人类开始识别自我生存所需的果实和猎物的性质、计量其数量时，资源信息的概念已然形成。然而，资源信息的概念被明确的提出却主要在21世纪初期，而且从不同的角度对资源信息的描述有所差异。根据《中国资源科学百科全书》中的表述，资源信息被定义为"各种自然资源和人文资源的分布、潜力、资源量、开发利用状况及其相互关系等方面的各种信息"[3]。中国工程院孙九林院士认为"资源信息是资源信息客体本质、特征和运动规律的属性"[1]。如果用申农对信息的解释，资源信息可理解为人们用来消除对资源的不确定性的事物。资源作为发出信息的客体，人作为一个接受的主体，当我们对某资源信息学的理论基础一个资源客体一无所知时，我们对它的不确定性为 1（100%），当我们逐步有所认识，即获得了关于它的本质、特征或运动状况与规律的部分知识时，我们对它的不确定性减少到 1–X（X 为我们已知的部分），这时 X 就称为资源信息。它使我们对这个资源客体的不确定性消除掉了 X，还剩有的不确定性为1–X。当 X=1 时，我们就会对这个资源客体有了全部的了解，对它的不确定性也就不存在了，当然真正做到对某一个客体的不确定性的全部消除具有一定难度。

　　尽管定义的侧重有所不同，但根据资源的类型，资源信息既包括自然资源信息，也包含社会资源信息。在自然资源信息中，根据资源的类型可划分为土地资源信息、水资源信息、气候资源信息、农业资源信息、林业资源信息、生物资源信、矿产资源信息、能源资源信息、海洋资源信息以及和自然风光有关的旅游资源信息等。在社会资源信息中则包括人口资源信息、文化资源信息、社会经济资源信息以及和人文历史相关联的旅游资源信息等。除此以外，随着人类对太空认识程度的加深和探测手段的提高，太空资源作为潜在的人类可利用资源，其信息的获取和分析也受到了高度的重视。

（二）资源信息的基本特性

资源信息属于空间信息，因此空间位置、地理坐标等方面的信息构成了资源信息的重要属性；同时，资源的开发利用、管理，资源的社会经济价值等也是资源信息的重要组成部分。这就决定了资源信息具有空间差异性、时效性、可共享性、可传递和存储性、可加工和增值性等特性。

（1）资源信息的普遍性和知识性。客观世界中的物质、精神都处在运动之中，伴随运动所产生的信息显然是普遍存在的，它为人们认识客观世界提供了方便。同样从信息的本质得知，它是事物本质、特征以及运动规律的属性，如果人们对客观资源事物不了解，对其缺乏必要的知识，当获得了对这个资源事物本质、特征以及运动规律的信息描述以后，就获得对该事物了解的各种知识，从而可以降低对该事物不确定性的程度，就由不清楚变得清楚，信息掌握得越多，得到的知识也就越多。信息的这种知识性是人们认识和了解资源客体的唯一途径。

（2）资源信息具有可共享性。资源信息的共享性是基于信息的非消耗性而存在的。它不像物质那样，被某个客体占有以后，其他客体无法再占有。信息是任何一个客体都不会因为其他客体也占有这个信息而会从此失去。

（3）资源信息具有可传递和存储性。从资源实体抽象出来的资源信息和其他信息一样，它的产生和信息的传递是联系在一起的，是不可分割的。信息产生以后通过一定的信道（媒体或载体，有形的或无形的）向信宿传递，为信宿所感知或接收，信息的传递性是在时间上和空间上展开的。一种信息可以通过各种不同的方式保存在光、电、磁或纸等介质上，从而使信息实现长期保存。人们可以通过特殊的技术为具有历史意义的信息恢复原来面貌，为人类考证过去和推测未来创造了十分有利的条件。

（4）资源信息具有可加工和增值性。人类对客观世界资源的认识就是通过对资源信息的加工处理而获得的，由于客观世界的资源是由若干系统组成的一个整体，而每个资源事物和现象及其运动规律都是整体中的一个环节，反映每一个事物的一条信息，人们可以从不同目的对其进行加工处理，得出若干条适合不同目标或应用的信息，或者人们获取若干条不同事物的信息进行综合加工整理，从而得出高于一条信息的目标或应用，使信息在加工处理过程中升值。

（5）资源信息具有明显的区域差异性。资源信息是反映资源客体本质、特征和运动规律的属性。组成资源信息的各类客体都具有明显的区域特征，表征它们的信息也必然表现出相应的地域差异性。

（6）资源信息具有多元、多层次性的特征。我们这里所指的资源主要是指自然资源，通常自然资源就包含有可再生资源与不可再生资源两大类，而每一类中又包含若干种资源类型。对每一种资源又可以不同的空间分布来进行划分，如全球的水资源、全国的水资源、某个地区的水资源或某个流域的水资源等，这样就使表征它们的信息产生多元性和多层次性的特征。

（7）资源信息的时效性。自然界在不停的发生变化，自然资源随时间的变化与其空间变化一样，所以对资源信息的认识一定要有时间的属性，即它的时效性。

（8）资源信息具有海量级的信息量。随着资源信息获取方式的改进和先进技术手段的应用，使得资源信息的数据无限量猛增。如何从海量数据中选取为某一目标服务的资源数据，成了人们开发利用资源信息的重要问题之一。

（9）资源信息的其他特征。从资源信息科学研究的范畴看，资源信息除了上述的性质以外还有若干重要的性质。如可度量性；滞后性；不对称性；可干扰性；相对性；可剥离性，这是信息的重要特征，反映客体特征的信息可以与客体剥离，这就为我们研究资源客体不用去直接接触客体本身，只研究反映它的信息创造了有利的条件；可驾驭性，信息可驾驭一切事物，起到控制事物变化的作用，为信息流去调控物质流和能量流奠定了基础等。

（三）资源信息的分类

资源信息实际上就是研究客观世界所存在的自然信息、生物信息、实体事物信息和社会信息。我们现在研究资源信息分类是从资源信息的管理和应用出发进行考虑的，资源信息是资源客体特征的具体反映，而利用它反过去研究资源客体本身的利用和保护等方面的问题，因此，对资源信息的分类，通常仍然依据客观实体的体系进行分类较为方便，也就是说我们利用资源科学的分类体系来组成资源信息的分类体系。如资源基础信息、土地资源信息、气候资源信息、水资源信息、生物资源信息、矿产资源信息、能源资源信息、海洋资源信息、旅游资源信息、人口与劳动力信息、基础设施信息、社会经济资源信息、灾害与治理信息、其他相关信息等十四个一级类。实际上每个一级分类下面，还有若干二级和三级类的信息表示。

（四）资源信息的功能

资源信息的功能是信息所具有特性的体现，主要功能可归纳为8个方面：①利用资源信息去完成对资源事物的全面认识；②利用资源信息去克服对资源事物认识的模糊程度；③利用资源信息获知资源客体的运动规律；④利用资源信息引导人们认识生存环境、适应生存环境；⑤利用资源信息去有效认识资源和利用保护资源；⑥利用资源信息为资源科学创新提供支撑；⑦利用资源信息作为资源之一促进社会发展；⑧利用资源信息很方便的将资源客体搬到人们设定的位置等[4]。

二、资源信息学的理论基础

（一）资源信息学的理论基础

资源信息学的理论基础是资源科学、地理学、信息科学、物理学、数学和可持续发展理论。资源信息学的研究者将这些理论交融起来，解释资源信息的形成机理，发展资源信息研究的方法论，实现资源信息的科学分析，进而对人类开发利用和保护资源提供决策支持。一方面，它为各门涉及资源评价、管理、分析与开发利用的学科提供了新的技术方法和手段。而另一方面，这些学科又不同程度地提供了一些构成资源信息学的理论、技术和方法，构成了资源信息学的基础理论框架。

在资源信息学的所有基础理论当中，地理学支持着资源信息空间分布与时间变化规律的研究，信息论支持资源信息形成、信息传递和信息量度方面的研究，物理学支持资源信息机理和载体等方面的研究，资源科学、地理学、数学和可持续发展理论共同支持着资源信息的处理、分析和资源管理的决策支持方面的研究。地理学是研究地理环境以及人类活动与地理环境相互关系的科学，是一门既古老又年轻的科学，在现代科学体系中占有重要地位，并在解决当代人口、资源、环境和发展问题中具有重要作用。地理学具有两个显著的特点：首先是其综合性，其次是地理学研究的地域性。在地理学中，空间格局分析、时间动态分析以及数量化分析有着悠久的历史传统。地理学在资源信息学研究中作用表现在：它研究资源种类、数量和质量的地域组合特征、时空结构和分布规律，以及资源的合理分配、利用、保护和经济评价，最终提出对资源开发的远景估计与战略规划，并从中揭示资源利用与地理环境间相互关系。它为资源信息学提供基本的时空分析观点和方法论，成为资源信息学的基础理论依托之一；同时资源信息系统的数量化特征也将使地理学研究的数学传统得到充分发挥。

信息科学是关于信息的本质及其传输规律的科学，是有关信息的获取、识别、计量、转换、存储、传递、再生成、控制与掌握各种信息的规律、以及人工智能的科学理论。信息科学的理论基础是信息论和控制论，其技术支撑是现代信息技术和系统工程。现代信息技术包括通信技术、计算机技术、多媒体技术、自动控制技术、视频技术、遥感技术等。在现代信息技术支持下，对物体信息的识别与获取，信息的传输，信息的加工处理和信息输出、存储等方面的工程技术集合又构成了信息工程。把信息科学和现代信息技术的理论与方法应用于资源信息的研究，就开创了资源信息学新领域。信息科学提供了有关研究资源信息的产生和分布规律、采集、传递、存储、管理和开发应用的基本理论和方法，同时，现代信息技术和信息工程体系也是资源信息系统赖以运作的主要技术支撑；反过来，资源信息学也为信息科学提供了一个广阔的应用天地，资源信息系统的实践也不断促进了现代信息技术和工程体系的不断改进和提高。

资源科学研究资源的形成、演化、质量特征与时空分布及其与人类社会发展的相互关系，其目的是更好地开发、利用、保护和管理资源，协调资源与人口、经济、环境的关系，促使其向有利于人类生存和发展的方向演进。资源科学的研究对象既包括作为人类生存与发展物质基础的自然资源，也包括与自然资源的开发密切相关的人力、资本、科技与教育等社会资源；各种自然资源和社会资源的分布、潜力、资源量、开发利用状况及其相互关系等方面的各种信息构成了资源信息。资源信息学研究的对象就是资源信息，资源系统的地域性、整体性、全球性以及复杂性决定了资源信息的区域性、多维性和时序性，进而决定了资源信息学研究的整体性、系统性和动态性；而资源信息学研究的模式化、数量化、自动化以及动态研究方法也为资源科学研究提供了新的技术手段和研究方法。

我们用系统论和系统方法来研究和认识问题，将整个资源看成一个综合性的复杂系统。那么整个系统是通过什么来联系呢？信息论告诉我们，系统内部的联系是通过信息这个特殊形式来连接的，所以在研究分析资源问题时，"系统"和"信息"这两个概念是不能丢掉的，用系统论的观点去观察和分析资源内部及资源内外部的关系，而以信息为它们之间联系的枢纽，这就使资源科学和信息科学之间建立了一个特殊沟通的方式。

可持续发展是"既满足当代人的需要，又不对后代人满足其需要的能力构成危害的发展"。资源的永续利用是可持续发展思想的中心之一，它主张人类赖以生存的自然资源应当在世代间公平合理地分配利用，当代社会经济发展不能损及后代人赖以生存的资源条件。以可持续发展理论指导对资源的开发、利用与保护，起因于可持续发展思想的传播与现实社会的迫切需要。在资源信息学研究当中，可持续发展理论为资源信息的管理和决策支持提供了基本的理论依据和实践原则，而资源信息学研究也为区域的可持续发展决策提供了技术支持和保障。

（二）资源信息学的研究对象

任何一门学科，都有自己特有的研究对象，并且按照自己的研究对象来建立不同于其他学科的理论体系与学科体系。资源信息学是一门独立的新兴学科，它研究资源信息的产生、获取、变换、传输、存储、处理、显示、识别和利用的一系列科学问题。资源活动是自然再生产和经济再生产的过程，引人资源信息的概念，资源活动又可以看成是资源信息再生产的过程，信息流将比资源的物质流和能量流更加活跃。因此，资源信息流从产生、传递、控制到应用等的每一个环节的理论、方法、技术等问题，都是资源信息学的研究对象，如：①资源信息的形成机理、类型、特征与表征方式。②资源信息的规范、标准、分类与编码体系。③资源信息的获取方法和手段、传递和误差理论。④资源信息的存储技术。⑤资源信息的管理、开发利用、反演的理论和方法。⑥资源信息的关联性理论。⑦资源信息的智能和虚拟技术和方法。⑧资源信息共享的理论基础和服务体系。⑨资源信息学的研究方法、环境、可视化理论和方法。⑩资源科学信息化科研环境的构建等

第二节　资源信息学的发展历程

从古代人类开始识别自我生存所需的果实和猎物的性质、计量其数量时，人类已经具有资源信息的概念，但资源信息学作为一门现代科学的最终确立，却是依托于现代通信、遥感、航天和计算机等技术系统的支撑，并随着资源信息形成机理研究，到信息的获取、传输、管理、分析的完整理论和科学方法论研究，产生并逐渐发展起来。

一、资源信息学的萌芽阶段

在20世纪50年代以前，我国资源信息学的发展主要是集中在对资源信息的采集与表达方面，获取技术主要包括实地勘察、测量、踏勘、钻探等，获取的资源信息有限且零散，主要通过文字、表格或手工制图将零散的资源信息进行记录和表达，这一阶段资源信息学处于萌芽发展阶段。

（一）我国古代资源信息知识的积累（1840年鸦片战争以前）

人类发现、开发和利用资源的历史悠久，在我国古代时期，就有一些关于自然资源的作用、分布、调查与规划的记载。

中国是原始农业发祥地之一，根据现有考古发掘证据，中国农业已有长达八九千年的历史。早在原始农业时期，《易经》《淮南子》和《史记》等古书中记述了神农氏发明耒耜和播种五谷的故事。奴隶制社会时期，农业生产工具有所进步，促进了农业生产力的提供。西周曾行井田制，规定土地为国家公有，由国王将全国土地层层分封给各级贵族，按井字形划分为九区，中央一区为公田，四周八区为分授给八夫的私田。到了春秋战国时期，农业生产巨大发展的突出标志是铁制农具的出现，促进农业生产技术的进步，并促进农家及农学著作的出现，代表性的农家如许行。这一时期的农学著作《吕氏春秋·审时》中谈到"夫稼，为之者人也，生之者地也，养之者天也"，正确地总结了农业生产中人的劳动和土壤、气候三大因素的相互关系，而把人的因素放到了首要地位。北魏末年，北魏农学家贾思勰著《齐民要术》一书，该书不仅详尽地记述了北魏时黄河流域农业生产的实况，也是对秦、汉以来北方旱作农业的一个总结，堪称一部完整的中国古代农业百科全书。到明、清时期的农学著作大量涌

现，现存的共达 300 余种，超过历史上任何一个时期，内容的广度和深度也胜过以往。其中如明末徐光启的《农政全书》，且已开始吸收介绍西方科学。只是由于当时的社会条件，农学研究总的仍不能突破传统经验的局限。直到清代末叶，西方近代农业科学技术开始受到重视，农桑学校、农业试验场和农业推广机构等有所兴办，农学研究才逐渐走上与新的科学技术相结合的道路。

在矿产资源方面，据考古发现和文字的记载，人类认识和简单利用煤炭、石油、天然气和地热水已有几千年的历史。早在 2500 年前的《山海经》中，最早记录了煤，并称之为"石湟"，从辽宁沈阳发掘的新乐遗址内，发现多种煤雕制品，证实了中国先民早在 6000—7000 年前的新石器时代，已认识和利用了煤炭。西汉时期开始采煤炼铁，随后的各个历史朝代，采煤规模陆续扩大，广泛用作冶金、制陶瓷的燃料。石油记载始见于汉书《地理志》，描述现今陕西延安一带的石油显示，宋朝开始用卓筒井钻井采气，技术上了一个台阶，并通过交流传至国外。随后的各个朝代，发现石油地点增多，用途扩大，称呼不同。

在森林资源方面，在公元前 1122 年，《周礼》中就载有指导造林和森林抚育的条规，这是可追溯的最早期的森林资源管理思想，在北魏（公元 386—534）贾思勰著《齐民要术》中详细记载有保持收获的森林经营管理思想。森林资源调查在春秋战国时期已见萌芽，当时实行"三岁则大计群吏之治，以知民之财、器、械之数以知田野，……以知山林，川泽之数"[5]。虽然当时没有森林信息的概念，但事实上，人们已经在考虑这方面的问题，利用当时的手段和方法记录地域大小和不同区域所生长的森林资源。森林资源信息采集与处理已经有一定程度的发展，测量工具拐尺的问世，计算工具算盘的发明等都为森林资源信息的获取与计算奠定了基础，但由于当时科技水平的限制，并不能进行计划的区域性森林资源调查工作。

（二）我国近代资源信息学的萌发（1840—1949 年）

1840 年鸦片战争以后，我国沦为半殖民地半封建社会，在这段时期战火不断，各种资源开发随战争形势演变而波动，资源开发技术发展缓慢。

这一时期，帝国主义侵略和日益苛重的封建剥削使农村经济江河日下。耕地很少增加，农具鲜有改进，许多地方水利失修。帝国主义的洋枪大炮又使海禁洞开，从而促进了蚕桑、茶叶、棉花、烟草以至花生、大豆等经济作物的商品性生产。1861 年，清政府设立"总理各国事务衙门"，开始"洋务运动"，我国开始引入西方的近代农业科学技术，同时，政府也大量派遣留学生赴日本及欧美学习西方农业，推进了我国农业生产技术的进步。1879 年，福建陈筱西到日本学蚕桑，是我国学生出国学农的开始。同时，一系列农业科技著作问世。例如，1896 年，江西瑞金人陈炽著《续富国策》一书，呼吁参照新法，"讲求农学、耕耘、培壅、收获"，提出了改变中国传统的农业生产方式，采用西方农业经营方式和生产技术的主张。1897 年，《农学报》出版，由罗振玉任主编，是我国第一份农学报刊。1898 年，光绪下诏"兼采中西各法"振兴农学，是我国政府公开推行西方近代农业技术的开端[6]。而后，农学留学人员，农学教育有所发展。据不完全统计，到 20 世纪 40 年代初，全国共有大学农学院及专科学校 30 所，大学及专科学生 4860 人；中等农业职业学校 61 所，学生 15580 人。

在矿产资源开采方面，1840 年在台湾省基隆建成了中国第一座采用机械生产的煤矿，后又在河北创办了开平煤矿，这阶段是近代煤炭业的诞生阶段。随后到 1896—1936 年，由于外国资本的进入，民族资本也争相办煤矿，建成了开滦、抚顺等 32 个煤矿，产量逐步提高；进入 1937—1948 年，抗日战争开始，由于日本占领军掠夺式开采，1942 年原煤产量达到峰值。随着战争形势的演变，煤炭生产也随之波动。近代石油工业始于 1878 年，在台湾省苗栗地区使用机械钻探设备（顿钻）和技术钻成中国第一口油井（井深 200m）。随后的 70 多年间，陆续在陕北延长（1907 年钻成第一口油井）、新疆独山子（1937 年钻成第一口油井）、甘肃玉门（1939 年钻成第一口油井）发现了油田，油田规模小，但也生产了一定数量的原油。

在森林资源方面，我国一批海外留学生，如候过、张福延等，回国将当时国际上先进的测树学、森林经理学引入国内，促进了我国森林资源理论体系的形成。而且，森林资源信息的采集与统计工作也有一定的发展，如中华民国 18—21 年政府对全国的苗圃面积、育苗株数、森林面积、宜林地面积、造林面积等按省区进行统计。但受限于科技水平，这一时期的森林资源信息采集、管理及利用工作是粗放的，40 年代前，林业的资源信息靠手工管理，各类信息以档案形式分散保存在有关科室中，不易检索、更新和反馈，难以共享和利用。40 年代后用穿孔卡等机械方法管理信息。

这一时期，资源信息的考察也有开展。20 世纪初，清政府派员外郎魏震等考察长白山森林。1909 年，清政府农工商部提出振兴林业措施：①搜集各国发展林业资料；②赴日本考察造林；③调查各省宜林地和天然林。20 世纪 30—40 年代，中国科学家刘慎谔、徐近之、孙健初等对青藏高原植物、地理和地质进行考察，并发表报告和论文。

二、资源信息学的初步发展阶段

20 世纪 50 年代后，航空、航天遥感快速发展，为大区域、实时的资源信息获取提供了可能，同时，计算机技术在我国快速发展，为资源信息的存储、组织和管理提供了主要技术支撑，但受限于资源信息系统技术的限制，资源信息的加工处理仍较为初级，是资源信息学的初步发展阶段。

在 20 世纪 50 年代初期，我国处于新中国成立初期，国家贫穷落后，百废待兴，为了更有效地开发与利用资源，各种资源信息的调查陆续展开，但采集的信息较为有限和零散。

我国林业是我国最早应用遥感技术并形成应用规模的行业之一，森林资源调查最早始于 1950 年林垦部组织的甘肃洮河林区森林资源清查[7]。随后全国各地相继组建队伍，并开展了森林资源调查工作。例如，在 1950 年，东北组建了森林调查队伍，开展了长白山、小兴安岭林区的森林调查工作；湖南省农林厅首次组织技术人员，分别对部分县的森林分布、枕木产量、马尾松母树林面积和产量、防护林树种及利用情况、油桐品种及产量和运销等进行了调查。随后在 1951 年，在湖南省林业局及中央林垦部等单位的组织下，对江华、会同等 16 个县，进行了森林资源概况调查，初步摸清了主要偏远林区的森林资源情况[8]。1952 年，中国科学院土壤、植物、植物生理、地理等研究所和有关院校、生产部门共数十个单位，千余名科技人员组成队伍，对海南岛、雷州半岛及粤西、广西沿海进行三叶橡胶树宜林地的勘查，次年又开展了云南南部橡胶树与金鸡纳树、咖啡种植的考察，获取了第一手的森林资源信息。到了 1954 年，我国创建了"森林航空测量调查大队"，首次建立了森林航空摄影、森林航空调查和地面综合调查相结合的森林调查技术体系[9]。这一阶段，森林资源调查主要采用经纬仪或罗盘仪进行测量，控制调查面积；利用方格法区划林班、小班，设置带状标准地，进行每木检尺以计算森林蓄积。对地形复杂地区采用自然区划和人工区划相结合的方法进行调查。这一阶段基本上是我国森林资源调查队伍和调查技术从无到有的摸索和开创阶段。

在其他资源信息采集方面，也主要是采用实地勘察、测量等方式为主，针对有限区域、线路的资源信息调查，遥感及计算机技术在资源信息采集、管理中的应用十分有限。例如，在20世纪50年代初期，由地方政府组织对中国北方草原牧区草地进行的调查，尽管调查范围、精度和内容不尽相同，但多系路线调查，调查方法和手段较落后。

从20世纪50年代中期以后，我国的经济逐渐恢复，国家意识到摸清我国自然资源本底的重要性，提出了1956—1967年的12年科学技术发展远景规划，其中有10项是关于中国自然条件和自然资源的重要任务，其中也包括4项专门涉及自然资源综合考察的任务。在这些考察任务的推动下，中国科学院在1956年成立了自然资源综合考察委员会。根据1956—1966年规划任务的需要，成立了十余个综合考察队，以及由某些综合考察队组建的研究所与试验站，分别对我国西藏高原、新疆、青海、甘肃、内蒙古及热带地区开展了自然资源的综合考察，获取了这些地区的自然资源信息。主要的考察包括：1956—1957年以李连捷教授为队长，周立三教授、莫尔扎也夫教授、陈曦鹤为副队长；1958—1961年以周立三教授为考察队长，于强、莫尔扎也夫教授等为副队长，考察了阿勒泰地区、天山南北坡及昆仑山北坡，对玛纳斯河流域、吐鲁番盆地的水利资源开发，开都河、塔里木河流域的水土资源合理利用及盐碱土改良，额尔齐斯河与乌伦古河流域的综合开发做了重点研究，并提出了开发、利用、治理和包含的意见和建议；1957年，组建以刘崇乐为队长，吴征镒、蔡希陶和李文亮为副队长的中国科学院云南热带生物资源综合考察队，和以张肇骞为队长，梁忠为副队长的中国科学院华南热带生物资源综合考察队，对热带橡胶、其他热带特种作物（饮料、香料、油料、纤维和药用植物）和紫胶3部分的自然条件与生物资源调查研究；1958年，组成了以候德封为队长的青甘综合考察队，对柴达木、祁连山及河西走廊等地区自然、经济资源进行综合考察；1961年，中国科学院组织了50多个单位，200余人参加了内蒙古、宁夏的自然资源、自然条件及其分布规律进行综合考察，综合研究该地区自然资源合理利用方向与途径[3]。尽管这些考察任务仍以实地调查为主，但通过这一系列的综合考察任务的开展，获取我国热点地区的大量自然资源信息、经济资源信息，提出了宝贵的资源开发利用的规划方案。

同时，这一时期，我国的计算机技术也实现了从无到有的历程，随着1958年我国第一台数字电子计算机的成功研制，及航空遥感的快速发展，计算机与遥感技术逐渐在资源信息采集、管理与应用分析中发挥作用。

20世纪50年代中期，我国在局部地区开展了森林航空测量、森林航空调查和地面综合调查工作，从而建立了以航空像片为手段，目测调查为基础的森林调查技术体系，并开始采用森林航空调查方法进行大面积森林资源调查。

到了60年代，航空遥感在森林资源调查应用更为广泛和深入，但在其他资源信息调查中的应用仍十分有限。例如，1960—1961年，北京林学院、湘潭林校、湖南省调查队等单位，采用航空摄影技术，进行森林资源综合调查，编制了《茶陵县森林经营利用方案》[8]。在草地资源调查方面，在60年代初期，开始采用大比例尺航片进行草地调查与分类，如用航片进行目视解译，定向定界，确定调查路线，勾绘草地类型草图及分类和判读，但主要集中在方法的实验，仅在局部地区有零星应用[10]。更大规模的草地资源调查，是在1956—1967年的12

年科学技术发展远景规划的推动下，中国科学院组织的一系列大规模区域性自然资源考察，获取了中国北方和青藏高原的天然草地实地调查资料。调查属于概查性质，多采用地形图控制，路线调查为主，初步查清了中国北方和青藏高原天然草地资源[3]。

三、资源信息学的快速发展阶段

进入20世纪70年代，计算机技术及地理信息系统技术进一步发展，尤其是1972年以后，以Landsat为代表的中等分辨率的卫星发射成功，光机扫描遥感仪器（MSS、TM）代替了摄像管技术（RBV），它们的成功应用是空间光学传感器技术发展的转折，它解决了从空间获取可见光和红外这两个重要电磁波段数据的关键技术性问题，也成为这一时期资源信息获取的主要手段，这些技术的进步进一步加强资源信息的采集、管理以及处理分析能力，促进资源信息学快速发展。

在1978年7月，中央批准由中国科学院牵头进行腾冲航空遥感试验，从当年12月开始，至1980年12月结束。中国科学院和云南省动员国内科技力量，有林业部、地质矿产部、核工业部、铁道部、国家测绘局、国家海洋局等16个部委局68个单位的，706名科技人员参加。利用当时我国研制的第一批遥感仪器设备，完成了预定目标，取得了第一批成果。这次试验，是我国独立自主进行的第一次大规模、多学科、综合性遥感应用试验。取得了腾冲试验区比较系统且完整的第一手遥感图像和数据；对10余种树木、作物、土壤、水体、地质体测得地物波谱曲线1000多组，为日后制定统一的标定、测试规范，仪器改型，提高自动记录水平，为最佳波段选择和特定波段的开放，获得了第一批实验数据；系统地调查研究了腾冲试验区的自然资源和自然环境，搞清了地面实况，提出了对腾冲地区资源开发利用和环境保护的建议。70年代末，我国遥感技术尚处于起步阶段，腾冲遥感试验对促进机载遥感仪器和特种胶片的研制，开拓航空遥感应用领域起了历史作用。对促进地学、生物学、环境科学应用遥感技术产生了深远影响，也使遥感技术在资源信息调查与应用更为深入和广泛。

从70年代末，美国的Landsat TM，NOAA等卫星数据逐步被我国相关专家应用于森林火灾监测、森林病虫灾害、森林资源、草地资源及农业资源等调查中，遥感卫星在地质找矿方面也逐渐受到关注。

1977年，利用美国陆地资源卫星（Landsat）MSS图像首次对我国西藏地区的森林资源进行清查，填补了西藏森林资源数据的空白[9]，这也是我国第一次利用卫星遥感手段开展的森林资源清查工作。在1979年，国家决定在我国西北、华北北部和东北西部风沙危害、水土流失严重的地区建设大型防护林工程，即"三北"防护林工程。在"七五"期间，实施了重大遥感综合应用项目——"三北"防护林遥感综合调查研究。该项目主要采用了航天遥感技术对"三北"防护林地区的森林类型、面积、具体分布、保存率、草场的数量质量和分布、土地资源类型分布及数量和应用现状进行了综合调查，并建立了基于防护林生态效益的动态监测系统，对不同类型区的造林适宜性做出了分析评价以及对防护林的防护效益进行了评估，为"三北"地区的森林综合治理提供了可靠的数据分析资料。

同期，在国家科委和国家农委的部署下，全国开展统一草地资源调查的任务，由各省、市、自治区畜牧（农牧）厅（局）组织技术力量完成各自的草地资源调查任务，然后全国汇总。在中国科学院和中国农业科学院分别设立了南方草场资源调查科技办公室和北方草场资源调查办公室，对全国草地资源调查进行技术指导和协调。该次调查属于详查性质，北方按《重点牧区草地资源调查大纲和技术规程》、南方和华北农区按《中国南方草场资源调查方法导论及技术规程》，采用常规调查和遥感调查相结合的方法，以县（旗）为单位开展调查。最终分别完成《1:100 万中国草地资源图集》《中国草地资源》《中国草地资源数据》《1:400 万中国草地资源图》《中国草地植物资源》等中国第一批较完整的草地资源成果。

在农业资源遥感应用方面，土壤和土地利用遥感调查是最初的应用领域。在 1979 年，我国进行第二次全国土壤普查，已经引入航片数据源，并建立全国航卫片土壤普查科研协作组，在全国 28 个土类、80 个亚类、300 多个土属广泛研究的基础上，建立解译标志，于 1985 年完成了全国 1:100 万土壤图，完成了《中国土壤》及各省区的土壤志等专著、《中国土种志》六卷和各省区《土种志》以及中国《土壤普查数据》等，历时 15 年，为中国积累了大量的第一手土壤资料[11]。

在矿产资源方面，遥感技术应用较晚，但这一时期我国学者已经开展国外地质遥感认识，地质遥感原理研究及地质遥感试验方面工作。例如，在 1978 年，周传新和胡品美介绍了国外遥感地质的发展现状[12]；北京大学马蔼乃从遥感探测机理角度，论述了遥感技术地质找矿的方法[13]。

到了 80 年代，林业行业成功研制了遥感卫星数字图像处理系统，研究了森林植被的光谱特征，发展了图像分类、蓄积量估测等理论和技术，并在"七五""八五"期间完成了我国"三北"防护林地区遥感综合调查，开展了森林火灾遥感监测技术研究。从 1983 年开始，各地调查规划院陆续引进了微型计算机，用于对各类调查数据的处理，主要采用 basic 语言编制双重点估计森林蓄积量、生长量等程序。在 1989 年，我国开始建立全国森林资源监测体系，为加强国家森林资源监测工作，林业部在全国设立了东北、西北、中南、华东 4 个区域森林资源监测中心。在草地资源调查方面，80 年代初期，北京农业大学、北京大学、中国计划委员会自然资源综考会、中国农业科学院草原研究所、内蒙古大学、内蒙古草原勘测设计院、新疆八一农学院草原系、甘肃草原生态研究所、甘肃农业大学等单位先后在贵州、云南、河北、内蒙古、新疆、甘肃、西藏等省的草地资源调查工作中，大量应用遥感资料，并运用计算机和 GIS 系统进行草地分类与制图[10]。1983 年，甘肃草原生态研究所与甘肃农业大学草原系合作筹建了草地遥感研究室，利用陆地卫星 MSS 和 TM 资料，先后对甘肃省、西藏自治区的草地资源遥感调查，总调查成图面积达 40 万平方千米。在农业资源方面，在 1981 年，利用气象卫星资料，综合分析了四川山洪暴发后的荆江水情及近期雨情，撤消了分洪决定；另于 1985 年，利用侧视雷达资料，摸清了辽河泛滥成灾面积及受灾的状况，指导了抗灾救灾[11]。

在这一时期，我国资源学家、农业与资源环境信息工程学科带头人之一孙九林院士首次提出我国资源信息管理体系结构、资源信息分类编码、区域开发模型体系、统计型空间信息系统模式等，为信息科学在资源环境中的应用做出了开拓性贡献。

到了 90 年代，地理信息系统技术快速发展，我国也研制了 MapGIS、SuperMap 等优秀的国产软件，极大地促进了资源信息的处理分析及管理能力，出现了大批资源信息管理系统，推动资源信息学快速发展。

例如，在森林资源信息系统方面，李怡毅（1996）以森林二类调查数据为基础，研制了森林资源小班档案管理系统[14];中南林学院曹世恩教授及所领导的信息管理与开发研究室先后在安徽南阳林场、湖南江华采育场和甘肃白龙江林业管理局研制了"森林资源信息处理自动化系统",推广应用微机来编制森林经营方案,进行森林资源档案管理和数据更新[15];1993年,以寇文正为主研制的"国家林火管理信息系统",成功地解决了林相图与地形图的配准与标准化问题,集模型库系统、数据库系统、图形库系统于一体,系统先后在黑龙江、云南、吉林、北京等省市进行示范推广[16]。在草地资源信息系统方面,由中国农业科学院草原研究所、北京师范大学、内蒙古大学、北京大学、内蒙古草原勘测设计院、内蒙古气象灾害监测服务中心以遥感与地理信息系统为技术支持,研建了中国北方草地草畜平衡动态监测系统,实现了大面积草地估产、草畜平衡估算、草地灾害评估与草地资源动态监测,建成了一套可运行的草地资源信息系统,使我国草地资源的信息管进入一个新阶段,该系统从1995年开始运行。在农业资源信息系统方面,90年代,在孙九林(图13-1)院士的主持下,建成国内第一个多品种大面积遥感估产实用系统、主持完成面向应用的中国农业资源信息系统和青藏高原科学数据库,提出了资源环境虚拟科研环境的初步框架等,把信息科学技术在农业与资源环境中的应用推向了一个新阶段。依托GIS具有多种数据集成管理、分析、模拟的强大能力,中国科学院遥感与数字地球研究所于1998年建成"中国农情遥感速报系统",系统包括作物长势监测、主要作物产量预测、粮食产量预测、时空结构监测和粮食供需平衡预警五个子系统,监测范围从1998年的中国东部逐步拓展到全国[17]。

图 13-1 孙九林(1937—)

随着遥感技术在我国资源领域应用愈加广泛,一系列研究机构及组织应运而生,例如成立于1980年的中国科学院遥感应用研究所(现为中国科学院遥感与数字地球研究所)、成立于1983年的北京大学遥感与地理信息系统研究所、成立于1985年的资源与环境信息系统国家重点实验室、组建于1981年的中国地理学会环境遥感分会以及组建于1984年的中国自然资源学会资源信息专业委员会、1995年成立的中国地理信息系统协会资源环境信息系统专业委员会。同时,于1994年由中国科学院正式批准,着手建设中国资源环境遥感数据库,这是中国科学院在资源环境科学领域的一项重要基本建设,数据库强调实现先进技术的实用化和系统的运行化,这也是我国的遥感、地理信息系统和全球定位系统从研究与经验系统首次成功走向实践。

四、资源信息学的稳步发展阶段

21世纪以来,遥感、全球定位系统及地理信息系统"3S"技术等资源信息技术应用更为深入,应用遥感影像的来源、时、空间分辨率更加多样化。2001年以来,我国资源信息获取技术能力获得进一步发展,已初步形成了由气象卫星、海洋卫星、陆地资源卫星系列组成的资源信息空间对地观测技术体系。目前已发射50多颗对地观测卫星,形成气象、海洋、资源和环境减灾四大民用系列对地观测卫星体系,覆盖全国陆地、海域以及我国周边国家和地区1500万平方公里的地球表面。到目前为止,我国已发射的主要对地观测卫星和机载遥感系统有：风云系列卫星，包括极轨和静止轨道；海洋卫星 HY-1；中巴合作的资源卫星 ZY-1，ZY-2 系列；神舟系列飞船；小卫星包括探测 1 号测绘卫星，灾害检测小卫星；导航系统有北斗系列；探月工程嫦娥 1 号卫星；高分 1 号及 2 号卫星。这些技术的进步，促使资源信息的获取、管理及处理分析日益成熟。

在 1999—2003 年，林业部组织第六次全国森林资源清查，主要是依托 3S 技术，对全国除港、澳、台以外 31 个省（区、市）国土范围内的森林资源进行了全覆盖调查，获取全国森林资源空间分布信息、构建数据管理系统并制作专题图件。

在 2001—2002 年，依托遥感技术、地理信息系统技术及计算机技术，我国农业部快速清查了 20 世纪末我国草地资源的面积、类型及分布，建立 1:100 万比例尺水平的草地资源动态监测系统本底数据库，这也是继 20 世纪 80 年代我国草地第一次普查后，又一次全国范围的草地资源调查[18]。

在 21 世纪初期，中国科学院地理科学与资源研究所牵头，组织了 10 余个科研机构及大学，依托 Landsat-MSS，TM，ETM+ 和中巴资源卫星影像，调查了我国 80 年代末期的全国土地利用／土地覆盖情况，并开展 5 年度的更新调查，并于 2014 年完成后续节点年份的土地利用／土地覆盖更新，构建了覆盖全国范围（除港澳台地区）的 7 期土地覆盖／土地利用时空数据库，由此完整地确立了中国 LUCC 时空信息获取与更新体系、方法和技术路线[19, 20]。在 2007 年，依托 SPOT5、北京 1 号、Quickbird 等高分辨影像，国土资源部开展全国土地第二次详查工作，获取了我国土地利用现状、变更、地块权属等详细的土地资源信息。在基层应用方面，21 世纪初期，除西部少数地区外，全国县级以上国土部门均建立了以 GIS 为核心的地籍管理和城镇土地定级及地价评估信息系统，对辖区内各类土地资源进行整合管理，结合区域发展现状对土地价格进行定量评估，摆脱了过去土地管理、评估过程中的随意性和人为干扰，为城镇规划和区域发展提供了技术保障，提高了我国的土地资源管理的整体水平。在 2002 年，中国科学院建成"全球农情遥感速报系统"，监测范围从 2001 年开始全球性农情遥感监测，具体包括北美、南美、澳大利亚、泰国的作物长势、粮食总产和水稻面积估算。

在地质资源、海洋资源、数字流域及数字区域等其他方面，遥感与地理信息系统技术也发挥了重要的作用。2000—2002 年完成了鄂尔多斯盆地等地区的油气遥感信息综合应用研究，成功预测了勘探靶区。2001 年以来，先后完成了江苏东部及相邻海区、南中国海区域油气资源遥感调查，应用 NOAA 气象卫星油气遥感技术，对油气遥感异常带（异常密集区）进行了解释与划分，揭示了区域内第三系油气田的分布信息，解决了海洋油气遥感技术和应用模型等问题。在新的国土资源大调查中，利用新一代遥感影像进行区域地质填图、示矿遥感异常信息识别与提取、地质灾害监测等，将使资源信息技术在地质研究领域得到了更广泛的应用。2002 年 6 月，我国第一部以大江大河流域为单元的信息化规划《数字海河流域总体规划》编制完成，同年 7 月，水利部会同有关单位，就海河信息化管理召开专家咨询会，拟投资 12 亿元在 10 年内建成数字海河。2002 年 12 月，数字黄河工程规划编写完成，报告明确提出：数字黄河的最终目的是为有效治理黄河提供决策支持信息；国内较为成功和典型的数字区域工程为"数字福建"工程。数字福建工程通过对各部门现有数据资源进行标准化、网络化和空间化改造，在国内首次组织、实现了省级主要业务部门参与的、大规模的政务信息资源整合、再造工程，建立全省政务信息共享平台，有力地提高了福建省政务信息的应用和服务水平[21]。

在"十一五"期间，已有数百个城市建成城市基础地理空间数据平台，数百个城市的城市规划、城市房产、城市管线等行业建立了以 GIS 平台为基础的行业管理信息系统。

随着资源信息管理水平的不断提高和计算机网络技术的不断发展，分布式资源信息集成方法越来越受到人们的重视。人们对于资源信息的集成服务需求愈加明显，同时网络技术的进一步发展，信息平台管理更为规范，为资源信息共享服务提供了技术支撑，建立多种资源信息平台，并通过通信网络，实现国内、国际的资源信息共享，是这一阶段资源信息学发展的趋势。

早在 2002 年，我国就启动科学数据共享工程，依托中国科学院地理科学与资源研究所的地球系统科学数据共享平台就隶属其中，并于 2004 年纳入国家科技基础条件平台。它属于科学数据共享工程规划中的"基础科学与前沿研究"领域，主要是为地球系统科学的基础研究和学科前沿创新提供科学数据支撑和数据服务，是目前科学数据共享中唯一以整合、集成科研院所、高等院校和科学家个人通过科研活动所产生的分散科学数据为重点的平台。平台以专题服务为牵引，突出资源的整合集成与深度挖掘，截止到 2014 年年底，"本平台"已经构建了"全球—全国—典型区域"三个层面的 11 个专题库，涵盖 5 大圈层，18 个学科，筛选翻译了 1500 多个国际数据资源网站，建立了 5 个国际数据资源镜像站点，数据总量达到 54.66TB，占应整合数据资源量的 66.8%。整合集成的数据资源全部经过规范化处理，同时，开展了数据资源的深度加工和数据产品的生产，形成了多要素、长时间系列的特色数据产品。全部数据资源已经向社会公布并对外提供了 91.53TB 的数据服务量，数据资源利用率达到 167.4%（地球系统科学数据共享平台简介，2015）。截至 2012 年，我国已经构建 80 余个数据共享系统，在资源环境领域比较有代表性的除了地球系统科学数据平台，还包括：极地区域数据共享中心、冰雪冻土环境本底数据库、西部环境与生态数据中心、中国黑土生态数据库及中国湖泊科学数据库等。同时，国家对于共享平台建设给予持续的经费支持及常态化经费投入，说明了我国对于信息集成、共享与服务方面工作的日益重视，这无疑将对资源信息学的进一步成熟、稳定发展起到至关重要的作用。

资源信息学发展的四个阶段划分，显示了资源信息学从理论研究向实践应用，从手工操作向自动处理，从前端数据获取向后台决策支持、从需求驱动发展向发展驱动服务的变化过程，完整地展现了资源信息学从肇始走向成熟的发展历程。当前，无论是从学科发展，还是从产业应用上看，中国的资源信息学与世界发展基本同步，目前正处于地理信息系统（GIS）阶段向基于网络的资源信息服务阶段转型期。

由资源科学、信息科学以及其他相关地球科学、空间科学和系统工程科学相互结合而产生的资源信息学是资源科学的重要分支，利用资源信息学技术将促进资源科学研究的现代化和信息化，进而推动资源科学的发展。在人类进入信息时代以后，可及时、准确地得到的资源信息将成为人类在开发利用和保护资源的活动中不可缺少的信息，成为人类进行资源管理的决策助手，资源信息学也将随着人类对资源信息要求的提高和学科理论及技术方法论的发展而达到更高的水平。

第三节 资源信息学学科体系及发展方向

一、资源信息学学科体系

资源信息学是一门综合性的交叉学科，它是以研究资源信息的产生、传递、转换、加工、存储、开发和应用的科学，通过资源信息的特征与信息方法去研究和认识资源系统的若干问题，显然抓住资源信息的本质，用信息科学的理论和方法去划分资源信息学的学科体系结构，更加符合资源信息学的使命。为此，可以将资源信息学的学科体系划分成五个部分。

（一）资源信息学的基础理论

前述已知，资源信息学的基础理论是地理学、信息科学、资源科学和可持续发展理论。因此，资源信息学要在上述理论的基本理论指导下，去深入探索资源信息产生的机理、表达方式、资源信息流的形成、传递、存储、管理的理论。资源信息开发、应用的理论，资源信息的价值理论，资源信息共享的理论，资源信息流调控物质流和能量流的理论基础，资源信息融合的理论和方法，资源信息的整合、集成理论等。

（二）资源信息学的方法论

资源信息科学研究的方法论是在传统资源评价方法、地理学的时空过程与格局分析方法，以及与信息系统技术、遥感技术和全球定位技术等新方法和新手段相结合的基础上发展而来的。它借助计算机软、硬件的支持，对各种资源（包括资源的开发、利用、管理和保护等）信息评价和分析，为区域规划、开发、管理和工程建设提供预测决策支持和方法。地理信息系统技术（GIS）是主要的技术支撑。

资源信息研究强调整体性、系统性和动态性[22]。即将地球作为一个整体系统来研究，强调各圈层间的耦合及相互作用；重视资源信息获取的系统性、延续性和完整性；突出动态变化和动态监测，因为只有在动态研究的基础上，人们才有可能掌握对未来资源环境变化预测的主动权。

从资源信息以上的特点出发，资源信息研究的方法主要有资源信息的时间序列分析、资源信息的空间分析以及资源信息的综合分析等三种。

1. 资源信息的时间序列分析

地球上的资源是在地球的形成和演化过程中生成的，因此随着时间顺序都会发生不同程度的变化。在人类的资源开发利用影响下，无论是再生资源，还是非再生资源，其储量、质量、品位、成本、价值等都会发生变化。某些人类活动甚至导致再生资源的再生、恢复、更新和循环功能的降低或消失，使再生资源转化为不可再生。总之，资源数据具有随时间变化的特征，故可以假设资源函数是时间响应的随机函数，从而对其进行时间序列分析。

（1）时间序列分析的数理统计方法。

资源信息（或数据）的时间序列分析是指根据资源信息的时间响应特征，应用时间序列分析的数理统计方法，首先建立资源矩阵和资源相关因子矩阵（例如环境因子矩阵、投入产出矩阵等），并按时间顺序排列资源矩阵的各变量，根据资源及其影响因子的各种函数关系和响应特点，建立一个具体的时间响应随机过程函数，并把每一时段的资源观测值分别看成

（划分为）趋势成分、周期性成分和随机成分 3 部分组成，通过模型分析和计算，可以找出过程的变化规律，然后预测其变化趋势，并对其某些过程进行必要的控制。

在时间序列分析中，数据的统计依赖关系通常是用逐次观测值之间的相关（函数）或自相关（函数）来表示。所以，现有的时间序列分析方法都是建立在经验的、或估计的自相关或傅里叶变换基础上的，因此可能得出失真或不良的结论。比较典型的时间序列模型有自回归滑动平均模型，它是个随机线性差分方程。目前有不少计算机软件包可以作时间序列分析，例如统计分析系统（Statistical Analysis System；SAS）就是一个比较全面的多元统计分析软件包。SAS 系统可以与 GIS 的空间分析系统结合，这样可以达到统计数据的空间表述目的和空间数据的统计分析的目的。

（2）时间序列分析的应用与案例。

资源信息的时间序列分析的具体应用和案例有：资源动态监测和预测、全球变化区域模式研究等。

在资源的动态监测和预测方面，中国以陆地卫星（Landsat）TM 图像为主要信息源，结合极轨气象卫星数据和高分辨率遥感数据，开展了以农业土地资源动态调查为主体的再生资源的遥感动态监测，完成了"三北"防护林遥感监测[23]；全国土地资源动态监测；重点区水域动态和水土流失、土地利用状况的遥感动态监测，编制了 1:100 万全国土地资源图、土地利用图；建立了全国资源与环境动态遥感宏观调查数据库和信息系统（东部区域为 1:25 万；西部区域为 1:50 万）。掌握了全国资源与环境动态；大城市扩展、耕地减少、"三北"防护林成活率、森林与草地覆盖率动态及沙漠化程度；不同程度荒漠化土地面积等第一手资料和数据。

全球变化区域模式研究的主要内容包括：以土地利用类型等为单位的土地退化（如水土流失、土壤贫瘠化、土地沼泽化、土地干旱化或沙漠化、土地荒废化等）的研究；工业化过程中排放的污染物累积和扩散效应研究，例如"三废"排放及其环境中的累积和扩散行为的研究；CO_2 等温室气体排放导致的以城市上空大气为单位的城市热岛及温室效应、全球变暖的研究；城市化引起的环境变化的研究，例如城市垃圾排放和垃圾资源化的研究，城区地下水位下降漏斗的出现与城市地面下沉的研究，城市化区域扩展引起的环境变化的研究，能源及资源消耗及其环境问题的研究，人口超载的生态环境问题和社会经济问题，清洁生产、资源节约和低耗高产的研究等。

遥感技术是资源环境动态监测和预测的有效技术手段。气象卫星可以对林火、洪水、植被及作物长势等突然变化的资源环境要素实现以"天"计时快速实时和准实时监测；陆地卫星、SPOT 卫星则可以对自然环境变化比较缓慢因素如城市扩展、沙漠化、土地变化等进行较准确、定量的监测；航空遥感则可以对资源环境变化实现详细、准确的监测。

利用地理信息系统可以对遥感和非遥感监测的资源环境变化数据进行复合分析，并根据这些数据建立数学分析模型，以分析资源环境变化发展速度，预测短期、中期、长期变化趋势及其影响，对资源环境的变化质量进行评价，并为资源环境的科学管理和合理利用提供合理规划决策支持。

2.资源信息的空间分析

资源信息是定性、定量描述资源状况、分布、开发利用前景的数据、图件和文字等，从资源的增殖特征看，资源的价值不仅与自身的特性有关，更与其空间分布密切相关。资源信息空间分析就是从空间角度，分析其状态、特征、可开发程度与资源保护。随着地理信息系统（GIS）技术的发展，资源信息空间分析已进入计算机化的分析阶段。对于一个区域或某种特定资源，GIS可存储其资源特性、资源量、环境背景、相关的社会经济状况、基础设施水平等多项内容，经过数据分类、数据编码、数据编辑、空间定位等处理，将相关要素统一到同一个系统内，进行以下3个方面的分析：①叠加分析。将多种要素进行叠加，分析资源的环境背景、开发价值。②三维分析。将资源信息进行立体显示和三维分级，分析其空间分布特征及其物流、能流的交互作用。③剖面分析。将资源信息进行剖面切割，分析其底层结构和上、表层环境，确定资源的潜力和可开发性。

在资源信息的空间分析中，经常会用到的具体分析方法和手段有：数字地面模型、图像分析、多维分析以及多层面叠加分析。

其中，多层面叠加分析是指利用地理信息系统技术，在某一种地理要素上覆盖一层或者多层具有相同坐标系和比例尺的其他地理要素，通过计算和分析，获得新的数据和地图的方法。多层面叠加分析是20世纪70年代末地理信息系统软件发展的产物。当时仅局限于功能较弱的格网和多边形分析。现在，多层面叠加分析已成为地理信息系统中的重要工具。

多层面叠加分析以任何一种地理要素为基础，加上其他地理要素，通过计算要素之间的坐标位置、几何交叉、属性信息（描述地理要素的信息）连接等操作，派生出新的空间（地图）和属性数据，经过对新的空间和属性数据的比较、计算和分析，获得符合某种特定要求的数据和地图。例如，在土地利用层上，叠加地形、温度、降水、道路等层面，可以进行土地利用适应性评价分析，找出不同利用类型的最适宜的地块。

3.资源信息的综合分析

针对信息系统所属的级别以及所辖范围内的资源特征、优势和内外联系等，经过详尽的调查研究和反复论证，确定数据范围和层次，从系统的观点出发，对资源利用过程进行分析和综合，提出各种决策方案，供决策者选择最佳方案，这样一个过程就称为资源信息的综合分析。资源信息综合分析包括定性描述和定量分析两个方面，随着资源科学研究的不断深入，定量研究已成为不可缺少的一部分，并已成为资源信息综合分析的主流。数学方法、遥感技术和计算机的广泛应用促使资源研究由定性走向定量。

在资源信息综合分析中，数学方法是基础，它包括数理统计方法、几何方法以及模糊数学方法等。系统分析方法则是建立在数学与资源系统之间的桥梁，它通过对系统思想的应用，来分析资源系统的结构、功能、演化等时空分布与变化规律。模型方法则是在数学方法和系统分析方法的基础上，对资源系统的结构、功能和演化特征与规律进行模拟、仿真与逼近。由此可见，在定量化方法中，数学方法是基础，系统方法是分析手段，而模型方法是最有力的应用武器，它最接近于真实的资源系统。

资源信息综合分析可以客观、全面地分析资源信息的规律性，同时，又可在若干单项资源分析的基础上进行综合分析评判，从而使资源分析更为全面、可靠、及时。它是对所获得的资源消息的高度总结，同时又是资源评价、资源规划、资源预测和作用决策的基础，是资源科学研究中的一项重要工作。

（三）资源信息学的技术体系

资源信息学研究资源信息的获取、采集、存储、综合分析、加工处理和开发应用等方面的理论、方法和技术，是资源科学一个综合性很强的应用学科分支。显然，资源信息的获取、管理、集成与服务构成了资源信息学的基本技术框架，而支撑这几方面技术的基本技术手段，则构成了一整套现代资源信息学的技术支撑体系。在所有这些技术支撑中，发展最为迅猛的是资源信息获取技术，最能将资源信息学与其他通用信息科学技术相区别的是资源信息的管理，而资源信息的集成与服务体系建设则是未来资源信息化、信息社会化的发展的方向。主要的技术体系见图 13-2。

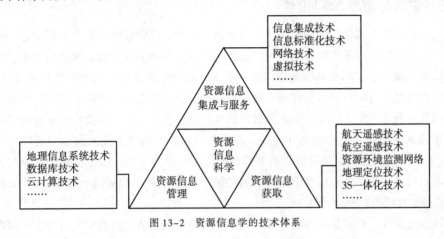

图 13-2 资源信息学的技术体系

（四）资源信息学的应用

资源信息学是一门综合性的应用科学，它最重要的应用是在促进资源科学各领域的知识创新，实现资源科学领域研究的现代化，促进资源科学研究方法和手段的变革，同时它的理论、方法和技术能借鉴到其他类似的学科领域，如环境科学、生态学、农业科学等。具体讲可以从以下几个方面去理解：

（1）促进资源信息经济的增长与发展。资源信息具有驾驭物质资源和能量资源的能力，在经济和社会活动中用资源信息去调控甚至替代（或减少）物质资源和能量资源的消耗，使经济增长和发展过程越来依靠资源信息的应用，从而促进资源信息经济的增长与发展，在整个社会经济增长中发挥更大的作用。

（2）促进资源科学研究方法的现代化。资源信息学的产生就是因为改进资源科学研究方法论的需要而发展起来的，因此，资源信息学的研究方法、技术体系以及工程体系等均是围绕资源科学的研究应用所开发的，所以资源信息学的产生、发展和完善始终是为资源科学研究方法现代化而努力的。

（3）资源信息产业化。资源信息是国家信息资源的重要组成部分。从资源信息学的应用范畴理解，资源信息产业化的问题主要包含两个方面：资源信息自身的产业化、资源信息技术产业化。

（五）资源信息学的工程体系

所谓资源信息学的工程体系是指利用资源信息学的基本理论和相关资源信息技术体系或某一项具体技术。为了资源信息的获取、传递、存储、开发、利用、综合分析研究、显示等目的所构成的信息工程系统。可见资源信息学的工程体系，同样具有明确的目标和解决问题的可靠方案。目前投入运行的或者构建的资源信息工程系统有两大类。

（1）按照资源信息流主要环节构建的系统，如：资源信息获取系统；资源信息管理系统；资源信息传输或转换系统；资源信息分析应用系统。

（2）按照一定的任务需求利用资源信息资源及信息技术等构建各类实际应用工程系统，如：资源环境动态监测与评估分析系统；粮食估产及农情速报系统；自然灾害预警、评估系统；资源科学虚拟科研环境等。

二、资源信息学学科设置

目前，我国在资源信息学机构设置方面越来越完善，已经建立了由中央到地方，由政府职能部门、科研院所和高等院校组成的层次清晰、分工明确的资源信息学研究体系。具体包括：以国家遥感中心、国家基础地理信息中心为代表的中央职能部门管辖的科研支撑机构，以中国科学院地理科学与资源研究所、遥感应用研究所为代表的中国科学院资源环境类研究机构，以北京大学、北京师范大学为代表的教育部直属重点高校，以及各级地方政府职能部门及其所辖科研机构、地方性高等院校。前三类机构共同构成了资源信息学研究的"国家队"，它们以开展满足国家战略需求的基础性研究和培养高级资源信息科研人才为其主要任务，后者则构成了我国资源信息学研究的第二梯队，它们成为区域性的、但不可或缺的科研支撑与业务运行环节。

此外，为促进资源信息学领域科研、教学机构与科研人员之间的交流与合作，国内先后建立了相关的资源信息学研究学会或协会，它们具体包括：中国自然资源学会资源信息专业委员会、中国地理学会环境遥感分会、中国地理信息系统协会资源环境信息系统专业委员会、中国地质学会遥感地质专业委员会、中国海洋学会——中国海洋湖沼学会海洋遥感专业委员会、中国遥感应用协会（全国地方遥感应用协会）、中国土地学会土地信息与遥感分会、中国水利学会遥感专业委员会等14家机构。

当前，与资源信息科研和业务运行有关的主要机构如表13-1。

表13-1 资源信息学领域机构设置

机构性质	单位名称
资源信息学研究学会/协会	中国自然资源学会资源信息专业委员会
	中国地理学会环境遥感分会
	中国地理信息系统协会资源环境信息系统专业委员会
	中国地质学会遥感地质专业委员会
	中国海洋学会、中国海洋湖沼学会海洋遥感专业委员会
	中国遥感应用协会（全国地方遥感应用协会）
	中国气象学会卫星气象与空间天气学委员会
	中国空间学会空间遥感专业委员会
	中国测绘学会摄影测量与遥感专业委员会
	中国宇航学会遥测专业委员会
	中国自动化学会遥测、遥感、遥控专业委员会
	中国感光学会遥感专业委员会
	中国水利学会遥感专业委员会
	中国土地学会土地信息与遥感分会

续表

机构性质	单位名称
中央部委直属机构	国家遥感中心
	国家基础地理信息中心
	国土资源部信息中心
	中国资源卫星应用中心
	国家海洋局国家海洋信息中心
	国家环境保护总局信息中心
	水利部遥感技术应用中心
	黄河水利委员会信息中心
	中国测绘科学研究院
	中国国土资源航空物探遥感中心
	中国林业科学研究院资源信息研究所
	中国农科院农业部资源遥感与数字农业重点实验室
中国科学院研究所 / 中心	中国科学院地理科学与资源研究所
	中国科学院资源与环境信息系统国家重点实验室
	中国科学院资源环境科学数据中心
	中国科学院地理信息产业中心
	中国科学院遥感应用研究所
	中国科学院东北地理与农业生态研究所
	中国科学院寒区旱区环境与工程研究所
	中国科学院南海海洋研究所
	中国科学院南京地理与湖泊研究所
	中国科学院南京土壤研究所
	中国科学院长春地理研究所
	中国科学院成都山地灾害与环境研究所
	中国科学院沈阳应用生态所
	中国科学院新疆生态与地理研究所
教育部直属高校	北京大学环境学院
	北京大学遥感与地理信息系统研究所
	北京大学数字中国研究院
	北京师范大学资源学院
	北京师范大学资源科学研究所
	北京林业大学资源与环境学院
	清华大学环境科学与工程系
	吉林大学环境与资源学院
	华东师范大学地理信息科学教育部重点实验室
	南京大学城市与资源系
	南京大学遥感与 GIS 研究所
	南京林业大学森林资源信息研究所
	南京林业大学森林资源与环境学院
	南京农业大学资源与环境科学学院
	南京师范大学地理科学学院
	浙江大学农业遥感与地理信息技术研究所
	福州大学（福建省空间信息工程研究中心）

续表

机构性质	单位名称
教育部直属高校	青岛海洋大学海洋遥感研究所海洋遥感教育部重点实验室
	华南师范大学地理系
	中山大学地环学院遥感应用中心
	武汉大学遥感国家重点实验室
	武汉大学遥感信息工程学院
	西北工业大学资源与环境信息化工程研究所
	西南大学资源环境学院
	中国地质大学资源学院国土资源信息系统研究所
	中国矿业大学测绘与环境学院
	中国农业大学资源环境学院
地方科研机构	安徽省地理信息中心
	福建省空间中心
	重庆市地理信息中心
	甘肃省遥感中心
	广东省国土资源信息中心
	广西壮族自治区基础地理信息中心
	广西壮族自治区遥感中心
	广州地理研究所
	河南省科学院地理研究所
	河南省遥感中心
	湖南省遥感中心
	吉林省地理信息工程院
	吉林省国土资源厅信息中心
	江苏省基础地理信息中心
	江苏省遥感中心
	江西省基础地理信息中心
	江西省遥感信息系统中心
	内蒙古航空遥感测绘院
	宁夏回族自治区遥感中心
	青海省遥感中心
	山东省地勘局遥感技术应用研究中心
	山东省遥感技术应用中心
	山西省农业遥感应用科学研究所
	山西省遥感中心
	陕西省基础地理信息中心
	陕西省农业遥感信息中心
	陕西省遥感中心
	四川省农业科学院遥感应用研究所
	四川省遥感中心
	天津市遥感中心
	西藏自治区遥感应用研究中心
	新疆维吾尔自治区基础地理信息中心
	云南省地理研究所

续表

机构性质	单位名称
地方科研机构	云南省遥感技术研究中心
	河北省遥感中心
	河北省基础地理信息中心
	海南省基础地理信息中心
	浙江省农业遥感与信息技术重点研究实验室
	浙江省资源与环境信息系统重点实验室
地方高校	天津师范大学地理系
	内蒙古师范大学地理系
	哈尔滨师范大学地理系
	河北农业大学资源与环境科学学院
	河南大学环境与规划学院
	上海师范大学城市与旅游学院
	浙江省林学院资源与环境系
	福建师范大学地理科学学院
	江西农业大学国土资源与环境学院
	江西师范大学地理与环境学院
	湖北大学资源环境学院
	中南林业科技大学资源与环境学院
	重庆师范大学地理系
	四川师范大学资源与环境学院
	贵州师范大学资源环境系
	昆明理工大学 GIS 与测量信息工程研究所
	云南师范大学旅游与地理科学学院
	新疆大学资源与环境科学学院

在学科建设和人才培养方面，北京师范大学资源学院、中国科学院地理科学与资源研究所均设立了"自然资源学"硕士、博士研究生专业，已成为我国资源科学高级人才培养的重要基地。此外，与资源信息学密切相关的地理信息系统、遥感、自然地理、资源环境类及农林类专业，每年培养大批本科生、研究生，也为资源信息学的发展提供了强有力的人才储备。但应该看到的是，由于资源信息学属于新兴学科，以本科教育为核心的国内资源信息学专业人才培养体系尚不完善，各级高校还没有"资源信息学"本科专业的设置，滞后于我国经济社会可持续发展对相关专业高级人才的需求。

三、资源信息学发展方向、重点与前景

（一）从资源信息采集、资源信息分析到智慧资源信息研究

最近这些年，智慧城市、智慧区域被人们高度认知。而支撑智慧城市、智慧区域的则是各种智慧资源信息。智慧资源信息主要对事物能迅速、灵活、正确地理解信息。依据智慧资源信息的内容以及所起作用的不同，可以把智慧资源信息分为两类：智慧资源信息发现和智

慧资源信息规整。智慧资源信息发现，可以从杂乱无章的资源信息中挖掘出潜在的、有效的、新颖的、有用的、可理解的资源信息。智慧资源信息规整可以对各种资源信息进行分类、萃取、关联分析等获取新知识、新认知、新规律等。

（二）从静态资源信息、动态资源信息到过程资源信息研究

早期人们研究资源信息基本上是在某个时间切面对单体资源进行分析，随着资源信息量的增加，人们开始关注动态信息的分析，比如基于多期遥感数据的分析，探讨土地利用、植被等的动态变化，形成资源信息图谱。这种资源信息的分析，其实仍然是在不同时间切片上的连续研究，没有将资源信息作为一个系统进行研究，探讨资源信息的生命周期。因此，从资源信息的产生、交换、流动、利用、效果等进行分析，完全跟踪信息流动过程进行研究将是未来的研究方向。

（三）从单体资源信息、相近资源信息到综合资源信息研究

从 20 世纪 70 年代以来，土地信息、生物信息、气候信息、土壤信息、水文信息、植被信息等众多单体信息的研究分散在不同学科在进行研究。但是由于水—土信息、土壤—植被信息等相邻又密切相关性，使这些年人们在关注原来单体资源信息的前提下，开始逐渐将目光聚焦在密切相关资源信息的研究，如土地利用与气候变化等，进而将这种相近资源信息的研究逐渐推向综合资源信息的研究。这些综合资源信息其实是将资源流动作为主要连接体，研究资源信息的综合开发与利用，这方面的如生态足迹、碳足迹等研究。

（四）从资源描述信息、资源数字信息到资源时空信息研究

传统的资源信息是描述性的，如徐霞客时代，这样的描述性信息一直延续到当下仍然在使用，主要表征某项资源的属性。但是为使决策更具确定性，人们对资源的数字信息开始更加关注，进而研究用数字来表征资源特征，如资源数量、质量、储量、可用量、潜在量等。这些信息曾经为我们认识资源、利用资源给予了很大支持。随着社会发展，人们对资源数字的认识水平也在提高，更需要能表征资源信息时空变化的信息，使人们更能了解资源的过去、现在和未来的利用趋势。资源时空信息研究就成了一个发展趋势。这方面的研究不仅在自然科学领域，人文社科领域也有明显需求和发展。

（五）从自然资源信息、社会资源信息到综合资源信息研究

近年来，地理信息、地理信息系统、空间分析以及空间模拟等空间综合方法正逐渐为人文学与社会科学学者关注，尤其是在应用社会科学研究（包括公共政策与规划）领域，利用空间综合方法已经是许多学术会议与研究计划的热点。这种在自然科学与工程技术领域非常流行的方法逐步展现在国际间人文学与社会科学研究圈内，在学科交叉的过程中扮演着重要的角色。

由香港中文大学、北京大学、台湾大学主办的首届"空间综合人文学与社会科学论坛"于 2009 年 3 月在香港中文大学召开，与会者多为从事 GIS 研究的两岸三地、海外的资深学者。2010 年 10 月由南京师范大学和香港中文大学联合主办，江苏省测绘学会 GIS 与制图专业委员会、南京师范大学虚拟地理环境教育部重点实验室、江苏省遥感与地理信息系统学会地图学与 GIS 专业委员会承办的第二届空间综合人文学与社会科学论坛在南京召开。第三届论坛由台湾大学地理环境资源学系承办，于 2011 年 10 月于台北举行。

《空间综合人文学与社会科学研究》（科学出版社，2010）是第一届"空间综合人文学与

社会科学论坛"的成果。作者讨论了人文学与社会科学研究对于空间综合方法的需求、空间综合模型与方法，以及这些方法在历史学、语言学、人类学、社会学、城市学、文化遗产与景观资源学等方面的应用。

（六）从区域资源信息、国家资源信息到全球资源信息研究

随着科技发展，人们的关注资源信息的尺度在发生变化，由研究区域资源的信息（虽然这方面研究仍然在继续）进而关注国家资源信息，尤其是在全球化的今天，世界资源信息开始被人们关注。其标志之一是北京师范大学资源学院和中国科学院地理科学与资源研究所全球变化信息研究中心联合共建的"世界资源研究所"于2006年6月在北京师范大学资源学院正式成立。世界资源研究所将在资源全球化的背景下，联合国内外世界资源及其相关领域知名专家和先进研究团队，在对世界资源科学与技术进行综合性研究基础上，把建设世界资源研究数据和信息共享平台，推动与此相关的科技数据和信息共享与应用作为其四个主要研究任务之一。

（七）从公众资源信息、安全资源信息到共享资源信息研究

由于资源信息的特殊性，政府、学者、公众等获得的资源信息量是不均衡、不对称的。为了使资源信息更好地为公众服务，学者们开始对信息安全进行研究，比如数字水印技术就是其中之一关键技术。通过这些隐藏在载体中的信息，可以达到确认内容创建者、购买者、传送隐秘信息或者判断载体是否被篡改等目的。随着资源信息安全技术问题的解决，共享资源信息就有了保障。因此，安全资源信息、共享资源信息的研究也是新的研究方向。

参考文献

[1] 孙九林. 资源信息学的发展与展望 [J]. 资源科学，2005，27（3）：2-8.

[2] 刘纪远. 资源信息学. 见：孙鸿烈编著，中国资源科学百科全书. 北京：中国大百科全书出版社，2000

[3] 孙鸿烈等. 中国资源科学百科全书 [M]. 北京：中国大百科全书出版社，2000.

[4] 孙九林编著. 信息化农业总论 [M]. 北京：中国科学技术出版社，2001.

[5] 熊大桐. 中国近代林业史 [M]. 北京：中国林业出版社，1989.

[6]《中国近代农业科技史稿》编撰组. 中国近代农业科技史事纪要 [J]. 古今农业，1995（3）：64-83.

[7] 邓成，梁志斌. 国内外森林资源调查对比分析 [J]. 林业资源管理，2012（5）：12-17.

[8] 林调. 湖南的森林调查 [J]. 湖南林业，2002（5）：30.

[9] 孙司衡. 迈进新世纪的我国林业遥感卫星应用 [J]. 卫星应用，2006，8（2）：43-50.

[10] 李建龙，任继周，胡自治，等. 草地遥感应用动态与研究进展 [J]. 草地科学，1996，13（1）：55-60.

[11] 朱大权，商铁兰. 农业遥感应用进展与动向 [J]. 遥感技术动态，1990（1）：41-46.

[12] 周传新，胡品美. 遥感地质发展现状及找矿效果 [J]. 地质与勘探，1978（7）：35-36.

[13] 马蔼乃. 遥感技术及其在地质上的应用 [J]. 石油勘探与开发，1978（3）：79-85.

[14] 李怡毅. 森林资源小班档案管理系统的研究 [J]. 广西林业勘测设计，1996（3）：38-42，34.

[15] 曹世恩. 森林资源信息处理自动化系统的研究 [J]. 林业资源管理，1991（增）：124-129.

[16] 寇文正. 林火管理信息系统 [M]. 北京：中国林业出版社，1993.

[17] 吴炳方. 中国农情遥感速报系统 [J]. 遥感学报，2004（6）：481-497.

[18] 苏大学，刘建华，钟华平，等. 中国草地资源第二次遥感调查研究 // 中国国际草业发展大会暨中国草原学会第六届代表大会. 2002.

[19] 刘纪远，中国资源环境遥感宏观调查与动态研究 [M]. 北京：中国科学技术出版社，1996.

[20] 刘纪远, 布和敖斯尔. 中国土地利用变化现代过程时空特征的研究——基于卫星遥感数据 [J]. 第四纪研究, 2000（3）: 229-239.

[21] 池天河, 张新, 赵小锋, 等. 面向电子政务的地理信息服务体系研究——以"数字福建"为例 [J]. 测绘科学, 2006（2）: 3, 11-12.

[22] 孙九林. 资源环境科学虚拟创新环境的探讨 [J]. 资源科学, 1999, 21（1）: 1-8.

[23] 徐冠华. 三北防护林地区再生资源遥感的理论及其技术应用 [M]. 北京: 中国林业出版社, 1994.

第四篇　部门分支学科史

第十四章 土地资源学

土地资源学是一门以土地资源为对象，对土地资源类型与特征、数量与质量调查评价，以及开发利用、整治、保护与管理诸问题进行综合研究的新型学科[1-3]。其中"土地分类"和"土地资源评价"是土地资源学的核心内容。土地资源学在中国实际上是一门古老的学科，成书于 2000 多年前的《禹贡》和《管子·地员》就已形成了"土地分类"和"土地资源评价"的思想和方法雏形，并成为重要的中华文明遗产。1978 年以来，在吸收 FAO《土地评价纲要》等新理念和技术方法基础上，通过编制全国性三大土地系列图（即《中国 1:100 万土地资源图》《中国 1:100 万土地类型图》和《中国 1:100 万土地利用图》），推动了我国土地资源研究不断地向深度和广度发展，使土地资源学发展成为最具中国本土化科学特征的一门学科。

第一节 土地资源学的产生

土地资源学是在社会生产力发展的总体需求下，紧紧围绕经济社会发展对土地资源研究提出的科技需求，汲取和吸收相关学科营养并借鉴相关新兴技术，在开展区域土地资源研究的过程中不断地丰富自身理论与方法，从而逐渐形成了一门独立且富有强大生命力的学科。

一、土地资源学的背景

（一）经济社会发展呼唤着土地资源研究的开展和学科的形成

一门具体学科的形成与发展是在社会生产力不断发展并对科学技术提出需求的背景下，为了解决社会经济发展中出现的一些重大问题、促进人们对某一科学技术发展的重大问题、关键问题进行研究，并在取得重要科技突破的过程中逐渐形成的。没有社会经济活动为背景，不会有科学技术的形成和发展[4]。

土地资源是人类赖以生存的最基本的自然资源，人类的一切生产和生活均离不开土地。从某种意义上讲，千百年来人类的生产过程也就是与土地打交道的过程。因此，对土地资源的开发、利用以及相应的认知、思索和研究自古以来就受到人们的重视。远在两千多年前，我国便有了土地类型划分、土地资源评价的思想，以及土地规划和土地管理措施，并积累了丰富的利用土地、改造土地的经验。从这个意义上来说，今天的土地资源学是在人类长期以来的生产实践中产生的。

到了 20 世纪初期，由于世界人口急剧膨胀，使得作为生产资料和生存空间的土地资源承受着巨大的压力，人口与土地资源之间的矛盾日益尖锐化，对土地资源的过度开发已引起了一些严重的生态恶果，日益影响到生产建设和社会发展。在这一严峻形势下，人们逐渐认识到，不应当对土地资源进行无限制的、野蛮的掠夺，而是需要将土地资源作为一个重要的科学对象开展系统性的研究，于是，欧美等国从 40 年代开始便有了区域土地资源研究，并在大学里设置了与土地资源研究相关的课程。60 年代后，美国与土地资源研究有关的院系达 20 多个。苏联于 50 年代开始研究土地评价，并在高等院校地理系设置了土地评价专业。我国于 50 年代后期开始进行了有关区域土地资源考察研究，对边远省区的土地资源进行大规模的综合考察与调查，例如橡胶树宜林地调查与评价、宜农荒地资源调查与评价等，这些成果在我国生产建设中起到了重要的基础性作用。这些区域土地资源调查与综合考察，进一步明确了土地资源需要有一门系统的学科对其进行研究。也就是说，随着人地矛盾的尖锐化，经济社会的发展迫切需要对土地资源开展专门的研究，并催逼着土地资源学科的产生。

（二）相关学科和技术的发展支撑了土地资源学科的发展

土地资源学科的形成与发展，离不开相关学科和技术的有力支撑。工业革命之后，相关学科和技术的进步、社会经济的发展促进了土地资源研究，一些与土地资源研究相关的学科，如地理学、土壤学、地质学、生物学、经济学等，分别从不同的角度对土地资源开展研究，但彼此之间较少交叉和渗透。随着科学的发展，人们逐渐认识到，一个区域的土地利用与其气候、地貌、土壤、水文、植物等各种生态环境条件密切相关，因而有必要将各自分散的研究进行综合。尤其是 1976 年联合国粮农组织出版《土地评价纲要》[5]，明确将土地视为自然综合体和人类活动的产物，使土地资源作为一个特定的研究对象，与地理学、土壤学、经济学等相关学科区别开来，形成了特有的土地资源学科。

二、土地资源学的发展历程

总体上分析，土地资源学的研究历史和发展历程大致分为古代（公元前 475 年—公元前 221 年的战国时代至 1860 年洋务运动之前）、近代（1860 年至新中国成立时的 1949 年）和现代（1949 年至今）。

（一）我国古代土地利用经验和知识的积累

土地资源研究在我国有着十分悠久的历史。我国拥有辽阔的国土，在长期的生产实践中，广大劳动人民十分重视土地研究，积累了丰富的经验和知识，对土地有了深刻的认识。

2000 多年前的战国时代，在《周礼》一书中便把全国土地划分为山林、川泽、丘陵、坟衍、原隰五类。这是我国古老的含有现代土地思想的一部著作。《管子·地员篇》更对土地做了系统的划分和详细的描述。在对土地类型研究中，它先将土地按地势分为三大类：渎田（大平原）、丘陵和山地；在各大类之下以地貌、土质为依据，再划分次一级的土地类型，共划分出 25 个类型。《地员篇》并对每个二级类型均作了综合的说明，体现了综合的思想。例如，对平原的各个类型，均指出了其中的木、草、泉水深浅、水质和作物等，有时还提到是否适于居住。这表明，《地员篇》对于土地不仅注意到它的某一自然特点，而且还注意到它的各种自然特点以及它在生产上的作用。《地员篇》的这种综合的观点，很符合现代对于土地的概念。可以说它是世界上最早根据地势、地貌、土质等特点来划分土地类型的雏形。

土地资源评价思想在我国亦萌生很早，可以说我国古代在土地评价方面处于世界领先地位。《禹贡》堪称我国远古时期最早开展土地质量等级划分以及依据土地等级进行赋税的第一本著作，是土地评价和赋税制度在我国远古时期的萌芽。《禹贡》论述了夏禹时代依据九州各类土地质量等级来制定田赋（土地税）的制度。《禹贡》首先将我国土地划分为九个区域（即所谓的"九州"）；然后根据九州土壤的性质，分为9个类型；之后又按肥沃程度，将九州的田地划分为上、中、下三等，每等又分为上、中、下三级；再根据土地肥沃程度等级，安排农业生产，制定适当的田赋。此外，早在2000多年前，《周礼·地官篇》就有土地质量高低的记载，如"辩其野之土，上地、中地、下地，以颁田里"，即为按土地质量高低、计口授田的意思。战国时代的《管子·地员篇》曾就土地的评价分等作过比较详细的记述，它按土地肥力的高低分为"上土""中土""下土"三等，每等土地各有六类土壤，每类土壤分为五物，每等三十物，共九十物；每类土壤又适宜于二种谷类，每等特宜十二种，共三十六种，即"凡土物九十，其种三十六"。《地员篇》中土地适种植物不仅指农作物，而且广泛包括适种树木、果品、纤维、药材、香料等，并且对于畜牧、渔业以及其他动物之类无不备载。因此，《地员篇》中的土地评价已经利用了土地生态学即土地与植物的关系这一基本原理，从土地本身的性质、土地的质量、土地的生产能力和适宜性，对农林牧业生产进行综合评价。在土地评价系统上，实际上采取了等、类、种分级制。这是世界上见诸于文字的最早的土地评价体系。还值得一提的是北宋时期进行的大规模土地清丈，曾按地形、土壤颜色及土地肥力来评定土地质量，根据质量优劣，将土地分成五个等级，作为确定赋税的依据。这可以说是现代土地质量评价的前身。

我国土地规划的历史亦很悠久，例如我国最古老的井田制就是一种典型的土地规划措施"，是我国早期土地利用规划的雏形。

此外，在长期的生产实践中，广大劳动人民对土地资源进行了大力的治理与改造，采取了许多有效的治山、治水、改土工程和措施，积累了宝贵的土地资源整治经验。

总之，可以认为，我国古代土地资源研究的历史十分悠久，其思想萌芽较早，处于世界领先水平。

（二）近代土地资源研究简况

尽管我国早在2000多年前便萌发了土地资源分类与评价的思想，在土地资源研究的各个领域均取得了不少的成就，处于世界领先地位。但在以后长期的封建统治下，这种科学思想没有得到进一步的发展。在近代（1860年至新中国成立时的1949年），我国相关学者在土地资源研究领域虽然有所开展，也取得了一些成果，但主要集中于土地利用的调查与制图，综合性的土地分类研究基本上属于空白，土地评价开展也不多[6]。

土地利用调查与制图研究方面，民国时期我国学术界最早的代表性研究是20世纪30年代初金陵大学（今南京大学的前身）美国籍教授卜凯（John L. Buck）主持的中国土地利用调查。1929—1937年，在太平洋国际学会的资助下，卜凯组织金陵大学农业经济系师生对中国22省、168个地区、16786个农场和38256户农户的土地利用进行了调查，在此基础上编写了《中国土地利用》一书，其英文版于1937年分别在上海（商务印书馆）、美国出版，中文译本于1941年在成都出版。《中国土地利用》全书共三册，分别为论文集、地图集和统计资料。卜凯的《中国土地利用》将我国分为两大农业地带（即小麦地带与水稻地带）、八个农区（即冬麦区、冬麦小米区、冬麦高粱区、扬子水稻小麦区、水稻茶区、四川水稻区、水稻两获区、西南水稻区），探讨了地势、气候、土壤、耕地面积、土地利用、家畜、土地肥力、农场大小、农场劳作、物价、赋税、运输、农产品贸易、人口、食物营养、农家生活水平等问题，内容涉及农村社会、经济生活的各个方面[7]。

同时，以地理学家胡焕庸、任美锷、吴传钧和农学家张心一等为代表的我国专家在民国时期开展了不少土地利用调查与制图研究工作。胡焕庸（1936）在土地利用调查研究的基础上发表了《中国之农业区域》的研究成果（《地理学报》1936 年第 1 期）；张心一在土地利用调查工作基础上发表了《中国农业统计地图》研究成果；吴传钧从 20 世纪 40 年代开始研究土地利用问题，后撰写了《土地利用之理论与方法》（1943）、《威远山区土地利用》（1945）等论文，进而于 1951 年主持编制了《1:4 万南京市土地利用图》；任美锷对四川的农业生产力水平进行了系统研究，并于 1948 年将《中国西南部土地利用研究》成果以首篇的形式发表在美国的《经济地理杂志》上，这些研究成果奠定了中国土地利用研究在国际上的地位。

（三）新中国成立至 1990 年土地资源研究的发展与土地资源学的形成

新中国成立（1949 年）一直到 20 世纪 80 年代末期，随着社会生产力和科学技术的发展，我国土地资源学得以进一步继承和发展，开展了全国性土地分类与制图、全国性土地资源评价与制图、全国性土地利用调查与制图等重大研究，取得了一系列重大的科学研究成果，形成了现代土地资源学。主要表现在：

1. 全国性土地分类与制图

新中国成立后的 1953—1954 年和 1956—1959 年，我国进行了两次全国性的自然区划。随着自然区划工作的深入开展，迫切需要从类型角度对各自然分区的内部特征加以研究，加以剖析，从而推动了土地类型的研究工作。

1978 年制定的全国自然科学发展规划和 1979 年召开的全国农业自然资源调查与农业区划会议将全国 1:100 万土地类型图列为重点项目之一后，我国土地类型的研究发展到一个新的阶段。全国各省（市、自治区）广泛开展了大、中、小比例尺的土地类型调查和制图。《中国 1:100 万土地类型图》由中国科学院地理研究所主持编制，赵松乔研究员任主编，共有 46 个单位、300 余人参加。1981 年以来，中国 1:100 万土地类型图编委会共召开过 3 次全国性学术会议和 10 余次小型学术会议，还出版了《中国土地类型研究》等论文集，不少刊物发表了大量关于土地类型方面的论文，内容上既有土地类型研究的理论、方法、分类系统，又有大、中、小各种比例尺的土地类型调查与制图，使全国已经具有从 1:1 万至 1:100 万的部分地区土地类型系列图，充实和深化了土地类型研究的内容和方法。

1979—1986 年，《中国 1:100 万土地类型图》编制项目完成了以下成果：①制定"中国 1:100 万土地类型图制图规范"（测绘出版社，1989）；②按国际分幅（全国共为 64 幅）已由测绘出版社出版 8 幅 1:100 万彩色土地类型图，即西宁、乌鲁木齐、西安、呼和浩特、太原、海南岛、南京、长沙幅；③已完成吉林、满洲里、虎林、南通、上海 5 幅编稿图的打样。审定北京、武汉、额济纳、和田、且末、克拉玛依、哈巴河、汕头、沈阳等 9 幅编稿图；④在《中国 1:100 万土地类型图》编制研究项目带动下，全国各省区开展了省区与重点地区不同比例尺土地类型图的编制，全国大致有 80%~85% 区域编制了土地类型图。

《中国 1:100 万土地类型图》制定的土地类型分类系统，是我国到 20 世纪末为止最完整的土地类型分类研究成果;《中国1:100万土地类型图制图规范》是我国土地类型制图最规范的制图规范;出版的彩色图是我国较标准的彩色样图。该项成果将我国土地类型研究与制图推进到较成熟的阶段,在国内与国际具有广泛而深刻的影响[8]。

2. 全国性土地资源评价

1949年以后,为适应国民经济发展的需要,先后开展了不同规模的土地资源调查和评价,使我国土地评价理论和实践得到迅速发展。大致可分为四个阶段:

第一阶段:系在50年代初期,为适应土地改革的需要,全国各地普遍开展了耕地的评价分等工作,之后实行的"三定"及1956的农业合作化,为了包工包产,各地又陆续进行了土地评价。这一阶段土地评价的主要特点是:①属于群众性的土地评价。主要依靠各级地方干部和农民群众自己来进行评价,参加人数达数百万人,范围遍及全国。②通过这种评价,一方面基本摸清了全国当时耕地的数量,另一方面普及了土地评价教育,积累了经验和教训,为以后进一步开展工作奠定了基础。③多采用单项指标,很少顾及土地的综合因素。④由于缺乏统一的评价标准,不便作全国性或较大范围的质量对比。

第二阶段:50年代中期至70年代中期,为适应经济建设的需要,陆续开展了自然条件和自然资源方面的考察和研究,其中包括对一些区域进行了土地改造利用评价。这一时期,具有代表性的土地资源研究工作是围绕着以土地开垦为目的而进行的中国宜农荒地资源调查与评价和围绕着以发展橡胶种植为目的而进行的橡胶宜林地调查和评价[9],这两项工作极大地促进了东北、新疆等地的荒地开发和华南、云南等地的橡胶种植,促进了国家和地区农林业的发展。80年代初,中国科学院自然资源综合考察委员会在总结50年代和60年代荒地资源调查、评价研究工作的基础上,出版了《中国宜农荒地资源》专著,系统阐述了全国宜农荒地资源分类、评价、分布及重点片的开发条件与利用方向,这些实地调查与野外研究工作为80年代开展土地类型与土地资源研究工作奠定了实践基础。这一阶段的主要特点是:①土地评价与生产建设结合密切,针对性强。如荒地资源的调查评价直接为黑龙江、新疆、甘肃等省(区)荒地开发服务;而橡胶、紫胶宜林地资源的调查评价研究更是直接推动了我国橡胶、紫胶事业的发展。②受特定的实用目的的限制,多属单项资源研究,很少进行土地的综合评价。③多属区域性的调查研究,而缺乏全国性的工作。④多属经验性的评价,缺乏理论的总结和系统化。⑤土地资源研究主要建立在土壤学基础之上,基本上属于土壤地理学的范畴。

第三阶段:从70年代后期至80年代中期,是我国土地资源评价的重要发展时期。标志性的研究工作是被列为国家《1978—1985年全国科学技术发展规划纲要》中重点科学技术项目第一项和《全国基础科学发展规划》地学重点项目第五项、并列入全国农业自然资源调查和农业区划研究项目计划的《中国1:100万土地资源图》编制。该图是我国第一套全面系统地反映全国土地资源潜力、质量、类型、特征、利用的基本状况及空间组合与分布规律的大型小比例尺专业性地图。由中国科学院自然资源综合考察委员会主持编制,石玉林任主编,全国43个单位、300多位科学工作者协作完成。《中国1:100万土地资源图》的编制研究工作,促进了我国土地评价理论和实践研究的广泛开展和大规模的进行。在召开多次全国性土地资源学术交流及该图编制工作会议基础上,提出了《中国1:100万土地资源图》土地资源分类系统和《中国1:100万土地资源图编制规范》,极大推动了我国土地资源评价研究的迅速发展,并完成了全国1:100万土地资源图的编制。此外,还陆续介绍了美国、澳大利亚、联合国粮农组织等国外的评价理论与经验，有关学术刊物亦相继发表了许多论文，中科院综考会和《中国1:100万土地资源图》编委会还出版了若干集《土地资源研究文集》，大大活跃了学术气氛。《中国1:100万土地资源图》的主要成果包括《中国1:100万土地资源图》（60幅）、分幅说明书、土地资源数据集和数据库、编图制图规范，都已出版发行（除数据库外）。《中国1:100万土地资源图》成果建立的土地资源学科的理论体系（土地资源分类、评价、统计、制图）与制图规范，推动了土地资源科研与教学发展，培养锻炼了一批土地资源研究与教学骨干，有的高等院校把该成果作为教学的主要参考教材（或资料）而开设了土地资源专业课程。这一阶段的主要特点是：①从地区性扩展到全国性的研究；②从单项资源评价走向全面的综合的评价；③从经验评价上升到理论的和系统的研究，从而初步形成了具有我国特色的土地资源评价研究体系；④遥感技术（如航片、卫片等）在土地评价制图中得到广泛的应用。这一时期是我国土地资源评价研究的关键时期[10]，直接推动了土地资源学科的建立和发展。

第四阶段：1986年《中国1:100万土地资源图》编制完成、并相应地成立中国自然资源研究会土地资源专业委员会（即现今中国自然资源学会土地资源研究专业委员会的前身）之后，我国土地资源评价进入了进一步深入发展时期。先后进行了大中比例尺的土地评价与制图；计算机与遥感技术结合，开始在评价与制图中应用；土地评价逐渐从定性、半定性到定量研究；在进一步开展为大农业服务的土地评价的同时，还逐步开展了为城镇建设服务的土地评价。

3. 全国性土地利用调查与制图

我国大规模的土地利用现状调查起步较晚，主要是1978年之后才逐渐开展起来的。1979—1990年间，主要的工作和成果是《中国1:100万土地利用图》的编制。这是国家《1978—1985年全国科学技术发展规划纲要》中重点科学技术项目的第一项和《全国基础科学发展规划》地学重点项目第五项的研究课题。《1:100万中国土地利用图》由中国科学院地理研究所主持，吴传钧（图14-1）任主编，全国41个单位、300多名科学工作者共同协作，历时10年（1981—1990）完成，1990年由西安地图出版社出版。

图14-1　吴传钧（1918—2009）

《1:100万中国土地利用图》是通过大量实地典型和路线调查，充分利用遥感图像及有关专题地图等多元信息资料，在各省、自治区的大、中比例尺土地利用图的基础上，再根据《1:100万中国土地利用图编制规程及图式》的要求，经过逐级缩编而成。这是中国历史上首次按照统一规范进行的大规模土地利用调查与制图研究。《中国1:100万土地利用图》按国际分幅，全套共61幅，每幅图的背面附文字说明。《1:100万中国土地利用图》是我国有史以来第一次以全国为范围，利用统一的比例尺，按照统一的制图规范，通过大规模的土地利用调查和协作而编制的。它以高度的科学性、创新性和广泛的实用性，在国际上独树一帜。该项成果由61幅图组成，以地图和科学专著的形式，全面而系统地展示并研究了我国土地利用的规律、土地利用类型构成及其地域分布规律的基本特征。

在完成《1:100万中国土地利用图》编制并综合分析我国土地利用现状的基础上，配合国家资源开发和经济发展的需要，吴传钧先生组织编写了中国第一部土地利用科学专著《中国土地利用》（科学出版社，1994），对中国土地利用研究理论和实践进行了全面而系统的科学总结，为后来我国土地利用研究和土地利用学科的发展奠定了根本性基础[11]。

此外，我国于1984—1995年间，按照全国农业区划委员会1984年颁布的《土地利用现状调查技术规程》和国发〔1984〕70号文件《国务院批转农牧渔业部、国家计委等部门关于进一步开展土地资源调查工作的报告通知》要求，开展了全国性的土地利用现状调查（称为土地资源详查），完成了全国2843个县级调查单位的调查，并于1996年完成全国统一时点（1996年10月31日）的变更调查和全国汇总。取得的成果主要有:《中国土地资源》《中国土地资源调查技术》《中国土地资源调查数据集》《中华人民共和国土地利用图》（1:50万分幅图，1:250万挂图和1:450万挂图）等10项。这是中国第一次进行的最为全面和最为准确的土地利用现状详查，首次全面查清了我国农村土地的权属界线、各个地块的面积和用途；各个乡（镇）、县、地（市）、省（自治区、直辖市）和全国土地的类型、数量、分布、利用和权属状况。

在土地资源研究的其他方面，如土地利用区划与土地利用规划、土地资源整治、土地资源保护和土地资源管理等方面，亦开展了许多研究工作，研究成果不断涌现。

综上所述，我国土地资源研究的历史可谓源远流长、由来已久，尤其1978年以来，其进展十分迅速。特别是全国性土地分类与制图、全国性土地资源评价与制图、全国性土地利用调查与制图等重大研究项目成果的完成，使土地资源研究的理论体系不断充实、完善，现已发展成为一门独立的学科——土地资源学。尽管该学科的不少理论和方法问题尚待深入探讨和创新研究，但它有着深厚的基础、广阔的前景和强大的生命力。

（四）1990年以来土地资源研究的新发展

1990年以来，我国在土地资源学科有关领域的理论、技术方法和实证研究取得了显著进展。尤其在土地资源调查、土地资源评价、土地利用规划、土地资源整治、土地可持续利用研究、土地利用/覆被变化（LUCC）及其生态效应研究、土地资源优化配置与集约利用、土地分等定级、土地资源安全与生态友好型土地利用等领域先后开展了许多卓有成效的研究工作[12-13]，对推动土地资源学的进一步发展起到了积极作用。

1. 土地资源调查定期开展

2008年2月7日，我国首次颁布了《土地调查条例》，将土地调查作为一种制度。继1996年我国完成第一次土地资源详查、2000年开展国土资源大调查和2004年开展土地更新调查之后，国务院于2006年12月7日下发《国务院关于开展第二次全国土地调查的通知》（国发〔2006〕38号），并于2007年6月26日制定了《第二次全国土地调查总体方案》，正式启动了第二次全国土地调查工作，2009年12月31日完成了全国第二次土地调查数据汇总。2013年12月30日在国务院新闻办公室召开"第二次全国土地调查主要数据成果新闻发布会"，正式公布了第二次全国土地调查成果。

2. 土地资源评价研究成果显著

土地资源评价是土地资源学科研究的核心领域。近20多年来，我国土地评价研究的主要进展表现在3个方面：①从传统的土地类型和土地适宜性评价研究发展到土地质量指标体系研究，尤其世界银行、FAO、UNDP、UNEP等国际组织倡议、推动而发展起来的基于"压力—

状态—响应（Press-State-Response，PSR）"模式的土地质量指标体系在我国得到了一定的应用，已产出了一系列的研究成果。②土地分等定级研究从城镇土地发展到对农用地的分等定级研究，农用地分等定级研究的理论成果和区域研究成果产出较多。③单项土地适宜性评价从农用地转向建设用地评价，为土地利用规划尤其是城镇开发边界划定和城镇建设用地布局服务。

3. 土地利用规划空前发展

土地利用规划被誉为土地资源管理的"龙头"。1990 年以来，我国先后开展了三轮土地利用总体规划的编制和修编工作。尤其是 2006—2010 年开展的第三轮土地利用总体规划修编工作，不仅直接推动了我国各级土地利用总体规划工作的深入发展，还促使国家出台了土地利用总体规划编制规程、制图规范和数据库建库标准。此外，近些年来，我国有关专家学者不仅对土地利用规划模式、可持续土地利用规划理论、土地利用规划方法以及 GIS、遥感、计算机技术和数学方法在土地利用规划中的应用等进行了大量的研究，还在土地利用规划实施评价分析、土地利用规划环境影响评价等方面亦进行了深入的探索和研究，推动了土地利用规划研究的发展。

4. 土地资源整治稳步发展

土地资源整治（包括土地开发、复垦和整理）是我国近年来开展的重要研究与实践领域，受到广泛关注。国家和各省（区、市）每年都在投资开展土地整理项目。我国土地整理的目标定位也从增加耕地的数量逐渐扩展到改善农业生产条件和生态环境、提高农业综合生产能力、促进新农村建设、统筹城乡发展等方面，并在理论上和实践上取得一定的成果。这表明我国的土地整理已经开始从传统的土地整理阶段向以提高推进新农村建设和改善乡村发展能力为主要目的的现代土地整理阶段演变。

5. 土地资源可持续利用研究蓬勃发展

自从 1990 年土地可持续利用的概念正式确立以来，土地可持续利用研究得到了蓬勃发展。尤其 FAO1993 年正式颁布《可持续土地利用评价纲要》之后的 10 多年里，我国许多学者在《可持续土地利用评价纲要》确定的评价指标框架基础上，依据所在研究区域的资源环境的本底特征、社会经济条件和土地利用状况，对可持续土地利用评价的指标体系和方法进行了实证研究，相关研究成果文献大量涌现。

6. 土地利用/覆被变化（LUCC）研究进一步深化

20 世纪 90 年代以来，在国际地圈生物圈计划（IGBP）和国际全球变化人文计划（IHDP）的大力推动下，土地利用/土地覆被变化（LUCC）研究成为全球环境变化研究的核心领域。我国许多专家和科技人员紧紧瞄准国际研究动向，在土地利用/土地覆盖分类系统、LUCC 监测技术、LUCC 驱动机制、LUCC 建模、不同尺度的典型区域 LUCC 及其生态环境效应研究等方面开展了大量的研究，尤其是针对重点地区和敏感地区的区域性研究较多，取得了重要进展。

7. 土地资源生态安全与生态环境友好型土地利用研究逐渐兴起

土地生态建设、环境保护型土地利用等方面的研究，深受国内外学术界与管理界的重视。在我国，随着可持续发展战略推进和土地生态问题的日益突出，学术界陆续开展了土地生态与资源安全领域的科研实践，尤其在土地生态评价指标、土地资源安全理论和保障措施等方面已有丰硕的成果发表和出版。近些年来，在建设环境友好型社会的宏观背景下，国内许多学者着眼于特定区域（如山区、农牧交错生态脆弱区）生态友好型土地利用的模式与途径研究。我国 2006—2010 年开展的各级土地利用总体规划修编中，按照国土资源部相关规定和要求，各地都开展了各级土地利用总体规划修编的前期专题研究项目《协调土地利用与生态建设研究》，其中包含了各级区域环境友好型土地利用研究，从而极大地推进了我国生态友好型土地利用的研究工作。

第二节　土地资源学理论体系的形成

尽管随着当今经济社会的迅速发展和国家的科技需求，使得土地资源学的研究范畴不断扩展，日益涉猎不少新领域、新方向，但总体上，土地资源学科以土地分类和土地资源评价作为基本支柱和核心内容，随着我国三大土地系列图件的成功编制，促进了土地分类和土地资源评价理论体系的形成，从而使土地资源学科得以成为一门独立的学科，并不断地得到了发展。

一、土地分类理论体系的形成

自然界的土地复杂多样。土地分类，一般是指依据土地的性状、组成、用途等方面的差异性，按照一定的目标和规律，将单个的土地单元按质的共同性或相似性归并成不同的类别，从而形成具有一定从属关系和不同等级的类别体系。为了研究、分析各类土地的特点及其异同点，为各业生产和经济建设提供服务，科学地进行土地分类并建立合理的土地分类体系是必不可少的基础工作。

我国土地分类的研究历史悠久。早在 2500 多年前就有土地类型划分的记载。如，战国时代的《周礼》把全国土地划分为五大类，即"山林"（生长树木的地方）、"川泽"（江河湖泽之地）、"丘陵"（比较低缓的起伏之地）、"坟衍"（坦荡平原之地）和"原隰"（低洼平坦的湿地）；《管子·地员篇》按地形将全国土地划分为三大类，即"渎田"（大平原）、"丘陵"和"山地"，然后再按土壤或地形分出 25 类，其中，"渎田"按土质差异分成 5 类，"丘陵"按地貌形态和地表组成物质的差异分成 15 类，"山地"则根据地势的高低分成 5 类；《禹贡》将"九州"的土壤分为"白壤""黑坟""赤埴坟""涂泥""青黎""黄壤""白坟""垆埴"等类型，再按肥力高低将土地划分为上、中、下三等。这些可谓世界上最早的具有土地分类思想萌芽的著作。

按照不同的属性、目的和要求，土地分类也就不同。在我国，目前基础性的土地分类主要有土地自然属性分类（即土地类型）和土地利用现状分类 2 种分类体系。

（一）土地类型研究与分类体系的形成

土地是地貌、气候、土壤、水文、植被等自然要素与人类活动相互作用而形成的综合体。按土地自然属性的相似性与差异性来划分土地类型，可以揭示土地类型的分异和演替规律，遵循土地构成要素的自然规律，最有效地挖掘土地生产力。土地类型的划分虽然古已有之，但真正开展土地类型的科学研究是在新中国成立之后。

50 年代末，苏联景观学派有关土地类型调查与制图的理论与方法介绍到了中国之后，我国部分地理学者（如杨纫章、林超、赵松乔、缪鸿基、陈传康等）分别在广东鼎湖山、川西马尔康、北京山区、河西走廊、乌兰布和沙漠、珠江三角洲、毛乌素沙漠等地开展了土地类型调查与制图研究。这些研究工作，不仅有较为深入的理论探讨，也有广泛的实践探索，为70年代开展的土地类型研究奠定了较好的基础。

1978年国家制定的《1978—1985年全国科学技术发展规划纲要》将《中国1:100万土地类型图》列为重点科学技术项目的第一项"农业自然条件、自然资源和农业区划的研究"中的研究课题以及《全国基础科学发展规划》地学重点项目第五项"水土资源和土地利用基础研究"的研究课题；1979年4月，《中国1:100万土地类型图》又被列入全国农业自然资源调查和农业区划的研究项目计划。这一方面说明了土地类型研究受到了国家的高度重视，同时也标志着我国的土地类型研究跨入了一个新的发展阶段。在《中国1:100万土地类型图》编制项目的带动下，围绕土地类型划分的理论研究、分类体系探讨和区域实践广泛地展开。

土地类型图是反映土地这一地表自然综合体的各种不同类型的地理分布及其特征的专题地图。通过广泛、深入的研究、探讨和实践，《中国1:100万土地类型图》编委会首次制定了全国土地类型的分类原则和分类系统以及制图规范。鉴于中国自然条件复杂，土地类型千差万别，《中国1:100万土地类型图》将我国土地类型分为土地纲、土地类、土地型3个级别。首先按水热条件（$\geq 10^{\circ}C$期间的积温和干燥度）的组合类型划分出土地纲，土地纲反映的是土地的光温水生产力，全国共划分12个土地纲，即湿润赤道带、湿润热带、湿润中亚热带、湿润北亚热带、湿润半湿润暖温带、湿润半湿润温带、湿润寒温带、黄土高原、半干旱温带草原、干旱温带暖温带荒漠、青藏高原。在"纲"之下，按大（中）地貌类型（山区以垂直地带为主要指标）划分出"土地类"；在"类"之下，按植被亚型或群系组、土壤亚类进一步划分"土地型"。土地纲是研究土地形成、特性、结构、分类的基础，土地型是制图的基本单元。土地类型图的编制以地形图、卫星象片（航空象片）、质量好的更大比例尺的土地类型图为基本资料，以邻近学科的各种专业图件、文献资料和统计资料作补充和参考。1989年，《中国1:100万土地类型图》编委会主编的《中国1:100万土地类型图制图规范》[14]由测绘出版社正式出版；同时，按国际分幅的西宁幅、乌鲁木齐幅、西安幅、呼和浩特幅、太原幅、海南岛幅、南京幅和长沙幅8幅1:100万彩色土地类型图先后由测绘出版社出版，标志着我国土地类型理论与分类体系得以形成。

《中国1:100万土地类型图》的成功编制，为我国土地类型的深入调查研究和制图开创了新局面。此后，土地类型研究进一步拓展，开展了土地类型结构、空间与时间演替以及根据土地类型分异进行区域发展战略和区域整治方向的探讨。

（二）土地利用现状分类体系的形成

我国的土地利用现状分类是按照土地的用途、经营特点、利用方式和覆盖特征来进行分类的。总体上看，1978年以前，尽管开展了区域性的土地利用调查和制图探索与研究工作，但尚未真正形成完善的全国性土地利用现状分类体系。1978年，《中国1:100万土地利用图》的编制项目被列为国家《1978—1985年全国科学技术发展规划纲要》中重点科学技术项目的第一项和《全国基础科学发展规划》地学重点项目第五项的研究课题。

1979年，吴传钧发表了重要论文《开展土地利用调查与制图为农业现代化服务》[15]，在论述当前我国土地利用存在问题与编制土地利用图必要性、总结国外土地利用调查与制图经验的基础上，结合我国实际，提出了中国1：100万土地利用现状图分类体系与表达方法。这篇论著堪称《中国 1:100 万土地利用图》的奠基之作。之后,在吴传钧先生的主持下,由 41个单位、300 多名科学工作者共同协作,历时 10 年(1981—1990),圆满完成了《中国 1:100万土地利用图》的编制。取得了三个标志性的成果:

一是制定和出版了《1:100 万中国土地利用图编制规程及图式》[16](科学出版社,1986),首次制订了全国性土地利用分类的原则和分类系统,将全国土地利用划分为三级分类系统,其中一级类型包括耕地、园地、林地、牧草地、水域及湿地、城镇用地、工矿用地、交通用地、特殊用地及其他土地 10 个类型;二级类型共分 42 个。

二是编制完成并正式出版了《1:100 万中国土地利用图》(西安地图出版社,1990)。这是中国历史上首次按照统一规范进行的大规模土地利用调查与制图研究。《中国 1:100 万土地利用图》按国际分幅,全套共 61 幅,每幅图的背面附文字说明。内容包括:区域自然与经济特点,土地利用概况与主要类型,土地利用存在问题及对策。

三是撰写和出版了中国第一部土地利用科学专著《中国土地利用》[17](科学出版社,1994)。这是新中国成立以来我国土地利用研究成果的科学总结,既有理论又有实际,既有全国性的宏观规律阐述又有区域性规律阐述,为后来我国土地利用研究和土地利用学科的发展奠定了根本性基础。

正是上述全国性土地利用分类的原则和分类系统的首次制定、《1:100 万中国土地利用图》的成功编制以及中国第一部土地利用科学专著《中国土地利用》的正式出版,使我国的土地利用现状分类体系得以正式形成。

此外,基于全国县级土地利用现状详查的实际需要,1984 年 9 月由全国农业区划委员会发布了《土地利用现状调查技术规程》,将全国土地利用现状类型分为 8 个一级类、46 个二级类。8 个一级类分别为耕地、园地、林地、牧草地、居民点及工矿用地、交通用地、水域及未利用土地。第一次土地详查和之后的历年土地变更调查均采用这一土地利用现状分类,一直沿用到 2001 年 12 月。

为了满足土地用途管理的需要,科学实施全国土地和城乡地政统一管理,扩大调查成果的应用,国土资源部制定了城乡统一的"全国土地分类",并于 2001 年 8 月印发了《全国土地分类(试行)》(国土资发〔2001〕255 号),2002 年 1 月 1 日起试行。《全国土地分类(试行)》采用三级分类。其中一级分为农用地、建设用地和未利用地 3 类,也就是《土地管理法》的三大类。二级分为耕地、园地、林地、牧草地、其他农用地、商服用地、工矿仓储用地、公用设施用地、公共建筑用地、住宅用地、交通运输用地、水利设施用地、特殊用地、未利用土地和其他土地 15 类。三级分为 71 类。为了保证新旧土地分类体系衔接,国土资源部还制订了颁布的《全国土地分类(过渡期间适用)》,采用三级分类,共分为 3 个一级类、10 个二级类、52 个三级类。

2007 年,基于第二次全国土地调查的需要,国家首次制订了土地利用现状分类的国家标准,即《GB/T21010—2007:土地利用现状分类(GB/T21010—2007)》[18]。该分类标准于2007 年 8 月 10 日由中华人民共和国质量监督检验检疫总局、中国标准化管理委员会联合发布和实施。《土地利用现状分类》采用土地综合分类方法,根据土地的利用现状和覆盖特征,对城乡用地进行统一分类,共分为 12 大类、57 个二级类。12 个大类分别是耕地、园地、林地、草地、商服用地、工矿仓储用地、住宅用地、公共管理与公共服务用地、特殊用地、交通运输用地、水域及水利设施用地、其他土地。第二次全国土地调查按照《土地利用现状分类（GB/T21010—2007）》执行。这标志着我国土地利用分类理论体系的发展进入了新的阶段。

二、土地资源评价理论体系的形成

成书于战国时期的《禹贡》《管子·地员篇》等著作是世界上最早的体现土地资源评价的专著，表明我国古代已具备了土地资源评价的萌芽，至今仍有一定参考意义和价值。

新中国成立以来，我国土地资源评价研究得到了逐步的发展，尤其50年代中期至70年代中期开展的服务于土地开垦的中国宜农荒地资源调查评价以及《中国宜农荒地资源》专著、服务于橡胶种植的橡胶宜林地调查评价等研究工作，为80年代进一步开展土地资源评价研究奠定了基础。

1976年联合国粮农组织出版《土地评价纲要》，提出了土地评价的6条基本原则和四级制评价系统（适宜性纲、适宜性级、适宜性亚级和适宜性单元）。这一体系对我国后来的土地资源评价体系的建立有着重要的参考意义。

1978年，石玉林发表了著名的《土地与土地评价》[19]一文，在论述土地与土地资源概念与内涵、土地类型与土地结构特点基础上，对土地资源质量评价的理论依据与方法、评价因素鉴定、土地资源质量评价分类（分级）体系进行了创造性的探讨，结合我国实际，首次提出了"区"（反映土地生产潜力）、"等"（即土地质量等级）、"组"（反映限制因素和改造措施）和"型"（即土地资源类型，属评价单元）四级制土地质量评价分类体系。这一论著被称为《中国1:100万土地资源图》的奠基之作。

之后，《中国1:100万土地资源图》的编制项目被列入《1978—1985年全国科学技术发展规划纲要》中重点科学技术项目的第一项和《全国基础科学发展规划》地学重点项目第五项的研究课题，并列入全国农业自然资源调查和农业区划的研究项目计划。在中国科学院自然资源综合考察委员会石玉林先生的主持下，由国内43个单位、300多位科学工作者密切协作，首次完成了全国范围的土地资源图的编制。

《中国1:100万土地资源图》是以国家测绘总局1980年出版的《1:100万地形图》为底图，利用1972年、1984年的美国陆地资源卫星影像与实际调查资料相结合编制而成。土地资源评价分类系统按潜力区、适宜类、质量等、限制型、土地评价单元5个等级。

《中国1:100万土地资源图》的主要成果包括《中国1:100万土地资源图》（60幅）、分幅说明书、土地资源数据集和数据库、编图制图规范。除数据库外，都已出版发行。其中，《中国1:100万土地资源图》于1986—1989年由西安地图出版社陆续出版，而《中国1:100万土地资源图编图制图规范》[20]则于1990年11月由科学出版社出版。《土地资源数据集》是按土地资源分类系统进行分省、分潜力区、分类型逐级逐项量算统计。

该项成果是在多年综合考察与土地资源研究的基础上，吸收了国内外经验，克服了理论和技术上的一系列困难，建立了适合中国特点的土地资源分类体系和与此相适应的土地资源统计体系，并首次完成了土地资源综合制图，具有首创性、综合性与系统性特点。《中国1:100万土地资源图》所提供的资源数据是全面的、系统的，特别是其中土地适宜性、土地质量等与土地限制型的土地评价部分的资源数据在国内尚属首次。

通过《中国 1:100 万土地资源图》的成功编制，建立了土地资源学科的理论体系（包括土地资源分类、评价、统计、制图）与制图规范，推动了土地资源学科的发展和建设。这之后，基于《中国 1:100 万土地资源图》及相关研究成果，以土地资源评价为核心的"土地资源学"著作（或教材）陆续出版问世。

进入 90 年代以后，土地资源评价研究领域不断拓展，适应国家经济社会发展的科技需求，开展了土地经济评价（包括城镇土地分等定级与估价、农用地分等定级与估价等）、土地生态安全评价、土地可持续利用评价等多种评价研究工作，成果不断涌现。

第三节　土地资源研究方法的演进

土地资源的研究方法多种多样，就其研究内容的指向性而言，土地资源研究方法包括土地资源调查、土地资源评价、土地利用规划等多个方面，其中，调查和评价是土地资源学基础研究的重要方法，规划则是土地资源学应用研究的重要内容。近来，国内还强调开展土地资源综合研究[21]。

一、土地资源调查方法

土地调查是非常重要的基础性国情调查工作，受到历朝历代重视。在调查方法上，从历史上的多种土地清丈方法，到现今已演变为先进的"3S 技术"土地调查方法。

（一）历史上的土地清丈方法

我国幅员辽阔，要开展全国性土地调查来取得各类土地面积及其分布情况是非常困难的。历史上，一般采取"土地清丈"的方式，尤其以清丈耕地为主，以便征收土地税赋。历史上较大的土地清丈所使用的方法主要有：方田均税法、径界法、推排法和鱼鳞图册法。由于种种条件限制，历史上能顺利完成全国土地清丈工作的次数不多。东汉光武帝建武十五年（公元 39 年），因天下垦田数不实，皇帝下诏州郡检复，这是历史上第一次全国性土地丈量。宋代对农田清丈较为重视，历朝皇帝都进行过小规模的清丈，北宋最大一次是神宗时，采用王安石所创的"方田均税法"进行土地清丈。南宋最大的一次是用"径界法"进行土地清丈。明朝举行过两次有成效的全国性土地清丈，即洪武、万历两朝的土地清丈，采用"鱼鳞图册法"，编制鱼鳞图册，在技术规程上对方向方位、成图方法、计量单位与计算方法、地图格式、符号表示等都有了明确统一的规定。清朝则继续沿用了万历年间所编的鱼鳞图册，只有局部开展了清丈工作。

（二）民国时期的土地测量方法

在民国时期，统治者对赖以开辟税收来源的土地测量较为重视，继承了明、清以来清丈田地的举措，并在技术方法上有了进步。1914 年，北洋政府下令"清理田亩，厘定径界"，相继建立径界局，制定径界法规草案，成立测量队。1928 年，南京政府于内政部设土地司，掌理全国土地测量，1942 年专设地政署，1947 年改为地政部。民国时期许多地方开展了地籍测量。上海市于 1927 年 8 月开始地籍测量，是中国用近代测量技术进行地籍测量最早的地方。其后，江西、南京、江苏、湖北、浙江、安徽、河南等省相继开展了地籍测量。这一时期地藉测量还采用了航空摄影方法。陆地测量总局航摄队 1933—1939 年航测 1:1000、1:2000 地籍图 84597 幅。地政部门实施《地籍测量规则》，规定地籍测量程序是：三角测量；导线测量及交会点测量；户地测量；计算面积及制图。户地测量比例尺为 1:500、1:1000、1:2000、1:5000、1:10000。户地测量采用平板测量和航空摄影 2 种方法。户地原图测定后，应与邻图接边，接合无误后即可着墨，在原图上计算面积，以图幅理论面积作控制，量算每宗地面积，采用求积仪及三斜法计算面积，三斜法要采用实量数据。

（三）50 年代的土地清查方法

1951 年 7 月，财政部颁布《农业税查田定产工作实施纲要》，省以下各级政府组成查田定产委员会，乡（或村）组成农业税调查评议委员会，利用土改时的田赋材料，抽丈或普丈，或通过调查人口、亩数、划分土地类别，评定土地等级，编造土地清册，于 1955 年结束。这是一次较为系统的大规模地籍清查工作。

1958 年 10 月在全国范围开展了第一次群众性土壤普查工作，主要调查了耕地土壤，没有量算土地利用分类面积。于 1966 年完成，提交四图一志成果，即全国 1:400 万土壤图、土地利用现状图、土壤改良分区图和土壤养分图及全国土壤志。

（四）现代土地资源调查方法的演进

1978 年以来，我国先后开展的《1:100 万中国土地利用图》调查与制图、第一次土地资源详查和第二次全国土地调查，在调查技术和方法上不断发展和进步。所采用的方法主要有野外调查法、航测法、卫片调查法、综合调绘法、"3S 技术"土地调查方法。野外调查法是土地资源调查中最为直接、基本、原始的调查方法，至今仍为现代土地资源调查不可或缺的方法，它又分全野外调绘法、路线调查法、典型地段调查方法。航测法目前日益发展，可分为胶片航测法、数字化航测法和无人机航测法，其中数字化航空摄影测量具有直观、低成本、相对精度高的优点，因而得到最广泛采用。这些技术方法不是孤立的，即使是 2007—2009 年开展的最新的第二次全国土地调查，在采用先进的"3S 技术"土地调查方法的同时，还结合采用了野外调查法，作为"外业调查"这一重要环节的基本方法。

1.《1:100 万中国土地利用图》调查与制图的方法

1981—1990 年编制的《1:100 万中国土地利用图》，是通过大量实地典型和路线调查，并充分利用遥感图像及有关专题地图等多元信息资料，在编制各省、自治区的大、中比例尺土地利用图的基础上，再根据《1:100 万中国土地利用图编制规程及图式》的要求，经过逐级缩编而成。

《中国 1:100 万土地利用图》按国际分幅，全套共 61 幅。

2.土地资源详查的调查技术方法

1984—1996 年开展的全国第一次土地利用现状详查（又称土地资源详查，简称土地详查），系采用大比例尺基础图件进行的一种分类较细、精度要求较高的土地利用现状调查，按照全国农业区划委员会 1984 年颁布的《土地利用现状调查技术规程》[22]要求，以县为单位进行调查。本次调查中，土地利用现状调查与权属调查同步进行。

本次调查采用航片判读与野外调查相结合的方法来进行。调查工作底图一般为农区 1:1 万，重点林区 1:2.5 万、一般林区 1:5 万、牧区 1:5 万或 1:10 万地形图，以及相应比例尺的航摄像片或影像平面图。使用的航片，1/2 是 80 年代和 90 年代初拍摄的；使用的地形图和影像平面图，80 年代和 90 年代初测绘的占 60%；使用的卫片均为 80 年代。《土地利用现状调查技术规程》对"外业调绘""航片转绘"和"土地面积量算"三个核心内容做出了明确的精度要求。

量算面积以求积仪法、方格法、网点板（点距 1.0 毫米）法、图解法等为主，按《规程》规定的精度来进行各类土地面积量算。采用任何方法均需量算二次，其误差在允许范围内，用其平均值。

因受图件条件和财力、技术力量的限制，全国各省、各县完成调查的时间不一致，最早的试点县是 1981 年开始的，最晚是 1995 年完成的，而大多是 1990—1994 年完成的，因而造成现状调查数据的时差，为了统一时间，国家部署了全面开展变更调查工作，把土地资源详查数据按 1996 年 10 月 31 日作为统一时点进行汇总。

3. 第二次全国土地调查的调查技术方法

第二次全国土地调查，是指根据国务院《关于开展第二次全国土地调查的通知》（国发〔2006〕38 号）的要求，按照统一制定的土地利用分类国家标准（即《GB/T 21010—2007：土地利用现状分类》）和技术规范（即《TD/T1014—2007：第二次全国土地调查技术规程》[23]），于 2007—2009 年在全国范围内以县级为单位开展的土地利用现状调查工作，简称"二次土地调查"。

二次土地调查主要任务包括农村土地调查、城镇土地调查、专用土地调查、各级土地调查数据库建设。与第一次土地资源详查相比，二次土地调查在调查技术方法上有了进一步的发展和创新，它以航空、航天遥感影像为主要信息源，运用先进成熟的空间对地观测技术、空间数据库技术和网络技术，采用内外业相结合的调查方法，以全数字化信息获取方式，准确获取翔实的土地基础数据，形成从土地数据的获取、处理、存储、传输到分析评价和信息服务全过程完整的土地调查工作技术体系。二次土地调查做到了三个"首次"，即：①首次采用统一的土地利用分类国家标准；②首次采用政府统一组织、地方实地调查、国家掌控质量的组织模式；③首次采用覆盖全国遥感影像的调查底图，实现了图、数、实地一致，做到了全面、真实、准确，取得了丰硕的调查成果。

二、土地资源评价方法的演进

《禹贡》《周礼·地官》和《管子·地员篇》所记载的古代土地评价，在方法上属于主观定性评价法。在评价指标上，考虑了地貌、土质、土壤颜色、肥力等因素。

50 年代初期，全国各地普遍开展了查田定产工作，从而拉开了我国土地资源评价工作的序幕。查田定产工作采用了发动群众民主评议、逐级平衡的方法，对全国的土地资源类别与级别进行了划分和评定。这一评价方法的特点是：①属于主观定性评价方法，但充分吸收了群众的智慧和经验；②大多采用单项指标，很少顾及土地的综合因素进行综合分析和评价；③各地在查田定产时，缺乏统一的评价标准，不便于全国性或较大范围的质量对比。

50 年代中期至 70 年代中期，我国开展了宜农荒地资源调查评价和橡胶树宜林地调查评价等针对性很强的土地评价工作。这一时期土地评价方法的主要特点是：①由于土地评价大多直接为生产建设以及土地整治服务，针对性强，因而大多属于单项评价，很少进行土地的综合评价；②多属经验性的定性评价，尚缺乏理论上的总结和系统化；③评价指标考虑了地貌、气候、土壤等因素，但还没有制定统一的指标分级标准体系。

从 70 年代后期至 80 年代中期，基于《中国 1:100 万土地资源图》的编制，是我国土地资源评价的重要发展时期，在评价方法上有了较大的进展。在这一阶段，联合国粮农组织《土地评价纲要》、美国土地潜力分级体系等国外的土地评价理论、方法与经验被引进到了我国，推动了我国土地评价研究的迅速发展。在评价方法上的特点主要是：①不仅传统的分等法等定性评价方法得到了进一步的发展和完善，而且一些定量方法（如评分法等）在我国一些地方进行了实证研究，更多的是采用定性与定量相结合的评价方法；②从单项评价走向全面的、综合的评价（如《中国 1:100 万土地资源图》）；③从经验性评价上升到理论的和系统的评价体系研究，从而初步形成了具有我国特色的土地评价研究体系；④遥感技术（如航片、卫片等）在土地评价制图中得到广泛的应用。

1986 年《中国 1:100 万土地资源图》编制完成之后，我国土地资源评价进入了进一步的深入发展时期。这一时期，国内先后出现了大中比例尺的土地评价与制图研究，在技术方法上，呈现出新的一些特点：①采用地理信息系统与遥感技术相结合的新技术，开始在评价与制图中得到了应用。②计量方法在土地评价中得到越来越广泛的应用，使土地评价方法逐渐从以往的定性、半定性评价上升到定量评价研究。随着 3S 技术和自动制图技术等高新技术的发展与应用，通过提高数据更新、评价精度、土地动态评价等方面技术，土地资源评价已能够快速完成多元与多维的信息复合分析[24]。

90 年代初以来，我国土地评价工作围绕国土综合整治与区域治理而开展。土地评价尤其是大农业土地评价特别侧重定性与定量相结合，综合考虑自然、经济、社会三个方面因素进行综合评价。同时，在全国范围内的农村地区广泛展开了农用地分等定级和估价工作，逐步发展、形成资源价值管理评价。此外，传统的土地适宜性评价也正在逐渐深入并不断拓展。近几年来，服务于城镇开发边界划定和城乡建设用地布局的城镇用地适宜性评价取得了一定的进展，尤其针对低丘缓坡土地资源综合开发利用和"城镇上山"战略而开展的山区城镇建设用地适宜性评价研究，已构建了相应的评价指标体系、评价标准以及技术方法模式[25]。

在当今，土地资源评价目标越来越广泛，评价过程中注重定量评价，评价方法种类更加丰富，除了层次分析法、多指标综合评价方法、模糊聚类分析及灰色关联度分析法等方法的深入应用之外，又加入了运算模型、计算机模型等智能模型，在城乡土地评价中开始广泛推广 GIS、遥感、网络技术等高新技术手段，使土地资源评价方法在不断的演进和完善基础上实现新的跨越。

三、土地资源利用规划方法的演进

从土地资源学应用的核心领域——土地资源开发利用规划（简称土地利用规划）来看，尽管我国古代的井田制已具有了早期土地利用规划的雏形，但我国真正意义上的全国性土地利用规划的开展当属 1986 年成立国家土地管理局并实施《中华人民共和国土地管理法》之后。至今为止，我国已开展了三轮全国性土地利用总体规划编制，规划内容不断完善，规划方法不断发展和创新，使我国成为世界上土地利用规划体系最为完备的国家。

（一）第一轮土地利用总体规划（1986—2000 年）的规划方法

"六五"期间，我国年均减少耕地大幅度增大，人地矛盾突出，在此严峻形势下，国家于 1986 年正式成立了国家土地管理局，并首次颁布了《中华人民共和国土地管理法》，规定"各级人民政府编制土地利用总体规划，经上级人民政府批准执行"。于是，按国务院的部署，开展了第一轮土地利用总体规划。本次规划是按照我国实现社会主义现代化建设第二步战略目标的要求以及《国民经济和社会发展十年规划和第八个五年计划纲要》要求而编制的。基期为 1985 年，规划目标年为 2000 年，规划期为 1986—2000 年，并展望到 2020 年。本轮规划是有计划商品经济下的服务型土地利用规划，建立了包括国家级、省级、市（地）级、县级和乡（镇）级的五级土地规划体系；制定了《省级土地利用总体规划编制要点》和《县级土地利用总体规划编制要点》，奠定了我国土地利用规划体系的基础。

在规划方法上，第一轮规划初步建立了符合中国国情的土地规划方法[26]：①建立了包括准备工作、确定土地利用问题和规划目标、编制规划方案、规划报告的审议和报批 4 个阶段的基本程序；②提出了综合分析、公众参与、定性方法和定量数学模型及计算机技术相结合的土地用规划基本方法，并应用于规划的编制实践中；③强调土地利用地域分区并制定区域土地利用指标和利用措施。在全国土地利用总体规划的 5 个专题（"全国土地利用现状研究""全国土地粮食生产潜力及人口承载潜力研究""全国不同地区耕地开发治理的技术经济效益研究""全国城镇用地预测研究""全国村镇用地预测"）研究中，采用 AEZ 进行了耕地的预测和分析；采用经济分析的方法，探讨村镇用地的预测方法研究；建立了基本的预测和评价方法；采用了 GIS 技术进行全国土地利用分区的研究等，为后来我国土地利用规划的开展奠定了良好的方法论基础。

（二）第二轮土地利用总体规划（1996—2010 年）的规划方法

为了进一步保护耕地，1997 年 5 月中共中央国务院印发了著名的中发〔1997〕11 号文件《关于进一步加强土地管理切实保护耕地的通知》，要求各级人民政府要按照提高土地利用率、占用耕地与开发复垦挂钩、实现耕地总量动态平衡的原则，以保护耕地为重点，严格控制占用耕地，统筹安排各业用地，认真做好土地利用总体规划的编制、修订和实施工作。各省（自治区、直辖市）必须严格按照"耕地总量动态平衡"的要求，做到本地耕地总量只能增加，不能减少，并努力提高耕地质量。紧接着，全国人大常委会于 1998 年 8 月 29 日修订了《土地管理法》，确立了土地利用总体规划的法律地位，强化了土地利用总体规划对城乡土地利用的整体调控作用。于是，为了实现社会主义现代化建设第二步战略目标发展阶段的需求，配合国民经济和社会发展"九五"计划和 2010 年远景目标的实现，国家启动了第二轮土地利用总体规划。规划基期为 1997 年，规划末期为 2010 年，并展望到 2030 年。本轮规划建立了社会主义市场经济体制时期以耕地保护为主题的规划。

在规划方法上，第二轮规划建立了指标加分区的土地利用规划模式。采用指标加分区的方法，对用地进行自上而下的层层控制。主要指标包括：耕地保有量、基本农田、非农建设占用耕地、土地开发、整理和复垦指标等。其中，国家级的"分区"体现为宏观性的土地利用分区（指地域分区或综合分区），具有指导性，为区域土地利用政策服务；而基层的"分区"则体现为土地用途管制分区，具有操作性，为地方土地利用控制提供依据。土地用途管制分区体系和分区方法的创立，彰显了我国土地利用规划上的创新与进步。

在基层土地利用总体规划中，实现了定性、定量与定位的有机结合，从而具体落实了土地用途管制制度，使我国的土地管理技术实现了跨越。通过定量的土地利用指标的宏观控制、定位的土地利用空间布局和定性的用途管制规则 3 个基本技术方法手段，使土地利用总体规划在土地资源管理中充分发挥着"龙头"和"核心"的作用。

这一时期的土地利用规划中，定量模型方法的应用较多，主要体现在：①引入了用于解决分区与分类问题的主成分分析模型与模糊聚类分析模型，用以反映区域特点，从而为布局、划区和规划设计提供科学依据。②引入了协调与平衡模型，通过区域宏观经济分析以期协助解决土地利用结构问题，运用土地需求量预测模型达到土地利用供需平衡预测的目的。③经济数学模型与 GIS 技术在指导土地利用的宏观控制、协调、平衡、需求预测、土地利用规划中得到了更多的应用。

（三）第三轮土地利用总体规划（2006—2020 年）的规划方法

进入 21 世纪以来，我国进入一个新的发展时期，经济和社会结构正在加速变化，土地利用管理面临前所未有的压力。我国人口众多，土地资源相对不足，资源环境承载能力较弱；且我国即将迎来三大高峰——人口高峰、城市化高峰和工业化高峰，对土地需求十分强烈；与此同时，耕地锐减，土地资源浪费、土地利用效率低下、土地生态环境恶化、土地权益公平失衡等问题亦日益尖锐。2004 年 10 月，国务院以国发〔2004〕28 号文印发了《国务院关于深化改革严格土地管理的决定》，提出了深化改革、进一步完善符合我国国情的最严格的土地管理制度的明确要求。在此形势下，立足国情，应对挑战，开展了第三轮全国性土地利用总体规划的修编。本轮规划以 2005 年为基期，2020 年为规划目标年，规划期限为 2006—2020 年。

第三轮规划以节约集约用地、保护耕地与保障发展为核心，强调"18 亿亩耕地红线"为首要目标任务；注重了科学发展观与"五个统筹"（即统筹城乡发展、统筹区域发展、统筹经济社会发展、统筹人与自然和谐发展、统筹国内发展和对外开放）的要求，高举了"节约集约用地"和"严格保护耕地"这两面旗帜。

与第二轮规划相比，第三轮规划在技术方法上有了更大的创新与进步，主要体现在：

（1）首次制定和出版了市县乡三级土地利用总体规划编制规程，即《TD/T 1023—2010 市（地）级土地利用总体规划编制规程》《TD/T 1024—2010 县级土地利用总体规划编制规程》和《TD/T 1025—2010 乡（镇）土地利用总体规划编制规程》（中国标准出版社 2010 年 8 月版）；同时，国土资源部还首次制定了市县乡三级土地利用总体规划制图规范和数据库建设标准，极大地提高了土地利用总体规划的技术水平。

（2）规划指标设置上有了创新，提出了规划的刚性和弹性指标，实现了"刚柔并济"——"刚性"与"弹性"相结合的规划方法模式。"刚性"是指规划目标是为了实现我国土地基本国策和经济社会战略目标，而使规划表现出指标的固定性和实施的强制性；"弹性"则是指为了适应未来经济和社会发展所存在的不确定性，而使规划所表现出来的灵活性和可变性。第三轮规划中，要求各级规划均确定了 6 个约束性（"刚性"）指标——耕地保有量、基本农田面积、城乡建设用地规模、新增建设占用耕地规模、土地整治补充耕地规模和人均城镇工矿用地规模，这 6 个约束性指标是规划期内不能突破的指标，以此作为对各级土地利用的刚性控制；而其他用地指标则作为预期性（即指导性或称弹性）指标（包括园地、林地、牧草地、建设用地总规模、城镇工矿用地规模、交通水利用地规模、新镇建设占用农用地规模等），使规划具备一定的应变能力，能适应社会经济发展对土地的需求。本轮规划的"弹性"还体现在基本农田的"多划后占"上，使规划的应变能力显著增强。

（3）进一步发展了指标加分区的土地利用规划模式。在指标控制上除了划分出"约束性指标"和"预期性指标"进行自上而下的层层控制之外，在"分区"上形成了自上而下的"土地利用地域分区（或综合分区）→土地利用功能分区→土地用途分区"体系。其中，国家级的"分区"体现为宏观性的土地利用地域分区，具有指导性，为实现差别化的土地利用政策服务；省级和市（地）级除了地域分区之外，主要体现于"功能分区"中，尤其市（地）级土地利用总体规划图主要表现的是土地利用功能分区体系；而基层（县级和乡镇级）的"分区"则体现为土地用途分区，用以具体落实土地用途管制制度。

（4）首次制定了市县乡三级建设用地管制分区体系和划区方法。为了加强对各地建设用地的空间管制，按保护资源与环境优先、有利于节约集约用地的要求，结合建设用地空间布局安排，在市县乡三级土地利用总体规划中均划分出允许建设区、有条件建设区、限制建设区和禁止建设区，并规定了建设用地管制分区图的编制方法和建库要求。

（5）确立了土地利用总体规划评估方法。要求对上一轮规划实施情况和实施效果进行科学评估，作为本轮规划编制的基础依据。此外，本轮规划还开展了规划的环境影响评价。

（6）运用公众参与方法进行规划的编制。以往的土地规划大多仅依靠政府组织部分专家来编制规划。在第三轮规划中，"规程"明确规定，规划编制应采取多种形式，广泛听取基层政府、部门、专家和社会公众对规划目标、方案、实施措施等的意见和建议。"公众参与"方法的引入，使土地规划从过去"关起门来编规划"演进到"敞开门来编规划"，确保规划做到"从群众中来，到群众中去"，使规划成为全社会群体集思广益、统一思想和形成共识的过程，使"民意"得到体现，利于有效调动全民的土地利用意识、土地生态保护意识，同时使规划的实施得到群众支持。

另外，值得一提的是，第三轮规划中，GIS 技术得到了充分的应用，使土地利用总体规划制图和数据库建设取得了显著的成效。

第四节　土地资源研究成果的应用

土地资源调查、土地资源评价、土地利用规划等有关研究成果在我国经济建设和社会发展中得到了广泛的应用，使土地资源学科日益成为具有强大生命力的重要学科。

一、土地资源调查成果的应用

（一）土地资源详查成果的应用

1984—1996 年开展的全国土地资源详查，于 1996 年 10 月完成了全国数据的统一时点汇总，标志着此项浩大系统工程的完成。由于本次土地资源详查首次全面、翔实地查清了我国土地资源的家底，查清了耕地、园地、林地、牧草地、居民点及工矿用地、交通用地、水域和未利用土地等 8 个一级类和 46 个二级类的面积、分布、利用和权属状况，并分级编制了土地利用图，形成了全面的汇总数据和文字成果资料，因此，土地详查成果成为全国土地资源管理工作的重要基础资料。经国务院决定，土地调查成果是变更各类土地统计数据的基础，也是编制各级土地利用总体规划的法定基础数据。

1996 年以来，土地资源详查成果广泛地应用于土地登记、土地统计、土地评价、各级土地利用总体规划、各级土地开发复垦整理规划和项目设计、基本农田保护区划定、土地征用的补偿与安置、工程勘测定界、建设项目选址、以及土地执法监察等土地资源管理工作的各个方面，起到了一查多用的显著效果。此外，在土地详查中，除荒山、荒地、滩地、大水域权属问题外，其他土地的权属基本查清，对已查清的土地进行了集体所有权和集体土地建设用地使用权的登记发证，使土地所有者、使用者的合法权益得到了保护。

此外，土地资源详查成果为农业部门进行农业普查、制定农业区划、编制农业长远规划和计划、进行农业结构和布局调整提供了基础资料，直接服务于农、林、牧、渔业生产。同时，土地资源详查成果还广泛应用于城镇和农村建设、行政勘界、灾情统计和灾后重建等方面，为国民经济宏观决策、合理安排有限土地资源提供了重要依据。

（二）第二次全国土地调查成果的应用

自 2007 年 7 月开展的第二次全国土地调查，经过 3 年的努力，形成了以 2009 年 12 月 31 日为标准时点的全国汇总调查成果，2013 年 12 月国土资源部发布了调查数据成果公报，标志着权威并具有现势性的第二次土地调查数据正式公开启用。

第二次全国土地调查利用遥感、GIS 等先进技术，全面掌握了全国各类用地的分布、利用情况和城乡各类土地的权属状况，建立了互联共享的覆盖国家、省、市（地）、县四级的集影像、图形、地类、面积和权属为一体的土地调查数据库，建立起了土地资源变化信息的调查统计、及时监测与快速更新机制，因而应用前景广阔。近几年来，第二次全国土地调查成果已在全国经济建设和社会发展中发挥了重要的作用，尤其为各级政府决策与规划、各业发展规划与布局、工程建设可行性研究与规划设计、新一轮土地利用总体规划修编以及土地整治、高标准基本农田建设、永久性基本农田划定提供了依据和支撑性资料，并为土地管理各项工作奠定了坚实的基础。

在国土资源领域，调查成果除了服务于日常的国土资源管理工作外，在国家近年来重大的国土资源管理决策支持、重大项目的规划建设中都发挥了重要作用。调查成果作为新形势下的新一轮土地利用总体规划修编（2006—2020 年）和土地整治规划（2011—2015 年）编制的基础数据和图件资料，对各级土地利用总体规划和土地整治规划的修编起到了支撑性作用；同时，调查成果对于土地变更调查及动态更新、集体土地确权登记发证及纠纷调处、耕地保护和后备资源调查、"一张图"综合监管平台的建立、土地登记信息动态监管、促进完善土地市场与物权体系、实现不动产统一登记等工作发挥了不可替代的作用。

在政府宏观管理中，土地调查为各级人民政府日常决策和制定社会经济发展规划提供了重要的依据，特别是基于第二次土地调查的年度变更调查成果已经成为衡量国民经济建设和社会发展、有效参与国民经济宏观调控不可缺少的重要基础数据。

此外，第二次全国土地调查成果在协助农业部门完成农村土地承包经营权调查中发挥了基础作用。同时还在"地理国情普查""工业用地普查"中发挥了重要的基础作用。由于形成了完善的数字化成果，在各地的"数字城市""智慧城市""数字城管""数字水务"和"数字税务"建设中，调查数据发挥了基础性的作用，在生态保护、防灾减灾、公安、法院、消防、电力等领域也产生了重要的价值。

二、土地资源评价成果的应用

（一）土地适宜性评价成果的应用

新中国成立以来，我国土地适宜性评价迅速发展，其研究成果较多，在指导全国和区域合理利用土地资源方面起到了积极的作用，应用领域也不断拓展。

50 年代中期至 70 年代中期开展的中国宜农荒地资源调查评价和橡胶宜林地调查评价，分别应用于东北、新疆等地的荒地开发和华南、云南等地的橡胶种植实践中，推动了国家和地区粮食生产和橡胶产业的发展，为我国经济建设做出了贡献。

1980—1989 年编制的《中国 1:100 万土地资源图》成果建立了土地资源学科的理论体系与制图规范，不仅推动了土地资源科研与教学发展，培养锻炼了一批土地资源研究与教学骨干，有的高等院校把该成果作为教学的主要参考教材（或资料）而开设了土地资源专业课程，而且其图件和资源数据已被有关部门应用，如全国农业区划委员会在编制《农业区域开发总体规划》工作中直接应用了图件和数据，国家计委国土规划司在编制《全国国土总体规划纲要》、审查《全国土地利用总体规划》等方面都应用了该项研究成果。

在三轮土地利用总体规划的编制中，大多强调土地适宜性评价作为土地利用结构调整与用地布局的基础依据。尤其在划定基本农田保护区、制定宜农荒地开发规划时，普遍应用了当地的土地适宜性评价成果，使评价成果成为制定规划和战略决策的重要基础依据。

2000 年以来，我国开展了许许多多的国家级、省级及地方性土地整治项目（包括土地开发、复垦和整理项目），其间直接或间接地开展了大量微小尺度的土地适宜性评价，对土地整治区域的选择、整治时序安排、生态环境保护以及土地整治项目区的规划设计方案编制起到了指导作用。

近年来，在一些环境生态脆弱区的开发整治中，出现了丰富的土地适宜性评价成果，这些评价成果为生态脆弱区人地矛盾的解决提供了指导，满足了土地合理利用、防止土地退化和保护生态健康的需要。

围绕经济作物展开的单一用途的土地适宜性评价也受到了重视，成果颇丰，为区域经济作物发展规划的制定、经济作物的种植数量与布局等提供了决策依据。

在林、牧业方面，部分学者开展了林地、草地的适宜性评价，为林业用地规划决策、草地资源的合理利用、管理和水土流失的治理提供了基础依据。

同时，城镇土地适宜性评价成果应用的成效显著。以城市建设用地质量为主的适宜性评价不断开展，研究成果评定了城市建设用地质量等级，为城市规划和城市发展建设提供了基础依据；在城市改建和扩建中，也出现了大量的土地适宜性评价成果，为城乡接合部地区协调用地矛盾、为城市迁建等提供了指导；城市内部土地适宜性研究成果则为提高城市土地利用集约程度提供了优化路径，促进了城市用地的合理布局与结构调整。近几年来，随着低丘缓坡土地资源综合开发利用和城镇上山战略的实施，丘陵和山区城镇建设用地适宜性评价取得了大量的成果，为土地利用总体规划编制中的城镇开发边界划定和城镇建设用地布局以及城市规划部门的城镇建设规划编制提供了重要的基础依据。

（二）农用地分等定级成果的应用

2001 年国土资源部颁布《农用地分等定级规程》（试行），在全国进行农用地分等定级试点的省（区）中应用，之后于 2003 年正式颁布了《农用地分等规程》《农用地定级规程》和《农用地估价规程》，从而推进了全国农用地分等定级评价的开展，全国及各省市的农用地分等定级的实证研究成果不断涌现。

　　我国农用地分等定级估价工作的开展，使得各地耕地质量状况得以定量化，为基本农田保护区划定的质量要求以及实行耕地"分级管理"提供了基础和依据；根据农用地分等成果，对"自然质量等"较高而"利用等"及"经济等"偏低的区域进行整治，为土地整理项目的选择提供了明确的目标，还为土地开发整理项目质量评价体系的建立提供了依据；农用地分等定级成果明确了每块耕地的质量等级，为"耕地占补平衡"项目由单纯数量平衡向数量和质量综合平衡升级提供了契机，使得占优补劣现象得到一定遏制，同时也广泛应用于异地占补平衡项目；农用地分等定级成果还有助于评估区片综合地价，分别确定农用地价格和社会保障平均价格，从而形成更为合理的征地补偿标准，保护失地农民的合法权益，在我国征地补偿中发挥了显著的作用；成果描述了农用地的质量等级和价值情况，提供了相对客观的价格参考体系，使农用地的流转更为合理，从而促进了农村土地市场的发育；成果提供了土地资源质量和价格方面的全覆盖的动态资料，有助于提高土地利用总体规划修编的科学性和合理性，在土地利用现状分析、土地质量评价、土地需求量预测、农用地规划设计等方面发挥了重要的作用。

（三）城镇土地定级估价成果的应用

　　我国城镇土地分等定级估价工作在 90 年代得到了广泛的开展，2001 年发布的《城镇土地分等定级规程》与《城镇土地估价规程》是我国土地管理领域的第一批国家标准。近 10 余年间，以土地估价师为核心的专业队伍按规程的技术标准开展了我国城镇建设用地分等、定级及估价等大量专业技术工作，取得了大量成果，为建立我国土地的"等—级—价"体系、显化土地资产、规范土地市场、促进土地节约集约利用发挥了重要的作用。近年来，随着社会经济日益发展，土地市场及土地评价与管理领域出现了新的变化和需求，2010 年国家重新修订了《城镇土地分等定级规程》与《城镇土地估价规程》，并于 2014 年 7 月正式实施。重新修订后的规程是业内人士在多年研究实践中总结提炼形成的共识，已有大量实践操作基础，便于促进分等、定级及估价工作更加科学合理地开展，并进行了信息化手段带来的相应技术改进。

　　城镇土地分等定级的成果广泛地得到了应用，成效明显，主要体现在：①有助于国家全面掌握城镇土地质量及利用状况，科学管理和合理利用城镇土地；②为国家和政府制定各项土地政策、促进土地使用制度改革、加强土地宏观调控提供了科学依据；③为加强国家对土地市场管理、科学合理征收土地税费，加快土地资源向土地资本转变提供了科学依据；④为制订城镇土地利用规划、调整土地利用结构、合理安排土地用途、确定土地利用强度、提高土地使用效率提供了科学依据；⑤为建立地价动态监测体系、定期修正和公布基准地价和标定地价奠定了基础。

三、土地利用规划成果的应用

　　土地利用规划是土地利用管理的"龙头"，是我国实行土地用途管制的基础。自 1986 年《土地管理法》颁布实施以来，我国已组织开展了三轮土地利用总体规划的编制工作，建立起国家级、省级、市（地）级、县级和乡镇级五级土地利用规划体系和规划成果，并由各级政府具体实施。

土地利用总体规划的编制和实施是解决各种土地利用矛盾的重要手段，也是保证国民经济协调发展的重要措施，在保障粮食安全、重点建设和各业协调发展中发挥了重要作用。

首先，土地利用规划成为政府调节土地资源配置的重要手段。通过编制和实施土地利用总体规划，统筹安排了各项建设用地指标和区域布局，通过总体规划和年度计划，从三个方面调控了土地供应：一是总量调控，从全局角度提出了增加或抑制资源供应的建议；二是区域调控，制定了不同区域的供地政策，引导了区域产业布局逐渐优化；三是分类调控，通过供地政策，促进了产业结构调整。

其次，规划有效地解决了土地利用中的重大问题。通过规划，划分了土地利用区，实行了土地用途管制，通过规划引导，明确了产业用地的优先供给与限制供给问题。水利、交通、能源、环境综合治理等基础设施和国家重点建设项目用地、重要生态保护用地和旅游设施用地得到了重点保障。

再次，规划成为土地利用管理的重要依据。通过规划的引导、调控，实现了土地资源集约合理利用，保障了社会经济的可持续发展。

第五节　土地资源学科建设与学术交流

一、土地资源学科建设与人才培养

（一）土地资源学科建设

我国土地资源方面的知识源于古代土地的丈量和分配。近代以来，我国土地资源学科在地理学、农学、土壤学、经济学等基础上逐渐建立起来。我国开设土地资源学科相关专业的院校有农业类、理工类、师范类、地质类、经济类和综合性大学，以及中国科学院等科研机构。各类院校和科研单位发挥自身优势开展土地资源学科建设，按技术型、管理型和科研型模式培养土地资源学科人才。

1997年，国务院学位委员会调整《授予博士、硕士学位和培养研究生的学科、专业目录》，土地资源管理作为公共管理一级学科下的一个二级学科。1998年全国高等教育专业调整后，才统一为土地资源管理专业，各院校根据自己的特色，授予土地资源管理专业本科学位为管理学或工学学士。我国土地资源学科形成了以土地资源管理专业为核心的包括地理科学类、测绘类、经济学类、生态学等在内的专业群。

把握学科自身的发展规律和满足国家经济社会发展需求，共同促使我国土地资源学科建设不断完善，包括理论的发展、领域的拓展、方法的创新等。《土地资源学》专著（或教材）的出版是我国土地资源学科建设取得成效的重要指标，据统计，1991年以来我国正式出版的《土地资源学》专著（或教材）已近20部，如林培主编《土地资源学》（中国农业大学出版社，1991，1996），杨子生编著《土地资源学》（云南大学出版社，1994），苏壁耀编著《土地资源学》（江苏教育出版社，1994），朱翔等编著《土地资源学》（气象出版社，1995），陈百明编著《土地资源学》（中国环境科学出版社，1996），宋子柱主编《土地资源学》（中国环境科学出版社，1996），刘黎明主编《土地资源学》（中国农业大学出版社，2002，2004，2010），王秋兵主编《土地资源学》（中国农业出版社，2003），朱德举等编著《土地资源学》（海洋出版社，2003），邱道持著《土地资源学》（西南师范大学出版社，2005），梁学庆主编《土地资源学》（科学出版社，2006），陈百明等编著《土地资源学》（北京师范大学出版社，2008），刘卫东等编著《土地资源学》（复旦大学出版社，2010），吴斌等编著《土地资源学》（中国林业出版社，2010），谭术魁主编《土地资源学》（复旦大学出版社，2011），陈常优等著《土地资源学》（科学出版社，2015）。

此外，中国自然资源学会主编的《2006—2007资源科学学科发展报告》（中国科学技术出版社，2007）和《2011—2012资源科学学科发展报告》（中国科学技术出版社，2012）均有专章的土地资源学科发展报告，有力地促进了土地资源学科的建设与发展。

（二）土地资源学科人才培养

我国土地资源学科人才培养的专业来自土地资源管理以及其他专业。土地资源管理专业自创建以来为我国培养出了一大批土地资源学科人才。2015年，全国约有85所大学开设土地资源管理本科专业，近90余所大学开设土地资源管理硕士研究生专业。从招生简章看，各高校招生方向设置差别较大，在3~15个不等，主要包括土地资源调查与评价、土地资源可持续利用、土地利用与生态安全、土地信息系统（技术）、土地规划与城乡规划、国土资源遥感、土地经济与资源经济、不动产评估与管理、土地信息与地籍管理、土地行政与土地法、土地管理与城镇建设、土地资产与土地市场管理、土地整理与生态恢复、房地产金融、房地产经营与管理等。具有土地资源管理博士学位授予权的高校从1998年的2所高校（南京农业大学和中国人民大学）增加到2015年的17所高校（北京大学、北京师范大学、东北大学、复旦大学、华中科技大学、华中农业大学、吉林大学、南京农业大学、清华大学、武汉大学、厦门大学、浙江大学、中国地质大学、中国矿业大学、中国农业大学、中山大学、中国人民大学等）。

我国土地资源学科的人才培养还来源于其他专业，如地理学、应用经济学、农林经济管理、生态学、测绘科学与技术等。这些专业培养了一定数量的土地资源学科人才，尤其是土地资源学科研究方向的硕士和博士研究生。

（三）土地资源学科实践教学

由于我国开设土地资源学科相关专业的院校在专业定位和人才培养目标上各有侧重，因而在相应的实践教学环节也各有异同。对偏重于技术型人才培养的院校（多为理工类、师范类、地质类院校）建立土地信息系统、土地工程、土地利用规划等实验室，侧重规划（土地利用规划等）、技术（勘测技术等）、工程（土地整治工程等）等动手能力的实践教学；而对偏重于管理型人才培养的院校（多为农业类、经济类院校），建立土地政策、法规、经济、管理等研究室，突出社会实践和管理等能力的实践教学。对于研究型人才的实践教学会偏向校内学术沙龙、校外学术交流等。此外，各院校与国土资源管理部门、土地规划部门合作等方式共同构筑了土地资源学科的实践教学体系。

二、土地资源研究机构与学术交流

（一）土地资源研究机构

我国土地资源学科领域的主要科研机构有中国科学院地理科学与资源研究所、中国土地勘测规划院、中国科学院生态环境研究中心、中国国土资源经济研究院、中国农业科学院农业自然资源和农业区划研究所等国家级机构。一些省级地理研究所、国土勘测规划院等单位亦开展了大量的土地资源研究工作。同时，近百所高等院校设有土地资源科学研究的相关机构，如北京大学土地科学中心、北京师范大学土地资源与城乡发展研究中心、南京农业大学中国土地问题研究中心、中国人民大学土地政策与制度研究中心、中国农业大学土地政策与法律研究中心等。

（二）土地资源学术组织

中国自然资源学会土地资源研究专业委员会成立于1986年6月，是专门开展土地资源研究和学术交流的全国性学术组织。石玉林院士担任土地资源专业委员会首届主任，肖笃宁研究员担任第二届主任，倪绍祥教授担任第三届主任（2002年10月至2006年7月），刘彦随研究员担任第四届主任（2006年7月至2015年7月），杨子生教授担任第五届主任（2015年7月至今）。中国自然资源学会土地资源研究专业委员会着力于组织全国性土地资源学科建设与土地资源学术交流与合作，致力于人才培养、普及土地资源科学知识，传播土地资源科学思想，为国家土地资源调查、评价、开发、利用、整治和管理等方面提供了科技服务。

（三）土地资源学术交流

土地资源研究专业委员会近30年来组织和开展了一系列卓有成效的学术活动，使土地资源专业人员队伍不断发展壮大，对促进我国土地资源科学研究和实践、服务于国家经济建设发挥了十分重要的作用。尤其是2002年11月在南京师范大学举办"2002'全国土地资源研究热点与新进展学术研讨会"以来，土地资源专业委员会已将"两年一次"全国性土地资源学术研讨会的举办完全制度化，并建立起承办单位自愿申请、竞争与专业委员会审定的运作机制，形成了土地资源专委会的特色年会品牌。

据统计，自2004年7月到2015年7月的11年间，土地资源专委会主办的全国土地资源学术研讨会达8次，即"2004'全国土地资源态势与持续利用学术研讨会（云南昆明，2004.07）""2006'全国土地资源战略与区域协调发展学术研讨会（广西南宁，2006.07）""2008'全国土地资源可持续利用与新农村建设学术研讨会（重庆，2008.07）""2010'全国山区土地资源开发利用与人地协调发展学术研讨会（云南昆明，2010.07）""2012'中国农村土地整治与城乡协调发展学术研讨会（贵州贵阳，2012.07）""2013'全国土地资源开发利用与生态文明建设学术研讨会（青海西宁，2013.07）""2014'全国土地开发整治与建设用地上山学术研讨会（云南昆明，2014.01）""2015'全国土地资源开发整治与新型城镇化建设学术研讨会（河南安阳，2015.07）"，这8次研讨会参会人数共计达1350人。相应地，在2004.07—2015.07期间，土地资源专委会主编出版了全国土地资源学术会议论文集8本，收录论文数达804篇，总字数达1072.7万字。

参考文献

[1] 杨子生. 土地资源学［M］. 昆明：云南大学出版社，1994.
[2] 中国自然资源学会. 2006–2007资源科学学科发展报告［M］. 北京：中国科学技术出版社，2007.
[3] 中国自然资源学会. 2011–2012资源科学学科发展报告［M］. 北京：中国科学技术出版社，2012.
[4] 朱德举. 土地科学导论［M］. 北京：中国农业科技出版社，1995.

［5］ FAO．A framework for land evaluation［R］．Rome：Soil Bulletin，No.32，1976.

［6］ 倪绍祥．土地类型与土地评价（第二版）［M］．北京：高等教育出版社，1999.

［7］ 张静．太平洋国际学会与1929—1937年中国农村问题研究——以金陵大学中国土地利用调查为中心［J］．民国档案，2007（2）：84-92.

［8］ 申元村．中国1:100万土地类型图编制研究［EB/OL］．http：//www.igsnrr.ac.cn，2010-06-18.

［9］ 封志明，刘玉杰．土地资源学研究的回顾与前瞻［J］．资源科学，2004，26（4）：2-10.

［10］ 石玉林．土地资源研究三十年［J］．资源科学（原《自然资源》），1986，8（3）：54-57.

［11］ 郭焕成．吴传钧先生对中国土地利用研究的重要贡献［J］．经济地理，2008，28（2）：187-188.

［12］ 刘彦随，杨子生．我国土地资源学研究新进展及其展望［J］．自然资源学报，2008，23（2）：353-360.

［13］ 刘彦随．中国土地资源研究与学术交流新进展［J］．自然资源学报，2013，28（9）：1479-1487.

［14］ 中国1:100万土地类型图编委会．中国1:100万土地类型图制图规范［M］．北京：测绘出版社，1989.

［15］ 吴传钧．开展土地利用调查与制图为农业现代化服务［J］．资源科学（原《自然资源》），1979，1（2）：39-47.

［16］《1:100万中国土地利用图》编委会．1:100万中国土地利用图编制规程及图式［M］．北京：科学出版社，1986.

［17］ 吴传钧，郭焕成．中国土地利用［M］．北京：科学出版社，1994.

［18］ 中华人民共和国国家质量监督检验检疫总局，中国国家标准化管理委员会．中华人民共和国国家标准GB/T 21010-2007．土地利用现状分类［S］．北京：中国标准出版社，2007.

［19］ 石玉林．土地与土地评价［J］．资源科学（原《自然资源》），1978（2）：1-13.

［20］ 中国1:100万土地资源图编图委员会．中国1:100万土地资源图编图制图规范［M］．科学出版社，1990.

［21］ 刘彦随．土地综合研究与土地资源工程［J］．资源科学，2015，37（1）：1-8.

［22］ 全国农业区划委员会．土地利用现状调查技术规程［S］．北京：测绘出版社，1984.

［23］ 中华人民共和国国土资源部．中华人民共和国土地管理行业标准TD/T1014-2007．第二次全国土地调查技术规程［S］．北京：中国标准出版社，2007.

［24］ 倪绍祥．我国土地评价研究的近今进展［J］．地理学报，1993，48（1）：60-69.

［25］ 杨子生．山区城镇建设用地适宜性评价方法及应用——以云南省德宏州为例［J］．自然资源学报，2016，31（1）：64-76.

［26］ 蔡玉梅，谢俊奇．改革开放以来我国土地利用规划的评价［J］．国土资源科技管理，2005（3）：57-61.

第十五章　水资源学

　　水是生命之源、生产之要、生态之基。人类生存和发展离不开水，与人类相关联的一切生物也离不开水。人类一出现就与水打交道，在漫长的人类文明发展史上，逐步从生产和生活实践中总结出许多水资源利用的经验和知识。但是，在相当长的一段时间内，有关水资源的专业知识多是分散在水文学、水力学、地理学等传统学科体系中。20世纪中期以来，随着社会经济的高速发展和人口的过快增长，水资源问题日益突出，并直接影响到社会发展和人类的生存环境，从而极大地提高了学术界对水资源的研究热情，有关水资源研究的理论和方法逐步形成，水资源学应运而生，并且很快成为当今研究内容最为丰富的优先发展学科。本章介绍水资源学的基本概念及研究内容，梳理水资源学形成的脉络，阐明水资源学的发展特点和研究进展。

第一节　水资源学的形成

一、水资源的概念及特点

　　人类很早就开始对水产生了认识，东西方古代朴素的物质观中都把水视为一种基本的组成元素，水是中国古代五行之一，西方古代的四元素说中也有水。水的表现形态有气态、液态和固态，存在形式有地表水、地下水、土壤水和大气水，有些人还单列出植物水。

　　地球上各种形态的水通过蒸发、蒸腾、水汽输送、凝结降水、下渗和径流等环节，不断地发生相态转换和周而复始的运动，这一过程称之为水循环。水循环是联系大气圈、水圈、岩石圈和生物圈相互作用的纽带，永不停息的水循环使得各种水体能够长期存在，形成自然界千差万别的水文现象，并且作为溶剂在生态系统中起着能量传递的作用。水也是生物体最重要的组成部分，作为营养物质循环的介质，在生命演化中起到重要的作用。由于水循环的这些功能和作用，使水成为一种可被人类社会长期利用的可再生资源。

　　水资源一词究竟起源于何时，现在很难进行考证。一般认为，1894年美国地质调查局水资源（Water Resources）处的成立，标志着"水资源"一词在国际上正式出现并被广泛接纳。但是，迄今并没有一个统一的水资源定义，对水资源概念的界定也是多种多样[1]。广义的水资源泛指地球上水的总体，包括大气中的降水、河湖中的地表水、浅层和深层的地下水、冰川、海水等。如在《英国大百科全书》中，水资源被定义为"全部自然界任何形态的水，包括气态水、液态水和固态水"。在《中国水利百科全书》（水文与水资源分册）中也有类似的提法，水资源被定义为"地球上各种形态的（气态、液态或固态）天然水"[2]。

　　狭义的水资源，仅指与人类生存和发展密切相关的、可利用的、而又逐年能够通过大气降水得到恢复、更新的淡水。该定义有下列几层含义：①水资源是人类生存与发展不可替代的自然资源；②水资源是在现有技术、经济条件下通过工程措施可以利用的水，且水质应符合人类利用的要求；③水资源是大气降水补给的地表、地下产水量；④水资源是可以通过水循环得到恢复和更新的淡水资源。

　　水资源具有流动性、可再生性、多用途性、公共性、利害两重性和有限性等特点。具体地说，水资源有一种自我调节能力，在水量上损失（如蒸发、流失、取用等）或水体被污染后，可以通过大气降水和水体自净等途径得到恢复、更新，这是水资源可供永续开发利用的本质特性，但这种更新的能力是有限度的。水资源可用于农业灌溉、水产养殖、航运、工业生产、水力发电、生活日用等，随着生产和生活水平的提高和技术进步，人类对水资源的依赖性还会增强。

　　从全球情况来看，地球水圈内全部水体总储存量为 13.86 亿立方千米，绝大多数储存在海洋、冰川、多年积雪、两极和冻土中，在现有技术条件下人类可利用的水资源实际只有大约 0.1065 亿立方千米，仅占地球总储存水量的 0.77%；而且水资源时空分布极不均匀，在一定区域、一定时段内水资源量是有限的，为争水而引发的矛盾或冲突在缺水地区时有发生。

二、古代水资源知识的积累（1860 年洋务运动以前）

　　人类在相当长的历史时期内，为了生活和生产的需要，对水资源进行开发利用。在水资源开发利用过程中，对水资源的特性、数量、规律进行认识、观察，并在一定程度上对水资源规律进行了定性描述、经验积累、推理解释。

　　早在商代时期，我国就有农田灌溉的记载，开始了引水灌溉。商代已有沟洫工程的记载，实行井田制，把土地划分为"井"字型的 9 个区域，每一个地块之间都有沟渠和道路，形成了灌溉系统。到了周代，沟洫工程有了进一步发展，在《诗经·小雅·白桦》中记载了滮水自南向北流，可以浇灌稻田的内容。

　　春秋战国时期，随着社会生产力提高，铁制生产农具逐渐推广，沟洫系统逐渐被灌溉排水系统所替代，农田水利工程进入了一个新的发展阶段，已建成比较完善的灌溉排水系统。春秋战国时期已经出现大型的引水灌溉工程，比如由楚国孙叔敖在公元前 605 年修建的期思雩娄灌溉工程，这是我国最早的大型引水灌溉工程。该灌溉工程修建在淮河流域的史河和灌河之上，在今河南固始县一带。楚庄王十七年（公元前 597 年）左右，主持兴建了我国最早的蓄水灌溉工程——芍陂。芍陂因水流经过芍亭而得名，是古代淮河流域最著名的水库工程，位于今安徽省寿县城南 30 千米处。另外，这一时期修建了世界上现存历史最悠久的无坝引水工程——都江堰。早期岷江和成都平原水旱灾害频发，每当岷江洪水泛滥时，成都平原一片汪洋；一遇旱灾，又会出现作物绝收。公元前 256 年，秦昭王委任李冰为蜀郡太守，率领当地民众，历经八年建成了都江堰水利工程，消除了成都平原水患，并发展了航运、灌溉，使灾害频发的成都平原变成了旱涝保收的天府之国。都江堰主体工程布局合理、巧妙配合、调控自如，充分发挥了分水、导水、壅水、引水和泄洪排沙的功能，蕴含了深厚的治水文化，"乘势利导、因时制宜"的治水准则，展示了我国古代水资源开发利用顺应自然、保护自然的思想，被国外专家誉为"亲自然的水利工程"。都江堰至今延续了 2200 多年，仍发挥着巨大的作用，是全世界至今为止，年代最久、以无坝引水为特征的宏大水资源开发工程，是我国科技史上的一座丰碑，也是水资源科学开发的典范。春秋战国时期，对水的变化规律和利用途径也开始有了初步的认识，对水流理论、灌溉渠系的设计、测量方法、施工组织以及堤防维护、管理等都有记载。在这一时期的文献中，《周礼》《尚书·禹贡》《管子》《尔雅》都涉及水资源开发利用科学技术方面的内容。

到了秦汉时期，水工程的勘测、规划、修堤、堵口、开河施工等工程技术都有了很大的发展，西汉时已出现水碓，东汉时已有水排、翻车、虹吸等开发利用水资源的工具或设备，对水的认识有了更进一步的发展，其中标志性成就是出现《史记·河渠书》，是中国历史上第一部水利通史。秦统一六国后，开始对岭南用兵，由于岭南地区山高路险，为解决粮饷和军队的快速运输问题，公元前219年秦始皇下令开凿灵渠，经多年努力终于沟通了湘江与漓江，打通了南北水上通道。灵渠修建时因地制宜、就地取材，设计科学、建筑精巧、施工高超，是世界上最古老的运河之一，位于今广西兴安县境内。

到了魏晋南北朝时期，人类开发利用水资源的能力有了很大的发展，水碓、水磨、水排等用水工具发展迅速。这一时期出现的重要水利文献《水经注》最为突出；出现的水利管理文献如唐代颁布的水利综合性法规《水部式》；兴修农田水利的法令有宋代的《农田水利约束》等，重要的水利文献有宋代的《宋史·河渠志》等；对河流水势、季节性涨水等水文规律都有很深刻的认识。这一时期，为了战争需要，在黄河、海河、滦河等水系开凿有白沟、平虏渠、泉州渠、新河等一系列运河，利用运河水路运送兵力以及粮草。著名的京杭大运河在这一时期继续建设和繁荣发展，形成了北京至杭州南北航运大通道。京杭大运河始凿于春秋时期，扩建于隋朝，繁荣于唐宋，取直于元代，疏通于明清，是世界上最长、工程量最大和最古老的运河之一。京杭大运河为古代著名的水上交通要道，对当时的政治经济发展、社会与文化繁荣等起着重要的作用。

到了明清时期，政局稳定，国家的农田水利事业逐渐恢复并稳步发展，修建了大量的农田水利工程。清代新疆实行军垦屯田，世界著名的"坎儿井"修建较多，至今发挥着重要作用。这一时期，水资源科学知识有了进一步积累和发展。明代总理河道潘季驯总结了前人治理黄河的经验教训，提出了"束水攻沙、蓄清刷黄"的治理黄河思想，主张固定河道，堵口修堤，修建水坝，修筑高家堰，实施系统的堤防工程，取得了成功。清代，继续沿用了潘季驯的治理黄河思想。

这一时期，治河防洪工程技术、水资源开发利用工程技术都有比较大的进步，在治水思想方面出现一些至今仍很有借鉴意义的理论方法，比如，明代潘季驯提出的"束水攻沙、蓄清刷黄"的治理黄河思想，比较系统的阐述了多沙河流泥沙运动规律和治理方略；清代王太岳在《泾渠志》中专门记述了水利工程技术方法；清代陆耀在《山东运河备览》中专门记述了运河漕运工程；清代《畿辅河道水利丛书》、徐松的《西域水道记》详细论述了农田水利工程建设；《浙西水利说》和《武将水考》专门记述了太湖流域水利工程；清代的《行水金鉴》《续行水金鉴》进行了这一时期重要的水利资料汇编工作。

从人类开始认识和利用水，到19世纪中期，经历了十分漫长的时期。然而，由于这一漫长时期人们的认识能力有限，对自然界水资源了解不够，改造自然的能力有限，开发利用水资源的程度也较低，但大量水利工作实践、水利工程建设经验总结以及治水思想为水资源学形成积累了重要基础。

三、近代水资源研究的萌发（1860—1949年）

到了近代，世界大环境开始发生变化，西方资本主义开始萌芽，出现机器生产，改变了劳动方式和劳动关系，人类进入一个新的时期。然而，当时的清政府采取闭关政策，科技水平和生产力水平远落后于西方资本主义国家。随着清朝统治的日趋腐败和对人民剥削压迫的加重，国内阶级矛盾日益激化，政治经济日趋衰落，然而英、法、美等资本主义国家却在迅速发展。两次鸦片战争，资本主义列国侵略中国，全国人民处于水深火热之中。经过两次鸦片战争的失败，一些学者和爱国人士提出了学习西方先进技术的愿望，一直到1860年洋务运动，中国的一些学者开始向西方学习，并将西方先进的科学技术介绍至中国。其中，包括对西方水资源开发利用科学技术的引进，与中国传统技术方法相结合，促进了中国传统水资源开发利用技术和理论方法的进步。

从1860年到1949年新中国成立的这一时期，列强入侵，军阀混战，民不聊生，社会经济发展落后，水资源开发利用发展极其缓慢。然而，仍有一些有识之士求学回国，为水利事业做出巨大贡献，代表人物有李仪祉、张含英、李书田等。李仪祉（1882—1938），中国近代著名水利学家。1909年京师大学堂毕业，选派至德国皇家工程大学学习土木，辛亥革命爆发后回国。1913年再度赴德，专修水利。1915年回国，在南京河海工专任教授、教务长。1928年任华北水利委员会委员长、北洋大学名誉教授。张含英（1900—2002），中国近代著名水利学家。1918年考入北洋大学土木工程系，1921年留学美国伊利诺大学土木系，获土木工程学士学位。接着到康奈尔大学研究院学习，获土木工程硕士学位。1925年回国，任职于华北水利委员会，北洋大学教授、教务长、校长。解放后任水利部、水电部副部长，技术委员会主任，水利学会理事长等。李书田（1900—1988），1917年考入北洋大学预科，1923年毕业于北洋大学土木系，随后留学美国康奈尔大学研究院，1926年获得博士学位。1927年回国，曾任国立交通大学唐山土木工程学院院长、国立北洋工学院院长，建立了中国最早的水利专业和水利系。

在这一时期，成立了早期的水资源管理机构，并开展一些工作，积累一定的经验。①1922年北洋政府成立第一个流域管理机构——扬子江水道讨论委员会，1928年南京国民政府成立后将其改组为扬子江水道整理委员会。1935年全国统一水利行政后，将扬子江水道整理委员会、太湖流域水利委员会、湘鄂湘江水文总站合并，成立了扬子江水利委员会，隶属于全国经济委员会，是新中国水利部长江水利委员会的前身。②1932年成立国民政府资源委员会，是民国时期国民政府下属的一个专门机构，隶属于国民政府参谋本部，由蒋介石亲自任委员长[3]。该机构非常重视水资源的开发工作，1935年组建水力勘测队，在国内很多地方进行勘测，设置雨量站、水标站、流量站；1937年成立四川龙溪河水力发电厂筹备处，建设电站；1944年组织专家考察长江三峡，提出《扬子江三峡计划初步报告》，1945年成立"三峡水力发电计划研究委员会"，较早开始了长江三峡工程建设的论证工作。③1941年，国民政府行政院设立水利委员会，为全国最高水利机关，管理全国各水利机构，负责"统筹各项航运、灌溉、水电、防洪等工程"[4]，是解放前夕全国比较有权威的水资源管理行政机构。

另外，这一时期，在十分艰难的情况下，我国仍有组织地实施了与水资源学科有关的教育事业，科研社团也比较活跃，开创了我国水科学研究的新篇章。中国有组织地实施包括水资源学科在内的水利高等教育始于20世纪初。清光绪二十九年十一月二十六日（1904年1月13日）颁布的《奏定大学堂章程》中规定，大学堂内设农科、工科等分科大学。工科大学设9个工学门，各工学门设有主课水力学、水力机、水利工学、河海工、测量、施工法等。排水及开垦法等列为农科实习课。1908年成立的永定河道河工研究所，既研讨河工技术，又轮训河工职员，是中国早期水利职工教育的一种形式。1915年，北京政府农商总长张謇在南京创建了河海工程专科学校，这是中国第一所专门培养水利工程技术人才的学校。1928年，河南省政府建设厅在开封创建河南水利专科学校；1932年，经李仪祉倡议在西安设立了陕西省水利专科学校。1935年，全国经济委员会在南京成立中央水工试验所，针对长江、黄河流域水利工程相关技术问题进行研究，这是我国第一个现代水利科学试验研究机构，是现今的南京水利科学研究院的前身。1942年，在河南镇平县成立国立黄河流域水利工程专科学校。上述学校陆续调整、停办，而在工科、农科及综合性大学中先后设立土木系水利组或水利系。截至1949年，全国有22所高等学校设立水利系（组）。[5]

这一时期，在水利建设方面也有一些代表性的成就。比如，1912年我国建成了第一座水电站——云南石龙坝水电站，清政府开展的郑州黄河花园口堵筑、国民政府实施的导淮入海工程、李仪祉主持修建的陕西泾惠渠等。

此外，这一时期，也涌现出一些代表性的学术思想及成果。比如，张謇提出的"治江三说"理论，李仪祉提出的"以工代赈"和"总自然之论"思想，周馥提出的黄河大治办法十条等。

为了推动水科学研究，这一时期全国性学术组织相继成立，1931年4月，李仪祉、李书田、张含英等人创办了"中国水利工程学会"，后来于1957年更名为中国水利学会，是全国性水利科技工作者的学术组织。

然而，由于近代以来西方技术发展迅速，我国传统水利事业在近代逐渐衰落，我国与同时期在欧洲崛起的近代科学技术相比差距越来越大。到1949年新中国成立之前，我国水利基础设施十分薄弱，科学技术水平远远落后，但我国一些学者开始向西方学习，并将西方先进的水利科学技术介绍到中国，促进了中国水资源的开发和科学认识，获得和积累了大量的有关水资源方面的知识和经验，为水资源学形成奠定了基础。

四、现代水资源学的建立（1949年以后）

（一）水资源学的形成（1949—1998年）

1949年新中国成立之时，我国贫穷落后，百废待兴，面临的国外形势和国内形势错综复杂，经济建设举步维艰，在以毛泽东主席为核心的第一代中央领导集体的领导下，完成社会主义三大改造，确立了社会主义基本制度。在新中国成立后的前20多年中，取得了建设新中国的伟大成就，但也走了很多弯路。经历了1950—1953年土地改革、抗美援朝；1952—1957年实行中国第一个五年计划，三大改造基本完成；1958—1960年"大跃进"运动；1966—1976年十年浩劫的"文化大革命"。一直到1978年邓小平同志主持十一届三中全会，提出改革开放，以经济建设为中心，从此经济建设蓬勃发展[6]。在新中国的建设中，水资源开发利用各项工作受到高度重视，防洪治河、农田水利、城市供水、水土保持、水利发电、水运等各项事业蓬勃发展，其在我国国民经济和社会发展的地位和作用越来越重要。

1950—1953年，为了尽快恢复生产，国家集中力量整修加固江河堤防、农田水利灌排工程。1951年5月毛泽东主席亲笔题词"一定要把淮河修好"，1952年10月毛泽东主席视察黄河时指出"要把黄河的事情办好"，大大地推动了当时的江河治理、农田水利建设。也就是在1952年毛泽东主席视察黄河时说，"南方水多，北方水少，如有可能，借点水来也是可以的"，第一次提出了南水北调的宏伟设想，随后在1958年北戴河中央政治局扩大会议上，"南水北调"首次出现在中央文件中[7]，从此拉开南水北调工程研究的大幕，比如，1959年成立中国科学院西部地区南水北调综合考察队，开展西部南水北调引水地区的综合考察和科学研究工作。

1953—1965年，因国家发展工农业生产的迫切需要，特别是大跃进时期，开始了大规模的水利工程建设。这一时期，全国各地兴起了修建水库的热潮，约有半数以上水库始建于大跃进时期，如著名的北京十三陵水库、密云水库，河南鸭河口水库，浙江新安江大水库，辽宁汤河水库，广东新丰江水库等。特别值得一提的是，1955年动工、1960年提前蓄水的黄河三门峡水库，是当时我国最大的水利枢纽工程，培养了一批水利人才。我国于1956年制订了《1956年到1967年科学技术发展远景纲要》（以下简称《十二年科技发展规划》），这是我国第一个科学技术长远发展规划[8]。《十二年科技发展规划》涉及国家科学技术发展的13个方面，共57项重大科技任务，其中的第一个方面就是"自然条件及自然资源"，第6项就是"我国重要河流水利资源的综合考察和综合利用的研究"，自此真正拉开了我国现代水资源研究的大幕。1956年成立中国科学院自然资源综合考察委员会，由中科院和国家计委双重领导，具有管理和研究的双重功能[9]。根据国家《十二年科技发展规划》，中国科学院先后组织开展了黑龙江流域综合考察（1956—1960年）、新疆资源综合考察（1956—1960年）、青海柴达木盆地盐湖资源考察研究（1957—1961年）、黄河中游水土保持综合考察（1955—1958年）、云南紫胶与南方热带生物资源综合考察（1955—1962年）、西北地区治沙综合考察（1959—1961年）、青甘地区综合考察（1958—1961年）、西部地区南水北调综合考察（1959—1963年）和蒙宁地区综合考察（1961—1964年）等[10, 11]。这些综合考察中的一个重要内容是水资源学相关内容。其中，1956—1960年，中国和苏联综合考察队开展了黑龙江流域考察工作，中方总负责人为竺可桢，中方综合考察队队长冯仲云，副队长朱济藩、陈剑飞。这一工作积累了大量的科学资料，填补了这一区域科学研究的空白，同时为国家考虑这一地区发展远景方案提供了重要的科学依据[12]。

1966—1976年，中国经历了十年浩劫的"文化大革命"。由于这一时期国家形势总体比较混乱，多数地区水利建设处于停滞状态，甚至有些工程遭到一定的破坏；水资源研究工作和其他科学研究一样，受到很大冲击，多数研究工作被迫中断。当然，在这一时期，为了治理水旱灾害，虽然有关研究工作受到冲击，但当时毛泽东主席、周恩来总理等领导人非常重视水利建设，毛主席做了很多有关水利的指示，周总理曾亲自兼任过抗旱组组长，特别是在"农业学大寨"口号的号召下，大大小小的水利工程（当然有不少是形式主义）以近乎疯狂的"人民战争"进行建设，红旗渠、人民渠、胜利渠等就是这个时代的产物。前水利部长钱正英在回忆"中国水利六十年"时说"'文化大革命'给了水利一个机会，大发展的机会……'文化大革命'时期什么都不干了，中央有点钱花不掉，结果去搞了水利。"[13]这一时期，水利工作也同样遭到了严重的灾害，机构拆散、人员下放、科研中断。

1978—1987年，提出改革开放，以经济建设为中心，水利建设仍相对停滞。在这一时期，中国自然资源研究会于1980年9月成立（后来于1993年2月更名为中国自然资源学会），提出以推动资源学科建设和为国家经济社会发展服务为中心，加强自然资源的综合研究，包括水资源的研究。

1988—1998年，在经历了10多年的改革开放、经济建设之后，我国出现了大规模开发利用水资源的局面，出现了污水大量排放、水环境不断恶化的环境灾难，出现了工程建设带来的生态环境破坏、水土流失等问题，洪涝、干旱灾害时有发生。特别是1998年长江、嫩江—松花江发生了历史上罕见的流域性大洪水，中央做出灾后重建、整治江湖、兴修水利的重大战略部署。

回顾1949—1998年50年的水利发展历程，可以看出，除了基本停滞的年代，主要以水利工程建设为主，科学研究的主要方向和成果也以服务水利工程建设为主要目标。

总体来看，从20世纪中期开始，出现的水资源问题越来越突出，特别是饱受干旱和洪水灾害的教训，人们对水资源的一些看法也出现重大转变，例如从早期"水资源是取之不尽，用之不竭"的观点，转变为"水资源是有限的，需要在开发利用中加以保护"的认识等，并逐步重视水资源的评价、规划、管理等工作，对水资源的认识也越来越深刻，并发现了一些水资源学的基本原理，丰富了水资源学的内容，从而奠定了水资源学的基础，逐步形成了水资源学体系。陈家琦、王浩于1995年在中国水利水电出版社出版了第一本关于水资源学的专著《水资源学概论》，标志着我国水资源学的形成。在我国高等教育中，1985年修订的本科专业目录才开始提出试办水资源学相关的专业（水资源规划及利用），1993年正式开办水文与水资源利用本科专业，1998年又改为水文与水资源工程本科专业。可以说，至此水资源学教学体系已全面形成。

水资源学是在认识水资源特性、研究和解决日益突出的水资源问题的基础上，逐步形成的一门研究水资源形成、转化、运动规律及水资源合理开发利用基础理论并指导水资源业务（如水资源开发、利用、保护、规划、管理）的知识体系[1]。总体来讲，水资源学的研究对象是由水资源与人类社会所组成的复杂大系统，归纳起来有三方面[1]：①地球水资源本身，研究内容包括水资源形成、转化规律和水资源数量、质量评价等；②水资源与经济社会之间的关系与协调，研究内容包括经济社会发展需水预测、水资源合理配置、水资源规划方案优选、水资源管理措施实施、水资源价格制定等；③水资源与生态系统之间的关系与协调，研究内容包括生态需水计算、水资源保护规划与措施等。

（二）水资源学的发展（1999—2015年）

20世纪90年代以来，一方面，随着计算机技术的发展和遥感及信息技术等高新技术的应用，一些新理论和边缘学科的不断渗透，使得水资源研究增添了许多新的技术手段、理论与方法，由此也派生出许多新的学科分支，并使得水资源学理论更加丰富；另一方面，由于人类改造世界的能力不断增强，活动范围不断扩大，再加上人口快速增长，出现了水资源短缺、环境污染、气候变化等一系列问题，这些问题或多或少与水资源有关，使水资源学面临更多的机遇与挑战，也促进了水资源学的蓬勃发展。

自1998年长江、嫩江—松花江大洪水之后，我国政府和学术界痛定思痛，认真分析面临的水问题和应对措施，改变了一些传统的认识。特别值得一提的是：①强调水资源的基础属性和自然资源属性，重视水资源的保护。②提出走人与自然和谐发展之路，强调在建设的同时必须与资源环境保护相协调。1999 年，时任水利部部长的汪恕诚先生提出"要搞好面向 21 世纪的中国水利，必须实现工程水利到资源水利的转变"，从政府层面提出了构建"资源水利"的初步构想。这是面对我国日益严峻的水资源短缺、生态环境恶化、洪涝灾害频发的形势所提出的必然选择和水科学发展之路。21 世纪伊始，人水和谐思想才逐步被接受，并成为我国治水的主导思想。

在 2000 年之前，国外学术界已经提出了可持续发展、水资源可持续利用的发展理念。可持续发展理念的产生可以追溯到 20 世纪中期，随着工业革命后的快速发展，出现了人口过快增长、经济飞速发展、水资源日益短缺、生态环境恶化等问题，人们逐渐认识到，高消耗、高污染、先污染后治理的发展模式已经严重不适应发展的需要，提出"以社会、经济、资源、环境协调发展为核心内容"的可持续发展的思路。实际上，这一思路真正被各国政府所接受是从 1992 年举行的"世界环境与发展大会"开始。关于水资源可持续利用的概念，是在 1996 年由联合国教科文组织（UNESCO）国际水文计划工作组正式提出的。受国际学术界的影响，我国学者也开始这方面的讨论和研究工作。这也为我国治水思想的变化奠定基础。

2000—2008 年，从人水和谐治水思想的提出，到逐步被大多数人所接受。2001 年，人水和谐正式纳入到现代水利体系中；2004 年，中国水周活动主题为"人水和谐"，人们对人水和谐的思想有了更深入的认识。2005 年，全国人大十届三次会议提出"构建和谐社会"的重大战略思想后，人水和谐成为新时期治水思路的核心内容。为了推动水资源学的研究，于 2004 年 4 月成立了中国自然资源学会水资源专业委员会，组织开展水资源领域的国内外学术交流与合作、科学技术研究。

2009—2010 年出现的水灾害集中而且严峻，引起我国政府和全社会的高度关注。2009 年，全国大旱，比如，北方冬麦区 30 年罕见秋冬连旱，南方 50 年罕见秋旱，西藏 10 年罕见初夏旱，广西、湖南、河南等多地同时干旱。2010 年，云南遭遇百年一遇的全省特大旱灾。2010 年 8 月 7 日，突发甘肃舟曲特大泥石流灾难，造成严重的人员伤亡和财产损失。这些重大水旱灾害，让中国领导人和全国人民为之震惊，中央做出"水利欠账太多""水利设施薄弱仍然是国家基础设施的明显短板"的科学判断，2011 年中央一号文件做出了《关于加快水利改革发展的决定》。这是新中国成立 62 年来中央一号文件第一次关注水利改革发展，也是中央文件首次对水利工作进行全面部署，可能会指导未来 10~20 年水利发展方向。

2011—2012 年，全面贯彻中央关于水利工作的战略部署，把水利作为国家基础设施建设的优先领域。国家计划投入 4 万亿元，力争通过 5~10 年的努力，从根本上扭转水利建设明显滞后的局面；进一步完善优化水资源战略配置格局，提高水资源支撑能力，合理开发水资源和水能资源，实现人与自然和谐相处。

2012—2015 年，我国政府针对水资源面临的严峻形势，提出要实行最严格水资源管理制度，并在全国逐步推行实施；针对生态文明建设中的水问题，提出了水生态文明建设的意见，并在全国范围内选择 2 批共 105 个试点城市进行试点建设工作。

回顾 1999—2012 年的 10 多年发展历程，可以看出，这一时期首先是治水思想的变化，从"重视水利工程建设"到"把水资源看成是一种自然资源、重视人水和谐发展"的转变，强调水资源的自然资源属性，以重视水资源合理利用、实现人水和谐为目标和指导思想，来开展水资源工作，提出最严格水资源管理制度、水生态文明建设的国家方略，极大地丰富了水资源学的内容。

20世纪90年代末以来，第一，先进科学技术的飞速发展带动水资源学的发展；第二，由于人类活动加剧，对水资源系统的破坏日益严重，逼迫水资源学解决的问题越来越多、越来越复杂，倒逼水资源学的发展；第三，水资源管理制度的完善和治水新理念的不同创新，丰富了水资源学的内容；第四，研究条件的改善、基础研究的发展、教育水平的提高和重视，多方面都促进了水资源学的发展。在普通高等教育"十一五"国家级规划教材的支持下，2008年左其亭等编撰出版了我国第一本国家级水资源学本科教学使用教材《水资源学教程》，并在多个本科院校中开设水资源学的专业课程。据统计，到2012年，全国开设水文与水资源工程的高等学校有42个，已经形成布局合理、特色鲜明、力量较强的水资源学高等教育教学体系，大大促进水资源学的发展，满足水资源管理人才、技术人才培养的需求。

第二节　水资源学基础研究的发展

关于水资源学方面的研究，已经成为20世纪90年代以来非常活跃的领域之一，相继出现大量的研究成果，提出很多丰富多彩的理论方法和学术观点，极大地促进水资源的可持续利用和有效保护，带动水资源学的发展和经济社会可持续发展[14]。为了系统总结这些研究的发展过程，本章引用大量文献，分类详细介绍其基础研究和应用研究的发展。

一、水资源系统认知的发展

（一）水资源系统的认知

近些年来，我国水问题非常突出，出现河流断流、湖泊干涸、水体污染、入海水量减少、地下水超采和疏干，与水相关的生态环境恶化，表明"不健康"的水循环和不合理的水资源利用是水问题产生的根本原因。究其原因，都是水资源系统出现了问题。在人类开发利用水资源中，需要把水资源看成一个系统来分析和研究，不能"头痛治头、脚痛治脚"，需要系统的综合分析。然而，对水资源的认识并不是开始就能看成一个系统的，经历了一个认识的发展过程，特别是伴随着系统科学的发展而发展。

20世纪60年代末到70年代初，国外在系统科学研究方面出现较大发展，基本奠基了系统科学的发展基础。随之，系统科学被引用到许多行业，其中包括在水资源中的应用。因此，国际上大致从20世纪60年代开始水资源系统的研究，英、苏、法等国建立了相应的科研机构。

20世纪70、80年代，钱学森等一批专家开始在我国进行系统工程研究，出版了有代表性的专著，大大推动我国系统科学的研究。也就是在这一时期，冯尚友等一批专家把系统科学理论引入水资源系统中，开始了水资源系统的研究。

到了80年代末至90年代，水资源系统研究得到飞速发展，出现百家齐放的局面。1987年，陈守煜把模糊理论引入到水资源系统中，提出模糊水文学方法；1988年，丁晶等把随机性理论引入到水资源系统中，出版《随机水文学》一书；1985年，夏军把灰色系统理论引入到水资源系统中，后来出版了《灰色系统水文学》一书；1991年，冯尚友出版了其代表作《水资源系统工程》一书。

到了20世纪末、21世纪初，水资源系统的研究已经比较成熟，并得到广泛应用，出现的研究成果层出不穷。

（二）人水关系的认知

人水系统是以水循环为纽带，将人文系统与水系统联系在一起，组成的一个复杂大系统。人水关系可以简单地理解为"人文系统"与"水系统"之间的关系，也可以进一步定义为：人水关系是指"人"（指人文系统）与"水"（指水系统）之间复杂的相互作用关系。实际上，人们所面对的水问题的研究，宽泛一点说，都是属于人水关系研究的一部分，人们所做的各项水利工作应该都是在协调或调控人水关系。

20世纪70年代以前，很多发达国家由于工业发展迅速，出现了严重的水问题，比如，1953—1956年日本水俣病事件。这个时期国外已经开始探讨和研究如何规避由于人类的不合理开发带来的水问题。在我国，由于经济建设相对滞后，特别是改革开放之前，工农业发展还比较落后，带来的水问题还比较少，所以国内对人水关系的研究还不太多，更多是一些感性的认识。

20世纪80年代，随着我国改革开放，经济建设飞速发展，对水资源的需求在不断增加，如何保障水资源有效支撑经济发展成为该时期发展的一个重要因素。在这种背景下，我国于80年代初期开展了第一次水资源评价工作，开始思考水资源的科学利用问题，为我国水资源开发和经济社会发展相协调研究奠定基础。

20世纪90年代，随着经济建设，我国的水问题日益突出，发生了前所未有的水灾难。比如，1998年发生的长江、嫩江—松花江大洪水，造成数以万计的人民失去家园，带来巨大的经济损失。这一时期，可持续发展理念在世界范围内逐步得到认同。1992年6月，世界环境与发展大会在巴西里约热内卢由联合国组织召开，百国政府首脑聚集一堂，商讨人类摆脱环境危机的对策，大会接受了"可持续发展"的概念，通过了意义深远的"21世纪议程"文件。我国政府是可持续发展的积极倡导者，并通过了中国的21世纪议程，承诺走可持续发展之路。这对改善人水关系、保障水资源可持续利用具有重要意义。

21世纪初期，提出人水和谐治水新思想，全面研究人水和谐关系。1999年11月16日，时任水利部部长汪恕诚第一次提出人与自然和谐共处；2001年将人水和谐纳入现代水利的内涵及体系之中；2004年，我国将"中国水周"活动主题确定为"人水和谐"，人们对人水和谐的思想有了更深入的认识；2005年3月，全国人大十届三次会议提出"构建和谐社会"的重大战略思想后，人水和谐成了人与自然和谐相处的关键因素，也成为新时期治水思路的核心内容[15]；2006年9月，在郑州以"人水和谐"为主题成功召开了第四届中国水论坛，并出版了《人水和谐理论与实践》论文集。

从2006年以来，关于人水和谐研究涌现出大量的研究成果，对人水关系有了比较系统的认识，概括起来有这样几点：①人和水都是自然的一部分，在自然这个统一体中，人依赖于水，又具备改造水的能力，水为人类的发展提供支撑，同时通过各种灾害限制人类活动；②人改造自然的行为必须尊重水的运动规律；③人水关系是个动态平衡，人水关系状态随着人类活动的影响和自然界的自身变化以及人的认识水平和期望而不断改变；④人水关系的调整，特别是人水矛盾的解决主要通过调整人类的行为来实现；⑤对人与水关系的研究不能就水论水，就人论人，必须在人水大系统中进行系统研究[6]。

（三）水资源的演变规律的认知

水资源学一方面研究水资源自身在其运动与演变过程中对人类活动和生态环境的影响，另一方面则研究人类活动、自然变迁乃至于宇宙变化对水资源的影响，从而揭示水资源动态演变的基本规律。定性与定量分析水资源动态演变规律是水资源学基础研究内容之一。

20世纪70年代末到80年代，为推动经济社会发展，人类开始大规模开发利用水资源，学术界已经开始注意到水资源的演变形势以及人类活动和气候变化对水资源演变的影响作用，这一阶段主要以定性研究为主。

20世纪90年代到21世纪初，水资源过度开发利用带来的水问题日益突出，人类活动和自然环境变化对水循环模式和区域水资源状况产生了剧烈的影响，人们急切想了解在剧烈人类活动和气候变化影响下水资源的演变规律。我国学者开展了大量研究工作，取得了一大批研究成果。

21世纪初至今，关于水资源演变规律的研究转入量化研究阶段，大量的水文模型应运而生，包括分布式水文模型、概念性水文模型和统计类水文模型等。尤其是在自然和人类活动因素影响下，关于水资源演变规律的研究取得了大量的研究成果。

（四）气候变化下水资源演变机理的认知

气候变化是指经过相当一段时间的观察，在自然气候变化之外由人类活动直接或间接地改变全球大气组成所导致的气候改变。气候变化目前已受到科学界、各国政府和社会公众的普遍关注。气候变化对我国水资源影响研究既是机遇，也面临着挑战，将是21世纪水资源领域面临的重大科学技术问题。[5]

20世纪70年代到80年代，开始关注气候变化对水资源演变的影响，开展了多项关于气候变化的研究计划，可以说人类关于气候变化的研究正处于起步阶段，并取得了一定的研究成果。比如，1977年世界气象组织（WMO）、联合国环境规划署（UNEP）等国际组织实施了世界气候计划、全球能量与水循环试验等科研计划。此时在我国的研究还处于萌芽状态。

20世纪80年代到90年代，我国关于气候变化下水文水资源影响的研究处于起步阶段，但并未受到足够重视。与此同时国际上关于气候变化对水资源和水循环影响的研究受到高度重视。比如，1985年世界气象组织（WMO）出版"气候变化对水文水资源影响的综述报告"，随后又出版了"水文水资源对气候变化的敏感性分析报告"；1987年第19届IUGG大会举办以"气候变化和气候波动对水文水资源影响"为主题的专题研讨会；1988年WMO和UNEP共同组建"政府间气候变化专门委员会（IPCC）"。

20世纪末至今，气候变化和人类活动成为国内研究的热点问题，关于气候变化下的水资源影响研究全面展开，涉及趋势预测、归因分析、阈值研究等多个方面。尤其是国家组织开展了多个重大科研项目，直接推动了气候变化下水资源影响研究的进度。

二、水资源评价的发展

（一）水资源观测与实验

一般情况下，水资源工作的主要依据是大量的有关水资源的定量观测数据，包括水量、水质、水资源开发利用量以及与水资源相关联的水生态用水量和生态系统指标监测、经济社会发展指标等。同时，有时候为了摸清水资源转化关系，还有计划地设计或开展一些水资源实验工作。这些观测和实验数据和结果是水资源学的基础研究内容，具有重要意义，也是水资源评价工作的重要基础。

关于水资源方面的观测工作远远早于现代意义上的水资源评价，自古有之，且伴随着人类文明的不断发展而发展。古代水资源观测主要体现在对水文要素的观测，最早出现在中国和古埃及，主要包括水位的测量、降水的定性记述和测量、河水流速的测定、河流流量和泥沙的估计等。人们通过原始的水文观测对水资源积累了一定的认识，诚然，这种认识是比较简单、粗糙、感性、不系统的，但其对当时人类的生活和生产起到了重要作用。

14世纪—19世纪，文艺复兴和产业革命对水资源科学的发展产生很大影响，特别在水文观测方面，雨量器、蒸发器和流速仪等一系列观测仪器被发明，为水文定量观测和水文科学实验提供了有力的工具；开展了许多实验研究，揭示了一系列水文基本规律。

到19世纪末20世纪初，我国才开始大规模进行水文观测和实验，收集降水等气象资料。1911年，晚清政府成立江淮水利测量局，开始掌握近代水文测验工作。随后陆续成立了很多水利机构，到1937年抗日战争爆发前，全国已有水文站409处、水位站636处、雨量站1592处。1937—1949年，我国长期处于战争时期，全国水文工作大多处于停止状态。

1949年新中国成立后，我国水资源方面的观测和实验工作得到蓬勃发展。1957年进行了第一次全国水文基本站网规划，气象部门的降水、蒸发观测站和地质部门的地下水观测站也有了快速发展。在此期间，水文部门设立了一批径流、蒸发、水库和河床实验站，进行实验研究。中国科学院地理研究所、中国铁道科学研究院、水利水电科学研究院以及有关研究单位进行了多种试验研究，取得了很多有价值的成果。

20世纪60年代，遥感技术兴起，在80年代初开始应用于水利行业。目前，遥感卫星技术已被广泛应用于洪涝灾害监测评估、水资源和水环境调查、旱情监测、水土流失调查、河道及水库泥沙淤积监测、河湖及河口演变调查等方面，并取得很好效果。近年来，同位素技术也被广泛用于水资源监测上，国际原子能机构和世界气象组织一直致力于推动全球降水同位素站网（CNIP）的建设，又于2002年组建了全球河流同位素站网，2003年开始在我国长江设立河流同位素常年观测站。随着经济社会发展，解决水资源短缺、洪涝灾害、水环境污染的需求越来越强烈，加强水资源观测体系建设和实验研究势在必行。

（二）水资源分析计算

水资源分析计算是水资源评价的主要基础工作内容，对定量认识水资源状况、存在的问题、水资源质量和数量以及人类活动取用水对水资源的影响等方面具有重要意义。因此，研究者较多，研究内容丰富，特别是随着国家水资源管理制度的变化，对水资源分析计算提出更高的要求，出现一些新的研究内容，比如，最严格水资源管理"三条红线"分析计算。涉及水资源分析计算的内容很多，主要包括：①水资源量与可利用量计算和分析；②水资源质量分析；③水资源需求量及开发利用分析计算；④水资源利用率和利用效率的计算和分析；⑤水资源变化综合分析等。

18世纪中叶开始，水文学由定性描述逐渐进入定量计算阶段，主要包括流域流量测算、降雨径流、洪水预报等，到20世纪中期初步形成了以水文计算和水文预报为主要内容的新的分支学科——应用水文学。

1949年新中国成立后，我国开展了一系列江河流域规划和水利工程设计与运用，在实践中积累了丰富的经验，进行了系统的水利计算研究，如防洪与兴利结合的调洪计算、库群调节计算、水库预报调度计算、非恒定流计算等。

20世纪80年代开始，伴随着我国第一次全国水资源评价以及两次全国水质评价，对全国地表和地下水资源的数量、质量、开发利用情况及供需情况进行了分析计算，相关分析计算方法得到进一步发展和丰富。

进入21世纪以来，面对日益严峻的水资源情势，现代化的水资源综合管理需要对水量水质、地表地下水资源及其开发利用等进行统一分析计算，这为水资源评价工作提出了更新、更高的要求。

（三）水资源评价

水资源评价是水资源学主要基础工作之一，是对水资源情况及其开发利用情况的客观评价，内部包括：水资源数量评价、水资源质量评价、水资源开发利用及其影响评价。水资源评价是研究水资源可持续利用的前提，是进行与水有关活动的工作基础，是为国民经济和社会发展提供供水决策的基础依据。

从19世纪末，国外开始开展水资源评价工作，主要包括水文观测资料的整编和水量统计方面的工作。20世纪中期以来，严峻的水资源问题迫使各国开始探索水资源可持续利用的途径，作为水资源规划和管理的基础性工作，水资源评价工作逐渐受到重视。

20世纪50年代，我国针对大江大河开展了较为系统的河川径流量统计。20世纪60年代对全国水文资料做了系统整编，出版了《中国水文图集》。虽然此时未涉及水的利用和污染方面，对地下水资料也未做统计，但已基本具备了水资源评价的雏形。

20世纪80年代，我国开始第一次水资源评价工作，1985年提出全国性成果，1987年出版《中国水资源评价》。随后在1984年和1996年先后完成了两次全国水质评价，并在1996年正式出版了《中国水资源质量评价》。1999年，发布了行业标准《水资源评价导则》（SL/T238—1999），对水资源评价的内容及其技术方法做了明确规定。

21世纪初，根据水资源可持续利用和水资源统一管理的需要，开展了全国水资源综合规划工作，对水资源评价的技术、方法进行了修改和完善，对水资源的数量、质量、可利用量时空分布特点和演变趋势、现状水资源开发利用水平等进行了系统评价。

三、水资源理论方法的发展

（一）水资源优化配置

水资源优化配置就是运用系统工程理论，将区域或流域水资源在各子区、各用水部门间进行最优化分配。也就是要建立一个有目标函数、约束条件的优化模型，以此制定水资源配置方案。水资源优化配置是水资源规划与管理的重要基础工具，是通过最优化数学方法，统一调配水资源，实现水资源优化分配。

20 世纪 60 年代初，随着系统理论和优化技术的引入以及计算机技术的发展，水资源优化配置的研究开始起步。我国开始了以水库优化调度为先导的水资源优化配置研究，但真正开始对区域水资源优化配置进行研究是在 80 年代以后。伴随数学规划和模拟技术的迅速发展及其在水资源领域的应用，水资源优化配置理论研究成果不断增多，相关理论及应用研究在不断地深入和扩展。

20 世纪 90 年代以来，传统的以水量和经济效益最大为目标水资源优化模型已经不能满足需要，人们开始在水资源优化配置中注重水质约束、环境效益和水资源可持续利用的研究。

（二）水资源可持续利用研究方法

水资源可持续利用，是指保障生态系统完整性和支撑经济社会可持续发展的水资源开发利用方式。实现可持续发展是水资源可持续利用的目标。当然，实现这一目标并非是一件易事，它涉及社会、经济发展和资源、环境保护等多个方面，以及它们之间的相互协调，同时，也涉及国际间、地区间的广泛合作、全社会公众的参与等众多复杂问题。因此，针对这一内容的定量化研究一直比较艰难，目前已有一些研究成果和应用范例。

20 世纪 80 年代，为寻求兼顾经济社会发展和生态环境保护的有效解决途径，人们开展了大量探索工作。1980 年，国际大自然保护协会（IUCN）发表题为《世界保护战略》的报告，提出"可持续发展"的构想。随之在 1987 年，"世界环境与发展委员会"（WCED）向第 42 届联合国代表大会提交了题为《我们共同的未来》的报告，提出了"可持续发展"的概念定义。此后，"可持续发展"这一术语在世界各国广泛传播，并得到认同。

20 世纪 90 年代以后，可持续发展理念随着人类对全球环境与发展的广泛讨论而越来越得到社会各界的关注，逐步向涉及社会经济发展的各个领域渗透，其中就包括水资源领域。水资源可持续利用开始受到各国的重视，基于可持续发展的水资源管理成为人们不断深入探讨和研究的用水主题，水资源可持续利用量化研究是其中一个重要方面。

（三）人水和谐量化研究方法

人水关系的和谐研究是当今世界水问题研究的热点，人水和谐是人与自然和谐相处的关键问题，也是新时期治水思路的本质要求。人水和谐涉及"水与社会、水与经济、水与生态"等多方面，需要在包含与水相关的社会、经济、地理、生态、环境、资源等方面及其相互作用的人水复杂系统中进行研究。为此，国内外专家学者对人水和谐问题进行了很多相关的研究。

人与自然和谐的思想自古有之，"天人合一"思想要求人与自然和平共处，都江堰实现了"兴利除害"的理想状态，使治水理念得到了空前创新，这些都是人水和谐的具体体现。

到 20 世纪末期，由于人口增长，经济社会快速发展，人水矛盾越来越突出，人们才开始对人水和谐进行研究。2001 年，将人水和谐纳入现代水利的内涵及体系之中。2004 年，我国将"中国水周"活动主题确定为"人水和谐"。人们对人水和谐的思想有了更深入的认识，人水和谐成为新时期治水思路的核心内容。

在学术界对人水和谐理论方法的研究主要始于 2006 年，之后逐步研究了人水和谐的量化方法、基于人水和谐的水资源规划与管理、人水关系的和谐论研究等内容。

（四）水资源承载力研究方法

水资源承载力是指一定区域、一定时段维系生态系统良性循环，水资源系统支撑社会经济发展的最大规模。20 世纪 90 年代以来，关于水资源承载力的研究，一直以来都是研究的热点问题，也是保障经济社会可持续发展的基础研究内容，具有重要的理论及应用意义。

20 世纪 70 年代、80 年代，全球面临着生态环境恶化、资源紧缺等问题，国外开始了资源承载力的相关研究，最初是土地承载力研究。1973 年，澳大利亚计算了土地资源、水资源、大气、气候等约束条件下的土地承载力。

20 世纪 90 年代，随着水危机日益严重，水资源可持续发展成为全球研究热点，作为其研究手段的水资源承载力应运而生。国外多是研究区域水资源开发利用极限，国内学者侧重于研究区域水资源对人口、经济、生态环境等的最大承载力。

进入 21 世纪，水资源对经济社会发展的制约更加严峻，对水资源承载力理论方法进行更加深入的研究，并广泛应用于不同尺度的流域、区域，取得了更加丰富的成果。

（五）河流健康理论方法

一条健康的河流应该是具有良好的自然功能和相应的社会功能，既能维持良好的水循环、生态系统和自然地理特征，又能为相关区域经济社会提供可持续的支持。由于人类活动的影响，特别是从河流中大量取水、向河流大量排污，常常会影响河流的健康发展，甚至会带来河流灾难性演变。因此，如何协调好开发与保护之间的关系，维持河流健康，具有重要的意义，也是河流健康研究的重点和难点。

20 世纪 30 年代左右，已经开始关注河流健康问题。20 世纪 50 年代以前，人们对河流健康的关注主要停留在水体的物理、化学指标上，基本认为如果河流水质良好，那么河流便是健康的。

20 世纪 50—90 年代，人们开始意识到河流健康的影响因素众多，不单是水体污染，还包括人类开发活动或水利工程都会对河流健康带来影响。20 世纪 70 年代美国《清洁水法令》中第一次出现"河流健康"这个术语。20 世纪 80 年代，欧洲和美国、澳大利亚等国日益重视河流健康问题，并开展大规模的保护和研究工作。

20 世纪 90 年代以后，河流健康评价进入快速发展期，从系统的角度研究河流健康的科学内涵、评价指标及评价方法。对河流健康的评价方法和指标不断增多，评价内容和范围也逐渐扩大。许多国家都建立了河流健康评价方法，如美国、澳大利亚、南非、奥地利。

21 世纪以来，中国也开始关注研究河流健康问题，并融入人水和谐的理念，在河流健康方面开展了一些富有成效的工作。

（六）水安全研究方法

水安全是一个内涵不断丰富的概念，不同人可能有不同的认识，至今也没有形成一个比较认同的统一概念。从一般意义来讲，水安全应该是保障人类生存、生产以及相关联的生态和环境所有用水的安全问题，出现与水有关的危害都是水安全需要解决的问题，如缺水、洪涝、水污染、溃坝等可能带来的各种危害，包括经济损失、人体健康受影响、生存环境质量下降等。可见，水安全是水资源支撑人类生存和发展的重要方面，已上升到国家安全战略。水安全与粮食安全、能源安全一起被列为三大安全问题，是实现经济社会可持续发展的重要基础。

对于水安全问题的研究，起步于 20 世纪 70 年代。1972 年，联合国第一次环境与发展大会就预言石油危机后的下一个危机便是水危机。1988 年，世界环境与发展委员会指出："水资源正在取代石油成为全世界引起危机的主要问题。"20 世纪 90 年代以来，国际有关组织实施了一系列水科学计划，研究如何应对水安全。

进入 21 世纪，面临的水危机日益严重，对水安全更加重视。2006 年发布的《世界水资源开发报告》指出，国际水安全问题在日趋恶化，已成为制约世界经济社会发展、生态环境建设、以及区域和平的主要因素。目前对水安全的理论、方法、技术、保障等方面进行过大量的研究，取得了一些研究进展。

第三节　水资源学应用研究的发展

一、水资源规划的发展

（一）水资源规划指导思想

水资源规划是水利部门的重要工作内容，可以为水资源的开发利用提供指导性建议，对水资源可持续利用和经济社会可持续发展起到重要的促进作用。同时，水资源规划的指导思想也反映出决策者的治水、管水思想。随着近几年我国水利事业从"工程水利"向"资源水利"、可持续发展水利、民生水利、人水和谐思想的转变，水资源规划的指导思想也发生了很大变化，带动了水资源规划理论方法及应用研究的发展。

20 世纪 80 年代之前，以经济效益为目标的水利工作指导思想占主导地位。尤其是大跃进时期，迫于工农业生产的迫切需求，兴建了一大批水利工程。但是受技术水平和人们思想认识的局限，水利工程建设较少考虑生态环境效益。

20 世纪 80 年代到 90 年代末，我国水资源大规模开发利用造成的水生态、环境等问题日益突出。为应对水资源问题，我国于 80 年代初完成了第一次全国水资源评价工作，但在水资源规划方面涉及内容较少，深度也不够。到 90 年代，随着经济社会发展的迫切需要，多地开始进行水资源规划工作，并逐步引入了可持续发展理论，成为这一时期水资源规划的重要指导。

21 世纪以来，随着人水关系的进一步恶化，人水和谐思想逐渐受到关注，并很快成为我国水资源规划的重要指导思想。为了推进水资源可持续利用，同时为水资源管理提供规划基础，2002 年始开展了全国水资源综合规划的编制工作，具有里程碑的意义。

（二）水资源规划方法

水资源规划是一项十分复杂、面临目标要求多、涉及因素广、解决问题面临挑战大的工作，因此在实际工作中需要借助一系列理论和技术等方法。一方面，因为这项工作的复杂性，客观上需要一系列方法；另一方面，这些方法也为水资源规划以至于水资源学都增添了丰富的内容。目前，关于水资源规划方法的成果非常多，主要是提出或发展一些量化研究方法和先进技术方法应用，推动了水资源规划的发展。

20 世纪 80 年代以前，系统理论和优化方法已经在国外萌芽，并很快引起水资源管理者的关注，系统优化方法已经开始在水资源规划中进行应用，但还没有进行深度结合。

20 世纪 80 年代到 90 年代，随着水危机的日益严峻，可持续发展思想逐步得到认可，水资源规划开始朝着"综合利用、统一管理、系统分析"的方向发展，急迫需要借助优化方法。所以，这一时期系统理论和优化方法在水资源规划中得到迅速发展，比如，线性规划模型、非线性规划模型、多目标规划理论、大系统优化模型等在水资源规划中都有广泛的应用。

21 世纪初以来，随着人们对水资源规划认识上的进一步深化，多种先进治水思想的引入，特别是系统科学、数学方法、先进技术的引入，大大推进了水资源规划工作，涌现出一大批水资源规划理论成果和应用成果。

（三）流域或区域水资源规划工作

20 世纪 80 年代我国进行了第一次全国范围的水资源评价工作，因为当时的条件有限和供需水矛盾还不是太突出，在 80 年代所做的水资源评价中只涉及比较简单的水资源规划工作。到 21 世纪初，我国开启新一轮的水资源综合规划工作，在全国范围内、各大流域以及很多区域进行了水资源规划工作，涌现出大量的研究成果和应用范例。

20 世纪 80 年代以前，水资源规划工作未受到足够的重视，真正意义上的流域水资源规划工作进展缓慢，水资源处于按需配置或低价配置的分配模式。

20 世纪 80 年代到 90 年代，水资源规划理论首先在国外得到快速发展，随后在中国也很快成为水资源学科研究的热点，在长江、黄河、淮河等流域开展了多项流域水资源规划研究工作，特别是在 90 年代末可持续发展思想的引入，促进了水资源规划的发展。

进入 21 世纪以后，在全国范围内开始进行新一轮的水资源综合规划工作，包括全国范围、七大流域、各省级区甚至到部分地级行政区、县级行政区，都开展了水资源综合规划。

二、水资源管理的发展

（一）水资源管理模式

水资源管理是指对水资源开发、利用和保护的组织、协调、监督和调度等方面的具体实施。国内外已实施众多有特色的水资源管理模式，比如，可持续水资源管理、水资源综合管理、最严格水资源管理、以需水管理为主的水资源管理、以供水管理为主的水资源管理等模式。水资源管理研究的发展方向主要表现在两个方面：一方面是新技术新理论方法的应用，推动水资源管理研究的发展；另一方面是水资源管理理论方法在实际中的应用和发展。

20 世纪 60 年代以前，人类对水资源的需求量远小于可利用的水资源量，人们的节水观念淡薄，用水浪费现象严重，水资源管理处于一种松散管理的状态。

20 世纪 60 年代至 80 年代，随着人口增加和经济快速发展，水资源供需矛盾开始出现。为解决供需矛盾，不断开辟新水源，形成了"以需定供"的基本原则，基本开始了水资源供给管理模式。

20 世纪 80 年代至 90 年代末，随着水资源供需矛盾不断加剧，传统的"以需定供"原则已不再适用，单纯依靠增加供水能力已无法满足对水资源的需求。随着可持续发展思想的兴起，人们开始转变观点，由被动供给管理转变为主动的需求管理，开启水资源需求管理模式。

21 世纪以来，伴随着工程水利向资源水利观念的转变，水资源管理向水资源综合管理转变。2009 年提出最严格水资源管理，是我国目前推行的水资源管理新模式。

（二）水资源管理方法

水资源管理是针对水资源分配、调度的具体管理，是一项复杂的水事行为，其内容涉及范围广，包括：制定水资源合理利用措施，制定水资源管理政策，水资源统一管理制度、法律，经济学手段，实时进行水量分配与调度，宣传教育等，因此在实际工作中需要借助一系列理论和技术等方法。

水资源管理自古就有，但直到20世纪中后期，随着水资源供需矛盾不断突出，越来越重视对水资源的管理。

20世纪60—80年代，水资源管理为供给管理模式，以需定供，一方面不断开辟新的水源，另一方面充分利用水资源优化配置相关方法来尽可能满足经济社会发展对水资源的需求。

20世纪80—90年代，随着水资源供需矛盾不断加剧，水资源管理模式逐步转变为需求模式，以供定需，要求更多地依靠高新技术的引进来节约用水、开发利用非常规水。这一阶段建立了许多水资源管理模型。

21世纪以来，伴随着新思想、新方法、新技术的引入，水资源管理方法朝着综合性、复杂性、实用性转变，水资源管理模式向综合管理转变，又实行最严格水资源管理，使水资源管理方法多元化、严格化。

（三）流域或区域水资源管理工作

水资源管理是水行政主管部门一项很普通的基础性工作，从成立相关水行政主管部门开始就开始了水资源管理工作。由于管理体制的不同，不同国家流域或区域水资源管理工作的形式可能存在差异，管理程度可能有所不同。

1949年新中国成立后，水资源管理工作已经初具端倪。中央人民政府设立水利部，但是农田水利、水力发电、内河航运和城市供水，分别由农业部、电力工业部、交通部和建设部负责管理，没有统一的水行政主管部门。地方各级水利行政机构也逐渐得以健全，分为省、地、县三级。

1988年，新中国第一部《水法》颁布，规定了中国实行对水资源的统一管理和分级分部门管理相结合的原则，重新组建水利部，明确水利部作为国务院的水行政主管部门，负责全国水资源统一管理工作，各省、自治区、直辖市也相继明确了水利部门是省级政府的水行政主管部门。此期间也初步建成了七大流域管理机构。

1998年，国务院机构改革将有关部门过去承担的水行政管理职能，移交给水行政主管部门，并强调流域管理机构的作用。

2002年，新修订的《水法》对水资源管理体制做了比较大的调整，明确规定我国执行"水资源流域管理与行政区域管理相结合的管理体制"，强调水资源统一管理。此后，深圳市、上海市、北京市等多地成立水务局，对区域水资源进行一体化管理。

2009年，水利部提出最严格水资源管理制度，采取"三条红线"来控制区域和流域水资源的开发利用与管理，使水资源管理工作进一步明晰化，形成了更有效的工作机制。

三、水资源保护的发展

（一）水资源保护思路变化

水资源保护，是通过行政、法律、工程、经济等手段，保护水资源的质量和供应，防止水污染、水源枯竭、水流阻塞和水土流失，以尽可能地满足经济社会可持续发展对水资源的需求[1]。当然，对水资源保护的认识并不是一开始就认真到目前的水平，也经历了长期的发展过程，特别是对水资源是否保护、保护到什么程度、如何保护、如何协调保护与开发之间的关系等问题的认识一直处于变化中。

20 世纪之前，人们对水资源的开发利用程度相对较低，水问题较少，水资源保护意识薄弱。19 世纪 50—90 年代，泰晤士河治理是早期水资源保护的标志，由于污水大量排入河道，泰晤士河成了伦敦的排污明沟，英国政府修建了与河道平行的地下排污系统，并在河口处利用化学沉淀法处理污水，对泰晤士河进行第一次治理。

进入 20 世纪 50 年代到 80 年代，全世界都在积极开发水资源，发展经济，当出现污染时再治理，走"先污染后治理"的道路。这一时期，日本出现水俣病，莱茵河成为了欧洲最大的下水道，泰晤士河水质再次恶化，人们逐渐意识到保护水资源的重要性，开始大规模的水资源保护工作。1965 年，美国在《水资源规划法》中将环境质量作为规划目标。1979 年，我国颁布了《环境保护法》，开启了水污染防治立法进程，1984 年，又颁布了《水污染防治法》。

20 世纪 90 年代到 21 世纪初期，随着可持续发展思想、人水和谐思想的提出，保护水资源的愿望越来越大，我国政府实施了一系列措施，比如建设节水型社会，实行最严格水资源管理制度，推行水生态文明建设，出台水污染防治计划等，避免走"先污染后治理"的老路，大力保护水资源。

（二）水资源保护方法

水资源保护包括水量保护与水质保护两个方面。在水量方面，应统筹兼顾、综合利用、讲求效益，发挥水资源的多种功能，注意避免水源枯竭，过量开采，同时，还要考虑生态保护和环境改善的用水需求。在水质方面，应防止水环境污染和其他公害，维持水质良好状态，特别要减少和消除有害物质进入水环境，加强对水污染防治的监督和管理。[1]因此，开展水资源保护工作涉及比较多的技术方法。

21 世纪之前，我国水利部门的主要任务是防洪除涝，对水资源保护重视不够，水资源保护方法单一，比较落后。20 世纪 90 年代淮河发生特大污染事故，才开始重视水污染治理工作。但总体来看对水污染治理的投入不足，方法技术相对落后。

进入 21 世纪，水资源的不合理开发利用使得水污染问题更加严峻，水污染控制技术迅速发展，水资源保护方法不断多元化，大量涌现多种方法相结合的水资源保护措施。2013 年，我国提出水生态文明建设，这是我国水资源保护新的标志。

（三）流域或区域水资源保护工作

一般来说，流域或区域水资源保护工作需要由水行政主管部门组织实施，需要综合采取行政、法律、工程、经济等手段，在国家层面、流域层面、区域层面都有一些成功范例可供借鉴。

20 世纪 70 年代末，我国水资源保护工作刚刚起步，主要是进行基础的水资源监测、调查、评价、规划工作。80 年代中期，我国组织进行了第一次水资源保护规划制定工作。随后，又开展了河湖水质调查评价工作。

20 世纪 90 年代后期，经济快速发展引起水体严重恶化，我国开始了第一次大规模流域水污染防治工作。这次水污染防治工作以污染最为严重的淮河为先导，涉及太湖、巢湖、滇池、海河、辽河等多个流域，为流域水资源保护积累了丰富的经验。

21 世纪初期，水资源保护工作开始转向污染防治与开发、利用及管理并重。不仅依靠科学技术，而且十分重视管理体制的改革，形成比较完善的管理体制和法律法规体系。

第四节　水资源学学科建设与学术交流

一、学科建设与人才培养

（一）学科体系与教学机构

2012 年新颁布的普通高等学校本科专业目录中，设置有水文与水资源工程本科专业，归到水利类专业目录中。设置水文与水资源工程本科专业的高校大概在 40 多个，包括：三峡大学、山东农业大学、山东科技大学、天津农学院、太原理工大学、中山大学、中国地质大学（北京）、中国地质大学、中国矿业大学（北京）、中国矿业大学、内蒙古农业大学、长江大学、长安大学、长沙理工大学、长春工程学院、石家庄经济学院、东北农业大学、东华理工大学、四川大学、兰州大学、吉林大学、扬州大学、西北工业大学、西北农林科技大学、西安理工大学、西南大学、华东理工大学、华北水利水电大学、华北电力大学、安徽理工大学、武汉大学、昆明理工大学、郑州大学、河北工程大学、河南科技大学、河南理工大学、河海大学、南昌工程学院、南京大学、贵州大学、桂林理工大学、黑龙江大学等（按照学校笔画排序，可能不全）。

此外，在相关本科专业中也有涉及水资源学的内容，比如，水利水电建筑工程、环境科学、环境工程、市政工程、农业工程、建筑工程、地理科学等专业。

在研究生培养学科体系中，对应的专业为水文学及水资源专业。此外，研究内容涉及水资源学的相关专业还有自然地理学、农业水土工程、水利水电工程等。在人才培养和科学研究方面，很多高等院校中具有与水资源有关的研究所或院系、学科，如清华大学、武汉大学、北京师范大学、天津大学、河海大学、郑州大学、中山大学、西安理工大学、大连理工大学、华中科技大学、哈尔滨工业大学、浙江大学、南京大学、中国地质大学、华北电力大学、长安大学、四川大学、华北水利水电学院、浙江大学、中国农业大学、北京林业大学、同济大学、东北农业大学、黑龙江大学、吉林大学、沈阳农业大学、辽宁师范大学、新疆农业大学、内蒙古农业大学、河北工程大学、河北农业大学、太原理工大学、兰州大学、青海大学、西北农林科技大学、河南理工大学、山东大学、山东农业大学、扬州大学、合肥工业大学、三峡大学、西南大学、长沙理工大学、桂林理工大学、云南农业大学等。

（二）主要研究机构

目前，我国从事水资源学研究的科研机构包括三大方面：一是，国家相关部委的直属科研机构（如中国科学院地理科学与资源研究所，中国水利水电科学研究院、南京水利科学研究院等）；二是，高等学校（如武汉大学、河海大学、清华大学、四川大学等）；三是，各省市水利厅、环保厅、国土厅、建设厅及科技厅等部门下属的相关科研机构。这些研究机构不仅有众多科研人员负责我国水资源学领域基础性、理论性及实际运用中的科研支撑，而且大部分都有本科生、硕士生或博士生科研新生力量的培养，通过国内外各种教育途径为我国培养了一大批水资源高级科研人才。

国家级研究所 / 中心以及国家部委下属机构，如中国科学院地理资源与科学研究所、中国水利水电科学研究院水资源研究所、南京水利科学研究院水资源所、水利部水资源管理中心、水利部水利水电规划总院水战略研究中心、住房与城乡建设部城市水资源中心等。

地方与水资源有关的科研机构，如北京水利科学研究院、河北省水利水电科学研究院、河南省水利科学研究院、新疆维吾尔自治区水利水电勘测设计研究院、天津水利水电勘测设计研究院等。

此外，我国已经正式批准或者正在建设的水资源领域的国家重点实验室有：水资源与水电工程科学国家重点实验室（武汉大学）、水文水资源与水利工程科学（河海大学）、城市水资源与水环境国家重点实验室（哈尔滨工业大学）、西北水资源与环境生态教育部重点实验室（西安理工大学）、地下水资源与环境教育部重点实验室（吉林大学）、甘肃旱作区水资源利用重点实验室、安徽省农村水利水资源重点实验室、内蒙古自治区水资源保护与利用重点实验室、山东省水资源与水环境重点实验室、厦门市水资源利用与保护重点实验室、河北省水资源可持续利用与开发实验室等。

（三）主要学术期刊

许多有关资源、环境、水科学等自然科学类、社会科学类期刊中都涉及水资源学的内容或相关内容，特别是在部分期刊中，水资源是其主要内容之一。主要期刊包括：水利类刊物有水利学报、水科学进展、水力发电学报、水利水电技术、长江科学院院报、水利水电科技进展、水电能源科学、人民黄河、人民长江、南水北调与水利科技、中国水利、水资源与水工程学报、水科学与工程技术、水资源保护等；资源经济类刊物有自然资源学报、资源科学等；地学类刊物有水文、气候变化研究进展、水文地质工程地质、地理学报、地理研究、地理科学、地理科学进展、中国沙漠、干旱区地理、地球科学进展、干旱区研究、干旱区资源与环境等；农业类刊物有水土保持学报、水土保持通报、水土保持研究、农业工程学报、灌溉排水学报、节水灌溉、中国农村水利水电等；环境类期刊有环境科学、环境科学学报、中国环境科学、自然灾害学报、环境保护等。另外，还有一些综合性刊物和大学学报中也刊登水资源学方面的文章，比如，科学通报、中国科学、清华大学学报、武汉大学学报、四川大学学报、河海大学学报、华北水利水电大学学报等。

二、国内外学术交流与合作

（一）主要学术交流社团

为方便水资源学领域科研机构和科研人员、学者之间的交流，众多水资源研究专业委员会、论坛先后成立，如中国水利学会水资源专业委员会（1993 年成立）、中国自然资源学会水资源专业委员会（2004 年成立）、中国可持续发展协会水问题专业委员会（2009 年成立）、以及省级水利学会水资源专业委员会、自然资源学会水资源专业委员会等。

国际上，涉及水资源有关的学术组织很多，比如：国际水资源协会（IWRA）、国际水文科学协会（IAHS）、国际水协会（IWA）、国际大地测量和地球物理学联合会（IUGG）、世界气象组织（WMO）、全球水伙伴（GWP）。

国际水资源协会（International Water Resources Association，IWRA）是以水资源为活动对象的国际民间学术团体，于 1972 年在美国芝加哥成立，协会中心办公室设在美国芝加哥伊利诺伊大学。中国会员张泽祯、张蔚臻、方子云、陈炳新、许新宜、夏军等曾先后各当选为一届理事，张泽祯当选为两届副理事长，夏军2003年当选为IWRA副主席，并于2009年当选为IWRA新一届主席，这也是IWRA历史上首次来自中国的学者当选主席一职。

国际水文科学协会（International Association of Hydrological Sciences，IAHS）是国际水文科学非政府性的学术组织，于1924年在西班牙马德里成立。1987年陈家琦当选为副主席，2003年夏军当选为副主席，2011年任立良当选为副主席。在IAHS中专门设立了国际水资源系统专业委员会（ICWRS）。

国际水协会（International Water Association，IWA）于1999年在国际水质委员会和国际灌排水委员会基础上成立，总部设在英国伦敦。

国际大地测量和地球物理学联合会（International Union of Geodesy and Geophysics，IUGG）于1919年在比利时布鲁塞尔成立，是一个民间的国际性科学组织。

世界气象组织（World Meteorological Organization，WMO）是联合国的专门机构之一，于1873年在奥地利首都维也纳成立，是世界各国政府间开展气象业务和气象科学合作活动的国际机构。

全球水伙伴（Global Water Partnership，GWP）于1996年在瑞典斯德哥尔摩成立，秘书处设在瑞典国际发展合作署。

（二）国内主要学术交流

国内关于水资源学方面的学术交流非常多，这里仅列举有代表性的几个学术交流活动。

（1）中国水论坛。为了促进水问题研究的学术交流，于2003年由武汉大学等单位联合发起中国水论坛（原称为"中国水问题论坛"），每年举办一届，至2015年8月已经成功举办十三届学术研讨会，分别由武汉大学、中国科学院地理科学与资源研究所、西安理工大学、郑州大学、河海大学、四川大学、中国科学院地理科学与资源研究所、黑龙江大学、中国科学院寒区旱区环境与工程研究所、武汉大学、中山大学、福建师范大学、中国科学院遗传与发育生物学研究所农业资源研究中心等单位承办。从第四届学术研讨会开始，使用统一的论文集封面和排版格式，出版具有一定影响的论文集。已形成了独具特色的办会风格和模式，具有"中国水论坛"会徽和会旗，在每届会议闭幕式上宣布下一届中国水论坛承办单位，并进行会旗交接仪式。中国水论坛提供了一个平台，通过举办论坛，加强学术交流，交流科研经验，大家集思广益，围绕国家当前的主要水问题开展探讨，努力加强水科学基础理论研究与创新，为保障国家水安全提供科学技术支撑。

（2）中国水利学会水资源专业委员会年会。中国水利学会水资源专业委员会自1993年6月成立以来，开展了丰富多彩的学术交流、培训、研讨、水教育、咨询、对外交流等活动。其中，每1~2年举办一届学术年会。比如，2012年年会于2012年10月20~21日在郑州大学举行，以"最严格水资源管理制度理论与实践"为主题；2013年年会于2013年9月7日在宁夏大学举行，以"面向生态的水资源综合调控"为主题。

（3）中国自然资源学会年会水资源分会场。中国自然资源学会每年举办一届年会，水资源专业委员会积极申报分会场，2014—2015年，共承办或联合承办分会场12次，积极组织开展水资源流域的相关热点问题的讨论。比如，2011年年会期间承办了第二分会场，以"西部干旱区水资源开发与管理的机遇与挑战"为主题；2012年年会期间承办了第二分会场，以

"水利改革发展与现代水资源管理"为主题；2013 年年会期间承办了第二分会场，以"水与生态文明建设"为主题；2014 年年会期间承办了第二分会场，以"水资源与区域经济社会协调发展"为主题；2015 年年会期间承办了第二分会场，以"水资源安全保障理论、方法及应用"为主题。

（三）国际上主要学术交流

国际学术界关于水资源学方面的学术交流也非常多，这里仅列举有代表性的几个学术交流活动。

（1）世界水论坛（World Water Forum）。1996 年，世界水理事会（WWC）成立，同时确定每 3 年举办一次世界水资源论坛。首届世界水论坛于 1997 在摩洛哥的马拉喀什（Marrakech）举行，第二届于 2000 年在荷兰的海牙（Den Haag）举行，之后每 3 年举行一次。

（2）世界水大会（World Water Congress）。国际水资源协会（IWRA）于 1972 年成立，并确定每 3 年召开一次世界水大会，首届世界水大会于 1973 年在美国的芝加哥（Chicago）举行，之后每 3 年举行一次。

（3）国际水文科学大会（IAHS Scientific Assembly）。国际水文科学协会（IAHS）于 1981 年确定每 4 年举行一次国际水文科学大会，包括各个议题的学术研讨会（symposia）、专题讨论会（workshops）以及工作组会议（working group meetings）。首届国际水文科学大会于 1982 年在英国的埃克塞特（Exeter）举行，第二届于 1986 年在匈牙利首都布达佩斯（Budapest）举行，之后每 4 年举行一次。

（4）斯德哥尔摩世界水周（Stockholm World Water Week）。由斯德哥尔摩国际水研究院于 1990 年创办，每年举办一次。世界水周为全世界水领域的科研界、商业界、政府和公众提供了一个交流平台。

（5）新加坡国际水周（Singapore International Water Week）。是由新加坡政府发起的国际多边水问题对话平台，旨在促进水问题解决方案的分享和创新，为决策者、行业领导、专家和从业人员共同应对挑战、展示技术、发现机会和庆祝成就提供一个平台。原为每年一届，现为两年一届。

（6）世界环境与水资源大会（World Environmental & Water Resources Congress）。1999 年美国土木工程协会（ASCE）成立了环境与水资源委员会（EWRI），并从 2003 年开始确定每年召开一次世界环境与水资源大会，第一届世界环境与水资源大会于 2003 年在美国的费城（Philadelphia）举行，之后每年举行一次。

参考文献

［1］左其亭，窦明，马军霞. 水资源学教程（普通高等教育"十一五"国家级规划教材）［M］. 北京：中国水利水电出版社，2008.

［2］陈志恺. 中国水利百科全书（水文与水资源分册）［M］. 北京：中国水利水电出版社，2004.

［3］薛毅. 国民政府资源委员会研究［M］. 北京：社会科学文献出版社，2005.

［4］曹必宏. 南京国民政府时期中央主管水利机关概述［J］. 民国档案，1990（4）：125-127.

［5］左其亭. 水文化职工培训读本［M］. 北京：中国水利水电出版社，2015.

［6］左其亭. 中国水利发展阶段及未来"水利 4.0"战略构想［J］. 水电能源科学，2015，33（4）：1-5.

［7］韩亦方. "南水北调" ——从筹划到实施［J］. 纵横，2002（3）：4-10.

［8］中国科学院、国家计划委员会自然资源综合考察委员会. 回顾过去，展望未来［J］. 自然资源，1986（3）：1-10.

［9］张九辰. 自然资源综合考察委员会研究［M］. 北京：科学出版社，2013.

［10］黄发玉，傅正华. 我国第一个科学技术长远规划的制定和实施［J］. 科技进步与对策，1993，10（4）：58-60.

［11］孙鸿烈，成升魁，封志明. 60年来的资源科学：从自然资源综合考察到资源科学综合研究［J］. 自然资源学报，2010，25（9）：1414-1423.

［12］张九辰. 20世纪五六十年代中苏双方对黑龙江流域的合作考察［J］. 当代中国史研究，2006，13（5）：66-68.

［13］钱正英，马国川. 中国水利六十年（下）［J］. 读书，2009（11）：13-24.

［14］夏军，左其亭. 水资源学发展报告［C］. 中国自然资源学会编著《2011—2012资源科学学科发展报告》，北京：中国科学技术出版社，2012.

［15］左其亭，张云. 人水和谐量化研究方法及应用［M］. 北京：中国水利水电出版社，2009.

第十六章　生物资源学

生物资源在人类的生活、生产中始终占据着非常重要的地位。生物资源虽说是一种可更新的资源，但是在近一个世纪以来，由于现代工农业的飞速发展和人口的急剧增长，极大地加剧了人类社会对生物资源的需求量，使生物资源与人类需求、生态平衡之间的矛盾日益突出[1]。生物资源学在融合植物学、农学、林学、畜牧饲养、水产养殖等学科的基础上，在系统科学、信息科学、计算机技术、遥感、遥测等现代科学技术的武装下已成为资源、生物及生态等学科的基础学科。生物资源学虽然形成的历史较短，但在合理开发利用资源、优化资源配置与生产布局等方面发挥出巨大的学科优势，已成为资源科学的理论基础和重点学科之一。

第一节　生物资源认识与利用简史

自从人类存在以来，人类便与自然界中的各种生物资源息息相关，人类虽然并不完全清楚生物资源的价值，但为了生活和生存，必须利用周围的植物资源、动物资源和微生物资源，它们成为人类生活、生存的基本源泉，故人类对生物资源的利用简史可以从植物资源的利用简史、动物资源的利用简史和微生物资源的利用简史这三个方面来阐述。

一、生物资源概况

生物资源是生物圈中的植物、动物与微生物组成的各种资源的总称。"生物多样性公约"（1992，里约热内卢）中将其定义为"对人类具有实际的或潜在的价值与用途的遗传资源、生物体、种群或生态系统及其中的任何组分之总称"。它们是有生命、可繁殖、可遗传、具有新陈代谢功能的资源[2]。

资源生物是指凡是被人类利用在衣食住行等各方面的生物都属于资源生物，与生物资源一样，其也包括基因、物种、生态系统三个层次。按照类群，资源生物可分为资源植物、资源动物和资源微生物。

从狭义上讲，作为自然资源的有机组成部分，资源生物是生物圈中一切能产生经济意义和使用价值的动物、植物、微生物有机体以及由它们所组成的生物群落的总和，是生态系统中最具经济意义的重要组成部分，对人类具有一定的现实和潜在价值，是自然界中生物多样性的物质体现。从广义上讲，存在于自然界中的所有生物都具有存在价值，是生态系统中的组成成员，因此所有生物都可以视为资源。

生物资源与资源生物相比，生物资源不只包括生物部分，同时包括部分生态系统，是生物所形成的资源。而资源生物仅指生物部分，是所有人类利用的生物的统称，是用作资源的生物。

生物资源有很多种分类方法，包括按照类群分类、按照用途分类、按照栖息环境分类等，其中，最常见的为按照类群进行分类。

按照类群可将生物资源分为植物资源、动物资源及菌物与微生物资源三类，各类别又可进行进一步细分，具体如图 16-1 所示。

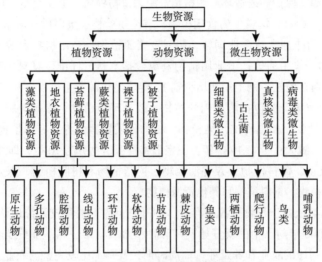

图 16-1　生物资源类群分类图

按照用途可将生物资源分为农业生物资源、工业生物资源、食用生物资源、药用生物资源、观赏类生物资源、保护类生物资源、种质生物资源等。其中，各类别生物资源又可根据生物类群继续划分为各类动物资源、植物资源及微生物资源。

按照栖息环境可将生物资源分为森林生物资源、草原生物资源、荒漠生物资源、水生生物资源、海洋生物资源、湿地生物资源、高原生物资源、极地生物资源等。其中，各类别生物资源又可根据生物类群继续划分为各类动物资源、植物资源及微生物资源。

二、植物资源的利用简史

植物资源是人类生存、生活和生产的物质基础，是一种再生资源。广义的植物资源是指生物圈中一切植物的总和。作为第一性的生产者，植物资源是维持生物圈物质循环和能量流动的基础，又是人类赖以生存的环境和生产的原料来源。它既能为人类提供所需的食物，又能提供各种纤维素和药品，在人类生活、工业、农业和医药上具有广泛的用途。狭义的植物资源是指经过人类生活、生产实践和科学研究筛选出来的某些植物种类，可为人类提供各种原料，并在国民经济中占有一定地位且具有生产价值的再生资源[3]。

植物资源类型多样，植物资源分类是根据一定的标准和规律，对植物资源进行归类安排，对植物资源进行研究，首先必须进行分类。分类是对植物资源认识的发展和深化，是利用植物资源，进行植物资源研究的基础工作。植物资源以其在自然界存在的不同形式分为植物资源、物种资源、种质资源；以其在植物界所处的系统位置分为藻类、地衣、真菌、蕨类、种子植物资源；以其目前利用的状况可分为栽培植物资源与野生植物资源；以其性质与用途区分，则有一些不同的分类体系[4]。

植物资源在中国的分类主要有[4]：1961年，《中国经济植物志》（中国科学院植物研究所主编）中按原料的性质将植物资源分为纤维、淀粉及糖类、油脂类、芳香油类、鞣料类、树脂及树胶类、橡胶及硬橡胶类、土农药类、药用类和其他类；1983年，吴征镒、周俊、裴盛基将植物资源区分为栽培与野生植物资源两大类，其下再区分为食用植物资源、药用植物资源、工业用植物资源、保护和改造环境用植物资源和植物种质资源5大类，其中：食物植物资源包括直接和间接（饲料、饵料）的食用植物，有淀粉糖料、蛋白质、油脂、维生素、饮料、食用香料、色素、甜味剂、植食性饲料、饵料及蜜源植物；药用植物资源包括中药、草药、化学药品原料植物、兽用药等；工业用植物资源包括木材、纤维、鞣料、芳香油、植物胶、工业用油资源（如黄芪胶在印刷上用作增稠剂）、经济昆虫的寄生植物以及工业用植物性染料；保护和改造环境的植物资源包括防风固沙植物，改良环境植物，固氮增肥、改善土壤植物，绿化美化保护环境植物，监测和抗污染植物；植物种质资源含各种有用植物的近缘属种的种质资源，如野生稻、野大豆①。1987年，王宗训将资源植物分为10类，即纤维植物、淀粉其他类植物、油脂植物、鞣料植物、芳香油植物、树脂植物和树胶植物、保健饮料食品植物、甜味剂植物和色素植物、饲料植物和其他资源植物。

自古以来，人类依赖于植物资源而存在。中国是世界上最早较系统地认识和利用植物的国家之一。早在5000年前，中国就开始利用和种植水稻、黍、麻、蚕桑及韭菜等多种植物。夏朝时期，出现了初始的农业和养殖业。商周时期，就有了比较完整的农业。春秋战国时期，随着社会生产力的发展，出现了各种手工业，植物资源的开发利用也得到了空前的发展。秦汉时期，随着疆土扩大，民族融合，张骞出使西域，丝绸之路的开辟进一步加强了中国与国内外各民族的文化、宗教和生产技术交流，丰富了中国的植物资源种类，提高植物资源的利用水平，并形成各具特色的植物产品。唐宋之后，因海上丝绸之路的开辟，加强了中国与世界其他国家间各种植物资源，如药材、香料等的引入和输出，更进一步加强了与世界的交流。

新中国成立以来，通过对植物资源的开发利用，中国将植物资源转化为生产力，获得了明显的社会与经济效益，对植物资源的开发利用主要体现在以下方面[5]：① 20世纪50年代，基于植物分类与化学分类学原理的基础上，中国科学院植物研究所找出萝芙木，取代了进口降压药利血平；②根据《本草纲目》关于青蒿治疟记载，从青蒿中分离出青蒿素等并对其进行结构改造，取得显著疗效，这是继承和发扬中国传统古医药本草学的光辉范例；③ 1970年，石松子粉被长春汽车制造厂在湘、蜀等地找到，解决了必须依靠进口的精密脱模剂；④我国开展自麦仙翁提取麦仙翁精的研究，并将其作为超微量高效增产剂；⑤西双版纳傣族地区营造易燃、热值高、更新快的铁刀木能源林，此民族植物学的研究于1987年引起国际的关注；⑥我国用自龙牙草的根芽制取"鹤草酚"，将其用作驱绦药，取得显著疗效，且此民族药研究为世界瞩目；⑦沈阳药学院研究了醉马草中的16种生物碱，其研究结果为防止草原家畜中毒提供了科学依据；⑧中国科学院成都生物研究所通过研究野生薯蓣的活性成分，从中提取有效成分并生产出治冠心病药"地奥心血康"，有力地促进基础研究和新药开发；⑨ 1986年，

① http://baike.haosou.com/doc/8406780-8726483.html

中国科学院沈阳应用生态研究所（原名林业土壤研究所）植物化学组完成降高血脂药"月见草油软胶囊"的研制。

近年来，我国开始依靠现代生物技术开发利用植物资源[6]。根据人类的需要，通过将特定基因导入植物体，可以达到改良品质、增加产量以及获得具有抗病、抗虫或抗除草剂植物的目的。目前，应用最广的抗虫基因是苏芸金芽孢杆菌（Bt）晶体毒蛋白基因。Bt基因已被转入棉花、烟草、玉米、马铃薯、番茄、水稻等多种作物，并取得了良好的效果。我国是世界上第二个具有转基因抗虫棉花自主知识产权的国家。据统计，1999年至2006年间，全国累计推广国产转基因抗虫棉1.56亿亩。此外，华中农业大学番茄课题组利用乙烯形成酶的反义基因抑制催熟剂乙烯的释放，获得耐贮藏转基因番茄"华番一号"，在25℃条件下可贮藏40~50天。北京大学植物基因工程实验室利用矮牵牛基因，首次在我国培育出转基因蓝色玫瑰。

在细胞工程技术的支持下，通过植物组织培养，可以快速繁殖、培育脱毒的种苗，还可以通过大规模的植物细胞培养来生产天然有机化合物，例如天然药物、蛋白质、脂肪、糖类、香料、生物碱及其他活性物质。植物体细胞杂交则可以将两个来自不同植物的体细胞融合成一个杂种细胞，并且把杂种细胞培养成新的植物体。袁隆平运用体细胞杂交技术获得了具有远缘杂种优势的超级杂交水稻，大大提高了水稻亩产量。

植物是可再生的资源，它无穷尽地给人类以"绿色物品""绿色能源"和"绿色环境"。而人类开发利用植物资源是变植物无用为有用，变植物一用为多用，变低级用途为高级用途，变野生为家生，变植物外地生为本地生，变植物产量低产为高产，变植物产物劣质为优质的动态过程[7]。

三、动物资源的利用简史

动物资源是生物圈中一切动物的总和，包括驯养动物资源、水生动物资源及野生动物资源，其中：驯养动物资源包括牛、马、羊、猪、驴、骡、骆驼、家禽、兔、珍贵毛皮兽等；水生动物资源包括鱼类资源、海兽与鲸等；野生动物资源包括野生兽类和鸟类等。动物资源与人类的经济生活关系密切，在人类生活、工业、农业和医药上具有广泛的用途，它不仅可提供肉、乳、皮毛和畜力，而且是发展食品、轻纺、医药等工业的重要原料 ①。

中国动物资源丰富，自古以来，人类依赖于动物资源而存在[8]。我国原始社会的人类就主要靠利用野生动物资源获得生活必需品来维持生存，食其血肉，衣其毛羽，过着"茹毛饮血，渔猎为生"的生活。我国古代有着渔狩山记载：如《易经》中记有："做结绳而为罟，以鱼（渔）以田（猎）"。罟是古代的网，可以打鱼，也能捕些鸟兽。这生动描写了我国原始人类——所谓的"伏羲时代"的人们如何利用野生动物[9]。人类自从学会了用火，开始用火狩猎，而用火烤的动物蛋白为人类的大脑和身体发育提供了营养。于是，人类摆脱了茹毛饮血的生活。野生动物提供的蛋白质是早期人类生存的必须物质，野生动物的皮毛是人类御寒的衣料，野生动物的骨骼、牙齿、角等是人类制作工具、武器和饰物的原料。这种情形一直持续到旧石器时代。以北京猿人为例，他们的生活来源靠采集和渔猎，他们会在附近的湖泊、河流捡拾贝壳类软体动物和捕鱼，还利用各种形制的石球、石块去打猎。北京猿人一般集体狩猎，狩猎的对象主要是一种大角鹿和一种斑鹿，此外还有一些三门马、双角犀和各种鼠兔、豪猪。狩猎除获得肉食外，他们还利用兽皮缝制衣服，并用动物的骨骼制造工具和装饰品。在北京的遗址中，发现有厚厚的灰烬和烧骨等遗迹。表明北京人已经知道用火和保留火种，因为知道用火，人类可以食用熟食，不但从此结束了茹毛饮血的历史，而且食物中一部分有害的微生物被杀死，使食品提高了卫生质量，营养状况得到了改善[10]。

在长期的狩猎过程中，我国古人很早就关注一些与生活有密切关系的特殊动物类群。因狩猎工具的进步，相应技术的改善，所得的猎物日益增多，一些被拘禁和暂时饲养的伤、幼动物逐渐成为驯化的动物。这样一来，也就出现了原始的畜牧业。由于饲养便于观察，从而对动物的认识也在相当程度上得以深化。我国大约在新石器时代早期，开始出现了各种家养动物[10]。按照迄今为止出土的动物骨骼资料，通过当地驯化和通过文化交流从其他地区引进这两种途径，中国于距今 10000 年左右出现了狗，距今 9000 年左右出现猪，距今 5000 多年出现绵羊，距今 4000 多年出现黄牛，距今约 3700 年左右出现马和山羊，距今约 3600 年左右出现鸡。家养动物保证了人类有计划地、稳定地获取肉食，可以更加容易地获取动物的奶、皮、毛、蛋等副产品[11]。随着土地利用水平的不断提高和深化，以及人们驾驭动物能力的提高，在我国的新石器时代晚期，也就是距今约五六千年的时候，人们可能已经利用驯服的动物来帮助耕种。此外，古人们还对昆虫进行认识和利用，在新石器时代的早中期，人们在采集桑葚和桑树嫩芽时，发现了树上的野蚕蛹，并取食它们。后来人们发现蚕丝柔软坚韧，可供纺织之用，从而发明了丝织。开始人们只是采集野蚕，后来为了满足生活的需要和供给的稳定，人们便想法将野蚕收回家中养殖。从有关考古资料可以很清楚地看出，我国古人在距今五六千年前就在一定的程度上掌握了蚕的习性，并把蚕丝当作纺织材料。当时，人们可能已经开始桑的种植和蚕的饲养。

进入工业社会之后，随着现代农业、畜牧业和工业的发展，使得人类生存对野生动物的依赖程度逐渐降低。但是，野生动物作为药材、食品、装饰品、工艺品、毛皮羽制品、宠物的需求却在增加，野生动物的生存正面临前所未有的危机。20 世纪 80 年代，工业如此发达，野生动物资源的利用依然受到人们的重视如裘衣、革子、鹿尾、熊掌、履、羽绒服仍是受欢迎的高档商品，野味——扦鼻、飞龙……仍是国宴上的佳肴，麝香、鹿茸、熊胆、犀角等的疗效仍然不能被化学药剂所取代。

随着人民生活水平的提高，动物资源为人类除了提供直接利用的经济价值外，还具有科学研究、文化教育、美化环境、旅游观赏等满足人民精神和文化生活需要的社会价值[2]。近年来，我国开始依靠现代生物技术开发利用动物资源[6]。例如我国通过将现代生物技术与海洋生物科学相结合，产生了海洋生物技术这一新的领域。应用海洋生物技术开发海洋生物资源、改良海洋生物品种、大大提高海产养殖业产量和品质。

四、微生物资源的利用简史

微生物是除动物、植物以外的微小生物的总称 ①，一般包括病毒、细菌、放线菌和真菌（又分酵母菌和霉菌）四大类。微生物资源具有以下特点：一是物种繁多。迄今被识别的真菌

---

① http://baike.haosou.com/doc/7548325-7822418.html

达 7 万多种，细菌 5000 多种，放线菌 3000 多种，微生物是一类物种丰富的生物资源和基因资源[12]。二是生长繁殖速度极快。有的细菌仅需二分钟就可繁殖一代，故在人工控制条件下，微生物产品可以实现规模生产。三是比较容易大幅度提高产率。因微生物的基因组小得多，拷贝数少，容易通过基因操作。四是微生物资源开发利用不会有灭绝物种之虞。动植物资源的不合理开发利用会导致某些物种的减少，甚至绝灭。但是微生物资源开发利用本身不会导致物种减少和环境破坏。

不同于动物、植物资源，微生物的发现很晚。在人类还未曾看到或未曾觉察到微生物存在之前就已经开始利用微生物了，微生物产品已遍及轻化工、食品、农牧业、医药卫生、矿冶各个行业，带来了巨大的经济利益。微生物资源开发利用最具活力，成果最丰硕，潜力最大，前景最好的几个领域主要包括生物活性物质、微生物酶、微生物肥料和微生物湿法冶金[13]。

1. 生物活性物质

微生物生物活性物质是指具有抗菌活性和其他生物活性或生理活性的微生物产物，既包括通常说的抗生素，也包括各种抗病毒、抗肿瘤、抗心血管疾病等的物质。大体上也可用微生物药物来概括[14]。古代，中国人就用霉豆腐治病，和许多其他药物一样，抗生素的使用比它的发现要早得多。也就是说在人们还未认识它的真实面目之前，就已经懂得利用它了。早在两千多年前我国汉朝，人们就懂得用豆腐上的霉来治疗皮肤上的疮疖。北魏贾思勰的《齐民要术》记载治疗腹泻、下利的神曲，三百多年前《天工开物》中提到的丹曲，就是最早的抗生素药物了。1953 年 5 月，中国第一批国产青霉素诞生，揭开了中国生产抗生素的历史。从微生物开发生物活性物质（微生物药物）已取得了极其辉煌的成就。已经找到活性物质达万种以上，对于大多数微生物药物引起的疾病已基本能控制，对于一些非微生物感染的疾病也可望得到控制。微生物药物已经成为天然药物的支柱之一，随之而来的是巨大的经济效益。但是，我国开发微生物新药的能力相对不足，手段相对落后，资金投入少，企业远未成为新药开发的主体。

2. 微生物酶

微生物酶是活细胞产生的一种生物催化剂。生物体内的新陈代谢，其大部分的化学反应是在酶的参与下，有控制、有次序地进行的，所以没有酶就没有新陈代谢，也就没有生命活动。所有酶的催化作用自古以来就被人类应用于日常生活。远在人类进入游牧生活时期，已利用动物的胃液凝固牛奶，制作奶酪。龙山文化遗址的考证，表明我国劳动人民在 4000 年前就已掌握了酿酒技术，到了商朝时期，农业生产的发展，统治者可用于酿酒的粮食进一步增多，我国的酿酒技术又有了发展。此外，周朝已出现了制酱和酿醋。秦汉前麦芽已用于制饴糖。古人还用粪便供兽皮脱毛、制造皮革、用胰脏软化皮革等，都是酶的作用。古书中记载了不少有关这方面的事例。如"若作酒醴，尔为曲蘖"（诗经）；"孔子不得其酱不食"（论语）；"以米蘖煎材为白饧也"（六书考）等。这些事实说明，早在 2700 多年前，我们的祖先尽管还不知道什么是酶，但已凭着实践所积累的丰富经验，在生产和生活中广泛地应用酶了。

20 世纪五六十年代，我国已有一些制药厂设立车间采用酒精沉淀法生产胰酶、胃蛋白酶和麦芽及米曲酶淀粉酶作为医用消化剂，胰酶还用作制革的软化和脱灰剂；同时中国科学院微生物研究所、轻工业部食品发酵研究所和上海工业微生物研究所等研究所，各自分离和选育产酶微生物，并与生产企业合作进行中试或批量生产，供应试验之用，为我国的工业酶制剂的发展奠定了初步的基础。其中，一些菌种经过不断改良一直沿用至今。1965年，无锡酶制剂厂在轻工业部的支持下成立，它是我国首家采用现代发酵技术生产酶制剂的专业厂。1970年，为了促进微生物工业与酶制剂工业的发展，在中国科学院和原国家科委支持下，举办了全国微生物展览会，同时召开全国酶制剂生产和应用座谈会，轻工业部又于1976年成立了行业协会。随着改革开放，国外酶制剂产品进入国内市场，接着外资和国外先进技术也被引进，带来了先进的经营管理模式，促进了功能酶制剂工业的发展。

3. 微生物肥料

微生物肥料是以微生物的生命活动导致作物得到特定肥料效应的一种制品，是农业生产中使用肥料的一种。早在春秋战国时期，人们已经知道利用微生物提高地力，微生物可以将田中的杂草腐烂，以此来增加土壤肥力，使庄稼长得茂盛。豆科植物根部的根瘤菌，有固定大气中氮素的能力，因此豆科植物在提高土壤肥力上具有重要的作用。前汉后期（公元前一世纪）的《氾胜之书》中，就提到了瓜类和小豆间作的种植方法。公元三世纪末西晋郭义恭著的《广志》一书中，已经有稻田栽培紫云英作绿肥的记载。书中说道："茗，草色青黄，紫华，十二月稻下种之，蔓延殷盛，可以美田，叶可食。"这里所说的"茗"，就是紫云英，又叫红花草，到公元六世纪北魏的《齐民要术》一书中，已经对不同轮作方式进行了比较，特别强调了以豆保谷、养地和用地相结合的豆类谷类作物轮作制。书中说道："凡谷田，绿豆、小豆底为上""凡黍田，新开荒为上，大豆底次之，豆底为下。"这说明当时已经有了和豆类作物轮作或间作的谷物耕作制度。

长期以来，我国农民就知道把多年种过豆科植物的土壤移到新种植豆类的田里去，以保证新种植豆类的良好生长。人们称这种方法叫"客土法"。现在看来，这实际上是接种根瘤菌，这是近代使用细菌肥料的萌芽。我国成都平原的农民，很早就采用了一种接种根瘤菌的方法，就是在收获大豆以后，把大豆根连同根瘤和泥土捣碎，掺入少量草木灰揉成小团，用稻草包扎好，以备次年大豆拌种用。这是"客土法"的进一步发展，实际上是原始的细菌肥料[①]。

4. 生物湿法冶金技术

生物湿法冶金技术，通称细菌浸矿，是对生物地球化学循环的人为应用。据史书记载，公元1094年，北宋张甲撰《浸铜要略》一卷，内称：用"胆水浸铜""以铁投之，铜色立变"，这就是现在我们所说的细菌浸出铜后，加铁屑置换出铜的方法。我国的生物湿法冶金方面的研究是1959开始的[13]，当时已经进行了有关细菌的分离鉴定、主要生理特征、金属硫化矿的细菌浸出及其浸出效果的研究。细菌法浸出湖南柏坊铜铀伴生矿回收铜和铀的研究，于1972年应用于生产。浸出贫铀矿的研究在1970年完成700吨工业性堆浸试验。湖南桃江高硫锰矿和广东莲花山钨矿的微生物浸出研究，先后在1976年和1977年完成半工业性试验，1983年进行了细菌法脱除铜等精矿中砷的堆浸试验，陕西省地矿局1994年进行了2000吨级黄铁矿类型贫金矿的细菌堆浸现场实验，原矿的含金只有0.54克/吨，经细菌氧化预处理后，金的回收率达58%，未经处理者，回收率只有22%，湖南溆浦龙王江金矿毒砂类型矿石，也进行了600吨级的堆浸实验。我国最大的铜矿——江西德兴铜矿用细菌堆浸回收该矿巨量低品位矿石中的铜，已完成工业生产设计，1995年起筹建生产。

---

① http://www.douban.com/group/topic/26088215/

　　由中南大学邱冠周教授为首席科学家的"微生物冶金的基础研究"项目针对我国有色金属矿产资源品位低、复杂、难处理的特点，围绕硫化矿浸矿微生物生态规律、遗传及代谢调控机制；微生物－矿物－溶液复杂界面作用与电子传递规律；微生物冶金过程多因素强关联3 个关键科学问题开展研究，并分别获得 2002 年度"中国高等学校十大科技进展"和 2002 年度湖南省科技进步奖一等奖；2005 年 10 月下旬，该项目被正式列入国家重点基础研究（"973"计划）项目。该项目的正式启动，标志着我国微生物冶金技术进入突破性研究阶段。随着项目研究的深入，不仅将在冶金基础理论上取得突破，建立 21 世纪有色冶金的新学科－微生物冶金学；而且对解决我国特有的低品位、复杂矿产资源加工难题，扩大我国可开发利用的矿产资源量，提高现代化建设矿产资源保障程度等都具有重要的作用。

第二节　生物资源学的形成

　　生物资源学是指以生物资源为研究对象，介绍人类对于生物资源认识及其开发利用理论和方法，研究生物资源保护与开发利用的一门学科[15]。随着生产水平的不断提高和人们环保意识的增长，以及资源的日趋减少，资源的稀缺性日益显现，生物资源学在区域资源开发、保护和资源可持续利用等方面的作用会日趋增加，成为指导生物资源保护和开发利用的重要理论基础。

一、生物资源学概述

1. 生物资源学的基本概念

　　生物资源学是研究生物资源的形成、分布、演化规律与人类合理开发利用之相互关系的学科，它是资源科学与生物学之间的一门交缘性学科[2]。生物资源学在分析生态系统结构和功能的基础上，研究生物资源质量、数量和时空变化特征，探索合理开发利用生物资源及其保护和管理的途径。

　　将生物资源学与传统的生物学科相比可知：生物资源学侧重于研究生物资源的总体特征、开发利用规律及保护的途径，在研究生物资源结构、功能、区域分布、形成、发生、发展规律和生物资源综合评价的基础上，为资源的开发利用、保护与科学管理、制定经济发展中长期规划和区划发展规划等提供科学依据。传统的生物学科则着重于研究生物个体或群落生长发育的规律，虽然对本学科涉及的对象也进行了较深入的研究，但仅是集中于本学科的资源，对其他资源以及它们的开发利用所带来的社会、经济与生态问题缺乏深入研究。生物资源学从总体特征上去研究生物资源的开发利用规律，弥补了传统生物学科的不足，在各个生物学科中架起了一座互相沟通的桥梁，为生物资源的合理开发利用、商品生产基地建设、资源的优化配置和生物资源的保护等方面奠定坚实的理论基础[15]。

2. 研究对象与性质

　　生物资源学研究的目的，是应用生物资源学的基本原理，从不同水平（分子或基因片断－生物个体－群落－系统）上探讨生物资源的基本特性，解决保护和开发利用生物资源过程中存在的问题，为生物资源的可持续利用提供科学依据。

　　生物资源学研究的对象是生物资源，它的功能单位是生态系统。但是生物资源学中研究的是由资源－人类活动－环境耦合而成的复合系统。这类系统有些较简单，有些很复杂，它是由不同的资源系统与多种服务于人类的功能系统组成的复合系统。生物资源学与传统生命科学另一显著特点是，生物资源学的研究对象是受人工控制的功能系统，传统生命科学的研究对象则可能是自然的或人工生态系统，并且以自然生态系统作为研究对象的居多。人们可以根据生物资源保护与开发的需要进行调控，也就是说，系统的状态是直接或间接由人控制的。目前由于受管理水平与经费所限，尚不能按照预期目标进行调控，研究生物资源调控与合理开发利用的途径正是生物资源学研究的重点所在，最终实现生物资源的可持续利用。此外，传统的生物学科主要是从自然科学的角度上研究不同类型的生态系统的结构功能及其规律，并利用有关知识服务于人类。而生物资源学则更多的从资源的保护与合理开发利用的角度出发，研究资源开发所产生的环境问题，以及根据资源结构、功能等基本特征采取相应的对策，以实现资源的可持续利用。

3. 生物资源学的形成和发展

人类对生物资源的开发和利用历史悠久，但生物资源学作为一门综合科学出现则晚得多。至今其学科体系还不完善。随着人们对生物资源的认识和研究的不断深入，生物资源学作为一门新兴交叉学科悄然兴起。自20世纪60年代以来，随着资源环境等一系列问题的日益尖锐化，人类的资源、环境保护意识显著增强，自然资源科学得到了飞速的发展。作为单独一门"生物资源学"的提法已开始出现在多种有关自然资源科学的专著中，其中，最有代表性的科普专著之一是于1999年中国自然资源学会组织撰写的《中国资源科学百科全书》。2009年12月8日，国家林业局生物资源利用科学研究院正式挂牌成立，生物资源利用科学研究院旨在通过开展生物资源的培育、改良、加工与利用等新技术、新产品的研究与开发，为我国生物资源的高效可持续利用提供科技支撑[16]。

生物资源学与其他单科的相关资源学科相比，其综合性是不可比拟的，在处理一些综合性很强的项目上，生物资源学显示出明显的比较优势。如农业综合布局与区划，因为涉及的学科很多，任何一门单一学科都显得功力不足，这为具有融合多学科特征的综合性科学－生物资源学提供了广阔的舞台。另一个特点表现在生物资源学源于单科资源科学、但又高于单科资源科学，这有助于拓展单科生物资源科学的研究领域，合理开发利用生物资源，实现生物资源的可持续利用。

二、生物资源学的学科体系

生物资源学形成的历史较短，学科体系尚未完全形成，理论体系也欠完备，还需在今后的生产、科学实践中不断地充实与完善。目前，生物资源学分支学科主要有植物资源学、动物资源学、微生物资源学、森林资源学、草地资源学、天然药物资源学、海洋生物资源学等[15]（图16-2）。

1. 植物资源学

植物资源学的研究对象为植物资源，研究其功能、用途、生物学特征、种类、内含有用物质的性质和数量、转化规律、形成分布、合理开发利用途径及有效保护措施的学科[17, 18]。植物资源学的主要研究内容是资源植物的分类鉴定、地理分布、生物学特征、内含物质的定性定量分析、内含有用物质的形成积累与生态环境关系以及季节变化规律、资源贮藏量、引

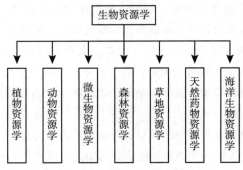

图 16-2 生物资源学分支学科框架图

种驯化、地区植物资源综合评价、合理开发利用途径以及有效保护措施等[2]。植物资源学与植物分类地理学、植物化学、植物系统学、植物生态学、植物遗传学、民族植物学、植物生理学、植物引种驯化及植物保护生物学等关系密切，它是一门综合性和应用性很强的学科。植物资源学的研究方法主要包括系统研究法、民族植物学方法和综合评价法等定性的方法和丰富度分析、相似性分析和聚类分析等定量的方法[19]。

2. 动物资源学

动物资源学是研究动物资源的生存、发展、产品形成规律及其可持续利用的一门综合性科学[15]。它以动物资源的保护、管理及产品的合理开发利用为研究对象。基本任务是从动物体与其自然的或人工的栖息环境的联系中，揭示动物的生存、发展及其产品形成的规律，充分利用现代科学技术和社会经济管理手段合理的开发利用动物产品，为国家经济和文化建设服务[8]。作为一门综合性科学，动物资源学涉及的学科很多，其理论基础主要依据遗传学、动物学、植物学、生态学、生物化学、地理学、生物物理学等，亦与美学、经济学、法学、企业管理等社会科学有密切关系。

3. 微生物资源学

微生物资源学是研究微生物资源的分布和种类、微生物资源与环境的关系、微生物资源合理开发利用的战略和策略、微生物资源有效保护的措施等的一门综合性科学[14]。微生物资源学是微生物分类学、分子生物学、生态学、环境科学、化学、农学、医学、工程学等学科的交叉学科[20]。

4. 森林资源学

森林资源学是研究森林的数量、质量、结构、分布、功能以及由它们组成的生态系统对环境的影响，为森林资源的开发利用、采伐更新、经营管理、林业生产布局以及环境保护提供科学依据的一门多功能学科[21]。其研究领域主要涉及森林发生及演化、森林土壤、森林气候、森林生态学、森林资源调查、森林地理学、森林生理、森林经营管理、造林与退化生态系统的重建、林产品综合利用、森林野生动物、森林景观学与森林旅游、水土保持与小流域治理、林业经济、林业系统工程、林业发展战略、森林保护学、农业复合经营、林业区划、荒漠化综合防治及森林资源管理信息系统等[15]。

5. 草地资源学

草地资源学是研究草地资源构成的基本要素；各项基本要素之间的交互影响和由此衍

生的发生与发展的现象、过程和规律；利用这些规律达到草地资源高效、稳产并保持草地资源持续发展的理论与技术的科学。草地资源学源远流长，现代草地资源学始于 20 世纪 40 年代，当时草地资源学被定义为研究土地、牧草、家畜三者及其相互关系的科学。后随着草地资源荒漠化问题成为世人瞩目的焦点。目前，草地资源学已发展包含草地植物资源学，草地景观资源学，草地资源技术经济学，草地动物资源学在内的综合资源学科[15]。

6. 天然药物资源学

天然药物资源学是研究天然药物的数量、质量、种类、时空变化、地理分布、合理开发利用和管理的一门科学。天然药物资源学的研究对象是生活用的药用动物、植物以及药用矿物[2]。因其研究对象大多为生物资源，故将其列入生物资源学的范畴。天然药物资源学的研究内容主要包括调查研究天然药物资源的数量、种类、分布和质量；研究如何合理开发和综合利用天然药物资源；研究天然药物资源的生长动态规律和科学的经营管理方式，以及扩大和寻找新品种、新资源等。

7. 海洋生物资源学

海洋生物资源学是研究海洋生物的特性、资源态势、分布规律及开发利用、保护的一门学科[15]。它的研究领域涉及海洋生态学、海洋生物学、海洋生物捕捞学、海洋生物养殖学、海洋药物学及海洋生物保护、海洋生物资源管理及海洋生物产品开发与加工等。

三、生物资源学的研究重点

生物资源学是随着生物资源的调查、保护和利用工作的开展而发展起来的，将随着资源开发利用程度的加深和人口、资源、环境问题和日益尖锐化而发展壮大。其研究重点主要集中在以下几个方面。

1. 生物资源数量、质量及时空分布规律的考察与研究

对生物资源的数量、质量及分布规律进行有效调查是区域开发或环境综合治理的必要条件，能够为有效保护、合理利用、科学管理我国生物资源提供科学依据，为国家制定有关决策、履行国际公约或协定、开展国际交流与科学研究奠定基础，生物资源调查的内容涉及较广，例如森林资源调查的主要内容包括森林植被的覆盖率、蓄积量、林木类型、出材率、生长率、立地条件及经营管理水平、主要分布区等[22]。草地资源调查的主要内容包括草地的类型、面积、产草量、建群种的养分状况、载畜量及经营管理水平等（中华人民共和国农业部畜牧兽医司和全国畜牧兽医总站，1996）[23]。虽然生物分类学已建立多年，对我国主要物种的分类已基本弄清楚，但因人类活动的干扰以及生物资源易于变化的特点，需要定期对生物资源进行调查，建立动态监测体系是了解生物资源变化的主要方法之一[15]。

2. 生物资源结构、功能及发生、发展规律的研究

不同类型的生物有其特定的结构与功能，对生物资源结构、功能及发生、发展规律的研究有助于深入揭示生物与环境的相互关系，从系统的高度上研究生物生长发育规律，为生物资源的保护、合理开发利用、商品生产基地建设及优化资源配置等方面提供理论依据[24]。如了解不同生物的生态适性，则可依据这些特性进行引种，为建立商品生产基地提供科学依据。生物种群结构研究的内容主要包括物种组成、盖度、密度、直径、高度及生物生产力（生物量、生产量）等主要特征指标[25]；功能方面的研究集中于由不同类型的生物种群构成的生态

系统在能流、物流、信息等方面作用与规律性。

3. 生物资源加工与产业化的途径与方法的研究

以提高资源利用率和效益为中心，研究生物资源加工的技术与方法，这是生物资源学的主要任务之一[26]，如利用遥感技术、遥测技术配合地面调查，对生物资源进行监控和测定[27, 28]。采用全球定位系统研究海洋渔业资源的捕捞，研究最佳亲鱼繁殖期，以制定符合鱼类生长发育规律的休渔期等[29, 30]。又如从海洋生物体内获取有功效的初生代谢产物与次生代谢产物，除可发展海洋天然药物外，还可开发海洋生物保健品、海洋生物化工产品等。此外，利用海洋生物活性物质新颖的结构作为先导物，可设计合成治疗疑难病的创新药物。应用细胞培养、基因文库、DNA重组等生物工程技术探索海洋生命活性物质，研制出各种具有独特疗效的产品，促使海洋生化药物与功能性保健品形成产业化[31]。

4. 生物资源的保护与法制化建设的研究

生物资源是人类赖以生存和发展的物质基础，是可更新的资源[26, 32]。但生物资源的可再生性必须在一定的前提条件下才能实现，即对生物资源的合理利用[33]。然而，由于长期只重视生物资源的开发与利用，忽视了对生物资源的保护，从而对我国生物资源，特别是生物多样性产生了深广的影响，致使相当多的自然物种灭绝[34]。保护在漫长的历史年代形成的生物多样性是生物资源学的一项重要的研究任务。

随着人口的增加，现代科技的发展，竞争的加剧，围绕着生物资源这一战略要素，产生了一系列问题，如物种面临威胁、遭受生物盗版、外来物种入侵、生物技术战略挑战等[35]。此外，由于植被破坏所形成的严重的水土流失和大面积的土地荒漠化，以及生物栖息地的大量破坏和滥用农药、洗涤剂所造成的水域污染等生态环境的恶化，正在危及着人类的生存环境。加强生物资源的保护和法制建设，研究其理论基础和具有可操作性的实施方法与途径，也是生物资源学重要的任务之一[36, 37]。

第三节　生物资源学的发展趋势

生物资源是人类赖以生存和发展的基础，生物资源的研究、利用、开发、保护既关系到我国生态环境的良性循环，也关系到我国的经济发展，更关系到我们子孙后代的利益[33]。截至目前，关于生物资源学的相关研究已进行了很多，研究方向基本囊括了各类生物资源，取得了较为显著的成果。随着科学技术的不断发展，人们对于生物资源的开发利用也变得更加复杂多样，而对于生物资源学的研究也将继续蓬勃进行。

一、生物资源调查与评估

目前，我国已经认识到生物资源开发、利用及保护的重要性，并在生物技术的研究上也已经取得了值得认可的成果。但现存的一些问题也令人堪忧，2006年，成都商报就曾经以"我国八成生物资源不为人知"报道过我国对生物资源"种类"研究领域的苍白。该报道称，美国密苏里植物园主任、中科院外籍院士彼得·瑞温博士认为：中国具有丰富的生物资源，但遗憾的是大约八成的生物资源尚没有被记录，更令人遗憾的是，这些生物资源中的一半可能没有机会延续到下个世纪。如果在这些生物灭绝之前，我们连他们的名字都不知道，这将成为我国生物资源的悲剧，更是生物技术研究专家的悲剧。因此，我国相关领域的专家能不能尽快的识别和研究这些宝贵的生物资源对于一些即将灭绝的生物意义重大，或许它们会因为研究人员对它们的研究而幸存下来。这一报道足以说明我国在生物资源研究方面仍然落后，并存在许多问题[33]。

关于生物资源的调查一直是生物资源学的重点工作。截至目前，对于我国生物资源的总量认识已较为清晰明了，但是针对于具体地区，尤其是一些较为偏远、人员稀少的地方，如少数民族聚集区的生物资源调查工作还比较欠缺，对于此部分区域的生物资源调查工作成为日后生物资源学的工作要点。应加强重要生物资源的调查、监测及评估，摸清生物资源的种类、数量、质量、利用现状、开发潜力等，建立生物资源经济信息库与网络系统。钱学森教授在题为"第六次产业革命和农业科学技术"的讲话中指出，"在科学研究中的一大课题是对生物资源的全面调查研究，因为农业型的产业是靠生物来完成生产任务的，这是老课题，但有新的内容"，可见，我们还应注重挖掘新的生物资源，探索利用生物资源新途径，同时，还应积极开展基础性研究工作，以掌握生物资源生长、发育和演化规律，为生物资源开发利用和保护提供科学依据[38]。目前，我国生物资源的利用对象过于集中，利用途径单一，综合利用十分薄弱，从而导致惊人的浪费，这些问题只有通过加强应用基础研究才能逐步解决。

二、生物资源永续利用与生物多样性保护

生物资源是人类生存和发展的重要物质基础，人们的衣、食、住、行、用都直接或间接地取之于各种生物材料，当今世界普遍关注的能源消耗、资源枯竭、人口膨胀、粮食短缺、环境退化、生态失调等六大危机也都与生物资源的合理利用与保护有着直接或间接的关系[39]。随着生物多样性的日趋穷竭，生物资源的战略价值日益突显。世界各国都认识到生物资源在人类社会可持续发展中的重要作用，许多国家都投入了大量人力、物力和财力进行生物资源的收集和研究。世界各国均设有植物园、种质库、标本馆、包括细胞与菌物的典型培养物保藏中心、实验动物中心等各种专业和综合性的生物物种及细胞保藏机构对生物资源进行收集、保存[40]。一方面，各国政府都在制定各自的生物资源保护、利用和共享战略。另一方面，世界各国的科学家力图在全球范围内彻底明晰生物资源的种类，阐明生命起源、进化的式样，各大门类生物的演化和亲缘关系，生物多样性的生存方式和动态规律，发掘其中的生命信息，即重建生命之树，鉴于这一计划的重大战略意义，它可能会逐步成为人类基因组计划后又一国际的大合作项目，并以其从基因、物种到生态系统的研究成为生物学、地理学和环境科学等交叉集成研究的对象。

同时，国际社会高度重视生物资源特别是基因资源，基因资源的争夺在世界各国引起了激烈的竞争。发达国家的科学研究机构、种子公司，特别是一些制药企业，在生物多样性集中分布的发展中国家寻找和开发植物、动物、微生物中有商业或研究价值的生化或生物资源[41]。因为谁拥有特殊的种质资源，谁将掌握基因利用的主动权。基因资源涉及到国家生态安全、资源安全、外来物种入侵等一系列问题，世界各国之间将面临着一场激烈的基因争夺[40]。

世界是一个相互依存的整体，由人类社会和自然界所组成。物质文明有赖于人类对生物多样性保护与生物资源永续利用的不断认知。自然界任何一方的健康存在和兴旺都和其他方

面息息相关，人类以群居为主要生存形式，其健康的存在方式不仅仅是人类之间，还包括与自然界其他生物间和谐共处。如果我们无限度开发利用地球上的生物资源，造成物种灭绝，人类必将付出降低生活水准和生活质量的惨痛代价[42]。

我国人口众多、经济高速发展，对生物资源具有很大的依赖性。随着工业化和城市化进程的加快，经济发展与人口、资源、环境之间的矛盾日益突出，引发了一系列问题，对生物多样性造成很大影响。在生境破坏、盲目引种、过度开发、环境污染等因素的综合作用下，我国的生物资源受到严重威胁，更为不利的是我国生物种类正在加速减少和消亡，其中包括一些濒危或接近濒危的高等植物[43]。尽管我国对生物资源的保护及生物多样性的研究高度重视，在人口增长和经济发展以粗放型增长为主体的背景下，我国生物物种资源保护的形势较为严峻，不容乐观。生物资源永续利用和生物多样性保护的有机结合，事关整个生态系统稳定和发展。新形势下，应立足我国国情，借鉴国际经验，坚持优先保护、合理利用、惠益共享的目标和方针，建立健全生物多样性保护体系，科学开发利用生物资源，创新保护和发展模式，形成在发展中保护、在保护中发展的新机制。

生物资源是国家的战略性资源，我国尽管对生物多样性的分布、保护热点、现状评估与资源分布等开展了一些工作，但仍然没有形成一个全国范围的清楚描述，更没有形成详细格局的图件。虽然我国生物多样性的信息丰富，但比较分散，未能被充分利用。有关生物多样性的重要类群、生态系统类型以及地理区域等方面的研究不够深入，信息比较缺乏，相应的保护设施，如植物园、自然保护区等的布局还缺乏一定的针对性。应用系统保护的理念，利用遥感和 GIS 等技术，开展生物世纪大普查，全面认识我国生物多样性的现状与格局，对有效保护我国的生物多样性，实现人与自然的和谐发展非常必要[40]。

生物资源永续利用与生物多样性保护将成为生物资源学的未来发展趋势之一，我国应在扩大内需满足不断增长的社会需求之时，理应注重生物多样性的有效保护机制、长效保护策略研究，为重点物种保护工程提供理论基础和关键核心技术支撑；同时加强具有自主知识产权的生物资源永续利用研发，推动新兴生物产业升级，对现代化生态城市建设、构建资源节约型和环境友好型社会都有重要指导作用。寻求自身发展和自然界和谐相处的可持续发展方式，将是人类发展道路的必然选择[44]。

三、以现代生物技术为基础的生物资源开发

现代生物技术即生物工程，是以重组 DNA 技术和细胞融合技术为基础，包括基因工程（染色体遗传基因重组技术）、细胞工程（生物体细胞通过电、磁、激光、超声波融合实现杂优的技术）、酶工程（包括蛋白质工程）和发酵工程（包括生化工程）等四大体系组成的现代高新技术，这比利用大自然现有生物资源的传统生物技术前进了一大步，是生物技术发展的制高点。作为 21 世纪高新技术的核心，生物技术在解决人类面临的食物、健康、资源、环境等重大问题将发挥越来越大的作用。大力发展生物技术及其产业已成为世界各国经济发展的战略重点。随着世界生物技术的迅速发展，生物技术的研究成果越来越广泛地应用于农业、医药、海洋开发及环境保护等领域，对人类社会的生产、生活各方面必将产生全面而深刻的影响[45]。

国际农业生物技术的发展，有利于农业产业结构的改善和产量增加，引起了世界各国政

府和科学家的高度重视。转基因技术的研究在农业生物技术领域中最为突出，通过将目的基因导入动植物体内，对家禽、家畜及农作物进行品种改良，从而获得优质、高产、抗病虫害的转基因动植物新品种，达到提高资源利用效率，降低生产成本的目的。经过长期不断的努力，农业生物技术已取得重大突破。

医药生物技术已经成为生物技术研究开发的热点，近些年来，一些发达国家投放大量的人力、物力和财力研究和开发医药领域的生物技术，已取得新的进展，其中基因治疗技术和新型生物药剂方面的开发应用最为广泛。

海洋生物技术是海洋生物学与生物技术相结合产生的新领域。海洋生物技术作为加速开发利用海洋生物资源、提高海产养殖业产量和质量、改良海洋生物品种、获取有特殊药用和保健价值的生物活性物质的新途径，越来越受到许多国家的重视并将海洋生物技术作为21世纪发展战略的重要组成部分。目前，在海洋生物技术方面的主要研究工作，一是应用细胞工程技术和基因工程，培养虾、鱼、贝、藻类优良品种，大幅度提高海洋水产养殖的质量与产量；二是从海洋生物中提取生理活性物质。为了满足人们对食物、海洋药物和其他海洋生物制品的需求，在可持续发展的基础上，运用海洋生物技术等现代高新技术合理开发利用海洋生物资源，是未来海洋资源开发利用的必由之路[46]。

生物技术及产业的发展前景美好，首先，因为在国际上，发展生物技术的步伐一直没有间断过，这是由生物技术的应用价值所决定的。其次，发展生物技术及产业得到各国政府、科技界和产业界的普遍重视。生物技术及产业是发达国家科技发展计划重点支持的领域之一。生物技术与产业对经济和社会发展所作的贡献将会不断增加。20世纪的生物技术主要还是科研阶段的工作，产业建设尚在初创阶段；21世纪的生物技术将进入大规模的产业阶段，将对人类社会做出更大贡献[45]。

我国生态环境复杂，生物资源丰富。我国人民对于生物资源的利用和改造有着悠久的历史，在农业、食品酿造和医疗卫生方面为全人类做出过杰出贡献。新中国成立后，迅速建立了以抗生素为代表的近代发酵工业，农作物的育种技术不断提高并在农业生产方面取得了显著成效。20世纪60年代末和70年代初，又相继开展了分子遗传学、基因工程、细胞融合等新学科与新技术的研究，从而出现了生物技术发展的新局面[47, 48]。

进入21世纪后，在市场需求和国际竞争的拉动下，一场以发展生物产业、抢占生物经济制高点、确保国家安全为内容的生物科技和产业革命正在世界范围内形成，面对21世纪经济发展的机遇和挑战，以现代生物技术为基础的生物资源的保护和开发将是未来全球生物资源竞争的一个战略重点[40]。我国经过多年的经济高速发展已告别了短缺经济时代，但效益不高，属以资源和环境为代价的粗放型增长方式。基于可持续发展的思想，我国已提出科学发展观的理念，经济的持续发展，不能依靠现有产业规模和产品数量的简单扩张，必须依靠新的科技革命，推动新的产业崛起，改变经济增长的方式。生物产业是最能体现资源循环和可持续利用的高新技术产业，对生物资源的持续高效利用是生物产业的基础[40, 49]。

四、生物资源法制建设

生物资源是国家的无形资产，具有战略价值。在国际知识产权竞争格局中，发达国家在商标、专利和版权方面具有明显的优势，而发展中国家则处于相对弱势地位。一方面，发展中国家在世界知识产权组织和世界贸易组织框架下必须履行保护知识产权的义务，一定程度上维护了发达国家的经济利益；另一方面，由于生物资源服从共有的权利逻辑，在发展中国家所具有优势的生物资源领域，发达国家的企业可以自由获取和利用这些资源。如动植物基因等生物资源传统上被视为人类共同遗产，除检疫措施的限制外，这些生物资源可以被无偿获取，自由流动和交换。这原是一种资源提供者与利用者互惠的机制，而发达国家的企业借助先进的科技手段，利用获取的生物资源能较快地研发成药品、培育出新品种并获得知识产权的法律保护，分离的基因序列也可获得专利权，享有事实上的私有产权，但产生的利益却较少与资源提供国分享，甚至生物资源提供国使用也必须支付高额的许可费用。

要以生物资源的开发和保护相结合为出发点，制定生物资源保护和管理的法律与政策。我国曾建立了一系列的自然法规，对于合理利用与保护生物资源起了积极作用，但有关生物资源的保护和利用的法规迄今还不完善，有法不依的现象相当严重。我国已经先后颁布了《环境保护法》《草原法》《森林法》《野生动物保护法》《渔业法》《森林和野生动物类型自然保护区管理办法》《野生植物保护条例》《自然保护区条例》等一系列法律法规，新修订的刑法也增加了野生动植物的保护条款，加大了对野生动植物犯罪案件的打击力度。但这些规定零碎分散，已有的法律法规着重于对种质资源和珍贵野生动植物的管理，知情同意、利益共享和来源披露的法律机制更是缺乏实施，许多重要的生物资源，如动植物基因、微生物等，还处于无法可依的状况，系统的生物资源保护法律制度尚未建立。

目前，我国在生物资源立法和管理方面虽然已做了大量工作，但是，随着社会的发展与进步，破坏生物资源的犯罪行为也日益多样化，如乱采滥伐、过度捕猎野生动物、滥食野生动物等新闻报道不绝于耳，生物资源保护的形势仍然严峻。为此，生物资源的保护应纳入国家政策和立法规划，做到有法可依，执法必严，违法必究。我国已开始着手探讨生物资源法律制度的建设。在我国21世纪议程优先项目计划中，生物多样性保护法已被列入其行动计划。为维护国家利益，我国应借鉴其他发展中国家在国际法层面已取得的成果，迅速研究建立起能有效维护生物资源权益的法律体系，并在知识产权竞争格局中善加应用，可以对我国经济建设和科技发展发挥重大作用[40]。

第四节　展望

21世纪是生命科学的世纪，作为生命科学基础学科之一的生物资源学将会得到前所未有的发展。从先民们最初的采集野果、狩猎到家畜的饲养与谷物的种植等生产活动，直到现代工农业的建立，生物资源开发利用由简单向复杂性方向发展，随着科学技术的不断发展，加工水平不断提高，由初级的资源产品向深加工的高、尖、精产品发展。伴随着生物资源利用的水平不断提高，生物资源学将会日趋成熟，在国民经济建设中发挥的作用将会更为重大。

在21世纪中，生物资源学将在生物资源调查与评估、生物资源永续利用、生物资源保护和生物资源开发、生物资源法制建设等方面都有新的突破和取得前所未有的成绩。随着人类环保意识的提高，生物资源开发与保护有可能协调发展，生物资源可持续利用将作为人类生活的基本准则，贯穿于人类生活和生产之中，保护环境、珍惜资源将成为人们的自觉行为。预计生物资源学在国民经济的主战场上的作用将日趋重要，在配合国民经济建设对国土整治中的重大问题进行可行性研究与论证的同时，生物资源学将会得到更广泛、更深入的发展。

参考文献

[1] 赵建成. 生物资源学 [M]. 北京:科学出版社,2002.

[2] 孙鸿烈. 中国资源科学百科全书 [M]. 北京:中国大百科全书出版社,2000.

[3] 王振宇. 植物资源学 [M]. 北京:中国科学技术出版社,2007.

[4] 杨期和. 植物资源学 [M]. 广州:暨南大学出版社,2009.

[5] 邓玉诚,李军,华会明,等. 当前我国植物资源利用研究中几个问题的探讨 [J]. 植物资源与环境,1991,3(1):56-59.

[6] 史典义,刘英. 现代生物技术及其应用 [J]. 生物学教学,2008,33(1):4-6.

[7] 张卫明. 植物资源开发研究与应用 [M]. 南京:东方大学出版社,2005.

[8] 张荣祖. 动物资源学 [J]. 地球科学进展,1991,6(6):70-71.

[9] 罗泽珣. 野生动物资源的性质和利用 [J]. 自然资源研究,1986(3):61-66.

[10] 罗桂环,汪子春. 中国科学技术史(生物学卷)[M]. 北京:科学出版社,2005.

[11] 袁靖. 中国古代家养动物的动物考古学研究 [J]. 第四纪研究,2010,30(2):298-306.

[12] 姜成林,徐丽华. 加强微生物资源开发利用与保护的宣传 [J]. 中国记者,2003(6):12-13.

[13] 姜成林,徐丽华. 微生物资源学 [M]. 北京:科学出版社,1997.

[14] 徐丽华. 微生物资源学(第二版)[M]. 北京:科学出版社,2010.

[15] 李飞. 生物资源学的学科体系与理论框架 [C]. 2004.

[16] 张英,王刚,孙雯. 生物资源利用科学研究院成立 贾治邦 李家洋揭牌 [J]. 中国林业,2010(1).

[17] 王宗训. 我国植物资源学研究概况 [J]. 生物学通报,1964(3):1-4.

[18] 王宗训. 我国植物资学三十年来的进展 [J]. 植物杂志,1979(5):1-3.

[19] 王锡华. 蓬勃发展的植物资源学 [J]. 科学中国人,1997(11):5-9.

[20] 陈晔,柳闽生. 微生物资源学教学探讨 [J]. 微生物通报,2004,31(3):172-173.

[21] 李飞. 森林资源学 [J]. 地球科学进展,1991,6(4):71-72.

[22] 李文华,李飞. 中国森林资源研究 [M]. 北京:中国林业出版社,1996.

[23] 中华人民共和国农业部畜牧兽医司,全国畜牧兽医总站. 中国草地资源 [M]. 北京:中国科学技术出版社,1996.

[24] 吴红梅. 经济全球化下生物资源的持续增长策略 [J]. 商业时代,2007(24):7-8.

[25] 孙儒泳,李博,诸葛阳,等. 普通生态学 [M]. 北京:高等教育出版社,2000.

[26] 王祖望,蒋志刚. 我国生物资源现状及持续利用对策 [J]. 科技导报,1996(3):42-43.

[27] 孙玉军. 森林生物量及碳储量遥感监测方法研究 [D]. 北京:北京林业大学,2009.

[28] 张富华. 锡林郭勒草地多样性遥感识别与评价研究 [D]. 北京:首都师范大学,2014.

[29] 颜云榕,王峰,郭晓云,等. 基于3S集成平台的南海渔业信息动态采集与实时自动分析系统研发 [J]. 水产学报,2014,38(5):748-758.

[30] 苏奋振,周成虎,杜云艳,等. 3S空间信息技术在海洋渔业研究与管理中的应用 [J]. 上海水产大学学报,2002,11(3):277-282.

[31] 缪辉南,方旭东,焦炳华. 海洋生物资源开发研究概况与展望 [J]. 氨基酸和生物资源,1999,21(4):12-18.

[32] 方嘉禾. 世界生物资源概况 [J]. 植物遗产资源学报,2010,11(2):121-126.

［33］阿米娜·依敏. 刍议我国生物资源的现状及解决措施［J］. 经营管理者, 2010（6）: 127.

［34］史培军, 李晓兵, 张文生, 等. 论生物资源开发与生态建设的"双健康模型"［J］. 资源科学, 2004, 26（3）: 2-8.

［35］陈宗波. 论中国生物资源知识产权法律制度的构建［J］. 资源科学, 2008, 30（4）: 518-525.

［36］黄忠新. 论我国舒生动物资源的民法保护［D］. 武汉: 华中师范大学, 2008.

［37］冯芳雪. 动物资源保护刑事立法的研究［D］. 哈尔滨: 东北林业大学, 2014.

［38］陶黎新. 我国生物资源的可持续利用［J］. 内蒙古科技与经济, 2004（4）: 65-66.

［39］纪亚君, 周青平. 青海生物资源的开发利用［J］. 资源环境与发展, 2008（4）: 40-42.

［40］段子渊, 黄宏文, 刘杰, 等. 保存国家战略生物资源的科学思考与举措［J］. 战略与决策研究, 2007, 22（4）: 284-291.

［41］Finston S K. The relevance of genetic resources to the pharmaceutical industry［J］. The Industry Viewpoint, The Journal of World Intellectual Property, 2005, 8（2）: 141-155.

［42］盛世兰. 生物资源的产业化开发与创新是建设绿色经济强省的关键和核心［J］. 学术探索, 2003（1）: 34-36.

［43］田兴军. 生物多样性及其保护生物学［M］. 北京: 化学工业出版社, 2005.

［44］娄治平, 赖仞, 苗海霞. 生物多样性保护与生物资源永续利用［J］. 中国科学院院刊, 2012（3）: 359-365.

［45］黎鹰. 生物技术及其应用进展［J］. 生物学通报, 2001（11）: 23-24.

［46］傅秀梅, 王长云, 王亚楠, 等. 海洋生物资源与可持续利用对策研究［J］. 中国生物工程杂志, 2006, 26（7）: 105-111.

［47］刘永晖. 我国生物技术的现状、对策与展望［J］. 中国科技论坛, 1986（1）: 15-17.

［48］周彦兵. 现代生物技术: 21世纪高新技术产业的先导［J］. 深圳教育学院学报, 2000（2）: 93-96.

［49］雷启义. 现代生物技术与药用民族植物资源利用和开发［J］. 黔东南民族师范高等专科学校学报, 2003, 21（6）: 41-43.

第十七章　气候资源学

　　作为自然资源的重要组成部分，气候资源是指在一定的经济技术条件下，能为人类生活和生产提供可利用的光、热、水、风、空气成分等物质和能量的总称。作为一种自然资源，气候资源的概念及其价值的形成是与人类利用这一资源的水平密切相关的。当人们对气候资源的利用达到了一定的水平，它的可利用性和紧迫感才能够显现出来，而气候资源的概念和价值也才能形成。同时，随着社会发展，这种概念会更加明确，其资源价值也会不断提升[1]。气候资源学属于自然资源学的一个分支，它是以气候资源为研究对象，分析气候资源的数量质量、系统形成、分布规律、发展变化、开发保护及其与人类社会相互作用关系的学科。由于气候资源学内容丰富，综合性强，所以在众多领域都有广泛的应用。

第一节　气候资源及其特点

一、气候资源的概念及分类

　　"气候资源"作为一个科学概念，最早于 1979 年 2 月在瑞士日内瓦召开的世界气候大会上被正式提出。会议主席罗伯特·怀特（Robert M. White）在其所作的报告中提出："这次大会的实际准备中形成了一个重要的新概念，就是我们需要开始把气候作为一种资源去思考。"我国 1979 年上海辞书出版社出版的《辞海》中也出现了"气候资源"这一词条，其解释为"有利于人类经济活动的气候条件。"之后，80 年代上海辞书出版社出版的《气象学词典》中，也对气候资源进行了解释，它是"自然资源的一种，指能为人类合理利用的气候条件，如光能、热量、水分、风能等。"1986 年农业出版社出版的《中国农业百科全书（农业气象卷）》中进一步对气候资源进行了阐述。随后，1993 年科学普及出版社出版的《中国气候资源》和 2000 年中国大百科全书出版社出版的《中国资源科学百科全书》中，都对气候资源的概念进行了解释。基本可以理解为"被人类和其他生物所依赖，并能够在社会经济发展中开发利用的气候要素称为气候资源，包括其数量质量、组合情况、分布规律、变化发展等。""气候资源"的内涵是不断发展的，在新的社会经济发展背景下，气候资源的研究内容、应用需求、侧重领域等都是不断变化的。

　　气候资源由太阳辐射、热量、水分、风、空气等资源要素构成，各个要素不仅具有各自的特征和功能，而且相互联系、相互影响。按照一定的气候特征并结合相关的专业内容，可以将气候资源分成若干类别。气候资源也与社会、经济联系密切，按照不同的需求和内容可以产生不同的分类[2]：

（1）按气候资源的构成要素划分。气候资源是由多种要素构成的，每种要素都具有独立的资源功能，这些要素又构成了气候资源的总体，如热量资源、光资源、水分资源等。

（2）按气候类型划分。不同类型的气候具有不同的气候资源，而这些气候资源具有各自的特点和与之相关的生产内容。按照气候类型，可以分为热带气候资源、亚热带气候资源、温带气候资源、寒带气候资源、山地气候资源和海洋气候资源等。

（3）按与气候资源联系的相关专业划分。气候资源对于许多专业来说，具有重要的作用，存在不同的社会和经济意义，如农业气候资源、林业气候资源、畜牧气候资源、水产气候资源、旅游气候资源、建筑气候资源和医疗气候资源等。

二、气候资源的特点

气候资源具有以下几个显著特征[2-4]：

（1）有限性和循环性。在一定的区域和一定的时间内，光、水、热等气候资源的数量是有限的，也决定了当地的生物的生长、发育和分布特征。同时，气候资源的承载力也是有限的，如果开发利用不当，可能会造成资源更新能力受损，引发一些生态环境问题。但是，从长远来看，气候资源是一种具有循环性的可再生资源，按照等一定的时间，循环往复，更新变化。

（2）普遍性和差异性。气候资源广泛分布于地球各个地方，具有普遍性。但在太阳辐射、大气环流、下垫面环境及人类活动等因素的共同影响下，各地的气候资源在数量、质量、分布特点、变化规律上又有很大差异，这种差异也使人类生产生活的多样性成为可能。

（3）周期性和波动性。昼夜更替、四季变化，与之相关的气候资源的变化也具有明显的周期性，按照日、月、季或年等时间周期循环变化，具有一定的规律性。但是，即使有周期性变化，各周期之间也并不是完全一致的，会出现一些短暂的波动，造成气候资源的差异。一般情况下，短暂的波动后气候资源的变化仍会回归常态，长远维持一个相对稳定的状态。

（4）相互制约性和不可替代性。气候资源发挥作用需要太阳辐射、热量、水分等气候因子共同协调配合完成，具有相互依存和相互制约性。一种气候因子的改变，往往会引起其他气候因子的变化，进而影响到气候资源可利用程度和整体功能的发挥。每种气候要素对于生物的功能和作用也是不同的，这种作用不能够用其他气候要素所替代，具有不可取代性。

（5）双重性和可调控性。不同类型的生物，对于气候资源的需求也不同。一定时间、地点的气候资源，可能对一些生物的生长发育有利，但是也可能会对其他生物造成危害。如一定区域内，植物对温度耐受限度不同，在温度比较高、辐射较强的情况下，对于喜温植物就比较有利，对于喜凉植物则不利。虽然气候资源具有两重性，但是气候资源是可以通过采取一些人工举措来进行调控的。通过调控手段，改善局部的气候资源状况，趋利避害，从而使得气候资源得到充分利用。

作为一种可再生资源，气候资源既是人类赖以生存和发展的条件，又作为劳动对象进入生产过程，成为工农业生产所必需的环境、物质和能量。因此，气候资源是生产力，对社会经济发展具有重要意义。气候资源的研究，对于解释气候资源特性，分析气候资源对农业及其他国民经济部门的影响和作用，研究气候资源的形成、演变和发展变化趋势，提出合理利用气候资源的途径和措施，制定科学的社会经济活动方案等都具有不可忽视的贡献。

第二节 气候资源学及其发展历史

一、气候资源学的内涵及研究内容

气候资源学具有边缘学科的特点，在研究上也同时具有基础理论科学和实验应用科学的性质[4]。气候资源学与地理学、水文学、生态学、生物学、农学、环境科学等应用学科都具有密切联系，和经济学、法学等社会科学之间的联系也越来越多。在机理和变化规律研究上，需要有应用科学的理论为基础，研究结果又可以作为社会科学的理论依据。气候资源学的研究内容丰富，应用范围很广，所以需要开展多层次多领域的调查研究，进行学科和国际之间的交流合作，才能够有效地推动气候资源学的不断发展。

气候资源的研究内容主要可以分为基础性研究和应用性研究[4]。其中基础性研究包括气候资源与人类社会关系的研究；气候资源系统内部相互作用的研究；气候资源要素数量质量、分布特征、变化规律的研究；气候资源物质能量基础理论和方法论的研究；气候资源的应用性研究主要是以服务社会经济发展为目的，包括气候资源评价和区划；气候资源的开发利用；气候灾害的预警和应对措施；气候资源的服务系统研究等。

二、气候资源学的研究方法

由于气候资源研究范围广，与许多学科联系密切，所以气候资源的研究方法也多种多样，主要包括以下几种[3-4]：

（1）数理统计分析法。根据不同的研究目的，统计分析相关的气候资源特征值。常见的方法包括相关性分析、回归分析、聚类分析、方差分析、概率分析等。

（2）数学、数值模拟法。模拟是研究系统性质的一种手段，方法主要有线性代数、灰色系统、模糊数学等。随着计算机技术的发展，运用计算机进行模拟更加方便快捷，推动了气候资源定量化的研究。

（3）调查实验法。对气候资源的研究，最常用的方法就是调查和实验。根据自己研究的需求确定需要调查和实验的内容。采用这种方法进行短期平行观测，可以从得到的资料来分析当地的气候资源数量、质量及分布。

（4）比较分析法。农业气候相似原理是通过与德国植物学家 Mair 提出的"气候相似学说"比较而提出的，其中最常见的方法就是比较分析法。在资源或技术受限情况下，为了分析解决生产问题，可以在广泛调查研究的基础上，采取比较分析法。

（5）高新技术方法。随着 3S 技术的不断发展，使得全方位、多层次、连续定期动态的气候资源数据收集成为可能。这些高新技术的深入运用，让快速、高质处理和分析大量气候资源成为现实，使气候资源的研究迈上了新台阶。

三、气候资源学的发展历史

（一）经验和知识积累阶段（中国古代春秋时期至清朝时期）

早在我国古代的春秋时期，《尚书·洪范》中就提到：雨、肠（晴）、燠（暖）、寒、风，

"五者来备，各以其叙，庶草蕃庑"，指出了气候条件对于农业生产具有重要影响，风调雨顺才能够丰收。战国末期，荀况说过："春耕、夏耘、秋收、冬藏四者不失时，故五谷不绝而百姓有余食也。"《孟子·梁惠王上》讲到"不违农时，谷不可胜食也"，农时也就是指农业气象条件。指出了合理利用农业气象条件，才能提高农业生产。《吕氏春秋》的《审时》篇中有"凡农之道，厚之为宝"之说，直接称气候为农业的重要资源。公元前3世纪，秦始皇下令让人冬季在骊山坑谷内温处种瓜，这是最早利用地形小气候资源进行反季节栽培的记载。《氾胜之书》总结了我国北方，特别是关中地区的生产经验，提出利用耕作措施来达到开发利用气候资源的目的。《淮南子》《易纬》《逸周书》都是汉代著作，说明在汉代，对于气候资源在农业生产中的运用已经得到比较成熟的研究。北魏时期的《齐民要术》总结了黄河中下游地区的农业生产经验，充分说明当时对农业气候资源的开发利用已经达到一个新的水平。唐代，人们将温泉水引入温室，以保证喜温瓜菜在寒冷季节的生长，合理利用了小气候原理。宋代陈旉《农书》中"农事必知天地时宜"。元代则已利用风障、阳畦改善小气候环境，在早春时节对蔬菜进行栽培。王祯《农书》中就介绍了利用阳坡小气候来种瓜的经验，并有"先时而种则失之太早而不生，后时而艺则失之太晚而不成"，一改以往农书只论述北方农业的局限，兼论南北方因气候资源异同而导致的农业技术异同。明代徐光启编著的《农政全书》中授时、占候各成一卷，专门讨论如何合理运用气候资源来开展农业生产。清代由乾隆皇帝钦定的《授时通考》在序言中写道："盖民之大事在农，农之所重惟时""敬授人时农事之本"。将农业资源合理利用视为农业生产的重中之重。

二十四节气是我国独创的农业气候历，能够准确反映气候变化，对于指导农业生产具有重要的作用，是我国古代人民合理利用气候资源的代表。二十四节气的划定最早可以追溯到周代，当时就出现了测日影定节气的记载。秦、汉时期，二十四节气完全形成。之后，二十四节气又与七十二候结合，能够更加细致得确定农时。东汉崔寔的《四民月令》是最早广泛应用二十四节气的农书，根据节气按月制定农事活动。元代王祯在《农书》中设计了授时指掌活法图。盘状图上标明了二十四节气和七十二物候，以及对应的农事活动，同时兼具农业气候历和农事历的作用。

古代已有了不少气候资源要素的观测仪器。汉代已有梘、铜凤凰和相风铜鸟三种风向器，唐发展为在固定地方使用相风鸟，而且李淳风曾定出8个风力等级，宋代已将风向测定用于航海。后汉时期，就有关于各地调查雨量上报朝廷的记载。南宋秦九韶著《数书九章》中讨论了雨量和农业的关系，介绍了测量降水量的方法。降水与作物生长息息相关，降雨量的大小是确定播种期的重要依据。为了测定降雨量，政府往往在治所内设"天池盆"，而民间则采用圆罂接雨，即"天池测雨"和"圆罂测雨"。降雪也是降水的一部分，"峻积验雪"和"竹器验雪"则是用来测定降雪量。宋代，僧人赞宁利用土炭湿度计来预测晴雨，并出现求算平均雨雪深度的方法。到了明代，朝廷要求各地官员每月汇报降水情况，以此来安排农业生产。清朝时期，有《晴雨录》来记录北京皇宫内每次降水的时间，从1724年起至1903年止，长达180年。

（二）探索、尝试萌芽阶段（20世纪初至1949年新中国成立前）

真正具有现代科学意义的气候资源研究，起步于20世纪初。早期气候资源的研究侧重于对气象、气候资料的收集与积累。1912年，民国政府设立"中央观象台"，下设历数、天文、气象、地震、地磁诸科，高鲁任台长，并于1913年聘任蒋丙然为气象科科长。1913年7月，气象科正式开展工作，从此中国的气象事业正式起步，正如蒋丙然所说："气象一名词，亦于此时在中国开一新纪元"。1914年7月，蒋丙然创办我国最早的气象刊物《气象丛报》，著有《应用气象学》《农业气象》《气候学》等。1916年，张謇在南通创办的军山气象台，为国人自建的第一个气象站。此外，还有农业、水利等部门设立的一些气象测候所。但受当时军阀割据的影响，再加上设备、经费、技术等方面的限制，这些观察台和测候所相继停止。

这一时期，我国气象学、气候学的奠基人竺可桢学成归国后，近代地学开始以分化后的地质学、地理学和气象学三大学科先后传入中国[5]。1920年，竺可桢在南京高等师范学堂建立了气象测候所，并聘用了专职人员进行指导，开展了无间断的观测，成为民国期间20多所院校气象台站中的重要一个。同年冬天，竺可桢开始筹建东南大学。创建地学系时，他十分注重地学的综合发展。地学系虽然设置了地质矿物和地理气象两个专业，但是为了进行地学知识的综合性训练，所有学生必修地质学、地理学和气象学的基础知识。1922年12月，竺可桢作为气象科技人员去青岛襄助收回气象台。竺可桢亲自调查，写出《青岛接受之情形》一文，发表于《史地学报》第2卷2期；并倡议在青岛成立了中国气象学会（1924年）。1924年，日本归还青岛观象台。面对青岛观象台经费短缺的局面，竺可桢与蔡元培多方筹措经费，使得青岛观象台得以运行下去。

自19世纪末期开始，西方有众多的学者、探险家、外交家等来到中国考察，其足迹几乎遍布中国各个地区。这些外国人的考察目的不尽相同，有带着侵略性和殖民主义的探险活动，也有为了调查自然资源而开展的科学考察。不论出于什么目的，这一时期积累下来的各种自然资源的资料，为之后的科学研究奠定了基础。同时，外国人的来华考察，也警醒了中国的有识之士，他们开始尝试合作的方式，组成中外联合科学考察团，以促进学术交流，弥补经费与设备的不足，也在一定程度上限制了外国人在华的考察与资源掠夺。始于1927年中国学术团体协会与瑞典地理学家斯文赫定（Anders Sven Hedin, 1865—1952）联合组建的"中瑞西北科学考察团"是第一个组建的大规模中外合作考察团。全团27人，中方10人，徐炳昶为团长，外方17人，斯文赫定为团长。1927年5月9日从北京出发，正式开始科学考察。自然资源有关的内容被列为考察的重点，涉及自然资源与环境、地磁、地质矿产、气象与气候、天文等。在气象观测方面，考察团在内蒙古和新疆两地建立了6个气象站，取得了第一手气象观测资料。这次考察对中国西部的开发产生了深远影响。仿照"中瑞西北科学考察团"的模式，中国随后又与美国、法国的学者组成"中美联合科学考察团""中法科学考察团"。但由于双方的合作并不是真正平等，考察目的也不完全相同，所以沟通出现障碍，考察结束后合作关系随即终止，缺乏后期的成果交流与总结。

1927年，竺可桢创办气象研究所。1928年，提出了《全国设立气象测候所计划书》，制定的目标是在10年内在全国完成"至少须有气象台十所，头等测候所三十所，二等测候所一百五十所，雨量测候所一千处"的任务，以便为我国农业、水利、航海、航空、国防等服务[6]。这个计划书作为中国近代气象事业的纲领性文件，为中国气象事业的发展奠定扎实基础。竺可桢根据计划书开展我国气象事业工作，先后在全国筹建了28个直属测候所。同年，竺可桢筹措资金、规划设计的北极阁气象台建立。这是继1913年北京成立观象台之后，我国自己设置的第二个设备较好的气象观测机构。1929年，竺可桢在泛太平洋学术会议上宣读了"中国气候区域论"（英文稿），1930年沈思峪先生翻译成中文发表[7]，这是中国人对自己国土进行气候区划的第一篇论文[8]。30 年代初期，徐近之受派遣进藏筹划建立高原气象站。1940 年，竺可桢提出"建设全国测候网，请自西南始"的提案，气象研究所也提供了《建设西南测候网计划》。1941 年在重庆成立"中央气象局"。民国"中央气象局"采取"一面接收、一面增设"的策略来建设全国气象台站网络，并且开始建设西南测候站。1942 年，除部分停顿的气象测候所之外，气象研究所将剩余的 17 个直属测候所移交给民国"中央气象局"管辖。

从 20 世纪 20 年代到 40 年代，国内陆续建立了 40 多个气象站和 100 多个雨量站，开展了少数城市的高空探测、天气预报和无线电广播等业务。但由于当时半殖民地半封建的社会性质，气象、气候事业发展步履维艰。那时气象、气候方面的论著多偏重于我国气候区划和季节的划分，以及对我国的季风、寒潮、台风和旱涝问题的研究。

（三）定量描述的起步阶段（20 世纪 50 年代至 20 世纪 60 年代）

新中国诞生初期，气象业务部门研究技术力量薄弱。1950 年，中国科学院地球物理研究所与军委气象局合作成立了"联合天气分析预报中心"和"联合资料室"。联合机构调动了各方面的积极性，在建立天气预报业务、培训预报人员、总结提高预报技术经验等方面起到了很好的作用。联合资料室采取日常性、阶段性和专业性三种方式，进行气象资料整理编纂工作，出版了各种气象记录，以更好的为经济建设和国防建设服务。1955 年，机构原定任务完成后，地球物理研究所的人员撤回研究所工作。

这一时期，国民经济得到恢复和发展，特别是农业发展迅速，与之相关的农业气象气候问题也受到关注。1953 年 3 月，由竺可桢倡导，在中国科学院地球物理研究所和华北农业科学研究所的共同努力下，华北农业科学研究所农业气象组成立。这是中国最早的农业气象研究机构。1954 年，气象部门着手开展气象观测，并编印《物候观测简要》和《土壤湿度测定方法暂行规定》。1955 年 3 月 9 日，农业部、中央气象局联合发布"开始物候观测工作"的通知。最先进行的是主要作物的物候观测。设在农场内的气象（候）站在原则上均开始试行。土壤湿度和土壤蒸发观测试点也开始投入使用。1957 年 5 月 23 日，农业部、农垦部、中央气象局联合发出"为建立农业气象试验站的通知"，决定在华北主要粮棉产区和华南水稻、亚热带作物地区，在原有农业试验部门气候站的基础上扩建 10 个农业气象试验站[9]。

1954 年，中华地理志编辑部开始进行区划工作，在竺可桢领导下，出版了《中国自然区划草案》一书，其中包括气候区划[10]。1956 年 8 月，《1956—1967 年科学技术发展远景规划（草案）》完成。制定的十二年规划中，第一项重点任务即为中国自然区划和经济区划。该项研究启动后，"中国科学院自然区划工作委员会"组织有关学科人员进行中国的单项自然区划及综合自然区划的工作，其中包括气候区划，并出版了《中国气候区划（初稿）》一书[11]。1956 年至 1959 年，中国科学院黑龙江流域综合考察队开展了三年的野外考察工作，中方参加的科技人员有 108 人。气候专业在考察研究黑龙江流域气候的特征的基础上，完成了黑龙江省的农业气候区划，编制了相关图件，并论证了本地区气候对于农业发展的影响。到了 60 年代初期，在单项自然区划和综合自然区划方面，已经做了大量的工作，积累了丰富的经验。1961年 11 月，中国科学院华南、云南热带生物资源综合考察队在广州召开了工作会议，会议决定编写全国南方 6 省总的方案及 6 省各专业区划，并进行了分工。其中，中国科学院地理所负责热带亚热带地区气候区划及其评价[12]。

50 年代兴起的综合考察，由于其目的是为生产服务，所以资料的收集范围相当广泛，其中包括气候资料。这为了解当地气候资源状况，促进农牧业发展提供了良好条件。1951 年 6 月和 1952 年 6 月，中国科学院（以下简称"中科院"）组织的工作队分两批随军进藏。这是有史以来第一次由中国人自己组织，在青藏地区开展的规模较大的考察活动。工作队分为地质地理、农业气象、社会历史、语言文艺和医药卫生等 5 个组[13]，其中，农业气象组分为两个分队。1951 年 9 月至 1954 年 3 月间农业气象组进行了六次考察，考察了当地的农牧业情况，并收集了大量的气象、农业资料，提出了农业试验场计划。1953 年 1 月 5 日，考察队的学者举办西藏农业技术干部培训班，进行有关主要作物蔬菜的栽培方法和引种的试验研究。这次进藏考察，学者们初步收集了考察沿线的地质、土壤、气象、农业等科学资料，绘制了路线图和重要矿区的详细地质图，50 年代末期正式出版考察报告《西藏农业考察报告》《西藏东部地质及矿产调查资料》等，为将来有计划地帮助西藏地区开展社会经济和文化建设奠定基础。1952 年，中科院组建了南方热带生物资源综合考察队，以橡胶资源考察为主要内容。从 1953 年起，考察队又开辟了云南南部橡胶树与金鸡纳树和咖啡种植的考察。考察队在调查我国热带、亚热带地区自然条件和生物资源的基础上，分析了橡胶树等热带作物生长的气候、越冬及土壤条件，并选出了这些热带作物的宜林地。1953 年，"西北水土保持考察团"成立，以了解黄河中上游的全面概况为主要任务，为黄河上中游水利发电、航运、灌溉、调节气候作参考，考察团的工作重点包括收集地质、气候、水文等资料。1955 年，"中国科学院黄河中游水土保持综合考察队"在收集学术资料的同时，还研究了考察区域试验站和气象站的记录，为制定相关专业区划打下基础。

根据十二年远景规划的要求，从 1956 年开始，中科院不但先后组建了一些大型综合考察队，还建立了综考会作为自然资源综合考察的组织协调机构，从体制上保证了这项工作的顺利进行。中科院分别于 1956—1960 年组建了新疆综合考察队；1958—1960 年组建了青海甘肃综合考察队；1961—1966 年组建了内蒙、宁夏综合考察队。西北地区的考察研究涉及气候、农业等众多学科，考察研究涉及的很多问题，如干旱气候下植被的历史演变过程等，都具有重要的学术价值。研究成果包括"新疆气候及其和农业的关系""新疆农业""新疆畜牧业"等学术专著。1957 年 1 月 25 日至 5 月 20 日，中苏紫胶工作队继续在景洪地区进行紫胶研究，并扩大队伍赴云南南部地区进行综合调查。中方下设的紫胶问题研究分队中包含了气候组。研究本地区气候特征及其变化情况；研究高山气候对水利施工的影响及河谷气候对经济活动的影响[12]。同年 5 月至 1962 年，考察队进行野外考察工作。1960 年，中国科学院成立内蒙古宁夏综合考察队，围绕 5 个重点课题开展工作。其中，对蒙宁地区自然条件与自然资源的评价包括考察该地区气候特点与规律，并分析其有利和不利因素。

1959 年 12 月 6 日，热带作物科学研究学术会议在云南西双版纳召开，会上苏联专家作了关于云南热带经济作物开发利用栽培等学术报告，气候学家吕炯就"从生物气候学的意义谈云南发展橡胶的前途"的学术报告，提出了西双版纳气候有海洋性气候的特点，没有海洋性气候的缺点；有大陆性气候的优点，没有大陆性气候缺点的论断[12]。

1960 年 10 月 6~7 日，中国科学院新疆综合考察队召开了专业组长与干事的特别会议。周立三队长提出了"关于新疆远景发展设想"的编写提纲，在编写总报告前，要先完成 10 个专题的编写。气候资源专题的编写以气候组、水文组为主。除这 10 个专题组外，全队再成立四个综合性大组，其中资源组包括了气候、水文、土壤等专业，负责资源的估算与评价。1961 年，各专业组分头进行包括气候在内的 12 种学科专著的编写。这些学科专著及多种专业地图，填补了干旱地区研究的空白。

1962年，国家开始着手制定《1963—1972年科学技术发展规划》（简称十年规划），其中包含三项综合考察任务：西南、西北、西藏，简称"三西"综合考察。1965年11月19日，中国科学院西藏综合考察队召开了"珠穆朗玛峰科学考察"专题组负责人会议。会议共五个专题，与气候有关的专题为：第一专题中珠穆朗玛峰及邻区第四纪沉积物及古气候；第二专题中珠峰地区气候条件分析，珠峰地区气候与植被的相互关系；第三专题中冰川与气象的特征与变化，冰川附近地区的天气系统、天气及气候特点。1966年3月，中国科学院西藏综合考察队昌都分队，组织了土壤、气候、植被、草场等20名科学工作者对昌都、林芝地区进行科学考察。1968年2月5~8日，中国科学院在北京召开了"1968年珠峰补点工作会议"，主要任务中包括太阳辐射、太阳常数、太阳黑子等项观测和珠峰地区天气气候考察。

通过地理学者的努力，到1959年，中科院地理研究所由建所初期的自然地理、人文地理、海洋和大地测量四个组，发展成为自然地理、地貌、水文、气候、地图、经济地理、外国地理和历史地理八个组。气候单独为一组，表明气候相关研究受到重视并得到发展。到1964年，综考会的规模有所扩大。其中，农林牧室按照地貌、气候、土壤、植物、农业、畜牧与林业等划分专业组，其方向和任务为考察研究农业自然条件，评价自然资源，探寻自然资源合理利用的方向和途径。1970年7月15日，中科院正式宣布撤销综考会。1972年，中科院设在湖北的五七干校开始撤点，综考会的人员归并入地理所，由原来的地理条件综合、气候、地貌、外国地理、地图和航空相片与卫星相片判读利用等6个研究室增加到8个，即：综合自然地理、经济地理、水文、气候、地貌、外国地理、地图和航空相片与卫星相片判读利用研究室。综考会的科研人员按专业分别归入以上8个研究室。综考会的撤销，使气候资源的研究发展受到影响。

（四）模式化数量化快速发展阶段（20世纪70年代至20世纪末）

从1975年4月8日起，综考组从地理所中分离出来，新成立的机构强调以农业自然资源为主要研究对象，计划按照水资源、土地资源、植物草场资源、农业气候资源、农林牧、经济、航空照片判读等来设立研究部门。1978年，由于气候资源研究人员太少，暂时以"组"的形式归属于水资源研究室。同年4月，气候资源组改由生物资源室领导。这一时期，气候资源室的工作都是紧密围绕农业问题开展的，研究方向和内容是为（大）农业服务，这与过去长期从事农业气候资源与生态环境的考察研究有关。气候组最初设置在农林牧室内，研究人员主要参加与农林牧资源开发利用及有关专题的考察研究。考察研究气候环境特点、资源状况、气候与农林牧各业生产的关系，以及气候资源的充分合理利用等，这为以后气候资源室的成立、方向任务的确定、学科的发展奠定了基础。1980年，气候资源室正式建立，长期的考察与研究的积累，使综考会的气候资源室成为全国唯一一个以气候资源为名称和研究内容的研究室[5]。

随着科学考察的不断开展，涌现出大批关于气候资源的著作。1977年，中国科学院（77）科字634号文件发送了"青藏高原综合科学考察1977—1979年内总结计划"。依据出版要求，《青藏高原综合科学考察丛书》将编著34部50本专著，这套丛书包括西藏地层、西藏古生物、西藏气候等，涵盖面十分广泛。1978年4月10日，召开《西藏气候》编写人员碰头会，商定6月召开编写人员会议，4月17日起在京人员利用一星期时间整理核实全部气候资料，交流编写提纲。会议提出全书要以农业为重点，既要重视理论问题探讨，也要重视生产实际，既要指出气候成因、特点和规律，又要注意西藏气候对国民经济的影响，特别要为农牧业发展提供科学依据[5]。

1978 年 7 月 7~19 日，中国科学院青藏高原综合科学考察队在南宁市召开《西藏的气候和农业气候》学术讨论会。会上具体讨论了各章节的编写方法和存在的问题，并具体部署了下一步的总结工作。1979 年 3 月，经国家科委和中国科学院等有关部门批准，中国科学院自然资源综合考察委员会编辑的《自然资源》（季刊）在试刊两年后由科学出版社出版，这是我国第一部自然资源刊物。《自然资源》是报导土地、水、生物、气候资源与生态资源的综合性自然科学刊物。

自 1960 年起，为了配合农业区划工作，全国各地均开展了农业气候资源调查及农业气候区划工作[14]。其中，农业气候区划包括单项的和综合的区划。至 1985 年底，全国、省（市、自治区）、县三级的农业气候资源调查及农业气候区划已基本完成，大多数县完成了县级农业气候区划或农业气候服务手册。这些成果对于了解我国的资源分布规律，调整农业布局结构，改革种植制度等方面具有一定作用。

1979 年，全国的农业气候区划工作开始，由《中国农业气候区划》协作组承担。该协作组由国家气象局气象科学研究院负责，中国科学院自然资源综合考察委员会气候资源研究室、南京气象学院农业气象系、中国农业科学院农业气象研究室和北京农业大学农业气象系等单位参加。根据 30 年来全国光、热、水资源集及其图集等气象资料，在分析研究全国各地气候条件基础上，参考大量的区划研究成果并实地考证，协作组最终于 1985 年上半年完成了《中国农业气候区划》。该区划采用科学的农业气候指标系统，按照农业气候相似性和差异性，将全国划分为三个等级的农业气候区域群。

各地在充分考察当地气候资源条件，合理筛选划分指标的前提下，做出符合当地特点的农业气候资源的综合区划。1976 年，中国科学院内蒙古、宁夏综合考察队通过实地考察，分析干旱、风蚀沙化与土地资源利用的关系，选择水、热、风分别作为区划中一、二、三级指标，制定了内蒙古农业气候区划。黑龙江省气象局气象科学研究所完成了以作物种植业为主的农业气候区划，根据当地农业气候相似性，按照水热状况，将黑龙江省划分为 13 个农业气候区。山西省气象局编制的山西省农业气候区划具有代表性，以 ≥ 0℃积温指标为主，无霜冻期为辅，进行第一级区划。采用农田水分余亏量进行第二级区划。青海省气象局通过分析农业气候条件与农业关系，在对当地农业气候鉴定的基础上，选取热量、水分分别作为第一、二级的区划指标，完成了青海省农业气候区划。四川省渡口市气象局开展农业气候普查，调查清楚了当地气候类型，并于 1978 年完成了《渡口农业气候条件及区划》。该区划在指标选取上主次结合，能够客观反映气候差异。1980 年，福建省农业区划办公室气候专业组完成了福建省莆田县农业气候区划，该区划是在分析水、热等条件的基础上开展的。区划按照主要的气候因子及其组合状况对自然资源制约的主次关系来划分区级。山区的农业气候区划，既要考虑气候条件的水平变化，又要注意垂直差异。云南省山地气候垂直变化明显，在考虑"立体气候"的基础上，做出农业气候资源区划，有利于当地"立体农业"的构建。

这一时期，单项农业气候区划也取得了一定的成果。1976 年，中国科学院内蒙古宁夏综合考察队完成内蒙古畜牧业气候区划。区划中综合考虑牲畜、牧草和气候，还考虑了自然资源利用对生态循环的影响，以及民族习惯等因素。选取湿润度、供青饲期、越冬条件分别为第一、第二、第三级指标，将内蒙古划分为高产区、中产区及低产区三大区。1981 年，中国农业科学院农业气象研究室在分析我国棉花生长发育与气候条件之间关系的基础上，做了我国的棉花气候区划。1982 年，江苏省农业科学院高亮之提出了《中国水稻气候生态区划的研究》。同年，中央气象局气象科学研究院天气气候研究所和南京气象学院农业气候教研室合作，完成了以热量条件为主要依据的我国种植制度区划。大豆、烟草、甜菜、茶叶、柑橘、油桐、蚕桑等单项气候区划也相继完成，为各种作物合理布局，增产稳产提供了气候依据。1983 年，王炳忠对全国的太阳能资源进行了三级区划，将全国太阳能资源划分为 30 个区或亚区。选取太阳能资源的年总量为第一级区划指标，日照时数 ≥ 6 小时的天数出现最多和最少的月份分布为第二级区划指标，日间太阳能利用的有利时段为第三级区划指标。

农业气候资源调查及农业气候区划工作完成后，一批经典著作相继出版。如 1986 年国家气象局展览办公室编制的《我国农业气候资源及区划》、1988 年李世奎等人编写的《中国农业气候资源和农业气候区划》、1993 年由侯光良、李继由、张谊光编写的《中国农业气候资源》等。这些书籍的出版，总结了气候资源调查和气候区划的经验和成果，系统得整理了专业知识，为以后相关工作的开展，奠定了良好的基础。

农业气候资源的利用是通过农业生产对象，在土地上或在水体中得以实现的[15]。50 年代、60 年代的开垦荒地、种植作物是为了开发利用温带地区的农业气候资源。而 80 年代以来，我国开展黄淮海地区低产田改造，以及旱作区的农业发展实验，则是为了进一步开发利用暖温带和部分北亚热带地区的农业气候资源。1983 年 5 月，中国科学院南方山地综合科学考察队在千烟洲建立了红壤丘陵综合开发治理试验区。经过治理开发，综合发展农林牧渔，形成了一个自上而下的立体的、均衡的、彼此促进的生态农业。

1984 年 12 月 4~9 日，中国科学院黄土高原综合科学考察队在北京召开"黄土高原地区国土整治综合考察研究工作计划会议"。会议制定了以国土整治为中心的四年综合考察研究计划（1985—1988 年），主要研究课题包括黄土高原地区的气候资源、水资源、土地资源、植被资源、矿产资源的特点及其利用。1986 年 3 月 27 日—4 月 3 日，中国科学院黄土高原综合科学考察队在北京召开 1986 年度学术交流及工作计划会议。黄考队对研究内容进行了调整、充实，并按照 5 个层次设计了 14 个研究组和相应的研究子专题。其中，气候组负责黄土高原地区农业气候资源的合理利用，由中国科学院综考会承担。

自新中国成立 40 余年来兴建的天气和气候站网已遍布全国。我国的气象学与气候学研究进入了高度发展的时期，这也为气候资源研究提供了更好的平台和技术。在气候学方面以竺可桢的物候学和关于中国近五千年来气候变迁的研究最负盛誉。其他如在区域气候、农业气候、物理气候、动力气候、应用气候、城市气候、气候的数值模拟和气候预测等方面都取得了可喜的成绩[16]。1988 年 7 月，全国农业气候资源和农业气候问题获国家科学技术进步奖一等奖[12]。

太阳能作为一种可再生资源，在常规能源紧缺和环境污染的时代，它的价值开始被人们重新审视。80 年代末，全国已有 160 多个研究单位，三千多名科技人员从事太阳能利用的研究，生产太阳能利用设备的工厂约 50 余家，历年来国家和各级地方机构投资 4000 万 ~ 5000 万元[17]。太阳能热水器、太阳灶、太阳能电池等项目不再局限于实验室内的研究，而是逐渐向小规模的示范应用发展。其中，太阳能电池不仅在边远农牧家庭中应用，而且在铁路、气象等其他领域也得到重视。太阳能温室和太阳能塑料大棚正向着综合利用、多项经营的方向发展。在海南岛、西沙的中建岛、浙江等地，建成了三座太阳能海水淡化装置。风能也是一种重要的能源，我国是利用风能最早的国家之一，在元代初期就发明了水平轴风车，之后又出现了立帆式风车。80 年代，风能利用也发展迅速，各地兴建了很多风车，用于发电照明、灌溉抽水、农副产品加工等方面。小型风力发电机、小型风力提水机等新能源机具得到推广应用，在内蒙古已初步形成一个以风能发电机为主的新能源产业。全国有 2 所大学、7 个研究所、17 家工厂和 10 个示范点进行新能源的开发利用工作，初步形成了一支开发新能源的技术队伍[17]。90 年代，气候能源已广泛应用于各个领域，为农业、交通、人民生活等方面做出了贡献。虽然利用尚不普遍，但发展前景十分广阔。

（五）学科形成阶段（21 世纪初至今）

进入 21 世纪，气候变化问题得到更加广泛关注，可持续发展观、科学发展观不断深入，这些都为气候资源的研究提供了新的发展背景和契机，一些与气候资源有关的优秀著作在这时期出版发行。同时，随着科技进步，"3S"等技术手段在气候资源研究中也得到充分地运用。

2000 年前后，《中国自然资源丛书》《中国资源科学百科全书》和《资源科学》[4]的出版发行，标志着中国由综合（基础）资源学、部门（应用）资源学和区域资源学等若干分支学科构成的资源科学体系基本形成。资源科学研究以其固有的综合性和整体性特点，在一系列新技术、新方法的武装下，以崭新的姿态展现在现代科学的舞台上，资源科学研究由此进入了一个快速发展时期[18]。2007 年 2 月，《中国可持续发展总纲（第 7 卷）：中国气候资源与可持续发展》出版，该书讨论了气候资源与可持续发展的关系，对中国的各种气候资源的基本特征、时空分布，以及气候资源形成的机制、过程与未来变化情景进行了比较全面的介绍，回顾了人类文明演进中的气候资源变化及人类的响应，并对中国气候资源的利用现状进行了评价。同时，对气候变化适应的基本理论问题和中国可持续发展的气候利用现状、未来变化，以及中国可持续发展的气候变化适应战略进行了探讨，是一部较为系统的气候资源与可持续发展关系的论著。2007 年 5 月，由孙鸿烈主编的《中国自然资源综合科学考察与研究》出版，系统得概括总结了我国 50 年来的自然资源综合科学考察与研究工作，有效推动了资源学科的发展。2008 年 2 月，由孙卫国编著的《气候资源学》出版，该书以气候资源为主要研究对象，介绍了气候资源学的主要研究内容，并系统得论述了气候资源的基本概念、变化特征、分布规律和研究方法。2013 年 2 月 1 日，《中国自然地理系列专著：中国气候》出版发行。该书全面介绍了中国的地理分布、气候类型、影响中国气候的主要因子、天气系统，季节性重要天气与气候过程，气候要素特征等内容，并用新的资料修订了原有的中国气候区划，阐述了气候变化与气候区界限变动，古气候、现代气候变化，以及气候变化的监测与预测。

"全国农业小气候与作物气象学术研讨会"于 2002 年 8 月 17 日在江西南昌举行，会议高度评价了农业小气候与作物气象研究的进展，共报告论文 20 余篇。这些报告包括农业气象学与农业气候学的概论、气候资源与农业生态、作物生理生态与农业小气候等方面，为资源的有效利用提供了理论与方法[19]。2009 年，《现代农业气象业务发展专项规划》中提出启动并深入开展全国第三次精细化农业气候区划，大力加强气候变化对农业的影响和适应性分析。随着精细化农业气候区划的普遍开展、"3S"技术和农业气候区划技术的不断发展，为研究精细化农业气候区划产品的信息共享及应用系统平台提供了依据。如河南省气象局已开展了精细化农业气候区划及其应用系统的项目研究工作。使农业气候区划由平面走向立体、由静态走向动态[20]。2014 年 11 月 7 日，以"气候变化与农业发展"为主题的首届全国"农业与气象"论坛在陕西杨凌召开，参会专家围绕在气候变化背景下，如何加强农业气象服务，保障农业持续稳定发展；如何合理开发利用气候资源，趋利避害为广大农民提供科技支撑等内容做了报告。

为加强青藏高原的气象研究，2003年9月18日，中国气象局成都高原气象研究所拉萨分部正式成立。其主要任务是做好青藏高原的大气环流、天气气候及次生灾害和生态环境监测，开展气候资源开发利用的基础研究和应用研究，为西藏的防灾减灾、农牧业生产、气候资源开发利用、生态环境监测等方面提供科学支持和应用服务。

2011年11月，国务院新闻办公室22日发表《中国应对气候变化的政策与行动（2011）》白皮书。白皮书中提到为适应气候变化，气象部门发布实施《天气研究计划（2009—2014年）》《气候研究计划（2009—2014年）》《应用气象研究计划（2009—2014年）》《综合气象观测研究计划（2009—2014年）》，印发《中国气候观测系统实施方案》，促进了中国气候变化监测、预估、评估工作。建立中国第一代短期气候预测模式系统，研发新一代全球气候系统模式，开展气候变化对国家粮食安全、水安全、生态安全、人体健康安全等多方面的影响评估工作。

2014年5月26~27日，"第三次过去全球变化——亚洲两千年气候重建"国际研讨会在中国科学院地理科学与资源研究所举行。会议安排了30个口头报告，分别介绍了历史文献、树轮、湖泊沉积等代用气候资料在亚洲不同国家的研究现状以及可能存在的问题，并评述了亚洲及中国区域大尺度集成重建的方法和不确定性。会议还分为重建方法、高分辨率重建数据和低分辨率重建数据等3个小组，针对以何种形式提交重建数据、如果鼓励气候重建数据共享、以及未来亚洲2000年研究的主要问题等进行了讨论。

对气候资源的研究，关系到社会和国民经济可持续发展，有利于对气候变化进行监控、预测，从而实现防灾减灾、资源利用与保护、气候和环境监测保护。在保持环境与经济协调发展的前提下，使用合理的气候指标和充分利用气候资源，既可获得很大的经济、社会和生态效益，又可预防气候灾害。

第三节　气候资源学发展趋势与展望

为了落实联合国可持续发展世界首脑会议的精神，2003年，中国国家发展和改革委员会发布《中国21世纪初可持续发展行动纲要》。《纲要》中指出要进一步增强全民的气候资源意识；建立和健全气候资源开发利用与保护的法律法规体系；制定气候资源合理开发利用与保护规划；及时修订、更新气候资源区划；采用先进的计算机信息处理技术和遥感技术，加强对气候资源的监测与评估；建立气候资源合理开发利用的试验示范基地。重点做好农业气候资源、风能、太阳能的监测、区划、规划和试验示范工作[21]。气候资源研究的意义重大，全球气候变化背景下的气候资源研究、气候资源的可持续利用、气候资源与社会经济发展各领域的关系仍是未来的研究重点，具有时代意义，需要进一步的探索与发展。

一、新能源研究

近年来，煤炭、石油、天然气等常规能源的有限性突显，再加上环境问题的日益严峻，人们开始把更多的目光转向具有可再生和环保特点的新能源上。通常来讲，新能源是指利用新技术开发利用的那些可再生资源，如太阳能、风能、生物质能、地热能等。其中，太阳能和风能是典型的气候资源。

发展新能源和可再生能源，对于优化能源结构、改善生态环境、促进可持续发展、维护社会安定等问题具有重要的战略意义。中国政府十分重视可再生能源的研究与开发。2001年，国家经济贸易委员会制定了新能源和可再生能源产业发展的"十五"规划，并颁布了《中华人民共和国可再生能源法》，着重发展太阳能光热、风力发电等方面的利用。2011年，国家发改委制定了《可再生能源发展"十一五"规划》，充分落实《可再生能源法》的重要措施和保障实现"十一五"规划纲要的发展目标。该规划指导了"十一五"时期我国可再生能源的开发利用，引导了可再生能源的产业发展。2012年，国家能源局组织制定了《可再生能源发展"十二五"规划》及水电、风电、太阳能、生物质能四个专题规划，明确提出了可再生能源发展的目标、任务和布局，全面部署"十二五"时期可再生能源的发展。同年，国务院印发《"十二五"国家战略性新兴产业发展规划》，规划中新能源产业将重点发展核电、风电、太阳能和生物质能四大产业。这些规划、法规的颁布，保障了新能源的发展，也开启了新能源研究的新浪潮。

太阳能具有清洁、环保、持续等优势，是一种重要的可再生资源，在资源短缺、环境污染的背景下，太阳能的有效利用，对于缓解能源压力、改善生态环境、实现节能减排具有重要的作用。太阳能的利用形式主要有光热转换、光电转换和光化学转换三种方式。广义的太阳能还包括风能、化学能、水势能等由太阳能转化而成的能量形式。80年代，中国的太阳能研究受到国际上的影响，在一定程度上减缓。但是，在经费短缺的情况下，工作并未中断，一些项目仍出现了较大的进展。进入21世纪后，太阳能研究进入了一个高速发展的阶段，太阳能的开发和利用将成为未来能源利用的主流。光伏板组是一种利用太阳能来发电的发电装置，在青海、新疆、西藏等一些偏远地区应用广泛。在"光明工程"和"送电到乡"工程等国家项目及世界光伏市场的有力拉动下，中国光伏产业增长显著，2008年太阳电池产量占世界产量的31%，位居世界第一。2010年底，中国光伏设备产能居世界第三，但绝大多数都是销往国外。2011年，中国科学院理化技术研究所研制了1千瓦碟式太阳能行波热声发电系统[22]。同年，浙江华仪康迪斯太阳能科技有限公司自主研发的我国第一台10千瓦碟式太阳能聚光发电机系统开始试用，填补了国内聚光太阳能发电这方面的空白。中国也是太阳灶最大的生产国，主要是应用于一些边远地区，每个太阳灶每年可节约300千克标煤[23]。中国的太阳能热水器产业化体系已较相对完整，2009年"太阳能热水器下乡"标志着国家认可该项技术，太阳能热水器开始得到推广。太阳能建筑的发展也十分受到关注[24]。2009年，中国科学院启动实施太阳能行动计划，以2050年太阳能能够成为重要能源为远景目标，并确定了2015年分布式利用、2025年替代利用、2035年规模利用三个阶段目标。同年，"太阳能屋顶计划"实施，为了弥补光电应用的初期投入，中央财政安排了专项资金对光电建筑应用的示范工程进行补助。财政部、科技部和国家能源局还联合发布了《金太阳示范工程财政补助资金管理暂行办法》，利用财政补助、科技主持和市场拉动的方法，促进国内光伏产业和技术的发展。2011年3月，住建部、财政部发布的《关于进一步推进可再生能源建筑应用的通知》中提出，到2020年实现可再生能源在建筑领域消费比例占建筑能耗的15%以上。因此，中国的太阳能技术的研究及应用在未来仍会得到飞速发展。

风能具有能量大、分布广泛、干净持续等特点，对于离主干电网较远的岛屿和边远地区来说十分重要。利用风能最常见的形式是风力发电。当新能源成为我国加快扶持和培育的新兴产业之一，作为新能源之一的风能，也将迎来发展的高峰。1997年，中国研制出100多种不同型号、不同容量的风力发电机组，风力机电产业初步形成。2006 年，中国气象局风能太阳能资源评估中心成立，主要进行风能、太阳能资源进行评估和开发规划，为风电场选址提供可靠依据，对风能、太阳能开发利用中的气象灾害风险进行评估等工作。2007 年 8 月，国家发改委发布的《可再生资源中长期发展规划》中提出，到 2010 年，风电发电量超过 500 万千瓦，从 2010—2020 年，风电装机发电目标是 3000 万千瓦。2008 年，中央财政安排专项资金支持风力发电设备产业发展，促进了我国风电装备制造业的技术进步和产业发展。同年，《关于资源综合利用及其他产品增值税政策的通知》发布，在税收方面规定对风力生产的电力实现的增值税实行即征即退 50% 的政策。2009 年，中国风力发电累计装机容量为 2610 万千瓦，位居世界第二。到了 2010 年，中国已成为世界上风能生产规模最大的国家，还计划新增 39 兆瓦的海上风电开发规模。2011 年 10 月，"中国气象局风电功率预测预报系统"正式通过验收。该风电功率预报系统对于风电场电功率预报、安全保障及运行速率的提高等方面具有重要的作用。在进入 21 世纪后，风能资源的开发利用更为重要，应加大投资力度，促进风能产业的进一步发展。

在资源日渐枯竭，环境危机严重的背景下，对新能源的利用开发，在未来具有重要的意义。太阳能、风能的开发利用研究，将进入高速发展的新时期，这也是气候资源研究发展的趋势之一。

二、气候智慧型农业研究

对于我国来说，农业是重要的战略性基础产业。而农业与气候资源的关系尤为密切。进入 21 世纪，在气候变化背景下，农业面临着新的发展挑战和机遇。如何充分利用气候资源，提高农业产量，促进农业技术进步，探索合理的农业发展模式仍是未来研究的重点。

以气温升高为主导的气候变化已是事实，这对农业的可持续发展产生了一定的影响。同时，资源短缺、粮食安全、环境破坏等问题的日益凸显，使得人们亟须开发新的农业技术、采取新的农业发展模式，以适应社会及环境现状。气候智慧型农业，也由此应运而生。2010 年 10 月 28 日，联合国粮农组织在报告中第一次提出了"气候智慧型农业"，它是指能够可持续的增强工作效率、提高适应性、减少温室气体排放，从而可以更好地实现国家粮食生产和安全的农业生产和发展模式[25]。2013 年，在北京举办的气候智慧型农业项目研讨会上，全球环境基金（GEF）、世界银行和农业部宣布，为了探索气候智慧型农业的生产体系的技术模式和政策创新，增强作物应对气候变化的能力，实现农业的节能减排，未来五年，中国政府将与 GEF 共同出资 3010 万美元，在粮食主产区开展气候智慧型农业项目的试验与示范。2014 年 9 月，"气候智慧型主要粮食作物的生产项目"正式启动。在我国，选取河南省叶县和安徽省怀远县两个具有代表性的粮食主产区作为项目示范区。河南省叶县采取玉米—小麦种植模式，而安徽省怀远县采取水稻—小麦种植模式。通过引进先进的农业理念和技术，探索高效高产低排放的生产模式。

气候智慧型农业的发展，对于合理利用气候资源、开展农业技术创新、实现节能减排、促进农业的可持续发展具有重要意义，是未来农业气候资源研究的重要方向。

三、其他领域的研究

随着旅游产业的兴起，气候资源作为一种重要的旅游资源，开始得到越来越多的关注。

与其他旅游资源相比，气候旅游资源具有持续性和有限性、季节性和地域性、整体性和脆弱性的特点，是一种能够满足人们心理需求和生理需求的气候条件。当生活水平得到提高，人们对于环境质量的要求也随之升高。气候旅游资源的研究通过分析区域气候特点、开展旅游气候资源评价，为各地旅游业的发展提供了科学的参考依据，促进了我国旅游业的发展。旅游是提高生活质量和全面建设小康社会的必然要求，也是世界经济和社会发展的必然结果，集中体现了人们对生活质量各个方面的要求，具有持续性。因此，旅游气候资源的研究对于推动我国第三产业发展具有重要作用。

城市气候资源的研究近些年也得到广泛关注。城市气候资源的研究关系到我国的城市发展是否能以一个健康的形象进入 21 世纪。我国在未来城市建设中一项重要的任务就是要创造健康的有生命力的城市形象，整治和根除城市病态气候现象。城市气候资源的研究开发应用工作，应按照政府地方部门相结合，组建城市气候资源研究机构，明确研究、开发、应用目标，清查各地城市气候资源状况等步骤来进行，为我国城市的健康发展提供科学的依据[26]。2016 年 2 月，国家发展改革委、住房城乡建设部会同有关部门共同制定了《城市适应气候变化行动方案》，其目的是为了积极应对气候变化，有效提高城市适应气候变化能力，统筹协调城市适应气候变化的相关工作。由此可见，城市气候资源的研究也是未来的重点之一。

第四节　气候资源学的学科建设和学术交流

一、主要教育机构

根据 2015 年新修订的《普通高等学校高等职业教育（专科）专业目录（2015 年）》，至今很少设立单独的气候资源学课程，但是一些高校设立了与之相关的应用气象学和大气科学专业。这些高校有：北京大学、南京大学、浙江大学、中国海洋大学、中国农业大学、沈阳农业大学、南京信息工程大学、中国科学技术大学、中山大学、同济大学、成都信息工程大学、兰州大学、广东海洋大学、云南大学等。

此外，一些相关的专业也有涉及气候资源相关内容，如地理科学、自然地理与资源环境、环境科学、环境科学与工程、农业工程、资源环境科学等专业。

在研究生培养体系中，涉及气候资源的相关专业有气象学、大气物理学、应用气象学、农业气象学、自然地理学等。开设这些专业的高校有：北京大学、清华大学、中国农业大学、中国科学院大学、沈阳农业大学、华东师范大学、南京大学、南京信息工程大学、解放军理工大学、浙江大学、安徽农业大学、中国海洋大学、中国地质大学（武汉）、华中农业大学、中山大学、成都信息工程大学、云南大学、兰州大学、河北师范大学、山西师范大学等。

二、主要研究机构

从事气候资源学研究的国家级研究中心或国家部委下属的机构包括：中国科学院地理资源与科学研究所、中国农业科学院农业环境与可持续发展研究所、中国环境科学研究院、中国气象科学研究院、中国科学院大气物理研究所、国家海洋环境预报中心、国家发展和改革委员会能源研究所、国务院发展研究中心资源与环境政策研究所，气象灾害教育部重点实验室、中国气象局成都高原气象研究所等。

地方性和依托于高校的气候资源研究机构主要有河北省气象与生态环境重点实验室、青海省气象科学研究所、广西农业科学院农业资源与环境研究所、黑龙江省科学院自然与生态研究所、兰州大学资源环境学院、华北电力大学资源与环境研究院、南京农业大学农业资源与生态环境研究所等。

三、主要学术期刊

气候资源学与农学、资源学等学科息息相关，所以许多有关资源、环境、农学类的自然科学类及社会科学类的期刊都涉及气候资源相关内容。主要期刊包括气象学报、气候与环境研究、气候变化研究进展等。相关的农业类的期刊主要包括中国农业气象、中国生态农业学报、中国农业科学、干旱地区农业研究、中国农学通报、安徽农业科学、草业科学、水土保持研究、水土保持通报等；资源经济类的期刊主要有资源科学、自然资源学报、中国人口·资源与环境、干旱区资源与环境等；地学类的期刊有地理科学、地理科学进展、地理学报、地理研究、干旱区地理、干旱区研究等；生物科学类的期刊包括应用生态学报、生态学报、生态学杂志等。还有一些综合性科学期刊和大学学报，如科学通报、中国科学、南京农业大学学报等也经常会刊登一些有关气候资源的论文。涉及气候资源或相关内容的外文期刊也比较多，如《Agricultural and forest meteorology》《Science of thetotal Environment》《Atmospheric Environment》《Atmospheric Research》《Theoretical and Applied Climatology》《Climate Research》《International Journal of Biometeorology》《International Journal of Climatology》《Journal of Atmospheric and Oceanic Technology》《Natural Hazards》《Environmental Earth Sciences》《Climatic Change》等。

四、主要学术交流团体

为了方便气候资源学领域的科研机构和科研人员之间的沟通和交流，出现了许多与气候资源相关的专业学会和论坛，如中国气象学会、长三角气象科技论坛、中国气象论坛、中国自然资源学会等。同时，还召开了诸多的学术研讨会，如中国气象学会年会、全国农业气象与生态环境学术年会、全国农业气象学术年会、全国优秀青年气象科技工作者学术研讨会、全国环境资源法学研讨会、中国干旱、半干旱地区气候、环境与区域开发学术讨论会、全国气候资源与开发利用学术会议、全国山地气候资源与开发利用学术会议等，方便科研工作者进行学术交流。

中国气象学会由高鲁、蒋丙然、竺可桢等人共同发起，于 1924 年 10 月 10 日在青岛成立。学会以谋求"气象学术之进步与测候事业之发展"为宗旨，是我国最早成立的全国性自然科学学会之一。学会对于开展气象学术交流、培养气象人才、普及气象知识等方便作出了巨大的贡献。学会专门设立了气候资源应用研究分会场，专门讨论与气候资源相关研究进展。如第 26 届中国气象学会年会和第 27 届中国气象学会年会，气候资源应用研究分会场所研讨的主要方向有气候资源开发利用战略研究；风能、太阳能和空中水资源评估方法研究及其在风电、太阳能和空中水资源利用研究；风能、太阳能资源数值模拟及其发电量预报研究；气候变化对风能、太阳能、空中水资源利用的影响。

中国自然资源学会是由从事自然资源及相关学科的科学研究、技术工程、教育及经营管理工作者资源组成的全国性、学术性非营利的社会团体。通过开展学术活动，交流学术思想，促进资源学科的建设和发展。同时向社会普及资源科学的相关知识，推广资源利用的先进技术。还承担着向国家、社会、地区提供资源开发利用建议的任务。中国自然资源学会每年举行一次年会，其中有许多研究气候资源的人员在会上进行学术交流，推动气候资源学的发展。

参考文献

[1] 孙卫国. 气候资源学 [M]. 北京：气象出版社，2008.

[2] 孙鸿烈. 中国资源科学百科全书 [M]. 山东：石油大学出版社，2000.

[3] 张谊光. 气候资源学 [J]. 地球科学进展，1991，6（4）：55-56.

[4] 石玉林. 资源科学 [M]，北京：高等教育出版社，2006.

[5] 张九辰. 自然资源综合考察委员会研究 [M]. 北京：科学出版社，2013.

[6] 竺可桢. 全国设立气象测候所计划书 [J]. 科学，1928，13（7）：998-1000.

[7] 竺可桢. 中国气候区域论 [J]. 地理杂志，1930，3（2）.

[8] 丘宝剑. 竺可桢先生对中国气候区划的贡献 [J]. 地理科学，1990，10（1）.

[9] 中国农业科学院. 中国农业气象学 [M]. 北京：中国农业出版社，1999.

[10] 张宝堃，段月薇，曹琳. 中国自然区划草案 [M]. 北京：科学出版社，1956.

[11] 中国科学院自然区划工作委员会. 中国气候区划（初稿）[M]. 北京：科学出版社，1959.

[12] 孙鸿烈. 中国自然资源综合科学考察与研究 [M]. 北京：商务印书馆，2007.

[13] 文委西藏工作队两年工作简况 [J]. 科学通报，1953（11）：97。

[14] 国家气象局展览办公室. 我国农业气候资源及区划 [M]. 北京：测绘出版社，1986.

[15] 候光良，李继由，张谊光. 中国农业气候资源 [M]. 北京：中国人民大学出版社，1993.

[16] 周淑贞，张如一，张超，等. 气象学与气候学 [M]. 北京：高等教育出版社，1997.

[17] 李世奎，等. 中国农业气候资源和农业气候区划 [M]. 北京：科学出版社，1988.

[18] 孙鸿烈，成升魁，封志明. 60年来的资源科学：从自然资源综合考察到资源科学综合研究 [J]. 自然资源学报，2010，25（9）：1414-1423.

[19] 于沪宁. 第四届全国农业小气候与作物气象学术研讨会在江西省南昌市召开 [J]. 中国生态农业学报，2003，11（1）：132.

[20] 李海凤，周秉荣. 我国农业气候资源区划研究综述 [J]. 青海气象，2013（3）：45-50.

[21] 全国推进可持续发展战略领导小组办公室. 中国21世纪初可持续发展行动纲要 [M]. 北京：中国环境科学出版社，2004.

[22] 吴张华，罗二仓，李海冰，等. 1KW碟式太阳能行波热声发电系统 [J]. 工程热物理学报，2012，33（1）：19-22.

[23] 冯飞，张蕾. 新能源技术与应用概论 [M]. 北京：化学工业出版社，2011.

[24] 欧阳莉，刘伟. 多孔蓄热墙太阳能采暖系统优化设计 [J]. 工程热物理学报，2010，31（8）：1367-1370.

[25] 彭云. 探索气候智慧型农业 [J]. 高科技与产业化，2015（7）：52-55.

[26] 孟庆林，李建成，陶杰，等. 论城市气候资源 [J]. 自然杂志，1998，20（2）：76-78.

第十八章　能源资源学

能源资源是国民经济和社会发展的重要物质基础和动力源泉。安全有效的能源供应和清洁高效的能源利用是实现可持续发展的最基本保证，人类社会的进步与能源有效的开发和利用休戚相关。中国是世界第一人口大国，国民经济快速发展，能源需求增长极为旺盛。然而，我国煤、石油、天然气的人均占有量较低，至关重要的油气资源严重依赖国外进口，煤多油气少的能源结构导致能源环境问题日益突出，能源利用低效和浪费严重，新能源开发持续推进，但距实现产业化利用还有很长的一段路，能源安全形势依然十分严峻[1]。因此，研究能源经济、能源环境、能源可持续发展、能源技术、节能、能源地缘政治等问题，是国内外学者长期关注的重要课题。能源资源学的产生和发展，为解决这些问题提供了理论和技术基础支撑。本章介绍了能源资源学形成的脉络，学科的基本概念和研究内容，阐明了能源资源学的学科特点和发展历程。

第一节　能源资源学的特点及其影响

一、能源资源学的内涵及其学科特点

随着社会的发展和科学技术的进步，人类对能源资源的认识逐步加深，能源资源的勘探和开发利用技术研究受到普遍关注。能源资源利用的一个特点是可替代性。人们为了得到某种形式的能量，可以使用不同种类的能源资源，通过一定条件使其转化成需要的能量。人们已经了解自然界的能源资源，主要来自太阳辐射、地球内部本身蕴藏的热量、原子核裂变和聚变放出的能量，以及天体对地球的引力。

20世纪初，能源资源学作为一门学科出现，随着社会经济的发展，使用能源的种类愈来愈多，规模愈来愈大，开发利用中的问题愈来愈复杂，特别是能源与社会经济的关系，与生态与环境的关系愈来愈突出，能源资源学研究的理论指导性和实践操作性增强，大大丰富了这门学科的内涵。

1. 学科内涵及研究对象

《中国资源科学百科全书》中，能源资源学是研究各种能源资源及其构成能源系统的自然、技术和经济特性与社会经济发展的关系，及其开发、利用和管理中有关规律的一门科学，是资源科学的一个分支学科，具有自然科学与技术科学的属性，并涉及社会科学的一些问题。能源资源学的研究对象是由各种能源组合而成的能源系统。这个系统的边界可以大到全世界，小到一个企业、车间，甚至一个家庭。其研究任务是用地球上的各种能源资源最合适地满足

人类社会生产和生活对能源的需求[2]。

《资源科学》认为能源资源学的研究对象是能源资源。能源资源是由各种能源组成的能源系统的总称。就人类生存的地球而言，能源资源包括大气圈中的太阳能、风能、岩石圈中的煤、石油、天然气、地热、地震能源及火山喷发的能源，水圈中的水能、海洋能（包括潮汐能、温差及盐差能），生物圈中的生物质能（包括动物、植物和微生物体所提供的能源）。地球以外的太空及宇宙间还有许多未被认识或利用的能源资源[3]。

2. 学科特点

能源资源学是一门综合性、应用性学科。其研究方法有以下特点[3, 4]：

（1）能源资源学和技术科学密不可分。

能源资源学属于技术科学的一部分，是人类知识的源泉之一，是知识创新的重要组成部分。能源资源学和基础科学在研究方法上都需要靠建立模型、推理进行数学演绎，最后所得结果还要和实验做比较。但由于任务不一样，它必然有而且也允许有很多经验公式和经验数据的存在。如果说基础科学的任务在于认识自然，那么技术科学的任务就不仅是改造自然，还要保护自然和与自然协调，即"改善自然"。

能源技术是根据能源资源学的研究成果，为能源工程提供设计方法和手段，确保工程目标在一定的时间内的实现。能源资源学和能源技术联系非常紧密，以至于人们常常把它们连在一起，统称为能源科学技术。

（2）能源资源学是多学科的交叉和综合。

能源科学领域与物理学、化学、生物学、力学、数学、材料科学、信息科学等学科的广泛交叉，形成新边缘学科。同时正在向空间、海洋、地下寻找和利用新的能源，有可能形成空间能源学、海洋能源学等新的学科。

（3）能源资源学技术与经济、社会、环境的相互渗透和综合。

能源资源学是可持续发展的重要一环。在考虑能源问题时，不能脱离它与社会、经济等形成的这一个庞大复杂的系统，如研制代油燃料、建加油站来缓解石油紧张等问题，就必须考虑新燃料的制备、运输、储存等一系列技术问题和经济问题。

（4）能源资源学的研究在不断深化。

能源资源学采用更接近实际过程的假定，得出更能反映事物本质特点的规律；运用其他学科的新理论、新技术、新方法，特别是基础科学的一些方法进行深入研究，得出更有价值的结果。同时，能源领域本身也在向着微观、宏观和复杂系统进军，在新的领域建立新的基础理论和方法，开发新的产业。能源资源学是能源高技术创新的源泉和先导，两者相互促进、紧密相连，当代能源技术发展在很大程度上引导着能源研究的方向。

二、能源资源学的社会经济影响

人类对能源开发利用的历史，是一个由低级到高级，由简单到复杂，由自然状态到人工状态，由粗放到集约的过程。人类对能源开发利用的每一次变革和突破，为能源资源学的学科发展提供了广阔的空间，同时，学科的发展是对人类社会发展进步的推动。社会的进步与能源资源学的学科发展相互促进，人类社会发展的重大事件与能源资源的开发利用息息相关。

1. 对社会观念的影响

随着能源资源学的形成和发展，人们对能源资源开发利用的态度不断转变。20世纪上半叶，全球能源资源充沛，人类对能源资源认识的主流观念是"用之不竭、取之不尽"的人本位资源无限史观，认为人类是自然的主人，拥有绝对的开发利用权，自然界的一切必须服从于人类的利益和需求。受科技水平的限制，人们尚未意识到能源资源的有限性，更不关注能源资源开发利用带来的资源环境影响。

20世纪中期，西方发达国家工业化迅速发展，导致了一系列的生态环境问题，人口、资源、环境的发展问题日益受到重视，人们的能源资源开发利用思想向"资源有限论"转变。1962年，美国生物学家卡尔逊发表著作《寂静的春天》，敲响了资源环境危机的警钟。1972年，罗马俱乐部发表《增长的极限》，对"全球性问题"进行了开拓性研究，被认为是"资源有限论"的代表性著作。随后石油危机的爆发，对能源资源的研究不断深入，唤醒了人类从科学的高度系统认识能源资源的开发利用[5]。

20世纪末期，国内外学者的综合考察促进了能源资源学的发展，对社会观念向资源持续利用史观转变起到推动作用。21世纪是以资源可持续利用为核心的可持续发展时代，人类社会对能源资源的开发利用已经从"掠夺式"转向"永续利用"和"可持续发展"的战略轨道。

2. 对社会经济的影响

能源资源学研究能够满足社会经济各方面的利益和需要。能源是人类经济发展和社会进步不可或缺的重要物质基础。特别是工业化以后，煤炭、石油、天然气等化石燃料更成为人类社会赖以生存的物质基础。随着中国经济的快速发展和人口迅速增长，对能源资源的需求日益增多，消耗越来越大，引发的生态环境问题逐渐突出。中国迫切需要调整能源结构、实现能源资源的多元化供给，以缓解中国的能源安全问题、推动社会经济的可持续健康发展。能源资源学的社会经济价值在于从能源消费、能源价格、能源结构等多个视角对能源资源与经济发展开展研究，提供给国家能源资源分布、储量等重要资料，优化能源消费结构，拓展人类生产生活对能源资源的开发利用，为社会经济发展和国家能源战略布局提供科学依据，为社会创造了巨大的经济效益[6]。

3. 对社会发展的影响

能源资源学的研究是人类文明发展的重要基石，人类文明从诞生起，历经薪柴时代、蒸汽时代、电力时代到化石能源时代，从固体、液体到气体燃料，能源资源一直与人类社会发展休戚相关。社会发展到不同阶段对能源资源开发利用的认识不同、能源资源的消费结构不同，对能源资源学研究提出了不同的要求。相应地，能源资源学的研究成果缓解了该阶段的资源环境与社会发展冲突，进一步推动了社会的发展。人类在能源史上一次次重大突破，已成为整个社会发展进程中的一个又一个里程碑[7]。

通过对能源资源学科史的梳理，我们发现，能源资源开发利用的重大突破往往推动社会的历史变革。煤炭资源推动了蒸汽机的广泛应用，电力的开发促进了电动机的普及。不仅工业如此，农业的机械化、现代化也离不开能源资源的开发和利用。同时，能源资源开发和利用对技术的需求，促进了整个社会科学技术水平的提高。能源资源学的形成和发展适应了社会的发展需要。

第二节   能源资源学的形成与发展

人们对能源资源的开发利用经历了一个由浅入深、由局部到全部、由简单到复杂、由具体到抽象的过程，而能源资源学正是随着认识的深化而逐步完善发展起来。从人们对能源资源学的认识过程和演变规律看，从能源资源学研究的任务来观察，能源资源学的发展大体经历以下四个阶段：

一、古代能源资源知识的积累（1860年以前）

我国是四大文明古国之一，能源资源历史悠久，人类对能源资源的认识和开发利用可追溯到原始时期。回顾人类历史中对能源资源的开发和利用，有利于对现在的了解和对未来的规划。据考古学家考证，在170多万年以前，云南元谋人已经有利用火的痕迹[2]。火的发现，标志着人类开始利用能源资源。自穴居生活开始，人类用树枝、杂草等生物质能资源作为燃料来取暖、熟食，发明了敲击燧石或钻木取火的方法，还利用一些简单的水力和风力器械作为动力来从事生产。到了石器时代，"刀耕火种"是当时最为重要的农业生产技术。随着社会的进一步发展，人类将"火"应用到了更多领域，比方说烧制陶器、冶炼金属、加工武器和生产工具。由此，人类社会由石器时代进入了金属时代。

以生物质能资源作为主要能源的这一时期，学者称其为柴草时期。从原始社会到奴隶社会，再到封建社会，薪柴、畜粪等原始资源都容易获得，生产水平较低，能源资源开发利用规模较小，仍处于自然状态。能源资源的研究尚未引起人们的重视。

在柴草能源时期，人类的生产和生活水平较低。随着人类社会的进步，经济的发展和人口的增加，能源资源的需求量提高，而柴草的储存量是有限的。特别是16世纪文艺复兴时期以后，工业的发展和科技的进步对能源资源提出了更高的需求。树木的更新速度远远赶不上人类的砍伐速度，森林面积日益缩小，同时，大规模的焚烧草木，带来了一系列环境问题。对能源资源的需求规模要扩大到维持国家的正常运行，对能源资源开发利用的深度和广度也远非昔日可比[8]。人类开始寻求新的能源资源来替代柴草秸秆。人类为改善生存环境和生活质量的需要正是能源资源学科得以形成和发展的动力。

二、近代能源资源学的萌发（1860—1949年）

18世纪以后，煤炭大规模应用于冶炼业。蒸汽机和发电技术的发明，进一步推动了煤炭资源的开发利用。工业革命的兴起，推动了社会的进步和经济的发展，促使能源资源开发利用的规模、数量、范围急剧增大。蒸汽机将热能转化为机械能投入生产，代替了人力、畜力，扩大了煤炭资源的利用，煤炭的消费量超过了柴草标志着煤炭时期的到来。

从某种意义上来说，能源资源的发展史体现了人类文明的里程[9]。第一次工业化浪潮从18世纪后期开始。18世纪瓦特发明了蒸汽机，英国开始资本主义的产业革命，逐步扩大了煤炭的利用，推动了工业的发展。俄国十月革命以后，为了有计划开展大规模能源建设，组织了200多位专家从苏联的各种能源资源到这些资源的开发、运输、转换、利用，进行了全国性的能源系统的研究，完成了《全俄电气化计划》一书，这是能源资源学的最早著作。第二次工业化浪潮发生在 19 世纪末到 20 世纪初。19 世纪下半叶，电力进入社会的各个领域，成为生产和生活照明的主要来源，电动机代替了蒸汽机，电能代替了热能，促进了生产力的发展，从根本上改变了社会的面貌。

南京国民政府资源委员会（1932 年在南京成立至 1952 年在台湾撤销，以下简称"资委会"），对全国（包括台湾省）近千家大中型企业进行直接管辖，直接领导包括石油、电力、煤炭等能源资源企业，对中国近代能源资源调查与研究和能源工业的发展发挥了举足轻重的作用。资委会的前身是南京国民政府的国防设计委员会（成立于 1932 年 11 月，1935 年 2 月改组），其倡议人是钱昌照（1899—1988），当时召集了一大批著名专家学者、社会名流、实业家，秘书长是中国地质学的奠基人之一翁文灏（1889—1971），开展了陕西北部地区、四川的油田、自流井、火井等调查和石油代用品研究，对长江三峡首次开展了科学勘测。1935 年改组成立的资委会，继续开展了大量的能源资源调查工作，兴办了电力工业，筹划兴建三峡工程，在抗战后方兴建煤矿、创办玉门油田、四川油矿，以及中国历史上第一个国家石油公司。

纵观从 18 世纪末到 20 世纪初的 100 多年，人类社会、经济和技术水平发生了巨变。当今社会的发展依然离不开煤炭资源。随着工业的发展，煤炭的需求量不断增大，产生了大量的烟尘、有害气体，对环境造成了污染。人们逐渐意识到这一问题，开始寻求更优越的能源资源。20 世纪初，内燃机开始广泛用于交通工具和军事装备，石油需求急剧增加。第二次世界大战前后中东和南非地区发现的巨大油田，促进能源结构发生了转变。由于煤炭、石油、天然气等不可再生的耗竭性能源资源存量有限。20 世纪四、五十年代以来，原子能的开发利用为人类带来了希望。人类在研究原子能的同时，也开始对风能、太阳能、地热能、生物质能等可再生能源的开发利用进行探索[5]。

由此，能源资源学作为一门学科来研究。随着社会经济的发展，能源的种类逐渐增多，规模日益扩大，开发利用中存在越来越大的问题，推动了能源资源学的形成和发展。能源资源学由单项资源的专业性学科研究向综合性学科研究转变。

三、现代能源资源学的建立（1949 年—20 世纪末）

新中国成立后，我国开展了大规模的资源研究与综合考察，在推动各部门资源研究发展的同时，促进了能源资源学的学科形成。20 世纪 50 年代，大油田和气田的相继发现，大量石油进入生产和生活各个领域，逐渐取代了煤炭。50 年代中期，西方世界石油和天然气的消费量超过了煤炭资源，60 年代初，世界石油消费占据了能源消费的首位。石油作为能源和化工原料被大量使用，生产出了合成纤维、大量廉价的化肥和农药，极大地提高了全世界能源资源土地生产力，几乎导致了所有资源和农产品的过剩，带来了战后迅速发展的"石油文明"[4]。这一时期，人类对自然界资源的主流认识具有明显的人本位特征，认为自己是自然的主人，拥有绝对的权力，自然界的一切必须服从人类的利益、满足人类的需求。

20 世纪下半叶，第三次工业化浪潮出现。世界许多国家依靠石油和天然气资源创造了历史上空前的物质文明，西方发达国家经历了以高技术为特征的工业化升级过程，许多发展中国家开始向工业化迈进[9]。1956 年，中国科学院根据 12 年科学技术发展远景规划（1956—1967）在西藏、新疆、宁夏、甘肃、青海等地进行了资源综合考察和若干重要资源的专题研

图 18-1 徐寿波（1931— ）

究工作。在徐寿波（1931— ，图 18-1）的积极建议下，自然资源综合考察委员会成立了综合能源研究室，负责研究室工作。接着他根据全国第二个科学技术长远发展规划（1963—1972）的要求，开始研究能源技术经济学。"文化大革命"中，徐寿波为自己钟爱的事业挨了四次批，能源研究室在中科院四起四落，技术经济研究在中科院大起大落，历尽艰难。在迫不得已的情况下，为了使能源和技术经济这两门新学科得到很好的发展，他离开中科院到中国社会科学院负责筹建能源技术经济研究所（后改名为技术经济研究所，现为数量经济与技术经济研究所）及其学科的奠基工作，六年后他被调到国务院能源办研究局和国家计委技术经济所工作，从此他对能源资源学这门新学科的研究，更紧密地联系国家能源建设和国民经济建设的实际。

从 20 世纪 50 年代中期到 80 年代初期，中国科学院的能源研究几经变动，从 50 年代的"动力研究"，到 60 年代的"动能研究"，再到 70 年代以后的"能源研究"。其中的变化，反映出中国学者早期对能源研究的认识过程[12]，①。在综考会几十年的各种大规模科学考察中，围绕能源资源评价、开发利用与工业布局的研究成果丰硕，一大批著名学者在能源资源学的应用研究中做出了重要贡献，向国家有关部门提交了大量的政策建议。包括李文彦、容洞谷、郭文卿、陆大道、彭芳春、黄志杰、支路川、杨志荣、郎一环、姚建华等。例如，1975 年 8 月 11 日，向中国科学院、国家计委报送"关于 1976—1985 年能源合理利用和综合利用科学技术发展规划（讨论稿）征求意见和落实协调的请示报告"。1980 年 4 月 11 日，向中国科学院出版委员会拟提出"关于申请《能源》杂志公开出版的报告"，1981 年公开出版发行。1980 年 9 月 2 日，经国务院批准，同意在自然资源综合考察委员会能源研究室的基础上，建立能源研究所，由国家能源委员会和中国科学院双重领导，以国家能源委员会为主，规模为 180 人，当时编制暂按 100 人。

自 1972 年第一颗地球资源卫星发射成功，人类从此从空中跨国界审视整个地球，"全球性问题"引起人们的关注。1973 年，石油消费量达到了 53%，这是能源资源结构演变的一个重要里程碑，人们认识到了石油等能源资源的有限性，"资源有限论"在人们心中投下了阴影。1978 年中国地理学会世界地理专业委员会组织高校和科研院所的学者开始编写世界能源（石油）地理丛书[10]。两次石油危机的爆发，使人们意识到石油、天然气等资源是有限的，各国着手制定新的能源政策，能源资源学的研究受到广泛重视。自此，世界各国如美国、英国、加拿大、意大利、日本、芬兰、荷兰和挪威等国家，分别开展了不同形式的能源教育活动，试图通过能源教育来提升对能源危机的认识和掌控能力。

能源教育日趋专门化、地方化，进一步推动了能源资源学学科的发展。美国能源部能源效率办公室成立了美国能源教育发展协会（NEED）专门负责能源教育活动的推广。日本成立了能源与环境教育信息中心（ICEE）专门负责开发和推广能源教育课程。1979 年，英国先后成立了能源可持续发展中心（CSE）、能源研究、教育及培训中心（CREATE），通过举办活动

---

① 张九辰. 从动力到能源：中国科学院能源研究的兴起 [J]. 自然科学史研究，2010，29（2）：166-176.

来普及能源知识。澳大利亚也建立了能源教育协会作为能源学习和研究的支撑。1980 年，美国卡特总统命令启动了美国"国家能源教育发展"项目，开始全国性的能源教育。欧盟能源与交通理事会通过与其成员国的 400 多个能源署合作，共同开展跨欧盟的能源教育推广活动。加拿大能源理事会开发了覆盖全国的能源教育体系，形成了政府、企业、社会组织、学校为网络的能源教育平台，能源教育规模化、体系化[11]。

四、当代能源资源学的发展（20 世纪末至今）

20 世纪以来，国内的综合考察工作推动了能源资源学的研究思想发展，促进了该学科的发展和完善。中国科学院地理科学与资源研究所（1999 年由中国科学院地理研究所和中国科学院自然资源综合考察委员会整合而成）是我国资源科学研究的主要机构，一些重要工作和成果对能源资源学的形成和发展产生了重大而深远的影响。陈述彭、阳含熙、孙鸿烈、石玉林、李文华、孙九林、刘昌明、陆大道等院士，程鸿、施慧中、陈国新、郎一环、沈镭、王礼茂、霍明远、董锁成、谷树忠、张雷等一批学者，以及中国自然资源学会、中国地理学会，对我国能源资源学发展做出了重要贡献，先后主持或组织出版了一系列相关学术研究著作。这些著作主要有 1981 年，钱今昔等学者出版的《战后世界石油地理》。1983 年，中国自然资源学会成立，组织开展了一系列的资源研究学术活动。越来越多的能源资源研究成果问世，比如《非洲能源资源及其开发利用前景》（张同铸等，1983）、《世界煤炭地理》（王国清等，1987）、《苏联石油地理》（裘新生等，1987）、《世界能源地理》（梁仁彩等，1989）、《非洲石油地理》（张同铸，1991）、《资源遥感纲要》（郑威、陈述彭，1995）、《中国资源态势与开发方略》（何希吾、姚建华等，2000）、《中国的自然资源》（霍明远、张增顺，2001）、《中国百年资源、环境与发展报告》（董锁成，2002）、《2002 中国资源报告》（成升魁、谷树忠等，2003）、《资源科学导论》（封志明，2004）、《资源科学》（石玉林，2006）、《中国自然资源综合科学考察与研究》（孙鸿烈，2007）以及《资源、环境、区域开发研究》（中国地理学会，1988）、《资源产业化开发与生态环境建设》（中国地理学会自然地理专业委员，1999）、《2006—2007 资源科学学科发展报告》（中国自然资源学会，2007）、《2008—2009 资源科学学科发展报告》（中国自然资源学会，2009）、《2011—2012 资源科学学科发展报告》（中国自然资源学会，2012）等。上述研究成果为我国能源资源学的理论方法、实践应用奠定了基础，促进了能源资源的研究及学科不断成长与发展[13]。

国际上的一些会议对能源资源学的发展也发挥了作用。1981 年，联合国在内罗毕召开了世界新能源和可再生能源会议，对世界各国新能源和可再生能源的开发起到推动作用[14]。90 年代以后，有关石油等能源资源和能源安全的研究受到广泛关注，涌现出大量的研究成果。1992 年，联合国召开了"环境与发展大会"，通过了《21 世纪议程》，进一步确立了全球以资源可持续利用为核心的可持续发展观。同年，《中国自然资源丛书》开始编撰，共计 42 卷本。1994 年，全国人民代表大会环境与资源保护委员会成立，推进了资源、环境保护与法律建设。近年来，许多高等学校建立了"资源环境学院（系）"或"资源环境研究中心"，促进了国内能源资源学的发展。从这一年起，中国出版了 1994 年、1997 年、2001 年、2003 年的《中国能源发展报告》，不同地区的能源战略问题受到学者们越来越多的重视[15]。1995 年《中国自然资源丛书》陆续出版，全面、系统地总结了中国资源研究的成果。2000 年，《中国资源科学百科全书》作为标志性著作正式出版，系统地提出能源资源学是资源科学专门性研究的分支学科。随着能源地理学、能源经济学以及石油、煤炭等专门能源资源研究的深入，能源资源学在 20 世纪末开始步入现代科学领域。

21 世纪的人地关系是追求人与自然和谐相处，资源永续利用、环境有效保护和社会经济协调发展的可持续发展观。随着全球性能源与环境问题的日益严峻，各国都大力开展能源资源学的研究[16]。现代能源资源学的发展趋势是：从个体走向整体、从局部走向一般，日益关注全球性问题和国际合作的研究，从静态分析走向动态预测，以合理、可持续的开发利用能源资源为研究热点，从定性分析走向定量分析，研究方法日益数量化，从常规手段走向高新技术创新，研究手段日益现代化[7]。

第三节　能源资源学的学科体系

一、能源资源学的理论基础和研究方法

（一）理论基础

能源资源学的理论基础主要包括资源科学、经济科学、系统科学和能源技术科学等理论。其中，资源科学是研究人类社会对物质财富需求与供给之间矛盾运动、演变规律及其解决这类矛盾的理论和方法的学科。经济科学是研究物质资料的生产以及与之相适应的交换、分配和消费等活动规律并利用这些规律指导人们进行经济活动实践的一门学科。系统科学是以规模大小不等、性质不同的系统为研究对象，研究自然、经济、社会等领域中各种系统的环境、要素、结构、功能等特点及整个系统的运动规律，并根据对系统运动规律的设计、管理、调控各个具体系统的学科。能源技术科学领域的生产周期分析、物质流分析和循环再生利用等方法可被应用到能源资源研究当中[17]。其他支撑能源资源的学科是研究能源系统形成、结构、功能、转换、演化的基础，也是能源在开发利用过程中的各种经济现象及其变化规律的基础知识。

能源资源学作为一门实用性很强的学科，是在资源学科和经济学科基础上形成的。将这两门学科的理论和方法运用于能源研究领域，形成能源资源学，属于资源科学的一个分支，又属于多个能源科学的综合。它研究的客观物质对象有煤炭、石油、天然气、水力、核能、风能、潮汐能、地热能、生物质能、太阳能等以自然形式存在的一次能源，以及由上述一次能源加工转换而来的电力、煤气、蒸汽、焦炭、汽油、煤油、柴油等二次能源以及能源从开发、加工到利用、消费过程构成的能源系统。因此，能源资源学的研究，既需要资源科学、经济科学的理论与方法指导，又需要掌握一定的自然科学、社会科学和技术科学知识[18]。

（二）研究方法

能源资源学是一门交叉性的、综合性的、应用型的学科。能源资源学的研究主要依靠建模、推理、演绎来实现。与其他学科相比，能源资源学的研究方法具有以下特点：

首先，作为交叉性的综合性学科，能源资源学与物理学、化学、生物学、数学、力学、材料科学、信息科学等学科相互交叉，形成了新的边缘学科。同时，寻找新能源的研究正在

进行，还会有更多的新的学科形成。

其次，能源资源学与自然环境相关。能源资源学研究目标是要与自然协调发展。其研究成果有利于推动能源技术水平的提高和促进新能源的发现，有利于我国生态文明的建设和可持续发展的实现。

最后，能源资源学与经济、社会相互渗透。经济、社会的发展是能源资源学形成和发展的重要推动力。随着经济的迅速发展，对能源资源的需求量日益增大，能源安全问题受到广泛关注。能源资源学研究要与时俱进，运用新理论、新方法、新技术开辟新的能源产业。

二、能源资源学的研究任务与学科体系

（一）研究任务

作为一门经济科学、资源科学、系统科学与能源技术科学相结合的综合性学科，能源资源学不仅研究人类与能源资源、能源资源之间、能源资源与生态环境之间的相互作用、相互促进、相互制约的对立统一关系，揭示社会经济发展与能源资源利用、生态环境保护之间协调发展的基本规律；而且研究能源资源的形成环境以及能源资源的时空规律性，探讨能源资源的二次利用与替代途径；还研究能源资源开发利用过程中的物质循环与能量流动规律，探索它们对人类活动的影响与作用机理等。就目前而言，能源资源学的主要任务是[7]：

第一，阐明能源资源的分布、演化规律及其时空规律性。这是一项基础性工作，并且强调能源资源的整体功能。在人类改造自然的过程中，为使能源资源开发利用向有利于人类的方向发展，免于恶化，就必须了解能源资源的开发过程，包括能源资源的属性、结构形式和演变机理等方面。

第二，探索能源系统各要素间的相互作用机制与平衡机理。诸如石油、煤炭、天然气等化石燃料和风能、太阳能、生物质能等新能源之间的替代关系探讨。

第三，揭示能源资源特征及其与人类社会发展的相互关系，研究不同时期能源资源的保障程度与潜力。要协调能源资源与人口、经济、环境发展之间的关系，寻求可持续发展的有效途径，必须从能源资源的数量与质量评价入手，分析他们之间的平衡关系，即社会需求与能源供给的关系；分析能源与环境之间的平衡关系，即能源资源开发与再生、污染排放与环境容量的关系等。

第四，探索人类活动对能源资源的影响。人类自诞生起，就开始了能源资源的开发利用，特别是在当今科技飞速发展、经济高速增长、人口日益膨胀的情况下，人类活动对能源资源的压力越来越大，人类活动已成为作用于能源资源系统的一个新的重要营力。人类活动的失误会严重危及能源资源系统的稳定性，因此，深入开展能源资源学研究、探索人类活动对能源资源的影响已是人类面临的重要使命。

第五，研究区域能源开发与经济发展之间的相互关系。能源资源是以一定的质和量分布在一定地域的，能源资源学研究离不开具体的时空尺度。探讨区域能源的种类构成、质量特征与经济发展的关系，如何将区域的能源资源优势转变为经济优势；寻求优势互补，解决区域性能源资源短缺问题都是能源资源学研究面临的主要任务。

第六，探讨新技术、新方法在能源资源研究与开发利用中的实践与应用。自1972年第一颗陆地资源卫星上天以来，航天航空遥感已成能源资源学研究的一个重要手段。此外，计算

机技术的发展，促进了资源数据库与资源信息系统的建立，自动化制图与系统分析方法得到了广泛应用。能源资源研究中的技术进步将对人类在全球能源的开发、利用、保护与管理方面产生深远影响。

（二）学科体系

能源资源学是资源学的分支学科之一。它的学科架构是：由综合能量资源学和单项能源资源学所构成的二级学科[3]。综合能量资源学能源系统学包括能源系统学、能源经济学、能源战略学、能源管理学、能源规划学、能源地理学、能源利用史学、能源技术经济学、能源环境学。单项能源资源学包括煤炭资源学、石油与天然气资源学、水能资源学、核能资源学、地热能资源学、海洋能资源学、太阳能资源学、风能资源学、生物质能资源学、氢能资源学、空间能源学。

第四节　能源资源学的学科建设和学术交流

一、主要教育机构

根据 2014 年教育部颁布的《普通高等学校本科专业目录》，至今很少单独设立能源资源学课程，但是许多高校设置了与此相关的专业如能源与动力工程专业，这些高校包括：北京大学、清华大学、吉林大学、四川大学、中国科学技术大学、西安交通大学、哈尔滨工业大学、北京航空航天大学、天津大学、东南大学、华南理工大学、湖南大学、西北工业大学、大连理工大学、北京理工大学、重庆大学、东北大学、北京科技大学、长安大学、北京交通大学、南京理工大学、武汉理工大学、苏州大学、西北农林科技大学、南京师范大学、南京航空航天大学、河海大学、西南交通大学、合肥工业大学、北京工业大学、太原理工大学、新疆大学、浙江工业大学、广西大学、贵州大学、中国矿业大学（徐州）、昆明理工大学、南京工业大学、河北工业大学、上海理工大学、西安理工大学、大连海事大学、中北大学、山东科技大学、南京林业大学、长沙理工大学、青岛大学、河南农业大学、哈尔滨理工大学、兰州交通大学、南京工业大学、浦江学院、河北科技大学、理工学院、河北工业大学城市学院、河北联合大学轻工学院。

二、主要研究机构

在全国范围的科研院所、研究中心以及国家部委下属机构主要有：中国科学院地理资源与科学研究所、中国科学院广州能源所、中国科学院工程热物理研究所、中国科学院青岛生物能源与过程研究所、中国科学院半导体研究所半导体能源研究发展中心、中国科学院地质与地球物理研究所兰州油气资源研究中心、中国地质科学院地质研究所矿产资源研究中心、中国电力科学研究院新能源研究所、国家发展与改革委员会能源研究所、国务院发展研究中心资源与环境政策研究所、国家电网能源研究院等。

多年来，国家发展与改革委员会能源研究所围绕能源资源领域开展了大量的研究工作，为中国政府部门制定能源发展战略、能源发展规划、能源法规和能源技术标准等提供了许多理论依据和政策建议。同时，能源研究所也积极开展国际合作研究和咨询服务，为有关的国

内外机构 / 组织、学术团体、企业和社会各界提供服务。能源研究所与多个国际机构和多边国际组织，如国际能源机构（IEA）、国际原子能机构（IAEA）、联合国开发计划署（UNDP）、世界银行（WB）、亚洲开发银行（ADB）、全球环境基金（GEF）有良好的合作关系；与美国、欧盟、日本、韩国、俄罗斯、印度等国家的能源研究机构有良好的合作研究关系；与美国能源基金会、壳牌基金会等国际上的民间组织有长期的合作研究关系。近年来，能源研究所就中国与国际能源领域的热点与重点问题开展了许多有开创性、有价值的研究工作，为中国和国际社会贡献了一批有影响的研究成果。包括：中国中长期能源战略、2001—2020 年实现GDP 翻两番的能源战略、中国能源法体系建设、中国能源科技发展战略研究、中国西部地区可持续发展的能源战略、中国石油资源战略研究、东北亚地区能源安全保障的研究、泛珠三角区域能源合作规划研究、2020 中国可持续能源情景、中国中长期节能规划思路研究、实现单位 GDP 能耗降低 20% 目标的途径和对策研究、中国应对气候变化国家战略研究、亚太地区气候变化影响评价、可再生能源法立法研究及配套政策研究、国家可再生能源中长期发展规划研究等。此外，还成功地举办过许多具有影响力的大型国际研讨会，如"中英可持续发展和可持续能源研讨会""中国电力体制改革国际研讨会""战略伙伴合作：中国节能行动研讨会""可再生能源配额制政策"国际研讨会、可再生能源立法国际研讨会、北京可再生能源国际大会、"中国可再生能源产业发展融资研讨会"等，与有关国际机构和研究机构合作，每年定期举办"中 – 美 – 韩能源经济环境模型研讨会"。

地方能源研究机构，如辽宁省能源研究所、山东省科学院能源研究所、浙江省能源研究所、甘肃自然能源研究所、河北省科学院能源研究所、河南省科学院能源研究所、北京低碳清洁能源研究所、上海市能源研究所、河北省煤基清洁能源产业技术研究所、青海新能源研究所、陕西省能源化工研究院、江西省科学院能源研究所、吉林省农业科学院农村能源研究所、江西省科学院能源研究所、内蒙古自然能源研究所、新疆新能源研究所、台湾工业技术研究院能源与资源研究所和绿能与环境研究所等。

近年来，国家还为能源资源科学的发展，建立了一批国家重点实验室。如内燃机燃烧学实验室、煤燃烧实验室、煤转化实验室、煤的高效低污染燃烧技术重点实验室、动力工程多相流实验室、能源洁净利用与环境工程实验室、航空发动机气动热力重点实验室、电分析化学实验室、电力设备与电气绝缘实验室、电力系统及大型发电设备安全和仿真实验室、专用集成电路与系统实验室、污染控制及资源化研究实验室、油气藏地质及开发工程实验室、重质油实验室等[5]。

三、主要学术期刊

国内能源资源学领域的主要期刊包括：《可再生能源》《中外能源》《水电能源科学》《电力与能源》《能源技术经济》《电网与清洁能源》《中国能源》《能源工程》《能源化工》《能源研究与信息》《冶金能源》《能源环境保护》《能源研究与利用》《能源与环境》《应用能源技术》《能源研究与管理》《能源与节能》《能源技术与管理》《水电与新能源》《新能源进展》等。

国外能源资源学领域的学术期刊有很多，如《Advanced Energy Materials》《Annals of Nuclear Energy》《Applied Energy》《Economics of Energy & Environmental Policy》《Energy》《Energy &

Environmental Science》《Energy Economics》《Energy Exploration & Exploitation》《Energy for
Sustainable Development》《Energy Journal》《Energy Policy》《Energy Reports》《Energy Strategy
Reviews》《Energy Sustainability and Society》《Food and Energy Security》《International Journal
of Energy Research》《International Journal of Green Energy》《International Journal of Hydrogen
Energy》《International Journal of Renewable Energy Development》《Journal of Energy & Natural
Resources Law》《Journal of Fusion Energy》《Journal of Modern Power Systems and Clean Energy》
《Journal of World Energy Law & Business》《Materials for Renewable and Sustainable Energy》
《Progress in Energy and Combustion Science》《Solar Energy》《Wind Energy》等。

四、主要学术交流团体

为方便能源资源学领域科研机构和科研人员、学者之间的交流，众多能源资源研究学会、
专业委员会、论坛先后成立，如中国能源研究会、中国能源学会、中国自然资源学会、中国
国际问题基金会能源外交研究中心、中国资源综合利用协会可再生能源专业委员会、中国能
源科学家论坛、中国可再生能源学会、全国创新委新能源专业委员会、中华环保联合会能源
环境专业委员会、国家能源专家咨询委员会、中国煤炭学会、中国石油学会、中国核学会、
中国水利发电工程学会、中国电机工程学会、中国沼气学会、中国生物质能专业委员会、中
国建筑学会区域能源专业委员会、中国农村能源行业协会、中国价格协会能源供水专业委员
会、中国照明学会新能源照明专业委员会、中国宇航学会空间能源专业委员会、中华全国律
师协会环境、资源与能源法专业委员会、北京市律师协会能源法律专业委员会、四川省老科
协新能源专业委员会、上海市合同能源管理专业委员会、上海市硅酸盐学会新能源材料专业
委员会、江苏省可再生能源行业协会、山东建设科技协会新能源专业委员会等。

参考文献

［1］ 张海龙. 中国新能源发展研究［D］. 吉林大学，2014.
［2］ 孙鸿烈. 中国资源科学百科全书［M］. 北京：中国大百科全书出版社，东营：石油大学出版社，2000.
［3］ 石玉林. 资源科学［M］. 北京：高等教育出版社，2006.
［4］ 吴承康，徐建中，金红光. 能源科学发展战略研究［J］. 世界科技研究与发展，2000：5-10.
［5］ 封志明. 20世纪的资源科学思想_封志明［J］. 资源科学，2000，卷缺失（期缺失）：3-8.
［6］ 杨松. 中国能源与经济发展关系的统计研究［D］. 浙江工商大学，2014.
［7］ 孙鸿烈，封志明. 资源科学研究的现在与未来［J］. 资源科学，1998：5-14.
［8］ 封志明，王勤学，陈远生. 资源科学研究的历史进程［J］. 自然资源学报，1993：72-79.
［9］ 吴德春，董继武. 能源经济学［M］. 北京：中国工人出版社，1991.
［10］ 杨宇，刘毅. 世界能源地理研究进展及学科发展展望［J］. 地理科学进展，2013：140-152.
［11］ 吴志功. 国外能源教育发展现状研究［J］. 能源教育，2007，12.
［12］ 张九辰. 自然资源综合考察委员会研究［M］. 北京：科学出版社，2013.
［13］ 董锁成，石广义，沈镭，等. 我国资源经济与世界资源研究进展及展望［J］. 自然资源学报，2010：22-34.
［14］ 王舜，张颖. 关于能源与环境关系的历史考察与对策研究［J］. 生产力研究，2007.

[15] 蔡国田，张雷. 中国能源安全研究进展［J］. 地理科学进展，2005：81-89.

[16] 周德群. 对加强能源软科学研究的思考［J］. 中国科学基金，2009：11-14.

[17] 刘刚，沈镭. 能源环境研究的理论、方法及其主要进展［J］. 地理科学进展，2006：35-43.

[18] 郎一环，王礼茂，李岱. 全球资源态势与中国对策［M］. 武汉：湖北科学技术出版社，2000.

第十九章　矿产资源学

　　一个国家的矿产资源情况对生产力发展和经济结构都有着深刻的影响，有的甚至关系到国家的经济命脉[1]。矿产资源学是在地质学、经济学、环境学等多门学科之间发展起来的一门高度综合、交叉渗透的学科。矿产资源学一方面要研究矿产资源的分布及赋存特征，以及矿产资源的勘探、评价、开采、利用等各个环节的技术和理论问题，另一方面又要研究矿产资源开发利用与国民经济建设和社会发展之间的相互问题。因此，矿产资源学既研究矿产资源的自然属性，又分析矿产资源的社会属性和经济属性，是一门介于自然科学和社会科学之间的交叉学科[2]。

第一节　矿产资源学的产生

一、人类社会历史演进中的矿产资源

　　人类自石器时代就开始发现矿产资源与日常生活和生产紧密相关。原始社会时期以利用石料矿产制作工具为特征，始称石器时代，并划分为旧石器时代和新石器时代。根据考古学家的研究，中华民族的祖先在旧石器时代从"巫山人"（距今约 200 万年）、"元谋人"（距今约 170 万年）起，到"蓝田人"（距今约 60 万年）、"北京人"（距今约 50 万年）就开始利用石片、石块等石料矿产制作石器工具来采集食物和抵御毒虫猛兽的袭击。这个阶段属于旧石器时代。

　　到了新石器时代，石料矿产的利用更为广泛，制作的工具也更为实用精巧，除石刀、石箭外，还有石斧、石镰、石犁等，表明锄耕农业开始向犁耕农业过渡。新石器时代在矿业开发利用方面的最大贡献，就是开发利用黏土、陶土等非金属矿产为原料来烧制陶器。另外，人类也开始对玉石矿产、铜矿和煤矿的利用。

　　从夏代开始了我国古代史中的奴隶社会。自然铜的利用开始向青铜器过渡，并逐渐达到繁荣，之后又向铁器时代过渡。

　　到战国时期，铁器的使用已很普遍。在先秦时期，除了开发某些非金属矿产外，对铜、铁、银、锡、铅、汞等矿产也进行了不同程度的开发。煤炭也已被人们所认识和利用。秦汉时期，随着国家的统一，经济的发展与管理的加强，矿业因摆脱战国后期的战乱影响而逐步恢复，盐矿和铁、铜、金、银、铅、锡、汞等的开采进入一个兴盛时期。魏晋时期，煤炭已用作生活燃料，人们也已懂得将石油作燃料用于战争中的火攻。

　　隋唐时期是我国古代矿业的繁荣时期。除了金属矿产的开发利用出现了一个高峰外，盐业的生产也有很大的发展。隋唐矿政的一个重要特点是全力发展铜矿并将采矿权全部收归国有。

　　经过五代时期由于战乱而导致矿业的萧条之后，宋元明清几个朝代的矿业继续发展。煤在宋代已成为人们日常生活和手工业较为普遍使用的燃料，山西已有很多人以采煤为生。煤炭已成为国计民生的重要资源。

　　我国古代矿业生产和技术水平在世界上曾一直处于领先地位。几千年来，对我国政治、经济、文化的发展和社会的进步及生产力的提高起过很重要的作用。但由于后来封建王朝未能很好地注意总结经验以求进一步发展，也没有及时注意吸收和采用世界上其他国家出现的新的科学技术成就，致使中国近代矿业处于非常落后的状态。我国近代矿产地质调查与开发工作起步较晚。近代矿业开发工作是从铁矿、煤矿开始的。

　　19世纪下半叶，清政府为了兴办洋务和北洋水师，制造枪炮、战舰和机器以适应防务和经济发展的需要，一方面从国外进口大量钢材、水泥等建筑材料，一方面开始筹划发展现代矿业和矿产品加工业。但由于中国当时正处于半殖民地半封建社会，到1911年辛亥革命推翻清王朝止，帝国主义者在华开办了许多较大规模的煤矿，外资煤矿产量占到了全国煤矿产量的83.2%。

　　1903年，中国人民掀起了从洋人手中收回矿权运动，取得了一定的成果。日本侵华期间，从1931年到1945年，日本共霸占了中国煤矿200多处。抗日战争胜利后，日本霸占的煤矿少部分由边区人民政权接管，大部分由国民党政权接管。这些煤矿在解放战争期间遭到严重破坏，直到新中国成立后才得以恢复与发展。

　　近代铁矿开发利用的矿山有40多处。有些矿山生产规模较大。并开始使用新的机器设备进行采掘、选矿和运输。在有色金属方面，1908年和1918年在江西南部先后发现了西华山钨矿和大吉山钨矿。由于军需和国际市场对钨的需求迫切，这两个钨矿很快投入开发，因此钨精矿产量大增。

　　古代早已开采的云南个旧锡矿，自采铅始，继之开采锡矿，近代开始较大规模的开采。在贵金属方面，除炼铅锌矿提取银外，一些地区也开采金矿。

　　石油、天然气开发利用进展缓慢，新中国成立前使用的石油钻机仅15台，油气钻井工作自1907年至新中国成立共钻井169口。整个油气勘察开发工作基础薄弱，规模很小。

　　非金属矿开发利用自古至今一直延绵不断。从以北京故宫建筑群、南京中山陵等一系列古代和现代建筑群利用大量的花岗石、大理石、琉璃瓦、青砖等材料来看，建材非金属矿的开发利用规模最大。

　　在人类历史发展的不同时期，受科学技术水平的限制，人们所理解的矿产资源的种类也存在很大差异。在石器时代，代表技术主要是打磨、制陶技术，与之相对应的人类所能利用的矿产资源主要是黏土矿等少量非金属矿产；到青铜器时代和铁器时代，冶炼锻铸技术开始出现，蓝铜矿、赤铜矿、褐铁矿等金属矿被人类广泛使用；到蒸汽机时代、电力时代、核工业时代、现代高新技术时代，人类可利用的矿产资源发生了巨大的变化（表19-1），每一次科技革命都伴随着人类对矿产资源新的理解[3]。

二、矿产资源勘查与开发的历史演进

（一）古代矿产资源开发活动

自从有了人类，矿产资源就一直在人类资源系统中处于重要地位[4]。可以说人类社会的发展，始终与"矿业开发"密切关联。

表 19-1　科技进步与矿产资源利用

历史时期	代表性科学技术	动力形式与社会生产方式	资源利用主要矿种
石器时代	打磨、制陶技术	自然力，集体捕捞和垦荒	黏土等少量非金属矿产
青铜器时代	冶炼锻造技术	自然力，手工作坊生产	蓝铜矿、赤铜矿等有色金属矿
铁器时代	历算、星象学、农学、冶炼锻造技术	自然力和简单机械动力，手工作坊生产	褐铁矿，赤铁矿等黑色金属矿，少量非金属矿
蒸汽机时代	近代物理学、近代化学、机械制造技术	蒸汽机，资本主义萌芽时期的手工作坊式生产	大部分有色、黑色金属矿及少量非金属矿
电力时代	近代物理学、近代化学、电磁转换技术	电力，工厂化的大工业生产	大部分有色、黑色金属矿及部分非金属矿
核工业时代	近代物理学、近代化学、原子能技术	核燃料，集约化大工业生产	有色、黑色金属、非金属矿、稀有、稀土矿和铀矿
现代高新技术时代	现代科学、高新技术	电力、核动力、太阳能，自动化生产	有色、黑色金属、非金属矿、稀有、稀土矿全面勘探开发能源资源节约型

古人从旧石器时代就开始从事矿产的开发活动，由最初无意识拾取石头逐渐发展到选取和挖掘石料。考古学界划分的石器时代、青铜器时代、铁器时代，都是以人们开发活动中的主要矿产种类为特征的。正是人类在认识自然、适应自然和改造自然的过程中，发现矿产资源，并进行开发与利用，从而促进了社会生产力的发展和人类文明的进步。

旧石器时代，"古人"主要采集石英岩、石英砂岩、蛋白石、水晶和燧石等砾石作原料，制作石片、石器、石斧等生产工具或装饰品，并利用黏土烧制陶器。如果将其称为"矿业活动"的话，那么最多也只能称作矿业的发生或萌芽阶段，但它对人类的社会进步起了很大的推动作用，并使"古人"逐渐进化为"新人"；新石器时代，石器工具已获得广泛的应用，并推动着农业的发展，并开始利用自然铜来制造简单的小斧、小刀、锥、凿和环形装饰品等红铜器，使矿产资源与人类的生活、技术进步和经济发展的关系更为密切，从而使矿业得到了更快的发展；青铜器时代，生产的铜器已包括戈、矛、刀、链、斧、铲等武器和生产生活工具，其中著名的司母戊大方鼎重达 875 千克，证明当时铜、锡的生产量已达到相当可观的程度，生产技术达到了相当的水平。青铜在生产、生活、军事和装饰等各方面的使用，说明当时的采矿和冶炼制作已在社会中占有重要地位。与此同时，制陶业也更为发展，要求开采质量更高的高岭土。所有这一切都推动了人们对金属和非金属矿产资源的开发工作，并使它们发展成为一个重要的独立部门；铁器时代，根据考古资料推证，我国早在商代就出现了铁刃铜钺而且开始利用陨铁[5]，战国中后期，铁器工具等到相当普遍的应用。《管子·地数》篇总结指出：天下名山 5270 个，其中出铜的山有 467 个，出铁的山有 3609 个，《尚书·禹贡》中记载当时开采的金属矿已有金、银、锡、铜、铁、铅等12种,《山海经》记载开采的矿物,已达73种。

总的来说,古代矿产资源的开发活动,是一个矿业的产生、发展和形成为一个独立完整的产业体系的过程。但由于当时的采掘规模还很小,地表又存在着丰富的可供利用的矿产资源,使地质资源问题在当时并不占重要地位。

（二）近代矿产资源开发发展

（1）产业革命时的矿业发展。蒸汽机的发明大大促进了金属资源的开发,特别是铁矿。随着用煤冶炼钢铁技术的解决,社会对煤的需求激增,进一步促进了采煤事业的迅速发展,为大量、廉价地提供钢铁材料创造了条件。随着以采煤和采铁为中心的矿业迅速崛起,进一步促进了机械工业、铁路运输、造船工业和矿山机械的发展,为大规模地开发矿产资源创造了技术条件。但矿产资源的供给问题日益突出,这就要求必须迅速找到并探明大量的矿产资源,因此,作为矿山开发工作的先行者的地质学和找矿勘探学也就得到了迅速的发展。

（2）19世纪后半期的矿产资源开发。以内燃机和电动机为标志的新技术的出现,更推动了工业的发展,与此同时更加促进了矿业的发展,并引起人们对矿产资源供应问题的重视。这一期间钢铁业迅速发展,同时促进了交通运输业的迅速发展,也为远距离开发矿产资源提供了必要的条件,使原来无法利用的边远地区的矿产资源,以单纯的自然资源变成了有现实意义的经济资源;同时,也使广大的发展中国家成为先进工业国的原料供应地和市场。各个帝国主义国家,为争夺未来的矿产资源,就成为引起第二次世界大战的主要因素之一。

（3）两次世界大战前后的矿产资源开发。对于矿产资源的开发工作,两次世界大战是一个很重要的时期。各国一方面为了确保矿产资源的供应,积极争夺殖民地;另一方面又积极发展矿产资源技术,推动了开发矿产资源的技术研究和技术进步。如对矿床的普查勘探和开采工作,仍用过去的常规地表露头找矿和人工采矿方法,已无法满足战争和社会发展对矿产资源的需要。为了满足大规模开发地下矿产资源的需要,探矿技术和选矿工艺发展神速,使找矿勘探工作逐步形成为一个专业和门类较为齐全的独立部门,为资源经济的发展创造了条件。

（三）现代矿产资源开发利用

进入现代社会以来,由于对矿物原料需求量的急剧增加,以及对各种矿物原料需要的多样化,从而促使矿业科学技术迅速进步。大规模开发矿业引起了对自然界的破坏,更引起人们对矿产资源和环境保护的重视。

现代矿业的第一个特征是开采规模日益增大,矿种日益多样化,科学技术和装备水平大幅度提高,尤其是航空地质和遥感地质的应用。同时,矿产资源的国有化政策和积极吸引外资和外国技术,以开发本国的矿产资源,成为当时世界资源开发事业的一个特征之一。

随着矿产资源开发规模、强度的日益增大,加上过去对矿产资源开发中存在的掠夺式开采,一方面造成矿产资源开发过程中的严重破坏,影响综合经济效益;另一方面,又破坏了大自然的生态平衡,引起自然灾害的发生和环境的污染。在此种情况之下,许多国家已把保护环境和保护资源作为开发矿产资源的前提条件,并制定了专门的保护环境和矿产资源的条例和法律,使做好环境保护和资源保护工作成为现代矿产资源学的一大特征。

（四）矿产资源管理的历史演变

1. 矿产资源所有制的历史沿革

根据古文献的记载和地下文物的发掘,我国祖先早在夏、商时期就掌握了青铜的冶炼和铸造技术。关于矿冶法的记载，始见于西周，《周礼·地官》记载表明，当时已设置专司矿冶管理事务的官吏，并有决于矿业方面的禁令。春秋时，《管子》记载齐设有铁官，提出"唯官山海为可耳"，即对矿冶、制盐实行官营政策，并提到私商如要开采，利润"民得其七，君得其三"。可见，当时土地、矿产皆归国家所有。国王对全国的土地、矿产拥有最高和最终的处分权[6]。

在中国漫长的封建社会里，除极少数短暂时期和个别统治者外，历代封建王朝几乎总是推行矿冶官营、禁止或者限制私营的政策。作为中国矿产资源所有权法律制度形成的标志，应是晚清颁布的《大清矿务章程》。晚清修律借鉴当时资本主义社会诸法分体的立法体制，出现了单行的矿业法规。《大清矿务章程》参照了当时英、美、德、法奥、比利时、西班牙、日本等资本主义国家的矿业法，并结合中国国情，由农工商部负责拟定，于光绪三十年（1907年）八月十三日通过御批，并通令于次年二月十三日开始施行。该章程是我国历史上第一部近似现代意义上的矿业法典，从法律上宣布了矿产资源于国家所有。

民国初期，1914年3月，仿照日本的矿业法制定了《中华民国矿业条例》；在1930年5月颁布了《矿业法》。该法第一条宣称，"中华民国矿领域内之矿，均为国有。非依本取得矿业权，不得探采。"

新中国成立以后，1951年，政务院颁布了《中华民国矿业条例》，规定全国矿藏均为国有，如无须公营或划作国家保留区时，准许并鼓励私人经营。1965年，国务院批准发布的《矿产资源保护试行条例》规定，矿产资源是全民所有的宝贵财富，是社会主义建设重要物质基础。1982年公布的宪法规定，"矿藏、水流、森林、山岭、草原、荒地、滩涂等自然资源，都属于国家所有，即全民所有"。同年，国务院发布的《中华人民共和国对外合作开采海洋石油资源条例》规定，中华人民共和国的内海、领海、大陆架以及其他属于中华人民共和国海洋资源管辖领域的石油资源都属于中华人民共和国国家所有，1986年公布的《中华人民共和国矿产资源法》规定，"矿产资源属于国家所有，地表或者地下的矿产资源的国家所有权，不因其所依附的土地的所有权或者使用权的不同而改变"。1996年，矿产资源法修订时，又补充了"由国务院行使国家对矿产资源的所有权"的规定。

从以上矿产资源所有权法律制度的历史沿革中可以看出，鉴于矿产资源在国民经济和社会发展过程中的特殊地位和重要作用，统治者总是以不同手段干预或介入矿产资源的勘查、开发活动，并以立法方式将矿产资源的所有权归于国家或政府。矿产资源所有权法律制度处于矿业法律制度中的核心地位。

在我国，矿产资源属于国家所有，国务院代表国家行使对矿产资源的所有权。我国的矿业权评估起步较晚，是在20世纪90年代末创立的，为矿业权市场主体提供矿业权价值咨询的专业服务，也是资产评估行业的一个分支。

1986年颁布的《中华人民共和国矿产资源法》第一次正式采用了探矿权和采矿权的说法，但是还未采用"矿业权"这一名词，也没有明确探矿权和采矿权的法律概念及含义。

直到1994年，国务院颁布了《中华人民共和国矿产资源法实施细则》，明确规定我国的矿产资源采用有偿使用的制度。勘查、开采矿产资源，必须依法分别申请，经批准取得探矿权、采矿权并办理登记。探矿权是指在依法取得的勘查许可证规定范围内，勘查矿产资源的权利。取得勘查许可证的单位或者个人称为探矿权人；采矿权是指在依法取得的采矿许可证规定的范围内，开采矿产资源和获得所开采的矿产品的权利。取得采矿许可证的单位或者个人称为采矿权人。国家实行探矿权、采矿权有偿取得制度，开采矿产资源必须按照国家有关规定缴纳资源税和资源补偿费。

2. 矿业权史

（1）国外矿业权史。在发达的资本主义市场经济体制的国家，随着矿业经济的迅速发展，矿业权价值评估逐步兴起和发达起来。矿业权价值评估的基本准则在19世纪末20世纪初就已经确立了，之后没有很大的变化。但是矿业权价值评估的方法、用于确定货币价值的机制和原则等，却发生了非常大的变化。主要体现在以下几方面：

① 1877年，H. D. Hoskold的经典著作《工程师的评估助手》是对采矿权价值的评估最早的阐述，他提出了双利率法，要求以贴现现金流为基础，即后来的风险利率和投机利率法，针对已探明的矿产资源储量，把年金价值，即相当于矿业企业生产经营的年利润计算出来，再根据矿业企业的资源储量消耗状况，以及其他相关因素进行调整。

② 20世纪50年代之前，主要采用Hoskold公式进行矿业权价值评估，到了50年代后期，证券行业提出了一种新的财务理论——收益与风险及资产定价。60年代中期出现的资本资产定价模型，导致Hoskold公式慢慢丧失了其历史地位。

③ 20世纪60—70年代矿业权评估最常见的方式是以计算机为基础的财务模型，并借此进行较为深入的敏感性分析。采矿权评估方法趋于成熟是得益于80年代发展起来的风险理论，基于这一理论，许多专家把如何选择和确定资本成本和经营成本、贴现率、预期价格等这些参数作为他们的研究对象。

④ 90年代初以来，矿业权价值评估开始在国外较大规模地开展起来，许多针对探矿权评估的新方法层出不穷，如地质工程法，它是由加拿大人基尔伯恩提出来的，以及由澳大利亚人改进的勘查费用倍数法、地学排序法、联合风险经营条款法和选择权定价理论等。同时，根据银行的相关规定和股票交易所的要求，一些行业协会出台了矿业权价值评估的准则和指南，使得矿业权评估市场越来越规范。

⑤随着社会经济和科学技术的发展，矿业权评估所要求的知识也越来越多元化，除了地质的专业知识，财务、法律、资产、经济、工程等方面的理论知识和经验也逐渐成为评估所必须。

⑥随着矿业权交易活动的日益增多，矿业权价值评估越来越需要政府在微观上对评估加强管理。尤其是近些年来矿业经济的迅速发展，对资本市场提出了更高的要求，矿业投资管理机构加强了对整个矿业权评估过程的监督和管理。

但是到现在为止，发达国家仍然没有较好地解决矿业权评估中存在的许多问题，由于影响矿业权评估价值的因素很复杂，以及不稳定的矿业权交易市场，造成矿业权评估过程中掺杂了很大的主观因素。并且，评估时收集和运用的那些以往矿山地质信息和数据不一定真实，评估中又引入了许多假设条件，因此结果多是根据评估师主观臆断得来的，使得评估失去了可信度。当前，探矿权评估变得比以往更加困难。是国外矿业领域专家们正在研究的评估问题之一。

（2）国内矿业权史。新中国成立后的很长时期内，我国实行的是计划经济体制，矿产资源由国家出资勘查，并通过行政划拨的方式交由矿业企业无偿使用。20世纪80年代开始，随着市场经济体制的建立和发展，矿业由计划向市场转轨，矿业权评估也在摸索中前进。地勘投入趋于多元化，矿业权市场逐渐成为社会主义市场经济的重要一部分，同时，我国加入世界贸易组织和经济全球化浪潮推动了矿业经济的发展。主要体现在以下几个方面：

①1986年，我国出台了《民法通则》和《矿产资源法》两部法律，标志着矿业权制度的法律体系初步建立，其中，《矿产资源法》里面第一次使用了"采矿权"和"探矿权"，但是没有使用"矿业权"这一名词；而《民法通则》里面只简要表述了采矿权的主体、采矿权的内容和法律保护，没有使用"探矿权"名词。

②1996年，我国对《矿产资源法》做出修改，颁布了《中华人民共和国矿产资源法》，删除了原来法规中不允许进行采矿权转让的条款，规定有偿取得矿业权，并且可以按照法律规定进行转让。1998年国家发布并且实施了《矿产资源勘查区块登记管理办法》《探矿权采矿权转让管理办法》《矿产资源开采登记管理办法》三个配套法规。2000年国土部陆续发布的《矿业权出让转让管理暂行规定》《探矿权采矿权评估管理暂行办法》，进一步细化了前述法规，从矿产资源国家所有权中分离出了探矿权和采矿权，从法律层面肯定了矿业权的财产权属性和商品属性，标志着新矿业权和流转制度的基本确立。1996年，矿产资源法修订以后，国土资源部组织了王四光、崔彬等教授为主的专家组，进行了第一届全国矿业权评估师教材和试题库的编写以及上千人在武汉和长春的考前培训。2012年，中国矿业权评估师协会召开《第一届全国矿业权评估师学术研讨会》。中国地质大学（北京）资源环境经济研究所坚持这方面人才培养，先后培养十几名博士、硕士研究生。同时一直没有放弃这方面的跟踪研究，先后在矿业权评估方法误差、评估参数、评估方法、环境成本、矿业权评估标准化和矿业权评估专家系统等方面进行了一些研究，2015年出版了《矿业权评估发展》一书。

③最早采用"矿业权"这一名词的法规文件是国土部和人事部于2000年联合发布的《矿业权评估师执业资格制度》。《矿业权评估指南》修订本于2001年出版，中国矿业权评估师协会于2006年成立，2008年《矿业权评估技术基本准则》等9项准则由中国矿业权评估师协会发布并实施，标志着我国的矿业权评估准则体系初步建立。

④近年来，随着国民经济的快速发展，矿业经济的日益发达，矿业权评估行业也越来越火爆。有统计数据显示，2001年矿业权评估项目有281个，2005年增长到3000个有余。其中，1998年至2002年11月，全国范围内探矿权评估项目得到确认的共137个，采矿权项目650个；2006年全行业共完成矿业权评估项目5747个，2007年完成5649个。

当前，我国的矿业权评估正处在加快发展的阶段，虽然矿业权市场的建设已经有十几年的经验，但是由于起步晚，相比于发达市场经济国家而言，我国在矿业权评估理论和实践上仍有许多工作需要改善和提高，同时，随着矿业经济全球化趋势的加强，矿业权评估也要与国际接轨，从而更好的指导实践。

3. 资源－资产－资本史

长期以来，我国以实物管理为主，矿产资源和资源管理部门也多次变更：①1950年至1981年，矿产资源的管理职能由原地质部和有关工业管理部门分别承担；②1982年，地质部更名为地质矿产部，负责矿产资源开发监督管理和地质勘查管理；③1988年和1993年政府机构改革时，进一步明确地质矿产部四项基本职能；④1996年1月成立"全国矿产资源委员会"，以加强中央政府对矿产资源的统一管理，维护矿产资源的国家所有权权益[7]；⑤1998年国务院进行政府机构改革，将原国家计委和煤炭、冶金等有关工业部门的矿产资源管理职能转移至国土资源部，实现了全国矿产资源的统一管理。目前，全国90%以上的地、市和80%以上的县建立了国土资源管理机构。

　　50 年代初，我国矿产资源管理三项最基本的职责：储量审批、储量统计、资料汇交就已明确，从 80 年代开始步入依法管理轨道。

　　储量审批工作始于 1953 年。当时，国务院成立全国矿产储量鉴定委员会，主要是负责审查批准各种矿物原料的储量并编制勘探规范，后来更名为全国矿产储量委员会（以下简称"全国储委"）。1957 年后，各省（区、市）也相继成立了储委。1987 年，组建国家矿产储量管理局。1988 年，正式进入政府管理序列。党的十四大召开以后，1993 年，八届人大一次会议决定国储局并入地矿部，储量审批工作纳入了地矿行政管理范畴，并增加了矿床工业指标审批下达管理职责。1996 年初，国务院为加强我国的矿产资源管理，将全国储委更名为全国矿产资源委员会。

　　储量统计与资料汇交管理始于 1955 年。当时，国务院明确地质部负责编制矿产储量表和统计全国的矿产储量，并于 1957 年成立全国地质资料局，履行全国地质资料汇交管理职责。"文化大革命"期间，储量统计制度遭到破坏，1973 年得以恢复，并经国家计委批准颁布《矿产储量表填报规定》，初步建立了我国矿产储量统计行政管理制度。矿产资源法公布后，明确了我国的地质勘查资料和各类矿产储量的统计资料实行统一的管理制度。1988 年 7 月，经国务院批准发布了《全国地质资料汇交管理办法》（部令第 1 号）。1989 年 6 月，地矿部颁布《全国地质资料汇交管理办法实施细则》（部令第 5 号）；1995 年，根据矿产资源法及其实施细则的有关规定，制定了《矿产储量登记统计管理暂行办法》（部令第 20 号），确立了矿产储量登记统计工作的四级管理体制。

　　矿产资源规划管理是根据矿产资源法实施细则的规定于 1994 年设立的。为维护矿产资源的国家所有权，加强国家对矿产资源勘查、开发的宏观管理，国务院授权地矿部负责全国矿产资源规划。1997 年，完成第一轮全国矿产资源规划。经过五十多年的实践，我国的矿产资源管理工作已经形成了一套比较完整的制度。

　　近年来，资源、资产、资本"三位一体"管理是国土资源管理部门立足我国的国土资源管理的实际，着眼形势发展需要提出的新理念，也是资源产业经济学科目前研究的重要和热点领域之一。

　　我国长期沿用以"发证、收费、监督"为主要内容、偏重行政手段的矿产资源管理制度和管理模式。近年来，虽经实施政府机构改革、推行资源分类分级管理和有偿使用制度等措施，基本形成了矿产资源集中统一管理的格局和以矿业权为核心的管理制度体系，但现行矿产资源管理体制、机制和法制仍然存在不少不适应市场经济发展要求、不利于实现资源保护和合理利用管理目标的问题，有必要借鉴矿业发达国家的实践经验，在提升矿产资源开发利用监管水平的同时，建立完善矿业权市场和矿业资本市场，全面实施矿产资源的资源、资产和资本的一体化管理，通过生产要素的多元化和市场流动性机制来实现最佳的经济效益和社会效益[8]。

　　由以上引述的基本概念可见，资源、资产、资本三者之间虽然存在一定的内在联系和包容关系，但也有明显的差异。矿产资源具有资源、资产、资本三重属性已达成基本共识，尤其随着全球化、市场化、工业化进程加快，矿产资源供需矛盾日益突出，矿产资源的资产、资本属性日益显化，对国土资源管理提出了新的要求。矿产资源管理实践中遇到的一系列实际问题，也迫切需要从矿产资源、资产、资本"三位一体"管理的角度做出回答。开展矿产资源、资产、资本"三位一体"管理研究，对完善矿产资源管理体制、建立新机制，既是必要的基础建设，也是必要的实践探索。

矿产资源、资产、资本一体化的核心是"市场化",即"两个市场"的建设和发展。"两个市场"分别指矿业权流转市场和矿业资本市场。"两个市场"是连接资源、资产、资本的纽带,矿业权流转市场连接资源和资产,矿业资本市场连接资产和资本。通过矿业权流转市场和矿业资本市场可以实现资源、资产、资本的相互转化。建立和推进"两个市场"的建设与发展,可以通过市场的手段将矿产资源和金融资本配置给能够最有效率地勘探和开发矿产资源的企业,从而达到资源的合理配置[9]。

近几年,学界对资源、资产、资本一体化问题进行了大量研究,并取得了一定成果,例如,在实现矿产资源的资源、资产与资本一体化管理途径方面,学者们给出了"实行投资权与勘查开采权利分开制度;深化矿产资源有偿使用制度改革;保护投资人的资本权利;建立统一、开放、竞争、有序的矿业权有形市场和信息网络平台;建立资本市场和风险勘查机制;创新储量管理制度,深化矿山储量动态管理",以及"实行部门联动机制,构建三位一体管理新体制"等对策和建议。在矿产资源、资产和资本一体化管理新机制的设计方面,学者们认为,"建立以产权管理为核心、以储量管理为基础的矿产资源、资产、资本一体化管理的制度框架,主要包含三个方面:明晰产权、资源管理向资产化管理转变,以及勘查开发采取资本化运作方式"等。资源产业经济学科是伴随着我国地勘体制的改革应运而生的学科,"资源、资产、资本一体化"管理是着眼于如何有效、充分利用和管理我国自然(矿产)资源,是一个重要的、需要给予关注的领域,也是思考问题的一个出发点[10]。

第二节　矿产资源学的基础理论研究

一、矿产资源的概念

矿产资源是一种特殊的自然资源,是经过地质作用形成的,赋存于地壳或地球表面的,呈固态、液态或气态等各种形式存在的,在当前或者未来能够成为经济上开采、提取和利用的矿产品[11, 12]。这是一个自然概念,也是一个经济概念。

矿产资源是人类生产资料和生活资料的主要来源,是人类生存、社会发展、国民经济建设和科学技术进步的物质基础,一个国家的矿产资源情况对生产力的发展和经济结构都有着深刻的影响,是国家综合实力的象征,也是国家安全的重要保障。

二、矿产资源的特性

矿产资源具有特殊的自然属性、经济属性和社会属性,这种"三位一体"的特征决定了矿产资源勘查、开采活动的特殊性,决定了国家对矿产资源及其勘查、开采活动进行管理的特殊性[13]。总体上,矿产资源具有如下特点:①不可再生性。矿产资源的形成经历了漫长的历史时期,与之相比的人类历史是微不足道的。在人类社会发展的历史阶段,地球上的地质作用无法达到能导致矿产资源形成的地质历史的时间尺度。这就是矿产资源的不可再生性。②分布的不均匀性。矿产资源在地球上的分布是极不均衡的。根据成矿特点,矿藏往往集中分布在某些地域,而多数地区没有分布。例如,金属矿床多分布在火成岩或变质岩地区,燃料和非金属则多分布在沉积岩地区。地壳结构和地质构造演化特征决定了不同地区有不同的矿产资源分布和赋存特征，使得不同地区的矿产资源分布和储存具有不均匀性。③伴生性。地质作用的复杂性、长期性、多期多阶段性导致地壳中产出的矿床或矿石往往组分并不单一，多种组分共生或伴生在一起。这种伴生特征，从根本上说是由地质条件和地质作用决定的。④隐蔽性。由于地质过程和地质构造的复杂性，决定了地质找矿勘探工作的偶然性，使得矿床的分布和产出具有隐蔽性特点。在预测找矿远景的地区，可能找不到矿，而认为可能没有找矿远景的地区，由于找矿思路的突破或创新，也有可能实现找矿突破，这就是矿产资源的隐蔽性特征。⑤品质性。矿产资源具有品质性差异，品质性即矿石的质量。品质不同，使用价值不同，经济效果也不同。矿石的质量由以下几个因素决定：矿石的品位、有用组分的赋存状态、产出的地理位置和构造位置、伴生组分的种类和含量等。⑥耗竭性。矿产资源作为一种特殊的自然资源，不同于水、植被等其他自然资源，不是"取之不尽，用之不竭"的，它的储存是有限的。源源不断地开发利用，会导致矿产资源的耗竭。

第三节　矿产资源学科体系的形成

一、矿产资源学的研究目的与研究内容

（一）矿产资源学的研究目的

矿产资源学是从经济、社会、环境的角度，综合研究矿产资源开发利用及其人类社会发展的关系。阐明矿产资源的赋存和分布规律，认识矿产资源的自然属性，是矿产资源学研究的基本任务；分析矿产资源的开发利用及其与人类社会发展的关系，认识矿产资源的社会属性，是矿产资源学的核心任务。随着经济社会的不断发展，矿产资源学还要在认识矿产资源的自然属性和社会属性的基础上，分析矿产资源与国家安全的关系，阐明矿产资源对人类社会发展的影响，研究矿产资源的安全预警和战略定位等多方面内容[2]。

（二）矿产资源学的属性

矿产资源学的交叉性使得它具有自然、社会和经济三重属性（图 19-1）。矿产资源学的学科定位必须考虑其所具有的自然科学、社会科学、经济学的三重地位。自然属性主要是研究

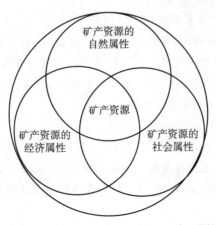

图 19-1　矿产资源的自然、社会、经济三属性

矿产资源的分布及赋存特征，经济属性主要是矿产资源的勘探与评价，社会属性主要是研究矿产资源开发利用与国民经济建设和社会发展之间的关系。

矿产资源学的交叉性和综合性要求我们建立综合思维，必须从多个角度看待矿产资源及与矿产资源相关的问题，而不能从单一的角度出发。交叉性表示矿产资源学还和其他许多学科密不可分，需要以多学科为基础。

（三）矿产资源学的研究内容

①矿产资源的特征与分布。矿产资源的特征与分布是矿产资源学研究的基础内容，是区域矿产资源勘查、评价、开发、规划、利用管理的科学依据。②矿产资源的勘查与评价。矿产资源的勘查与评价是一项专业性很强的工作，勘查需要地质学（含构造地质学）、矿床学、矿床勘探学、地球化学、地球物理学、水文地质学等方面的专业知识，而评价除需地质专业知识外，还需具备经济学、社会学等方面的专业知识。③矿产资源开发利用。人类社会的历史在某种程度上就是一部矿产资源开发利用的历史。一方面矿产资源的开发利用本身就是矿产资源学的研究内容；另一方面，对于协调社会经济发展和地区开发，进行矿产资源的安全预警分析等具有重要的科学借鉴意义。④矿产资源规划。矿产资源规划是在市场经济条件下，加强矿产资源宏观调控的重要手段。做好宏观调控，就要在摸清矿产资源家底的基础上，理顺矿产资源开发利用过程中存在的问题和困难，对矿产资源的开发利用进行科学规划。⑤矿产资源与环境保护。矿产资源的开发利用为人类社会提供了物质资源，但同时又导致环境的破坏。加强矿产资源开发利用与环境保护方面的理论研究和时间探索，对于保护生态环境、维持社会可持续发展意义重大。⑥矿产资源的供求分析与资产化管理。矿产资源的供需行情分析与资产化管理是矿产资源学的重要研究内容，特别是在当前经济全球化背景下，不做供需行情分析，就会盲目，就会失去市场。作为连接矿产资源的赋存特征和世界经济市场的关键环境，矿产资源的供需分析和资产化管理等方面的研究，是矿产资源学必不可少的组成部分。⑦矿产资源与国家安全。矿产资源与国家安全的关系、国家矿产资源的安全预警等重要问题，正成为矿产资源学研究的前沿领域，代表当前矿产资源学发展的重要方向。我国当前国民经济正处于快速发展阶段，矿产资源供需紧张、资源和环境成本上升，亟须开展国家矿产资源开发战略研究，以促进国家矿产资源的科学发展、有效利用、合理保护和战略储备，为维护国家矿产资源安全提供理论支撑。

（四）矿产资源学的学科体系框架

鉴于以上各个研究领域的社会实践和理论探索成果，目前，在中国已初步形成了较完善的矿产资源学体系，其基本框架是在矿产资源学的综合理论方面，研究矿产资源学的任务、范畴、基本规律；矿产资源的基本特点；矿产资源的分布体系；矿产资源在国民经济中的地位和作用；矿产资源学的基本框架和主要领域。

在分支学科发展方面，初步形成了以下学科[①]：

（1）矿产资源勘查学。研究矿产资源勘查的全过程和基本规律包括矿产勘查的工作目的、任务、性质、理论与方法；工作程度和工作阶段的划分；勘查规划、计划、设计的编制；兼物理地球化学、航空遥感以及钻探、坑探、槽探等各种勘查技术方法手段及选择；勘查工作

---

① 陈琪，何贤杰：《技术经济手册·地质矿产》卷，北京：中国科学技术出版社，1993.

的发展战略、部署和管理。

（2）矿产资源开发利用学。研究矿产资源开发活动全过程及其规律包括矿产资源开发利用历史和现状，矿产资源开发规划或计划布局；矿产开发项目可行性研究，开发设计；矿产资源的采选、综合开发、综合利用；资源和环境保护。

（3）矿产资源经济学。资源经济学的一个分支，在经济学中属微观经济学应用科学的范畴[①]。其任务是研究矿产资源的社会经济特性及其生产、分配、积累、消费全过程的运动规律及经济关系。主要研究领域包括矿产资源供需形势分析及发展战略区域矿产资源经济评价及资源经济区划、矿床技术经济评价及矿产开发投资决策、矿产资源经济管理及经济政策矿产资源可持续发展及矿产资源价值、核算和矿产资源资产化管理理论和方法。

矿产资源经济学是自然科学与经济科学的交叉性学科，它与微观经济学、福利经济学、制度经济学、政治经济学、生态经济学、环境经济学、能源经济学、人口经济学、发展经济学、法律经济学等学科都有紧密的联系，因此，有必要搞清矿产资源经济学与相关学科的联系与区别，明确矿产资源经济学自身的研究重点，做到矿产资源经济学与其他相关学科既有分工又有协作，把矿产资源经济学的研究引向深入。

在矿产资源经济科学体系形成过程中，我国学者有代表性的理论研究成果有：陈琪编著的《地质经济管理概论》（1982年）；袁宗仪等主编的《实用矿床技术经济评价手册》（1987年）；胡轩魁主编的《地质经济管理》（1989年）；陈于恒、孙建明编著的《矿产经济学》（1989年）；李金昌主编的《自然资源核算初探》（1990年）；李金昌主编的《资源核算论》（1991年）；关凤峻主编的《地质技术经济学》（1991年）；张应红、齐亚彬等合编的《矿床技术经济评价方法与参数》（1991年）；陈希廉、张玉衡等主编的《矿业经济学》（1992年）；贾芝锡主编的《矿产资源经济学》（1992年）；袁怀雨、舒航主编的《矿产经济理论与实践》（1993年）；李仲学主编的《矿业经济学导论》（1994年）；李万亨等编著的《矿产资源经济研究的回顾与展望》（1994年）；李万亨、杨昌明等编著的《矿产资源经济学》（1995年）；何贤杰主编的《矿产资源管理研究》（1998年）和《矿产资源管理通论》（2002）；王四光等编的《矿产资源资产与矿业权评估——原理·规划·案例》（1998年）；贾芝锡等编著的《矿产资源经济区划研究》（1999年）；仲伟志、曾绍金主编的《矿业权评估指南》（1999年）；李万亨等编著的《矿产经济与管理》（2000年）；李祥仪、李仲学编著的《矿业经济学》（2001年）；吴荣庆等编著的《矿产资源"走出去"开发战略研究》（2002年）；秦德先编著的《矿产资源经济学》（2004）；李祥仪、张瑞恒、任巍、王殿茹编著的《矿产资源经济论》（2006年）；朱永嶙编著的《矿产资源经济概论》（2007年）等。

2015年以崔彬教授为首的教学科研团队，在20余年教学、科研实践基础上，由中国人民大学出版社编辑出版了《现代矿产资源经济学》。这标志以资源 - 资产 - 资本理论为指导，以社会主义市场经济中亟待解决的问题为抓手的现代矿产资源经济学的开始。教材在总结现代矿产资源经济研究新进展与理论基础，针对矿产资源与市场进行深入分析，提出风险勘探与矿业融资在现代资源研究领域的重要作用。并进行资源性资产管理的一般问题的界定，对矿产资源开采中与开采后的矿山环境、形成的矿业城市的问题分别深入研究，将矿产资源与可

---

① 贾芝锡:《矿产资源经济学》. 北京：地质出版社社，1992.

持续发展问题进行关联研究。

矿产资源经济学在我国自 20 世纪 80 年代初诞生以来，经过自身发展，其研究对象、性质、内容及其在经济学科中的地位都有较大的变化和提高。已形成了它所特有的原理和方法，如：最优耗用理论、矿产资源稀缺及其度量原理和指标、矿产资源估价与核算原理和方法、矿产资源代际分配原理、矿产资源产权理论等。矿产资源经济问题研究在我国经过短短的 20 年时间里从无到有，从分散研究到有组织研究，从专题研究到整个学科构造的研究，从理论研究到应用研究，产生了一大批成果，出版了一系列矿产资源经济理论论著。

我国学者陈于恒教授在其 1989 年编著的《矿产经济学》一书中认为：矿产资源经济学是研究矿产资源在勘查、开发与利用过程中，与矿产资源的特性、赋存及储量等相联系的经济问题的一门新兴边缘学科。贾芝锡研究员在其 1992 年编著的《矿产资源经济学》一书中认为：矿产资源经济学以矿产资源及其管理为研究对象。研究矿产资源作为社会物质资料生产基本要素的生产和消费，它在社会生产全过程，特别是在生产力运动中的地位和作用及其规律，以及由此而产生的它在生产、分配、交换、消费等各个环节所发生的经济关系。它是一门研究矿产资源合理利用与有效保护并持续发展的科学。

矿产资源的勘查、开发和利用，在国家经济和社会发展乃至世界经济和人类生存与发展中占有十分重要的地位。地学与经济学的相互渗透和交叉，形成地质经济学，地质资源环境经济学与地质勘查技术经济学是地质经济学的两大基本分支学科理论，而矿产资源经济学与地质环境经济理论是地质资源环境经济理论的主要分支构成。

通过了解矿产资源经济学的起源、发展演变，分析当前国内以及国际矿产资源贸易的发展趋势，矿产资源经济学主要研究以下内容：①矿产资源经济学的研究理论与方法、手段已由过去单纯依赖于马克思理论，向借鉴西方经济学理论与方法方向发展；②矿产资源经济学的研究内容受改革开放、经济体制改革、可持续发展等大环境的影响，开始逐步调整，因此更加丰富多彩；③矿产资源经济学与各门学科的融合不断增强，因而界限逐渐模糊，逐步成为了地质、环境、人口、经济与发展等多门类学科的交叉学科。

（4）矿产资源管理学。研究对矿产资源勘查、积累、储备使用全过程及其产权关系如何进行规划、决策、调节、控制：协调监督信息统计，以保障国家所有者权益及取得资源开发的最佳经济效益、社会效益、环境效益，实现资源可持续发展的一门科学。属于现代管理科学的一个分支。其主要任务是：研究矿产资源管理的历史和现状；管理的理论和方法；管理体制的改革与完善；管理制度的形成和发展；管理主体（各级政府）职能及管理实施，包括矿产资源政策的制订与实施、矿产资源的统计与核算、矿产资源规划与分配、矿产资源勘查成果资料的汇交管理、矿产开发监督管理、矿产勘查及采矿登记管理、矿产资源补偿费征收管理等。

（5）矿产资源法学。属于现代法学的一个分支。主要研究矿产资源立法的一般理论；矿产资源法律制度的历史与现状，国内外法律制度的比较；中国矿产资源法律制度的基本特点、主要内容、法律体系、立法原则和依据，执法主体，法律实施。

（6）资源产业经济学。资源产业经济学的思想可以追溯到 17 世纪的威廉·配第和 18 世纪的马尔萨斯。20 世纪初期，该学科朝两个方向发展，一是资源学与经济学的跨学科结合，把自然资源当作一门经济学科进行研究，其中美国的伊利和莫尔豪斯是把自然资源与经济学紧密结合起来研究的开创者，他们在 1924 年合作出版的《土地经济学原理》被认为是资源经济学科建立的奠基之作；二是继续从纯经济学的角度研究自然资源的优化配置问题，而 1920 年庇古与马歇尔合作出版的《福利经济学》就是其最早的代表之作[14]。

2014 年以崔彬教授为首的资源产业专业委员会，在 10 余年教学、科研实践基础上，由中国人民大学出版社编辑出版了《资源产业经济学》教材[15]。2015 年又编辑出版了研究成果《矿产资源产业发展》。这标志以广义地球系统的学术思想为基础，以资源 - 资产 - 资本理论和实践的开始。

矿产资源学作为一门独立的学科的诞生和发展，在中国尚处于幼年阶段，一些新兴学科正在出现，总体看在世界各国也还处于发展和逐步成熟的进程中。当前，资源、环境和发展已成为重大的全球问题而为各国政府和广大民众所关注，矿产资源是自然资源中的一种特殊类型。矿产资源在国民经济和社会发展中的基础性作用，它的可耗竭性，不可再生性和由此决定的在一定技术经济条件下的相对有限性、矿产资源分布的不均衡性、随着技术经济条件变化动态性，这些特点决定矿产资源在未来的发展过程中，人类经济社会发展和人口增长对矿产资源需求不断增长与矿产资源相对有限的矛盾、各国争夺资源的矛盾、资源开发不合理与环境保护之间的矛盾，将继续存在和发展。矿产资源学将成为未来具有广阔应用前景的前沿科学，而研究并解决矿产资源与经济、社会、环境的协调发展和可持续发展，将成为这门科学最具有挑战性的课题①。

二、矿产资源学的基础理论与技术方法

（一）矿产资源学的基本理论

在我国成矿理论，主要有四大学派（区域成矿理论学派、板块成矿论派、槽台成矿论派、成矿域控矿论派）和四大理论（同生、浅生、微生、边生）以及成矿预测的理论。近年来，成矿新理论层出不穷，如成矿系统、成矿系列、成矿空间等。

1. 成矿系统

成矿系统是近年来逐渐被人们所认识并关注的一个新概念。中国学者对成矿系统进行了不少开创性的研究。程裕淇先生等倡导的成矿系列的理论，蕴藏着系统科学的一些原则和合理因素，他们都是把系统科学思想引入地球科学的先驱者。李人澍在其专著《成矿系统分析的理论与实践》中，建立了成矿系统框架，对成矿系统的研究方法进行了初步总结，并以陕西秦巴地区为例进行了区域含矿性评价和成矿预测，探索了成矿研究的新途径。

於崇文从成矿作用动力学的角度对成矿系统的形成过程和机理做了深入分析。翟裕生对成矿系统的概念、要素、结构、类型、成矿系统的作用过程及作用产物进行了系统的论述，对促进成矿系统的研究起到了积极的推动作用。

与此同时，一些国内学者也运用成矿系统的概念进行了不同系统层次的研究，如：流体成矿系统与成矿作用研究（贾跃明，1996）、古大陆边缘构造演化和成矿系统（翟裕生，1998）、试论幔柱构造与成矿系统（侯增谦，1998）、论剪切带构造成矿系统（邓军，1998）、Sedex 型矿床成矿系统（韩发，1999）、火成岩构造组合与壳幔成矿系统（邓晋福，1999）、变质岩区金矿成矿系统（肖荣阁，1999）、成矿系统自组织 - 新金属成矿论（於崇文，1999）、

---

① 谭定超，方克定，刘颖秋. 我国自然资源管理概况. 北京：中国计划出版社，1993.

生物成矿系统理论（殷鸿福，1999）、成矿系统的非线性理论（徐亮，1998）、成矿系统的结构和聚矿功能（李人澍，1999）等。

国外学者也将活动地热系统与浅成热液矿床进行了对比（Hedenquist JW，1994；Henley R W，1983，1985；White D E，1981，1990），White 认为，浅成热液贵金属矿床可能是类似于新西兰的 Broadlands、美国内华达的 Steamboat Spring 那样的古代地热系统（White D E，1981）。另一方面，对浅成热液矿床与深部矿床（如斑岩矿床）是否具有成因联系进行了探索，如 BA. Rton，Sillitoe，Henley，Panteleyev，Heald，BA. Rtos，Cooke，Eaton，Pirajno 等做了大量工作以 Sillitoe 的研究最有意义。Sillitoe 认为，高硫化作用或酸性－硫酸盐环境可能直接与隐伏的斑岩系统有关；Heald 认为，酸性－硫酸盐型矿床比冰长石－绢云母型矿床更可能与斑岩型矿床伴生；最近，Pirajno 指出，叶蜡石组合及一些重要的地球化学参数（碱性参数、Nb/Y、Rb/Sr、及 Cu/Au 比值）对鉴定隐伏斑岩铜矿意义很大。

从以上成矿系统的研究现状上看，对其研究内容和方法等还没有一个统一的认识。一个成矿系统是一定的地质历史阶段的产物，古老成矿系统因受后来地质变动而难以完整保存，很难全面认识其形成要素和作用过程。已有的对古老成矿系统的认识不少是推测的，还需要做深入研究。此外，一些学者将成矿系统与成矿体系或矿床相等同，缺乏对系统的真正含义的理解。尽管如此，成矿系统研究的观点和方法，成矿系统概念模型的建立，都有助于将矿床地质研究工作建立在极为完整的科学理论基础之上，将会提高找矿勘探工作的成效。翟裕生教授认为：成矿系统是在一定的地质时、空、域中，控制矿床形成和保存的全部地质要素和成矿作用动力学过程，以及所形成的矿床矿化和相关异常构成的整体，是一个具有成矿功能的自然作用系统。

2. 成矿空间

崔彬教授根据成矿的三要素"物质、能量和空间"提出了"任何一个矿床的形成都必须有成矿物质的来源，使成矿物质聚集成矿的能量，以及储存成矿物质的空间"。长期以来，矿床学与成矿学的研究多集中于成矿物质来源、成矿物理化学条件、成矿机理的研究上，近年来成矿动力学的研究，将成矿物质聚集的动力提到了议事日程上，但作为成矿三要素（物质、能量、空间）之一的成矿空间，尚未引起人们足够的重视。本文集多年研究成果，就成矿空间谈点粗浅认识。

任何一个矿床的形成，不论成矿物质从何而来，无论是由何种流体搬运，最终聚集成矿，就必须要有一个储存成矿物质的空间，成矿空间的存在、成矿空间的类型就决定了矿床的类型，矿床的分布，在不同地质条件下，由于不同的地质作用可以形成不同类型的成矿空间，在不同类型成矿空间中，又可以不同成矿方式形成不同的矿床类型，它们决定了矿床的规模、形态、产状，空间位置以及地、物、化表征，这将关系到我们到什么地方去找矿，用什么方法去找矿，因此，成矿空间的研究不仅可进一步深化矿床学与成矿学的理论。同时，也为成矿预测学提供了新的思路和方法。在不同成矿地质背景下，由于不同的地质作用，形成不同类型成矿空间，依据成矿空间形成的机理可将成矿空间划分为物理成矿空间、化学—物理成矿空间和化学成矿空间 3 类。

3. 大地构造理论

大地构造理论是地质科学的上层建筑，是在对大量地质现象和地质事实进行综合分析研究的基础上建立起来的用于阐述地壳性质、地壳演化和运动规律及其动力机制的地学理论，但是大地构造理论目前还是处于科学假说的发展阶段。主要分为历史论大地构造学和因果论大地构造学[16]。前者应用历史分析的方法，以大量地质事实的归纳分析为基础，阐明并重塑地壳或岩石圈的形成、运动、演化发展历程，如地槽－地台说、地槽－地台－地洼说等；后者运用动力分析的方法，利用演绎推断的逻辑分析结果，阐明地壳或岩石圈构造运动的样式、变化特征及其动力机制，如地质力学、板块构造理论、脉动构造说等。

4. 成矿规律分析

（1）超大型矿床成矿理论。涂光炽等将矿产资源储量超过标准大型储量5倍以上的矿床确定为超大型矿床。中国超大型矿床具有如下规律[17]：①中国东部超大型矿床分布在克拉通边缘；②元古宙和中生代是中国超大型矿床形成的两个重要时期；③单矿种超大型矿床的成矿时代与世界上矿业大国有较大差别。

（2）层控矿床理论。层控矿床是指受一定地层层位和岩性建造控制的后生矿床，它的形成需要两个基本条件：矿源层和后期地质作用[18]。层控矿床理论是成矿规律的高度总结，对矿产资源勘查具有重要意义。中国层控矿床具有如下规律：①大部分层控矿床产于碳酸盐岩地层建造中；②中国东部层控矿床成矿作用强烈，印支－燕山期构造岩浆活动频繁，不但导致矿源层成矿，而且使先成矿床改造；③层控矿床与构造关系密切，构造对层控矿床的形成有控制作用；④同一矿种的层控矿床具有穿时性；⑤同一地层层位可以发育不同矿种的层控矿床；⑥同一构造区同类成矿作用在不同的地质阶段导致不同矿种层控矿床的成矿作用，

（3）构造成矿规律。构造成矿规律从构造规模来看，可以大到大地构造格局，包括全球构造、区域构造等；小到显微镜下微观裂隙构造对矿物和有用组分的控制作用；还有中等尺度规模的各种断层、褶皱、节理等对矿床的控制作用[19]。

5. 矿床成矿模式

成矿模式是基于朴素的地质地球化学资料而进行理论提升和高度综合的经验总结，通常是在对赋存地层或岩石、控矿构造、岩浆活动、变质作用等进行考察研究的基础上，通过确定成矿物质来源、厘定成矿时代、划分构造期次、分析成矿流体性质，阐明构造－流体－岩石相互作用机制而建立起来的有关矿床成因的全方位认识和总结，一般用模式图表示出来。如著名的赣南钨矿"五层楼"成矿模式，从上部沉积岩到下部花岗岩，钨矿化依次出现：微脉带→密集细脉带→密集中脉带→大脉带→稀疏大脉带五个矿化带。成矿模式的建立是矿床学研究的重要内容，也是矿产资源预测分析的重要理论。

（二）成矿预测

成矿预测在20世纪50年代兴起、发展和广泛应用，从探索研究开始直到今日，国外大约经历有三个发展阶段。试验探索阶段：从20世纪50年代编制成矿规律、成矿预测图开始至20世纪70年代中后期第一个GIS商业性软件系统诞生。主要是进行成矿规律和编制矿产预测图件的研究。成功的例子是哈萨克斯坦编制的成矿规律图和成矿预测图，应用构造－岩浆－建造分析理论和地质类比法划分成矿区（带）和预测远景区，把矿产勘查目标从已知区扩展到预测区，树立了实现已知典型成矿条件在未知区上圈定勘查靶区的范例。西方国家应用数字模型达到缩小勘查区范围的目的，如M. Allais运用单变量统计方法对非洲撒哈拉地区的矿产资源做了区域评价；D. P. HA. Rris应用多变量分析方法和主观评价模型对美国亚利桑那、新墨西哥和犹他州的有色金属矿产资源做了潜力评价，开创了多元统计矿产预测的研究先例。

应用发展阶段：自 1976 年至 1990 年。国际地科联在 1976 年总结了全世界成矿预测成果，提出六种预测方法（区域价值估计法、体积估计法、丰度估计法、矿床模拟法、德尔菲估计法和综合方法）应用的范例并在全世界推广应用的倡议。美国、加拿大和原苏联共同召开了"矿产资源区域评价"会议，提出地质的、经验的、类比的、定性的预测方法和统计的、数学的、定量的预测方法。在此期间，M. C. McCommon 创造了特征分析法；前苏联学者 P. M. Константинов 独创了逻辑信息法等。自美国地质调查局出版了《空间数据处理计算机软件》报告后，GIS 技术受到政府部门、商业公司和大学科教部门的普遍重视，成为一个引人注目的领域，特别是加拿大和美国在矿产预测中应用 GIS 技术是发展最快、成效显著的国家。在 GIS 平台上进行矿产预测的直接目标是将成矿建造分析、矿床模式、专家系统、多元统计、矿产预测的辅助决策系统融为一体，在这种高层次的综合研究、开发应用过程中，美国的 C. A. Robets 等在应用地理信息系统估算矿产勘查和开发有效性方面进行了探索；加拿大的 G. F. Bonham-CA. Rter 将地理信息系统应用于贵金属矿床和火山成因块状硫化物矿床的数据合成研究；美国的 D. A. Hasling 应用地理信息系统综合区域地质调查和矿产勘查的地学数据等。

信息化建设阶段：从 1990 年后至今，成矿预测工作步入信息化建设阶段重点是研制和建设基础地质及矿产资源的空间数据库，发展传送数据的网络技术。利用 GIS 技术，加拿大研制成功 SPANS GIS 系统，直接标定成矿远景区，澳大利亚（Wybom 等人）开发了成因概念模型，在 GIS 平台上进行矿产资源的预测评价，Bonham-CA. Rter 研制成功在 GIS 平台上多源信息综合评价系统。

成矿预测工作比较系统、大规模地在我国开展是在 20 世纪的 80 年代初，而成矿预测方法的探索研究早在 20 世纪的 60 年代就开始了，大体经历过两个阶段。

方法研究应用阶段：大致从 1960 年开始至 1990 年，我国全面研究成矿预测方法，开展全国性的成矿预测工作，在与国际上在同步开展编制成矿规律图、成矿预测图、将已知区推向未知区的预测工作的同时，在引进多元统计预测方法和计算机软件开发应用等方面与世界同步。产生重大影响的如：①综合普查找矿方法研究，1960 年先在大宝山试验，其成果制定了综合方法普查找矿条例，后来在全国推广；② 1962 年开始，原地质部设置"数理统计在矿产勘探中的应用"研究项目，是我国最初引进和研究的成矿预测方法；③自 1972 年后，大规模开展了多元统计预测方法研究，先后发表了"数学地质引论"、宁芜地区铁矿统计预测、闽南铁矿统计预测、"数量化理论及其应用""矿产资源评价问题概述""矿产资源评价的理论与实践""数据库系统基础""矿产预测方法学导论""综合信息预测技术"等一系列试点成果与专著，形成了多元统计预测的研究热潮和应用成果；④自上而下开展全国性的成矿预测工作，由原地矿部规划设计院领导的全国第一轮成矿远景区划（1979），全国 30 个片区的跨省区划（1982），铁、铜、金、石灰岩总量预测（1983），中、大比例尺成矿预测（1987）等，获得的成果部署了"七五""八五"的地质找矿工作；⑤ 1980—1989 年间开始筹建矿产储量库、1：100 万数字地形图库、化探数据库、金属矿床数据库、非金属矿床数据库、多元统计软件系统和地质制图软件系统（MAPCAD）。

矿产预测信息化建设阶段：从 1990 年至今，我国开始了信息化建设。该阶段的主要标志是在全国开展第二轮成矿远景区划。原地矿部组织建立了一系列地质、矿产、物探、化探等分省及全国数据库，国土资源部于 1999 年启动数字国土工程（包括基础地质数据库、大中型矿产地数据库、地学成果数据库、地质调查工作网络与管理系统、信息技术开发与研究等总体内容）。按空间地学信息标准化要求，研制了一套空间数据库的国家级、行业的、专业的技术标准，如地质矿产术语分类代码（GB/T9649-88）、资源评价工作中地理信息系统工作细则（DDZ9701）、地质图用色标准及用色原则（DZ/T0179-1997）等几十种。地理信息系统（GIS）研究获得突破性进展，吴信才教授等研制成功用于地学领域的 MAPGIS 软件系统已在全国推广应用；矿产资源 GIS 评价系统（MRAS）研制成功，并已推广使用。

矿床比例尺层面的成矿预测和矿体的具体评价预测是典型大比例尺成矿预测，国内外较为成功的是构造–矿床学–地球化学–物探–找矿物学填图研究、方法和应用。较为成功的报道有：邓吉牛通过矿床学研究应用新的矿床模型对青海锡铁山锌矿通过矿床勘探资料和矿山采掘资料的二次开发成功地找到了新矿体，使查明储量成倍增加；任英忱教授等通过矿床学研究和找矿矿物学填图，与山东冶勘三队合作，成功指导找矿新增 100 吨储量；石连汉教授级高工通过成矿构造与构造现金属量分析，成功在胶东半岛找矿实践，得到委托方嘉奖；大比例尺找矿预测的理论尚未完全成熟，在不断发展和完善之中。翟裕生院士系统总结的"区域成矿学"和"成矿系统"理论是中国矿床学家在矿床学研究重要贡献。

我国地质研究、教学、生产环节众多的矿床学和找矿实践者总结了丰富的矿体、矿床、矿带的评价预测方法和实例。随着矿床类型、成矿带成矿规律、找矿方法、评价准则等的信息更加丰富和传播应用，预测找矿能力大幅度提高和加强。新技术、新理论、新方法的运用和完善对预测找矿效果起了决定性作用。如我国的"三场"综合成矿预测方法、"三源"成矿预测方法、"三联式"成矿预测和美国的"三步式"矿产资源评价方法等。

（三）矿产勘查技术方法

矿产资源学的技术方法主要应用在矿产资源勘查。矿产资源勘查可划分为四个阶段：区域地质调查、普查、详查、勘探[20]。矿产勘查的技术方法有很多，常规方法包括：地质勘查法、地球化学勘查法和地球物理勘查法。

1. 地质学方法

（1）地质调查法。①小比例尺（1:100 万 ~1:50 万）地质调查测量：主要是针对地质研究程度很低或者属于空白区进行调查的方法。主要任务包括：查明区域构造轮廓和不同地段的地质特征；了解区域内的岩石类型及其分布概况；了解区域内的矿产资源类型及其特征，编制区域矿产资源分布图；分析区域地质找矿标志，指出进一步找矿范围。②中比例尺（1:20 万 ~1:10 万）地质调查测量：主要是针对已知的、存在某种矿产资源的成矿远景区。主要任务包括：找到某种矿产资源的矿体或者矿床，查明其成矿地质条件和成矿控制因素；研究矿床、矿体的空间分布规律，阐明成矿规律，确定找矿标志，进行资源远景评价；为进一步勘探提供设计方案。③大比例尺（1:5 万 ~1:2.5 万）地质调查测量：主要针对已知的矿田或者成矿远景地段进行详细、详尽的地质调查。主要任务包括：进一步研究成矿规律，认识矿床成因；圈定区内的多有矿床和矿点，并对其深部成矿远景进行预测评价分析；查明矿床的成矿控制因素，对是否对该矿床、矿点进行进一步的详细勘探做出判断。

（2）矿床地质研究。①矿床形态特征。一般通过测制地质剖面、布置勘探工程来获取相关信息。地质剖面又包括水平地质剖面和铅直剖面；勘探工程可使用地表坑探、地下坑探和钻探等不同地质工程对矿体形态进行地质揭露和分析。②矿石质量研究。一般通过借助化学分析和各种岩矿测试手段如显微镜观察、电子探针显微分析等来进行。进行矿石质量研究的主要任务是：研究矿石的结构构造和矿物的嵌布特征、查明有用矿物的种类、含量及其共生组合关系；分析矿石中有用组分、有害组分的种类和含量，厘定有用、有害组分的赋存特征；研究矿石的物理性能和技术加工工艺；划分矿石的自然类型、工业品级，查明其空间分布特征。③矿床储量计算。矿床储量计算是计算某矿床埋藏在地下的矿石储量或者有用金属储量，从而为矿床的经济评价和开发利用前景评价等提供可靠的地质资料。一般过程：①圈定工业矿体的边界；②计算矿体的体积；③计算矿体的矿石质量。

2. 地球化学勘查法

地球化学勘查主要是研究成矿元素和伴生元素在岩石、土壤、沉积物和水系中的分布、分散及富集规律，通过寻找成矿元素的地球化学异常，借助发现元素的原生晕和次生晕来达到发现矿体、矿床或矿化点的一种矿产资源勘查方法。包括岩石地球化学方法、土壤地球化学方法、生物地球化学方法、放射性水文地球化学方法等。方法的原理是以研究各种元素在地壳中的分布和在各种地质过程中迁移、富集规律入手，通过系统的取样、分析来发现各种成矿元素富集时形成的分散晕，从而达到找矿的目的。

目前，在传统地球化学勘查方法的基础上，又提出了诸如地电化学找矿等一些新的技术方法，该方法应结合地质调查资料来对成矿信息进行综合分析，最终取得最佳效果。

3. 地球物理勘查法

地球物理勘查法包括放射性地质勘查、地球重力测量、地电测量、地磁测量和放射性物探法等各种测量方法，是地质找矿的重要手段。尤其针对地壳深部的隐伏矿床，地形地貌条件复杂的地区，该方法独具优势。其原理是从研究矿体与围岩的物理性质入手，利用矿体与围岩在物理性质上的差异来找矿或解决找矿中的有关地质构造问题。

4. 遥感技术

遥感地质测量是在航空摄影测量基础上，随着空间技术、电子计算机技术等现代科技的迅速发展以及地球科学发展的需要，发展形成的综合性先进技术。遥感地质测量不需要直接接触目标物，而是从远距离、高空以至外层空间的平台上，利用可见光、红外、微波等探测仪器，通过摄影或扫描方式，对电磁波辐射能量的感应、传输和处理，从而识别地表目标物。

遥感技术在找矿工作中的应用主要有如下几个方面：①利用图像上显示的与矿化有关的地物如岩石、土壤等的波谱信息、色调异常和热辐射异常等直接圈定靶区，为找矿指明方向；②利用解译获得的资料，分析区域成矿条件，进行区域成矿预测；③利用数字图像处理技术，进行多波段、多种类遥感图像的综合处理分析，增强或提取图像上与成矿有关的信息，尤其是矿化蚀变信息，为找矿提供依据，指明找矿方向和有利成矿的远景地段；④利用数学地质方法，综合遥感资料、物探、化探和地质资料进行成矿统计预测，直接圈定找矿远景靶区。

5. 探矿工程法

探矿工程是一种主要的勘查技术手段，其最大的优点在于可以直接验证或观察矿体。特别是坑道工程，人员可以自由出入，对矿体进行直接的观察、取样、编录，而钻探可以通过岩心对矿体进行取样分析。无论坑探或钻探都是一种直接探矿方法，是其他各种方法所不能代替的，因此在矿床勘探阶段得到最广泛的应用。但探矿工程的应用必须有针对性，不能盲目施工。一般都是在成矿规律研究或发现了一定矿化信息的基础上，利用其他找矿方法很难奏效时，才应用探矿工程的手段直接探索矿体。

近年来，国内外找矿实践证明，近年来地物化遥感方法在矿产勘查工作中呈现一种快速、有效的趋势。出现了一系列新技术：地气法、热释汞法、金属活动态法、EH4、高精度磁测等及其组合：地质—地球物理、地质—地球化学、地质—地球化学—地球物理法、地质—地球物理—地球化学—遥感、地质—物探—化探—遥感—数学地质法。

勘查技术方法的综合应用，有利于对获得的综合信息相互补充和相互验证。勘查技术方法最佳组合——综合勘查模型：矿产综合勘查模型一般指的是在保证矿产勘查可靠性前提下，采用有效的、经济的、快速的矿产勘查方法组合。

三、矿产资源学的应用研究

（一）矿产资源经济属性理论基础

1. 资源物权理论

物权是公民法人直接支配动产和不动产的权利。"物权的客体为物，资源物权的客体是资源，包括土地、森林、草原、矿藏等。资源属于民法上的物，但有区别于民法上的一般的物"。"资源物权"理论，旨在通过私法的手段，解决自然资源经济属性与生态属性的内在冲突，调和社会公益与个体私益的外在矛盾。作为自然资源中的一员，矿产资源也自然纳入物权法的调整范围。当矿产资源物权受到侵害时，不仅可以运用公法手段进行救济，而且可以运用私法手段加以救济[21]。

2. 外部性理论

外部性的研究从古典经济学时期就已经开始。通常我们将有利的影响称之为外部经济性，将有害的影响称之为外部不经济性。矿产资源的外部性同样表现为外部经济性和外部不经济性。矿产资源开发过程中存在两种截然相反的外部性[22]。

矿产资源作为一种非生物资源，它的经济价值属性突显，其开发利用对社会经济发展具有强大推进功能，显现出经济上的正外部性；但本身生态价值并不显著，而且因其附着于地表或赋存于地下，在开发过程中必然要对环境造成污染和破坏，进而导致整体区域生态功能下降，也就是说矿产资源开发过程中必然会有环境成本的投入，又显现出生态上的负外部性，表现为对矿区（矿业城市）环境的污染、破坏，对矿区居民发展机会的影响。消除外部性的一个基本方法，就是将外部性内在化，但是市场并没有这样一个调控机制，这就必须靠外部力量，即政府干预加以解决，通过政府实施有关政策、法规和其他管理措施来解决外部不经济性。

3. 国家干预理论

一方面，国家作为一种公共权力机构，对社会经济运行调节与控制的功能变得越来越重要；另一方面，国家作为一种阶级专制的机器，对社会阶级矛盾的协调与压制的功能也变得越来越重要。国家不仅要"执行由一切社会的性质产生的各种公共事务"的职能，而且还要承担起对宏观经济进行调节、管理和干预等真正的经济职能。

市场经济内在本质矛盾是指市场经济中个体利益和社会利益的冲突。由于市场经济内在本质矛盾的存在，造成了市场经济的缺陷即"市场失灵"。正是因为市场失灵的存在，才有了国家干预的可能。矿产资源开发利用中个体利益与社会利益的矛盾，依靠市场自我调节是无法实现的。因此，必须由国家进行干预，对资源进行集中统一管理，国家宏观调控与市场调节有机配合；通过矿产资源行政管理的法制化、现代化和民主化，依法维护正常的矿业秩序，保护矿业权人的合法权益，保障矿业收益在不同利益主体之间的公平分配。

4. 可持续发展理论

1987 年，布伦特兰夫人在世界环境与发展委员会的《我们共同的未来》中正式提出了可持续发展的概念，标志着可持续发展理论的产生。可持续发展是指"既满足当代人的需要，又不损害后代人满足其需要的能的发展"[23]。我国 1994 年通过的《中国 21 世纪议程——中国 21 世纪人口、环境与发展白皮书》也确立了"可持续发展"理念。

可持续发展理论的观点是：第一，经济发展与环境保护是对立统一的，环境问题与社会经济问题必须一起考虑，并且在经济社会发展中求得解决，以实现社会、经济和环境的同步发展；第二，世界上富足的人们应该将其生活方式控制在生态许可的范围之内，并且使人口的数量和增长与生态系统协调一致；第三，摆脱旧的发展模式，制定协调发展经济和保护环境的法律政策，重视资源的合理利用与持续利用。其重点是人类社会在经济增长的同时适应并满足生态环境的承载能力，以及人口、环境、生态和资源与经济的能够协调发展。

（二）矿产资源学社会属性理论

中国矿产资源法制化建设正在不断完善之中，它伴随着经济体制和管理体制改革而建立发展起来的[24]。我国现行的矿产资源法律体系大体可以分为四个层次，即宪法；矿产资源管理单行法律（即《矿产资源法》）；矿产资源行政法规和地方性法规；矿产资源部门规章和地方规章。此外，还包括对矿产资源法律的立法解释、司法解释、行政解释等。我国的矿产资源法律体系下有若干法律制度，主要包括矿产资源国家所有、矿产资源有偿使用、矿业权有偿取得、矿业权有序流转、矿产资源开发的行政管理、矿地使用、矿业税费、战略储备等。矿产资源法律体系的建立以及一系列具体法律制度的设立为我国矿产资源的依法管理奠定了基础。

1.《中华人民共和国矿产资源法》的制定和修改

1979 年 9 月，在国家经委领导下，由地质部牵头，联合冶金、煤炭、石油、化工、建材等部门，共同组成《矿产资源法》起草办公室，开始起草《矿产资源法》。1984 年 10 月 30 日，经国务院常务会议讨论决定，同意将《矿产资源法》（草案）提请全国人大常委会审议。1986 年 3 月 19 日，第六届全国人大常委会第十五次会议通过，中华人民共和国主席令第三十六号公布了《中华人民共和国矿产资源法》，于 1986 年 10 月 1 日起施行[25]。在《矿产资源法》实施数年后，根据形势的变化，1996 年 8 月 29 日，第八届全国人大常委会第二十一次会议审议通过了《关于修改〈中华人民共和国矿产资源法〉的决定》，江泽民主席签署第七十四号主席令予以公布，自 1997 年 1 月 1 日起施行。

《矿产资源法》确立了建立社会主义矿业新秩序的一系列准则，体现了深化体制改革的主要原则，以法律效力保护和促进了矿业生产的持续稳定发展。经过十年的贯彻执行，在理顺矿业关系、促进矿业秩序明显好转、确立矿产资源国有观念、提高全民资源忧患意识和依法办矿意识、推动矿产资源合理开发和保护，以及丰富社会主义矿产资源法学理论和立法实践等方面均发挥了重要作用。但是，随着深化改革、扩大开放以及社会主义市场经济体制的建立和不断完善，《矿产资源法》中有些规定已经不适应新形势的发展要求，对部分条款加以修改并增加新的内容也就成为必要。

2. 其他相关矿业法律法规体系建设

《矿产资源法》是矿产资源法律体系中的基本法律文件，它所确定的一些原则需要通过制定行政法规、地方性法规以及法律解释加以具体化来实现。自 1986 年《矿产资源法》公布施行以来，相关部门在完善矿产资源法律体系方面作了大量工作，制定了许多配套法规，有力地促进了矿业生产的发展和矿管工作的规范化、法制化。

1986 年，《民法通则》和《矿产资源法》的公布实施，初步建立了我国矿业权制度的法律体系。1996 年 8 月 29 日，《关于修改〈中华人民共和国矿产资源法〉的决定》是对我国矿业权法律制度的重要修改和完善。1998 年，国务院先后发布了《矿产资源勘查区块登记管理办法》《矿产资源开采登记管理办法》和《探矿权采矿权转让管理办法》三个配套法规，另外还颁布了一些相关法律法规，如《环境保护法》《矿山安全法》等。这些法律法规与 1994 年 3 月 26 日国务院发布的《矿产资源法实施细则》一起，确立了我国现行的矿业权法律制度，包括矿业权人资质认证制度、矿业权审批登记制度、矿业权有偿取得制度和矿业权依法转让制度四个方面的内容。

3. 我国矿产资源法律体系的主要内容

（1）矿产资源国家所有权制度。我国宪法明确规定矿产资源属于国家所有，这与大多数国家一致。矿法第 3 条规定，矿产资源属于国家所有，由国务院行使国家对矿产资源的所有权。地表或者地下的矿产资源的国家所有权，不因其所依附的土地的所有权或者使用权的不同而改变[26]。

（2）矿产资源有偿使用制度。我国矿法明确规定对矿产资源实行有偿使用制度。中国政府自 1994 年起对采矿权人征收矿产资源补偿费[27]，从而结束了无偿开采矿产资源的历史，体现了国家作为矿产资源所有者的权益。从 1998 年起对探矿权人、采矿权人收取探矿权使用费、采矿权使用费和国家出资勘查形成的探矿权价款、采矿权价款[28]。

（3）矿业权及流转制度。矿业权制度的设计包括矿业权的种类及其之间的相互关系。我国实行以勘查许可证为代表的探矿权制度和以采矿许可证为代表的采矿权制度[29]。探矿权人有取得所探矿床的开采优先权。我国实行矿业权有偿取得制度。1996 年矿法修订以前，严格禁止矿业权流转，产生了诸多问题。1996 年矿法修订后，国务院相继颁布三部重要的行政法规[30]，矿业权方从矿产资源所有权中被剥离出来，允许有条件地予以流通，构成我国矿业权流转市场立法的主要内容。我国矿法对于探矿权和采矿权转让条件有具体规定[31]。除规定情形外，探矿权、采矿权不允许进行转让，不得倒卖牟利。

（4）矿产资源登记制度。分为勘查区块登记和开采登记，《矿产资源法》规定国家对矿产资源的勘察实行统一规划、综合勘查，规定由国务院地质矿产主管部门主管全国矿产资源勘查、开采的监督管理工作。主要体现在《矿产资源勘查区块登记管理办法》和《矿产资源开采登记管理办法》中。

（5）矿产资源开发监督管理制度。《矿产资源法》规定国务院地质矿产主管部门主管全国的矿产资源勘查、开采的监督管理工作。矿产资源监督管理的基本内容包括产权监督和行为监督。与矿产资源开发利用监督管理制度相配套的法规是 1987 年国务院发布的《矿产资源监督管理暂行办法》。矿产资源监督管理包括矿产资源采选活动的全过程，从矿山基本建设开始，一直到矿山关闭。国家实行矿产资源开发与环境保护监督管理相结合的原则，要求执法监督主管部门与开发行业主管部门、企业主管部门的监督管理相结合；各主管部门的监督管理与矿山企业自身的监督管理相结合[21]。

（6）其他矿产资源法律制度。主要包括矿地使用制度、矿业税费制度、勘探报告审批制度、地质资料统一管理制度、设立矿山企业的审批制度、分级开采审批制度、有计划开采制度等。总体上，这些制度仍是粗线条的，有待今后立法进行细化和完善。

（三）存在的主要问题

经济高速发展的今天，我国现行的《矿产资源法》似乎并没有与高速经济同行，矿产资源领域的经济社会秩序显得尤为混乱，从某些方面已经显示出了明显的滞后性。主要表现在以下几个方面：

1. 矿产资源法修改完善不及时

我国目前仍使用的是1996年的《矿产资源法》，至今已有18年，与高速发展的我国工业化、城市化进程对比，《矿产资源法》早已明显显示出了滞后性。如现行的《矿产资源法》第六条明确规定"禁止将探矿权、采矿权倒卖牟利"，与当前市场经济条件下，应该充分发挥市场对资源配置的决定作用严重脱轨，严重阻碍了市场经济的发展。出台一部适应建设资源节约型和环境友好型社会要求的《矿产资源法》已经成为必然。

2. 忽视市场的资源配置功能

我国现行的《矿产资源法》对矿业权的流转存在着浓厚的行政管理色彩。行政管理的主要目的是为了加强国家对矿产资源所有权以及收益的保护，而地质矿产部门作为国家矿产资源所有权行使的代表者，其以公权力手段行使法定代表权，总是倾向于对矿产资源既进行分配又实施监管，而监管的主要手段是行政许可。因此，政府部门会采取批准前的权利禁止，批准时的严格审查以及批准后的事后监督。然而，在当前工业化、城市化进程中，对矿产资源的市场化程度要求越来越高，行政机关的过多干预在一定程度上有碍行政相对人民事权利的行使。经济发展有着自身的发展规律，采用行政手段去管制经济，只会导致生产的萎缩和经济发展的停滞。

3. 矿山环境保护与治理不完善

矿产资源的开发利用极大地促进了经济的繁荣、社会的进步、人类的文明，但是由于缺少实施保护与治理矿山生态环境的相应法律制度，矿产资源开发与环境保护相分离，矿山企业在开采过程中仅仅只追求经济效益而置生态环境不顾，由此而产生了大量的矿山环境问题。我国当前的法律制度建设与法治效率还远远适应不了可持续发展的现实需求，普遍存在着制度虚设和有法不依的情况。

4. 矿产资源税费征收缺乏合理性

我国"十二五"时期体制改革的主要任务之一是加快财税体制改革。矿产资源税费改革的步伐也逐渐加快，特别是资源税改革措施的不断推出，原有的矿产资源税费征收制度设计已与快速发展的经济社会显得格格不入。如资源税是国家对在我国境内从事资源开发的单位和个人，由于资源生产和开发条件的差异形成的级差收入而征收的一种税，在实际操作中，其本质属性并没有体现出来，虽然规定"把矿山企业因资源丰度和开发条件优越而产生的超额收益，收归国有"，但在实际中，国家仅仅征收所产生的超额收益中的一小部分。此外，并没有对不具有级差收益的最劣等条件的矿山可以免征资源税的规定，而是采取普遍征收的方式。在性质上，没有体现出国家凭借着行政权力参与矿业的收益分配的工具特性。还有，我国矿产资源补偿费自1994年开征以来，费率一直都很低，最高为4%，最低为0.5%，而平均

只为 1.8%；而国外一般都为 2%~8%。其中，石油和天然气的费率仅为 1%，大大低于美国的
12.5% 和澳大利亚的 10%。这就不能真正体现国家对矿产资源的所有权收益，客观上导致了国
家财产权利的流失，进而造成了国有资产的流失。此种乱象还刺激了各种投资主体纷纷开始
涌入矿业领域，加剧了矿业市场的无序竞争，导致矿业开发秩序的混乱、滥采乱挖现象极其
严重、安全事故频发。

　　矿率的制定要与当时的社会经济状态相适应，合理的矿产资源税费制度对本国经济的发
展和稳定起着重要的作用[24]。

第四节　矿产资源学的人才培养和学科建设

一、矿产资源学的人才培养

　　据"地质工作发展战略研究"子课题的研究，在人才培养方面，自 1909 年至 1949 年的
40 年中，全国各地质学系共培养了 700 多名地质专业大学生，从事地质工作的有 300 名左右。
新中国成立后的 60 多年，共培养了 97 万地质学生，从事地质工作的人数则明显呈现几个阶段
（图 19-2）：新中国成立初期，国家为尽快摆脱贫穷落后状态而大力发展工业，急需解决矿产
资源短缺困境加强了地质工作的力度，从 1950—1960 年的 10 年间，全国地质勘探职工规模
迅速扩大，1960 年即达到了 61.88 万人；1980—1993 年的 13 年间，全国地勘职工规模保持
在 100 万以上。1994—1999 年，市场经济条件下，而由于各种历史遗留问题、地勘行业自身
特点以及各行业发展不平衡等，地质工作不景气，全国地勘职工人数骤降，2003 年全国地质
勘探职工人数降到谷底，仅剩 20.94 万人；2003 年之后，随着国家经济与社会的快速发展，
能源和其他矿产资源出现短缺，对外依存度不断扩大，地质工作终于再次受到国家和社会的
重视。地勘从业人员规模开始止降回升，2008 年全国地质勘探职工年末数达到 351096 人。

图 19-2　新中国成立后各年全国地质勘查人员统计图

在地质教育方面，100 年来，中国高等地质教育从无到有，在人才培养、科学研究和社会服务方面取得了令人注目的成就，积累了宝贵的历史经验：①形成了我国独立的高等地质教育体系；②形成了中国特色的高等地质教育教学体系；③为国民经济发展输送了大规模高素质的合格人才（表 19-2）。

表 19-2　中国地质教育百年变化

时序	阶段	时间	设有地质专业院校（所）	培养各类毕业生
1	初创与艰难发展 40 年	1909—1949	从京师大学堂起累计有 18 所	700 多人
2	迅速发展的 17 年	1949—1966	3 所地院，设有地质专业大学 18 所，中专 10 所，共 31 所	共 11 万，其中专科生 2.5 万、中专生 4.6 万、研究生 564 人
3	被破坏的 10 年	1966—1976	院校外迁、停招生	不足 3 万毕业生
4	恢复——改革发展期	1977—1996	55 所（15 个部委、总公司，6 个省市区）	毕业 30 万人，其中博士 569、硕士 1871、在校生 26890、本专科 24450
5	体制改革——创新发展期	1996—2005	48 所	约 40 万人
6	注重质量——科学发展	2006 年以后	77 所	约 13 万人

在地质学科方面，我国地质类学科经历了从基础、单一萌芽期到多科性、注重应用性学科创建大发展再到出现学科专业的交叉和融合调整与拓展期的演进轨迹（表 19-3）。

表 19-3　我国大学地质类学科演进与变化原因

设置/调整时间	专业个数（总数/地质类数）	地质类专业名称	变化动因
晚清民国期间	46/1 48/2	格致科："地质"专业 理科类："地质学""矿物学"门类	移植西方的教育体系，以学科为导向
1954 年	40 类 257 种/3 类 22 种	有用矿物的地质和勘探类：矿产地质和勘探、地质矿产勘查、煤矿区地质和勘探、地球物理勘探、水文地质与工程地质、石油与天然气的地质勘探、探矿工程、石油和天然气矿区的地球物理勘探、石油和天然气的地球物理勘探等 9 个专业 地下矿藏开采类：矿山测量、矿区开采、有用矿物的精选、矿山机电、矿山企业建筑、石油及天然气开采、石油及天然气钻凿、石油及天然气运输与储藏、采矿工业的经济与组织、石油工业的经济与组织	满足建国初期对各类人才的急需，引进和参照苏联的高等教育办学模式；以职业为导向

续表

设置／调整时间	专业个数（总数／地质类数）	地质类专业名称	变化动因
1963 年	510/13（10）	测量和制图类：工程测量、航空摄影测量、制图学地质学、地质测量及找矿、地球化学、地层古生物学、金属及非金属矿产地质及勘探、稀有及分散元素地质及勘探、煤田地质及勘探、石油天然气地质及勘探、水文地质及工程地质、金属及非金属地球物理勘探、地球物理测井、石油与天然气地球物理勘探、探矿工程	适应了当时社会、经济、科技、文化发展的需要
1987 年	673/21	理科：地质学、构造地质学、古生物学及地层学、岩矿地球化学、地球物理学、地貌学与第四纪地质学、放射性矿产地质学、海洋地质学、矿物岩石材料学、石油与天然气地质学、水文地质与工程地质学、地震地层学 工科：地质矿产勘查、煤田地质勘查、油矿地质勘查、石油地质勘查、水文地质与工程地质、地球化学与勘查、探矿工程、勘查地球物理、矿场地球物理	解决十年动乱所造成的专业设置混乱的局面，加强了薄弱专业和新兴、边缘学科专业
1993 年	504/15	理科：地质学、构造地质学、古生物学及地层学、地球化学、地貌学与第四纪地质学、资源环境区划与管理、地理信息系统与地图学、地球物理学 工科：地质矿产勘查、石油与天然气地质勘探、水文地质与工程地质学、应用地球化学、应用地球物理、勘察工程、采矿工程、矿山通风与安全、矿井建设、石油工程、选矿工程、无机非金属材料、水文与水资源利用、大地测量、测量工程、摄影测量与遥感、地图学、土地规划与利用	专业归并和总体化，力求体系完整、统一规范
1998 年	249/20	理学：地质学、地球化学、地理科学、资源环境与城乡规划管理、地理信息系统、地球物理学、海洋科学、海洋技术 工学：采矿工程、石油工程、矿物加工工程、勘查技术与工程、资源勘查工程、无机非金属材料工程、核工程与核技术、水文与水资源工程、测绘工程、环境工程、安全工程，资源产业经济与管理等 管理学：土地资源管理 工科本科引导性专业：地质工程（勘查技术与工程＋资源勘查与工程）、矿物资源工程（采矿工程＋石油工程＋矿物加工工程）	改变过分强调"专业对口"的教育理念，确立了知识、能力、素质全面发展的人才观

二、主要教育机构

（一）国外主要教育结构

关于国外地质学科的发展状况，主要包括英国的牛津大学、爱丁堡大学、布里斯托大学、伯明翰大学，德国的慕尼黑大学、柏林自由大学、弗赖堡大学、维尔茨堡大学，韩国的汉城国立大学、国立韩国大学、Busan 大学、Kangweon 大学、Yensei 大学、Jeonnam 大学，以及俄罗斯的国立罗斯托夫大学、俄罗斯大学、伊尔库茨克工业大学等。

（二）国内主要教育结构

1. 中国地质大学

中国地质大学是中华人民共和国教育部直属、国土资源部共建的一所以地质、资源、环境、地学工程技术为主要特色的理、工、文、管、经、法、教、哲、农、艺协调发展的综合性全国重点大学，是国家"211工程""985工程优势学科创新平台"重点建设院校，入选"111计划""卓越计划"、国家建设高水平大学公派研究生项目。学校的前身是1952年由北京大学、清华大学、天津大学和唐山铁道学院（今西南交通大学）的地质系合并组成的北京地质学院，是著名的"八大学院"之一。1970年迁出北京，1975年定址武汉，并更名为武汉地质学院。1978年，经邓小平批准，在原北京旧校址设立北京研究生部。1987年，国家教委批准武汉地质学院更名为中国地质大学，在武汉、北京两地办学，总部设在武汉。2000年2月，学校由国土资源部划归教育部管理。2006年10月，教育部、国土资源部签署共建中国地质大学协议。

中国地质大学率先在国内博士和硕士研究生教育中设置了"资源产业经济"专业，从教学实践和理论探索层面都进行了一些有益的探讨，取得了不少成果[32,33]。中国地质大学在一级学科"地质资源与地质工程"下设二级博士学科点"资源产业经济"博士点，中国地质大学（北京）于2002年首次招生，中国地质大学（武汉）于2003年首次招生，2006年"资源产业经济"变成一级学科博士点。"资源产业经济"学科学生就业方向为地学、矿产勘查、经济、管理以及法律等，该学科的设置适应了当今资源管理与经济发展的需要，也反映了众多单位及研究人员重视学科交叉发展，以适应国家经济建设的需求。

2. 吉林大学

吉林大学地球科学学院前身是1952年东北地质学院建院之初所设三个系之一的地质矿产勘查系，1957年更名为长春地质勘探学院地质矿产勘查系，1958年更名为长春地质学院地质系，1992年更名为长春地质学院地球科学系，1980年结晶学与矿物学教研室及找矿勘探教研室化探部分从地质系分出与学校中心实验室合并组建了岩矿测试与地球化学系，探矿工程教研室从地质系划归地质仪器系。1984年，由地质系分出沉积岩教研室、石油地质教研室、沉积学教研室以及动力地质教研室的一部分组建了能源地质系。1996年12月30日经教育部批准长春地质学院更名为长春科技大学。1997年5月，地球科学系与能源地质系合并组建长春科技大学地球科学学院。2000年6月，经教育部批准，五校合并组建新吉林大学，保留地球科学学院建制，同时原文管学院的国土资源系并入地球科学学院。

学院设有地质学系、资源工程系、能源科学系、国土资源系以及数字地学研究中心、长白山火山地质研究中心、青藏高原地质研究中心、油页岩实验研究中心、海洋地质研究中心及地学测试科学试验中心等研究机构。有"油页岩与共生矿产"吉林省重点实验室1个，"东北亚矿产资源评价"国土资源部重点实验室1个，与吉林大学古生物与地层学研究中心联合建设"东北亚生物演化与环境"教育部重点实验室1个。

依托地质学一级学科和地质资源与地质工程一级学科建设211和985工程项目各2个。地质学一级学科为吉林大学高原建设学科，地质资源与地质工程一级学科（矿产普查与勘探）为吉林大学高峰建设学科。有地质学、地球化学、资源勘查工程、地理科学和土地资源管理5个本科专业，地质学专业和资源勘查工程专业为国家级特色专业、吉林省高等学校本科品牌专业；具有博士点学科8个，硕士点学科10个，其中覆盖6个二级学科的地质学一级学科为博士学位授权一级学科；具有地质学和地质资源与地质工程两个博士后科研流动站。地质资源与地质工程一级学科（涵盖二级学科矿产普查与勘探）为国家重点学科；地质学一级学科

（涵盖6个二级学科）为吉林省重点学科；公共管理一级学科（涵盖二级学科土地资源管理）为吉林省重点学科；海洋地质二级学科为国土资源部重点学科。

近年来，学院教师承担了"大庆探区外围中、新生代断陷盆地群构造演化与油气远景""中国东北油气资源勘查基础地质研究""全国油砂资源评价""全国油页岩资源评价""吉黑东部矿产资源潜力综合调查与评价""青藏高原区域地质和大地构造研究""松辽盆地北部深层火山岩储层研究""华北克拉通破坏：中生代高镁闪长岩及深源岩石包体制约""兴蒙海槽晚古生代构造演化""大陆岩石圈天然流变典型区解剖研究""长白山地区地热调查"等一大批国家重大（点）专项，自然科学基金重点项目和国家"863""973"项目课题，荣获国家级、省部级科技奖36项；两篇论文入选中国百篇最具影响国际（内）学术论文，1人入选地球和行星科学领域中国高被引学者（Most Cited Chinese Researchers）榜单。根据美国汤森路透科技与医疗集团的《基本科学指标》数据库（简称ESI）更新数据显示，2011年至2015年，我院地球科学学科已连续进入该学科ESI前1%。

3. 成都理工大学

成都理工大学1956年3月15日，国务院批准建立成都地质勘探学院。同年3月27日，高等教育部和地质部联合发文，以重庆大学地质系、西北大学和南京大学地质系的工科部分为基础同时抽调北京地质学院、长春地质勘探学院部分干部教师组建成都地质勘探学院，建校当年即开始招收本科生。学校建校后陆续部分或成建制的迁入了原北京地质学院石油系和二系部分、三系整体。1960年，学校开始招收研究生。1983年，学校成为国家恢复学位制度后首批招收博士生的高校。成都地质勘探学院1958年更名为成都地质学院，1993年更名为成都理工学院，2001年由教育部批准组建成都理工大学（合并四川商业高等专科学校和有色金属地质职工大学）。学校由地质部、地质矿产部、国土资源部直属，2000年划转为中央与地方共建、以四川省人民政府管理为主的省属重点大学。2010年11月3日，国土资源部与四川省人民政府签署共建成都理工大学协议。

成都理工大学地球科学学院是学校历史最悠久的骨干学院之一，有近百年的光辉历史，其前身是1929年成立的重庆大学地质系。1956年以重庆大学地质系为基础，融汇北京地质学院、长春地质学院、西北大学地质系、南京大学地质系等部分师生组建成都地质勘探学院地质测量及找矿系，该系是学校历史最悠久的骨干系之一。已故著名地质学家李唐泌、李承三、常隆庆、刘祖彝、吴燕生、李之常、周晓和、丁毅、胡崇尧、张言森、边兆祥等均为本系创建时期的学科带头人。1983年组建地质学系和地质矿产勘查系（1993年12月更名为资源与经济系，简称资经系）。2002年组建地球科学学院。经过80余年的发展，现已成为我国西部地区地学类学科专业门类最齐全、实力较强的教学、科研基地。

学院现有6个本科专业，其中国家级特色专业3个（地质学、资源勘查工程、地球化学），国家级卓越工程师计划专业1个，省级特色专业2个，省级卓越工程师计划专业1个。2个一级学科博士学位授权点，6个二级学科博士学位授权点。3个一级学科硕士授权点，10个二级学科硕士学位授权点，2个专业硕士学位招生领域。1个国家重点学科，1个国家重点（培育）学科，3个省重点学科。1个国家级实验教学示范中心，1个省级实验教学示范中心，1个国家级野外实践教学基地，2个省级本科人才培养基地，2个国土资源部重点实验室，1个省级教学团队，2个省级科研创新团队，4门省级精品课程。

学院在区域地质调查、固体矿产勘查、勘查地球化学、遥感地质学、3S技术及应用、地图制图、新型矿物岩石材料、矿业和工业废弃物再利用、地质环境评价及保护、农业地质等研究领域形成了自己的特色和优势。在构造地质学、矿产普查与勘探、矿床学、矿物学、岩石学、空间信息技术等领域拥有雄厚的科研实力，在国内外享有较高的声誉，与美国、法国、德国、英国、日本、俄罗斯、加拿大、瑞士、奥地利、哈萨克斯坦等国家和地区建立了广泛的学术交流与合作联系。

4. 西北大学

西北大学地质学系创建于1939年，是我国设立最早的综合性大学地质学系之一。培养了新中国第一批石油地质专业人才，被誉为"中华石油英才"的摇篮。

地质学系现有地质学一级学科国家重点学科（涵盖5个二级学科）和矿产普查与勘探二级学科国家重点学科，有12个陕西省重点学科。地质学科是国家立项的"211"工程重点建设学科，设有4个"长江学者奖励计划"特聘教授岗位，具有地质学、地质资源与地质工程2个一级学科、12个二级学科博士点和13个硕士点，设有地质学、地质资源与地质工程2个博士后科研流动站。有2个国家特色专业，2个国家级教学团队，主持3门国家精品课程。地质学系现有国家地质学理科基础科学研究和教学人才培养基地，大陆动力学国家重点实验室和国家级地质学实验教学示范中心。获得国家自然科学一等奖、二等奖各1项，国家级教学成果一等奖1项、二等奖4项，5篇博士学位论文先后入选全国优秀博士学位论文。

地质学系现有中科院院士1人，双聘院士3人，"长江学者"特聘教授2人，国家级教学名师1人，洪堡学者4人。获得国务院政府特殊津贴者25人，国家级和省级有突出贡献专家8人，全国先进工作者（劳动模范）4人，全国模范教师2人，国家杰出青年基金获得者3人，入选国家"百千万人才"工程者3人，入选陕西省"三五"人才工程者6人，入选教育部"新（跨）世纪人才"3人，入选教育部骨干教师11人，1人获"教育部高等学校优秀青年教师奖"。"寒武纪生命大爆发及其环境演化""能源盆地油气地质"等2个研究团队入选教育部"长江学者和创新团队发展计划"。

三、主要研究机构

我国承担保护与合理利用矿产资源责任的部门是国土资源部，根据三定方案，从事矿产资源相关研究的机构主要是国土资源部属事业单位，其中将中国地质调查局单独介绍。

1. 中国国土资源经济研究院

1998年，国土资源部成立，原地矿部经济研究院更名为中国国土资源经济研究院（简称经济研究院），是国土资源部直属事业单位，为国土资源管理提供基础业务支撑和决策咨询服务。主要任务是开展国土资源政策法规、战略规划、市场配置、资源经济、环境经济、产业经济、技术与经济标准、节约与综合利用、矿业权管理等基础和应用研究。

经济研究院下设办公室、组织与人事处（含纪委、工会、团委）、科技外事处、财务处等管理与服务处室，国土资源规划所、国土资源产业经济所、国土资源政策法规研究室、资源资产与市场研究室、环境经济研究室、资源经济管理研究室、国土资源预算定额中心、国土资源标准化中心、矿产资源节约与综合利用技术处、矿业权管理技术处、国土资源部资源环境承载力评价重点实验室、国土资源信息研究中心、中国地质矿产经济学会办公室、《中国国土资源经济》编辑部等业务处室，挂靠单位有：中国地质矿产经济学会秘书处、全国国土资源标准化技术委员会秘书处、中国矿业权评估师协会秘书处、国土资源公益行业科研专项管理办公室、全国国土资源经济研究高级职称评审委员会、博士后工作站。

经济研究院科研队伍已经基本实现了"四化"，包括：年龄结构年轻化——科研人员平均年龄在 36.5 岁左右；学历结构高级化——形成博士、硕士、大学学历等组成的高层次研究梯队；专业结构合理化——具有资源经济、土地管理、法律贸易、财会金融、社会科学等较为合理的专业类型；素质结构复合化——通过各种方式培养了一支兼跨多个学科、专业的复合型专业队伍。

2. 国土资源部咨询研究中心

国土资源部咨询研究中心（简称咨询研究中心）是国土资源部的直属事业单位，为国土资源部提供决策研究服务，对国土资源调查、规划、管理、保护和合理利用中的重大问题开展调查研究，提出政策建议和提供咨询服务。

咨询研究中心由咨询委员、特邀咨询委员和工作人员组成。咨询委员、特邀咨询委员都是国土资源领域管理经验丰富、专业基础深厚的专家，包括全国政协委员、两院院士和从事地政、矿政管理的老领导，工作人员多为中青年科研骨干。老中青相结合，构成为国土资源管理重大问题决策提供咨询服务的强有力研究团队。

咨询研究中心围绕国土资源部的工作重点及国土资源工作的热点问题，完成大量土地资源、矿产资源、海洋资源等自然资源的规划、管理、保护与合理利用和测绘工作有关课题的咨询研究，在国土资源管理体制改革、地勘队伍改革、耕地保护、土地资源法律体系、全国各级各类矿产资源规划、西部大开发、矿产资源储量套改、矿产资源可供性论证、全球矿产资源战略、国土整治、土地复垦办法修订、地下水资源战略、非公有制矿山企业和地质灾害防治等方面取得大量的调研成果。这些以专家建议、调研报告、专题汇编等形式提供给部领导及有关单位，在国土资源重大问题的决策、政策与法规的制定，以及国土资源行政管理中都发挥了重要作用。

3. 国土资源部油气资源战略研究中心

国土资源部油气资源战略研究中心（简称油气中心），是进行油气资源战略研究，为政府调查、决策和宏观调控与管理油气资源提供咨询服务的国土资源部直属事业单位。

主要任务是：开展油气资源发展战略和对策研究，为政府决策提供科学依据；组织分析论证我国油气资源战略远景选区工作，为实现油气资源的重大发现和突破提供建议；组织国家级油气资源数据库和管理系统的建设，汇总全国油气资源的资源数据与管理数据，为决策部门提供油气资源适时信息；开展国内外油气资源管理和科技发展、市场动态等综合及专项研究工作，及时提供相应的研究资料和报告；开展与油气资源规划和管理相关的国内外交流与合作研究；承担矿产资源储量管理的技术性、事务性工作；承担矿产资源开发管理的技术性、事务性工作；完成国土资源部交办的其他事项。

4. 国土资源部信息中心

国土资源部信息中心（简称信息中心）成立于 1999 年，是国土资源部的直属事业单位，负责土地、矿产、海洋资源基础信息和资源利用情况、变化趋势动态数据的收集、技术处理及预测分析，为政府部门提供决策支持和管理支持，向社会提供公益服务。主要从事国土资源信息化、信息研究与信息服务工作。承担国土资源部信息化工作办公室（金土工程办公室）的工作。承担国土资源部国土资源统计和科技成果登记工作。承担国土资源部政务大厅的工作。

主要任务是：负责国土资源信息工作规划、计划的编制与组织实施，参与拟定全国地质资料工作规划、计划；参与拟定有关的管理政策、工作规范和技术标准；承担国家级国土资源信息系统的建设、运行和维护；承担部机关办公自动化网络系统的技术服务，建立具有多种空间分析和决策支持手段的向国内外开放的现代化国土资源信息综合服务体系；承担国家级土地、地矿资源数据库和管理数据库以及地质资料数据库的建设和管理，通过与独立运行的国家基础地理信息系统和国家海洋信息系统的网络连接，汇总全国国土资源的资源数据与管理数据；承担土地、矿产资源利用动态监测信息的汇总、分析，通过与独立运行的全国地质环境监测网络相连接，逐步建立全国国土资源动态监测信息网络，为决策部门提供国土资源实时信息；系统跟踪国土资源管理和科技发展的国际动态，进行国内外国土资源形势和重点、热点问题的动态分析，开展国土资源管理与科技进步的发展战略和对策研究，为政府决策提供科学依据和建议，为科技发展提供国土资源信息支持；开展有关国土资源信息系统和应用软件的开发工作，参与国土资源信息系统、应用软件的评测工作，开展技术培训和国内外技术交流与合作；受部委托，承担国土资源信息的对外发布工作，为社会提供公益信息服务。

5. 国土资源部评审中心

国土资源部矿产资源储量评审中心（简称储量评审中心）是国土资源部直属事业单位，1999 年 9 月经中央机构编制委员会办公室批准成立。储量评审中心是国土资源部专门从事矿产资源储量评审和矿产勘查开发技术标准与规范的研究机构，是联合国能源和矿产资源储量协调机制成员单位。

储量评审中心内设综合办公室、评审处、科技处。聘请中国工程院院士汤中立为科学技术顾问，聚集了一批实践经验丰富的地质、物探、选矿、法律、计算机、经济、管理、财会等各学科博士、硕士人才。同时，在全国聘用近 300 名矿产储量评估师参与各类评审业务工作。

储量评审中心成立以来，紧密围绕国土资源部矿政管理重点工作，开展政策法规、技术标准与规范的研究与制订达十几项。负责各类矿产资源储量报告的评审工作，其中包括在上海、深圳、香港和美国证券交易所上市的公司提交的资源储量报告。

储量评审中心已举办各类全国性矿产储量评估师培训班及固体矿产资源 / 储量分类标准、地质勘查规范、地质资料管理、矿业信息化和软件培训班 30 多期，编发及出版各类培训教材 20000 余册。

储量评审中心与各省（区、市）国土资源管理部门、地质及矿业类高等院校、设计研究院所、勘查单位、矿山企业及国外矿山企业公司联系广泛。储量评审中心广泛开展技术咨询和项目合作，为社会各界提供服务。

6. 中国地质调查局

1999 年组建的中国地质调查局为国土资源部直属的副部级事业单位，根据国家国土资源调查规划，负责统一部署和组织实施国家基础性、公益性、战略性地质和矿产勘查工作，为国民经济和社会发展提供地质基础信息资料，并向社会提供公益性服务。

中国地质调查局是地质调查、科学研究和信息服务机构，是拥有专业化地质调查队伍的事业实体，是国家地质基础信息资料等公益性产品的生产者和提供者，是国家基础性、公益性地质调查和战略性矿产勘查工作的统一部署和组织实施者，是经济社会可持续发展不可或缺的基础支撑。

中国地质调查局由地调局局机关及 28 个局属单位组成，局属单位包括四类机构，分别是：①区域性地质调查机构 6 个，有中国地质调查局天津地质调查中心（天津地质矿产研究所）、中国地质调查局沈阳地质调查中心（沈阳地质矿产研究所）、中国地质调查局南京地质调查中心（南京地质矿产研究所）、中国地质调查局武汉地质调查中心（武汉地质矿产研究所）、中国地质调查局成都地质调查中心（成都地质矿产研究所）、中国地质调查局西安地质调查中心（西安地质矿产研究所）；②专业地质调查机构 5 个，有青岛海洋地质研究所、中国国土资源航空物探遥感中心、广州海洋地质调查局、中国地质调查局水文地质环境地质调查中心、中国地质调查局油气资源调查中心；③公共服务机构 4 个，有中国地质调查局发展研究中心（全国地质资料馆）、国土资源实物地质资料中心、中国地质环境监测院、中国地质图书馆（中国地质调查局地学文献中心）；④科技创新与技术支持机构 13 个，即为原中国地质科学院单位，有中国地质科学院、中国地质科学院地质研究所、中国地质科学院矿产资源研究所、中国地质科学院地质力学研究所、国家地质实验测试中心、中国地质科学院水文地质环境地质研究所、中国地质科学院地球物理地球化学勘查研究所、中国地质科学院岩溶地质研究所、中国地质科学院矿产综合利用研究所、中国地质科学院郑州矿产综合利用研究所、中国地质科学院勘探技术研究所、中国地质科学院探矿工艺研究所、北京探矿工程研究所。

（1）中国地质调查局发展研究中心。

中国地质调查局发展研究中心（简称发展研究中心）于 2002 年 7 月 18 日正式成立。加挂"全国地质资料馆"的牌子。负责管理国土资源实物地质资料中心和国土资源部十三陵培训中心。

发展研究中心是中国地质调查局的正局级直属事业单位，承担地质和矿产勘查工作方向、发展战略、境外地质工作规划和部署研究，负责全国地质资料接收、保管和服务，承担地质调查信息化建设工作。接受上级委托，对找矿突破战略行动等有关重大专项进行技术支撑。

发展研究中心现有职工 225 人，其中正高级职称 50 人，副高级职称 62 人；博士 45 人，硕士 68 人；离退休职工 100 人。现设处室 25 个（不含国土资源实物地质资料中心和国土资源部十三陵培训中心），其中综合管理处室 5 个，业务处室 17 个，其他处室 3 个。发展研究中心已在地质工作规划部署、经济管理研究特别是重大战略问题研究方面积累了丰富的基础资料和成果经验，形成了稳定的研究团队。

发展研究中心参与了《国务院关于加强地质工作的决定》《全国地质勘查规划》《找矿突破战略行动纲要（2011—2020 年）》等重要文件的研究起草工作。为地质调查工作部署提供支撑工作，为部、局机关提供了大量情报资料。编辑《中国地质》和《地质通报》，为地勘行业提供了良好的科技交流平台。建设了全球矿产资源信息系统数据库，为地质工作走出去提供信息服务。研发了数字地质调查系统、国家地质空间数据网格服务系统、多元地学空间数据管理与分析系统等；先后牵头完成了 1∶20 万地质图空间数据库等数十个不同比例尺、不同主题的数据库建设工作；牵头完成一批地质信息化标准的编制；建设并维护地调局的网络系统和网站，对地质调查信息化起到了引领和推动作用。承担地质资料接收与保管工作，努力实施地质资料的社会化服务工作。

（2）中国地质科学院。

中国地质科学院 1956 年建院，是新中国成立初期我国最早建立的少数几个科学研究院，也是我国专业齐全、规模最大、技术力量雄厚的社会公益类地学科研机构，是国家创新体系的重要组成部分。2005 年《国土资源部关于进一步明确中国地质调查局有关职责的决定》（国土资发〔2005〕14 号）指出，国土资源部对中国地质调查局实行直接管理，中国地质调查局对 26 个单位（包括中国地质科学院院部和地质研究所、矿产资源研究所、地质力学研究所、水文地质环境地质研究所、地球物理地球化学勘查研究所、岩溶地质研究所、国家地质实验测试中心等 8 个单位）实行统一管理，并接受国土资源部的检查监督。

中国地质科学院目前从事的地质研究领域包括基础地质、矿产地质、水文地质、工程地质、岩溶地质、环境地质、深部探测、物化探勘查技术、岩矿测试技术、矿产资源综合利用技术等，主要任务是通过创新研究，解决国民经济和社会发展中的重大地质科学技术问题，为国土资源规划、管理、保护与合理利用提供决策依据；为国土资源部参与国家宏观调控提供参谋和咨询；为地质调查和找矿突破提供科技支撑，培养高级地质科技人才，服务国民经济建设和社会发展，攀登地球科学高峰。

中国地质科学院现有人员编制数为 2753 人，专业技术人员中，形成了以院士领军、研究员和博士为主体，创新能力强、高层次人才密集的地质科技队伍。先后建立联合国教科文组织国际岩溶研究中心、国家现代地球物理勘查工程技术中心、大陆构造与动力学国家重点实验室、国家首批科技基础条件平台——北京离子探针中心，拥有 14 个国土资源部重点实验室、4 个部级检测中心、15 个国土资源部野外科学观测研究基地。

中国地质科学院设有研究生部，具有 2 个博士学位授权一级学科点和 2 个博士后科研流动站，8 个博士学位授权专业、11 个硕士学位授权专业，是目前国土资源部唯一具有博士、硕士学位授予权和博士后科研流动站的高级地质人才培养基地。

中国地质科学院与国际地学界有广泛的交流与合作，先后与 40 多个国家和地区、近百个国外科研机构建立了长期友好合作关系。组织实施了数百项国际合作项目，取得了一大批重要成果，有 33 位专家在国际学术组织任职，在引进、消化、吸收、发展和推广世界先进地质理论和技术方法方面发挥了重要作用。中国国际地球科学计划全国委员会秘书处、世界数据中心中国地质学科中心、国际地质科学联合会地质遗产北京办公室等国际地学组织与相关机构及中国地质学会、李四光地质科学奖基金会、全国地层委员会挂靠在中国地质科学院。

四、主要学术期刊

1.《中国矿业》

《中国矿业》杂志创刊于 1992 年 7 月 1 日，是由《矿山技术》更名而来。是由国土资源部主管、中国矿业联合会主办，集矿业政策、管理、经济、工程技术（方法）等内容于一体的矿业类综合期刊，是全国中文核心期刊，中国科技论文统计源期刊，中国期刊方阵"双效"期刊。《中国矿业》杂志针对国内外矿业类的相关内容，力争做到了解最新矿业工艺技术、把握行业的最新动态，寻找最新颖的行业视点、及时准确地传递矿业科技成果信息，为中国矿业的发展提供一个崭新的平台。目前，《中国矿业》杂志设有矿业综述、管理专论、经济研究、绿色矿业、采选技术、矿业纵横等多个栏目，成为国内众多矿业企事业单位、科研设计单位、矿业院校、矿业行政管理部门以及国外相关矿业企业了解中国矿业动态的窗口。

《中国矿业》栏目的特色：①矿业综述：就我国矿业改革与发展的整体思路或局部问题进行探讨，介绍评述矿业开发过程中的典型经验。该栏目具有综合性、前瞻性和权威性。②管理专论：宣传我国矿业的最新管理政策与法规，做到权威性、指导性与实用性为一体。③经济研究：探讨矿业经济的最新动态和研究成果，所刊文章具有理论性、实时性的特点，为从业者的决策作参考。④绿色矿业：矿业绿色发展是当前矿业发展的新模式，针对矿业发展中的地质灾害、土地复垦、矿山环境治理、资源综合利用和矿业社区可持续发展等方面进行分析与讨论，所刊文章符合最新的发展形势和趋势。⑤采选技术：介绍矿山先进的采矿、选矿技术，展示最新的采选技术，提高矿山企业的回采率和选矿回收率。

2.《资源与产业》

《资源与产业》杂志是由教育部主管、中国地质大学（北京）主办的国内外公开发行的学术类期刊，本刊为双月刊。《资源与产业》由原地矿部主办的《矿产资源开发》更名而来，创刊于1995年，在国土资源领域一直享有较高的声誉。现由中国地质大学（北京）副校长雷涯邻教授担任主编。具有权威性、科学性、前瞻性、实务性等鲜明的办刊特色，深受广大从事资源管理、教学和研究人员的关注与好评，并赢得和吸引了众多的作者和读者。

《资源与产业》杂志是以能源、矿产、海洋、水等资源的管理、开发、利用为主要内容，关注、评析资源与管理、资源与社会、资源与经济、资源与环境、资源与科学、资源与教育等诸多领域的热点和现实问题，并及时宣传国家政策方针。设有资源型城市可持续发展、资源管理、资源战略、资源开发、资源环境、资源调查、资源评价、资源产业、资源市场、资源经济等栏目。

《资源与产业》杂志自创刊以来，获得多项荣誉，并被国内多家数据库收录。"资源型城市可持续发展"是本刊的一个重要和特色栏目，在2003—2004年度被评为"北京高校人文社科学报优秀栏目"。2006年5月，《资源与产业》在中国人文社科学报学会第三届评优活动中获"全国优秀社科学报"，"资源型城市可持续发展"被评为"全国社科学报优秀栏目"。2008年《资源与产业》被评为北大"中文核心期刊"。2010年《资源与产业》被评为"北京市高校人文社科学术期刊名刊"，其中本刊的"资源型城市可持续发展"栏目被评为"北京市高校人文社科学术期刊名栏"。

3.《国土资源情报》

《国土资源情报》是由国土资源部主管、国土资源部信息中心国内公开发行的学术刊物，为全国性、资源类学术期刊，围绕部管理工作的中心，分析资源形势，评述科技进展，研究管理政策，探索发展战略，力求做到综合性、国际性、领新性、学术性为一体。本刊已被"中国期刊全文数据库""中国核心期刊遴选数据库""中国学术期刊综合评价数据库来源期刊""中文科技期刊数据库"收录。

本刊刊登文章主要内容：①自然资源领域全球治理；②国内外自然资源领域改革，包括体制、机制、法制等；③《矿产资源法》《土地法》及其他资源法立法相关讨论；④自然资源领域"十三五"规划预研究；⑤全球自然资源配置战略相关研究；⑥国际自然资源智库最新研究成果介绍；⑦国内外土地制度相关研究；⑧各国矿产资源战略、规划、政策、法规、管理等研究及最新动态；⑨地方国土资源管理与实践探索。

4.《中国国土资源经济》

《中国国土资源经济》杂志曾用刊名《中国地质矿产经济》。1983 年创刊，是向国内外公开发行、刊载国土资源经济领域最新研究成果的学术性期刊，由中华人民共和国国土资源部主管、中国地质矿产经济学会和中国国土资源经济研究院共同主办，是中国地质矿产经济学会会刊。创刊 20 多年来，刊载了大量有价值的信息和学术研究成果，为地勘单位和国土资源管理部门的改革、发展、管理与决策提供了大量对策建议，为广大科研人员和基层管理者提供了一个发表学术成果和进行学术交流的舞台。

《中国国土资源经济》主要栏目设置为：资源经济、资源产业经济、环境经济、资源行政管理与法制建设、公益性地质工作论坛、调查与研究、技术经济与管理、学习与借鉴。

《中国国土资源经济》曾荣获首届《CAJ-CD 规范》执行优秀奖、中国期刊全文数据库（CJFD）全文收录期刊。

5.《国土资源科技管理》

《国土资源科技管理》由国土资源部科技与国际合作司和成都理工大学，国内外公开发行的国土资源学术期刊（双月刊）。

《国土资源科技管理》（原《地质科技管理》《地质系统管理研究》）1984 年创刊以来，立足于国土资源管理、国土资源科技发展，紧跟国土资源行业研究动向，及时反映我国国土资源学术研究的最新进展，以其理论性、学术性、实用性和可操作性为我国经济发展服务。

《国土资源科技管理》是中文核心期刊、中文科技核心期刊、RCCSE 中国核心学术期刊（扩展版），被《中国学术期刊网络出版总库全文数据库》及 CNKI 系列数据库、万方数据、《中文科技期刊数据库》、CEPS 收录，《中国人文社会科学引文数据库》来源期刊，《CAJ-CD 规范》执行优秀期刊。

《国土资源科技管理》紧跟国家关于国土资源可持续发展政策导向，主要刊登土地、矿产、生态、环境等国土资源的开发与利用、生态与保护、规划与评价等热点问题、难点问题和前沿问题的研究成果，跟踪国外国土资源科技管理的新动态、新成果，突出新理念、新视角、新架构、新观点。

五、主要学术交流团体

1. 中国地质矿产经济学会

中国地质矿产经济学会是由从事地质矿产经济研究的专家、学者、有关单位自愿结成的学术性的全国性的非营利性的社会组织。

中国地质矿产经济学会于 1979 年 10 月筹备，1981 年 8 月正式成立，是 1991 年 5 月 15 日经民政部批准成为全国首批发证的社团之一，1999 年社团清理整顿后国土资源部保留的少数社团之一。

中国地质矿产经济学会上级主管单位是国土资源部，接受挂靠单位中国国土资源经济研究院的业务指导和监督管理。学会办事机构设在中国国土资源经济研究院，主要由学会办公室组成。

学会宗旨：以马克思主义、毛泽东思想、邓小平理论和"三个代表"重要思想为指导，深入贯彻落实科学发展观，发扬理论联系实际的学风，贯彻百花齐放、百家争鸣的方针，围绕建立适应社会主义市场经济体制要求的地质矿产经济新体制、促进地质矿产事业发展，开展相关活动，推进学科建设，在政府、有关行业组织、地质矿产企事业单位、各方面专家学者之间发挥桥梁纽带作用。

学会现有 72 个单位会员和近千名个人会员。学会下设 6 个分支机构，即青年分会、地勘产业专业委员会、资源管理专业委员会、资源经济与规划专业委员会、环境经济专业委员会和人力资源研究专业委员会。与中国国土资源经济研究院联合主办《中国国土资源经济》（月刊）会刊。

中国地质矿产经济学会经过三十余年的发展，在提供服务、反映诉求、开展地矿经济理论研究以及自身建设等方面都取得了长足的进步，已成为联系政府和从事地质勘查工作企事业单位的桥梁纽带，成为推动我国地质矿产经济发展的一支重要力量。

2. 中国自然资源学会资源产业专业委员会

中国自然资源学会资源产业专业委员会（简称"资源产业专业委员会"）是中国自然资源学会下设的分支机构，2014 年正式获批成立。

资源产业专业委员会依托中国地质大学（北京）资源产业经济与资源管理工程两个博士点专业组建，研究涉及到资源产业领域各方面前沿问题理论及应用研究。鉴于学科理论发展与实际应用应紧密结合，专业委员会秘书处设在中国地质调查局发展研究中心。委员会主任为中国地质大学（北京）资源环境经济研究所所长、博士生导师崔彬教授（崔彬教授致力于资源产业经济与管理研究数十年，为资源产业经济学科的发展做出了突出贡献）。副主任单位及委员吸收了国内众多高校、科研机构、事业单位及资源企业等，为今后委员会组织科研活动和学术交流打下了坚实的基础。

资源产业专业委员会的成立将极大地促进资源产业经济学科领域的发展，这不仅为领域中的优秀人才能够进行学术交流和活动搭建了一个良好的平台，同时也为领域中的新生力量提供了更多更好的发展机会。

参考文献

[1] 雷军. 矿产资源法律制度研究［D］. 上海：华东政法学院，2006.

[2] 彭渤. 矿产资源学［M］. 北京：地质出版社，2014.

[3] 史培军，周涛，王静爱，等. 资源科学导论［M］. 北京：高等教育出版社，2009.

[4] 成升魁. 资源科学几个问题探讨［J］. 资源科学，1998，20（2）：1-10.

[5] 刘成武，黄利民. 资源科学概论（第二版）［M］. 北京：科学出版社，2014.

[6] 矿产资源所有权制度的沿革参考文［EB/OL］. 2015-12-20.

[7] 石玉林. 资源科学［M］. 北京：高等教育出版社，2006.

[8] 付英. 论矿产资源、资产、资本一体化管理新机制［J］. 中国国土资源经济，2011（4）.

[9] 仲伟志. 如何理解矿产"资源、资产、资本一体化"［N］. 中国国土资源报，2010-10-22.

[10] 刘欣. 试论矿产资源的资源、资产与资本一体化管理［N］. 中国国土资源报，2010-05-21.

[11] 厉以宁，章铮. 环境经济学［M］. 北京：中国计划出版社，1995.

[12] 钱抗生，盛桂农. 矿产资源分析矿产资源分析［M］. 北京：海洋出版社，1996.

[13] 李娜. 地质调查质量控制与地质矿产资源勘查开发新技术及规范化监督管理实用手册［M］. 银川：宁夏音像出版社，2004.

［14］郭春荣，王万山．资源经济学的来龙去脉［J］．生产力研究，2005（5）．

［15］崔彬，王文，吕晓岚．资源产业经济学资源产业经济学［M］．北京：中国人民大学出版社，2015．

［16］陈国达．地洼学说新进展［M］．北京：科学出版社，1992．

［17］涂光炽，等．中国超大型矿床［M］．北京：科学出版社，2000．

［18］张万良．关于层控矿床［J］．地质评论，1989，35（4）：355-358．

［19］陈国达．成矿构造研究法［M］．北京：地质出版社，1978．

［20］刘石年，戴塔根，李石锦．勘查学［M］．长沙：中南工业大学出版社，1999．

［21］王艳．我国矿产资源法律制度研究—以救济机制为视角［D］．郑州：郑州大学，2007．

［22］胡寄窗．1870年以来的西方经济学说［M］．北京：经济科学出版社，1988．

［23］世界环境与发展委员会．《我们共同的未来》［M］．王之佳，柯金良译．吉林：吉林人民出版社，1997．

［24］骆云．中国矿产资源勘查开发管理研究［D］．西安：长安大学，2014．

［25］唐海洲．国土资源行政执法必备［M］．北京：中国大地出版社，2003．

［26］崔建远，晓坤．矿业权基本问题探讨［J］．法学研究，1998（4）：82-91．

［27］江平．中国矿业权法律制度研究［M］．北京：中国政法大学出版社，1991．

［28］探矿权采矿权市场建设调研组（国土资源部）．发展探矿权采矿权市场的基本经验、主要问题与建议［J］．矿产保护与利用，2003（3）：1-4．

［29］中外矿业税费制度比较［N］．中国矿业报，2001-07-14．

［30］我国要尽快建立矿产资源储备和安全供应战略［EB/OL］．中国矿业网，2003-08-20．

［31］卜建业．中日矿业权法律制度比较［J］．中国煤田地质，2006，12（2）：81-83．

［32］赵鹏大．资源产业经济若干问题［M］．北京：中国地质大学，2003．

［33］余钦范．关于资源产业经济博士学科点的思考［M］．北京：中国地质大学出版社，2004．

第二十章 海洋资源学

根据自然资源的形成条件、分布规律及其与地球环境各圈层的关系，通常将自然资源分为土地资源、水资源、生物资源、矿产资源和气候资源等五大类。随着海洋地位的日益突出，海洋资源作为第六类资源进入资源科学研究领域。海洋资源学是资源科学和海洋科学的一个共同的分支学科，是资源科学、海洋科学与工程技术学等相互交叉形成的边缘学科[1]。本章介绍海洋资源学的基本概念和研究内容，梳理海洋资源学学科形成、发展的脉络及主要研究成果，阐明海洋资源学学科建设及发展特点。

第一节 海洋资源学概述

一、学科产生背景

海洋覆盖了地球表面的 71%，与地球各大圈层如大气圈、岩石圈、水圈、生物圈和人类圈紧密联系，是地球系统的重要组成部分[2]。海洋资源种类繁多，包括海洋生物、海水资源、海底矿产、海洋能资源和海洋空间等；海洋资源蕴含着巨大的潜力，为实现社会的可持续发展提供了重要的物质基础。人类赖以生存的陆地空间已不堪重负，面临着人口、粮食、环境等问题。地球上生物资源的 80% 分布在海洋里，海洋给人类提供食物能力是陆地的 1000 倍；在海洋生态不受破坏的情况下每年可向人类提供 30 亿吨水产品。因此，海洋资源的开发利用潜力巨大，前景广阔。

第二次世界大战以来，科学技术高速发展，海洋资源开发利用程度不断加大，资源和环境问题日益突出，如海域争端、全球气候变暖与海平面上升、海洋生物资源衰退、生物多样性下降、海洋灾害频繁发生等，人类对海洋重要性的认识不断提高。1972 年联合国召开人类环境会议，通过著名的斯德哥尔摩《人类环境宣言》，提出了"人类只有一个地球"的口号。1987 年，联合国环境和发展委员会发表了《我们的共同未来》。1992 年 6 月，联合国在巴西里约热内卢召开"环境和发展大会"，通过了《21 世纪议程》和一系列重要文件，提出海洋是全球生命支持系统的一个基本组成部分和实现可持续发展的宝贵财富。1994 年联合国大会做出决议，要求沿海国家把海洋开发列入国家发展战略。2001 年，联合国正式发布的文件中首次提出"21 世纪是海洋世纪"。

20 世纪 50 年代以来，随着各国社会生产力和科学技术的迅猛发展，海洋经济成为新的增长点，在国民经济和社会发展中的地位日益突出，由此造成的海域污染和生态环境问题也愈加突出，引起了有关国际组织及各国的政府的极大关注。在我国相关问题尤其突出，主要表现在：海洋生物资源过度开发，部分海域生物资源出现衰退甚至枯竭的现象；海岸及其近海海域环境污染严重，部分水域环境质量急剧下降，因污染引发的灾害（如赤潮）大量增加；海底挖砂和海岸工程建设等活动导致大量海岸侵蚀现象出现；围填海造地等活动对海岸带生态系统造成破坏，尤其是对红树林、珊瑚礁及河口湿地等生态系统的破坏最为严重；海洋资源多头管理和争抢资源的现象严重，导致海洋资源管理效率下降。

21世纪海洋资源与人类发展的核心问题归纳起来就是人类与海洋如何和谐发展，如何取得共赢的局面。人类需要不断调整自己的行为，实现海洋资源及其自身的可持续发展[3]。海洋资源学作为一门独立的学科应运而生，成为自然科学、工程技术学、社会科学等学科交叉的、综合性的新学科领域。它从海洋资源合理开发利用与保护的角度出发，研究海洋资源开发与人类关系。

二、学科研究对象

（一）海洋资源的概念

海洋资源是与陆地资源相对而言的。人们对于海洋资源的理解是随着科学技术的不断进步以及对海洋认识的不断深入而发展的。因此，海洋资源的定义在不同时期、不同专业文献和著作中不尽相同。2005年，我国修订的海洋学术语系列国家标准中有一部专门针对海洋资源学的标准，其中对海洋资源学的相关概念进行了定义：海洋资源是海岸带和海洋中一切能供人类利用的天然物质、能量和空间的总称[4]。

（二）海洋资源的分类

海洋资源种类繁多，根据不同对象、特点可以划分为不同类型，至今尚无系统、全面的归纳和分类。本章从海洋资源的自然本质属性出发，将其分为海洋生物资源、海底矿产资源、海水资源、海洋能资源和海洋空间资源[1]。

1. 海洋生物资源

海洋生物资源是一类能自行增殖的可更生性的海洋资源，主要包括海洋动物、海洋植物和海洋微生物资源。海洋生物资源是海洋资源的重要组成部分，主要通过生物种群的繁殖、发育、生长和新老交替，使资源不断更新，种群不断获得补充。同时，通过一定的自我调节能力而达到数量上的相对稳定。自古以来，海洋生物资源就是人类食物的重要来源，主要包括海洋鱼类、软体动物、甲壳动物等。海洋生物资源同时还提供了重要的医药原料和工业原料。随着人类的开发利用水平不断提高，海洋生物资源的用途越来越广泛[1]。

2. 海底矿产资源

海底矿产资源是指海滨、浅海、深海、大洋盆地和洋中脊底部的各类矿产资源。依据产出海域划分，海洋矿产资源可分为海滨砂矿资源、海底矿产资源和大洋矿产资源三种。海滨砂矿资源分布于近岸海域的海底，可分为金属砂矿和非金属砂矿两种，金属砂矿主要有铁砂矿、锡石矿砂、砂金和稀有金属矿砂；非金属砂矿主要有金刚石矿砂、砂等建筑材料。海底矿产资源实际上是指蕴藏于陆架和部分陆坡的矿产，主要是海底石油与天然气、煤矿、硫矿、磷石灰矿以及岩盐矿等。大洋矿产资源主要是多金属结核矿和多金属结壳矿，以及多金属硫化物和多金属软泥等海底热液矿[1]。

3. 海水资源

海水资源是指海洋中的水体资源。海水资源可分为水资源和化学资源两类。海水作为资源，可以直接利用，也可以淡化后使用。海水直接利用是指用海水代替淡水作为工业、农业、商业和城市用水，可以缓解沿海地区淡水资源短缺的矛盾。海水淡化是指除去海水中的盐分获得淡水的工艺过程。海水淡化属于高科技工艺，能够增加全球淡水总供应量的可靠途径。目前已有120多个国家进行海水淡化技术研究，科威特、沙特阿拉伯、美国、日本等都把海水淡化作为解决淡水不足的主要办法[3]。

整个地球中海水总体积约有13亿立方千米，海水中有3.5%是溶解在海水中的无机盐，包括海盐、溴、碘、钾、镁、铀、锂、重水资源等，都是重要的化学资源。由于海水比其他物质体系复杂，且元素在海水中的浓度非常低，分离提取十分困难。早期，从海水中提取无机物主要包括制盐、卤水或者提取芒硝、钾盐、溴、镁盐等；到了近代，研究范围扩展到海水中提取铀，以及海洋生物天然产物的分离等[1]。

4. 海洋能资源

海洋能资源是指海洋中由海水运动和海水理化特性差异所产生的各种能量的总称[1]。包括波浪能、潮汐能、海流能、海水温差能和海水盐差能。波浪能主要是由风引起的海水质点作周期性运动所产生的能量；潮汐能是由于潮汐的涨落而具有的位势差能；海水温差能是在风、海水温度、海水密度不均匀及地球自转偏转等综合作用下，海水沿一定路线不停地流动而产生的动能；海水盐差能是指在含盐分30~35的海水与江河淡水交汇时释放出来的一种物理化学能。

海洋能是可再生资源，蕴藏量丰富，开发利用比较安全；作为一种新型能源已经引起了世界沿海国家的重视，具有广阔的开发利用前景。但是，海洋能源分布不均匀、能量密度小、能源多变、不稳定，给开发利用带来很大困难[1]。

5. 海洋空间资源

海洋空间资源是指可供利用的海洋水域、海洋上空、海底和海岸空间等，主要包括海面、水体、海底和海岸四部分。海洋空间资源既是进行各种海洋资源开发、利用、保护活动的场所，也是各类海洋资源存在、生长的载体；当前，海洋空间利用已经从传统的海洋运输利用向其他方面发展。按照开发利用方式，可分为海洋交通运输空间、海洋生产和生活空间、海洋娱乐空间、海洋储藏空间、海洋通信和电力输送空间等[1]。在产业共同发展、空间利用矛盾日益突出的今天，海洋空间资源的价值愈加凸显。

（三）海洋资源的特点

海洋是地球上最大的、相对独立的资源和生态系统，海洋资源作为自然资源的一种，具有自身独特的属性。

1. 整体性

海洋是一个多种资源要素复合而成的自然综合体，从海面、水体到海底，到处都充满着各种物质和能量。多种资源共同存在于海洋生态系统中，一方面，每种资源个体彼此独立存在，具有独特的个性和相对完善的运行系统；另一方面，不同资源之间相互联系、相互影响、相互制约，组成了一个有机整体，表现出整体系统性。也就是说，整个海洋资源是一个由相互独立的各种资源相互联系、相互作用组成的有机整体。因此，在开发利用的过程中，必须统筹安排、合理规划，避免和减少冲突与矛盾，最大限度提高利用效率，确保生态系统的良性循环。

2. 可再生性

海洋中的许多资源，如海水资源、生物资源、海洋能源等，是可以再生或循环利用的。因此，在开发利用这些海洋资源时，如果合理开发与保护，使其数量保持在一个适度的水平，以保证其有足够的余地再生补充，从而可以实现永续利用。因此，海洋资源合理开发与管理具有重要意义。

3. 共享性

与其他资源相比，海洋资源多属于公共物品，获取门槛较低，其共享性更加明显。如海洋水体覆盖下的生物资源可以游动，其产权难以界定，可供多个主体共同开发利用；海洋空间资源在很多国家也标有"国家所有"的标签，属于公共物品；海底矿产资源和空间资源往往是跨国界、跨地域分布。同时，海洋环境污染也不受边界限制。因此，在海洋资源的开发与管理中必须在国际、区域有关法律、法规框架内进行。

4. 多用途性

海洋资源种类繁多，不同资源均呈现多用途性。海岸带土地资源可用于农用地、养殖用地、城市化用地、旅游休闲用地、港口用地、临海工业用地、生态保护用地等；海岸水域资源可作为养殖水域、航道水域、旅游休闲水域、军事专用水域、生态保护水域等。海洋资源在不同的地域、不同的历史时期，有不同的利用模式和利用结构。多用途性要求人类在对海洋资源开发利用时，必须根据其可供利用的广度和深度，综合考虑经济效益、生态效益、社会效益等方面，实施综合开发、利用和综合治理，做到物尽其用，同时维护其生态功能。

5. 区域性

海洋资源的区域性是指海洋资源空间分布不平衡，其种类、结构、数量、质量、特性等都有很大的差异，即海洋资源表现出自然丰度和地理分布上的差异性。区域性主要是由于海洋地理环境和气候条件的不同而造成的；这种分布差异又制约着我国海洋经济的布局、规模和发展。海洋资源的区域差异，要求人们按照海洋资源区域性的特点和当地的经济条件，对资源的分布、数量、质量等情况进行全面调查和评价，因地制宜地安排各行各业的生产，有效地发挥海洋资源的潜力。

三、研究内容

海洋资源的特殊性，使得海洋资源学成为自然科学、工程技术学和社会科学等学科相互交叉的综合性、新型学科领域。其主要研究内容包括两个方面：一是以海洋资源开发为目的，研究海洋中各类资源的分类、特点、储量、形成、分布规律及开发利用等，通常应用自然科学与工程技术相结合，进行资源分类研究，包括资源分类与分布的基础调查研究、资源评价、资源开发与管理等[1]；二是研究各种海洋资源的利用、保护与人类社会发展的关系，其核心是研究海洋资源科学管理的理论与方法，开展资源、生态、环境和社会经济的综合研究，以便合理开发海洋资源，发展海洋经济，保护生态环境，实现海洋资源的可持续利用[1]。

第二节　海洋资源学的发展历程

一、知识积累时期

人类利用海洋资源历史悠久，几乎与人类文明史一样长远。旧石器时代，沿海地区已有人类居住，海洋成为人类活动的主要场所之一，早期局限于近岸捕鱼、贝类和海藻等作为食物。考古工作者在中国沿海地区发现了许多新石器时代遗留下来的贝丘遗址；在山东胶州湾三里河出图的大汶口文化遗址，出土了距今 5000 年前的海产经济鱼类的鱼骨和鱼鳞，说明距今 4000—5000 年前，中国沿海先民已经掌握一定的海洋捕捞技术，中国是世界上最早利用海洋生物资源的国家之一。通过不断观察、认识和利用海洋生物资源，沿海先民积累了大量的海洋生物知识。正是从捕捞的实践中，开始了开发利用海洋资源的活动，到战国时期已有海龟、海蟹等的文献记载，还出现了对海洋生物资源的评价，体现了保护海洋生物资源的思想[1]。

海盐利用在中国历史悠久，《尚书》《礼记》《史记》等典籍中都有"煮海为盐"的记载。公元前 4000 多年以前，中国沿海居民开始"煮海为盐"；大约到了商周时期，该法已经被广泛推广并普及。西周时期，制盐业迅速发展，并专门设置了"盐人"的职务；宋朝及元朝以来，关于食盐技术的书籍内容更加丰富，技术也更加全面成熟[2]。

渡具的产生与改进使得沿海先民的捕捞由近及远，活动范围逐步拓展。通过与海洋的接触和利用海洋资源的过程，对各种海洋现象有了一定的认识。从分散和零星的进行发展到较大规模的开发利用，经历了几千年历史，即传统的"兴渔盐之利，行舟楫之便"时期。与此相适应的海洋资源学研究，主要限于对沿海生物种类和分布的观察和记述、航海地理探险等，基本上属于对沿岸局部海域的环境和资源的资料与经验积累阶段[2]。

二、萌芽时期

15 世纪开始，随着航海技术的不断发展，海洋地理探险活动日益活跃，陆续发现了许多新陆地和新航线，人们对海洋及其资源的视野逐渐开阔。比较有代表性的航海探险活动包括：1405—1433 年，郑和七次下西洋，穿过印度洋到非洲东海岸，在历史上开创了在太平洋和印度洋专门开展海洋调查的先例；1488—1522 年，葡萄牙人麦哲伦率领船队发现绕过好望角通往印度洋的航线，向西穿过印度洋，绕过非洲南端的好望角，终于在 9 月回到原出发地西班牙。首次完成了绕地球一周的航行；1492—1504 年，哥伦布四次横渡大西洋，发现美洲大陆。

航海的发展为海洋科学研究创造了有利条件，使海洋生物资源的科学研究走向外海和大洋，主要是进行生物样品采集和种类、分布研究。这期间先后提出了海洋原生物、藻类、浮游生物、游泳生物、底栖生物、海洋细菌、蔓足类和珊瑚类等海洋生物学分类概念，发表了一些海洋生物分布图和研究报告。

1873—1876 年，英国"挑战者号"考察船进行全球海洋科学考察。是人类历史上首次综合性的海洋科学考察，也是近代海洋科学的开端。这次考察活动采集了大量海洋动植物标本和海水、海底底质样品，发现了 715 个新属及 4717 个海洋生物新种，验证了海水主要成分比值的恒定性原则，编制了第一幅世界大洋沉积物分布图。这些调查获得的全部资料和样品，经 76 位科学家长达 23 年的整理分析和悉心研究，撰写完成了 50 卷计 2.95 万页的调查报告。这些研究成果极大地丰富了人类对海洋的认识，成为海洋科学和资源研究史上的一个里程碑[1]。

三、逐步建立时期

一般认为，现代海洋学成为一门独立的学科开始于 19 世纪后半叶，源自 1873—1876 年英国"挑战者"号科学考察船的全球海洋调查，参加科考的约翰·默里在其名著《海洋：海洋科学的诠释》(The Ocean：A General Account of the Science of the Sea) 一书中，最早使用了"海洋学"(Oceanography) 这一名词，并给海洋学下了定义，约翰·默里被称为现代海洋学的鼻祖。进入 20 世纪以后，海洋学及其分支科学得到快速发展，海洋资源学也逐渐作为一个独立的学科[2]。第二次世界大战之后，特别是 60 年代以来，世界海洋资源研究与开发进入一个新时代。这个时期海洋资源科学研究的显著特点是：①分工日益细化。随着各种海洋资源研究的不断深入，研究分工也逐步细化，形成一些新的分支领域，如海洋生物药物、海洋油气资源、海水淡化、大洋矿产、海洋渔业等领域。②综合研究日益突出。随着海洋资源开发种类和规模的不断扩大，资源开发与环境保护之间、各种资源有序开发之间的矛盾日益突出，海洋资源管理问题引起广泛重视，逐步呈现出综合研究的趋势，海洋综合管理、海洋资源综合利用、海洋生态系统综合评价等综合研究成为新的热点。③高新技术广泛应用。海洋资源开发利用过程中，空间遥感、计算机信息化、深潜技术等先进仪器、设备被广泛应用，有效提高了海洋资源勘查与实验研究能力，促进了海洋资源科学的发展。④国际合作调查日趋频繁。在全球范围内，逐步成立了全球性、区域性的国家调查研究和管理组织，实施与海洋资源、环境相关的大型国际合作计划，如全球海洋生态系统动力学研究、全球变化与生态系多样性研究、大洋钻探计划等[2]。

中国海洋科学经历了一个缓慢发展的时期。民国时期，随着海洋意识觉醒，与此相伴的现代意义上的海洋科学技术兴起，涉海研究机构陆续成立，这成为中国海洋科学研究事业繁荣发展的重要基础。1917 年，陈葆刚等人在烟台创立了山东省水产试验场，这是中国最早建立的涉海研究机构，被视为中国现代意义海洋科学的开始[2]。

20 世纪初，中国开始了正式的海洋调查工作。由于这个时期中国经济和技术都比较落后，尚不能实现大规模、大范围的海洋调查，主要开展以海洋生物为主的海洋调查和海道测量[2]。这一时期的海洋考察，与经济发展关系比较密切，多数与水产业有关，其中比较有代表性的、影响较大的、与海洋资源学密切相关的调查工作主要有：1934 年，中华海产生物学会组织海洋生物科学采集团，沿海南岛各港湾进行了海洋生物采集和调查工作；1934 年，国立北平研究员动物学研究所与青岛市政府联合组织了"胶州湾海产动物采集团"，考察区域是胶州湾及邻近海域，是以海洋动物为主的、多学科的海洋调研；1935—1936 年，北平研究员与青岛市合作组织了胶州湾及其邻近海域的海洋调查，共进行四次海上调查，获得了大量海洋动物标准，出版了四期采集报告[2]。

1949 年新中国成立以来，国家十分重视海洋资源开发、管理及相关研究。1950—1975 年，中国海洋科学研究与开发体系、海洋管理体系逐步形成，海洋科学研究实现迅猛发展。先后组织了多次系统规模的海洋综合调查，获得的资料和样本成为研究海洋、正确认识海洋，合理开发利用海洋资源，有效管理与保护海洋资源的重要基础资料，为海洋资源学的建立和完善奠定了坚实的基础。具有代表性的重大综合调研主要有：

（1）全国海洋综合调查。1958—1960 年，中国首次在近海海域进行全国性的、大规模的、多学科的"全国海洋综合调查"。调查工作由国家科委海洋组组织并领导，本次调查目的是通过对中国近海全面系统的综合调查，编绘海洋物理、海洋化学、海洋生物和海洋地质地貌图集、图志；编写综合调查报告，制定海洋资源开发方案，建立海洋水气象预报、渔情预报，为海洋经济和国防建设提供海洋环境基础资料。调查共获得各种资料报表 9.2 万份，各种海洋要素分布报表 3 万份，地质样品和生物样本 1 万多件，图标 7 万多幅。1964 年出版了《全国海洋综合调查资料》共 10 册，《全国海洋综合调查图集》共 14 册。通过这次调查，第一次了解了中国海洋水文、气象、化学、生物、地质、地貌等要素的基本特征和变化规律，为进一步开展海洋科学研究和海洋资源开发利用奠定了基础。

（2）全国海岸带和海涂资源综合调查。1980—1987 年，中国首次对海陆相互作用的地带进行全国性的、大规模的、多学科的资源调查。本次调查目的是系统掌握中国海岸带和海涂的自然环境和社会经济状况等基本资料，初步查清海岸带和海涂资源的数量和质量，研究海岸带开发利用的优势、潜力和制约因素，提出开发利用设想，为海岸带的发展规划、工农业生产、国防建设、环境保护、国土整治和海岸带管理提供科学依据。完成主要成果：①综合调查资料汇编；②图集，包括 1∶5 万至 1∶20 万的地形图（包括水下部分）、地质图、地貌成因类型图、海底沉积物分布图、矿物分布图、海洋水文要素分布图、海岸气候图、土壤资源图、资源图、环境污染状况图、开发利用规划图等成果图和资源图；③全国海岸带综合调查报告（包括开发利用设想方案）。该项资源综合调查被评为国家科技进步奖一等奖。

（3）我国近海海洋综合调查与评价专项。2003 年 9 月，国务院批准国家 908 专项"我国近海海洋综合调查与评价专项"立项，该项目由国家海洋局组织实施。专项共分为六大类 480 余项，主要包括三大任务：开展近海海洋综合调查、综合评价和数字海洋信息基础框架构建。经过全国 180 余家涉海单位，3 万余名海洋科技工作者，历时 8 年多的努力，基本摸清了我国近海海洋环境资源家底，为海洋灾害的预警和防治提供基础数据，提出了有关我国海洋开发、环境保护和管理政策的系列建议。

（4）中国首次环球大洋科考。2005 年中国首次环球大洋科考，成功开辟了大西洋、印度洋调查海区，开展了多学科、多领域、综合性的三大洋科考工作。历时 297 天，航行 43230 海里，"大洋一号"考察船跨越太平洋、大西洋、印度洋三大洋，完成了地质、地球物理、地球化学、水文、生物等多学科的综合科考，并开展了国际间大洋科技交流。通过在三大洋实施现场调查，我国实现了由单一的太平洋考察区域向三大洋扩展的突破，并从此由单一的多金属结核资源调查向多种资源综合调查转变，初步圈定出富钴结壳的富矿区。2010 年，中国政府代表团向国际海底管理局提交了多金属硫化物资源勘探区申请，成为国际上第一个提出多金属硫化物资源勘探区申请的国家；2011 年，成为首个获得国际海底管理局批准的国家。

第三节　海洋资源研究成果与学科建设

一、研究成果

海洋资源学作为一门新兴的交叉学科，随着科技进步和海洋调查研究的不断深入，进入20世纪90年代以来非常活跃，在海洋资源评价、海洋资源开发与管理、海洋资源保护与可持续利用方面都取得了一系列重要成果。

（一）海洋资源评价

海洋资源评价是通过对各地海洋资源的数量、质量、结构与分布、开发潜力等进行的评价，为正确制定海洋资源开发利用与管理决策提供科学依据。海洋资源评价是在资源价值评价研究基础上发展起来的。1992年，联合国环境与发展大会签署的《21世纪议程》中指出，应在所有国家中建立环境与经济一体化的核算体系计算自然资源的价值。随着人类开发海洋资源力度和规模的加大，引发一系列的环境问题，也日益引起重视，国内外学者开始对海洋资源进行评价，依据评价结果进行合理开发，一方面可以有效利用和保护海洋资源，另一方面可以实现海洋资源的可持续利用。1997年，Coastanza等人根据已出版的研究报告和少数原始数据，对全球海洋生态系统服务总价值进行估算，这是国际上最早对全球海洋资源价值进行的定量化估算。

1984年，中国科委组织专家对部分自然资源实物量和价值量进行初步核算与评价，探讨了核算理论、核算方法、核算技术等问题[6]。《中国海洋21世纪议程》提出应通过海洋资源价值评估，开展海洋资源的资产化管理。但我国海洋资源有偿使用开展得较迟，在20世纪90年代以前，海洋资源基本上是无偿使用。20世纪90年代以后，我国学者陆续对于海洋资源进行评价研究，新中国成立以来各类海洋资源考察为我国海洋资源评价提供了宝贵的基础资料。早期的评价多数是定性地评价，随着人类需求的增加，需要针对具体资源数量、质量和开发潜力进行定量化评价，逐渐从过去的定性评价逐步转入到定量评价。在定量评价方面，我国学者利用不同方法核算和评价海洋资源总价值量及海洋资源分类价值量，针对不同类型海洋资源的特点，提出相应的核算方法；也逐步提出海洋资源和经济一体化核算方法等，扩大了评价的范围和目标[7, 8]。海洋资源评价的方法也逐渐从单一方法转向综合方法，包括野外调查与室内评价相结合、单一成分评价与区域系统评价相结合、纵向与横向对比相结合、定量与定性相结合等[3]。

随着海洋生态环境意识的增强，海洋生态资源价值研究成为海洋资源学研究的主要方向。进入21世纪后，国家自然科学基金、社会科学基金、国家软科学研究项目等陆续支持了海洋生态资源价值方面的相关研究，包括价值理论、管理创新机制到、生态服务价值核算与评价等，研究领域也逐渐从理论研究拓展到理论与实证相结合的应用研究[9]。

随着科技不断发展，高新技术不断被引入，尤其是卫星遥感、GIS技术等，在海洋领域内得到广泛应用，也逐步成为海洋资源评价和监测的重要手段[3]。

（二）海洋资源开发与可持续利用

在全球经济快速发展的同时，海洋资源的开发利用规模迅速扩大，主要海洋产业包括渔业、海洋交通运输业、滨海旅游业、海洋油气开采业等迅猛发展；海洋产业发展也逐步从传统产业向新兴及高新技术产业发展，海洋化工、海洋生物工程，深海采矿、海水淡化、海洋能源利用等产业迅速崛起。20 世纪 90 年代以后，随着海洋资源开发利用高新技术的不断研发，海洋资源可持续发展成为日益关注的研究课题。1994 年，中国政府率先制定《中国 21 世纪议程》，把"海洋资源的可持续开发与保护"作为重要行动方案之一，也开启了中国海洋资源可持续理论研究的热潮。学术界从经济学、资源学等方面陆续开展，分析海洋资源开发利用与可持续发展的利益关系；从海洋资源开发利用引发的问题入手，论证海洋经济面临的可持续危机，构建可持续发展评价指标体系；借鉴国内外区域承载力研究思路与方法，开展海洋资源承载力评价研究[10-15]，并陆续提出可持续利用对策。海洋资源的开发利用越来越关注保护资源和环境，确保实现海洋资源的可持续利用，为子孙后代造福。

（三）海洋资源管理与保护

全球各国为保持自身在海洋经济发展中的领先地位，在不断研发创新海洋科技的同时，纷纷加大海洋资源管理力度，增加管理资金投入，关于海洋资源管理和生态保护的研究逐渐成为新的热点。20 世纪 60 年代后，美国、法国、俄罗斯、日本、加拿大、荷兰和韩国等国相继建立一批海洋研究机构，围绕海洋资源管理与保护形成一批成果，其中有代表性的著作有：《海洋资源管理》（L. F. Robert，1971）、《海洋开发的经济问题》（II. B. Bych，1975）、《大洋经济》（II. B. Bych，1977）、《从新角度看海洋管理》（J. M. Armstrong and M. Ryner，1980）、《海洋管理与联合国》（E. M. Bowski，1996）等。

20 世纪 90 年代，我国学者针对我国海洋资源管理体制现状、海洋产业发展与生态环境保护面临问题展开研究，提出海洋管理体制改革的目标和模式；从产权理论角度出发，提出海洋资源资产化管理，围绕资源性资产的概念、评估核算、资产流失等问题开展研究[16]。进入 21 世纪后，中国沿海地区掀起了大规模海洋开发的新高潮，沿海经济的高速发展对海洋造成了前所未有的资源和环境压力[17]。为了协调海洋生态环境保护和经济发展的矛盾，国内学者在海洋资源综合管理中纳入了生态系统修复、生态补偿机制等研究，从生态系统的角度上实施海洋资源管理成为新时期海洋资源管理的新思路[18]。

二、学科建设

（一）专业研究机构建设

目前，我国海洋科技管理体制采用一种分散管理形式。全国共有 10 个涉海部门，包括农业部、水利部、国土资源部、化学工业部、轻工业总会、交通部、国家气象局、国家海洋局、中国科学院、中国海洋石油总公司等。

我国从事海洋资源学研究的科研机构主要包括五类：①中国科学院系统：海洋研究所、南海海洋研究所、烟台海岸带研究所、三亚深海科学与工程研究所。②国家海洋局系统：国家海洋局第一、第二、第三海洋研究所，国家海洋技术中心、国家海洋信息中心、海洋发展战略研究所、天津海水淡化与综合利用研究所、中国极地研究中心等。③教育系统：涉及海洋资源领域的高校有中国海洋大学、上海海洋大学、大连海事大学等。④其他部委隶属研究机构：如中国水产科学院黄海水产研究所、东海水产研究所和南海水产研究所、中国地质调查局青岛海洋地质研究所、中国化工集团杭州水处理技术研究开发中心等。⑤各沿海省市的研究机构：宁波海洋与渔业研究院、广东省海洋资源研究发展中心、烟台海洋研究所等[2]。

（二）高校学科与课程设置

我国海洋教育事业的发展从有到无经历了漫长的过程，高等院系不断调整，规模不断增加，专业设置不断丰富，对中国海洋科技的发展产生了巨大的影响。1952年山东大学设立海洋系，开创了我国海洋教育的先河，1959年成立山东海洋学院，2002年更名为中国海洋大学；1970年厦门大学复办海洋系，1978年成立了亚热带海洋研究所，成为另外一个海洋科学研究与人才培养的基地。80年代以后，哈尔滨工程大学、华东师范大学等陆续设立了与海洋工程有关的专业、系或学院，我国海洋教育事业快速发展。

2012年，新颁布的普通高等学校本科专业目录中，设置有海洋资源专业相关的高校约25个，主要包括：中国海洋大学、浙江大学、河海大学、南京大学、厦门大学、同济大学、中国地质大学、中山大学、山东大学（威海）、大连理工大学、上海海洋大学、大连海洋大学、深圳大学、大连海事大学、扬州大学、淮海工学院、河北农业大学、河北工业大学、海南大学、广东海洋大学、温州医科大学、浙江海洋学院、宁波大学、天津科技大学、青岛农业大学等。

结合海洋资源利用开发和管理需求，海洋类高校专门设置海洋资源学相关专业，培养能够掌握海洋科学基本理论、海洋资源开发与利用技术、现代海洋调查和资料分析技术以及计算机应用与信息处理技术，具有从事海洋科学研究和海洋资源调查和开发利用、环境保护、海洋事务管理等基本能力的高级专门人才，涉及海洋资源类专业包括海洋科学专业、海洋资源开发利用专业、海洋资源与环境专业、海洋管理专业、海洋渔业科学与技术等。

（三）中国海洋资源学术团体

迄今为止，国内与海洋资源相关的学术团体共有4个，中国海洋湖沼学会、中国海洋学会、中国航海学会和中国水产学会[2]。

中国海洋湖沼学会始建于1950年，是海洋湖沼科学科技工作者自愿结成，学术性、非营利性的法人社会团体，是国家发展海洋湖沼科学技术事业的重要社会力量，挂靠单位是中国科学院海洋研究所。中国海洋湖沼学会现有会员8000余人，下设藻类学、鱼类学等17个分会（专业委员会），7个省市地方学会，学术交流、科学普及等4个工作委员会。中国海洋湖沼学会主办的学术期刊有4种，《海洋与湖沼》《中国海洋湖沼学报》（英文版）、《湖泊科学》《水生生物学报》全部为核心期刊，其中《中国海洋湖沼学报》被SCI检索。每年还编印《海湖学会通讯》和学术会议论文集。

中国海洋学会成立于1979年，挂靠单位是国家海洋局。现有个人会员6700多人，团体会员252个。下属24个分支机构、9个工作委员会和32个全国海洋科普教育基地。主办《海洋学报》《海洋通报》《海洋科学进展》《海洋学研究》《应用海洋学学报》《海洋环境科学》《海洋世界》《海洋通报》和《海洋技术学报》9种刊物。

中国航海学会正式成立于1979年，挂靠中华人民共和国交通运输部。1988年加入国际航行学会联合会。现有包括各地航海学会在内的179个团体会员和近4000名个人会员，下设19个专业委员会和22个地区学会。主办有《中国航海》《航海技术》《航测技术》《内河航事》等刊物。

中国水产学会成立于1963年12月，是中国水产科技工作者的群众性学术团体，是中国科学技术协会的组成部分，接受中国科协和农业部的业务指导与监督管理，挂靠在农业部。

下设 8 个委员会，2 个研究会及水产科学名词研究审定组。主办有《水产学报》《海洋渔业》《淡水渔业》《国外水产》《科学养鱼》等 5 种刊物。

第四节 海洋资源学学科发展的特点

随着海洋资源开发利用规模的不断扩大，海洋保护与资源可持续利用意识的日益增强，海洋资源学在海洋资源评价、开发与可持续利用、管理与保护等方面的作用日趋凸显，总结其发展面貌，主要表现出以下几个特点：

（1）大规模的海洋调查奠定了海洋资源学发展的基础。海洋学研究的主要技术手段是以现场观测、采样分析为基础的海洋调查，新中国成立以来陆续开展的全国海洋综合调查、全国海岸带和海涂资源综合调查、我国近海海洋综合调查与评价专项、中国首次环球大洋科考等大规模海洋调查活动，通过大范围、高精度的海量调查数据，全面更新和丰富了海洋资源基础数据，为深入开发、利用海洋资源提供更加客观的、准确的科学依据。随着新技术的发展，如遥感遥测技术、深潜技术、水声技术、海洋浮标等，人们已能更立体地、全面地获得更丰富的海洋观测资料，为人类更好认识海洋资源分类与分布、有效评价及可持续利用提供了科学依据，对推动海洋资源学的建立和发展奠定了良好的基础[2]。

（2）海洋资源学的发展显示出交叉性和综合性。海洋是一个极其复杂的、开放的巨系统。人类对海洋资源的开发利用，导致海洋发生巨大变化，从而影响全球人类的生存环境。海洋资源学作为一门交叉学科，一方面通过吸收资源学、海洋科学、海洋工程技术等学科的先进成果推动本学科的发展，另一方面不断与其他学科交叉、融合拓展出新的研究方向。随着资源科学、海洋科学、海洋工程技术等学科研究的不断深入，海洋资源学研究的深度和广度日益扩展，与其他学科更增进了渗透和交叉，逐渐趋向于综合研究，需要生态学、环境学、经济学、法学、社会学、管理学等更多学科的渗透和交叉[2]。

（3）海洋资源学的发展实现不同尺度并进的多元化发展趋势。海洋是一个庞大的整体，是一个开放的大生态系统。海洋研究在时间尺度上大至数亿年，小至毫秒；在空间尺度上从极小的区域到全球海洋。随着人类对自然资源需求的不断增长，人类利用自然资源的规模不断扩大，资源、环境、灾害等问题则显得更加突出。海洋资源种类多、分布空间领域广泛，海洋资源学研究呈现出不同尺度的多元化发展趋势：①大尺度与微小尺度。一方面向大尺度发展，例如海洋环境污染、洄游性鱼类资源的管理和养护、海洋灾害的预防和减灾、全球气候变暖等一系列问题研究等，都需要从宏观方面开展研究；另一方面则向微小尺度发展，例如海洋生物资源的开发，需要运用现代生物学手段如细胞工程、染色体工程、基因工程等分子生物学手段从微观方面获得纵深发展。②向上尺度与向下尺度。一方面利用海洋遥感技术、海洋卫星等在高空，进行远距离非接触测量和记录相关数据和信息；另一方面则发展海洋声学探测技术、探测仪器等，探测海水、海底及海底底层的深海鱼类、海底矿产资源等[2]。

（4）高新技术的发展与应用极大促进了海洋资源学的发展。现代科学技术不断应用于海洋资源开发，海洋技术不断进步，逐渐成为新技术革命的主要内容之一。20世纪80年代以来，遥感技术、电子技术、声学技术、激光技术、水下图像传输技术、深潜技术等应用于海洋，极大提高了人类开发利用海洋资源的能力，使得海洋资源开发逐步向深度和广度拓展。海洋资源开发的规模和范围日益扩大，逐渐步入一个新的阶段，高新技术为支撑的新兴产业日益兴起，包括海洋石油工业、海底采矿、海水淡化、海洋生物制药等；海洋资源开发不断向深海远洋发展，形成新的增长点，步入全面开发阶段，由此引导海洋资源学朝着更加多元化、综合化方向发展[2]。

参考文献

[1] 孙鸿烈. 中国资源科学百科全书（上 / 下）[M]. 北京：中国大百科全书出版社，石油大学出版社，2000.

[2] 中国海洋学会. 中国海洋学学科史 [M]. 北京：中国科学技术出版社，2015.

[3] 朱晓东，李杨帆，吴小根，等. 海洋资源概论 [M]. 北京：高等教育出版社，2013.

[4] GB/T 19834-2005 海洋学术语 / 海洋资源学.

[5] 李乃胜，等. 中国海洋科学技术史研究 [M]. 北京：海洋出版社，2010.

[6] 李金昌. 资源核算论 [M]. 北京：海洋出版社，1991.

[7] 许启望，张玉祥. 海洋资源核算 [J]. 海洋开发与管理. 1994，（3）.

[8] 王利，苗丰民. 海域有偿使用价格确定的理论研究 [J]. 海洋开发与管理，1999，16（1）：21–24.

[9] 王淼，刘晓洁，段志霞，等. 海洋生态资源定价理论探讨 [J]. 海洋科学，2005，29（1）：43–47.

[10] 贾晓平，李纯厚，邱永松，等. 广东海洋渔业资源调查评估与可持续利用对策 [M]. 北京：海洋出版社，2005.

[11] 河北省国土资源利用规划院. 河北省海洋资源调查与评价综合报告 [M]. 北京：海洋出版社，2007.

[12] 邓宗成，孙英兰，周皓，等. 沿海地区海洋生态环境承载力定量化研究 [J]. 海洋环境科学，2009，28（4）：438–441.

[13] 高吉喜. 可持续发展理论探索——生态承载力理论、方法与应用 [M]. 北京：中国环境科学出版社，2001.

[14] 苗丽娟，王玉广，张永华，等. 海洋生态环境承载力评价指标体系研究 [J]. 海洋环境科学，2006，25（3）：75–77.

[15] 张德贤. 海洋经济可持续发展模型及应用研究 [J]. 青岛海洋大学学报，2001，31（1）：143–148.

[16] 徐质斌. 海洋资源的资产化管理和产业化经营 [J]. 国土与自然资源研究. 1999，（1）：1–5.

[17] 楼东，谷树忠，钟赛香. 中国海洋资源现状及海洋产业发展趋势分析 [J]. 资源科学，2005，27（5）：20–26.

[18] 杨金森. 海洋生态经济系统的危机分析 [J]. 海洋开发与管理，1999（4）：73–78.

第二十一章　旅游资源学

旅游资源是旅游业发展的基础和先决条件，科学认识与合理保护利用旅游资源对于旅游业可持续发展具有重要作用和意义。旅游资源学是以旅游资源为研究对象的学科，本章记述旅游资源学形成与发展的历史及相关研究进展。

第一节　旅游资源与旅游资源学

一、旅游资源

旅游资源是旅游目的地借以吸引旅游者的重要因素，也是确保旅游开发成功的必要条件。由于旅游资源的重要性，不同学者从不同的角度对旅游资源开展研究提出了不同的定义，对于正确认识和理解旅游资源的概念，制定合理利用和开发的方案具有积极的作用。从1980年开始，我国旅游相关领域学者在撰写论文和专著时涉及到旅游资源的概念，并对旅游资源下了定义。其中，较有代表性的有以下几种：

陈传康、刘振礼[1]认为："旅游资源是在现实条件下，能够吸引人们产生旅游动机并进行旅游活动的各种因素的总和"。

杨桂华等认为："旅游资源是指在自然和人类社会中能够激发旅游者旅游动机并进行旅游活动，为旅游业利用并能产生经济、社会和生态效益的客体"[2]。

苏文才、孙文昌等认为："旅游资源应指凡能激发旅游者旅游动机的，能为旅游业所利用的，并由此而产生经济效益和社会效益的自然条件和社会因素"。上述定义主要从旅游者需求的角度进行界定，认为凡是对旅游者具有吸引力的要素都是旅游资源，强调了旅游资源对于旅游者"旅游动机"的刺激作用，即旅游资源的吸引力。

郭来喜、吴必虎、刘锋等提出："凡能为旅游者提供游览、观赏、知识、乐趣、度假、疗养、娱乐、休息、探险猎奇、考察研究、以及友好往来的客体和劳务，均可称为旅游资源"[3]。

魏小安从经济学的角度所下定义为："旅游资源可以初步定义为能够使旅游者产生兴趣，有足够力量吸引他们前来并由此获得经济效益的各种要素集合"[4]。

2003年颁布实施的国家标准《旅游资源分类、调查与评价（GB/T 18972-2003）》，在充分考虑了前人研究成果，特别是1992年出版的《中国旅游资源普查规范（试行稿）》的学术研究和广泛实践的基础上对旅游资源所下定义如下：旅游资源是指自然界和人类社会凡能对旅游者产生吸引力，可以为旅游业开发利用，并可产生经济效益、社会效益和环境效益的各种事物和因素[5]。

综合上述定义，旅游资源具有如下内涵：

（1）吸引力是认定旅游资源的核心。旅游资源的吸引功能表现在它对旅游者所激发起的旅游动机[6]，这包括两方面的因素，首先是由于旅游资源本身或旅游资源所构成的旅游产品能够满足旅游者实施旅游的愿望，这种愿望包括很多方面，诸如人们对开阔眼界、满足好奇、扩大阅历、休憩养生、锻炼体魄、积累知识、交流情感等，这些动机涵盖了对自然美的向往、对娱乐休闲度假健身康疗的需求、对精神文化的探索等；其次是旅游者由于希望改变生活环境而到异地体验所产生的旅游动机。

（2）旅游资源所指范围十分广泛。定义中提到的旅游资源涵盖面是整个自然界和人类社会，这实际上已把现今地理圈层内和历史进程中形成的一切有形实体、精神要素和某些相关环境囊括在内，时空扩展范围异常广阔。除了观光游览外，休憩、康乐、健身、探险、求知、生态与环境保育等旅游活动渐次加入，旅游者选择的空间迅速扩大，使旅游资源几乎到了无所不包的地步。此时，除了物质型旅游资源继续保持主体外，非物质型旅游资源的地位有了明显提升。

（3）对旅游资源加以必要的限定。旅游资源被规定"对旅游者产生吸引力"，属于一般原则，这里说的旅游者，指的是旅游者群体，至少应是其中的大多数，而不仅仅只是针对个别人。只是个别人有兴趣，其他人对其没有兴趣的，不能成为旅游资源；一般从事劳务的人员，因为发挥的主要是媒介作用，原则上也不必将其当成旅游资源；探亲访友对象，是旅游者的局部行为目标，同样不能成为旅游资源；旅游设施和一般的旅游服务，属于旅游开发中的旅游环境和旅游条件，大多数不能成为旅游资源；目前限于条件暂时不能开发的，可以不认为是现实的旅游资源，但可列为"潜在旅游资源"。至于未来的、甚至难以预料的吸引因素，一般不构成旅游资源。

（4）与旅游业有必然的联系。旅游资源"可以为旅游业开发利用"，即旅游资源必须是现代社会行为旅游活动的关注对象，而非仅供研究的理论产物和个人活动的目的物。旅游资源在开发过程中，不同阶段可能有不同形态和不同内涵，但只要正在被旅游业利用或未来能够被旅游业利用，都被认为存在着这种联系。旅游资源开发后必须同时产生经济效益、社会效益和环境效益。整体是健康积极向上的。达不到这一要求的任何事物和因素，目前都不能称为旅游资源。

（5）旅游资源是开放性的资源。旅游资源是变数较大的资源类型。随着自然界事物和人类社会的不断发展变化，人们生活经历的日益丰富和知识的逐渐积累，使旅游者群体结构时刻在发生变化，旅游者的队伍迅速扩大，旅游者的需求也会从单一走向多元，从表象步入深化，从物质追求转向精神追求。在这样的形势下，作为吸引旅游者的旅游资源便不能是一成不变的，它的开放性质表现在它的应变能力，不断注入新的内涵，不断推陈出新，是旅游资源生成和存在的基本规律，研究旅游资源的开放性质，成为研究者的责任。

西方学者常使用旅游吸引（物）（Tourist Attraction）的概念。在有的情况下，旅游吸引（物）是指旅游地吸引旅游者的所有因素的总和[7]，它包括了旅游资源、适宜的接待设施和优良的服务，甚至还包括了快速舒适的旅游交通条件。在大多数情况下，旅游吸引（物）是旅游资源的代名词。另外，西方学者有时将旅游和休闲利用的资源一起考虑，统称为游憩资源（Recreation Resources），它的定义近似于前面已给出的旅游资源定义，只是将休闲活动所利用的资源包括进来。

当然，旅游资源是一个发展的概念，不同历史阶段对于旅游资源的认识不同。随着旅游业的不断发展，旅游资源的范畴不断扩大，对于旅游资源的认识也会不断得到深化。

二、旅游资源学

（一）旅游资源学概念

旅游资源学是一门以旅游资源为研究对象，重点研究旅游资源的类型、形成、开发利用与合理保护等[8]，与地理学、生态学、历史学、经济学、资源科学和环境科学等学科交叉的综合性学科。

旅游是一种综合性的社会现象，旅游研究是通过对旅游活动三要素，即旅游者（主体）、旅游对象（客体）、旅游活动（媒介）之间关系的研究，力图揭示旅游活动发展机制和运行的一般规律。旅游资源学是针对旅游客体中旅游资源进行研究的一门科学，为合理地开展旅游活动、规划旅游区、制定资源保护策略奠定基础。

旅游资源是旅游开发的重要前提和基础，一个成功的旅游开发一定是对旅游资源开展过深入的调查和研究，既能充分地发挥旅游资源的潜在价值，同时又能促进旅游资源的可持续利用。旅游资源的研究既需要根据资源分布的空间差异规划具有不同功能的旅游区，需要根据市场的发展和区域经济总体发展趋势，对资源开发利用作出阶段性的安排。旅游资源不同属性也导致旅游资源开发的策略差异。

（二）旅游资源学研究内容

概括说来，旅游资源学研究内容大致可以分为以下几个方面：

（1）旅游资源基础理论。旅游资源学的基础理论包括可持续发展理论、地域空间分布理论、景观生态学、边际效益理论、利益相关者理论等。通过基础理论的研究，可以更准确地界定旅游资源的属性、旅游资源的基本特征、价值和功能，系统分析各种影响因素对于旅游资源形成、空间分布、和开发利用的影响规律等。

（2）旅游资源形成机制。各类旅游资源都有其形成的渊源。例如自然旅游资源是各自然要素之间相互作用、长期演化的结果；人文旅游资源是特定社会环境与历史条件下的产物，也具有自然形成的属性。对于旅游资源形成机制的研究，可以让人深入了解旅游资源的特征、差异及科学价值，进而使人们在进行旅游资源调查、评价、开发利用和保护时，做到既科学、合理，又能最大限度体现旅游资源价值，获得最佳综合效益。旅游资源的开发必须从研究旅游资源的形成机制入手，深入挖掘旅游资源的自然和文化价值，合理开发和利用旅游资源。

（3）旅游资源分类与评价。旅游资源的科学分类有助于清楚地认识旅游资源的特点，掌握旅游资源的发展规律。对旅游资源特点的认识，要作深入的考察、科学的分析、广泛的横向对比才能实现。随着科技的进步、社会的发展、旅游资源内涵的延伸，旅游资源的种类与数量越来越多。尤其是随着时间的变迁和开发措施的实施，旅游资源自身构成要素及其周边环境不断发生变化，同时，随着人类的生产力水平的不断提高和认识能力的不断增强，旅游资源的深度和广度都得到了扩展。有些过去不被认为是旅游资源的事物随着时代的变迁而被认为旅游资源，有的过去是旅游资源则有可能不再列入。旅游资源不仅需要合理的分类，同时也需要合理的评价。通过评价，可以正确掌握旅游资源的利用和保护层度，为合理制定旅游产品提供科学依据。

（4）旅游资源利用与保护。旅游资源开发利用实际上就是将旅游资源加工改造成具有旅游功能的吸引物或旅游环境的技术经济过程，使潜在的旅游资源优势转变为现实的旅游经济发展优势。由于不同属性的旅游资源，其特色及由此而产生的吸引力不同，所以应研究采用不同的开发利用方案。

保护旅游资源是维系旅游业可持续发展的重要方面，所以，需要从可持续旅游发展的高度，切实保护好旅游资源。不可讳言任何的旅游开发对旅游资源都可能造成一定的破坏，旅游开发与资源保护存在一定矛盾，因此需要正确规划，科学开发，两者才有可能得到完满的统一。旅游资源保护的研究既可以从政策、法律法规的角度，也需要从地方经济和社会发展的角度，更需要从环境和生态保护的技术角度出发，制定全面、系统的旅游资源保护框架。将开发与保护有机结合，协调和平衡旅游资源开发与自然、文化和人类的生存环境之间的关系，实现经济发展目标与社会发展目标的统一。

（三）学科性质与特点

（1）旅游资源学是旅游研究体系中的基础学科。研究旅游资源，归根到底就是为了对其进行开发利用，以发展旅游业。旅游业的迅速发展要求对于旅游客体的开发、经营、管理都具有更高的科学水平，以满足激发旅游者旅游动机、满足其好奇心、求知欲及审美需求。因此，在讨论旅游资源问题的同时，不可避免地会接触到与发展旅游业相关的问题。例如哪些旅游资源对于哪些旅游市场具有吸引力这就直接关系到不同旅游者、旅游市场研究，而对于旅游资源开发过程中配套设施的规划和建设、餐厅、酒店的经营和管理，交通运输的协调和发展，又涉及旅游心理学、管理学、营销学方面的内容。因此，旅游资源学的研究成为旅游研究体系中的基础学科。

（2）旅游资源学是一门应用性学科。旅游资源学的研究可以分为基础理论与理论运用两部分。基础理论研究着重探讨旅游资源的概念、形成、分类及调查评估、利用与保护等一般性理论问题。应用研究部分主要是在理论指导下，探索旅游资源数量、质量、特征、优势以及开发保护的具体措施，探讨各旅游区的旅游资源特点、构成以及开发利用情况等，为区域发展提供基础信息，更好地完善旅游资源开发与保护的理论基础，因此旅游资源学又是一门实践性很强的应用科学。

（3）旅游资源学是一门综合性学科。旅游活动是人类活动的一部分，而人类的一切活动都是在自然环境和社会环境中进行的[9]，所以，对于旅游及旅游资源研究涵盖了包括自然和社会的各个方面，例如对于自然资源的研究包括气候、地貌、水体、生物等，综合了地理学、生态学、气候学、地质学、环境学等自然科学知识。而社会领域更是无所不包，如历史、建筑、文学、艺术等社会科学、艺术美学等诸多方面。从另一角度看，旅游资源学自身也包括旅游资源类型、旅游资源调查、旅游资源评价、旅游资源开发、旅游资源管理与保护等理论方法，范围广，内容多。所以，旅游资源学又是一门综合性很强的科学。

（四）旅游资源学科体系

旅游资源学属于自然资源学的分支，其内容同地理学、生态学、文化学、旅游管理等学科有重要交叉；相应学科的发展对旅游资源学发展也会产生重要促进作用。随着旅游业发展，旅游资源学的研究范围在逐渐扩大，还将可能同人类学、社会学等学科发生一定的联系。学科体系内容包括：①旅游资源的概念、形成及研究方法。主要包括：旅游资源概念界定、对旅游资源的基本认识、旅游资源产生的背景；自然旅游资源形成的基本条件；人文旅游资源形成的基本条件；旅游资源研究方法。②旅游资源特征与类型。主要包括：旅游资源的共性特征；旅游资源分类方法；地质地貌、水体、生物、气候气象、历史古迹、园林、民俗风情、文学艺术、人造景观、饮食与购物等各类旅游资源的概况及特征等。③旅游资源调查与评价。主要包括：旅游资源调查的意义、内容和形式；旅游资源调查的方法与步骤；旅游资源评价的意义、内容和原则；旅游资源评价类型和方法；旅游资源评价模型。④旅游资源开发规划与利用。主要包括：旅游资源开发规划的理论基础；旅游资源开发利用原则、方式与程序；旅游资源开发利用模式。⑤旅游资源与环境保护。主要包括：旅游资源与环境保护的理论基础；旅游资源与环境破坏的原因；旅游资源与环境的保护及建设。

第二节　旅游资源学的形成与发展

一、古代对旅游资源的描述和记载

　　旅游资源被人们认识和利用的历史很久远，古代文人、术士、商贾、官宦、军旅人士在行旅、赏游、休憩、驻防过程中所亲历、接触，并引起兴趣和关注的各种实体事物，均可被认为目前概念上的旅游资源。古代对旅游资源学的研究基本上局限在对旅游资源的记述方面，公元前4世纪，希腊编写的《导游手册》介绍了雅典、特尔斐、斯巴达等地点的旅游资源；公元9世纪中叶，祖籍波斯的伊本·胡尔达兹比赫的《道里与诸国志》记述了穆斯林世界的省份、城市的名称；13世纪意大利的旅行家马可·波罗因经商来到中国，得到元世祖忽必烈的信任，著有《马可·波罗游记》，书中盛赞东方富庶，是第一部向欧洲人系统介绍中国和欧洲的巨著；14世纪阿拉伯国家旅行家伊本·巴图塔进行了多次远游，游历了麦加、美索不达米亚、小亚细亚、阿富汗、印度、摩洛哥、西班牙、中国以及帕米尔高原、撒哈拉大沙漠、尼罗河流域，后来根据自己见闻完成的《旅游者的欢乐》介绍了沿途所见的旅游资源；1562年，一位名叫威廉·特纳的英国医生发表了一份研究报告，其中介绍了英格兰、德国和意大利的天然温泉对许多体痛病症都有疗效，推动了温泉旅行的出现；17世纪荷兰著名航海旅行家邦特库所著的《东印度航海记》记有中国的情况约占全书的1/3，涉及中国的地理、物产风貌和民风民俗。

　　我国古代战国时期的《尚书·禹贡》、春秋时期的《山海经》、汉代的《史记》、北魏的《水经注》、唐朝的《大唐西域记》、唐宋时期描述山水的诗词与文章、明代的《徐霞客游记》等文献，都对各地的旅游资源有很多研究和记载，如《尚书·禹贡》中记载的"九州""导山""导水"和"五服"等，就概述了当时各自然地区的地理分界，以及各地区的山岳、河流、湖泽等地表形态状况；《山海经》记载了各类山地，如"堂庭之山""柤阳之山""青丘之山""箕尾之山"等，就是根据山的地形而命名的，书中展示了这些山地的走势、水文状况；司马迁的《史记》是在"纵观山川形势，考察风光，访问古迹，采聚传说"后形成的；郦道元的《水经注》中更是有大量的对山河景物、人物史迹、风土谣谚的记载；《大唐西域记》描写了100多个国家和地区的城邦的疆域、气候、山川等自然地理现象以及各地的语言、宗教、传闻等风俗人情；唐宋时期许多诗人、文学家写的大量诗词、歌赋、散文、游记中，展现出了各地的瑰丽山川，隐含了各类旅游资源的讯息，如李白的《望庐山瀑布》描述了山峰的陡峭之险，勾画出了瀑布的磅礴气势。杜牧的"远上寒山石径斜，白云生处有人家。停车坐爱枫林晚，霜叶红于二月花"诗句，赞颂了大自然的秋景之美。宋代范仲淹的《岳阳楼记》描写了洞庭湖在"淫雨霏"和"春和景明"两种不同气候条件下的景观。明末徐弘祖撰写的《徐霞客游记》，专门写有天台山、雁荡山、黄山、庐山等名山游记，以及江浙、湖广、云贵等省区的专篇游览日记。这些游记文稿资料翔实，内容丰富，其中还不乏对很多山水景观形成演化进行了严谨的科学探讨，如他对西南地区岩溶地貌的考察和研究，就已经达到了很高的水平。

除上述之外，宋代王象之的《舆地纪胜》、范成大的《桂海虞衡志》、元代郭罗洛纳斯的《河朔访古记》，明天刘侗、于奕正的《帝京景物略》、曹学佺的《蜀中名胜记》，清代顾炎武的《历代帝王京宅记》、朱彝尊的《日下旧闻》等，都是有价值的古代旅游地理与旅游资源著作。至于我国独有的方志，总数不下一万余种十万余卷，其中大部方志中都辟有专卷详述当地的山川风物、名胜古迹、民风民俗、节日喜庆，是我国古代旅行活动和旅游资源极为丰富的文库。

二、近代旅游资源调查

到了近代，历史上第一次产业革命于19世纪30年代末在英国基本完成，美、法、德等国的产业革命也都在19世纪内先后完成。这场产业革命的出现和完成，给当时的社会带来了一系列的变化，也促成了托马斯·库克在1841年7月5日利用包租火车的方式，组织了一次大型团体旅游活动，这次活动由于具有公众性、规模大、全程陪同等特点，被人们普遍认为是近代旅游业的开端。此后，随着世界经济飞速发展，交通运输日益便利和快捷，人民生活水平的提高，旅游活动逐渐大众化，旅游主体发生了明显的变化。除了观光游览外，休憩、康乐、健身、探险、求知、生态与环境保育等旅游活动渐次加入，旅游者选择的空间迅速扩大，对旅游资源的开发利用逐渐扩展，使旅游资源几乎到了无所不包的地步。此时除了名山大川、江河湖海、历史遗址等物质型旅游资源继续保持主体外，非物质型旅游资源的地位有了明显提升。在一些旅游资源丰富而经济比较发达的国家，旅游业已成为一项重要的新兴事业。

鸦片战争之后，西方的商人、外国传教士、学者和冒险家纷纷来到中国，通过筑路、开矿、经商、办航运，控制了中国的经济命脉。各列强在各交通沿线和他们控制的势力范围内开设招商旅馆、饭店、餐馆、游乐场所，并经营部分旅游地的业务和旅游资源调查，例如日伪时期的观光协会通过募集、评选"哈尔滨八景""近郊四景"，对黑龙江省哈尔滨地区的旅游资源做了一次全面的调查和评估。人们一般认为，旅游业在中国的出现始于1923年上海商业储蓄银行旅行部（1927年6月更名为中国旅行社）的设立，并出现了近代旅游资源的早期著作和导游小册子，例如1927年春，上海商业储蓄银行旅行部开始出版《旅行杂志》，专门介绍中国的风景名胜和自然风光。1940年，中国旅行社还特约美国著名作家埃德加·斯诺为该社撰写英文导游小册子，并在芝加哥博览会上进行散发。1947年，在伦敦举办的首届世界旅游博览会上，中国旅行社曾以巨幅画作"中国名胜图"参展。此外，也曾有投资者尝试开发庐山、北戴河、莫干山、鸡公山等地的旅游资源。这一时期对旅游资源研究并不充分，但各类研究很多，其中地理学对区域地理、地质、地文（地形）、水文、人文的研究成果很丰富，可为当今的旅游资源研究提供支撑。

三、现代旅游资源研究

第二次世界大战以后，世界经济开始持续稳定地发展，旅游活动开始成为一种大众性活动，旅游需求持续稳定的扩大，促进旅游供给不断增长，旅游业得到快速的发展，对旅游资源的利用与保护也逐渐加强，自 20 世纪 50 年代以来，旅游资源一直就是地理、环境、经济、社会等学科领域研究的一个重点问题。

新中国成立以来，我国十分重视旅游资源的开发、利用和保护，特别是 1978 年党的十一届三中全会以来，随着旅游业的迅速发展，一批经济学、地理学和社会学学者，相继关注旅游科学研究，有很多论著都涉及旅游资源，从而促使国内的旅游资源学研究进入了一个新的发展阶段。

1978 年，中国科学大会开幕前，中国科学院地理所吴传钧、陈述彭、赵松乔、罗来兴、左大康等讨论国际地理学发展趋势，认定旅游资源是很有潜力的新兴资源，中国科学院应当开展研究，因此在地理所组建了由郭来喜为组长的旅游地理学科组，研究旅游资源的理论、开发利用、保护及旅游发展的空间布局问题。1979 年春，吴传钧在杭州一次会议上倡议开发我国旅游资源，并与郭来喜合作完成《开发我国旅游资源，发展旅游地理研究》。同年，郭来喜等学者先后两次对天津、北戴河、唐山三地的旅游资源进行了实地考察，分析了黄金海岸旅游资源的价值，撰写了《要保护北戴河——山海关旅游资源》报告。1985 年 3 月，吴传钧、郭来喜等再次对北戴河旅游资源进行调查，其后又在 1994 年郭来喜联合多学科专家进行第二次拓展规划，其成果《中国黄金海岸——昌黎段开发研究》（第一版）由科学出版社出版发行。1986—1992 年中国科学院承担国务院下达西南国土资源开发与发展战略研究，完成 30 卷系列大型成果出版，其中有《西南地区旅游资源开发研究》，该系列成果获得国家科技进步奖二等奖。到 90 年代初，学术界致力旅游资源分类、评价的研究群体日渐壮大，其中旅游资源研究人员中较为活跃的有陈传康、郭来喜、孙文昌、卢云亭、刘振礼、郭康、杨桂华等。他们的研究领域各有侧重，总的说来有以下特色：其一、研究单位走向社会化。研究已经不再局限在旅游研究教学单位，地学、城建、产业、文物、宗教、体育等许多部门也都加入其中；其二，研究内容不断丰富。涉及诸如旅游资源的概念、分类与评价、成因演化、形态结构、价值品位、环境关联、资源保护和利用等一系列问题；其三，研究领域日益扩展。除了旅游资源本身外，同时还扩充到旅游环境、旅游资源开发方法、旅游资源开发与社会进步等许多方面；其四，研究目的更加强调实用。旅游资源研究促使很多旅游产品趋于成熟，如生态旅游、休闲度假旅游、科学旅游等。

中国旅游业 90 年代以后进入快速发展阶段，但当时旅游资源分类、评价、开发与利用等方面存在的问题很多。为了将旅游资源研究成果能够用于指导实践，国家旅游局和原国家科委于 1989—1992 年间组织中国科学院地理研究所开始对旅游资源进行规范化研究，并由郭治司长、廖克副所长和郭来喜研究员分别担任领导小组正副组长，由尹泽生、宋力夫担任研究组正副组长，1993 年出版了《中国旅游资源普查规范》作为试行稿向全国推荐。此项成果总结和提出了"旅游资源""旅游资源基本类型""旅游资源单体"的科学概念，其中如对"旅游资源"，就是在前人研究的基础上，进一步指明了其学科本质、所指范围、限定条件、与旅游业关系、开放特性等一些重要问题。并明确指出了旅游资源与旅游产品、赋存环境、开发条件与旅游行为等不相混淆的辩证关系。规范规定了普查的实际操作步骤和普查方法，提出了旅游资源评价中的共有因子评价体系和评价指标。随后在规范指导下，研究组在很多地区开展了旅游资源普查实践，得到了可行性验证：①在福建省、新疆维吾尔自治区、内蒙古自治区、天津市、黑龙江省、保定市、西双版纳州、平潭县等省（区）、市、州、县开展了专项旅游资源调查或在旅游开发中的旅游资源详查，获得了大量完整的旅游资源资料，出版了十多部旅游资源研究专著。这些成果内容丰富，科学性强，如其中 2000 年出版的《黑龙江省旅游资源》（上、中、下三册），就有 130 多万字，全面地汇总了该省旅游资源的历史和现状；②理清了各普查区旅游资源脉络，加强对旅游资源状况的整体把握。根据旅游资源情况及时提出调整开发布局措施；③深层次挖掘旅游资源，明确旅游开发形象，扩充旅游资源开发领域；④加大旅游资源与旅游环境保护力度。

与此同时，全国其他的许多高校和学术单位也依据规范进行了旅游资源普查或详查，如桂林、广州、重庆等。这些工作同样也取得了较好的结果。如 1999 年桂林市开展的旅游资源专项普查，获得了旅游资源单体上万个，包括了普查规范中的旅游资源 74 种基本类型中的 67个，占 90.5%，这些完整的资料和数据反映在 1999 年出版的《桂林市旅游资源》中，当地在如此优良的旅游资源支撑下，该市的利用开发工作迅速进入有计划、有步骤、有重点的"大桂林"旅游开发快车道。

与旅游资源普查规范推进同步的，是很多学术界和旅游应用开发部门在旅游资源研究中根据对旅游资源概念、分类和特点、评价、开发和保护等诸多方面，进行了广泛的研讨，有了更加广泛更深一步的看法，例如这一时期对旅游资源地域分异规律研究，认为从旅游资源的形成与分布因受制于自然发展和社会发展双重规律的制约，使旅游资源的地域分布一方面表现出较大的复杂性，另一方面又有一定的规律可循。保继刚、楚义芳的《旅游地理学》（1993 第一版）和郭来喜、吴必虎等的《中国旅游资源分类系统与类型评价研究》（2001）成为此类观点的代表。

1999 年，国家标准化管理委员会组织国家旅游局和中国科学院的科研、管理人员着手编制旅游资源分类、调查与评价国家标准。由尹泽生担任组长的编写组经过两年多时间完成文稿，通过进一步修改，2003 年 2 月 24 日中华人民共和国国家质量监督检验检疫总局发布国家标准《旅游资源分类、调查与评价（GB/T 18972-2003）》，并于同年 5 月 1 日在全国正式实施。这标志我国各界对旅游资源的概念、分类和评价的认识达成了基本共识，也为更好地指导旅游资源开发和保护奠定了科学的基础。为支持此项工作，尹泽生编写出版了《旅游资源详细调查使用指南》（2006 年）[10]。从 2003 年到 2015 年，先后有河南、浙江、福建、北京、上海、甘肃、新疆、辽宁、四川、西藏、山东等省区的一些地区进行了专项旅游资源调查或旅游开发中的旅游资源详细调查，一般都取得了较好的成绩。如最先启动的河南省旅游资源专项调查共获得近 4 万处旅游资源单体资料和数据，还开发了河南省旅游资源信息管理系统软件；再如，2015 年由中国科学院地理科学与资源研究所承担的蓬莱市旅游资源专项旅游资源调查，在完成旅游资源单体采集过程中，开发出旅游资源采集、审核、评价分析、发布等一套完整的旅游资源管理信息系统。目前，经国家质检总局批准，国家旅游局委托中国科学院地理科学与资源研究所对国家标准《旅游资源分类、调查与评价（GB/T 18972–2003）》进行修订，以适应旅游资源不断丰富、旅游资源保护更加科学、分类调查和评价研究更加深入、旅游业发展升级转型的客观需要。

　　随着我国旅游开发的不断深入，除了区域旅游资源调查外，其他方面的旅游资源研究，如非物质文化遗产资源，生态旅游资源等也有很大发展，如 2008—2010 年，上海师范大学高峻等对上海全市的旅游资源的总量、类型、级别及其特点和分布规律进行了调查和分析，其成果《上海旅游资源图志》于 2014 年出版；2014 年，由河北省科学院地理科学研究所等单位完成的河北省旅游资源普查通过专家评审；2014 年吉林省旅游局启动了第二次全省旅游资源普查工作，该省首次旅游资源普查于 2007—2008 年间完成。这一时期，旅游资源学科的发展与国家对旅游资源的重视程度与开发是密不可分的。学者们在国家对旅游资源开发的过程中，通过实践，不断总结旅游资源的类型、特点、资源的评价等，并逐步建立学科的发展框架体系。

　　近些年，国家在政策法规层面加强了对旅游资源的保护与利用。2007 年，国家旅游局为了加强对旅游资源和生态环境的保护，促进旅游业的健康、协调、可持续发展，颁布《旅游资源保护暂行办法》，明确规定了旅游资源的外延"包括已开发的各类自然遗产、文化遗产、地质、森林、风景名胜、水利、文物、城市公园、科教、工农业、湿地、海岛、海洋等各类旅游资源，也包括未开发的具有旅游利用价值的各种物质和非物质资源"，同时提出旅游资源的责任主体单位是"国务院旅游行政管理部门负责全国旅游资源的普查、分类、定级、公告及相关保护工作，各地旅游行政管理部门负责本地区的旅游资源的普查、分类、定级、公告及相关保护工作"。这就为旅游资源的保护和利用做出清晰的界定。2013 年 4 月 25 日《中华人民共和国旅游法》公布，这为旅游资源的合理利用和保护提供了法律保障，也标志着旅游资源学走向成熟。其中规定："旅游发展规划应当包括旅游业发展的总体要求和发展目标，旅游资源保护和利用的要求和措施"。"根据旅游发展规划，县级以上地方人民政府可以编制重点旅游资源开发利用的专项规划，对特定区域内的旅游项目、设施和服务功能配套提出专门要求"。"对自然资源和文物等人文资源进行旅游利用，必须严格遵守有关法律、法规的规定，符合资源、生态保护和文物安全的要求，尊重和维护当地传统文化和习俗，维护资源的区域整体性、文化代表性和地域特殊性"。

第三节　旅游资源分类与评价研究进展

一、旅游资源分类研究进展

　　分类是根据分类对象的异同把事物集合成类并系统化的过程。旅游资源分类作为认识旅游资源的一种方法，也是旅游资源研究的重要内容和区域资源调查与评价的基础[11]。

　　西方对旅游资源的分类研究始于 20 世纪 60 年代，分类依据倾向于从资源使用者角度考虑，如根据资源特性和游客体验分为使用者导向型旅游资源、资源基础型旅游资源、中间型旅游资源；根据旅游资源对游客的吸引力分为首要资源、支持性资源等。我国旅游资源分类研究始于 20 世纪 80 年代初期，分类依据从以旅游资源属性为主，逐渐向资源属性、游客体验、旅游管理等多元化视角拓展，划分类型从最初的两分法逐渐向三分法、多分法发展，细分类型也不断丰富。

20世纪80年代初，国内学者主要从旅游资源属性角度进行旅游资源分类，普遍将区域旅游资源分为自然旅游资源和人文旅游资源两大类[12]，其中自然资源包括山景、水景、温泉、溶洞、天生桥、动物和植物等，人文资源包括革命遗址、古建筑、古墓葬、人工园林和民族特有习俗等。

80年代后期至90年代初期，旅游资源分类标准开始多元化，如按资源形态分为有形的旅游资源和无形的旅游资源，按活动性质划分为观赏性旅游资源、运动康乐型旅游资源、特殊型旅游资源，按开发利用角度划分为原生性旅游资源、萌生性旅游资源，按资源存在空间层位划分为地上旅游资源、地下旅游资源、天上旅游资源、海底旅游资源等。其中以旅游资源本身的特性作为分类标准的《中国旅游资源普查规范（试行稿）》（1992）具有代表性，它把旅游资源分为两大类（自然旅游资源、人文旅游资源）、6个类（地文景观类、水域风光、生物景观、古迹与古建筑、休闲求知健身、购物）和74种基本类型。

20世纪90年代末期至21世纪初期，分类角度更加多元，出现旅游管理、游客需求等新兴分类角度。如按旅游资源管理级别分为国家级、省（市）级和县级旅游资源，按旅游资源功能分为观光游览型、参与型、购物型、保健休疗型、文化型、感情型旅游资源，按旅游资源的增长情况分为再生型、不可再生型和可更新旅游资源。分类方式也逐渐由类型划分向体系划分和系统研究发展。如将旅游资源划归三大体系，即按旅游资源本身属性的分类体系、按旅游者需求分类的体系和按开发管理状况分类的体系。旅游资源类型划分也逐渐向"三分法"倾斜，即在自然旅游资源与人文旅游资源的基础上再添一个类，如服务型旅游资源、社会型旅游资源等。2003年，我国颁布实施国家标准《旅游资源分类、调查与评价（GB/T 18972-2003）》，为相关的旅游资源分类研究起到了规范和引导的作用，是国内现行最广泛的旅游资源分类。该标准依据旅游资源的性状，即现存状况、形态、特性和特征划分，将旅游资源分为主类、亚类和基本类型三个层次，共8个主类、31个亚类和155个基本类型，其中8个主类包括地文景观、水域风光、生物景观、生物与天象景观、遗址遗迹、建筑与设施、旅游商品、人文活动。标准规定，如果发现此分类没有包括的基本类型时，使用者可自行增加。增加的基本类型可归入相应亚类，置于最后，最多可增加2个。此后，大部分相关研究将国家标准的分类方法运用于特定地区及特定类型旅游资源的研究之中，同时也有一些学者就国家标准在旅游资源分类方面存在的一些不足之处提出建议，如旅游资源种类涵盖不足，有些类型概念模糊等。

近年来，旅游资源的分类依据和角度更加广泛，划分类型也更加多样。如根据旅游资源结构分为旅游景观资源（自然旅游景观资源、人文旅游景观资源、社会民俗资源）和旅游经营资源（旅游用品工业资源、旅游食用资源、旅游人才资源等）；根据资源科学属性分为自然景观旅游资源、人文景观旅游资源和服务性旅游资源；根据资源客体属性分为物质性旅游资源、非物质性旅游资源和物质与非物质共融性旅游资源；根据资源发育背景分为天然赋存性旅游资源、人工创造性旅游资源和两者兼具的复合性旅游资源；根据资源开发状态分为已开发旅游资源（现实态）、待开发旅游资源（准备态）和潜在旅游资源（潜在态）等；根据资源可持续利用潜力分为再生性旅游资源与不可再生性旅游资源。不同类型旅游资源的分类研究也越来越多，如生态旅游资源、体育旅游资源、购物旅游资源、茶文化旅游资源等，这些分类基本都是以资源自身的特征为基础的。

二、旅游资源评价研究进展

（一）旅游资源评价概述

20 世纪 50 年代以来，旅游资源评价一直是旅游、地理、环境、经济等学科领域的重点研究问题。国外旅游资源评价在自然风景视觉质量评价研究不断深入的同时，对旅游资源的人类文化遗产价值和货币价值评价研究明显增多，研究技术有 3S 技术、虚拟现实技术、因特网技术等，同时，经济学、行为学、社会学等学科最新研究成果也不断被吸收，多学科融合研究已成为国外旅游资源评价理论和方法创新的主要动力。

中国旅游资源评价研究始于 20 世纪 70 年代末。其演进大概可以分为两个阶段，一是 20 世纪 70 年代末至 90 年代中期，评价内容以旅游资源观赏价值为主，评价方法以定性的经验评价和单因子评价居多；二是 20 世纪 90 年代末期至今，评价内容逐渐向度假价值、货币价值等领域拓展，评价方法以建立数学模型进行多因子的定量评价为主要发展方向。目前，我国旅游资源评价内容主要有旅游资源的观赏价值、度假价值、利用价值及货币价值等，评价方法已由初始的经验评价或定性评价发展为以定量评价为主、定性与定量相结合的阶段。

（二）旅游资源评价内容

1. 旅游资源观赏价值评价

旅游资源观赏价值评价集中于旅游资源美学质量、景观属性等方面。

20 世纪 60 年代，美国开展了对景观视觉质量的评价研究。美国土地管理局将风景质量定义为基于视觉的景观的相对价值（USDI，1987）。国外逐渐形成了景观评价的四大学派，即专家学派、心理物理学派、认知学派或心理学派、经验学派或现象学派[13]。景观评价发展史以专家学派与感知学派的竞争为特色，专家学派在景观管理中占据主导地位，心理感知学派在研究中处于支配地位。

60 年代末兴起的专家学派以 Litton 为代表，主要思想是以受过训练的观察者或专家为主体，以艺术、设计、生态学、资源管理为理论基础对景观进行评价。此后 20 年，专家学派的观点在英美的风景评价中占据主导地位。70 年代至 80 年代，心理物理学派逐渐兴起，其通过测量公众对风景的审美态度，得到一个反映风景质量的量表，再建立该量表与各风景成分之间的数学关系，以此反映景观价值。1976 年，Daniel 和 Boster 提出美景度评判法，1978 年 Buhyoff 提出测量审美态度的比较评判法，进一步完善了心理物理学派景观评价模型。目前，该学派方法应用最成熟的领域是森林风景评价，如通过建立审美态度量表与森林各自然因素之间的回归方程，为森林的风景管理服务。1973 年，认知学派提出把风景作为人的生存空间、认知空间来评价，强调风景对于人类认知及情感方面的意义。该学派构建了四维量的风景审美理论模型，认为，在风景审美过程中，初级情感反应表现为对眼前风景的兴趣及"喜欢－不喜欢"的反应，这一过程制约着随后的认知过程，最后表现为行为过程。同一时期兴起的还有经验学派，其代表人 Lowenthal 将人在景观中的主观作用提到绝对高度，把人对景观的评价看做是人的个性及其文化、历史背景、志向与情趣的表现。研究方法是考证关于风景审美的文学、艺术作品及对个人经历和体会的心理调查。

国内相关研究比国外晚了近 20 年。20 世纪 80 年代，应旅游资源开发的需要，最早由国内地理学者展开旅游资源评价研究，以专家学派思想为主。雍万里对武夷山风景区景观质量进行了定性评价[14]；郭来喜通过对延庆旅游资源的经验感知评判，认为其旅游资源之丰度和知名度，尤其在珍稀性和古老性方面，在京郊各县中占有突出地位[15]；阎守邕、丁纪和蹼静娟等在对中国 8000 个旅游资源单体实体数据的基础上，建立了中国旅游资源分区体系，并对二级区域的旅游资源总体特征做出定性评价。

90 年代，国内对特定区域、特定类型的资源观赏价值研究增多，如贵州省境内的苗族村寨建筑及民族工艺品、丹霞山丹霞地貌等。21 世纪以来，旅游资源观赏价值评价研究在研究对象、研究内容及研究方法上更加丰富。王玉从旅游资源活动中旅游者的审美体验以及审美体验所达到的境界角度出发，详细分析不同类型的旅游活动中其审美体验与审美境界的差异[16]；陶卓民、林妙花和沙润认为科技旅游资源其在形态、构成、制作、演化以及表现形式等方面都有极高的科学和艺术价值[17]。近年来，国内出现基于旅游者角度的景观美学质量研究。程乾和付俊基于专家意见及游客满意度构建古村落旅游资源评价指标体系，并在旅游者体验调查的基础上得出旅游资源评价结果[18]；吴晶、马耀峰和高军以西安为例，依据大样本游客问卷，从游客感知的视角，在借鉴前人旅游资源评价方法的基础上，综合采用层次分析法和模糊综合评价法对西安旅游资源进行了定量评价[19]。

2. 旅游资源度假价值评价

度假旅游是指利用假期在一地相对较少流动性进行休养和娱乐的旅游方式。特定类型的旅游资源度假价值研究也是评价研究热点之一，主要研究对象有滨海度假、温泉度假、山地度假、森林度假等。其中，海滨度假旅游资源评价发展较成熟，目前国外已建立多个海滩旅游资源评价标准。20 世纪 80 年代，联合国环境规划署对给在经营管理和鼓励环保的政策中高度重视环保的海滩和港口授予"蓝旗海滩"的称号，蓝旗已发展成为被广为认可的生态标志。截至 2010 年，全球共有 41 个国家的 3450 处海滩和港口被授予蓝旗称号。英国海岸整洁组织于 1992 年制定海岸整洁奖评制度，评价对象为海滩旅游胜地和欠发达地区的乡村海滩等。此后，国外研究不断丰富评价指标体系，Chaverri 运用了一套包含 113 个因子的主观评价技术对哥斯达黎加沙滩的大众适宜性和个体适宜性进行了评价[20]，Morgan 使用由自然类、生物类和人类利用和影响类三大类若干个因子组成的评价体系对海滩资源进行评估[21]。在国内，海滩资源的度假价值研究区域集中于海南省、辽宁省等地区。陈春华在海南省海甸岛东北部岸滩海域旅游资源环境质量的综合评价中，选择了坡度、水色、风速、波高、水温、光照、砂粒径等 13 个自然因子，pH、DO、COD 等 6 个水质因子及油块、铜铅镉汞等 8 个海滩底质因子，给出了每一因子的评价标准及权重，并进行了评分对比[22]；李悦铮在辽宁沿海旅游资源评价的研究中，选取多个因子并运用层次分析和模糊计分法，对海滨浴场等进行综合定量评价[23]。2014 年，由海南检验检疫局承担的国家质检总局科研课题"海（沙）滩服务认证相关制度研究"项目，以问卷形式对开展海滩认证的设想进行描述，并对实施海滩认证的意义和条件开展了调查。此外，国内学者还研究了森林、旅游城市等旅游资源的度假价值。方龙龙和刘际松对杭州旅游气候资源进行了评价[24]；钟林生、吴楚材和肖笃宁对森林中的负氧离子进行研究并介绍了单极系数、空气离子评议系数等指标[25]。

区域气候特征是影响度假旅游发展的重要因素。20 世纪 60 年代至 70 年代，气候舒适度评价模型逐渐完善。Terjung 运用舒适指数和风效指数建立了特吉旺旅游气候评价体系，Oliver 利用温室指数和风寒指数建立了奥利佛评价体系，这两者是现今使用最广泛的旅游气候评价指标体系。

80 年代至 90 年代，国内学者开始以旅游活动为出发点对区域气候单技术指标进行评价。周保华认为区域气候资深构成要素包括气温、湿度、降水、气压、风、云、灾害天气等诸多因素，都是以数据形式出现，给定量分析打下了良好基础，并采用了专家意见法和层次分析法（AHP 法）相结合的方法对山东气候旅游资源进行评价[26]。此后，气候舒适度评价指标的选取扩展至气压、日照、降水、空气负氧离子含量等。

21 世纪初，对区域旅游气候综合评价研究增多。杨振之认为度假旅游资源由观赏游憩资源、生态环境资源、服务设施及服务、餐饮及其环境、娱乐项目等 5 大要素构成，并将森林覆盖率大、负氧离子高、空气质量好、水质量好、气候环境好纳入生态环境类旅游资源，作为度假旅游资源的基础要素，建立了度假旅游资源的评价赋分标准[27]；吴章文、吴楚材和谭益民等确定生态旅游区生态环境本底条件的 10 个方面[28]，分别是：大气环境质量、水环境质量、植被或森林植被、空气负离子浓度、空气中细菌含量、植物精气、声环境质量、旅游气候舒适度、环境天然外照射贯穿辐射剂量水平、土壤环境，同时还明确了生态旅游区所应达到的具体指标要求。

3. 旅游资源货币价值评价

旅游资源货币价值是指旅游资源能够满足旅游者旅游需求的效用的货币衡量。20 世纪 50 年代起，学者们开始注意到资源开发与游憩环境保护之间的矛盾，出现了评价二者经济效益的问题。1970 年，Krutilla 与 Fishert 提出"舒适性资源的经济价值理论"，成为旅游资源货币价值评估的奠基理论[29]。1988 年，Peterson 编辑出版的《旅游资源评价：经济学与其他学科的综合分析》一书，系统阐述了旅游资源的价值评价问题。国内在很长一段时间，受"劳动创造价值"观念的影响，较少进行旅游资源的经济价值评价研究。不当的价值判断导致了旅游资源的污染、浪费等不良现象日益严重，尤其是在 20 世纪 90 年代国内大众旅游兴起后，旅游资源的保护与利用成为影响地区旅游发展的突出矛盾，国内学者开始尝试对旅游资源进行价值核算。20 世纪 60 年代以前，对旅游资源经济价值的评价方法主要是成本效益分析方法。70 年代后，随着经济学界、资源学界等对公共产品价值的思考，旅游资源经济价值评价方法逐步发展。70 年代后期到 80 年代，旅行费用法被广泛应用于旅游资源的价值评估中；80 年代后，享乐定价法也逐步应用到旅游资源价值评估中；90 年代，条件价值法在旅游资源的价值评估中占主导地位，并逐渐出现多种价值评价法结合运用的实例。目前，最为流行的是条件价值法和旅行费用法[30]。90 年代末期以来，更多方法运用于旅游资源的货币价值评价，如内部收益率和净现值方法、嵌套价格指数方法等。

在我国，较为流行的是旅行费用法和条件价值法。旅行费用法的运用最早开始于 20 世纪 80 年代对于张家界国家森林公园的游憩价值测算，随后，我国学者王连茂、辛琨、谢双玉等用此法分别对香山公园 / 海南省、武汉东湖等旅游资源进行了评估，并从积分的角度对 TCIA 与传统的分区旅行费用法（ZTCM）的数学本质进行了详细的对比分析[31-33]。2003 年，我国学者李魏和李文军结合九寨沟的特点，以现有的 3 类旅行费用法（表 21-1）模型与九寨沟的现状进行了对比，发现或多或少存在着冲突，基于此提出了改进的旅行费用法，并用"改进的旅行费用法（TCM）"估算了九寨沟 2000 年的自然资源游憩价值[34]。相较于旅行费用法，目前条件价值法在我国旅游资源游憩价值评估中缺乏实证研究。

表 21-1　旅游资源货币价值评价法

方法	原　理
旅行费用法	应用游客到达旅游目的地的所有花费来表征游客对旅游目的地支付的价格，评价旅游地的价值。模型假设在旅游者到访目的地的编辑价值正好等于其前往该地的旅行成本之前，旅游者会不断地重复去访该目的地。对于每个旅游者而言，旅游目的地的价值就是其边际内旅行收益超过旅行成本部分的价值
享乐定价法	旅游资源的价值取决于旅游资源各方面属性给予消费者的满足
条件价值法	在假想市场情况下，调查人们对某一旅游资源保护措施的支付意愿或对资源质量损失的接受赔偿意愿，以推出旅游资源的经济价值

4. 旅游资源利用价值评价

最初，旅游资源评价着眼于资源本身。但同一种旅游资源可以开发为不同的旅游产品，而某些开发形式是具有替代性的，如狩猎旅游与野生动物观赏旅游。旅游资源评价更应该考虑在哪一种旅游产品包装下，能使资源的综合利用效益最大化。

70 年代，Clarke 与 Stankey 提出游憩机会谱，对一地的旅游资源、环境条件是否适合开发为产品、开发为何种类型的产品进行了游憩机会谱评价[35]。这一思想在后来的自然旅游资源研究中发挥了重要作用，同时也被英、美、加拿大等国的国家公园管理所采用。目前最为常见的是美国林务局制定的"六分法"，即从影响游客体验的角度将游憩地划分为六种类型：原始区域、半原始且无机动车辆使用的区域、半原始且有机动车辆使用的区域、通道路的自然区域、乡村区域、城市区域。此后，国内外学者在游憩机会谱框架的基础上，不断进行评价指标、评价准则、机会谱系等方面的完善，还针对特定旅游资源提出了专门的游憩机会谱，如水体资源游憩机会谱等。

90 年代，国内学者逐渐认识到，旅游资源必须根据市场需求进行加工才能有效转化为旅游产品。吴必虎提出旅游资源与旅游产品的 RP 关系式，将其划分为资源–产品共生型、资源–产品提升型、资源–产品伴生型三种模式，并阐述了每种关系下资源向产品转化的价值与能力[36]。21 世纪以来，国内学者建立了许多旅游资源利用价值评价模型。陈秋华建立了 RP 评价法，以旅游市场为导向，对可以进行市场机会的旅游产品进行分类，通过对森林产品的市场性质进行因子分析，建立旅游资源对旅游产品开发的适宜性评价指标体系[37]。陈永生和李莹莹建立了基于旅游功能导向的绿色资源评价指标体系[38]。

（三）旅游资源评价技术

20 世纪 70 年代起，国外对旅游资源评价的研究走向定量化。美国控制论专家查德于 1965 年创立模糊数学法（运用数学方法研究和处理具有"模糊性"现象），为解决带有众多模糊性质的社会问题提供了强有力的手段。从其创造以来，广泛应用于土地资源评价、企业管理和社会调查等领域。同样，旅游资源的分析与评价也能够适用。1973 年，美国著名运筹学家赛蒂提出 AHP 法，将系统问题分层、赋权并通过结果排序来分析和解决问题。层次分析法是迄今为止运用最广泛的旅游资源评价方法。80 年代起，国内外学界将聚类分析、灰色系统、人工神经网络等方法运用于旅游资源评价，还有的研究将两种及以上方法相结合，建立了 AHP-模糊评价、模糊聚类、灰色层次评价等模型。

20 世纪 70 年代末至 90 年代中期，我国旅游资源评价以定性的经验评价和单因子评价为主，多采用经验法，即凭经验直觉进行定性判断和描述。

80 年代，国内出现了一些有代表性的定性评价方案，如卢云亭的"三、三、六"评价体系和黄辉实的"六字七标准"评价法[39]。"三、三、六"评价体系：即"三大价值""三大效益""六大开发条件"。"三大价值"指旅游资源的历史文化价值、艺术观赏价值、科学考察价值；"三大效益"指旅游资源开发之后的经济效益、社会效益、环境效益；"六大开发条件"：指旅游资源所在地的地理位置和交通条件、景象地域组合条件、旅游环境容量、旅游客源市场、投资能力、施工难易程度等六个方面。黄辉实提出从资源本身和资源所处环境两个方面对旅游资源进行评价。对旅游资源本身的评价采用以下"六"字"七"标准：六字指美、古、名、特、奇、用。美是指旅游资源给人的美感；古是指有悠久的历史；名是指具有名声或与名人有关的事物；特是指特有的、别处没有的或少见的稀缺资源；奇表示给人新奇之感；用是有应用价值。七项标准是指对旅游资源所处环境采用季节性、环境污染状况、与其他旅游资源之间的联系性、可进入性、基础结构、社会经济环境、客源市场等七个方面进行评价。同时，我国一些学者如魏小安、保继刚、楚义芳、俞孔坚、霍义平等在定量技术方面也进行了探索[4, 40]。此时出现的一些旅游资源定量评价模型多以加权综合为模型基本结构，如何对各因素给出合理加权成为旅游资源定量研究的难点之一。1988 年，保继刚引入 AHP 法进行旅游资源评价指标权重的确定，增强了指标赋权的客观性，此后 AHP 在我国旅游资源评价研究中的应用迅速增多[41]。

90 年代初，定量方法的运用范围逐渐增大。陆林根据实地调查资料，以皖南地区为例，就旅游资源定量评价及分级研究的方法进行探索[42]。1995 年，况平将 GIS 技术应用于园林景观适宜度。

20 世纪 90 年代末起，我国旅游资源评价以建立数学模型进行多因子的定量评价为主要发展方向。旅游资源定量评价是在考虑构成旅游价值的许多因素的基础上，运用一些数学方法，通过建模分析对旅游资源及其环境、客源市场和开发条件等进行定量评价。张捷运用主成分优先法对九寨沟藏族民俗文化与江苏吴文化民俗旅游资源进行定量评价[43]。汪华斌、李江风和汪丙国对鄂西清江三峡旅游资源进行了多层次灰色评价[44]。

进入 21 世纪以来，更多的新方法、新技术被运用于国内旅游资源评价研究之中，如人工神经网络方法、遗传算法、粗集理论、遥感技术、地信技术等。货币价值评价法如货币价值法、支付意愿法也被运用于旅游资源的评价研究之中。目前，我国旅游资源评价方法处于定量评价为主、定性与定量相结合的阶段，常见的评价方法有层次分析法、模糊综合评价法、德尔菲法、主成分分析法、人工神经网络模型等。

目前，在旅游规划实践中最为常用的是国家标准《旅游资源分类、调查与评价（GB/T 18972-2003）》中提出的旅游资源评价框架。框架含 3 大评价项目（资源要素价值、资源影响力和附加值）和 8 个评价因子（观赏游憩使用价值、历史文化科学艺术价值、珍稀奇特程度、规模和丰度与概率、完整性、知名度和影响力、适游期或使用范围、环境保护与环境安全）

两个档次，根据因子重要性对其赋分。依据旅游资源单体评价总分，将其分为五级，从高级到低级为：五级旅游资源，得分值域 ≥ 90 分；四级旅游资源，得分值域 ≥ 75~89 分；三级旅游资源，得分值域 ≥ 60~74 分；二级旅游资源，得分值域 ≥ 45~59 分；一级旅游资源，得分值域 ≥ 30~44 分。此外还有：未获等级旅游资源，得分 ≤ 29 分。其中：五级旅游资源称为"特级旅游资源"；五级、四级、三级旅游资源被通称为"优良级旅游资源"；二级、一级旅游资源被通称为"普通级旅游资源"。自 20 世纪 90 年代末期以来，我国各旅游资源管理相关部门也出台了各自管辖的旅游资源评价标准和指标体系，如《中国森林公园风景质量等级评定》（GB/T 18005-1999，国家质量技术监督局，2004）、《风景名胜区规划规范》（GB50298-1999，建设部，1999）、《自然保护区生态旅游规划技术规程》（GB/T20416-2006，国家质量技术监督局，2006），以此指导旅游资源的评价。

第四节　旅游资源保护与利用研究进展

一、旅游资源利用研究进展

国外对旅游资源的开发利用兴起于 20 世纪 60 年代。在近 40 年的研究中，学者总结旅游资源开发成功的因素，提出了协调社区、生态、旅游者之间关系的理论框架[45]；探讨了旅游资源价值的实现路径：提高旅游消费水平、游客满意度等；总结了旅游资源开发利用特点：规划设计权集中、有完善的法律法规体系、行政管理一元化、旅游资源的管理权和经营权分离、旅游资源开发利用有严格的准入标准等。

20 世纪 80 年代，我国旅游业逐渐兴起，越来越多学者关注旅游资源开发利用中存在的问题，提出相应对策，对旅游资源的合理化开发利用起到了很好的推动作用。我国的旅游资源利用研究总体上可划分为以下三个阶段：第一阶段（1980—1995 年）为产业导向研究阶段，侧重于提出旅游资源开发利用的对策建议；第二阶段（1996—2010 年）为"深化与合理化"开发利用研究阶段，侧重于对细分类型旅游资源的利用、以及旅游资源可持续利用进行研究；第三阶段（2011 年至今）为"转型开发利用"研究阶段，侧重于对休闲旅游资源利用，以及旅游资源品位提升进行研究。

（一）产业导向研究阶段（1980—1995 年）

在 20 世纪 80 年代初期，与旅游发展初期阶段观光旅游占据主要地位相对应，这时候学者比较注重对旅游景观资源进行分析，如旅游景观资源的特征、要素等，对文化旅游资源的研究也较侧重于文化景观方面，此时的旅游区划也以景观观赏为基本依据。

到 20 世纪 80 年代后期，随着旅游资源开发中一些问题的暴露，学者开始关注旅游资源开发利用中存在的问题，如生态环境保护问题等。并提出了一些应对问题的策略，如改革管理体制，扭转旅游资源多头管理的混乱局面等。学者提出了区域之间旅游资源联合开发利用的观点，并且认为旅游业正在摆脱传统的"名山大川""名胜古迹"的圈子，风情旅游日益时兴，游客求新、求趣等心理愈来愈强。但此时仍然过多强调旅游的经济效益。相关研究认为，要突出项目特色，扩大旅游范围，扩大旅游容量、加速资源开发等，以取得发展方面的突破。

20 世纪 90 年代上半期，旅游资源开发中的营销宣传受到更多重视。学者提出要依托旅游资源开发具有市场拓展意义的专项旅游活动，并加强宣传促销以提高知名度。

（二）"深化与合理化"开发利用研究阶段（1996—2010 年）

从 20 世纪 90 年代中后期开始，学者突出旅游资源的深化、细化与持续化开发利用方面的研究，如对文学旅游资源等专项旅游资源、文化遗址、喀斯特地貌旅游资源等具体类型的旅游资源进行研究有学者指出，要实现旅游资源的可持续发展，就要解决公共旅游资源产权虚置的问题，明确各相关主体的权利和义务，并计算旅游资源的临界容量等。同时还出现了一些专门针对生态旅游资源开发利用问题的研究成果，倡导生态旅游资源开发要尽可能保持自然原始风貌等。

从 21 世纪初期开始，学者开始注重对旅游资源的规范化、差异化开发利用研究。如通过门票限量、加收旅游消费税等方式对旅游资源利用进行限制、完善旅游资源产权制度、采用法律等手段加强对旅游资源开发利用的管理等，甚至有研究提出要制定旅游资源法，实现对旅游资源的有效保护[46]。另外，为了避免旅游资源开发利用的雷同性问题，开始重视旅游资源开发的主题定位，如塑造旅游品牌等。此时，针对旅游资源可持续开发利用的研究成果进一步增多，生态旅游理念被进一步应用，国际上一些通行的生态旅游标准被引入，开始关注旅游资源开发利用中的社区参与问题。

以 2006 年为起点，学者开始注重旅游资源的创新性及程序化开发利用。提出要对旅游资源开发模式进行创新，形成新产品、新亮点、新品牌[47]。如通过创新性开发策略，将语言等转变为旅游资源等。相关研究认为，旅游资源开发利用必须有规范的程序，在旅游资源开发利用之前，生态旅游资源的开发利用必须经过环评程序[48]；在旅游资源开发利用之后，要对开发利用效果等进行检测。

（三）"转型开发利用"研究阶段（2011 年至今）

此时，旅游资源开发利用方式、方向、内容等研究开始出现转型。如在乡村旅游资源开发利用中，转变城市化倾向为突出乡村意象，转变常规性开发为示范引领；在民俗文化旅游资源开发利用过程中，转变浅尝辄止为深度体验；变常规性开发为专项、专题性开发，如体育赛事旅游、培训会务旅游等；针对性技术型农业文化遗产等类型旅游资源，将传统的就资源而开发利用资源转变为市场带动。另外将更多有潜在价值的对象，如工业废弃地等转化为旅游资源等。

二、旅游资源保护研究进展

美国等西方国家从 20 世纪 70 年代起就非常重视旅游资源保护方面研究，并总结了相关经验。中国学者倾向于从政府主导的角度提出保护措施，如增加资金投入、加强监测管理等。另外，相关研究也表明，恰当的旅游方式、让旅游资源开发者从保护中获利、增强旅游资源保护科技手段、立法、执法与加强管理等也是保护旅游资源的重要措施。

国内关于旅游资源保护的研究是伴随着旅游资源开发利用研究而开始的，相关研究针对不同地点、不同类型旅游资源，成果比较丰富，尤其近些年来，研究对象更加具体，所提出的对策更加有针对性，涌现出一批非常有价值的研究成果。国内旅游资源保护方面的研究同样可被划分为如下三个阶段。

（一）1981—1990 年：旅游资源保护探索研究阶段

与此阶段旅游资源开发利用方面也很多研究成果截然不同，针对旅游资源保护的研究成果很少，并且有研究认为开发利用旅游资源就是对旅游资源的保护，旅游资源很少因开发利用而消耗掉，反而还有一些旅游资源会被创造出来。但也有少数研究成果意识到旅游资源的保护要有权威的管理体制做保障，同时提出了一些相应的旅游资源保护措施，如封山育林、严禁捕杀珍禽异兽、加强绿化、社区以煤代柴、防范森林火灾等。

（二）1991—2000 年：旅游资源保护的原则及要求研究阶段

此阶段，大部分研究还不够深入，只提出了旅游资源保护的一些原则和要求。如第一，保护发展之间要平衡。相关研究开始意识到旅游开发对资源保护所造成的严重威胁，提出要加强地貌景观、环境卫生、野生动物、古树名木的保护，在保护与发展方面建立新的平衡关系。第二，要加强分析，制定政策法规。学者提出，为了保护旅游资源，应定量化预测游客量、分析游客对生态旅游资源的影响方式及程度、分析生态环境的自净和自我恢复能力，加强生态环境保护教育，制定生态环境保护的政策法规。第三，要用规划对旅游资源进行总体控制，并对旅游资源，尤其是文化资源进行保护性开发。对受到威胁的民俗文化旅游资源应进行抢救，对于即将消失的民俗风情，需采取具体的手段，如录像、录音、摄像等方式，将其如实记录下来。第四，要减少客流负荷。通过开发新景区，减少客流负荷，设资源保护专项资金，提高游客科学素养使其了解到景观形成的不易等措施保护旅游资源。第五，要使旅游资源产权明晰，避免多种经济利益主体并存造成的旅游资源破坏责、权、利不明的后果；以经济的手段对旅游资源开发者进行奖罚。

（三）2000 年至今：旅游资源保护的针对性、科学化研究阶段

第一，研究内容更加具体和有针对性。如提出退田还湖、控制泥沙、恢复重建，保护洞庭湖湿地旅游资源；设摩梭文化保留区、摩梭文化氛围区、综合功能区，构建利益共享机制等来保护泸沽湖的文化旅游资源；在无人岛旅游资源保护方面，应建设海岛防护林、水源涵养林和水土保持林，积极提高无人岛屿的环境自净能力与自我保护、修复能力，真正做到开发利用与保护相辅相成。

第二，重视科学、经济、法律、制度等多种手段的应用。①在科学手段方面，认为应用科学技术，对受到破坏的环境进行恢复，应用科学手段对景区环境质量进行监测是从根本上防止旅游资源与环境破坏的方法；②在经济手段方面，通过价格、信贷、税费等手段，强迫开发者将其产生的外部成本内化，由其自己承担破坏环境的代价；③在法律手段方面，制定旅游资源法保护旅游资源，相关研究详细的列举了已有的相关法律制度，如《环境保护法》《森林法》《水法》《草原法》等，并指出应加大旅游资源管理的执法力度；④在制度手段方面，强化目标责任制，做到经济效益、环境效益和社会效益的统一。同时，要在现有的技术约束下通过激励机制提高资源的利用效率，使稀缺资源能够配置到需求最迫切的使用者手中，并鼓励资源使用者尽可能地减少资源的浪费。

第三，提出保护模式。要通过政府规制，限制旅游资源的过度垄断、迫使负外部性内部化等，实现旅游资源保护。

第五节　中国旅游资源学的学科建设

旅游资源学学科建设状况可以从专业研究机构、研究专著与高校课程设置、学科定位与体系建设等 3 个方面了解。

一、专业研究机构建设

中国科学院地理科学与资源研究所（前身是 1940 年成立的中国地理研究所，以下简称"地理所"）在 50 年代中国旅游业发展初期对旅游资源研究做出了重要贡献。1992 年，国家旅游局和地理所制定了《中国旅游资源普查规范（试行稿）》，1997 年，地理所等推出国家自然科学基金重点项目研究成果——旅游资源分级分类系统修订方案。2003 年，中国科学院地理科学与资源研究所与国家旅游局发布了国家标准《旅游资源分类、调查与评价（GB/T18972–2003）》，对我国旅游资源研究起到了重要的指导作用。20 世纪末至 21 世纪初，北京大学城市与环境学院旅游研究与规划中心、中国科学院地理科学与资源研究所旅游研究与规划设计中心、中山大学旅游发展与规划研究中心、中国旅游研究院等研究机构相继成立，有力推动了我国旅游资源研究。

2011 年 7 月，中国自然资源学会旅游资源研究专业委员会（以下简称"委员会"）成立，该委员会致力于组织开展旅游资源领域的国内外学术交流与合作，提出旅游资源领域科技发展和专门问题研究的建议，推动中国旅游资源的研究、开发、保护以及旅游资源学学科发展，促进了旅游资源保护的研究与知识普及。现委员会主办期刊为《旅游科学》，至 2015 年，已召开了三次中国自然资源学会旅游资源研究专业委员会学术年会，成为我国旅游资源研究的重要交流平台。

20 世纪 50—60 年代，中国国家旅游局设立在外交部下，主管入境旅游资源规划开发与保护。1964 年成立的中国旅行游览事业管理局，是国务院管理全国国际、国内旅游事业的职能部门，全面负责国内旅游资源的管理工作。1993 年，国务院决定国家旅游局为国务院直属机构，从政府层面进一步推动了旅游资源综合研究工作的展开。

二、研究著作与高校课程设置

20 世纪 80 年代，国内各地兴起旅游开发的浪潮，为旅游资源学的理论研究提供了实践经验。1994 年，杨桂华主编的《旅游资源学》，为系统开展旅游资源学研究奠定了基础[49]。2008 年，在全国科学技术名词审定委员会公布的《资源科学技术名词》中，将"旅游资源学"作为资源科学的重要部分加以阐述；2012 年，国家旅游局主持编撰的《中国旅游大辞典》收录了 50 余条与"旅游资源"直接相关的名词，充分体现了资源学、旅游学等学科对旅游资源研究的重视。从 1987 年至 2015 年的 39 年间，已有以"旅游资源学"为名的著作 32 种，以"旅游资源开发与管理"为主题的相关著作 50 余种，从旅游资源定义、类型、评价与管理等方面做了许多有益的探讨。主要的旅游资源学相关著作见表 21–2。

表 21-2 主要的旅游资源学相关著作

作者（主编）	书名	出版社	出版年份
四川旅游地学研究会	《旅游地学研究与旅游资源开发》	四川科学技术出版社	1987
陈传康、刘振礼	《旅游资源鉴赏与开发》	同济大学出版社	1990
王兴中	《旅游资源景观论》	陕西科学出版社	1990
杨桂华	《旅游资源学》第一版，第二版	云南大学出版社	1994，2003
苏文才、孙文昌	《旅游资源学》	高等教育出版社	1998
甘枝茂、马耀峰	《旅游资源与开发》	南开大学出版社	2000
丁季华	《旅游资源学》	上海三联书店	2002
肖星、严江平	《旅游资源与开发》	中国旅游出版社	2002
杨桂华	《旅游资源学（修订版）》	云南大学出版社	2003
陈福义、范保宁	《中国旅游资源学》	中国旅游出版社	2003
李鼎新、艾艳丰	《旅游资源学》	科学出版社	2004
骆高远等	《旅游资源学》	浙江大学出版社	2006
董晓峰	《旅游资源学》	中国商业出版社	2006
王宗湖、陈国生、王勇	《中国旅游资源学教程》	对外经济贸易大学出版社	2006
陈国生、黎霞	《旅游资源学概论》	华中师范大学出版社	2006
高曾伟、卢晓	《旅游资源学》第四版	上海交通大学出版社	2007
黄远水等	《旅游资源学》	东北财经大学出版社	2007
陈福义	《中国旅游资源学》	中国旅游出版社	2007
李燕琴、张茵、彭建	《旅游资源学》	清华大学出版社	2007
陈学庸	《中国旅游资源学》	中国商业出版社	2007
鄢志武	《旅游资源学》第一版，第二版	武汉大学出版社	2007
喻学才	《旅游资源学》	化学工业出版社	2008
郑群明	《全新旅游资源学》	中国科学技术出版社	2008
吴宜进	《旅游资源学》	华中科技大学出版社	2009
吴国清	《旅游资源学》	清华大学出版社	2009
郑耀星	《旅游资源学》	北京大学出版社	2009
杨学峰	《旅游资源学》	中国发展出版社	2009
毕华、游长江	《旅游资源学》第一版，第二版	旅游教育出版社	2010，2013
陈进忠、陈红涛	《四川旅游资源学》第一版，第二版	西南交通大学出版社	2010，2014
高曾伟、卢晓	《旅游资源学》	上海交通大学出版社	2011
张艳红、陈国生、袁鹏	《旅游资源学概论》	中国物资出版社	2011
王德刚、王蔚	《旅游资源学教程》	北京交通大学出版社	2011
肖星、王景波	《旅游资源学》	南开大学出版社	2013
王羽	《旅游资源学》	武汉大学出版社	2013
骆高远	《旅游资源学（新）》	浙江大学出版社	2013
王佳、周柳华、南曙光	《旅游资源学概论》	中国时代经济出版社	2013
张吉献、李伟丽	《旅游资源学》	机械工业出版社	2015

邢珏珏、李业锦、吴必虎等人的研究表明，旅游资源相关学科研究在经过 1974—1978 年的起步阶段后，便进入一个发展相对平稳的时期[50]。总体来看，旅游资源相关学科发展有明显的上升趋势。目前，我国高校的旅游资源相关课程主要是在旅游管理类、地理科学类专业中开设，大多融合在生态旅游、旅游景区管理、旅游规划等课程内，如北京大学、中山大学、南京大学等。部分高校和研究院所开设了旅游资源学、旅游资源开发、旅游资源与开发、旅游资源评价与开发、旅游资源开发与规划等旅游资源专门课程，如四川大学、云南大学、暨南大学等。近年来，随着地理信息系统、统计学、生态学等专业的发展，进一步充实了旅游资源学的课程设计。

三、学科定位与体系建设

　　旅游资源学是资源学、旅游学、地学、历史学、文化学、经济学等多种学科交叉的综合性学科。旅游资源学主要研究旅游资源的特点类型、形成机制、开发利用及环境保护。较早涉及旅游资源研究的是旅游地学方面的专家。我国旅游地学研究开拓者郭来喜、陈传康、陈安泽、卢云亭、尹泽生等运用地学的理论与方法，进行旅游资源调查、评价、规划和开发，初步构建了旅游资源学的框架。随着资源学科与旅游学科体系的不断完善，旅游资源学的研究范畴与技术手段更加丰富，多学科视角已成为目前旅游资源学研究的一大特色。

　　从资源学的角度，一般将旅游资源视为资源的亚种加以阐释，认为旅游资源是能对旅游者产生观赏吸引力的资源，通过旅游开发产生经济价值。在旅游学科视角下，旅游资源学主要从资源角度来阐述旅游活动这一复杂现象，它与旅游经济学、旅游心理学、旅游社会学、旅游地理学等学科都属于旅游学的平行分支学科。

参考文献

[1] 陈传康，刘振礼. 旅游资源鉴赏与开发 [M]. 上海：同济大学出版社，1990.

[2] 苏文才，孙文昌. 旅游资源学 [M]. 北京：高等教育出版社，1998.

[3] 郭来喜，吴必虎，刘锋，等. 中国旅游资源分类系统与类型评价 [J]. 地理学报，2000，55（3）：294-301.

[4] 魏小安. 旅游强国之路 [M]. 北京：中国旅游出版社，2003.

[5] 中科院地理研究所，国家旅游局资源开发司. 中国旅游资源普查规范（试行稿）[S]. 北京：中国旅游出版社，1992.

[6] 肖飞，沈雪梅，张骏，等. 江苏省台湾客源核心细分市场筛选及旅游资源吸引力相应分析 [J]. 旅游学刊，2010，25（6）：45-50.

[7] 钟韵，彭华，郑莘. 经济发达地区旅游发展动力系统初步研究：概念、结构、要素 [J]. 地理科学，2003，23（1）：60-65.

[8] 庄大昌，丁登山，任湘沙. 我国湿地生态旅游资源保护与开发利用研究 [J]. 经济地理，2003，23（4）：554-557.

[9] 刘振礼. 旅游环境的概念及其他——试论旅游与环境的辩证关系 [J]. 旅游学刊，1989（4）：37-40.

[10] 尹泽生. 旅游资源详细调查实用指南 [M]. 北京：中国标准出版社，2006.

[11] 王建军，李朝阳，田明中. 生态旅游资源分类与评价体系构建 [J]. 地理研究，2006，25（3）：507-516.

[12] 艾万钰. 论旅游资源分类及分级 [J]. 旅游学刊，1987（3）：44-48.

[13] 王保忠，王保明，何平. 景观资源美学评价的理论与方法 [J]. 应用生态学报，2006，17（9）：1733-1739.

[14] 雍万里. 武夷山风景区划及其旅游资源评价 [J]. 地理科学，1984，4（3）：269-276.

[15] 郭来喜. 延庆旅游资源开发战略与实施方案构想 [J]. 地理学与国土研究，1987，3（2）：29-34.

[16] 王玉. 从审美体验角度看旅游资源的美学价值评价 [J]. 哈尔滨商业大学学报（社会科学版），2006，86（1）：63-66.

[17] 陶卓民，林妙花，沙润. 科技旅游资源分类及价值评价 [J]. 地理研究，2009，28（2）：524-534.

[18] 程乾，付俊. 基于游客感知的古村落旅游资源评价研究 [J]. 经济地理，2010，30（2）：329-333.

[19] 吴晶，马耀峰，高军. 基于游客感知的古都类城市旅游资源评价研究 [J]. 干旱区资源与环境，2012，26（2）：186-191.

[20] Chaverri R. Coastal Management: the Costa Rica Experience [A]: Magoon O T. Coastal Zone'87 Proc. 5th Symposium on Coastal and Ocean Management [C]. USA: Amer. Soc. Civ. Eng, 1989（5）：1112-1124.

[21] Morgan, R. A novel, user-based rating system for tourist beaches [J]. Tourism Management, 1999, 20 (4): 393-410.

[22] 陈春华. 海甸岛东北部岸滩海域开发旅游资源的环境质量综合评价 [J]. 南海研究与开发, 1992, 9 (3): 45-51.

[23] 李悦铮. 辽宁沿海地区旅游资源评价研究 [J]. 自然资源学报, 2000, 15 (1): 46-50.

[24] 方龙龙, 刘际松. 杭州旅游气候资源评价及其利用 [J]. 科技通报, 1991, 7 (5): 273-277.

[25] 钟林生, 吴楚材, 肖笃宁. 森林旅游资源评价中的空气负离子研究 [J]. 生态学杂志, 1998 (6): 56-60.

[26] 周保华. 区域气候旅游资源评价方法初探 [J]. 人文地理, 1996 (11): 57-59.

[27] 杨振之. 论度假旅游资源的分类与评价 [J]. 旅游学刊, 2005, 20 (6): 30-34.

[28] 吴章文, 吴楚材, 谭益民, 等. 生态旅游区生态环境本底条件研究 [J]. 中南林业科技大学学报, 2009, 29 (5): 14-19.

[29] Krutilla J V, Fisher A C. The Economics of Natural Environments: Studies in the Valuation of Commodity and Amenity Resources [M]. Baltimore: Johns Hopkins University Press, 1975.

[30] 刘亚萍, 潘晓芳, 钟秋平, 等. 生态旅游区自然环境的游憩价值——运用条件价值评价法和旅行费用法对武陵源风景区进行实证分析 [J]. 生态学报, 2006, 26 (11): 3765-3774.

[31] 王连茂, 尚新伟. 香山公园森林游憩效益的经济评价 [J]. 林业经济, 1993 (3): 66-71.

[32] 辛琨. 海南省生态旅游价值估算研究 [J]. 海南师范学院学报 (自然科学版), 2005, 18 (1): 81-83.

[33] 谢双玉, 訾瑞昭, 许英杰, 等. 旅行费用区间分析法与分区旅行费用法的比较及应用 [J]. 旅游学刊, 2008, 23 (2): 41-45.

[34] 李巍, 李文军. 用改进的旅行费用法评估九寨沟的游憩价值 [J]. 北京大学学报 (自然版), 2003, 39 (4): 548-555.

[35] Clarke R N, Stankey G H. The recreation opportunity spectrum: a framework for planning, management and research [Z]. USDA Forest Service Research Paper PNW-98, 1979.

[36] 吴必虎. 区域旅游规划原理 [M]. 北京: 中国旅游出版社, 2001.

[37] 陈秋华. 森林旅游资源 P-R 评价法的研究 [J]. 福建林学院学报, 2003, 23 (1): 57-60.

[38] 陈永生, 李莹莹. 基于旅游功能导向的绿道资源评价指标体系构建及应用 [J]. 中国农业大学学报, 2014, 19 (6): 265-271.

[39] 卢云亭. 现代旅游地理学 [M]. 南京: 江苏人民出版社, 1988.

[40] 俞孔坚. 风景资源评价的主要学派及方法 [J]. 中国园林, 1986 (3): 38-40.

[41] 保继刚. 旅游资源定量评价初探 [J]. 干旱区地理, 1988, 11 (3): 57-60.

[42] 陆林. 旅游资源定量评价及其分级——以皖南地区为例 [J]. 资源开发与保护杂志, 1990, 6 (4): 224-227.

[43] 张捷. 区域民俗文化旅游资源的定量评价研究——九寨沟藏族民俗文化与江苏吴文化民俗旅游资源比较研究之二 [J]. 人文地理, 1998, 13 (1): 59-62.

[44] 汪华斌, 李江风, 汪丙国, 等. 鄂西清江三峡旅游资源多层次灰色评价 [J]. 长江流域资源与环境, 1999, 8 (3): 261-269.

[45] 周世强. 生态旅游与自然保护、社区发展相协调的旅游行为途径 [J]. 旅游学刊, 1998 (4): 33-35.

[46] 刘旺, 张文忠. 对构建旅游资源产权制度的探讨 [J]. 旅游学刊, 2002, 17 (4): 27-29.

[47] 焦彦, 齐善鸿, 王鉴忠. 城市旅游定位的战略方法——以天津城市旅游为例 [J]. 旅游学刊, 2009, 24 (4): 19-23.

[48] 史本林, 张卫星, SHIBen-Lin, 等. 黄河故道生态旅游资源的开发利用——以商丘市为例 [J]. 资源开发与市场, 2005, 21 (6): 571-573.

[49] 杨桂华. 旅游资源学 [M]. 昆明: 云南大学出版社, 1994.

[50] 邢珏珏, 李业锦, 吴必虎, 等. 旅游学分支学科相关性及其进展态势分析——《旅游研究纪事》30 年 [J]. 人文地理, 2006 (1): 51-55.

大 事 记

公元前 7 世纪

《易经》中有"山下出泉""地中有水"等早期对地下水的描述。

公元前 5 世纪

《山海经》描述了山川、植物、动物、水系、矿产等各种资源的情况，记载山名 5370 余座，涉及多种自然资源，包括 300 余条河流的水资源、130 余种植物资源、260 余种动物资源、70 多种矿物资源。

公元前 4 世纪

《尚书·禹贡》记载了全国的山川、土壤、动植物、金属矿等及其产地。书中将全国分为九州，并对区域土壤资源的等级、特点和植物资源特征进行了区域描述。

公元前 3 世纪

《管子》记述了生物资源、土壤特性、植被分布与生态环境的关系。《管子·地数》篇记叙了矿物共生规律;《管子·地员》篇提出"度地之宜"资源观，对土地作了系统的划分和详细的描述，是世界上最早根据地势、地貌、土质等特点划分"土地类型"和进行"土地资源评价"的雏形。

1 世纪

《神农本草经》记载了 360 多种药用植物及其简单的疗效，是现存最早的中药学专著，为中国早期临床药用植物资源利用的第一次系统总结。

班固著《汉书》，在其《地理志》中描述现今陕西延安一带有石油，是我国关于石油的最早记载。

6 世纪

北魏郦道元作《水经注》，系统全面地记录了全国的 1252 条河流水系，从河流的发源到入海，举凡干流、支流、河谷宽度、河床深度、水量和水位季节变化等。

贾思勰著《齐民要术》，系统地总结了六世纪以前黄河中下游地区农牧业的生产经验、食品加工与贮藏、野生植物利用及治荒方法，详细介绍了季节、气候、土壤与农作物的关系。

16 世纪

李时珍修订完成《本草纲目》，为当时世界上最完整的植物药物资源著作。

17 世纪

徐光启著《农政全书》，对历代备荒的议论、政策作了综述，水旱虫灾作了统计，救灾措施及其利弊作了分析，并附草木野菜可资充饥的植物 414 种。

宋应星著《天工开物》，对明朝中叶以前中国古代的各项技术进行总结，其中不仅记载了农业资源及其他资源的性状特征，同时对相应资源的利用方式进行了描述。

《徐霞客游记》对喷泉、地热、植物、动物、地理、气候、物候、民俗等进行了翔实的记述，是珍贵的资源地理文献。

18 世纪

以蒸汽动力为标志的工业革命在英国产生，煤炭大规模地应用于冶炼业和交通运输，这是人类资源利用史上由改造性利用自然资源向掠夺性利用自然资源的一次飞跃。

水文学由定性描述逐渐进入定量计算阶段，主要包括流域流量测算、降雨径流、洪水预报等。

19 世纪

达尔文提出进化论，自然科学步入现代发展时期，李善兰等人合译的《植物学》、严复节选翻译赫青黎的《进化论与伦理学及其它论文》（取名《天演论》）、傅兰雅编译的《论植物》、《植物须知》和《植物图说》出版，西方植物学开始系统地传入中国。

电力成为生产和生活照明的主要能源，电动机代替了蒸汽机，电能代替了热能，资源利用方式发生根本性改变。

李希霍芬等西方人 7 次到中国的沿海和内陆地区进行广泛的考察，发表了 5 卷本的考察报告，详细记载了他在中国的调查成果。

俄国人普尔热瓦尔斯基 4 次来中国，进入西北和东北地区进行考察，考察兴趣集中在确定河流、海岸、山脉的位置，寻找矿产资源地，采集动植物标本，收集自然特征、人口和经济方面的资料。

1907 年

清政府颁布《大清矿务章程》。该章程是我国历史上第一部近似现代意义上的矿业法典，从法律上宣布了矿产资源于国家所有。

1913 年

中央地质调查所成立，这是中国建立最早、规模最大的近代科学研究机构。

1917 年

陈葆刚等人在烟台创立了山东省水产试验场，这是中国最早建立的涉海研究机构，被视为中国现代意义海洋科学的开始。

1919 年

南京高等师范学校设文史地学部，首开中国高等学校与资源相关的地学方面的教学。

1920 年

孙中山在其撰写的《建国方略》（1920 年）中提出全面的国土资源开发利用规划方案，并大力提倡植树造林，倡议将农历清明节定为植树节。

1922 年

胡先啸等学者在南京成立了我国近代第一个生物研究机构——中国科学社生物研究所。

北洋政府成立第一个流域管理机构——扬子江水道讨论委员会。

1927 年

中国学术团体协会与瑞典地理学家斯文·赫定联合组建"中瑞西北科学考查团"，在西北和内蒙等地从事考察，考察活动一直延续到1935年，收集了大量资料，发表了许多有广泛影响的著作。

1928 年

中央研究院成立，为当时全国最高学术研究机关，蔡元培首任院长。设有地质、气象、动物、植物等与资源有关的研究所，组织、完成多项资源考察。

竺可桢提出《全国设立气象测候所计划书》，制定的目标是在10年内在全国完成"至少须有气象台十所，头等测候所三十所，二等测候所一百五十所，雨量测候所一千处"的任务。

1929 年

竺可桢发表《中国气候区域论》，将全国划分为八大区域，对各区域的气候特征进行了详细阐述，并在泛太平洋学术会议上宣读了该文英文稿，这是中国最早的气候分区。

1930 年

民国政府颁行《土地法》《矿业法》《河川法》等有关资源管理的法规。

实业家卢作孚先生在重庆北碚创立中国西部科学院，这是当时中国西部地区最早的一家科研机构。该机构从筹备阶段起就开始了广泛的自然资源调查活动，进行大规模的标本采集活动。

1931 年

哈罗德·霍德林（H. Hotelling）发表《耗竭性资源经济学》，较早地认识到社会对可耗竭资源的肆意开发问题，提出资源保护和稀缺资源分配理论。

1934 年

中国科学社生物研究所同静生生物调查所、中央研究院自然历史博物馆、山东大学、北京大学、清华大学等单位合组"海南生物采集团"，在海南岛进行较大规模的调查，采集到了大量珍贵的热带和亚热带动物。

中华海产生物学会组织海洋生物科学采集团，沿海南岛各港湾进行海洋生物采集和调查工作。

国立北平研究院动物学研究所与青岛市政府联合组织了"胶州湾海产动物采集团"，考察区域是胶州湾及邻近海域，进行以海洋动物为主的多学科海洋资源调研。

1935 年

国防设计委员会与兵工署资源司合并易名为资源委员会，以"关于人的资源及物的资源之调查统计研究事项"为主要职责，在路矿、煤炭、有色金属、桐油等当时国家战略资源方面进行考察与调查，是我国最早专门从事资源调查与资源问题研究的机构。

扬子江水道整理委员会、太湖流域水利委员会、湘鄂湘江水文总站合并，成立扬子江水利委员会（现水利部长江水利委员会的前身），为中国早期统一水政的管理机构。

全国经济委员会在南京成立中央水工试验所（现南京水利科学研究院的前身），针对长江、黄河流域水利工程相关技术问题进行研究，为我国第一个现代水利科学试验研究机构。

1937 年

金陵大学美国籍教授卜凯（John L. Buck）编写的《中国土地利用》一书，分别在上海（商务印书馆）和美国出版，这是他组织金陵大学农业经济系师生对中国22省、168个地区、16786个农场和38256户农户进行系统的土地利用调查的总结。

1940 年

中国地理研究所在重庆北碚创建，内设自然地理、人文地理、大地测量、海洋四个学科组。

1941 年

西南联合大学化学系、生物系和地质系组织了"川康考察团"，领队曾昭抡于 1945 年出版了 20 万字的考察报告，介绍了这一地区的矿产资源、交通和少数民族情况。

国民政府行政院设立水利委员会，管理全国各水利机构，负责"统筹各项航运、灌溉、水电、防洪等工程"，是新中国成立前夕全国比较有权威的水资源管理行政机构。

1944 年

资源委员会组织专家考察长江三峡，提出《扬子江三峡计划初步报告》，较早地开始进行长江三峡工程建设的论证工作。

1946 年

任美锷发表《建设地理新论》，系统地介绍了国外尤其是德国的区位理论，探讨了当时资源委员会所重视的实业发展所需要的资源利用、经济建设与布局问题，提出"建设地理"名词及观点在当时国际上也是新颖的。

1947 年

李旭旦根据中国各类自然资源（气候、水文、土壤植被等）和人文因素（人口、经济、民族、文化等）的地域差异，从宏观角度提出了综合地理分区方案，使资源的地理分区研究从对单要素的分区发展到了综合要素分析的新阶段。

1949 年

11 月 1 日，中国科学院成立，为当时领导全国科技工作的学术研究中心和学术管理机构。

《中国人民政治协商会议共同纲领》发布，其中规定："凡属国有的资源……均为全体人民的公共财产，为人民共和国发展生产、繁荣经济的主要物质基础"。

1950 年

原中央研究院、地质调查所、静生生物调查所、北平研究院、中国地理所等按相关研究单元合并重组，新建为中国科学院地质所、地球物理所、植物所、地理所等十多个相关的研究所。中央水利实验处、中央林业实验所、大行政区一级的农业科研机构等划归有关部门管理。

中国科学院组织开展"东北和山西矿产资源调查""南京土地利用调查"。林垦部组织开展长白山、小兴安岭、甘肃洮河林区等地的森林资源调查。

1951 年

中国科学院组建西藏工作队，组织 47 个专业的科技人员对西藏自然条件、自然资源及社会人文状况等进行了将近 3 年的考察研究。

陈恩凤、刘培桐等人对早期土壤调查成果进行总结，完成《中国土壤地理》编写，将中国土壤资源分为 15 个土类 28 个亚类，并附 1：1500 万的中国土壤分布图。

1952 年

全国高等院校进行系统性院系调整，形成今天基本的学科设置与学科结构格局，资源科学方面的教育工作散见于农林、师范及部分综合大学的农学、地理学、地质学等领域。

10 月，毛泽东主席视察黄河，发出"要把黄河的事情办好"的指示，并第一次提出了南水北调的宏伟设想。

1953 年

由水利部牵头，组织农业部、林业部、中国科学院、部分高校和西北行政委员会的 450 多名专业人员组成"西北水土保持考察团"，对黄河上中游地区进行全面概查。

中苏两国植物学家、土壤学家联合对云南边缘热带地区进行考察，为中苏两国科学院第一次联合从事野外考察。

1954 年

中华地理志编辑部编辑（罗开富主编）的《中国自然区划草案》出版。

我国首部《宪法》颁布，规定矿藏、水流、法律规定为国有的森林、荒地和其他资源属全民所有。

林业部"森林航空测量调查大队"成立，我国的森林航空摄影、森林航空调查和地面综合调查相结合的森林调查技术体系从此开始建立。

1955 年

1 月，中国科学院黄河中游水土保持综合考察队成立，马溶之为队长，林镕为副队长。

7 月，中国科学院第 31 次院务常务会议决定成立"综合调查委员会"，领导全国综合性的资源调查研究工作，下设办公室办理日常事务。

11 月 29 日，苏联科学院副院长 И. П. 巴尔金院士写信给中国科学院院长郭沫若，建议由两国科学院共同进行黑龙江流域综合考察。

12 月 27 日，经国务院批准，中国科学院成立"综合考察工作委员会"，协助院长、院务会议领导综合调查研究工作。

1956 年

1 月 1 日，中国科学院综合考察工作委员会正式成立。

科学规划委员会领导制定"1956—1967 年十二年科学技术发展远景规划"，其中第 3 项为"西藏高原和康滇横断山区的综合考察及其开发方案的研究"；第 4 项为"新疆、青海、甘肃、内蒙古地区的综合考察及其开发方案的研究"；第 5 项为"我国热带地区特种生物资源的综合研究和开发"；第 6 项为"我国重要河流水利资源的综合考察和综合利用的研究"。

5 月，中苏共同成立云南生物考察队，中方队长刘崇乐，副队长吴征镒、蔡希陶、孙冀平，苏方队长波波夫。

6 月 8 日，中国科学院院务会议批准"新疆综合考察队工作计划纲要（草案）"，决定李连捷任队长，周立三任副队长。

6 月 18 日，竺可桢、张劲夫、冯仲云联名向李富春副总理上报关于中苏谈判结果的请示报告，并转报周恩来总理批示，建议中方成立黑龙江流域综合研究委员会，竺可桢任主席，冯仲云、杨易辰（黑龙江省副省长）任副主席。

8 月 18 日，竺可桢和柯洛罗夫分别代表中苏两国政府，签署关于"黑龙江流域自然资源调查和生产力发展远景的科学研究工作及规划"的协议。

9 月 25 日，中共中央批准，竺可桢副院长兼任"中国科学院综合考察委员会"主任。

10 月 1 日，中国科学院任命顾准为中国科学院综合考察委员会副主任。

1957 年

1 月 25 日，中国科学院第 3 次院务常务会议决定成立"中国科学院土壤考察队"，任命熊毅为队长，席承藩为副队长。

3月18~27日，黑龙江流域综合考察联合学术委员会第一次学术会议在莫斯科苏联科学院院部举行，双方提交学术报告30多篇，并讨论通过了1957年度共同工作计划大纲。

5月16日，竺可桢向国务院呈报"中国科学院综合考察委员会工作现状及丞待解决的问题"的报告，提出综考会建设的两个方案：一是成立国务院直属的生产力研究委员会；二是在中国科学院综考会基础上，补充人员充实机构。

黄河中游水土保持队中、苏专家前往山西、陕西、甘肃各地进行水土保持普查，并设立一批定位观测点，开展水土保持试验研究。

综考会决定进行盐湖调查，由化学所牵头组建中国科学院盐湖科学调查队，队长柳大纲，副队长袁见齐、韩沉石，重点开展柴达木盆地大柴旦湖、察尔汗湖、达布逊湖、尕斯库尔湖、昆特依湖与茫崖盐矿区的地质和化学调查。

10月29日，中国科学院第十七次院务常务会议任命漆克昌为综考会副主任。

1958 年

国家计划委员会与中国科学院共同领导的青甘地区综合考察队成立，队长侯德封，副队长马溶之、董杰、陈道明。

4月17日，中国科学院任命刘崇乐为中国科学院云南热带生物资源综合考察队队长，吴征镒、蔡希陶、李文亮为副队长。

中、苏科学院黄河中游水土保持队选择陕北洛川的农民沟和陇中定西的小溪沟为典型，进行土壤侵蚀类型和土壤侵蚀规律、土地利用、坡面径流、土壤的特性及其与侵蚀的关系试验研究，同时开展"三门峡水库输沙量和径流量问题"专题研究。

10月，新疆队在北京举办的"中国科学院科研成果展览会"上，展出从1956—1957年度的新疆考察成果和1958年以吐鲁番地区为重点的考察成果，10月27日下午毛泽东主席参观该展览。

10月28日，国务院农业办公室组织召开了西北六省（区）治沙会议，要求中国科学院成立治沙队，组织全国研究机构、高等院校以及生产部门开展沙漠基本情况的考察及治理措施研究。

12月9日，中国科学院第13次院务常务会议决定：聘请竺可桢、漆克昌、裴丽生、谢鑫鹤、孙治方、尹赞勋、童弟周、张子林、林镕、李秉枢、侯德封、马溶之、朱济凡、熊毅、于强、孙新民、简焯坡、陈道明、施雅风、马秀山为综合考察委员会委员，竺可桢副院长兼委员会主任，漆克昌任副主任。

1959 年

2月16~23日，中国科学院和水利电力部在北京联合召开了"西部地区南水北调考察规划工作会议"。动员各方面的力量，进行西部地区南水北调考察勘探工作，同时讨论研究西部地区南水北调工作的考察规划。

2月23~27日，中国科学院第一次综合考察工作会议在远东饭店举行，竺可桢、裴丽生主持。竺可桢作"综合考察总结和今后的任务"的报告，系统阐述了资源综合考察的任务和方法。

3月5日，中国科学院任命邓叔群为治沙队队长，陈道明、黄秉维、侯学煜为副队长。治沙队组织了来自中国科学院相关研究所、大专院校、生产部门的1000多名科技工作者，分19

个考察小分队对塔克拉玛干大沙漠、准噶尔大沙漠、巴丹吉林大沙漠、腾格里大沙漠、浑善达克沙漠、乌兰布和沙漠、毛乌素大沙漠、库布齐大沙漠、宁夏河东沙漠、西辽河沙漠进行考察。同时在内蒙磴口、陕西榆林、甘肃民勤、宁夏灵武、青海格尔木、新疆托克逊建立综合试验站。

5月5日，中国科学院第五次院务常务会议决定成立"中国科学院西部地区南水北调考察队"，任命冯仲云为队长，郭敬辉为副队长。

5月6日，科学技术委员会批准成立科委综合考察组，组长：竺可桢，副组长：漆克昌、冯仲云、曹言行，组员：谢鑫鹤、许杰、杨显东、白敏、仲星帆、尹赞勋、林镕、侯德封、马溶之、朱济凡、黄秉维、简焯坡。

5月7~12日，中苏黑龙江流域联合学术委员会第三次学术会议在莫斯科苏联科学院院部举行。竺可桢、冯仲云率中方代表团16人出席了会议。

1960年

7月，苏联政府单方面做出决定，召回全部在华工作的苏联专家，B.C.涅姆钦诺夫与竺可桢互致函件商定第四次学术会议延期召开。

经中国科学院党组批示，综考会着手筹建综合经济研究室、农牧资源研究室、水利资源研究室、矿产资源研究室、自然条件生物资源研究室。综考会精简机构方案出台，9个考察队仅保留南水北调队、青甘队和西藏队，新疆队和黑龙江队任务结束后解散，盐湖调查队、治沙队、云南热带生物资源队、华南队分别下放到地方分院，与科学院内相关研究单元重组建立专业性研究所。

中国科学院内蒙古宁夏综合考察队成立，侯德封任队长，马溶之、李应海、刘福祥、巴图、李国林为副队长。

1961年

10月24日，西藏自治区领导及有关部门负责人听取西藏队1961年考察工作汇报，张国华司令员认为报告很好，并提出尽早搞清楚西藏资源方面问题。

11月，华南、云南热带生物资源考察队在广州召开会议，决定编写全国南方6省总的自然区划方案及6省各专业区划。

1962年

根据综考会建议，中国科学院和国家科委批准，将西部地区南水北调队和云南热带生物资源考察队合并，组建中国科学院西南地区综合考察队。

4月17日，中苏黑龙江考察联合学术委员会第四次学术会议闭幕，周恩来总理在人民大会堂安徽厅接见了苏联代表团成员和苏联驻华大使，以及中方代表团成员。

5~8月，国家科委各学科组和专业组（包括综合考察组）在友谊宾馆集中讨论和编制《国家科学技术十年发展远景规划》，最后形成《1963—1972年科学技术发展规划（草案）》，"自然条件和资源的调查研究"被列为重要的科技任务。

1963年

2月12~26日，国家科委在友谊宾馆召开全国农业科技工作会议，科委各有关专业组的部分成员与会。会上展出了农业资源及其开发利用方面的研究成果，党和国家领导人彭真、谭震林、聂荣臻，中国科学院院长郭沫若，副院长张劲夫、裴丽生、竺可桢，秘书长杜润生，副秘书长秦力生、谢鑫鹤以及有关部委、高等院校等约 5000 人参观了展览。

1964 年

综考会提出关于综考会方向、任务和体制问题的整改方案（试行）。

西南地区综合考察队依据中央加速建设西南后方基地建设的精神，对西南地区考察工作作了进一步调整，制定了"1965—1966 年综合考察计划纲要"。

6 月 16 日，国家科委综合考察专业组扩大会议在北京举行。拟定在 1963—1967 年完成西南地区的考察研究任务；1964—1966 年全面总结内蒙地区综合考察；1967 年转入西北地区综合考察和西藏高原综合考察。

1965 年

1 月 31 日，国家科委任命综考组成员名单：组长：竺可桢，副组长：漆克昌，组员：冯仲云、白敏、谢鑫鹤、马识途、董杰、尹赞勋、林镕、李秉枢、侯德封、张子林、朱莲青、王勋、高铁英、朱济凡、马溶之、郭敬辉、李应海、孙新民、冷冰、谷德振、施雅风、李廷栋等 22 人，秘书李文彦、张莉萍。

9 月 24 日，中国科学院第四次院务常务会议决定：任命马溶之、李应海为综考会副主任；刘东生为中国科学院西藏综合科学考察队队长，冷冰、施雅风、胡旭初为副队长。

1966 年

中国科学院西北地区综合考察队成立，侯德封兼任队长，王振寰、刘福祥任副队长。

中共西藏 101 指挥部提出进行西藏东部地区工业、农业考察的 13 项具体任务。

1970 年

7 月 15 日，中国科学院发文通知，撤销综考会等 5 个单位。

1972 年

4 月 13 日，中国科学院决定综考会并入地理所。

10 月 24~29 日，中国科学院在兰州召开珠穆朗玛峰科学考察学术报告会，会议围绕珠穆朗玛峰地区的地质地理特征、生物区系和高山生理等进行学术交流，制定了"中国科学院青藏高原 1973—1980 年综合科学考察规划"。

中国科学院青藏高原综合科学科考队成立，队长冷冰，副队长孙鸿烈、王振寰。

1973 年

第一次石油危机爆发，对发达国家的经济造成严重冲击，引发人们对化石能源的重点关注。

5 月 24 日，青藏队依据《青藏高原 1973—1980 年综合科学考察规划》要求，组织 75 名科技工作者由成都出发经川藏线进藏，于 6~9 月在察隅、波密地区考察。

9~11 月，青藏队为了摸清雅鲁藏布江下游段水利资源情况，首次进入雅鲁藏布江下游大峡谷地区，完成了墨脱—希让、墨脱—扎曲段科学考察活动。

1974 年

2 月 7 日，原中国科学院副院长、综考会主任竺可桢在北京病逝，享年 84 岁。

12 月 14 日，中国科学院核心小组会议决定恢复综考会。

12 月 18~23 日，中国科学院在保定召开青藏考察工作会议。听取青藏队的工作汇报和科学院地质所组织考察工作的经验介绍。会上对《青藏高原 1973—1980 年综合科学考察规划》（草案）进行了调整，强调考察工作要进一步加强自然资源调查，有重点地深入研究国民经济建设中的一些重要问题（如农林牧业综合发展，水能、地热资源开发，交通沿线泥石流防治等）。

1975 年

2 月 7 日，国家计委节约办根据余秋里、谷牧副总理和袁宝华副主任的批示，要求科学院动能组继续进行我国能源合理利用和综合利用问题的科学研究。4 月 14 日，中国科学院就此做出批示，决定动能组设在综考会，继续开展动能的科学研究工作，承担计委交予的研究任务。

7 月 15 日，胡耀邦到综考组视察和调研，了解综考组的方向、任务，并与综考组领导小组成员、各处室党支部书记、研究室负责人进行座谈。

1976 年

综考组与贵州省科委联合成立"中国科学院 – 贵州省山区资源综合利用调查研究队"。

综考组提出"关于编辑出版《能源》杂志的初步意见"。

6 月，综考组向中国科学院报送"关于资源科学考察对遥感技术的应用和试验的报告"。

1977 年

经中国科学院出版委批准，中国第一份专门报道自然资源研究的学术期刊《自然资源》创刊，郭沫若院长题写刊名，由综考会编辑出版，内部发行。

8 月 11 日，中国科学院发文同意"青藏高原综合科学考察 1977—1979 年室内总结计划"。依据计划要求，将编辑 34 部 50 卷本的《青藏高原综合科学考察丛书》。并决定成立"青藏科考成果编写领导小组"，秦力生任组长，过兴先任副组长，王敏（地理所）、李风琴（植物所）、陈柏林（科学出版社）、孙鸿烈（综考会）、张洪波（地质所）为成员。

1978 年

4 月 14 日，中国科学院向国务院报送《关于恢复中国科学院自然资源综合考察委员会的请示报告》。5 月 9 日国务院批复，明确综考会的主要任务是：组织协调有关我国自然资源的综合考察，并进行综合分析研究，提出开发利用和保护的意见。

6 月 29 日~7 月 5 日，《青藏高原综合科学考察丛书》编审组会议在广西南宁召开。会上成立了以施雅风为组长，孙鸿烈、张立正、程鸿、尹集祥、郑度为副组长，温景春为秘书的《丛书》编审组，建议在 1980 年由中国科学院主持召开"青藏高原隆起问题及其对自然环境的影响"为主题的国际学术会议。

8 月 21~30 日，国家科委、中国科学院、农林部在山东泰安联合召开会议，落实"1978—1985 年全国科学技术发展规划纲要"重点项目第一项"农业自然资源和农业区划研究"，以及全国自然科学学科规划地学重点项目第五项"水土资源和土地合理利用的基础研究"等两项工作。

8 月，内蒙古地区自然资源与自然条件及其合理开发与利用问题的考察研究、珠穆朗玛峰地区科学考察、我国第二次能源合理利用、青藏高原综合科学考察获全国科学大会奖。

10 月 5~16 日，中国科学院在北京召开了"青藏高原隆起原因学术讨论会"，受邀参加讨论会的有院内外 31 个单位共 87 名科学家。大会上宣读论文 28 篇，从不同方面，不同角度探讨了青藏高原的地质发展过程及隆起的主要原因。

1979 年

国家科委和中国科学院批准,《自然资源》改由科学出版社公开出版发行。首任主编阳含熙,副主编:冯华德、李孝芳、李驾三,编委 31 人。

"全国农业自然资源和农业区划研究"启动,国务院决定成立"全国农业自然资源调查和农业区划委员会",副总理、国家农委主任王任重兼任主任,下设办公室负责处理日常事务,首任区划办主任由中国农科院副院长朱则民兼任,并在中国农业科学院成立农业自然资源和农业区划研究所,负责收集、综合研究农业自然资源和农业区划资料。

12 月 5 日,综考会向中国科学技术协会报送"关于成立自然资源研究会"的请示报告。

1980 年

经国务院批准,在综考会能源研究室基础上建立"中国科学院–国家能源委员会能源研究所"。

中国科学院南方山区综合科学考察队成立,席承藩任队长,刘厚培、李孝芳、那文俊为副队长,赵训经为办公室主任。

5 月 25~31 日,"青藏高原科学讨论会"在北京京西宾馆召开。出席会议的有来自澳大利亚、孟加拉、中国、印度、尼泊尔、巴基斯坦、英国、美国、加拿大、西德、荷兰、南斯拉夫等 18 个国家和地区的 260 位科学家,有 238 位科学家在大会上宣读了 252 篇论文。5 月 31 日,党和国家领导人邓小平、方毅接见了出席讨论会的中外科学家,并和大家合影留念。这次会议被国内外公认是"青藏高原综合科学研究史上的一个里程碑"。

9 月 12 日,中国科学技术协会发文,同意成立"中国自然资源研究会"。

1981 年

南京大学根据包浩生等的提议,率先设立"自然资源"本科专业,后在 1986 年进一步调整为"自然资源管理"专业。

2 月 13 日,中国科学院同意重新组建青藏高原(横断山区)综合考察队,孙鸿烈兼任队长,程鸿、王振寰、李文华、周宝阁、黄复生任副队长。

6 月 19 日,综考会向中国科学院报送"关于开展国土整治工作的几点意见"报告。

1982 年

4 月 6~8 日在北京召开了中国自然资源研究会筹备组成立大会暨学术交流研讨会,推选28 位同志组成研究会筹备组,漆克昌任组长,马世骏、吴传钧、徐青、孙鸿烈任副组长。参加会议的有中央各部门和部分省(区)生产、科研、教学部门从事自然资源研究和自然资源开发、利用、治理、保护和管理方面的科技工作者 50 余人。

1983 年

《Nature & Resources》中文版创刊,李文华任主编,张克钰为编辑部主任。

10 月 23~28 日,"中国自然资源研究会成立大会暨第一次中国自然资源学术交流会"在北京召开。选举产生了中国自然资源研究会第一届理事会,理事长侯学煜,副理事长孙鸿烈、阳含熙、陈述彭、王慧炯、李文彦、李文华,秘书长郭绍礼。会议讨论通过了"中国自然资源研究会章程",决定设立若干个专业研究委员会、创办《自然资源学报》学术期刊。

1984 年

经教育部授权,南京大学正式设立我国高校首个自然资源专业。武汉大学设立"环境与资源保护法学"专业,并首获环境资源法硕士授予权。

Ramade 发表《自然资源生态学》,对自然资源开发、利用和保护中的生态学理论做了全面阐述。

全国土地资源详查工作展开,全国农业区划委员会发布《土地利用现状调查技术规程》。

国家科委组织专家对部分自然资源实物量和价值量的核算与评价进行探讨。

1985 年

中国科学院组织编制 1986—2000 年规划,"自然资源专题规划"列为专题研究报告之四。

中国自然资源研究会成立大会暨第一次学术交流会论文集《自然资源研究的理论与方法》和《自然资源研究》出版。

资源与环境信息系统国家重点实验室成立,依托单位为:中国科学院地理研究所。

"水资源规划及利用"列入教育部修订的本科专业目录。

1986 年

中国自然资源研究会主办的《自然资源学报》创刊,首任主编程鸿,副主编:李文华、赵松乔、陈梦熊。

青藏高原科学考察获中科院科技进步奖特等奖。

"全国农业资源调查和农业区划研究"基本结束,完成各类农业自然资源调查、农业区划、地图与图集等成果约 4 万多项。

《中国 1:100 万土地资源图》编制完成,分幅由西安地图出版社陆续出版。

1987 年

《我们共同的未来》在第八次世界环境与发展委员会上通过,报告正式提出"可持续发展"的概念,标志着可持续发展理论的产生。

中国自然资源研究会干旱半干旱研究专业委员会主办的《干旱区资源与环境》创刊。

教育部修订本科专业目录,增加"自然资源管理""水资源与环境""环境资源法"等专业。

1988 年

中国生态系统研究网络(CERN)于 1988 年开始组建,其目的是为了监测中国资源环境变化,综合研究中国资源和生态环境方面的重大问题。

中国自然资源研究会第二次全国会员代表大会在北京召开,选举产生第二届理事会,孙鸿烈任理事长,副理事长有李文华、李文彦、陈家琦、张新时、包洁生、杨树珍,秘书长陈传友。

国务院发展研究中心组织开展"自然资源核算及其纳入国民经济核算体系研究",该研究构建了我国自然资源资产价值核算的理论框架。

自然资源研究会组织编写的《大地明珠——湖泊资源》《林木葱郁——森林资源》《固体水库——冰川》《祖国旅游胜地》《能源》《海涂资源》《草场资源》等科普丛书完成,并陆续出版。

1989 年

中国科学院将"区域开发前期研究"列入特别支持的领域,并成立以孙鸿烈为主任,石玉林、杨生、胡序威为副主任的专家委员会,研究区域经济、社会、资源、环境的协调发展。

全国科学技术名称审定委员会所属的地理学名词审定委员会将"资源地理学"列为地理科学体系中一门应用基础科学。

美国环境生态学家 R. A. Frosch 首次借鉴生物新陈代谢过程,模拟人类经济社会活动的物质过程，提出资源代谢理论，并逐渐建立起物质流核算方法。

1991 年

《自然资源——生存和发展的物质基础》《中国能源资源》《天富之区——海岸带资源》等科普丛书出版。

林培主编的《土地资源学》教材出版，是我国土地资源学科建设取得成效的重要指标。

1992 年

联合国在巴西里约热内卢召开环境与发展大会，百国政府首脑聚集一堂，通过了意义深远的《21 世纪议程》文件，倡导以资源可持续利用为核心的可持续发展观。

中国自然资源研究会开始组织编撰 42 卷本的《中国自然资源丛书》。

中科院地理研究所起草的《中国旅游资源普查规范（试行稿）》，作为分类标准由国家旅游局资源开发司发布，将旅游资源分为 2 个主类、6 个亚类、74 种基本类型。

在 6 月召开的中国科学院院士大会上，周光召院长将中国科学院国情分析研究小组编写的第 2 号国情报告《开源与节约——中国自然资源与人力资源的潜力与对策》呈送江泽民总书记，江泽民批示：请部级以上负责同志阅。

1993 年

中国科协发文同意"中国自然资源研究会更名为中国自然资源学会"，文件明确指出：我国自然资源科学研究的理论和方法日臻完善，学科体系已初步形成。接着在北京召开了第三次全国会员代表大会，选举产生第三届理事会，孙鸿烈任理事长，副理事长有石玉林、张新时、杨树珍、方磊、张巧玲、何贤杰、包浩生，秘书长陈传友。

北京师范大学在地理系与环境科学研究所基础上组建"资源与环境学院"，首个资源科学大学建制单位诞生。

教育部第二次修订《高等学校本科专业目录》，增设"资源环境区划与管理""水文与水资源利用""人力资源管理""野生植物资源开发与利用""自然保护区资源管理"等专业。

5 月，中国自然资源学会、中国农学会、北京农业大学、中国气象学会、中国农业科学院联合召开"气候、自然灾害与农业对策国际学术讨论会"，11 个国家的 70 多名科学家参加会议。

中国自然资源学会组织编写的《自然资源简明词典》《自然资源 - 生存和发展的物质基础》《中国热带亚热带地区自然资源的管理和保护》《气候变化、自然灾害与农业对策国际学术讨论会论文集》出版。

1994 年

美国学者莱斯特·布朗发表《谁来养活中国？》一文，由此引起政府、学术界和社会各界对中国资源保障的关注，中国学者明确提出了资源安全概念。

国务院批准《中国 21 世纪议程》，强调中国的可持续发展要建立在资源的可持续利用和良好的生态环境基础之上，促进资源、环境与经济、社会的协调发展。

根据人大常委会"环境保护委员会"更名为"环境与资源保护委员会"，我国自然资源法的立法与修法工作加快。

经中国科学院批准，"中国资源环境遥感数据库"开始着手建设。

吴传钧主编的《中国土地利用》一书出版，对中国土地利用研究理论和实践进行了全面、系统的总结。

1995 年

42 卷本《中国自然资源丛书》出版，对我国区域资源分布、资源特点、资源态势和开发利用方向进行了全面梳理，是有史以来最系统、最全面、最深入地反映我国资源开发、利用、保护与管理的一部巨著。

陈家琦、王浩编著的《水资源学概论》出版，是我国第一本关于水资源学的专著。

中国自然资源学会组织编写《中国资源科学百科全书》，孙鸿烈担任编委会主任，石玉林、赵士洞、张巧玲、沈龙海为副主任。

1996 年

全国土地资源详查工作完成，查清了 8 个一级类和 46 个二级类的面积、分布、利用和权属状况，并分级编制了土地利用图，形成了系统的汇总数据，主要成果包括：《中国土地资源》《中国土地资源调查技术》《中国土地资源调查数据集》《中华人民共和国土地利用图》（1∶50 万分幅图，1∶250 万挂图和 1∶450 万挂图）等 10 项。

1997 年

北京师范大学资源科学研究所成立，这是第一家专门从事资源科学研究的大学建制性研究所。

中国自然资源学会与《光明日报》理论编辑部联合在《光明日报》开辟"加强资源科学研究"专家论坛，连续发表"资源科学——正在兴起的科学""我国资源科学的发展与展望""资源科学与可持续利用""论我国资源的开发战略"等文章。

国务院学位委员会调整《授予博士、硕士学位和培养研究生的学科、专业目录》，一级学科中列入了"农业资源利用"和"地质资源与地质工程"，二级学科有"人口、资源与环境经济学""环境与资源保护法学""水文学及水资源""渔业资源""人力资源管理""土地资源管理"等。

1998 年

1 月，经国家科委和中国科学院批准，《自然资源》更名为《资源科学》。

3 月，国土资源部由原地质矿产部、国家土地管理局、国家海洋局和国家测绘局合并组建，并将原国家计委和煤炭、冶金等有关工业部门的资源管理职能转移至国土资源部。国土资源部的主要职能是：土地资源、矿产资源、海洋资源等自然资源的规划、管理、保护与合理利用。原属有关部委管理的资源研究机构一并划归国土资源部。

中国自然资源学会第四次全国会员代表大会在北京召开，选举产生第四届理事会，石玉林任理事长，副理事长有史培军、石定寰、何贤杰、李博、李晶宜、陈传友、聂振邦，秘书长陈传友（兼）。

教育部第三次修订《普通高等学校本科专业目录》，将原来理学类的地理科学类 6 个本科专业调整为地理科学、资源环境与城乡规划管理和地理信息系统 3 个专业，并在工学、农学、管理学类设立"资源勘察工程""水文与水资源工程""森林资源保护与游憩""农业资源与环境""人力资源管理""土地资源管理"等专业。

12 月 28~29 日，中国自然资源学会、综考会和北师大等单位联合召开"跨世纪资源科学座谈会"，就资源学科定位、资源综合研究、我国下世纪资源战略等问题进行研讨。会后，向国务院呈交了建议书，建议国务院学位委员会将资源科学列入国家学科序列。

1999 年

国家重点基础研究规划"青藏高原形成演化及其环境、资源效应"项目启动，郑度院士任首席科学家。

国土资源部启动数字国土工程，林业部依托 3S 技术组织第六次全国森林资源清查，标志着我国资源调查技术全面更新。

国家标准化管理委员会组织国家旅游局和中国科学院的科研、管理人员着手编制旅游资源分类、调查与评价国家标准。

10 月，我国第一颗地球资源卫星发射成功，大幅降低了资源研究成本和科技对外依赖程度。

12 月，中国科学院决定撤销原地理研究所和原综考会，组建地理科学与资源研究所。

2000 年

《中国资源科学百科全书》出版，第一次全面、系统地论述了资源科学的学科体系、研究内容及方法，全书分总论、综合资源学和部门资源学三部分，分门别类地讨论了学科的各种概念及其构成，标志着我国资源科学逐渐走向成熟。

国家自然科学基金委员会完成的《全国基础研究"十五"计划和 2015 年远景规划》将"资源环境科学"列为 18 个基础学科之一。

《全球资源态势与对策》出版，成为国内第一部系统地研究全球资源，并为中国利用国外资源提供对策的专著。

2001 年

中国科学院国情分析研究小组发表第八号国情报告：《两种资源，两个市场—构建中国资源安全保障体系研究》，自此，资源安全研究成为 21 世纪一个重要的研究领域。

国土资源部印发《全国土地分类（试行）》，制定了城乡统一的"全国土地分类系统"。

2002 年

4 月 24 日，中国自然资源学会和北京师范大学联合向国务院学位委员会呈报《关于尽快将资源科学与技术列为国家博士、硕士学位授予学科的请示》。

7 月 4 日全国科学技术名词审定委员会批准成立"资源科学技术名词审定委员会"，主任孙鸿烈，副主任石玉林、李文华、孙九林、刘纪远、史培军、何贤杰、李晶宜、陈传友、崔岩。

12 月，教育部国务院学位办专业设置委员会同意北京师范大学、华南理工大学设立"资源科学与工程"目录外本科招生专业。

2003 年

北京师范大学在"资源科学研究所"基础上成立"资源学院"，首任院长史培军提出详细的学科体系划分框架，并提出了相应的培养方案和核心课程体系。

国家海洋局组织实施的"我国近海海洋综合调查与评价专项"启动，项目包括近海海洋综合调查、海洋资源综合评价和数字海洋信息基础框架构建等 3 大任务。

长江委员会设立河流同位素常年观测站，水资源观测体系建设和实验研究迈向新台阶。

国土资源部颁布《农用地分等规程》《农用地定级规程》和《农用地估价规程》，推进了全国农用地分等定级评价的开展。

《旅游资源分类、调查与评价（GB/T 18972—2003）》国家标准颁布，为相关的旅游资源分类研究起到了规范和引导作用。

2004 年

中国自然资源学会向中国科协报送《学科发展蓝皮书（2004 卷）》："综述篇——发展中的资源科学"。

中国自然资源学会第五次全国会员代表大会在北京召开，选举产生第五届理事会，刘纪远任理事长，成升魁任常务副理事长，副理事长有史培军、李善同、何贤杰、王浩、张福锁，秘书长沈镭。

中国自然资源学会建立年会制度，决定每年召开学术年会。

2005 年

地理资源所学位委员会决定在地理学之下先期自主设立自然资源学二级学科，并获国务院学位委员会批准。同时，北京师范大学经教育部批准，自主设立了"自然资源"硕士和博士生人才培养二级学科，形成了资源科学、资源技术与资源管理专业方向的人才培养体系，并向国务院学位办提交了"关于增设资源科学与工程一级科的请示"。

水利部、中国科学院、中国工程院共同联合开展"中国水土流失与生态安全综合科学考察"。

2006 年

《资源科学》专著出版，该书系统地阐述了资源科学及 16 个主要分支学科的学科地位、研究对象、研究任务、理论基础、学科体系，以及研究热点与前沿问题，是一部全面、系统的资源科学理论著作。

国务院公布《国家中长期科学和技术发展规划纲要（2006—2020）》，列出重点领域及其优先主题 62 项，其中包含能源、水资源优化配置与综合开发利用、综合节水、海水淡化、资源勘探增储、矿产资源高效开发利用、海洋资源高效开发利用、种质资源发掘、综合资源区划等多个资源项目。

中国自然资源学会完成《中国资源安全警示录》电视科普专题片。

2007 年

国家自然科学基金委员会学科代码目录的地理学之下增设自然资源管理二级学科和 3 个三级学科。

中国自然资源学会主编的《2006—2007 资源科学学科发展报告》出版。

《中国可持续发展总纲（第 7 卷）：中国气候资源与可持续发展》出版。

孙鸿烈主编的《中国自然资源综合科学考察与研究》出版，该书系统地总结了我国 50 年来的自然资源综合科学考察与研究工作及其成果。

国家标准《土地利用现状分类（GB/T 21010—2007）》发布，此标准采用土地综合分类方法，根据土地的利用现状和覆盖特征，对城乡用地进行统一分类，标志着我国土地利用分类理论体系的发展进入了新的阶段。

2008 年

《资源科学技术名词》出版，厘定了包括资源科学总论和 20 个分支学科的名词术语，标志着自然资源科学体系的日臻完善。

国家科技基础性工作专项重点项目"中国北方及其毗邻地区综合科学考察"立项。

2009 年

中国自然资源学会主编的《2008—2009 资源科学学科发展报告》出版。

国家标准《学科分类与代码》（GT/B 13745—2009）首次将"环境科学技术与资源科学技术"列为 62 个一级学科或学科群之一，并明确指出"属综合学科，列在自然科学与社会科学之间"，资源科学由此正式进入国家学科分类体系。

中国自然资源学会第六次全国会员代表大会在上海召开，选举产生第六届理事会，刘纪远任理事长，成升魁为常务副理事长，副理事长有王浩、李善同、张福锁、陈曦、郑凌志、李晓兵，秘书长沈镭。

"澜沧江中下游与大香格里拉地区综合科学考察"，该项目开启了中国西南毗邻地区的资源综合研究。

12 月 8 日，国家林业局生物资源利用科学研究院正式挂牌成立。

2010 年

《Journal of Resources and Ecology》创刊。

"自然资源科学发展前沿高端学术研讨会"在北京召开。

北京师范大学和中国科学院研究生院共同向国务院学位办提交"自然资源科学一级学科调整建议书"。

《中国资源报告—新时期中国资源安全透视》出版，对中国资源安全进行了全面分析和论述，成为资源安全研究领域的重要著作。

2011 年

我国成功发射第三颗海洋卫星，以厘米级定轨的精度和微波探测的方式，全天时全天候获取海洋资源和环境数据，极大地提高了海洋资源科研的能力。

首届中国能源经济论坛在北京召开，是一项探讨能源经济问题的全国性重要学术会议。

2012 年

联合国可持续发展大会在巴西里约热内卢召开，大会提出绿色经济是实现可持续发展的重要手段。

中国法学会环境资源法学研究会升格为一级独立学会，更名为"中国环境资源法学研究会"。

中国自然资源学会主编的《2011—2012 资源科学学科发展报告》出版。

2013 年

中国自然资源学会成立 30 周年纪念大会暨学术研讨会在北京西郊宾馆召开，会上举行了隆重的颁奖仪式，中国科学院院士孙鸿烈、张新时、郑度，中国工程院院士石玉林、李文华、孙九林、王浩等获得"中国资源科学成就奖"。

中共十八大三中全会提出"探索编制自然资源资产负债表，对领导干部实行自然资源资产离任审计"。

2014 年

中国自然资源学会第七次全国会员代表大会在郑州召开，选举产生第七届理事会，成升魁任理事长，副理事长有王仰麟、王艳芬、江源、吴文良、沈镭、陈发虎、陈曦、林家彬、封志明、夏军、高峻、濮励杰，秘书长沈镭（兼）。